Dr. J. Moeller,

Mikroskopie

der

Nahrungs- und Genufsmittel.

Mikroskopie

der

Nahrungs- und Genußmittel

aus dem

Pflanzenreiche.

Von

Dr. Josef Moeller,

o. ö. Professor und Vorstand des pharmakologischen Institutes der Universität Graz.

Zweite, gänzlich umgearbeitete und unter Mitwirkung A. L. Wintons vermehrte Auflage.

Mit 599 Figuren.

Springer-Verlag Berlin Heidelberg GmbH 1905

ISBN 978-3-662-35612-8 978-3-662-36442-0 (eBook)
DOI 10.1007/978-3-662-36442-0
Softcover reprint of the hardcover 2st edition 1905

Piererscho Hofbuchdruckerei Stephan Geibel & Co. in Altenburg.

Vorwort zur ersten Auflage.

Die in der Neuzeit aufs höchste gesteigerte Konkurrenz, sonst dem Gemeinwohl so nützlich, hat auf dem Gebiete der Hygiene manche Übelstände gezeitigt. Namentlich die Fälschungen des täglichen Lebensbedarfes haben einen geradezu gefährlichen Umfang angenommen, und man mufs gestehen, dafs die Mittel zur Abwehr nicht gleichen Schritt mit ihnen gehalten haben. Gesetzliche Bestimmungen suchen ihnen zu steuern, aber dem Steuer fehlt die Handhabe, solange nicht allerorten Männer zur Verfügung stehen, welche mit wissenschaftlicher Präzision Fälschungen nachzuweisen vermögen. Man bestrebt sich im wohlverstandenen eigenen Interesse eifrig, die Lücke auszufüllen; eine reiche Literatur ist die Frucht, die weite Verbreitung derselben ist der Zeuge dieser Bestrebungen. Aber so viele und so gute Bücher auch im letzten Jahrzehnt über Nahrungs- und Genufsmittel erschienen sind, an einem fehlt es doch: an einer methodischen Anleitung zur mikroskopischen Untersuchung jener Stoffe, welche anerkanntermafsen ausschliefslich oder doch am raschesten und zuverlässigsten auf mikroskopischem Wege auf ihre Reinheit geprüft werden können. Diesem Mangel, welcher um so fühlbarer ist, als bisher in den Fachschulen die mikroskopische Untersuchungsmethode so gut wie gar nicht gepflegt wurde, soll das vorliegende Buch abhelfen. Es bildet eine Ergänzung zu allen Werken über Nahrungs- und Genufsmittel, die, von Chemikern verfafst, ihre Aufgabe von chemischen Gesichtspunkten aus zu lösen trachten.

Die im Texte enthaltenen Angaben beruhen durchweg auf eigenen Untersuchungen, sowie auch die Figuren von mir gezeichnet und in ihrer Ausführung von mir überwacht wurden. Der Fachmann wird vielfach die bisherigen Angaben bestätigt, aber auch manches für die Diagnose nicht bedeutungslose Detail finden, das bisher übersehen oder unrichtig gedeutet wurde, augenscheinlich deshalb, weil die Untersuchungen vorwiegend an

Durchschnitten und Mazerationspräparaten vorgenommen wurden, während ich mit gleicher Sorgfalt die Flächenansichten prüfte. So wie man von einem Gebäude keine volle und klare Einsicht gewinnt, wenn man nur Durchschnitte und die konstruktiven Bestandteile desselben kennt, sondern dazu auch die Grundrisse der einzelnen Stockwerke benötigt, so mufs man auch von einem organischen Gebilde die aufeinander folgenden Schichten von der Fläche aus sehen, will man die Elemente und die Art ihrer Verbindung kennen lernen. Es ist hier um so wichtiger, als bei der Prüfung von Mahlprodukten die Fragmente in der Flächenansicht vorliegen und oft nur einer Aufhellung bedürfen, um die einmal charakterisierten Bestandteile wieder erkennen zu lassen.

Dafs ich mich nicht streng auf die mikroskopische Charakteristik beschränkte, wird mir kaum zum Vorwurfe gemacht werden. Die mikroskopischen Bilder werden lebendiger, wenn man sie mit dem makroskopischen Aussehen in Beziehung bringen kann; vielfach ist zu ihrem Verständnis der gröbere Bau des Pflanzenteils, die Art seiner Gewinnung und Zubereitung geradezu erforderlich oder zum mindesten nützlich. Die kurzen Angaben über Abstammung, Heimat, Handelssorten u. dgl. m. hätte gewifs mancher Leser in einem anderen Werke nachgeschlagen; so ist ihm die Mühe erspart.

Noch in einer zweiten Beziehung habe ich an dem durch den Titel gegebenen Umfang nicht pedantisch festgehalten. Ich habe einfache Prüfungsmethoden, weil sie zur Orientierung gute Dienste leisten, aufgenommen, wenn ich sie zweckentsprechend fand, und auf anerkannte Methoden der chemischen Analyse hingewiesen, dieselben auch wohl im Prinzipe skizziert. Eine ausführliche Wiedergabe wäre vielleicht erwünscht gewesen, aber damit hätte ich eine gewisse persönliche Verantwortung zu übernehmen geglaubt, und ich will, so viel an mir liegt, versichert sein, dafs an der Hand dieses Buches niemand fehlgehe.

Die Literatur-Nachweise habe ich bis in die jüngste Zeit so vollständig als möglich gebracht, und man wird auf mikroskopischem Gebiete kaum eine fachmännische Quelle vermissen. Die Angaben von Dilettanten habe ich in der Regel stillschweigend übergangen, mufste derselben aber gedenken, wo sie zu einer literarischen Kontroverse geführt haben.

Wien-Mariabrunn, September 1885.

Vorwort zur zweiten Auflage.

Neuauflagen sind wohl immer Beweise für die Brauchbarkeit eines Werkes, und so dürfte auch meine längst vergriffene „Mikroskopie“ ihren Zweck erfüllt haben. Gleichwohl war ich bemüht, sie noch brauchbarer zu machen.

Die vorliegenden Ausführungen sind dem Bedürfnisse des praktischen Nahrungsmittelanalytikers noch inniger angepafst. Ich habe es vermieden, mit Gelehrsamkeit zu prunken, weil mein Wissen den Leser wenig oder gar nicht interessiert. Er will belehrt werden, und deshalb habe ich mir stets vor Augen gehalten was der im Berufe stehende Leser in dem Buche sucht und was er finden soll. Was nicht streng zur Sache, d. i. zur mikroskopischen Erkennung und Wertbestimmung gehört, habe ich weggelassen oder nur angedeutet, und in der Darstellung mich der gröfsten Klarheit und Einfachheit beflissen. Chemische Zusammensetzung, chemische Untersuchungsmethoden, Gewinnung und Zubereitung der Naturprodukte, Handelsbeziehungen, Fabrikationsmethoden u. a. m. sind daher nur so weit berücksichtigt, als es zum Verständnis der Ware und ihrer Sorten unerläfslich ist. Durch diese zielbewufste Einschränkung wurde so viel Raum gewonnen, dafs ohne wesentliche Erhöhung des Umfanges der Inhalt erheblich vermehrt werden konnte. Insbesondere wurden zahlreiche Fälschungen und Ersatzmittel für Tee und Gewürze, Verunreinigungen der Zerealien und des Mehles, Pilze und Tierfuttermittel neu aufgenommen.

Die Einteilung des Stoffes wurde beibehalten, der Plan jedoch insofern geändert, als die Verunreinigungen und Fälschungen nicht bei den einzelnen Artikeln abgehandelt, sondern in das System eingereiht und auf sie nur hingewiesen wurde. Dadurch konnten Wiederholungen vermieden und Raum für die Abbildungen gespart werden, deren Zahl sich nahezu verdoppelt hat.

Unter den Bildern werden, glaube ich, meine Autophotogramme der Blätter Beifall finden, denn sie übertreffen an Natürlichkeit sogar den Naturselbstdruck. Die meisten Figuren sind nach meinen Zeichnungen reproduziert, bei den übrigen ist der Autor angegeben.

Der Mitarbeit meines Schülers Dr. A. L. Winton, Chemikers der Connecticut Agr. Exper. Stat. und Instruktors der Yale-University, der dreimal nach Europa kam, um unter meinen Augen zu arbeiten, verdanke ich mehrere sorgfältige Untersuchungen und gegen 120 vortreffliche Zeichnungen. Die Abschnitte „Mehl" und „Zerealien", sowie die Einzelbeschreibungen vieler Früchte und Samen sind hauptsächlich von ihm verfaſst.

Die Beschreibungen stützen sich fast ausnahmslos auf eigene Beobachtungen. Wo sie von den Angaben anderer Autoren wesentlich abweichen, wurde es ohne Kritik oder gar Polemik bemerkt. Wer sich genauer unterrichten will, findet die Quellen angegeben. Die Literaturverzeichnisse sind so ausführlich wie in keinem ähnlichen Werke, doch beschränken sie sich auf die Mikroskopie des Gegenstandes.

Graz, Juni 1905.

J. Moeller.

Inhaltsübersicht.

Allgemeine Literatur.

Die Werke sind unter den Autornamen mit in ( ) beigesetzter Nummer zitiert.

1. Bell: The Chemistry of Foods. With Microscopic Illustrations. London, Part I 1881, Part II 1883.
2. Benecke: Anleitung zur mikroskopischen Untersuchung der Kraftfuttermittel auf Verfälschungen und Verunreinigungen. Mit 14 in den Text gedruckten Abbildungen. Berlin 1886.
3. Berg: Anatomischer Atlas zur pharmazeutischen Warenkunde in Illustrationen auf 50 in Kreidemanier lithographierten Tafeln nebst erläuterndem Texte. Berlin 1865.
4. Berg und Schmidt: Darstellung und Beschreibung sämtlicher in der Pharmac. Borussica aufgeführten offizinellen Gewächse. Leipzig 1859.
5. Blyth: Foods: Their Composition and Analysis. A Manuel for the Use of Analytic Chemists and Others. With an Introductory Essay on the History of Adulteration. With numerous Tables and Illustrations. London, 2nd Ed. 1882, 5th Ed. 1903.
6. Böhmer: Die Kraftfuttermittel, ihre Rohstoffe, Herstellung, Zusammensetzung, Verdaulichkeit und Verwendung, mit besonderer Berücksichtigung der Verfälschungen und der mikroskopischen Untersuchung. Berlin 1903.
7. Entwürfe für den Codex alimentarius Austriacus. Ausgearbeitet von der freien Vereinigung österr. Nahrungsmittel-Chemiker u. Mikroskopiker. Ztschr. f. Nahrungsm.-Untersuch. u. Hygiene. Wien 1891 u. ff.
8. Collin: Guide pratique pour la détermination des poudres officinales. Paris 1893.

9. Collin et Perrot: Les résidus industriels de la fabrication des huiles et essences, utilisés par l'agriculture. Paris 1904.

10. Dammer: Illustriertes Lexikon der Verfälschungen und Verunreinigungen der Nahrungs- und Genufsmittel usw. Unter Mitwirkung von Fachgelehrten und Sachverständigen herausgegeben. Leipzig, I. Band 1885; II. Band, mit fünf Farbendrucktafeln und 734 in den Text gedruckten Abbildungen, 1887.

Böhmer: Ölkuchen.

Hanausek, T. F.: Kaffee, Tee, Safran, Pfeffergewürze, Muskatnufs, Zimt.

Hilger: Gewürznelken.

Meyer, Arthur: Ingwer, Senf, Kardamonen.

Weigmann: Kakao.

Wittmack: Brot, Mehle, Stärke.

11. Flückiger: Pharmakognosie des Pflanzenreiches. Berlin 1876. 2. Aufl. 1881, 3. Aufl. 1891.

12. Geissler-Moeller: Real-Enzyklopädie der gesamten Pharmazie. Wien, 1. Aufl. 1886—1891; 2. Aufl. von Moeller und Thoms 1904 u. ff.

13. Girard & Dupré: Analyse des matières alimentaires et recherche de leurs falsification. Paris 1894.

14. Greenish: The Microscopical Examination of Foods and Drugs. A Practical Introduction to the Methods Adopted in the Microscopical Examination of Foods and Drugs, in the Entire, Crushed and Powdered States. London 1903.

15. Hanausek, T. F.: Die Nahrungs- und Genufsmittel aus dem Pflanzenreiche. Nach den Grundsätzen der wissenschaftlichen Warenkunde für die Praxis und zum Studium. Mit 100 in den Text eingedruckten, meist anatomischen Holzschnitten. Kassel 1884.

16. Hanausek, T. F.: Lehrbuch der technischen Mikroskopie. Mit 256 in den Text gedruckten Abbildungen. Stuttgart 1901.

17. Harz: Landwirtschaftliche Samenkunde. Handbuch für Botaniker, Landwirte, Gärtner, Drogisten, Hygieniker. Mit 201 in den Text gedruckten Originalholzschnitten. 2 Bände. Berlin 1885.

18. Hassall: Food: Its Adulterations, and the Methods for Their Detection. Illustrated by upwards of 200 Wood Engravings. London 1876.

18a. Karsten: Lehrbuch der Pharmakognosie des Pflanzenreichs. Jena 1903.

19. Klenke: Die Verfälschungen der Nahrungsmittel und Getränke usw. Leipzig 1858.

20. Koch: Die mikroskopische Analyse der Drogenpulver. Ein Atlas für Apotheker, Drogisten und Studierende der Pharmazie. Berlin 1900 u. ff.

21. König: Die Untersuchung landwirtschaftlich und gewerblich wichtiger Stoffe. Praktisches Handbuch. Mit 202 Textabbildungen und einer farbigen Tafel. Berlin 1891. Zweite, neubearbeitete Auflage. Mit 248 Textabbildungen und einer farbigen Tafel, 1898.

Böhmer: Mikroskopische Untersuchung der Hülsenfrüchte, Ölsamen und Unkrautsamen.

22. Kraemer: A Course in Botany and Pharmacognosy. Philadelphia 1902.

23. Macé: Les substances alimentaires étudiées au microscope surtout au

point de vue de leurs altérations et de leurs falsifications. Avec vingt-quatre planches coloriées dont huit reproduites d'après les études sur le vin de M. L. PASTEUR et 408 figures lans le texte. Paris 1891.

24. MEYER, ARTHUR: Wissenschaftliche Drogenkunde. Ein illustriertes Lehrbuch der Pharmakognosie und eine wissenschaftliche Anleitung zur eingehenden botanischen Untersuchung pflanzlicher Drogen für Apotheker. Erster Teil. Mit 269 Abbildungen. Berlin 1891. Zweiter Teil (Schlufs des Werkes). Mit 387 Abbildungen. Berlin 1892.
25. MEYER, ARTHUR: Die Grundlagen und die Methoden für die mikroskopische Untersuchung von Pflanzenpulvern. Eine Einführung in die wissenschaftlichen Methoden der mikroskopischen Untersuchung von Gewürzen, pflanzlichen Arzneimitteln, Nahrungsmitteln, Futtermitteln, Papieren, Geweben usw. Zum Gebrauche in den Laboratorien der Hochschulen und zum Selbstunterrichte. Für Nahrungsmittelchemiker, Apotheker, Techniker usw. Mit 8 Tafeln und 18 Figuren im Texte. Jena 1901.
26. MOELLER: Mikroskopie der Nahrungs- und Genufsmittel aus dem Pflanzenreiche. Mit 308 vom Verfasser gezeichneten Figuren in Holzschnitt. Berlin 1886.
27. MOELLER: Lehrbuch der Pharmakognosie. Mit 237 Abbildungen. Wien 1889.
28. MOELLER: Pharmakognostischer Atlas. Mikroskopische Darstellung und Beschreibung der in Pulverform gebräuchlichen Drogen. Mit 110 Tafeln in Lichtdruck nach Zeichnungen des Verfassers. Berlin 1892.
29. MOELLER: Leitfaden zu mikroskopisch-pharmakognostischen Übungen für Studierende und zum Selbstunterricht. Mit 409, zumeist vom Verfasser gezeichneten Figuren im Texte. Wien 1901.
30. MOLISCH: Grundrifs einer Histochemie der pflanzlichen Genufsmittel. Jena 1892.
31. PLANCHON et COLLIN: Les drogues simples d'origine vegetale. Paris, T. I 1895, T. II 1896.
32. ROSEN: Anatomische Wandtafeln der vegetabilischen Nahrungs- und Genufsmittel. Breslau 1897.
33. RUPP: Die Untersuchung von Nahrungsmitteln, Genufsmitteln und Gebrauchsgegenständen. Praktisches Handbuch für Chemiker, Medizinalbeamte, Pharmazeuten, Verwaltungs- und Justizbehörden usw. Mit 115 in den Text gedruckten Abbildungen. Heidelberg 1894.
34. SCHIMPER: Anleitung zur mikroskopischen Untersuchung der Nahrungs- und Genufsmittel. Jena, erste Auflage mit 79 Holzschnitten, 1886; zweite, umgearbeitete Auflage mit 134 Abbildungen, 1900.
35. TICHOMIROW: Lehrbuch der Pharmakognosie. Moskau 1900.
36. TSCHIRCH: Angewandte Pflanzenanatomie Ein Handbuch zum Studium des anatomischen Baues der in der Pharmazie, den Gewerben, der Landwirtschaft und dem Haushalte benutzten pflanzlichen Rohstoffe. Erster Band. Allgemeiner Teil: Grundrifs der Anatomie. Mit 614 in den Text gedruckten Holzschnitten. Wien und Leipzig 1889.

37. Tschirch und Oesterle: Anatomischer Atlas der Pharmakognosie und Nahrungsmittelkunde. Ca. 2000 Originalzeichnungen auf 81 Tafeln mit begleitendem Text. Leipzig 1900.

38. Vereinbarungen zur einheitlichen Untersuchung und Beurteilung von Nahrungs- und Genufsmitteln, sowie Gebrauchsgegenständen für das Deutsche Reich. Berlin 1897. Heft II 1899, Heft III 1902.

39. Villiers & Collin: Traité des altérations et falsifications des substances alimentaires. Avec 633 figures dans le texte. Paris 1900.

40. Vogl: Nahrungs- und Genufsmittel aus dem Pflanzenreiche. Anleitung zum richtigen Erkennen und Prüfen der wichtigsten im Handel vorkommenden Nahrungsmittel, Genufsmittel und Gewürze mit Hilfe des Mikroskops. Mit 116 feinen Holzschnittbildern. Wien 1872.

41. Vogl: Arzneikörper aus den drei Naturreichen in pharmakognostischer Hinsicht. Kommentar zur 7. Ausgabe der österreichischen Pharmacopöe. II. Bd. Wien 1892.

42. Vogl: Die wichtigsten vegetabilischen Nahrungs- und Genufsmittel mit besonderer Berücksichtigung der mikroskopischen Untersuchung auf ihre Echtheit, ihre Verunreinigungen und Verfälschungen. Mit 271 Holzschnitten. Berlin und Wien 1889.

43. Wigand: Lehrbuch der Pharmakognosie. Berlin 1863. Vierte Auflage 1887.

44. Wiesner: Einleitung in die technische Mikroskopie nebst mikroskopisch-technischen Untersuchungen. Wien 1867.

45. Wiesner: Die Rohstoffe des Pflanzenreiches. Versuch einer technischen Rohstofflehre des Pflanzenreiches. Leipzig 1873. Zweite, gänzlich umgearbeitete und erweiterte Auflage. I. Bd. mit 153 Textfiguren, 1900; II. Bd. mit 297 Textfiguren, 1903.

Hanausek, T. F.: Samen und Früchte.
v. Höhnel: Rinden.
Krasser: Blätter und Kräuter.
Linsbauer: Blüten und Blütenteile.
Vogl: Untererdische Pflanzenteile,
Wiesner & Zeisel: Stärke.

46. Wiley et al.: Foods and Food Adulterants. U. S. Department of Agriculture, Division of Chemistry. Bulletin No. 13. Washington 1887.

Nach Vollendung des Manuskriptes erschienen:

Gilg: Lehrbuch der Pharmakognosie. Berlin 1905.

Leach, A. E.: Food Inspection and Analysis. New York 1904.

Thoms und Gilg: Schule der Pharmazie, V. Warenkunde, Dritte Auflage. Berlin 1905.

Zeitschriften:

American Druggist and pharmaceutical Record. New-York.

American Journ. of Pharmacy. Philadelphia.

The Analyst. London.

Annales de Pharmacie. Louvain.

Apothekerzeitung mit Repertorium der Pharmacie. Berlin.
Arbeiten des kaiserl. Gesundheitsamtes. Berlin.
Archiv der Pharmacie. Berlin.
Ber. d. Deutsch. Pharm. Gesellsch. Berlin.
Centralhalle, pharmaceutische. Dresden.
Chemiker-Ztg. Cöthen.
Chemist and Druggist. London.
Deutsche Vierteljahrsschrift für öffentliche Gesundheitspflege. Braunschweig.
Dingler's polytechnisches Journal. Berlin.
Druggist Circular. New-York.
Forschungs-Berichte über Lebensm. u. ihre Beziehungen zur Hygiene, über forense Chemie u. Pharmakognosie. München.
Jahresber. d. Pharmacie. Göttingen.
Journ. der Pharmacie v. Elsafs-Lothringen. Strafsburg i. E.
Journ. de Pharm. d'Anvers.
Journ. de Pharm. et de Chimie. Paris.
Moniteur de la Pharm. belge. Brüssel.
Monthly Magazin of Pharm. London.
Naturwiss. Rundschau. Braunschweig.
Pharm. Journ. and Transaction. London.
Pharmaceutical Review. Milwaukee.
Pharm. Weekblad. Utrecht.
Pharm. Post. Wien.
Pharm. Praxis. Wien.
Pharmaceutisch Weekblad for Nederland. Amsterdam.
Pharm. Wochenschrift. Berlin.
Pharm. Ztschr. f. Rufsland.
Pharm. Zeitung. Berlin.
Proceedings of the Amer. Pharm. association. Philadelphia.
Répertoire de Pharmacie. Paris.
Revue intern. des falsifications. Amsterdam.
Schweizer. Wochenschr. f. Chemie u. Pharm. Zürich.
Süddeutsche Apotheker-Ztg. Stuttgart.
Veröff. d. kaiserl. Gesundheitsamtes. Berlin.
Wiss.-prakt. Unters. a. d. Gebiete des Pflanzenbaues. Wien.
Zeitschr. d. allg. Österr. Apoth.-Ver. Wien.
Zeitschr. f. angew. Mikroskopie. Weimar.
Zeitschr. f. Nahrungsm.-Unters. u. Hygiene. Wien.
Zeitschr. f. Naturwissenschaften. Stuttgart.
Zeitschr. f. wissenschaftl. Mikroskopie. Braunschweig.
Zeitschr. f. Unters. v. Nahrungs- u. Genufsmitteln. Berlin.

Einleitung.

In vielen Fällen ist das Mikroskop das einzige Mittel zur Erkennung und Wertbestimmung der Drogen oder es führt doch einfacher und rascher zum Ziele als die chemische Analyse. Das ist unbestritten, und doch hat das Mikroskop in den Laboratorien bei weitem nicht die Bedeutung, welche ihm theoretisch zuerkannt wird. Der Grund liegt einfach darin, dafs die meisten Chemiker es nicht zu gebrauchen verstehen. Nicht die Handhabung des Instrumentes bereitet ihnen Schwierigkeiten, sondern die Deutung der Bilder. Sie finden sich in dem Chaos von Bildern, welche dem bewaffneten Auge sich offenbaren, nicht zurecht, weil sie die Grundformen nicht kennen. Wie das Kind die Gesichtseindrücke deuten lernen mufs, so mufs der angehende Mikroskopiker, der ja in eine ganz neue Welt blickt, die sich darbietenden Bilder kennen und verstehen lernen. Das Sehen ist eine Kunst, die gelernt sein will, wie jede andere, und es ist ein Irrtum, wenn man glaubt, es genüge, ein Präparat unter das Mikroskop zu bringen, um auch schon zu sehen, was es enthalte. Aber selbst nachdem man sehen und unterscheiden gelernt hat, ist man noch weit entfernt vom Erkennen. Wie der Laie in einer *lege artis* bereiteten Spezies nur ein Kunterbunt von Pflanzenfragmenten sieht, während der Pharmazeut ganz wohl die Bestandteile herauszufinden und zu bestimmen vermag, so sieht der ungeschulte Mikroskopiker Zellen- und Gewebefragmente und weifs schlechterdings nichts mit ihnen anzufangen, weil er das Gebilde, dessen Teile sie sind, nicht kennt. Und er mag die Fragmente noch so oft betrachten, einzelne besonders hervorstechende Charaktere noch so genau festzuhalten suchen — er wird immer wieder ratlos sein, weil ihm das geistige Band fehlt. Was ist das geistige Band? Es ist die Ideenverbindung, welche aus einzelnen, scheinbar unbedeutenden Merkmalen das Bild des Ganzen konstruiert. Das ist aber nur möglich, wenn man das Ganze und seine Teile genau kennt, und diese Kenntnis erwirbt man durch systematische Analyse. Wer das Mikroskop bei praktischen Untersuchungen mit Nutzen verwenden will, darf die Mühe eines systematischen Vorstudiums nicht scheuen. Er mufs die Objekte, welche Gegenstand der mikroskopischen Prüfung sind, mikroskopisch zergliedern, sie in allen Einzelheiten ihres Baues kennen lernen, damit er sie dann aus den Teilen rekonstruieren, d. h. diagnostizieren könne. Es ist dann sogar die sichere Unterscheidung aller oder vieler Merkmale durchaus nicht erforderlich, es genügt vielmehr oft ein einziges Kennzeichen oder in Ermangelung eines solchen die Summe der im einzelnen nicht scharf ausgeprägten Erscheinungen: wie wir eine gut bekannte Person schon aus einzelnen Zügen oder auch aus weiter Ferne, bevor wir ihre Züge wahrnehmen, erkennen.

Von diesem Gesichtspunkte aus sind die folgenden Blätter abgefafst. Sie vermitteln zunächst eine genaue Bekanntschaft mit den Untersuchungsobjekten im natürlichen Zustande und leiten auf Grund derselben zur Diagnose der als Nahrungs- und Genufsmittel dienenden Präparate.

Die Kenntnis des Mikroskopes und seiner Handhabung wird vorausgesetzt[1]), nur die zur Untersuchung der uns beschäftigenden Pflanzenstoffe dienlichen Methoden sollen hier einleitend besprochen werden und auch diese nur so weit, als sie für die Praxis nötig und in der Praxis bewährt sind.

Die Präparation.

Die allermeisten Objekte kommen in mehr oder weniger fein gepulvertem Zustande zur mikroskopischen Untersuchung und können ohne weitere Präparation beobachtet werden. Trocken wird das Pulver niemals untersucht, sondern zunächst in einem

---

[1]) Anfängern sei empfohlen: Dippels Grundzüge der allgemeinen Mikroskopie, Behrens' Hilfsbuch, Strasburgers Botanisches Practicum, Moellers Leitfaden zu mikroskopisch-pharmakognostischen Übungen, Hager-Mez', Das Mikroskop und seine Anwendung.

Tropfen Wasser, den man auf den Objektträger bringt. Um nicht zu viel des Pulvers, was mifslicher ist als zu wenig, in dem Tropfen zu suspendieren, fafst man es mit der befeuchteten Präpariernadel und hat damit zugleich den Vorteil, die gröberen Fragmente nicht mitzubekommen, weil diese an der Nadel wegen ihrer Schwere nicht haften bleiben. Sollte es gleichwohl der Fall sein, so müssen sie aus dem Wassertropfen mit der Nadel entfernt werden, weil sie sonst die horizontale Lagerung des Deckglases verhindern, was in mehrfacher Beziehung unangenehm ist: das feine Pulver kommt in der nicht abgeschlossenen Flüssigkeit lange nicht zur Ruhe und die Verwendung stärkerer Objektive mit kleiner Fokaldistanz ist beschränkt. Gewöhnlich schliefsen derartige Pulverpräparate auch viel Luft ein. Bei Präparaten aus homogenem Materiale, wie z. B. Stärke, ist das zwar nicht schön, aber auch nicht besonders hinderlich. Besteht das Pulver aber aus zelligen Fragmenten, deren genaue Unterscheidung wegen der in ihnen eingeschlossenen oder auf ihnen liegenden Luftbläschen erschwert ist, so mufs die Luft weggeschafft werden. Das einfachste Verfahren ist die Erwärmung des Präparates, indem man den Objektträger über eine Weingeistflamme hält, so geneigt, dafs die Flamme von den Fingern weg streicht. Es ist gut, wenn man die Erwärmung sistiert, bevor der Wassertropfen ins Sieden gerät. Sollte der günstige Augenblick versäumt worden sein, so ist indessen der Schaden auch nicht grofs. Ein Teil des Pulvers ist an den Rändern des Deckglases ausgetreten, doch reicht der noch bedeckt gebliebene Rest in der Regel für die Untersuchung aus; im anderen Falle müssen eben die Flüchtlinge mit dem Deckgläschen zusammengescharrt oder neue Präparate angefertigt werden. Das durch Verdampfung verloren gegangene Wasser wird vom Rande des Deckglases her ersetzt.

Die Erwärmung oder gar das Kochen ist natürlich kein gleichgültiger Eingriff und man mufs stets im Auge behalten, welche Veränderungen dadurch möglicherweise im Präparate hervorgerufen worden sein können. Niemals dürfen aus erwärmten Präparaten allein Folgerungen gezogen werden, sie dienen vielmehr nur zur vorläufigen Orientierung oder zur Aufhellung früher zweifelhaft gebliebener Umstände. Die tiefgreifendsten Veränderungen erleidet die Stärke. Indem sie verkleistert, wird sie unsichtbar oder mindestens so verändert, dafs ihre Art nicht mehr bestimmt werden kann. Andere Inhaltsstoffe werden gelöst, verändern ihre Farbe oder werden aus ihrer ursprünglichen Lagerstätte verdrängt. Auch auf Zellmembranen übt das Erwärmen mitunter einen berücksichtigenswerten Einfluſs, nämlich dann, wenn die Membranen stark quellbar sind und die Diagnose sich gerade auf die Verschiedenheit der Dimensionen stützt. Anderseits bietet das Erwärmen nicht allein dadurch, daſs die Luft ausgetrieben wird, sondern auch durch Lösung und Aufhellung der Inhaltsstoffe, sowie durch die vollkommenere Entfaltung der Zellgewebe ein ebenso einfaches als gutes Hilfsmittel zur Aufklärung.

Sollen die durch das Kochen bewirkten Veränderungen sicher hintangehalten werden, dann muſs die Luft auf eine etwas umständlichere Art entfernt werden, indem man das Präparat in frisch ausgekochtes und abgekühltes Wasser legt. In einer Eprouvette kocht man 5—10 ccm Wasser, gieſst dieses in ein Schälchen, läſst abkühlen und legt das zu untersuchende Objekt (Pulver oder Schnittpräparat) hinein. Man sieht sogleich die Luftbläschen in das luftfreie Wasser aufsteigen, und nach kurzer Zeit kann das Präparat auf den Objektträger umgelegt werden.

In einigen besonderen Fällen ist Wasser überhaupt nicht die geeignete Untersuchungsflüssigkeit. Liegt der Schwerpunkt der Diagnose in einem durch Wasser veränderlichen Momente, so müssen selbstverständlich andere Zusatzflüssigkeiten verwendet werden. Handelt es sich beispielsweise um die Verhütung von Quellungserscheinungen bei Stärke und Proteïnkörpern oder bei verschleimten Membranen, so benützt man Glyzerin (s. pag. 10); soll die Lösung gewisser Inhaltsstoffe, wie Zucker, Gerbstoff, Gummi, Farbstoffkörpern (Safran), oder die Emulsion von Fetten oder die Verschleimung von Membranen (Lein, Raps) hintangehalten werden, so untersucht man je nach Umständen in Glyzerin, Alkohol oder fettem Öl, wie am betreffenden Orte näher angegeben sein wird. Sind die mit der Löslichkeit und Quellbarkeit zusammenhängenden Fragen erledigt, so bedient man sich für die weitere Untersuchung der Gewebe zweckmäſsig einer verdünnten Kali- oder Natronlösung (s. pag. 11).

Die Untersuchung mancher Pulver wird auſserordentlich erleichtert, wenn man aus demselben gewisse Bestandteile, die man aber vorher oder nachher abgesondert studieren muſs, entfernt. Im Getreidemehle sind Gewebereste, deren genaue Prüfung oft unerläfslich ist, in der Regel so spärlich vorhanden, dafs sie in der Masse der Stärkekörnchen leicht übersehen oder doch nicht mit genügender Deutlichkeit erkannt werden. Dasselbe gilt von anderen stärkemehlreichen Pulvern. In dem Pulver fettreicher Samen finden sich zwar Gewebereste weniger sparsam, aber sie sind von den stark lichtbrechenden Fettklumpen oder Öltropfen bedeckt, so dafs ihre genaue Prüfung schwierig ist, die zartesten Elemente der Beobachtung ganz entgehen. Indem man die Stärke oder das Fett, die der Menge nach meist überwiegenden Bestandteile. aus dem Pulver löst, gewinnt man in dem Rückstande ein für die mikroskopische Untersuchung sehr geeignetes Objekt. Bei manchen Mahlprodukten genügt es, die Verkleisterung der Stärke auf dem Objektträger durch Erwärmen des Präparates in Wasser oder nach Zusatz von Alkalien vorzunehmen. Bei den feinsten Mehlen lohnt sich die Mühe, aus einer gröfseren Portion die Stärke mittels den a. b. O. angegebenen Methoden zu lösen. Zur Untersuchung fett-, harz- und farbstoffreicher Pulver ist Chloralhydrat (s. pag. 13) den Alkalien vorzuziehen, wenn die Zeit nicht drängt. Chloralhydrat löst langsam, in der Regel erst nach mehreren Stunden, die Inhaltsstoffe, ohne die Membranen wesentlich zu verändern. Man wendet die Chloralhydratlösung auf dem Objektträger an, deckt aber das Präparat mit einem Uhrschälchen, um die Verdunstung zu verzögern. Sollte gleichwohl das Chloralhydrat auskristallisiert sein, so löst man es, indem man vom Rande des Deckglases her Wasser zufliefsen läfst. Die Extraktion fettreicher Pulver ist wegen der raschen Verdunstung des Lösungsmittels (absoluter Alkohol, Äther oder Chloroform) auf dem Objektträger mifslich. Sie wird besser in einem Uhrschälchen, welches mit einem zweiten bedeckt wird, am schnellsten und vollkommensten durch Erwärmen in einer Eprouvette vorgenommen.

Je feiner das zu untersuchende Pulver, desto günstiger ist es für die unmittelbare mikroskopische Beobachtung. Es besteht zwar zum grofsen Teile aus undefinierbarem Detritus, aber zugleich enthält es isolierte Zellen oder kleine Zellenkomplexe, welche mit hinreichender Deutlichkeit die charakteristischen Eigentümlichkeiten erkennen lassen. Am störendsten sind die mittelgrofsen Pulverfragmente. Sie sind zu grofs und daher zu wenig durchscheinend für die direkte Beobachtung und zu klein für die bequeme Präparation durch Nadel oder Messer.

Reicht die Untersuchung des feinen Pulvers nicht aus, so kann man oft durch Zupfpräparate die Lücken in der Diagnose ergänzen. Zu ihrer Herstellung sucht man (nötigenfalls durch Absieben) die gröberen Pulverteilchen heraus, erweicht sie in Wasser oder Kalilauge und zerkleinert sie aufs Geratewohl mit zwei Nadeln auf dem Objektträger. Bei von Natur aus weichen Objekten, wie z. B. Blattfragmenten, ist nicht einmal das nötig; ein schiebender Druck mit dem Deckglase trennt die durch Alkalien gelockerten Gewebeschichten in ganz zweckentsprechendem Grade.

Natürlich kann man aus der Betrachtung von Fragmenten sich kein vollständiges Bild des ganzen Pflanzenteils konstruieren, wenn man diesen nicht von früher her in seinem histologischen Aufbaue kennt. Umgekehrt unterstützt die genaue Kenntnis des letzteren aufserordentlich die Deutung der aus ihrem Zusammenhange gerissenen und durch mannigfache Einflüsse oft arg beschädigten Zellen und Gewebe. Ein Pflanzenteil ist wie eine Maschine aus vielen Elementarbestandteilen aufgebaut, die verhältnismäfsig wenigen Typen angehören, aber innerhalb derselben unendlich variieren. Wer die Maschine und die zu ihrem Baue notwendigen Typen kennt, wird sich durch die Verschiedenheit der Konstruktionselemente nicht beirren lassen, er wird die wesentlichen von den belanglosen Abweichungen nach ihrem Werte würdigen, er wird Merkmale finden, die dem Laien wegen ihrer scheinbaren Geringfügigkeit entgehen, ja er wird nach gewissen leitenden Kennzeichen suchen. Genau dieselben Vorteile bietet die genaue Kenntnis der Naturprodukte in unverändertem Zustande. Man erwirbt sich dieselbe, wenn man nach der in den folgenden Abschnitten gegebenen Anleitung die Pflanzenteile analytisch studiert.

Der Vorgang ist im allgemeinen folgender: Querschnitte orientieren über die Zahl, Lage, Ausdehnung der Gewebeschichten, gröfstenteils auch über die zu ihrem Aufbau verwendeten Zellentypen und Inhaltsstoffe. Sie lehren auch, in welcher Richtung die zur Vervollständigung unserer Einsicht nötigen Längsschnitte zu führen sind. Statt der Längsschnitte ist es oft, namentlich bei häutigen Gebilden, zweckmäfsig, die einzelnen Schichten durch Abziehen oder Abschaben blofszulegen. Es gelingt dies in der Regel schon, wenn man die Objekte in Wasser erweicht, nötigenfalls kocht man sie oder setzt vorsichtig alkalische Lösungen zu, nicht stärker, als zur Erreichung des Zweckes eben nötig ist. Die kräftigeren in der Pflanzenhistologie gebräuchlichen Mazerationsmittel sind für unsere Zwecke meist entbehrlich. Zur Mazeration nach SCHULZE gibt man ein kleines Stück des Materiales mit ungefähr ebenso viel Kaliumchlorat in eine Eprouvette, übergiefst mit Salpetersäure und erwärmt. Dann giefst man den Inhalt der Eprouvette in eine Schale mit Wasser, fischt das Objekt heraus, wäscht es noch einmal (um alles Chlor zu entfernen) und zerzupft es auf dem Objektträger, falls die Zellen nicht schon durch den Druck des Deckglases auseinanderfallen.

Selbstverständlich müssen die durch thermische und chemische Einwirkungen gesetzten Veränderungen, die im allgemeinen auf Lösung und Quellung zurückzuführen sind, durch den Vergleich mit den Präparaten in indifferenten Medien festgehalten werden. Durch die Mazeration werden die Elemente isoliert zur Anschauung gebracht, was besonders dann von Vorteil ist, wenn es sich um sehr unregelmäfsige, durch Quer- und Längsansichten nicht genügend definierte Formen handelt.

Die Ausführung der Dünnschnitte erfordert Übung und einiges Geschick. Die Hauptschwierigkeit liegt bei den uns beschäftigenden Objekten in ihrer Kleinheit und Unfafsbarkeit. Es wurden verschiedene Methoden angegeben, um dieser Schwierigkeit zu begegnen, die ihren Autoren sicherlich gute Dienste geleistet haben, für unsere Zwecke aber wohl zu umständlich sind. Unsere Aufgabe ist es nicht, den anatomischen Bau zu erforschen, sondern die bereits bekannten anatomischen Einzelheiten kennen zu lernen. Dazu reicht ein gelungener Schnitt, oft sogar ein minder gelungener aus, wenn er nur das zeigt, was wir zur Ergänzung der durch leichtere Präparationsmethoden gewonnenen Bilder brauchen. Schnitte aus Blättern fertigt man in der Weise an, dafs man ein Blatt — wenn es trocken ist, mufs es vorher erweicht werden — in schmale Streifen schneidet, diese übereinander schichtet und das kleine Paket zwischen Kork klemmt, bei sehr zarten Blättern zwischen Holundermark. Man schneidet nun so, als hätte man eine homogene Substanz zwischen den Fingern, überträgt die Schnitte in ein Uhrschälchen mit Wasser und sucht die besten zur Beobachtung heraus. Diese Art der Fixierung eignet sich auch für andere Objekte, wie z. B. für manche Frucht- und Samenschalen. Sehr kleine Objekte, besonders kugelige und schlüpferige Samen bietem dem Korke oder Marke keine genügenden Kontaktflächen, sie werden durch den Druck des schneidenden Messers aus ihrem Lager gedrängt. Die einfachste Methode, um sie schnittgerecht zu fixieren, besteht darin, sie auf ein erwärmtes Stück Wachs oder Paraffin aufzukleben. Je nach der Konsistenz des Objektes wird man es mehr oder weniger tief in die Einbettungsmasse drücken; in der Regel wird es aber teilweise aus derselben noch hervorragen können und doch hinreichend festsitzen. Sollte aber das Objekt auch ganz von der Einbettungsmasse umgeben sein, so dafs man genötigt ist, die Schnitte durch beide zu führen, wird die Ablösung der letzteren doch häufig von selbst erfolgen oder man hat nur mit der Nadel ein wenig nachzuhelfen. Hat sich eine innigere Verbindung zwischen Objekt und Einbettungsmasse hergestellt, dann mufs man zur Abtrennung der letzteren Lösungsmittel (Alkohol für Wachs, Äther für Paraffin) anwenden.

Wie bemerkt, ist das Studium von Schnittpräparaten dringend anzuraten, wenn man für die Diagnose unregelmäfsiger Fragmente eine gesicherte Grundlage erlangen will. Hat man diese erworben, so kommt man in der Praxis nicht leicht in die Notwendigkeit, aus dem Untersuchungsmateriale Schnitte anfertigen zu müssen. Sollten auch die feinsten, der mikroskopischen Beobachtung ohne weiteres zugänglichen Pulverteilchen nicht genügende Aufschlüsse geben, so wird man durch Zerzupfen einzelner gröfserer Fragmente, was immerhin einfacher ist als die Schnittführung, meist zum Ziele kommen, denn bekannte Objekte erkennt man fast in jeder Lage. Nun kommt es aber nicht selten vor, dafs man in Surrogaten und gefälschten Pulvern Gewebsfragmente antrifft, von denen man, ohne sie zu kennen, doch sofort erkennt, dafs sie mit den gewöhnlichen Vorkommnissen nicht übereinstimmen. Oft wird man sich auch vergeblich bemühen, ihre Art zu bestimmen, weil ja die Menge der als Fälschungsmittel verwendbaren Stoffe vielmal gröfser ist als die Zahl der ihrem mikroskopischen Baue nach überhaupt bekannten Pflanzen. Dennoch wird man wenigstens versuchen wollen, dem Dinge auf die Spur zu kommen; wenn nicht seine Art, so doch den Pflanzenteil, dem es entstammt, nachzuweisen. Dazu leisten Schnittpräparate, die man aus den gröberen Fragmenten nach der oben angegebenen Weise herstellt, vortreffliche Dienste.

Reagentien.

Die mikroskopische Beobachtung wird durch die Anwendung von Reagentien erheblich unterstützt, ja manche Einzelheiten wären ohne sie gar nicht erkennbar. Aus der grofsen Zahl der in der Pflanzenhistologie gebräuchlichen Reagentien sollen hier nur diejenigen erörtert werden, deren Anwendung nicht umgangen werden kann und deren Wirkung zuverlässig ist[1]).

Aufhellungs-Reagentien.

Wasser. In strengem Wortsinne untersucht man eigentlich niemals ohne Reagens, denn die einfachste Zusatzflüssigkeit, das Wasser, hat schon Anspruch auf diesen Namen, indem es ohne Frage einen gar nicht unbedeutenden Einflufs auf die Konstitution pflanzlicher Gebilde übt. Vor allem bringt es sie zum Quellen, manche (Schleim, Gummi) bis zu einem der Lösung sehr nahe kommenden Grade; sodann ist es ein wirkliches Lösungsmittel für viele in den Pflanzen regelmäfsig vorkommende Stoffe (Gerb- und Farbstoffe, Salze, manche Eiweifskörper). Diese mannigfachen Wirkungen äufsern sich mehr in warmem Wasser, doch hat man, von einigen besonderen Fällen abgesehen, auf sie wenig Rücksicht zu nehmen. Diese besonderen Fälle treten ein, wenn es sich um die spezielle Untersuchung der durch Wasser veränderlichen Substanzen handelt, wie namentlich der Stärke, der Proteïnkörper, der Gerb- und Farbstoffe, der verschleimten Membranen, sonst betrachtet man die quellenden und lösenden Wirkungen des Wassers als einen Vorteil, indem dadurch teils direkt, teils durch Austreibung der Luft die Gewebe aufgehellt werden. Der letztgenannte Effekt tritt besonders dann ein, wenn man als Zusatzflüssigkeit ausgekochtes Wasser verwendet, oder besser noch, wenn man das Pulver oder die Schnittpräparate einige Zeit in einem Schälchen mit ausgekochtem Wasser stehen läfst. Im allgemeinen soll bei mikroskopischen Arbeiten destilliertes Wasser verwendet werden, unbedingt nötig ist es aber für unsere Zwecke nicht.

---

[1]) Es ist sehr empfehlenswert, die mikroskopischen Reagentien in Stiftfläschchen (mit verlängertem zugespitzten Glasstoppel) von etwa 30 g Inhalt vorrätig zu halten.

Glyzerin. Noch empfehlenswerter als Wasser ist Glyzerin als Zusatzflüssigkeit. Man verwendet es zu gleichen Teilen mit Wasser gemischt, seltener konzentriert. Die für den Mikroskopiker wertvollen Eigenschaften des Glyzerins bestehen darin, dafs es die Objekte durchsichtig macht, ohne sie aufzuquellen. Eine mitunter störende Eigenschaft des Glyzerins ist seine Begierde zu Wasser. Damit diese Wirkungen nicht übermäfsig auftreten, bis zu dem Grade etwa, dafs die Objekte (z. B. Stärkekörner) schrumpfen oder durch Aufhellung fast unsichtbar werden, verdünnt man das Glyzerin mit Wasser oder Alkohol oder setzt ihm einige Tropfen Essigsäure zu. Besonders vorteilhaft wendet man das Glyzerin da an, wo die quellende und lösende Wirkung des Wassers hintangehalten oder verlangsamt werden soll, also hauptsächlich bei der Untersuchung von Schleim (Lein, Raps, Senf, Salep, Zimmt), von Farbstoffen (Safran) und von Proteïnkörpern (Muskatnufs, Palmkerne). Glyzerin hindert auch ebensowenig wie Wasser die weitere Anwendung von Reagentien. Es ist endlich die beste Konservierungsflüssigkeit. In Glyzerin liegende und mit dem Deckglase bedeckte Präparate können beliebig lange aufbewahrt werden; nur wenn sie wiederholt benützt oder einer Sammlung [1]) einverleibt werden sollen, mufs man der Stabilität wegen sie mit einem Lackrahmen [2]) umgeben. Zweckmäfsig verwendet man zur Herstellung von Dauerpräparaten eine Mischung von Glyzerin und Gelatine. Von den verschiedenen Darstellungsmethoden der Glyzeringela-

---

[1]) Wer sich nicht vorübergehend, sondern berufsmäfsig mit der Untersuchung von Nahrungs- und Genufsmitteln beschäftigt, soll es nicht unterlassen, für den eigenen Gebrauch eine Mustersammlung anzulegen, um die zur Vergleichung oft unbedingt notwendigen Objekte in authentischen Proben bei der Hand zu haben. Mehl- und Stärkesorten, Gewürzpulver u. dergl. m. bewahrt man am zweckmäfsigsten in kleinen Präparatengläsern auf, welche, damit die Sammlung kompendiös sei, nur einige Gramm zu fassen brauchen. Da man aber im Pulver nicht immer die zum Vergleiche dienlichen Fragmente findet, soll man auch eine Sammlung mikroskopischer Präparate eigener Mache besitzen. Ich betone das *„ipse fecit"*, weil man beim Präparieren aufserordentlich viel lernt und weil die käuflichen Präparate nicht immer richtig bestimmt sind und in der Regel nicht das bieten, was wir am dringendsten brauchen. Für uns liegt der Schwerpunkt in den Flächenansichten, Durchschnitte benötigen wir hauptsächlich nur zur Orientierung.

[2]) Die geeigneten Lacke sind in den Handlungen für mikroskopische Utensilien erhältlich.

tine[1]) sei die von KAISER angeführt: „Man weicht 1 Gewichtsteil feinster französischer Gelatine in 6 Gewichtsteilen destillierten Wassers ca. zwei Stunden lang, setzt darauf 7 Gewichtsteile chemisch reinen Glyzerins hinzu und gibt auf je 100 g der Mischung 1 g konzentrierte Karbolsäure. Sodann wird das gesamte Gemisch 10—15 Minuten lang unter beständigem Umrühren erwärmt, bis alle Flocken, welche sich beim Hineinschütten der Karbolsäure gebildet haben, verschwunden sind. Schliefslich filtriert man die Abkochung noch warm durch feinste Glaswolle, welche man zuvor mit destilliertem Wasser ausgewaschen und noch nafs in den Trichter gelegt hat. Die Glyzeringelatine erstarrt bei gewöhnlicher Temperatur vollständig, sie mufs also bei jedesmaligem Gebrauch erwärmt werden. Man füllt sie zu diesem Zwecke am besten in dünnwandige Reagenzzylinder, in welchen das Erwärmen im Augenblick geschehen kann. Dann hebt man mit einem Glasstäbchen einen Tropfen des flüssigen Gemisches auf einen schwach erwärmten Objektträger und bringt das vorher in verdünntes Glyzerin gebrachte Präparat hinein. Es wird nun das Deckglas aufgelegt und erkalten lassen.“ Um die Zersetzung der Einschlufsmasse zu verhindern, bestreicht man den Rand des Deckglases mit einem farblosen Firnis oder dünnflüssigen Lack in verschiedenen Farben für bestimmte Präparatgruppen.

Alkalische Lösungen. Ausgezeichnete aufhellende Flüssigkeiten sind die Lösungen von Ätzkali oder Ätznatron, zugleich wirken sie aber im hohen Grade quellend und auf gewisse Inhaltsstoffe zersetzend, so dafs ihre Anwendung durch manche Rücksichten beschränkt ist. Für uns sind folgende Wirkungen der alkalischen Lösungen die bemerkenswertesten:

1. Zellmembranen quellen, verändern dadurch ihre Gestalt und die Verhältnisse ihrer Dimensionen. Messungen dürfen daher niemals in Kalipräparaten vorgenommen werden. Eine Folge der Quellung ist das deutliche Hervortreten etwaiger Schichtungen der Membran, anderseits das Verstreichen etwaiger Reliefs. Manche Strukturverhältnisse werden klarer, andere verschwommener, dieselben können daher nach Kalipräparaten allein nicht richtig beurteilt werden.

---

[1]) Ebenfalls fertig käuflich.

2. Verholzte Zellmembranen (Steinzellen) werden gelb gefärbt, Zellulosemembranen bleiben farblos. Diese Reaktion bietet Mindergeübten ein einfaches Hilfsmittel zur Unterscheidung gewisser stark verdickter Zellen (Endosperm von Kaffee, Wachtelweizen, Dattel, Steinnufs) von Steinzellen, mit denen sie in kleinen Fragmenten wohl verwechselt werden könnten.

3. Stärke wird verkleistert. Da diese Wirkung auch in der Kälte und bei einigermafsen konzentrierten Lösungen rapid eintritt, mufs man es sich zur Regel machen, die Alkalien nicht früher anzuwenden, bevor man die auf die Stärke bezüglichen Fragen gelöst hat.

4. Fette werden verseift und dadurch in Wasser löslich. Von dieser Eigenschaft macht man zum Zwecke der Aufhellung fetthaltiger Gewebe sehr vorteilhaften Gebrauch. Vorher mufs man sich aber überzeugen, ob nicht Fettsäure-Kristalle sich in den amorphen Klumpen befinden, und auch die Proteïnkörper, welche mit Fett gepaart den Zellinhalt bilden und mitunter sehr charakteristisch sind (Muskatnufs), können selbstverständlich nicht in Kalipräparaten studiert werden, denn

5. Eiweifskörper werden gelöst. Um die geformten Proteïnkörper von dem sie verdeckenden Fette zu befreien, extrahiert man das letztere durch Äther oder Alkohol.

Trotz der erwähnten Einschränkungen empfehlen sich Kali- und Natronlauge als Zusatzflüssigkeiten für den regelmäfsigen Gebrauch wegen ihrer fast augenblicklich aufhellenden Wirkung.

Man bereitet das Reagens, indem man das chemisch reine kaustische Kali oder Natron in destilliertem Wasser bis zur Sättigung löst und einen Teil dieser Lösung mit der gleichen Menge Wasser mischt. Bekanntlich ziehen diese Lösungen aus der Luft begierig Kohlensäure an und es bilden sich in ihnen Karbonate. Die Lösungen werden dadurch getrübt und schwächer. Trübe Lösungen können durch Glaswolle oder Asbest filtriert werden.

Die Anwendung der Kali- oder Natronlauge erfordert einige Behutsamkeit. Es läfst sich nicht sagen, welcher Konzentrationsgrad im einzelnen Falle die beste Wirkung gibt; das mufs der Versuch lehren. Konzentrierte Lösungen verwende man im allgemeinen nicht, höchstens zur Mazeration sehr harter Gewebe, wobei man oft noch mit Erwärmung zu Hilfe kommen mufs.

Man bringe die Objekte in einen Tropfen von mittlerer Konzentration und beobachte die Wirkung möglichst rasch, denn auch die Dauer der Einwirkung ist mafsgebend. Findet man die Einwirkung zu energisch, so bereitet man ein zweites Präparat in Wasser und läfst vom Rande des Deckglases her einen Tropfen der Lauge zufliefsen, während man am entgegengesetzten Rande die überschüssige Flüssigkeit mittels Löschpapier ansaugt. Dabei blickt man immer in das Mikroskop und sistiert das Zufliefsen der Lauge im geeigneten Augenblicke, hemmt wohl auch die Wirkung der bereits vorhandenen durch einen Tropfen Essigsäure. — Findet man, das Präparat könne eine konzentrierte Lauge vertragen, so steigere man zunächst die Wirkung durch Erwärmen des Objektträgers. Dabei kann es vorkommen, dafs sich Karbonatkristalle ausscheiden, die der Uneingeweihte als dem Präparate eigentümlich ansehen könnte. Die Form der Kristalle, die Art ihres Auftretens und die eigentümliche Gruppierung im Gesichtsfelde schützen vor diesem Irrtum. — Will man Kalipräparate weiter mikroskopisch prüfen, so müssen sie vorher neutralisiert werden, am besten durch Salz- oder Essigsäure, welche lösliche Salze bilden. Ebenso neutralisiert man Schnitte, die aufbewahrt werden sollen. Man schwemmt sie in eine Uhrschale mit angesäuertem Wasser und hebt sie aus diesem mit der Lanzettnadel in die Konservierungsflüssigkeit. Finden sich in den Schnitten nach der Kalibehandlung noch Inhaltsstoffe, welche in Wasser unlöslich sind, deren Entfernung jedoch zur vollständigen Aufhellung wünschenswert erscheint, so benutzt man absoluten Alkohol als Waschmittel.

JAVELLEsche Lauge (Liquor Kalii hypochlorosi) besitzt ein grofses Bleichungsvermögen, löst viele Inhaltstoffe (Protoplasma, Chlorophyll), lockert die Gewebe und bringt die Membranen nicht so stark zum Quellen wie die Ätzlaugen. Sie eignet sich besonders für intensiv gefärbte und zusammengefallene Gewebe in Schnittpräparaten, weniger für Pulver, weil die sich entwickelnden Gasblasen nicht ausgewaschen werden können. Wurden die Präparate zu stark aufgehellt, so färbt man sie mit Safranin, nachdem sie durch verdünnte Essigsäure neutralisiert wurden.

Chloralhydrat in konzentrierter wässeriger Lösung (5 : 2) ist ebenfalls ein ausgezeichnetes Aufhellungsmittel. Es wirkt vorzüglich durch Lösung und Entfärbung der Inhaltsstoffe (Farbstoffe, Harze, Fette, Stärke und Aleuron), weniger durch Quellung, und das ist ein Vorzug vor den Laugen. Nachteilig ist unter Umständen die Langsamkeit der Wirkung, die übrigens durch Erwärmen des Präparates beschleunigt werden kann. Da hierbei jedoch das Chloralhydrat leicht auskristallisiert, ist es besser, eine Lösung in der Kälte durch mehrere Stunden, auch ein bis zwei Tage einwirken zu lassen. Man erhält dann von Gewürzpulvern, Ölkuchen u. a. m. schöne Präparate, in denen die zelligen Bestandteile mit unübertrefflicher Klarheit zur Ansicht kommen, die störenden Inhaltsstoffe, aber auch die etwa vorhandene Stärke verschwunden sind. Das Austrocknen der Präparate verhindert man, indem man sie mit einem Uhrschälchen bedeckt oder unter eine Glasglocke bringt, auf deren Innenseite ein Stückchen nasses Filtrierpapier geklebt wurde.

Reagentien auf Zellmembranen.

Die ursprünglich immer aus Zellstoff (Zellulose) bestehenden Membranen ändern sich im Laufe der Zellenentwicklung in der Regel, sie werden verholzt oder verkorkt[1]). Diese Metamorphose bedingt selbstverständlich veränderte physikalische Eigenschaften, die aber nicht immer das Aussehen der Membranen verändern, und da Zellen der verschiedensten Gewebesysteme der Metamorphose unterliegen, ohne dabei im geringsten ihre Gestalt zu ändern, so mufs man sich der Reagentien bedienen, wenn man sich über die chemische Konstitution der Zellmembranen unterrichten will. Sie ist nicht blofs eine Frage wissenschaftlichen Interesses, sondern auch von praktischer Bedeutung, indem sie zur Unterstützung der mikroskopischen Diagnose mitunter wesentlich beiträgt und weiterhin bei der Beurteilung des diätetischen Wertes der uns beschäftigenden Stoffe entscheidend sein kann.

Zellulose-Reagentien. Das bequemste Reagens auf Zellulose ist Chlorzinkjod; es färbt dieselbe blau. Man stellt das Reagens dar, indem man reines Zink in Salzsäure löst, in einer Menge, dafs nach der Sättigung noch etwas Metall ungelöst zurückbleibt. Die Lösung wird durch Glaswolle filtriert und bis zur Dickflüssigkeit auf dem Wasserbade eingedampft, hierauf

[1]) Andere organische und die mineralischen Infiltrationen der Zellwand werden als praktisch bedeutungslos hier übergangen.

so viel Jodkalium, als sich löst, endlich elementares Jod im Überschusse zugesetzt. Man wendet Chlorzinkjod in der Weise an, dafs man die Präparate, Pulver oder Schnitte, unmittelbar in einen Tropfen desselben bringt, oder indem man den in Wasser oder Glyzerin liegenden Präparaten einen Tropfen des Reagens zufliefsen läfst. In letzterem Falle tritt die Blaufärbung weniger rasch und intensiv ein; die Verdünnung bietet aber den Vorteil, dafs eine störende Nebenwirkung des Chlorzinkjod, die Quellung der Zellulose, ebenfalls verlangsamt und vermindert wird.

Hat man Präparate, um sie auf Stärke zu prüfen (s. pag. 16), mit einer Jodlösung behandelt, so kann man sie weiterhin auf Zellstoff prüfen, indem man einen Tropfen konzentrierter Schwefelsäure zusetzt. Jod und Schwefelsäure färben nämlich die Zellulose ebenfalls blau. Im allgemeinen macht man von dieser Reaktion weniger Gebrauch, weil sie zwei Zusatzflüssigkeiten erfordert und man die zweite erst zufügen darf, nachdem die Gewebe mit der Jodlösung getränkt sind. Sie ist also umständlicher und zeitraubender. Ein anderer Übelstand liegt darin, dafs die Schwefelsäure alle Zellmembranen mit Ausnahme der verkorkten zerstört.

Eine dritte Reaktion beruht auf der Eigenschaft der Zellulose, durch Kupferoxydammoniak gelöst zu werden. Für unsere Zwecke ist diese Reaktion nicht empfehlenswert, weil das Reagens nur dann zuverlässig wirkt, wenn es frisch ist, und die Bereitung desselben ist ziemlich umständlich.

Werden Zellmembranen durch Chlorzinkjod oder Jod und Schwefelsäure nicht blau, sondern grün, gelb oder braun gefärbt, so bestehen sie nicht mehr aus reiner Zellulose, sondern sind meist von Lignin oder Suberin infiltriert.

Holzstoff-Reagentien. Die gewöhnlichste und frühzeitig eintretende Veränderung der Zellulose besteht darin, dafs sie teilweise in Holzstoff (Lignin) verwandelt wird. Verholzte Membranen werden durch Zellstoff-Reagentien in der Regel gelb gefärbt; sind sie im natürlichen Zustande farblos, so werden sie durch Kalilauge gelb; durch konzentrierte Schwefelsäure werden sie langsamer zerstört als Zellstoff; in Kupferoxydammoniak sind sie unlöslich. Das einfachste Reagens auf Holzstoff ist schwefelsaures Anilin (Wiesner); es färbt verholzte Membranen goldgelb. Man bereitet es durch Lösung des

Anilinsulfates in Wasser bis zur Sättigung und fügt einige Tropfen Schwefelsäure zu; man wendet es an, indem man das Präparat in einen Tropfen desselben bringt, oder man läfst zu den in Wasser oder Glyzerin liegenden Objekten das Reagens zufliefsen, worauf die Wirkung augenblicklich erfolgt. Durch Alkalien wird die Farbe zerstört, Säuren stellen sie wieder her.

Der exakte Nachweis von Holzstoff ist besonders in der Papierindustrie wichtig, und so tauchen immer neue Reaktionen auf; keine ist aber so einfach, wie die mit Anilinsulfat. Auffallender ist die ebenfalls von WIESNER angegebene Phlorogluzin-Salzsäure-Reaktion: verholzte Membranen werden durch sie kirschrot gefärbt.

Das Lignin kann aus verholzten Membranen durch Alkalien extrahiert werden; darauf mufs man Bedacht nehmen bei Objekten, welche zum Zwecke der Aufhellung oder Mazeration in Kali- oder Natronlauge gelegen waren. In solchen können früher verholzt gewesene Membranen auf Zellstoff reagieren.

Korkstoff-Reagentien. Die Korksubstanz (Suberin) infiltriert ähnlich wie der Holzstoff gewisse Zellulosehäute, ist aber aus diesen nicht leicht mittels Alkalien extrahierbar. Auch gegen andere chemische Einwirkungen ist sie aufserordentlich widerstandsfähig; so wird sie weder durch konzentrierte Schwefelsäure, noch durch Kupferoxydammoniak zerstört. Durch die Reaktionen des Holzstoffes werden verkorkte Membranen nicht gefärbt; Chlorzinkjod oder Jod und Schwefelsäure färben sie gelb oder häufiger braun.

Die Verkorkung ist keine so allgemeine Erscheinung wie die Verholzung. Sie tritt regelmäfsig auf in den Aufsenwänden der Oberhautzellen und im Korkgewebe, ferner oft in Sekretschläuchen. Alle diese Zellformen sind so charakteristisch, dafs man den Nachweis ihrer Verkorkung für diagnostische Zwecke wohl immer wird entbehren können.

Reagentien auf Inhaltsstoffe.

Stärke. COLIN und GAULTIER DE CLAUBRY beobachteten 1814 zuerst, dafs Stärke durch Jodlösung blau gefärbt wird, und bis heute hat sich diese Reaktion als die einfachste und zuverlässigste bewährt. Die Färbung beruht darauf, dafs Jodteilchen in die Stärkekörnchen eingelagert werden: ihre Intensität hängt ab von der spezifischen Fähigkeit der Stärke, gröfsere oder geringere Mengen von Jod zu speichern.

Man kann jede Jodlösung als Reagens benützen; am gebräuchlichsten sind:

Jodwasser. Eine Lösung von Jod in destilliertem Wasser mit Jod im Überschufs. Die Lösung ist schwach gelb gefärbt; sie enthält sehr wenig Jod, weil dieses nur in Spuren in Wasser löslich ist.

Jodalkohol oder Jodtinktur. In Alkohol löst sich Jod in Menge mit tiefbrauner Farbe. Als Reagens bedient man sich nicht gern der offizinellen 10%igen Lösung, weil sie die feine Textur verschwinden macht, sondern verdünnt sie nach Bedarf mit Alkohol.

Jodglyzerin. Man bereitet dieses Reagens entweder durch Lösung von Jod in Glyzerin bis zur Sättigung und verdünnt die dunkelrotbraune Lösung mit Wasser, wobei sich Jod ausscheidet, oder man löst zunächst Jodkalium in Glyzerin und fügt etwas Jod bei.

Jod-Jodkalium. Kristallisiertes Jodkalium wird in der zwanzigfachen Menge Wassers gelöst und Jod im Überschusse beigefügt. Die dunkelbraunrote Lösung kann mit Wasser verdünnt werden.

Chlorzinkjodlösung. Die Bereitung dieses für Zellulose wichtigen Reagens wurde bereits (pag. 14) angegeben.

Alle Jodlösungen zersetzen sich in kurzer Zeit, besonders, wenn sie dem Lichte ausgesetzt sind; sie sollen daher in dunklen Fläschchen aufbewahrt werden. Man erkennt die eingetretene Zersetzung (Bildung von Jodwasserstoffsäure) an der sauren Reaktion der Lösung.

Für den praktischen Mikroskopiker ist es nicht nötig, die genannten vier Arten von Jodlösungen vorrätig zu halten. Es genügt die wässerige Jodlösung und die Jodtinktur; erstere für fettfreie, letztere für fetthaltige Objekte. Die Stärkekörnchen sind nämlich von Fett derart umhüllt, dafs die wässerige Jodlösung nicht oder langsam und unvollständig durchdringt. Sie färbt aber weniger intensiv, so dafs die Struktur der Stärkekörner kenntlich bleibt.

Eiweifskörper. Aufser dem Protoplasma, welches wenigstens in Spuren noch in den meisten Zellen angetroffen wird, bilden bestimmt geformte Eiweifskörper den charakteristischen Inhalt gewisser Zellenkomplexe. Es sind die Aleuron-, Proteïn- oder Kleberkörner, welche mit Fett, seltener mit Stärke gemengt den Inhalt vieler Samen bilden. Da sie farblos sind und in Gröfse vielfach variieren, können sie nicht immer ohne weiteres von kleinen Stärkekörnern oder Fettklumpen unterschieden werden, sondern erst unter Zuhilfenahme von Reagentien. Leicht und sicher ist die Unterscheidung von Stärke mittels Jodlösungen. Diese färben bekanntlich Stärke blau, während sie Eiweifskörper gelb oder braun färben, und zwar dunkler als die Lösung selbst, weil Eiweifskörper die Eigenschaft haben, Farbstoffe aufzuspeichern. Man kann daher als Reagens auch andere Farbstofflösungen benutzen, wie z. B. Anilinfarben, Haematoxylin, Cochenille-Extrakt, Karmin u. a. m. Gute Dienste leistet auch die Xanthoproteïnreaktion (MULDER): Die Eiweifskörper werden durch Salpetersäure gelb gefärbt. Weniger empfehlenswert ist MILLON's Reagens (Quecksilbernitrat und Quecksilbernitrit in saurer Lösung färben Eiweifskörper ziegelrot), weil seine Anwendung umständlicher und weniger zuverlässig, auch den Objektiven bei unvorsichtiger Hantierung schädlich ist.

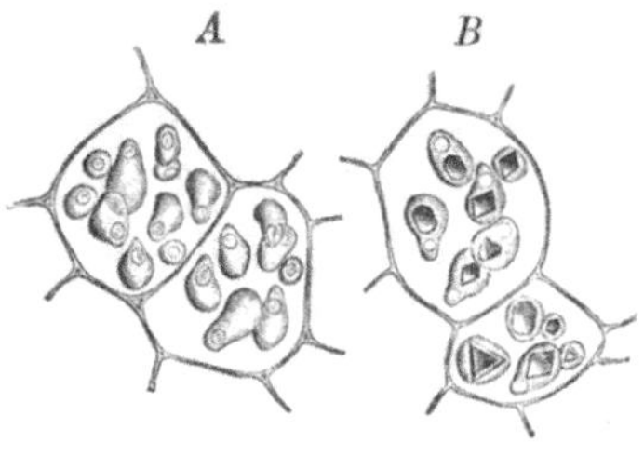

Fig. 1. Aleuronkörner. *A* in Öl. *B* in Jodtinktur.

Jede Reaktion wird durch das Fett in seiner Wirkung gehemmt. Da die Eiweifskörper in den Lösungsmitteln der Fette nicht löslich sind, bietet das Erwärmen der Präparate in Alkohol oder Äther ein bequemes Mittel, um sie von dem lästigen Fette zu befreien. Läfst man solchen entfetteten Objekten einen Tropfen Wasser zufliefsen, so quellen die Proteïnkörper auf und man sieht in ihnen oft charakteristische Einschlüsse von kugeligen oder kristallähnlichen Gebilden: Globoïden und Kristalloïden, welch letztere sich von den ebenfalls vorkommenden Oxalatkristallen durch eine der oben erwähnten Eiweifsreaktionen oder durch ihre Löslichkeit in Kali sofort unterscheiden lassen. In Wasser und Alkohol sind die Kristalloide unlöslich; wohl aber ist, wie bemerkt, die Eiweifshülle derselben in Wasser löslich oder mindestens quellbar. (Näheres s. unter Samen.)

Fette. Im Zellinhalte kommen Fette in Form von stark lichtbrechenden, meist farblosen Tropfen oder Klumpen oder als Kristalle vor. Der Geübte erkennt sie ohne weiteres; der Anfänger wird einigemal ihre Reaktionen prüfen müssen, bis er zu derselben Sicherheit gelangt.

Die Tropfen könnten mit ätherischem Öl oder mit Luftblasen verwechselt werden. Die ätherischen Öle sind fast immer, wenn auch blafs, in gelben Nuancen gefärbt und lösen sich leicht in Alkohol, während die fetten Öle meist ungefärbt sind (Ausnahme: spanischer Pfeffer) und sich nur selten (z. B. Rizinus-, Senföl) selbst in absolutem Alkohol vollständig lösen. Luftblasen zeigen in Wasser das entgegengesetzte optische Verhalten wie Öltropfen, weil die Luft schwächer, das Öl stärker lichtbrechend ist als das Medium. Öltropfen zeigen bei tiefer Einstellung des Tubus einen hellen Rand, bei hoher Einstellung einen breiten schwarzen Saum.

Die amorphen Fettklumpen können nicht leicht mit etwas anderem als mit den meist neben ihnen vorkommenden Proteïnkörpern verwechselt oder vielmehr von ihnen nicht scharf unterschieden werden. Da sich aber alle Fette leicht in Äther lösen, so ist jeder Zweifel bald behoben. Eine andere, etwas umständlichere, aber hübsche Reaktion hat PFEFFER angegeben. Man schwenkt die Schnitte in Alkannatinktur (die Wurzel von *Anchusa tinctoria* mit 70—80 prozentigem Alkohol extrahiert) in einem Uhrschälchen oder auf dem Ojektträger, spült sie mit schwachem Weingeist ab und bringt sie gleich in konzentriertes Glyzerin. Der Farbstoff durchdringt sofort das Fett und färbt es blutrot, während die Proteïnkörper ungefärbt bleiben. Dieses Verhalten steht scheinbar im Widerspruch mit der oben angeführten grofsen Anziehungskraft der Eiweifskörper für Farbstoffe jeder Art. Die Lösung des Widerspruches liegt darin, dafs die Schnitte nur ganz kurze Zeit in der Farbstofflösung liegen dürfen, so dafs diese nur oberflächlich haftet, sodann von dem Glyzerin abgeschieden und begreiflicherweise früher dem Fett als dem Eiweifs mitgeteilt wird.

Die Fettsäurekristalle treten in der Regel als strahlig aggregierte Prismen von ansehnlicher Gröfse auf und sind immer in amorphes Fett gebettet. Wer sie auch nur einmal gesehen hat, kann sie weder mit Eiweifskristalloiden noch mit Oxalatraphiden verwechseln. Von den ersteren unterscheiden sie sich vor allem durch ihre Form und ihr gruppenweises Auftreten, von den letzteren durch das begleitende Fett und dadurch, dafs sie auf Zusatz von Alkalien sich verseifen. Die verschiedenen Löslichkeitsverhältnisse zerstreuen jeden Zweifel.

Ätherische Öle und **Harze.** Im Gegensatz zu den fetten Ölen, welche grofse parenchymatische Zellenkomplexe erfüllen, kommen die ätherischen Öle und die von ihnen abstammenden Harze zumeist in spezifischen Sekretbehältern vor. Mögen die Sekretbehälter einzelne Zellen, vielzellige Drüsen oder aus der Zerstörung von Zellen entstandene Räume sein, immer sind sie von dem umgebenden Gewebe so auffallend verschieden, dafs man über die Natur ihres in Form von Tropfen oder als halbflüssiger Wandbelag oder in festen Klumpen auftretenden Inhaltes keinen Augenblick in Zweifel sein kann, auch wenn der Geruch und Geschmack die Anwesenheit von ätherischem Öl nicht verraten würde. In den selteneren Fällen, wo das ätherische Öl nicht in besonders differenzierten Räumen, sondern als allgemeiner Zellinhalt oder in bestimmten Gewebeschichten vorkommt, können die Tropfen allerdings dem Aussehen nach von fetten Öltropfen kaum unterschieden werden. Auch die Fähigkeit, sich mit Alkannatinktur zu färben, und viele Lösungsmittel besitzen sie gemeinsam, nur eines nicht: Alkohol. Die meisten fetten Öle sind in Alkohol unlöslich, — die ätherischen Öle und Harze lösen sich in Alkohol schon in der Kälte. Mitunter scheiden sich Bestandteile der ätherischen Öle kristallinisch aus (z. B. Menthol) oder können durch geeignete Reagentien auskristallisiert werden (z. B. Eugenol).

Schleim und **Gummi** gehen entweder aus der Umwandlung von Zellmembranen hervor, oder sie sind Produkte des Zellinhaltes. Die Räume, welche Schleim oder Gummi enthalten, sind den Öl- und Harzräumen mitunter sehr ähnlich; ja, es gibt Räume, in denen alle diese Stoffe gemengt vorkommen (Gummiharze). Für unsere Zwecke haben diese komplizierten Verhältnisse nur untergeordnete Bedeutung; wir begnügen uns, im gegebenen Falle aussagen zu können, welcher Gruppe der eben vorliegende Inhaltsstoff angehört. Dazu verhilft die Prüfung ihrer Löslichkeit. Kein Pflanzenschleim und keine Gummiart ist in Alkohol löslich; alle quellen in Wasser mehr oder weniger auf, einige lösen sich vollständig und werden aus ihren Lösungen durch Alkohol gefällt. Da diese Substanzen meist farblos sind und ihre Quellung in Wasser sehr rapid erfolgt, entgehen sie der Beobachtung leicht vollständig, wenn man, wie gewöhnlich, die Objekte vorher in Wasser erweicht, und wenn das nicht, die Präparate zuerst mit Wasser als Zusatzflüssigkeit untersucht. Es empfiehlt sich daher, in allen den Fällen, wo mutmafslich Schleim oder Gummi angetroffen werden könnte, die Präparate aus trockenem Material auch in konzentriertem Glyzerin oder in Alkohol zu besehen und allmählich vom Rande des Deckglases Wasser zutreten zu lassen. Die Quellung erfolgt dann unter den Augen des Beobachters.

Gerbstoffe. In den lebenden Zellen kommen die Gerbstoffe zumeist in Lösung vor; beim Absterben der Pflanzenteile tränken sie die Zellwände und Inhaltsstoffe und schlagen sich bei reichlichem Vorkommen (z. B. in den Gallen) als amorphe Masse in den Zellenräumen nieder. An sich sind sie farblos; weil sie aber sehr häufig im Verein mit den aus Oxydation der Gerbstoffe entstandenen braunen Farbstoffen (Phlobaphenen) die Zellwände imprägnieren, hat man sich gewöhnt, braune Pflanzenteile für gerbstoffreich, grüne oder ungefärbte für gerbstoffarm anzusehen. Die mikrochemische Reaktion lehrt nicht selten das Gegenteil.

Da die Gerbstoffe sowohl in Wasser als in Alkohol leicht löslich sind, dürfen diese als Zusatzflüssigkeiten nicht verwendet werden, wenn man über den Sitz derselben Auskunft erhalten will. Man bringt die Objekte am besten unmittelbar in das Reagens oder, wenn sie einer Aufhellung bedürfen, vorher in Glyzerin.

Für unsere Zwecke sind die von alters her gebräuchlichen Eisensalze die besten Reagentien; sie bilden bekanntlich mit Gerbstoffen blaue oder grüne Niederschläge. Man kann beliebige Eisensalze verwenden; am gebräuchlichsten sind Eisenchlorid und Eisenvitriol in schwachen Lösungen, weil sonst die Färbungen leicht so intensiv werden, dafs man in der fast schwarzen Masse nichts mehr unterscheidet.

Andere in neuerer Zeit empfohlene Gerbstoffreagentien, wie Kaliumbichromat, Ammoniummolybdat, geben braune oder rote Färbungen, welche in farblosen Geweben auffallend genug sind, bei den meisten der uns beschäftigenden Objekte jedoch der Eisenreaktion an Prägnanz nicht entfernt nahekommen.

Farbstoffe. Am verbreitetsten sind die bereits erwähnten Phlobaphene, welche die Membranen abgestorbener Zellen braun färben. Sie sind in Wasser nicht löslich, in Alkohol zum grofsen Teil, in Alkalien fast vollständig löslich. Daher kommt es, dafs braune Pflanzenteile, welche man in Kali- oder Natronlauge untersucht, die Zusatzflüssigkeit färben, oft so intensiv, dafs die Klarheit der Bilder leidet und man genötigt ist, die Objekte mit Wasser abzuspülen. Es geschieht entweder in einem Uhrschälchen oder, wenn man Gefahr laufen würde, ein zur genauen Beobachtung ausersehenes Fragment zu verlieren, auf dem Objektträger, indem man die alkalische Lösung von der einen Seite des Deckglases mit Löschpapier abzieht und von der andern Seite tropfenweise Wasser zufliefsen läfst.

Andere in lebenden Zellen vorkommende Farbstoffe sind entweder im Zellsafte gelöst — der häufigere Fall —, oder es sind im farblosen Zellsafte suspendierte Farbstoffkörperchen von unbestimmter, mitunter kristallinischer Struktur. Auch die ursprünglich als Lösungen vorhandenen Farbstoffe treten uns in den trockenen Pflanzenteilen, mit denen wir es meist zu tun haben, als Körnchen oder krümelige Massen und zugleich als Färbung der Zellmembranen (z. B. in den Farbhölzern) entgegen. Ihrer chemischen Konstitution nach sind die Farbstoffe höchst verschieden und noch sehr wenig bekannt. Allgemeine Reaktionen für dieselben können nicht gegeben werden, sind auch entbehrlich, da sie schon durch ihre Farbe und durch die Art ihres Auftretens in der Regel genügend charakterisiert sind. Die besonderen Eigentümlichkeiten der wenigen von unserem Standpunkte aus wichtigen Farbstoffe werden am betreffenden Orte angegeben werden.

Ein Wort wäre hier noch von den künstlichen Färbungen zu sagen. Sie mögen welcher Art immer und den Pflanzenteilen nach welcher Methode immer beigebracht worden sein, so erkennt man sie unter dem Mikroskope sofort daran, dafs sie nur oberflächlich haften, niemals einen Bestandteil des Zellinhaltes bilden. Übrigens stimmt auch die Farbe mit der natürlichen kaum jemals überein, wenn sie ihr im grofsen auch sehr ähnlich ist; die Löslichkeitsverhältnisse, die Form und Gröfse der farbigen Körnchen und Tröpfchen sind in der Regel ebenfalls auffallend verschieden.

Zucker. Im Zellsafte ist sehr häufig Zucker gelöst, mitunter in so grofser Menge, dafs er die Zellen trockener Pflanzengewebe als kristallinische Masse erfüllt (Fig. 2). Untersucht man die Objekte in einem Wassertropfen, so sieht man von dem Zucker natürlich nichts; man mufs daher als Zusatzflüssigkeit Glyzerin oder absoluten Alkohol anwenden, in denen Zucker unlöslich ist. Der Zellinhalt sieht dann so aus, als ob er aus Fett und Fettsäuren bestände; doch ist eine Täuschung wegen der verschiedenen Löslichkeit nicht möglich.

Der süfse Zellsaft ist gewöhnlich ein Gemenge verschiedener Zuckerarten, unter denen meist eine (Invert- oder Rohrzucker) überwiegt. Zu ihrem Nachweis bedient man sich auch auf mikrochemischem Wege der TROMMERschen Probe. Nicht zu dünne Schnitte werden in konzentrierter Kupfervitriollösung getränkt, hierauf rasch in Wasser abgespült, in starke Kalilauge gelegt und erwärmt. Diese Prozeduren können auf einem Objektträger ausgeführt werden, auf welchem nebeneinander ausgiebige Tropfen von Kupfersulfatlösung, Wasser und Kalilauge vorbereitet wurden; sicherer gelingt die Reaktion, wenn man sie in Schälchen mit gröfseren Flüssigkeitsmengen ausführt und am Schlusse nicht erst die Kalilauge erwärmt, sondern die mit Kupferlösung imbibierten und rasch abgewaschenen Präparate mit der Pinzette fafst und in heifse Kalilauge taucht. Bildete Invertzucker den Zellinhalt, so entsteht fast augenblicklich ein gelber oder roter Niederschlag von Kupferoxydul, der schon mit freiem Auge sehr gut sichtbar ist und unter dem Mikroskop als eine Masse kleiner Körnchen erscheint. Rohrzucker reduziert nicht; die Lösung in den Zellen bleibt klar und schön blau gefärbt.

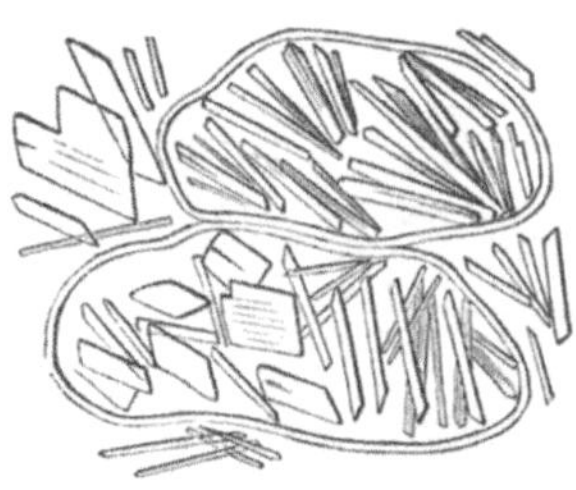

Fig. 2. Zuckerkristalle aus der Dattel (A. v. VOGL).

Zur Unterscheidung des Zuckers von anderen reduzierenden Substanzen kann man sich der Phenylhydrazinprobe bedienen (SENFT): Es werden getrennte 10 %ige Lösungen von salzsaurem Phenylhydrazin und essigsaurem Natron und Glyzerin bereitet. Je einen Tropfen beider Lösungen mischt man mit der Nadel auf dem Objektträger, legt den zu prüfenden Schnitt hinein, bedeckt und erwärmt auf dem Wasserbade etwa 1/2 Stunde lang.

Ist Zucker vorhanden, so treten schon während des Erwärmens, reichlicher beim Abkühlen gelbe Kristallbündel von Phenylglykosazon auf.

Inulin kommt in lebenden Zellen stets nur gelöst vor, ist also unsichtbar. In getrockneten Pflanzenteilen findet es sich als farblose, schollige Masse, die in kaltem Wasser und in Glyzerin langsam zerfliefst, durch heifses Wasser und Laugen schnell gelöst wird. In Alkohol ist Inulin unlöslich, und wenn man inulinreiche Pflanzenteile (Wurzeln der Kompositen) in Alkohol legt, scheidet sich das Inulin nach einiger Zeit in den Zellen in Sphärokristallen aus (Fig. 3). Durch Jodlösungen wird Inulin gelb gefärbt. Daran sowie durch die Löslichkeitsverhältnisse ist es leicht von mitunter ähnlichen Inhaltsstoffen (Kleisterklumpen, Schleim, Gerbstoff und Zucker) zu unterscheiden.

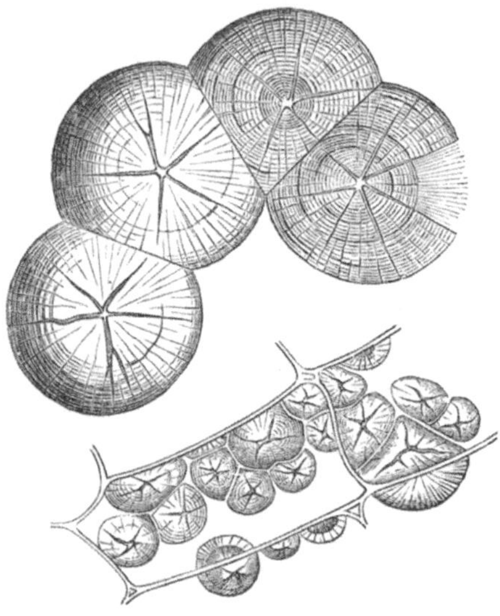

Fig. 3. Sphärokristalle von Inulin (SACHS).

Kristalle. Die als Zelleinschlüsse in den verschiedenen Pflanzenteilen vorkommenden Kristalle gehören meist Kalksalzen an; seltener sind es freie Fettsäuren oder Zucker oder Kristalle der Eiweifskörper oder spezifische Inhaltsstoffe.

Unter den Kalksalzen wieder ist Calciumoxalat weitaus am häufigsten. Es kristallisiert in monoklinischen und quadratischen Formen, die oft einzeln und sehr schön ausgebildet, ebenso oft zu Drusen aggregiert (Fig. 4), mitunter als Kristallsand vorkommen. Eine besonders charakteristische Form sind lange Prismen (Raphiden), welche meist in grofser Zahl in je einer Kristallzelle sich bilden und entweder wirr durcheinander oder häufiger parallel nebeneinander liegen. Im letzteren Falle spricht man von einem Raphidenbündel. Die Oxalatkristalle sind in Wasser, Glyzerin, Alkohol und Alkalien, also in den gewöhnlichen Zusatzflüssigkeiten unlöslich, können daher nicht leicht übersehen werden. In Salzsäure lösen sie sich ohne Gasentwicklung, spurlos. In Schwefelsäure lösen sie sich, aber alsbald schiefsen an ihrer Stelle zahlreiche Kristallnadeln von Gips aus der Lösung.

Calciumkarbonat findet sich selten in gut ausgebildeten Kristallen, häufiger als Inkrustation von Oberhautgebilden. Es ist in den gebräuchlichen Zusatzflüssigkeiten ebenfalls unlöslich, dagegen löslich in Essigsäure und Salzsäure, wobei die Kohlensäure unter Brausen entweicht. Mit Schwefelsäure bilden sich ebenfalls Gipsnadeln.

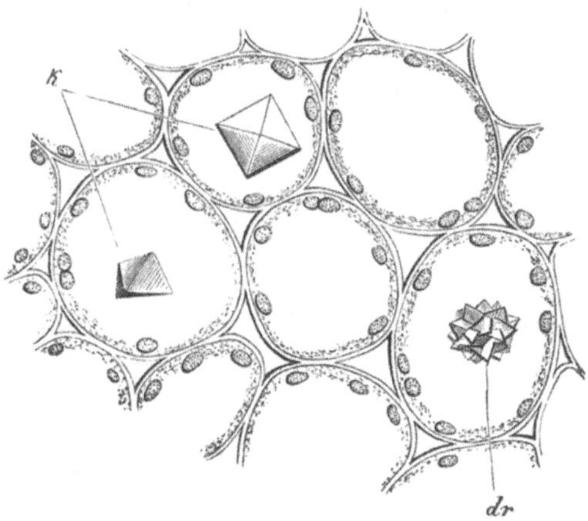

Fig. 4. Oxalatkristalle (nach PRANTL). *K* Einzelkristalle, *dr* Kristalldruse.

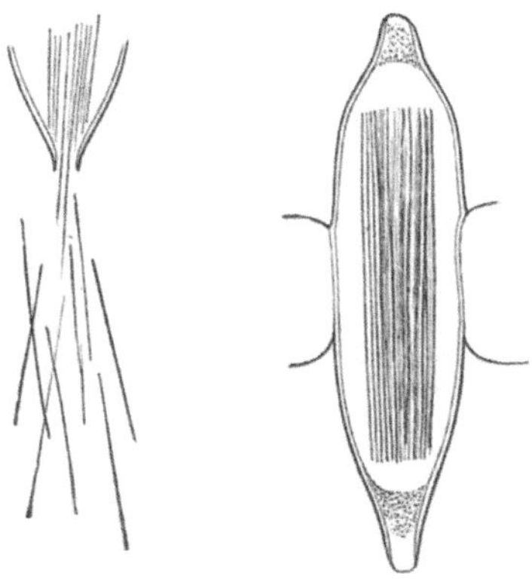

Fig. 5. Oxalatraphiden (nach HABERLANDT).

Calciumsulfat und Calciumphosphat sind sehr seltene, von uns gar nicht in Betracht zu ziehende Vorkommnisse. Die Kristalle sind in kaltem Wasser löslich, die des ersteren (Gips) in Schwefelsäure unlöslich.

Wo Fettsäurekristalle vorkommen, bilden sie gewöhnlich mit amorphem Fett gemengt den Zellinhalt; selten werden sie an die Oberfläche ausgeschieden (Muskatnufs). Man erkennt sie sicher an ihrer leichten Verseifbarkeit mit Alkalien (vgl. pag. 12).

Zuckerkristalle (s. Fig. 2) kommen höchst selten zur Beobachtung, weil sie sich überhaupt selten bilden und, wenn es geschehen ist, wieder gelöst wurden. Ihre rasche und fast unbegrenzte

Löslichkeit in Wasser sowie die Zuckerprobe (s. pag. 23) sind ihre Kennzeichen.

Die Kristalle der Proteïnkörper (s. Fig. 1) sind von echten Kristallen, denen sie mitunter sehr ähnlich sind, leicht daran zu unterscheiden, dafs sie durch Laugen zerstört werden.

Fig. 6 Kristalle eines Alkaloides (Atropin?), durch Kalilauge auf der Oberhaut eines Blattes zur Ausscheidung gebracht.

Die nur bestimmten Drogen eigentümlichen kristallisierten Körper werden an betreffender Stelle charakterisiert werden.

Alkaloide sind gewöhnlich im Zellinhalte als Salze gelöst und scheiden sich beim Verdunsten des wässerigen Zellsaftes nicht kristallinisch aus. Mitunter gelingt es, sie durch geeignete Reagentien zur Kristallisation zu bringen (Fig. 6). Das in ätherischem Öl gelöste Piperin scheidet sich nach Verflüchtigung des Öles kristallinisch aus. Es hat begreiflicherweise an Versuchen nicht gefehlt, für Alkaloide mikrochemische Reaktionen aufzufinden. Ganz erfolglos sind sie auch nicht geblieben; aber keine mikrochemische Alkaloidreaktion ist so zuverlässig, dafs sie in kritischen Fällen zur Entscheidung herangezogen werden könnte.

Verzeichnis der notwendigen Reagentien.

1. Destilliertes Wasser.
2. Glyzerin, konzentriert und verdünnt.
3. Kali- oder Natronlauge, konzentriert und verdünnt.
4. Chloralhydratlösung.
5. Absoluter Alkohol.
6. Äther.
7. Schwefelsäure, konzentriert und verdünnt.
8. Salzsäure.
9. Salpetersäure.
10. Essigsäure.
11. Jodlösung, wässerig und alkoholisch.

12. Chlorzinkjod.
13. Anilinsulfatlösung.
14. Eisenchloridlösung.
15. Kupfervitriollösung.
16. Terpentinöl.
17. Mandelöl.
18. Cochenilleextrakt oder Alkannatinktur.
19. Safranin-Lösung.
20. Kaliumchlorat in Kristallen.

Das Messen.

Für viele mikroskopische Analysen ist es unerläfslich, die Dimensionen der Zellen und ihrer Membranen sowie gewisser Inhaltsstoffe zu messen. Es geschieht wie im täglichen Leben mittels eines Mafsstabes von bekannter Teilung. Während man aber gewöhnlich den Mafsstab an das zu messende Objekt legt, verfährt man beim mikroskopischen Messen umgekehrt: man legt oder vielmehr schiebt das zu messende Objekt unter die im Okular befindliche, nur um eine vertikale Achse drehbare Teilung. Ist der Wert der Teilung bekannt, so hat man nur zu sehen, wieviel Teilstriche die fragliche Dimension decken, und durch Multiplikation dieser gefundenen Zahl mit dem bekannten Einheitswert der Skala erhält man die gesuchte Zahl.

Nun betrachten wir aber die Objekte unter verschiedenen Systemen, demnach unter verschiedener Vergröfserung, während das Okularmikrometer immer dasselbe bleibt. Der Wert der Teilung wechselt also mit den wechselnden Objektivsystemen und mufs für jedes der letzteren abgesondert ermittelt werden. Es geschieht dies zwar in der Regel schon seitens der Fabrikanten, und auf der den Instrumenten beigegebenen „Vergröfserungstabelle“ pflegen auch die Werte des Okularmikrometers angegeben zu sein. Darauf kann man sich aber nicht unbedingt verlassen[1]), und wer sich anhaltend oder gar berufsmäfsig mit mikroskopischen Untersuchungen beschäftigt, ist verpflichtet, sein Mikrometer selbst auszuwerten.

---

[1]) Die Angaben unserer hervorragenden Mikroskopwerkstätten habe ich stets bis auf geringfügige (vom individuellen Refraktionszustande abhängige) Unterschiede als richtig befunden.

Es geschieht auf folgende Weise:

Man braucht ein Objektivmikrometer, d. i. einen auf einem Objektträger eingeritzten Millimetermafsstab, welcher noch untergeteilt ist, meist in $^1/_{100}$ mm. Besitzt man ein solches Mikrometer nicht, so kann man es sich leicht verschaffen, indem man mittels Kollodium die Teilung des Okularmikrometers abzieht und das Häutchen auf einem gewöhnlichen Objektträger befestigt. Nun bringt man das Okularmikrometer mit dem als Objekt dienenden Mikrometer zur Deckung und zählt, wieviel Teilstriche des ersteren auf einen, beziehungsweise auf zehn Teilstriche des durch ein bestimmtes Objektivsystem vergröfserten Objektivmikrometers fallen. Findet man beispielsweise, dafs 3 Teilstriche im Okular auf einen, oder sicherer, dafs 30 auf 10 Teilstriche im Objekte entfallen, so heifst das so viel als: 3 Teilstriche des Okularmikrometers messen in Wirklichkeit 0,01 mm, beziehungsweise 30 Teilstriche 0,1 mm, und daraus ergibt sich der Wert eines Teilstriches mit 0,003 mm für das bestimmte System. Auf dieselbe Weise wird der Wert der Okularteilung für jedes System, welches man besitzt, ermittelt, und zwar sowohl bei eingeschobenem als bei ausgezogenem Tubus. Diese persönlich ausgemittelten Werte stellt man in eine kleine Tabelle zusammen, welche man zweckmäfsig im Kasten des Mikroskopes verwahrt, zu dem sie ein wesentliches Zugehör bildet. Ein Beispiel soll noch ihren Gebrauch erläutern. Es soll der Durchmesser eines Stärkekörnchens gemessen werden. Man wechselt das gewöhnliche mit dem Okularmikrometer, und während man durch dasselbe sieht, schiebt man das Objekt und dreht das Okular so, dafs die zu messende Dimension unter die Teilung zu liegen kommt. Das Stärkekorn decke z. B. 12 Teilstriche. Nun findet man in der Tabelle, dafs für das in Verwendung befindliche System bei betreffender Tubuslänge ein Teilstrich = 0,003 mm sei; die Gröfse des Stärkekorns beträgt daher $0{,}003 \times 12 = 0{,}036$ mm oder, wie man sich der Bequemlichkeit wegen bei mikroskopischen Messungen auszudrücken pflegt, 36 Mikromillimeter. Für die Einheit Mikromillimeter (= 0,001 mm) hat man allgemein das Zeichen μ angenommen.

Lange nicht so wichtig ist die Kenntnis der absoluten Vergröfserungen der Linsensysteme, und es verschlägt nicht viel, wenn man diesbezüglich die dem Mikroskope beigegebenen Daten auf Treu' und Glauben annimmt. Will man sich von ihrer

Richtigkeit gleichwohl überzeugen, so ist die einfachste Methode wohl folgende:

Man benutzt ein Mikrometer von bekannter Teilung als Objekt und betrachtet dasselbe unter dem zu prüfenden System und Okular mit dem linken Auge, während man das Bild der Teilung mit dem rechten Auge auf einem neben dem Mikroskope liegenden Blatte Papier festzuhalten sucht. Nach einiger Übung gelingt es, und man bezeichnet mit dem Bleistifte den Abstand zweier Teilstriche. Damit kennt man die Vergröfserung. Es sei beispielsweise das Objektivmikrometer in Zehntelmillimeter geteilt, und das Bild eines Teilstriches messe 3 cm, so würde offenbar eine dreihundertfache Vergröfserung erzielt worden sein.

Das Zeichnen.

Ein sehr wichtiges Erfordernis zu erfolgreichen mikroskopischen Studien ist es, die Bilder zu Papier zu bringen. Wer nicht zeichnet, wird die Objekte niemals in allen Einzelheiten und so gründlich erfassen wie derjenige, welcher sich die Aufgabe setzt, dieselben zu reproduzieren. Diese Erfahrung macht der geübteste Mikroskopiker immer wieder; er möge ein Präparat noch so gründlich studiert haben — sowie er zeichnet, werden ihm die Verhältnisse klarer. Der Anfänger gar übersieht das meiste; für ihn bildet das Zeichnen den Antrieb zum Sehen, zum Finden; es ist ein mikroskopisches Bildungsmittel ersten Ranges. Aber nicht nur bei der Untersuchung neuer, auch bei der Prüfung bekannter Objekte soll das Zeichenmaterial immer neben dem Mikroskope liegen und fleifsig benutzt werden. Namentlich bei der Untersuchung von Pulvern soll diese Regel strengstens befolgt werden. Man findet immer Fragmente, die man nicht sogleich zu deuten weifs, die aber im Zusammenhalt mit anderen, vielleicht ebenfalls nicht vollständig klaren, wertvolle Anhaltspunkte für die Diagnose geben. In der Fülle der rasch wechselnden Bilder ist das beste Gedächtnis nicht imstande, alle Einzelheiten treu und zuverlässig zu bewahren, um so weniger, als man im voraus gar nicht weifs, worauf die Aufmerksamkeit zu konzentrieren ist, welches Detail späterhin mafsgebend sein wird. Ob man die kritischen Fragmente wieder auffinden kann, ist zum mindesten fraglich; jedenfalls ist das Suchen zeitraubend und ermüdend. Hat man dieselben aber skizziert, so findet man alle beachtenswerten Vorkommnisse nebeneinander auf dem Blatte

Papier und kann nun die ganze Geistesarbeit, von der sonst ein Teil für die Erinnerung in Anspruch genommen würde, auf die Kritik und auf die Diagnose verwenden.

Das mikroskopische Zeichnen ist eine Kunst, die sich jeder für seinen persönlichen Bedarf anzueignen vermag. Ich kenne Personen, welche niemals zeichnen gelernt haben, auch nicht imstande sind, den einfachsten Gegenstand frei zu skizzieren, die aber doch ganz brauchbare mikroskopische Bilder entwerfen. Es soll meines Erachtens jeder Mikroskopiker sich ebenso bemühen, zeichnen wie präparieren zu lernen; er soll vom Zeichenapparate ebenso unabhängig sein wie beispielsweise vom Mikrotom. Eine mittelmäfsige, aus freier Hand entworfene Skizze ist wertvoller als die beste mechanisch dem vom Zeichenapparate projizierten Bilde nachgezogene Figur. Zwar hört man von solchen, welche die Mühe gescheut oder es verabsäumt haben, diese Fertigkeit sich anzueignen, den Einwand, die aus freier Hand entworfenen Zeichnungen könnten niemals so naturgetreu, in den Verhältnissen so richtig sein wie die mit Hilfe des Zeichenapparates ausgeführten. Wäre das richtig, so gäbe es keine zeichnende Kunst. Oder wird man etwa die Behauptung wagen, ein Porträt oder eine Ansicht müsse weniger treu, in den Verhältnissen weniger genau sein als ein mikroskopisches Bild? Im Gegenteil. Je bekannter ein Objekt ist, desto schwieriger ist seine bildliche Darstellung, weil die geringste Abweichung sofort bemerkt wird; ja, es kommt nicht selten vor, dafs wir ein Bild nicht ähnlich, nicht natürlich finden, ohne den Fehler angeben zu können. Um die Hinfälligkeit jenes Einwandes pro domo darzutun, bedarf es übrigens dieser theoretischen Auseinandersetzungen gar nicht. Man vergleiche doch die mikroskopischen Bilder aus freier Hand mit solchen nach dem Zeichenapparate! Richtig mögen beide sein; dennoch unterscheiden sie sich voneinander wie Leben und Tod. Jene sind plastisch, bewegt, diese starr und monoton.

Man wird nunmehr vielleicht eine Anleitung zum mikroskopischen Zeichnen erwarten. Sie lautet kurz und bündig: Versuche und übe!

Blätter und Kräuter.

Die meisten Blätter sind flächenhafte Gebilde. Sie sind von Gefäfsbündeln, den sogen. „Nerven“, durchzogen, die untereinander anastomosieren und ein oft charakteristisches Nervennetz bilden. Fertigt man Querschnitte, was bei lederigen Blättern (z. B. Lorbeer) aus freier Hand leicht gelingt, so erhält man grüne Bänder, und betrachtet man ein solches Band unter dem Mikroskope bei schwacher oder mittelstarker Vergröfserung, so erkennt man auf den ersten Blick, dafs es aus drei Schichten

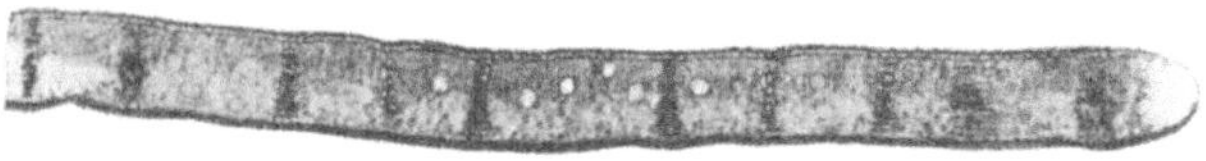

Fig. 7. Querschnitt des Lorbeerblattes.

besteht (Fig. 7): Die Hauptmasse des Blattes, die grüne Mittelschicht, ist oben und unten eingesäumt von einer einfachen Reihe kleiner, farbloser Zellen, der beiderseitigen Oberhaut. Bei genauerem Zusehen bemerkt man, dafs die Mittelschicht aus zwei nicht scharf abgegrenzten Lagen besteht, einer dichten, dunkelgrün gefärbten und einer lockeren, hellgrünen. Man sieht ferner das Gewebe der Mittelschicht unterbrochen durch farblose (in der Figur dunkle) Zellengruppen, die wie Strebepfeiler zwischen den beiden Oberhäuten aufgestellt sind. Diese Zellengruppen sind die Durchschnitte der Blattnerven.

Um Querschnitte aus zarten Blättern anzufertigen, klemmt man dieselben zwischen Holundermark. Die Schnitte müssen, wenn sie brauchbar sein sollen, dünner sein als die Blattdicke, da sie sich andernfalls auf die Fläche legen. Die meisten Schnitte mifslingen. Man erhält leichter brauchbare Durchschnitte, wenn man das Blatt in schmale Streifen schneidet, dieselben übereinanderschichtet und das so geformte Paket zwischen Holundermark klemmt. Jeder Schnitt durch das Paket liefert eine gröfsere Anzahl von Durchschnitten. Man spült dieselben ab und sucht aus dem Schälchen die besten aus.

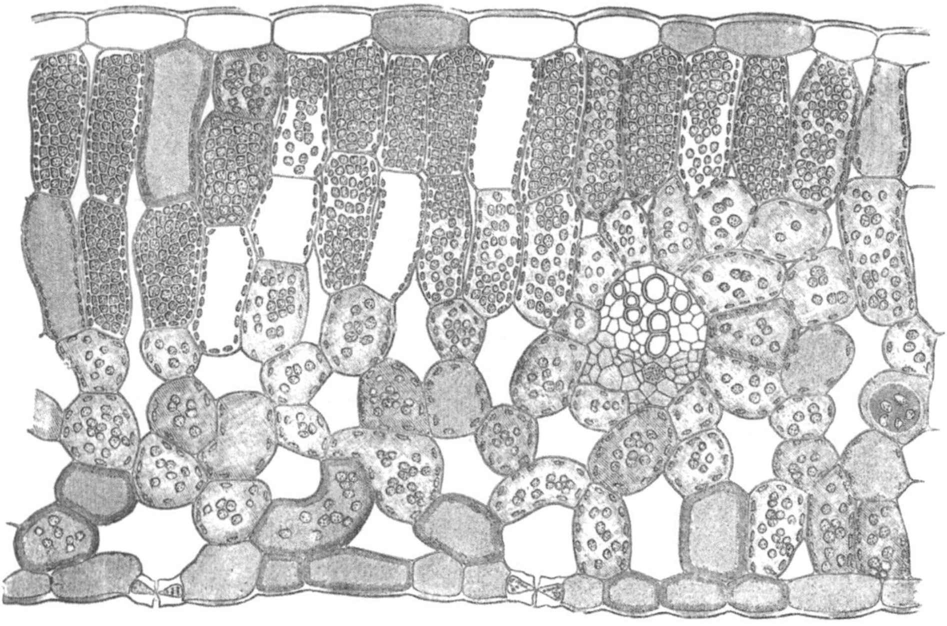

Fig. 8. Querschnitt eines frischen Rübenblattes (nach TSCHIRCH).

An dem Durchschnitt des Rübenblattes (Fig. 8) sieht man ebenfalls die beiderseitige Oberhaut und die breite Mittelschicht mit dem Querschnitt eines kleinen Gefäfsbündels, das wegen seiner Kleinheit offenbar einem letzten Nervenzweige angehört. Der obere Teil der Mittelschicht besteht aus zylindrischen, dichtgefügten Zellen, welche die Palissadenschicht bilden. Unterhalb sind die Zellen unregelmäfsig von Gestalt und lückig gefügt; sie bilden das Schwammparenchym (Merenchym).

Die Zellen frischer Blätter enthalten Zellsaft (in der Figur schraffiert). Aus Zellen, die durch den Schnitt eröffnet wurden, fliefst der Inhalt natürlich aus; es finden sich in der Figur daher auch leere Zellen, die nicht verwechselt werden dürfen mit den Lücken im Schwammparenchym, den Interzellularräumen. Aufser Zellsaft enthalten die Zellen der Mittelschicht auch Chlorophyllkörner, denen sie ihre grüne Farbe verdankt. In den Palissadenzellen bilden die Chlorophyllkörner einen dichten Wandbelag; im Schwammparenchym findet sich nur spärlich, in der Oberhaut gar kein Chlorophyll. In besonderen Zellen oder Schläuchen der Mittelschicht (häufiger griechisch Mesophyll benannt) finden sich oft auch andere Inhaltsstoffe. So bemerkt man in Fig. 7 kugelige Zellen, welche Öl enthalten, in Fig. 88 Kristallsand, in Fig. 48 Kristalldrusen, in Fig. 50 *B* Einzelkristalle. Seltener haben

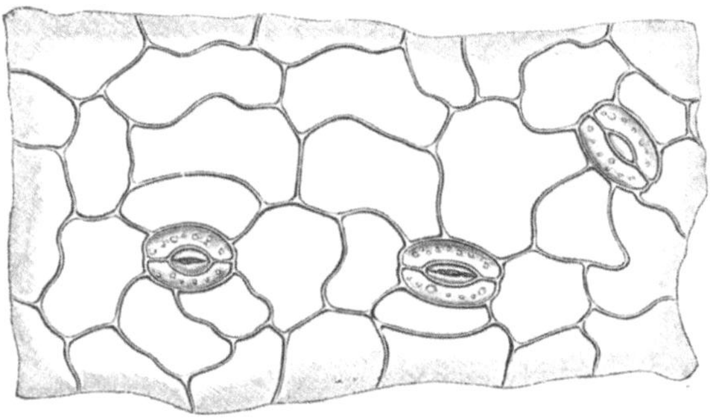

Fig. 9. Oberhaut mit Spaltöffnungen in der Flächenansicht.

einzelne Mesophyllzellen eine absonderliche Gestalt, Gröfse und Verdickung (Fig. 18). Solche Zellen nennt man Idioblasten. Wo sie vorkommen, bilden sie, eben wegen ihrer Seltenheit, hervorragende Kennzeichen (z. B. für das Teeblatt); auch die Sekreträume und die verschiedenen Kristallformen, gewisse Eigentümlichkeiten der Gefäfsbündel geben brauchbare Merkmale ab; im allgemeinen ist jedoch das Mesophyll für diagnostische Zwecke von geringerem Wert als die Oberhaut, und da diese auf Querschnitten nur unvollständig zur Anschauung gelangt, sind die schwierigen und mühsamen, für das Verständnis des Blattbaues unentbehrlichen Querschnitte für praktische Untersuchungszwecke in der Regel überflüssig. Es genügen meist Flächenschnitte, die man von lederigen Blättern, nachdem man dieselben erweicht hat, ohne weiteres mit einem scharfen Rasiermesser erhält. Immer müssen die Flächenschnitte von beiden Seiten hergestellt und besehen werden, weil die allermeisten Blätter dorsiventral, d. h. auf der Ober- und Unterseite verschieden gebaut sind. Von häutigen Blättern gelingen Flächenschnitte oft sehr schwer, leichter noch von der Unterseite, wo die Oberhaut lose mit dem Schwammparenchym verwachsen ist. Anstatt der Flächenschnitte fertigt man zweckmäfsig Quetschpräparate an, indem man kleine Stückchen des Blattes auf dem Objektträger in Lauge erwärmt und dann mit dem Deckglase schiebend zerdrückt, so dafs die beiden Oberhäute vom Mesophyll abgetrennt werden. Man untersucht das Präparat zunächst darauf, ob das Mesophyll irgend welche Eigentümlichkeiten darbietet, und spült es dann in eine

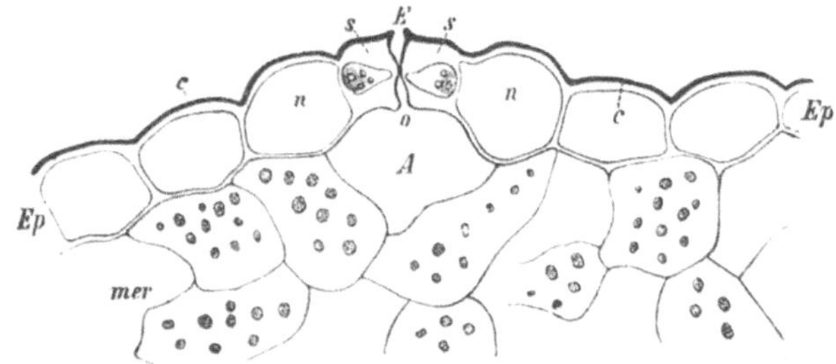

Fig. 10. Querschnitt einer Blattunterseite (nach TSCHIRCH).
Ep Oberhaut,
c Cuticula,
s Schliefszellen der Spaltöffnung *Eo*,
A Atemhöhle,
n Nebenzellen,
mer Schwammparenchym.

Schale mit Wasser. Hier sondert sich das zerreibliche Chlorophyllgewebe mehr oder weniger säuberlich von den Oberhäuten, die mit der Nadel herausgefischt und in einen Tropfen Glyzerin auf den Objektträger gebracht werden [1]).

Die farblosen Häutchen zeigen unter dem Mikroskope eine aufserordentliche Mannigfaltigkeit des Baues, und zumeist sind die Oberhäute der beiden Blattseiten verschieden.

Die Epidermis, die auf Querschnitten aus rechteckigen Zellen gefügt zu sein scheint (s. Fig. 8), besteht tatsächlich aus polygonalen oder mannigfach wellig gebuchteten Zellen, die stets lückenlos wie ein Strafsenpflaster gefügt sind. Wie im Strafsen-

[1]) Sehr schöne Flächenansichten erhält man durch mehrstündiges Einlegen kleiner Blattstücke in Chloralhydrat. Diese werden so durchsichtig, dafs durch wechselnde Einstellung die ganze Tiefe des Blattes in situ durchmustert werden kann.

pflaster die Kanalgitter so sind in der Oberhaut die **Spaltöffnungen** (Stomata) eingefügt, leicht kenntlich an der halb-

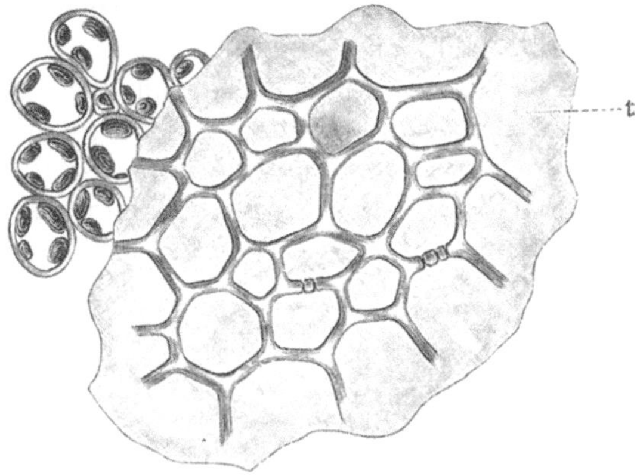

Fig. 11. Flächenschnitt einer Oberhaut mit übergreifendem Cuticularrand, darunter einige Palissadenzellen (J. MOELLER).

mondförmigen Gestalt der Schliefszellen, die (im Gegensatz zu den eigentlichen Oberhautzellen) Chlorophyll enthalten (Fig. 9).

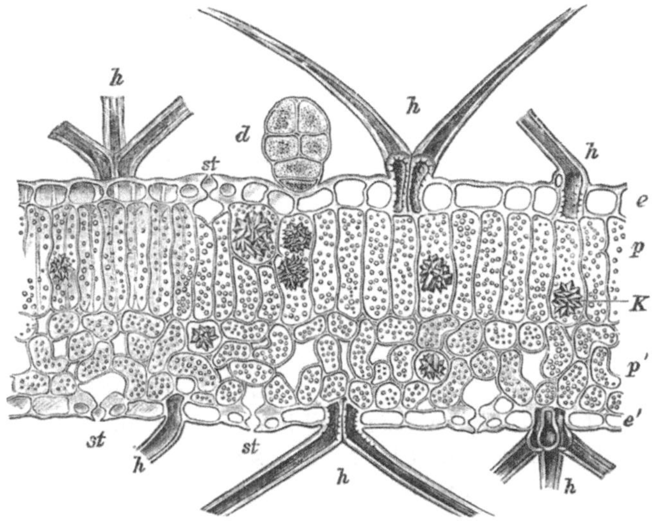

Fig. 12. Querschnitt des **Eibischblattes** (nach A. v. VOGL);

e und *e*[1] beiderseitige Oberhaut,
p Palissaden,
p[1] Schwammparenchym,
K Oxalatdrusen,
h einzellige Haare,
d Drüsenhaare,
st Spaltöffnungen.

Oft sind die Spaltöffnungen von eigentümlich geformten **Nebenzellen** umgeben (Fig. 10, *n*). Die Spaltöffnungen sind die Atmungsorgane und finden sich meist in gröfserer Zahl auf der Blattunterseite, wo sie mit den Interzellularräumen kommunizieren (Fig. 10). Auf der Oberseite sind sie spärlicher oder fehlen häufig ganz. Daran sind die beiden Blattseiten meist leicht zu unterscheiden; aber sind dieselben bei manchen Blättern oder Blattabschnitten auch sehr ähnlich gebaut, so gelingt die Unterscheidung doch an den der Epidermis stellenweise noch anhaftenden Chlorophyllzellen: die Palissadenzellen längs der Blattoberseite sind in der Flächenansicht rundlich (Fig. 16); das Schwammparenchym zeigt in jeder Ansicht polymorphe Zellen (Fig. 10 u. 17).

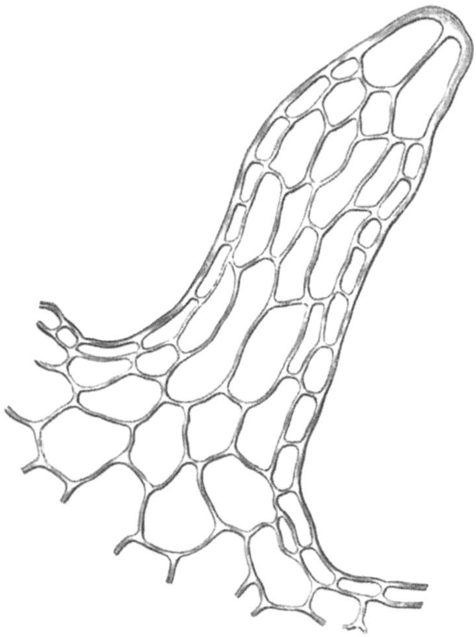

Fig. 13. Zotte des Mutterkümmels.

Auf vielen, nicht auf allen Blättern kommen neben den Luftspaltöffnungen auch Wasserspalten vor. Sie sind gröfser als die Luftspalten und finden sich stets nur an den Nervenendigungen, also am häufigsten am Blattrande.

Jede Oberhaut ist von einer homogenen, gegen Chemikalien sehr widerstandsfähigen Membran, der Cuticula, überzogen. Wie eine Asphaltdecke das Strafsenpflaster so überzieht die Cuticula das Gewebe der Oberhaut gleichmäfsig, bei derben Blättern oft eine dicke Lage bildend, aber auch bei häutigen Blättern oft daran kenntlich, dafs sie eigentümlich gestrichelt (Fig. 25), seltener punktiert oder warzig ist. An Oberhautschnitten greift die Cuticula oft als unregelmäfsiger Saum über das Zellgewebe hinaus (Fig. 11).

Die Form der Oberhautzellen, der Bau des Spaltöffnungsapparates, das Relief der Cuticula geben wertvolle diagnostische Behelfe, aber sie werden hierin noch übertroffen durch die mannigfachen Haargebilde (Trichome). Jedes Haar ist eine verlängerte Oberhautzelle, die in ihrem weiteren Wachstum freilich vielerlei Veränderungen erfährt. Es gibt ein- und mehrzellige, einfache und verästelte, büschel- und scheibenförmige Haare, deren Endzelle stumpf, spitz, kugelig oder eine vielzellige Drüse sein kann. Je nachdem die Membran verdickt, verholzt, cuticularisiert oder mit Mineralstoffen inkrustiert ist, erscheint das Haargebilde schlaff, starr oder brüchig, glatt oder warzig u. a. m. Fig. 12 zeigt einige Haarformen und die Entstehung derselben aus Oberhautzellen. Haarförmige Gebilde, die nicht aus Oberhautzellen allein bestehen, sondern parenchymatische Auswüchse sind, heifsen Zotten (Fig. 13).

Tee.

Der chinesische, auch russische Tee stammt von *Camellia Thea* Link *(Ternstroemiaceae)*, einem ansehnlichen Strauche, der seit undenklichen Zeiten in China und Japan, in neuerer Zeit auch in Indien (Assam), auf Ceylon, Java in grofsem Mafsstabe kultiviert wird. Die Produktion anderer Länder ist für den Welthandel ohne Bedeutung.

Der Verschiedenheit der Mutterpflanze einerseits, der Altersstufe der gesammelten Blätter und der Art ihrer Zubereitung anderseits verdanken die zahlreichen Teesorten ihren höchst schwankenden Genufs- und Handelswert. Es werden überhaupt nur die Blattknospen und die jüngsten Blätter, niemals die Blüten gepflückt. Was im Handel „Blüten“ genannt wird, besteht aus Blattknospen, die wegen ihres seidenhaarigen Überzuges grau erscheinen. Als zufällige Verunreinigung[1]) findet man hie und da in allen Sorten einzelne Blüten und Früchte (Fig. 14) der Teepflanze.

Nach der Methode der Zubereitung unterscheidet man schwarzen und grünen Tee. In ersterem ist das Chlorophyll zerstört, in letzterem mehr oder weniger erhalten.

Aus den gröfseren, zur Bereitung des grünen oder schwarzen Tees nicht verwendbaren Blättern, aus den Zweigspitzen und Abfällen macht man eine Gemüsekonserve, den Ziegeltee, welcher nicht oder doch selten zu uns kommt, sondern fast ausschliefslich von den asiatischen Nomadenvölkern konsumiert wird.

---

[1]) Nach Soltsien und Winton auch als Fälschung.

Für den Wert einer Teesorte ist nicht der Name, nicht einmal das Aussehen, am wenigsten der Geruch mafsgebend[1]), sondern einzig der Geschmack und die Wirkung des Aufgusses. Der bitterlich adstringierende Geschmack und die angenehm erregende Wirkung sind durch den Gehalt an Gerbsäure und Koffeïn, wohl auch durch das in den Blättern in geringer Menge enthaltene ätherische Öl bedingt. Aber nicht die absolute Menge dieser und anderer im Tee enthaltener Stoffe ist für die Qualität entscheidend, sondern ein bestimmtes, dem Geschmacke eben zusagendes, in Zahlen jedoch nicht ausdrückbares Mischungsverhältnis. Die chemische Analyse kann darüber Aufschlufs geben, ob ein Tee gehaltvoll ist, nicht aber, ob er gut ist. Noch ohnmächtiger ist die mikroskopische Analyse, da sie nur die Identität der Teeblätter feststellen, über ihren Gebrauchswert aber gar nichts aussagen kann. Gleichwohl ist die genaue Kenntnis des Teeblattes praktisch wichtig, weil sie auf die einfachste und sicherste Weise den Nachweis etwaiger Substitutionen (vgl. pag. 41) ermöglicht.

Fig. 14. Aus dem Tee ausgelesene Früchte (A. L. Winton).

Die Gröfse und Gestalt der Teeblätter ist mannigfaltiger, als man gewöhnlich angegeben findet. Schon die Pflanzen in unseren Gewächshäusern tragen oft 10 cm lange, bald schmale, bald halb so breite wie lange, zugespitzte oder fast spatelförmige, mehr oder weniger lederige, am Rande sägezähnige oder fast ganzrandige, ganz kahle oder auf der Unterseite flaumige Blätter, und auf den natürlichen Standorten mögen die Variationen noch auffälliger sein, wie die handgrofsen Blätter aus Assam bewiesen,

[1]) In China selbst wird der zur Ausfuhr bestimmte Tee gewöhnlich parfümiert, indem man ihn mit frischen, wohlriechenden Blüten (von *Aurantiaceen, Osmanthus fragrans, Jasminum, Aglaja odorata, Gardenia florida, Chloranthus inconspicuus)* mischt, welche, nachdem sie welk geworden, wieder ausgesiebt werden. In neuerer Zeit pflegt man den Boden der Kisten mit den wohlriechenden Blüten zu bedecken — Frische Teeblätter enthalten 0,006 % ätherisches Öl (Schimmel & Co.), das bei der Zubereitung sich gröfstenteils verflüchtigt.

welche 1878 in Paris ausgestellt waren. Solche Riesenblätter findet man im Tee niemals. Er besteht höchstens aus kleinfingerlangen Blättern bis herab zu den jüngsten Blattknospen. Sucht man in dem Rückstande eines Teeaufgusses nach den am besten erhaltenen Blättern und breitet sie flach aus, so kann man bei aller Verschiedenheit des Umrisses, der Berandung, Derbheit und Behaarung doch einige allen gemeinsame Charaktere erkennen. Diese sind: der kurze Stiel, in welchen sich der Blattgrund allmählich verschmälert; der derbe, gegen die Unterseite ein wenig umgeschlagene, knorpelig gezähnte Blattrand; die in wenig spitzem Winkel vom Hauptnerven abzweigenden Sekundärnerven, welche in ziemlicher Entfernung vom Rande in flachen Bogen verbunden sind (Fig. 15). Die Zähne des Blattrandes bestehen aus einer geschrumpften, an älteren Blättern meist abgefallenen Drüsenzotte.

Fig. 15. Autophotogramm eines Teeblattes.

Zur Diagnose des Teeblattes ist die Anfertigung von Querschnitten nicht notwendig; es genügen Quetschpräparate.

In der Flächenansicht bieten die beiderseitigen Oberhäute ein sehr verschiedenes Bild: die Epidermis der Blattoberseite besteht aus kleineren (0,05 mm), kleinwellig — man könnte sagen: gekräuselt — konturierten Zellen, ohne Spaltöffnungen, ohne Haare (Fig. 16). Die ihr stellenweise anhaftenden Teile des Chlorophyllparenchyms haben rundliche Konturen als Querdurchschnittsansicht der Palissadenzellen. — Die Epidermis der Blattunterseite besitzt gröfsere (0,07 mm), unregelmäfsiger und flachwelliger konturierte Zellen, zwischen denen zahlreiche, grofse (0,04—0,06 mm), breitelliptische, von meist 3—4 Nebenzellen umgebene Spalt-

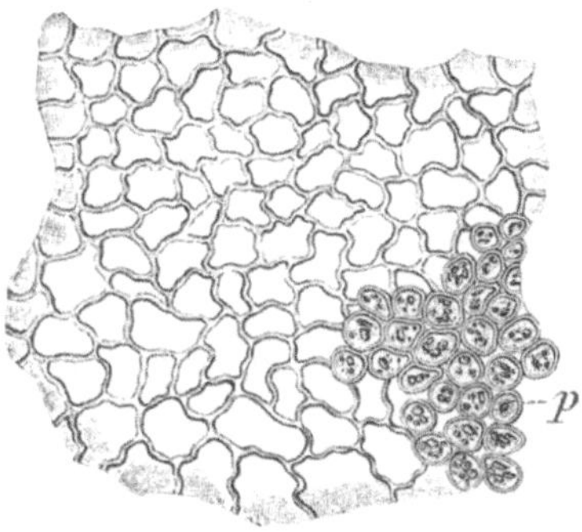

Fig. 16. Epidermis der Oberseite des Teeblattes; von innen gesehen mit einer Gruppe Palissadenzellen *p*.

öffnungen eingefügt sind. Die ihr anhaftenden Parenchymreste sind grofse, sternförmig verzweigte Zellen (Fig. 17).

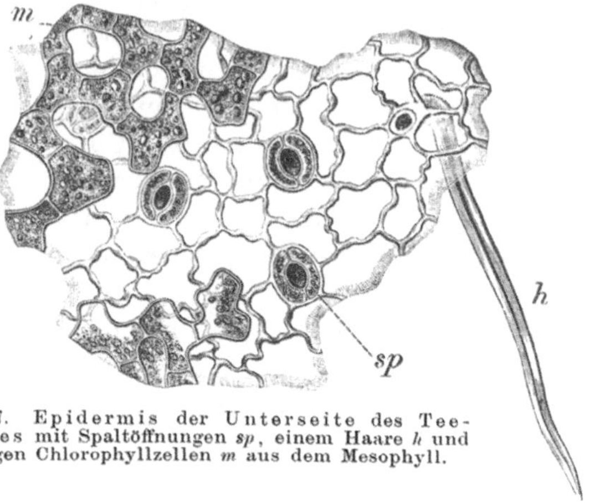

Fig. 17. Epidermis der Unterseite des Teeblattes mit Spaltöffnungen *sp*, einem Haare *h* und einigen Chlorophyllzellen *m* aus dem Mesophyll.

In den jüngsten Blättern trifft man vereinzelt, in ausgewachsenen reichlich grofse, isolierte, farblose Steinzellen (Idioblasten), welche das Teeblatt vor allem charakterisieren. Sie sind wie Strebepfeiler im Blatte verteilt (Fig. 18), in ihrer Form sehr mannigfaltig, ästig, gegabelt, jedoch immer das Prinzip verratend, durch Verbreiterung der Endteile die Oberhaut zu stützen, ihr eine Unterlage zu bieten. Ihre Gröfse erreicht 150 μ, die Verdickung ist sehr verschieden und geht bis zum Schwinden des Lumens. Die Wand ist geschichtet, von Tüpfeln durchsetzt, verholzt.

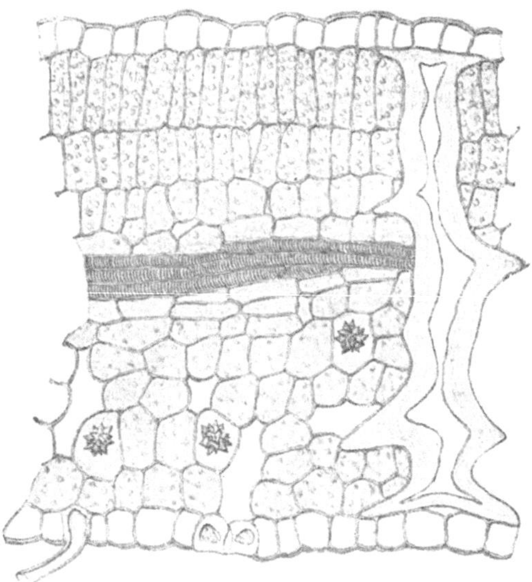

Fig. 18. Querschnitt des Teeblattes (nach C. MEZ).

Ein zweites, neben den Idioblasten für das Teeblatt höchst charakteristisches Element sind die Haare. An älteren Blättern findet man sie nicht oder nur sehr spärlich, und auch ihre Spuren kann man nur selten zwischen den Oberhautzellen entdecken, weil sie beim Wachstum des Blattes verschwinden. Die Unterseite junger Blätter ist dicht besetzt mit über millimeterlangen, einzelligen, derbwandigen, am Grunde meist gekrümmten (daher der Blattfläche anliegenden) Haaren (Fig. 19).

Im Mesophyll sind ansehnliche Kristalldrusen zerstreut.

Wenn sich demnach bei Betrachtung der entfalteten Blätter Zweifel über die Echtheit derselben ergeben sollten, so schliefst die mikroskopische Untersuchung der auf sehr einfachem Wege herzustellenden Präparate dieselben aus.

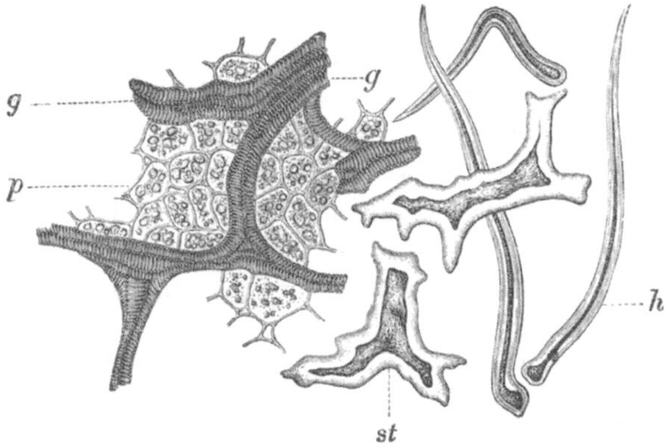

Fig. 19. Gewebe des Teeblattes, in Kalilauge erwärmt und mit dem Deckglase zerquetscht.
g Endigungen der Blattnerven;
p Chlorophyllparenchym;
st Steinzellen (Idioblasten);
h Haare.

Teefälschungen und Surrogate.

Der Tee ist zahlreichen und verschiedenartigen Fälschungen unterworfen. Die am häufigsten geübten bestehen darin, dafs man bereits gebrauchte Teeblätter so zurichtet, als wären sie noch nicht abgebrüht worden, oder man substituiert dem Tee fremdartige Blätter. Aufserdem wird der gefälschte Tee künstlich gefärbt und mit Mineralstoffen beschwert.

Gebrauchter Tee wird in den Ländern starken Teekonsums, namentlich in England und Rufsland, angeblich auch in China[1]), gesammelt und neuerdings mit Gerbstoffen (Katechu) oder Zuckercouleur imprägniert und gerollt. Dieses Produkt ist der echten Ware täuschend ähnlich und in Mischungen selbst von Kennern kaum zu unterscheiden. Der Aufgufs desselben ist schwach gefärbt, der Geschmack ist mehr adstringierend als bitter, der Genufs gewährt keine Befriedigung.

Auf mikroskopischem Wege ist solche wertlose Ware, da sie aus echten Teeblättern besteht, nicht erkennbar. Auch der chemischen Analyse gelingt ihr Nachweis nicht unter allen Umständen, namentlich schwierig in Mischungen mit unbenutztem Tee, und wenn die Extraktivstoffe wieder ersetzt wurden. Der Koffeïngehalt schwankt in der natürlichen Ware von 1,09 bis 4,67 Prozent und ist gerade in den guten schwarzen Sorten geringer als in den grünen, während anderseits in extrahierten Sorten noch bedeutende Koffeïnmengen gefunden wurden (Eder).

Von den Chemikern wird auf die Bestimmung des Gerbstoffgehaltes hauptsächlich Gewicht gelegt. Abgesehen von den bedeutenden Schwankungen, denen auch dieser unterworfen ist (4,48—25,20 Prozent), darf nicht übersehen werden, dafs nichts leichter ist, als die extrahierten Blätter mit Gerbstofflösungen zu tränken, was auch tatsächlich geschieht.

Auch die Menge der in Wasser löslichen Bestandteile (27—48 Prozent) ist nur unter der Voraussetzung mafsgebend, wenn ein künstlicher Ersatz derselben in der ausgelaugten Ware ausgeschlossen werden kann. — Der Aschengehalt schwankt von 1,55—5,02 % und soll 8 % nicht übersteigen.

Fremdartige Blätter der verschiedensten Spezies können zu Tee hergerichtet werden, denn die Form oder Gröfse derselben bietet kaum ein Hindernis; nur etwa auffallend behaarte oder stark und eigentümlich riechende Arten sind nicht verwendbar. Nun ist kein Mangel an Blättern, welche wenigstens äufserlich den Teeblättern gleichen, und man sollte glauben, dafs ausschliefslich solche zu den Fälschungen herangezogen werden. Das ist aber keineswegs der Fall. Die Fälscher setzen ein so festes und leider nur zu begründetes Vertrauen in die Sorglosig-

[1]) Nach der „Times“ wurden auf der Auktion in London im Jahre 1872 7 Millionen Pfund derartigen Tees an den Mann gebracht. Man nennt das aus den Abfällen zubereitete Produkt Lie-tea, d. i. Lügentee, auch „Mahloo“. Nach James Bell dürften gegenwärtig nur sehr geringe Mengen derartig gefälschten Tees der strengen Kontrolle entgehen.

keit der Konsumenten, dafs sie Blätter zu Tee appretieren, welche nicht die entfernteste Ähnlichkeit mit Teeblättern haben, sondern von jedem Laien, der sich die Mühe nimmt, einige Blätter seines Teeaufgusses auszubreiten, als Eichen-, Pappel-, Ahorn-, Platanen- oder zum mindesten als Blätter erkannt werden, die kein Tee sind.

Häufiger allerdings findet man Blätter, welche auf den ersten Blick von den Teeblättern nicht sicher zu unterscheiden sind. Auch diese werden bei genauerer Untersuchung der Konsistenz, des Blattrandes und der Nervation Abweichungen von dem oben geschilderten Typus des Teeblattes wahrnehmen lassen, welche eine mikroskopische Untersuchung entbehrlich machen. Nur um ganz sicher zu gehen, besonders in den sehr gewöhnlichen Fällen, wo nur wenige gut erhaltene Blätter, zumeist nur Fragmente vorliegen, wird man gut tun, die für das Teeblatt charakteristischen Steinzellen und Haare unter dem Mikroskope aufzusuchen und die beiderseitige Oberhaut genau zu besehen. Findet man keinen Idioblasten und keines der so auffälligen Haare, so darf man daraus noch nicht auf eine Fälschung schliefsen, am allerwenigsten, wenn die Epidermis und ihre Bildungen keine anderweitigen Anhaltspunkte dafür bieten. Man wird vielmehr seine Bemühungen fortsetzen müssen, und erst, wenn man mehrere Blattfragmente vergeblich nach den charakteristischen Elementen des Teeblattes durchsucht hat, kann man, auch wenn andere positive Merkmale fehlen, eine Substitution aussprechen.

In den allermeisten Fällen wird es aber einer solch langwierigen Prüfung nicht bedürfen. In fast jedem Präparate eines Teeblattes findet man entweder Idioblasten (in den gröfseren Blättern) oder Haare (in den jüngeren, am besten in den noch gefalteten Blättchen), häufig sogar beide, und damit ist die Identität festgestellt. Oder man findet sie nicht, dafür aber eine ganz verschieden gebaute Oberhaut, Spaltöffnungen und Haarbildungen, die mit denen des Teeblattes nimmer zu verwechseln sind.

Es können hier selbstverständlich nicht alle Blätter, mit denen möglicherweise Tee verfälscht sein kann, geschildert werden, sondern nur die demselben in der Form ähnlicheren, und andere, die erfahrungsgemäfs als Fälschungsmittel dienen oder als Ersatz für Tee genossen werden.

Steinsamenblätter.

Die Blätter des Steinsamens (*Lithospermum officinale* L. — *Scrophulariaceae*), eines an steinigen Orten im Gebüsch verbreiteten Unkrautes, sind schmallanzettlich, ganzrandig, ungestielt, bis 8 cm lang und dabei kaum über 15 mm breit. Spärliche Sekundärnerven zweigen unter spitzen Winkeln vom Hauptnerven ab und anastomosieren nahe am Rande zu einem sehr flachen Bogen (Fig. 20). Die Blätter sind beiderseits rauhhaarig; streift man mit dem Finger von der Spitze gegen den Blattgrund, so wird man durch die starren Härchen aufgehalten. Unter der Lupe erkennt man schon, dafs die Härchen auf einem rundlichen Höcker entspringen.

Fig. 20. Autophotogramm des Steinsamenblattes.

Die Oberhaut (Fig. 21) besteht auf der Oberseite aus unregelmäfsig polygonalen, auf der Unterseite (Fig. 22) aus mehr oder weniger wellig-buchtigen, dünnwandigen Zellen. Aus kreisrunder, nicht selten 0,04 mm breiter Basis, um welche die Oberhautzellen oft rosettig gruppiert sind, entspringen die starren, leicht gekrümmten, scharf zugespitzten, grobwarzigen Haare. Sie sind 0,6 mm und darüber lang, mäfsig verdickt,

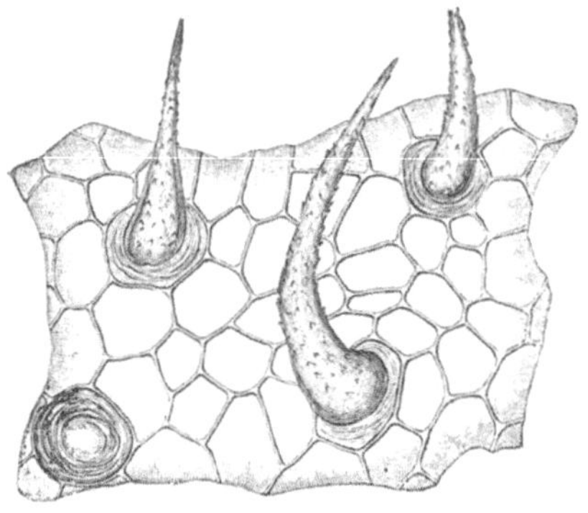

Fig. 21. Epidermis der Oberseite des Steinsamenblattes.

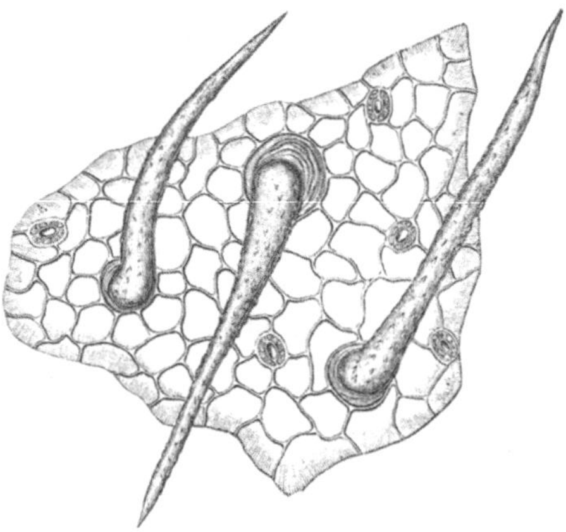

Fig. 22. Epidermis der Unterseite des Steinsamenblattes mit Haaren und Spaltöffnungen.

erscheinen aber häufig kompakt, weil sie von einer mit Kalksalzen inkrustierten Masse erfüllt sind. Diese Zystolithen sind besonders im retortenförmigen Fufsteil der Haare entwickelt und finden sich vereinzelt auch in Oberhautzellen der Aufsenseite. Die Blattunterseite trägt in grofser Zahl kleine (0,03 mm lange) Spaltöffnungen.

Die Steinsamenblätter kommen unvermischt als „První český čaj" (d. i. „erster böhmischer Tee") in den Handel. Er ist nach Art des schwarzen Tees präpariert und sieht diesem überraschend ähnlich. Die Zartheit der Blätter und ihre Rauhhaarigkeit sind die auffallendsten Erkennungszeichen; unter dem Mikroskop ist eine Täuschung gar nicht möglich.

Auch in Steiermark kam vor einigen Jahren ein angeblich echter, in der Gegend von Weiz kultivierter Tee vor, der aber tatsächlich aus Steinsamenblättern bestand. In demselben fanden sich auch verräterische, glatte, glänzend weifse, sehr harte Früchtchen [1]). Erstaunlicherweise fanden sowohl der böhmische als der steirische Tee begeisterte Liebhaber; beide scheinen jedoch aus dem Handel verschwunden zu sein.

Weidenröschenblätter.

Mehrere Arten des Weidenröschens, insbesondere das schmalblätterige (*Chamaenerium angustifolium* Scop. — *Oenothereae*), besitzen ebenfalls dem Teeblatte in den allgemeinen Umrissen ähnliche Blätter. Diese sind jedoch länglich-lanzettlich, zugespitzt, am Grunde abgerundet, sehr kurzstielig oder sitzend, ganzrandig oder etwas ausgeschweift und weitläufig gezähnt. Die Sekundärnerven entspringen in dichter Aufeinanderfolge, fast rechtwinkelig, und anastomosieren am Rande in kurzen Bogen (Fig 23).

Fig. 23. Autophotogramm des schmalblättrigen Weidenröschenblattes.

Die Epidermis der beiden Blattseiten ist verschieden gebaut. Die Zellen der Oberseite (Fig. 24) sind durchschnittlich 0,05 mm grofs, mit schwach gewellten Konturen, derben, stellenweise knotig verdickten Membranen, ohne Spaltöffnungen, jedoch mit Wasserspalten in der Nähe der Blattspitze. Die Zellen der Unterseite (Fig. 25) sind dünnwandiger,

---

[1]) Die Früchtchen des als Ackerunkraut verbreiteten *Lithospermum arvense* L. sind bräunlich und runzelig rauh.

tief welligbuchtig, mit unregelmäfsig gestrichelter, wie runzeliger Cuticula und feinkörnigem Wachsüberzug. Ihre zahlreichen Spalt-

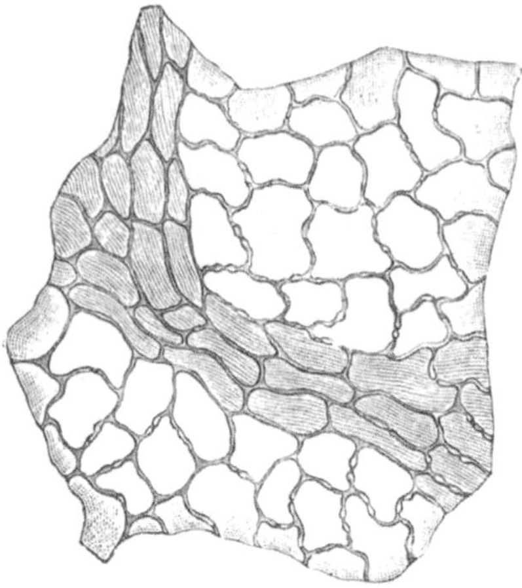

Fig. 24. Oberseite des Weidenröschenblattes (*Chamaenerium angustifolium*).

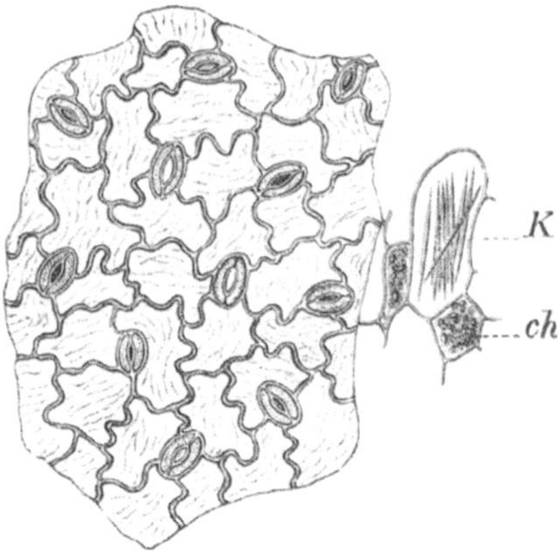

Fig. 25. Unterseite des Weidenröschenblattes; *K* Raphidenzelle; *ch* Chlorophyllzelle.

öffnungen sind grofs (0,030 mm), spitzelliptisch (2 : 3). Unter jedem Blattzahn befindet sich eine Wasserspalte. Junge Blätter tragen längs der Nerven einzellige, stumpfe, dünnwandige, gestrichelte, meist stark gekrümmte Haare (Fig. 26). Im Blattparenchym kommen, die Nerven begleitend, zahlreiche grofse Raphiden vor.

Weidenröschenblätter werden in Rufsland als Tee zubereitet und für sich als Kaporischer oder Iwan-Tee oder in Mischung mit echter Ware verkauft. Die entfalteten Blätter sind indessen leicht zu erkennen. Sie sind zarter als die Teeblätter, namentlich am Rande nicht

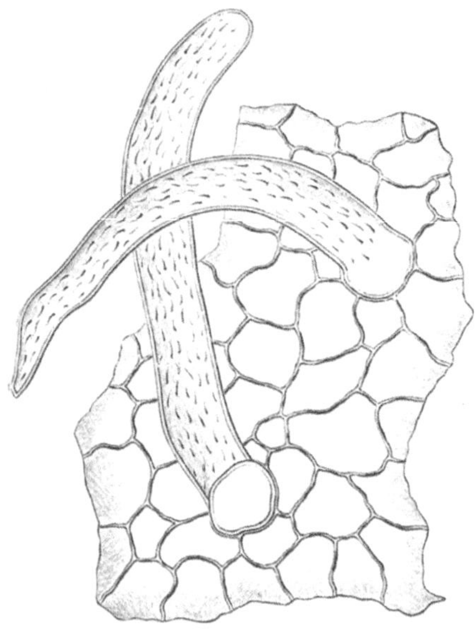

Fig. 26. Haare von *Epilobium angustifolium*.

derb, nicht gesägt, sondern höchstens entfernt gezähnt; ihre Nervation ist, wenngleich typisch übereinstimmend, wegen der sehr genäherten Sekundärnerven auffällig verschieden. Unter den mikroskopischen Merkmalen sind hervorzuheben die grofswellig konturierten, streifigen Oberhautzellen der Blattunterseite (Fig. 25), die spitzen, im Vergleich zum Teeblatte kleinen Stomata und die Kristallnadeln, die man immer

Fig. 27. Autophotogramm des Blattes von *Epilobium hirsutum*.

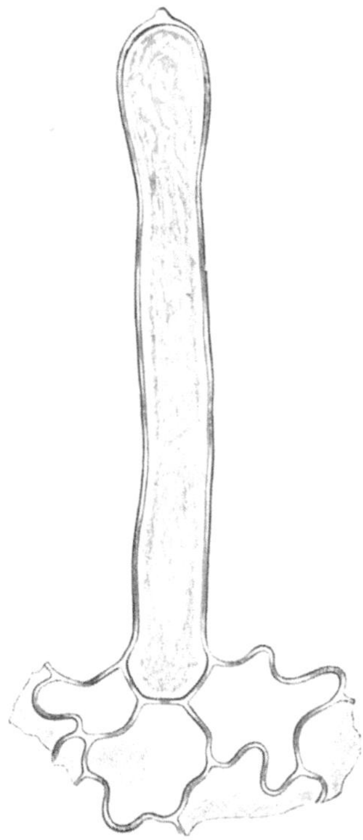

Fig. 28. Haar von *Epilobium hirsutum*.

findet, wenn man in der oben (pag. 34) angegebenen Weise ein Stückchen des Blattes zerdrückt.

Die Blätter von *Epilobium hirsutum* L., einer bei uns ebenfalls häufigen Art, sind ungestielt, auch stengelumfassend, lanzettlich, am Rande buchtig-sägezähnig, gewimpert, oberseits kahl, unterseits weichzottig, mit stark ausgeprägter Nervatur. Die bogenförmig abzweigenden Sekundärnerven bilden nahe am Rande Schlingen (Fig. 27).

Die Oberhautzellen sind denen der vorigen Art ähnlich, jedoch die Haarformen sind verschieden. Für *Epilobium hirsutum* sind die einzelligen, zylindrischen oder am Ende etwas kolbig verbreiterten, glattwandigen, am Scheitel geknöpften Haare (Fig. 28) charakteristisch. Neben diesen finden sich viel längere, zugespitzte, ihnen sonst ähnliche Haare, besonders reichlich am Blattrande.

Fig. 29. Autophotogramm des Weidenblattes.

Weidenblätter.

Die Weiden (*Salices*) haben ungeteilte, längliche, kurzgestielte, ganzrandige oder gesägte, kahle oder behaarte, ziemlich derbe, also dem Tee einigermafsen ähnliche Blätter. Doch sind die Sekundärnerven viel zahlreicher, und sie bilden am Rande keine Schlingen (Fig. 29).

Die Epidermis (Fig. 30) beider Blattseiten ist wenig verschieden; sie ist kleinzellig, auf der Oberseite stark cuticularisiert und gestreift. Die Zellen sind scharfkantig-polygonal, nicht oder höchstens auf der Unterseite schwach wellig konturiert. Zahlreiche, kleine (0,025 mm), oft von zwei Nebenzellen begleitete Spaltöffnungen. Beiderseits, aber ungleich häufiger auf der Unterseite sitzen Haare, welche in Form und Gröfse den Haaren des Teeblattes ähneln, aber am Grunde nicht geknickt und

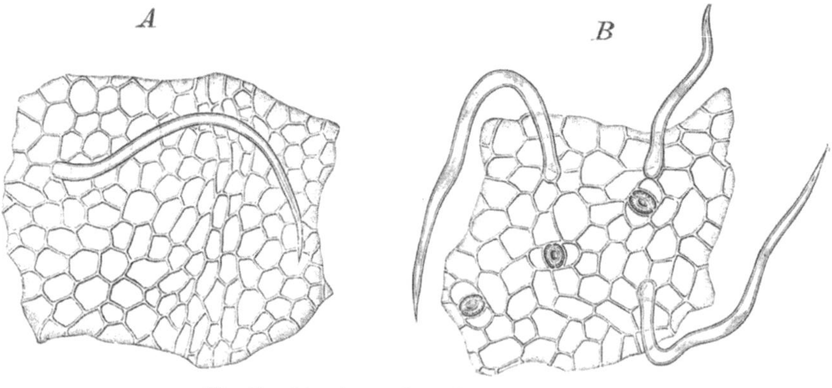

Fig. 30. Oberhaut des Weidenblattes,
A der Oberseite,
B der Unterseite mit zahlreichen Haaren und Spaltöffnungen.

meist[1]) bedeutend dünnwandiger sind, indem ihr Lumen breiter ist als die Membrandicke. Die Blattzähne endigen in Drüsenzotten. — Im Mesophyll reichlich Oxalatdrusen.

Weidenblätter sollen nach dem Berichte des englischen Konsuls Medhurst schon in China massenhaft gesammelt, wie Tee zubereitet und diesem bis zu 20 Prozent beigemischt werden. Die genaue Prüfung der Nervation zahlreicher entfalteter Blätter wird die Fälschung wohl finden lassen; in zweifelhaften Fällen entscheidet die mikroskopische Betrachtung der relativ dünnwandigen Haare und der kleinen, vierzelligen Spaltöffnungen. Bemerkenswert ist auch, daſs im Weidenblatte ähnliche Kristalldrusen vorkommen wie im Teeblatte, häufiger aber ansehnliche Einzelkristalle.

Fig. 31. Autophotogramm eines Eschenblattes.

Eschenblätter.

Die Fiederblättchen der unpaarig gefiederten Blätter der Eschen (*Fraxinus — Oleaceae*) sind in dem Umrisse und in der Berandung den Teeblättern ähnlich, obwohl sie oft breiter sind und ihr Rand schärfer gesägt zu sein pflegt. Auffallender ist die Verschiedenheit der Nervation. Die Sekundärnerven sind zahlreich, in dem dünnen, zarten Blatte gut sichtbar, ziehen bis ganz nahe an den Rand, anastomosieren hier, und aus dem Bogen entspringen kurze Nerven, welche vorwiegend in den Zahnausschnitten des Blattrandes enden (Fig. 31).

Die Epidermis (Fig. 32) ist beiderseits groſswellig-buchtig. Die Blattunterseite trägt zahlreiche groſse Spaltöffnungen

[1]) Die Behaarung der Weidenblätter ist verschieden. Junge Blätter sind dicht mit straffen, dünnwandigen Haaren besetzt, an ausgewachsenen Blättern können die spärlichen Haare bis zum Schwinden des Lumens verdickt sein.

(30 : 40 Mikromillimeter) ohne Nebenzellen. Charakteristisch sind die ankerförmigen Verdickungen („Falten") der Cuticula an den Polen der Stomata, die dadurch wie gehörnt aussehen. In geringer Menge finden sich auf der Unterseite kurzgestielte Drüsenhaare, deren vielzellige Köpfchen (Fig. 32 *B*, *t*) auf der abgezogenen Oberhaut als flache Rosetten erscheinen, aufserdem kurze, ein- bis zweizellige, derbwandige Haare mit streifiger Cuticula. Oxalatkristalle fehlen.

Die schwer zu beschreibende, aber höchst charakteristische Art, wie die Oberhautzellen, namentlich jene der Blattoberseite, gewellt sind, die Dünnwandigkeit der Membranen, die länglichen,

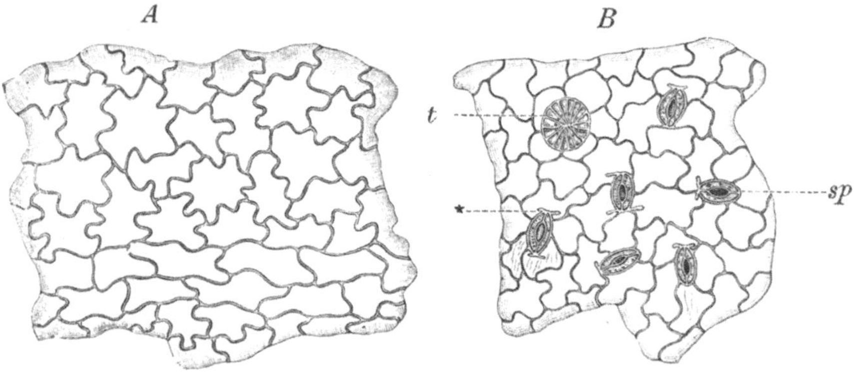

Fig. 32. Oberhaut des Eschenblattes (*Fraxinus excelsior*),
A der Oberseite,
B der Unterseite mit Spaltöffnungen *sp* und einem Drüsenhaare *t*; bei * Hörnchen der Stomata.

gehörnten Stomata, die Drüsenhaare bieten ausreichende positive Merkmale zur Unterscheidung des Eschenblattes vom Teeblatte.

Ebereschenblätter.

Die Eberesche oder Vogelbeere (*Sorbus Aucuparia* L. — *Rosaceae*) ist ein bei uns heimischer Baum, der wegen seiner scharlachroten Fruchtstände oft gepflanzt wird.

Die Blätter sind unpaar gefiedert, in der Jugend behaart, ausgewachsen fast kahl. Die Blättchen sind länglich-eiförmig, spitz, ungleich gesägt (Fig. 33). Die Sekundärnerven streichen, ohne Schlingen zu bilden, in die Blattzähne.

Die Epidermis beider Blattseiten (Fig. 34) ist nur dadurch verschieden, dafs Spaltöffnungen der Oberseite fehlen. Die Zellen sind teils polygonal, teils gewellt, stellenweise sogar buchtig.

Ihre Cuticula ist zart gestreift. Charakteristisch sind die langen, einzelligen, wellig verbogenen Haare mit abgerundeter Basis.

Fig. 33. Autophotogramm des Ebereschenblattes.

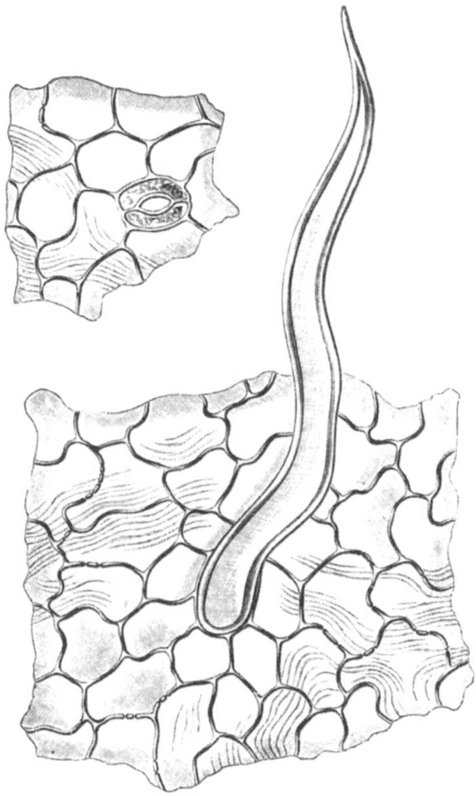

Fig. 34. Oberhaut des Ebereschenblattes.

Maulbeerblätter.

Die aus Asien stammenden Maulbeer-Arten (*Morus alba* L. und *Morus nigra* L. — *Moraceae*) werden zur Seidenraupenzucht im südlichen Europa, als Parkbaum und der wohlschmeckenden Früchte wegen auch bei uns gepflanzt.

Die grofsen, gestielten Blätter sind herz-eirund oder schief herzförmig, ungeteilt oder etwas lappig, ungleich gesägt, oberseits kahl, unterseits längs der Nerven und besonders in den

Nervenwinkeln behaart[1]). Die Sekundärnerven sind randläufig (Fig. 35).

Querschnitte (Fig. 36) lassen in vergröfserten Oberhautzellen beiderseits Zystolithen erkennen.

Fig. 35. Autophotogramm des Maulbeerblattes.

Die Epidermis der Oberseite besteht aus polygonalen (Fig. 37 links oben), die der Unterseite aus knitterig verbogenen Zellen von ungewöhnlicher Kleinheit. Spaltöffnungen kommen nur unterseits vor. Um die Zystolithen sind die Zellen rosettig angeordnet. Die einzelligen Haare sind sehr lang, dünnwandig und glatt, mannigfach gekrümmt, aber nicht schlaff. Aufser diesen finden sich auch Drüsenhaare mit einzelligem, konischem Stiel und mehrzelligem Köpfchen (Fig. 37). — Das Mesophyll enthält Kristalldrusen.

Kaffeeblätter.

Die Blätter des Kaffeebaumes (*Coffea arabica* L. — *Rubiaceae*), welche ebenfalls, wenn auch weniger als die Samen, Koffeïn enthalten, werden bislang nicht bei uns, wohl aber in den Ländern der Kaffeekultur (Brasilien, Ostindien, Arabien) als Tee genossen. Gewifs würde der schon wiederholt gemachte Vorschlag, die-

[1]) Die Maulbeerblätter sind vielgestaltig. *Morus alba* hat meist hellgrüne, dünnere, langstielige, am Grunde etwas asymmetrische, beiderseits fast kahle Blätter; die von *Morus nigra* sind dunkler, derber, kurz gestielt, am Grunde gleichseitig, unterseits weichhaarig.

selben auch bei uns als Surrogat für den chinesischen Tee einzuführen, Beachtung verdienen.

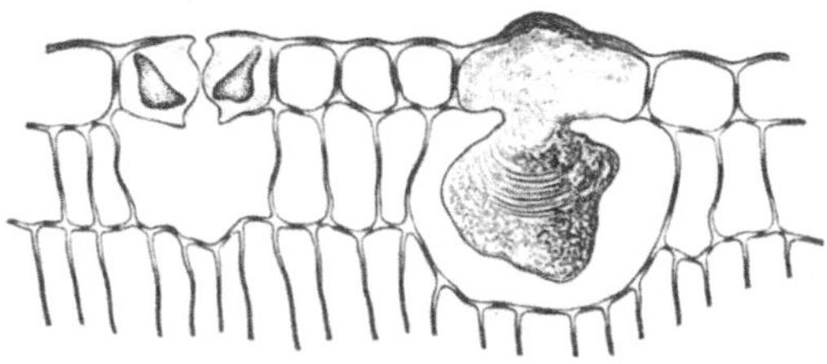

Fig. 36. Maulbeerblatt; Querschnitt der Unterseite mit einer Spaltöffnung und einem Zystolithen.

Das Kaffeeblatt ist elliptisch, allmählich in den kurzen Stiel verschmälert, zugespitzt, ganzrandig, von schwach

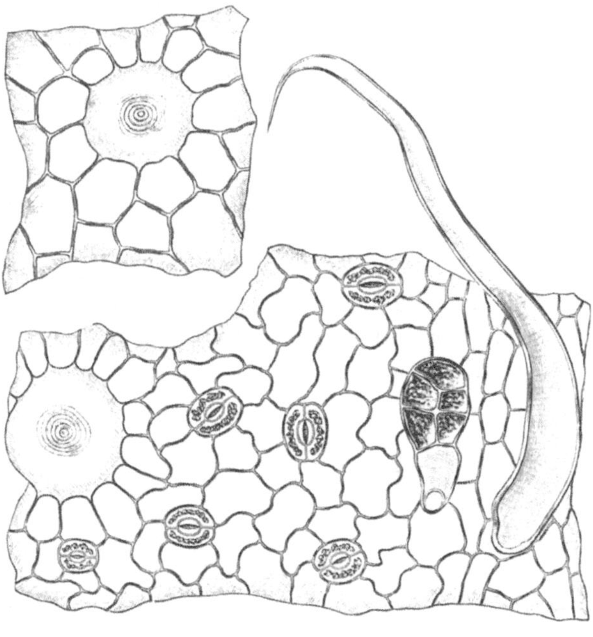

Fig. 37. Oberhaut des Maulbeerblattes.

lederiger Konsistenz. Die Sekundärnerven entspringen spitzwinkelig und anastomosieren unter stark gekrümmten Schlingen (Fig. 38). Auch die Nervation höherer Ordnung ist noch deutlich erkennbar. Die Blätter werden spannenlang, sind kahl, glänzend dunkelgrün.

Fig. 38. Autophotogramm des Kaffeeblattes.

Die Epidermis (Fig. 39) ist beiderseits aus wellig-buchtigen, schwach cuticularisierten Zellen aufgebaut. Die Blattunterseite ist mit Spaltöffnungen stellenweise übersät; auf 0,5 qmm zählte ich ihrer bis zu dreifsig. Sie sind grofs (0,025 : 0,045 mm) und in ganz eigentümlicher Weise von den umgebenden Oberhautzellen eingeschachtelt. Im Mesophyll Kristallsand. Darauf ist um so mehr zu achten, als das Blatt anderer hervorragender Kennzeichen entbehrt. Da es nicht wie Tee zubereitet (gerollt), sondern einfach zum Gebrauche geröstet wird, ist eine Verwechslung natürlich ausgeschlossen.

Kamelienblätter.

Die aus Japan stammende Kamelie (*Camellia japonica* L. — *Ternstroemiaceae*) wird seit etwa 100 Jahren in unseren Gewächshäusern kultiviert. Sie ist dem Teestrauche sehr nahe verwandt, enthält aber kein Koffeïn. Ihre Blätter dienen angeblich zur Teefälschung, obwohl sie sich dazu sehr wenig eignen. Die Blatt-

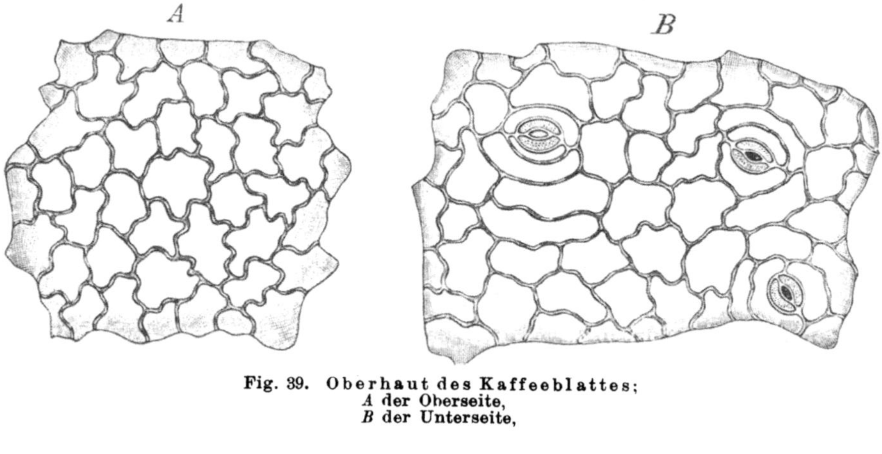

Fig. 39. Oberhaut des Kaffeeblattes; *A* der Oberseite, *B* der Unterseite,

knospen sind ungewöhnlich derb und anscheinend kahl, also von den Blattknospen des Teestrauches sehr verschieden. Bei genauerer Untersuchung bemerkt man allerdings, dafs die jungen Kamelienblätter ebenfalls die für das Teeblatt charakteristischen, einzelligen, am Grunde krückenförmig gekrümmten Haare tragen, aber nur am Blattrande. Diese Wimperhaare fallen aber bald ab, und das entwickelte Blatt ist tatsächlich kahl und glänzend. Es ist dem Teeblatte ähnlich berandet und nerviert (Fig. 40), ist aber gröfser, breiter und derber.

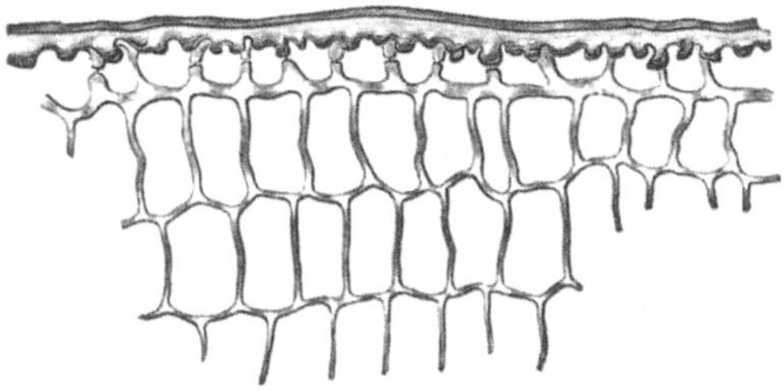

Fig. 41. Oberhaut des Kamelienblattes im Querschnitt.

Fig. 40. Autophotogramm des Kamelienblattes.

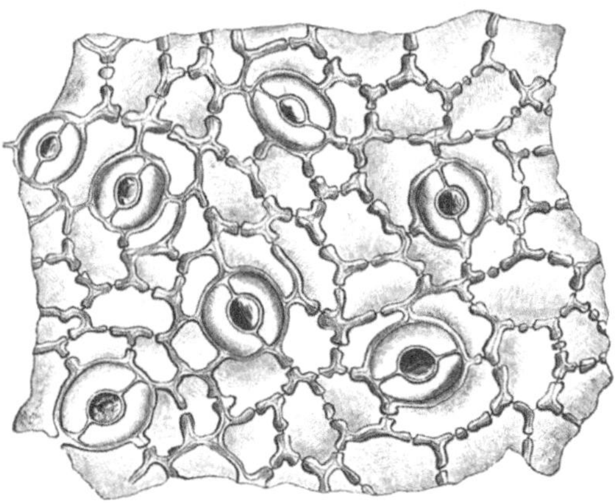

Fig. 42. Epidermis der Unterseite des Kamelienblattes.

Querschnitte zeigen die an ihrer Aufsenwand sehr stark und eigentümlich wulstig verdickten Oberhautzellen mit starker Cuticula (Fig. 41). In der Flächenansicht (Fig. 42) erscheinen die Oberhautzellen breitporig und infolge der wulstigen Verdickung oft sehr unregelmäfsig geformt. Spaltöffnungen von oft fast kreisrunder Gestalt finden sich nur unterseits. Wie im Teeblatt ist auch hier das Mesophyll von Idioblasten durchsetzt und enthält in zerstreuten Zellen grofse Oxalatdrusen.

Kirschblätter.

Die Kirschblätter (*Prunus avium* L. — *Rosaceae*) sind selten über 10 cm lang, halb so breit, eiförmig zugespitzt, gestielt, am Rande dicht gesägt und gezähnt (Fig. 43); Zähne mit einem

Fig. 43. Autophotogramm eines Kirschblattes.

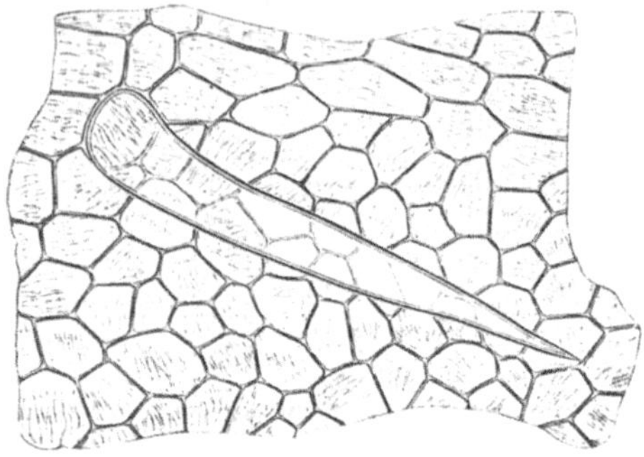

Fig. 44. Epidermis der Oberseite des Kirschblattes.

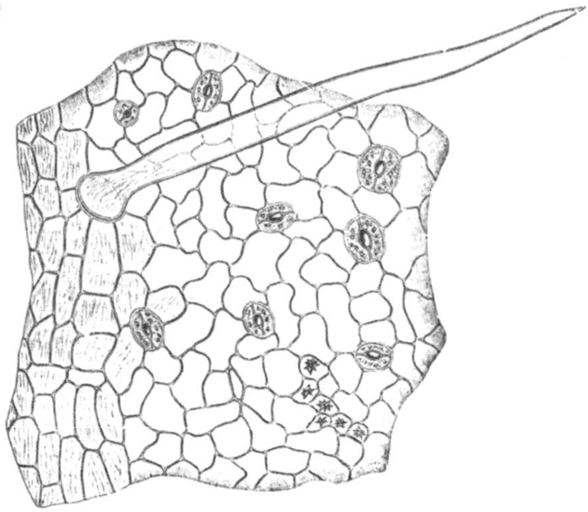

Fig. 45. Epidermis der Unterseite des Kirschblattes.

braunen Drüschen. Am Stiele einer- oder beiderseits eine braune, glänzende Drüse.

Die Epidermis der Blattoberseite (Fig. 44) besitzt ziemlich derbwandige, unregelmäfsig polygonale, durchschnittlich 0,03 mm grofse Zellen, deren Cuticula sehr zart und dicht gestreift ist. Den Nerven entlang sitzen spärlich einzellige konische Haare von etwa 0,6 mm Länge, die an der Basis ebenso breit sind wie die Oberhautzellen und sich dolchförmig verjüngen.

Auf der Blattunterseite (Fig. 45) ist die Oberhaut zarter; die Zellen sind stark gewellt, die Spaltöffnungen kreisrund oder elliptisch (0,06 : 0,1 mm diam.). Die Haare von demselben Typus wie auf der Oberseite, aber dünnwandiger und zumeist länger, finden sich viel reichlicher vor. Bemerkenswert sind die stellenweise in kleinen Oberhautzellen vorkommenden Oxalatdrusen; diese finden sich auch reichlich im Mesophyll, Einzelkristalle als Belag der Leitbündel.

Die ähnlichen Weichselblätter (*Pr. Cerasus* L.) sind fest und glänzend, anscheinend kahl.

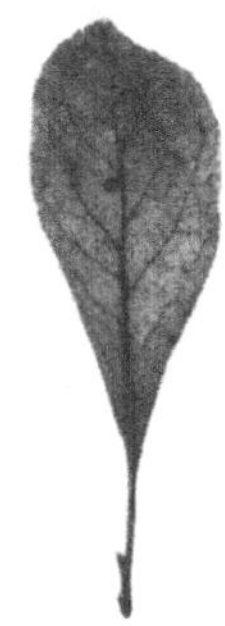

Fig. 46. Autophotogramm des Schlehenblattes.

Schlehenblätter.

Die verkehrt-eiförmigen oder elliptisch-lanzettförmigen Blätter des Schwarz- oder Schlehdorns (*Prunus spinosa* L. — *Rosaceae*), auch wohl anderer Arten, haben mit dem Teeblatte eine entfernte Ähnlichkeit (Fig. 46). Ihr Rand ist scharf und ungleich, oft beinahe doppelt säge-

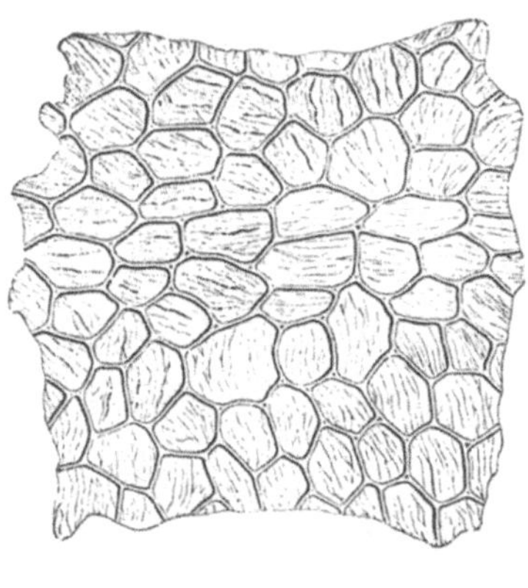

Fig. 47. Epidermis der Oberseite des Schlehenblattes.

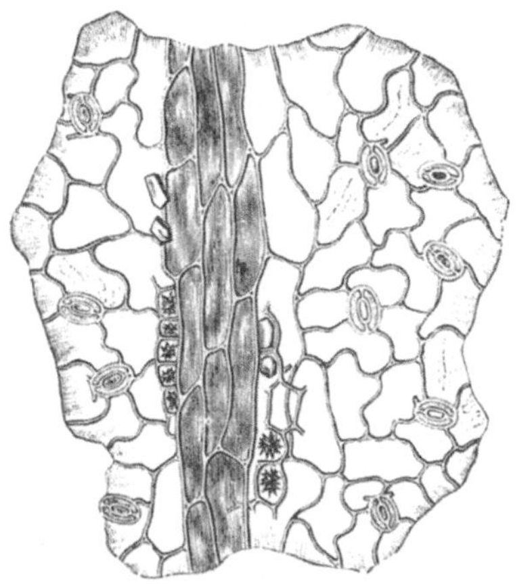

Fig. 48. Epidermis der Unterseite des Schlehenblattes von innen gesehen. Die Kristalle liegen nicht in den Oberhautzellen, sondern in Kammerfasern, welche die Gefäfsbündel (Nerven) begleiten.

zähnig; die Sekundärnerven entspringen unter spitzen Winkeln und bilden am Rande keine deutlich sichtbaren Schlingen.

Die Epidermis der Blattoberseite (Fig. 47) ist derbwandig, aus polygonalen Zellen zusammengesetzt, deren Cuticula zart gestrichelt ist. Vereinzelt schimmert ein Kristall oder eine Druse durch. Auf der Unterseite (Fig. 48) ist die Oberhaut viel zarter, die Cuticula nur stellenweise schwach gestrichelt; die Zellen sind flachwellig konturiert, von zahlreichen, kleinen (25 μ), gruppierten Spaltöffnungen unterbrochen, die wie beim Eschenblatte (pag. 50), nur seltener, gehörnt sind. Das Blattparenchym enthält reichlich Kristallzellen mit Drusen oder ansehnlichen Einzelkristallen; die Gefäfsbündel sind besonders an der Unterseite von Kristallkammerfasern begleitet, die beim Abziehen der Oberhaut teilweise an ihr haften bleiben. Einzellige, ziemlich derbe, oft gekrümmte Haare den Nerven entlang und am Blattrande.

Fig. 49. Autophotogramm des Rosenblattes.

Rosenblätter.

Die Blättchen des bekanntlich unpaarig gefiederten Rosenblattes sind durch ihre Breite, ihre abgerundete Basis, ihren dicht und scharf sägezähnigen Rand und durch ihr Nervennetz (Fig. 49) leicht genug vom Teeblatte zu unterscheiden, so dafs man zur mikroskopischen Untersuchung zu schreiten kaum genötigt sein wird.

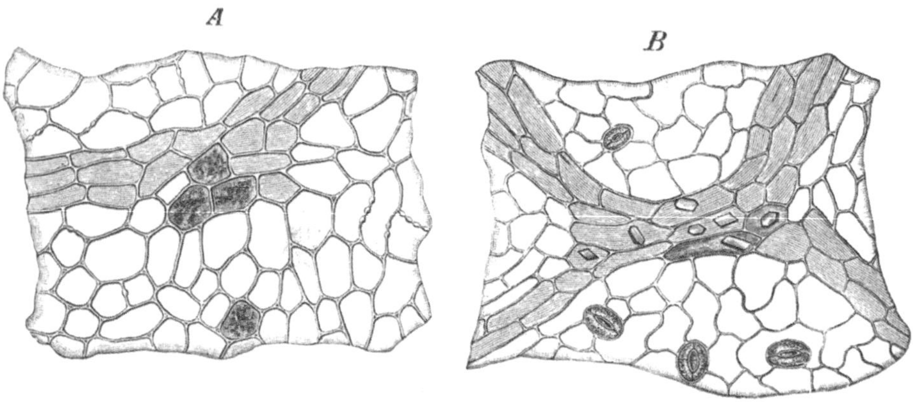

Fig. 50. Oberhaut des Rosenblattes (*Rosa canina*), *A* der Oberseite, *B* der Unterseite von innen gesehen mit einigen aufliegenden Kristallen.

Die Oberhaut (Fig. 50) ist jener des Schlehenblattes ähnlich, aber die Cuticula ist glatt, und die Zellwände sind an vielen Stellen knotig verdickt. Die Spaltöffnungen auf der Blattunterseite sind rundlich-elliptisch, von ansehnlicher Gröfse

(0,035 : 0,04 mm), ohne Nebenzellen. Längs der Gefäfsbündel finden sich zahlreiche Einzelkristalle, sonst viele Kristalldrusen. Viele Oberhautzellen, namentlich den Nerven entlang, sind von einer homogenen braunen Inhaltsmasse erfüllt. Jeder Blattzahn endigt in eine Drüsenzotte.

Erdbeerblätter.

Die heimische Walderdbeere (*Fragaria vesca* L. — *Rosaceae*) besitzt langstielige, dreizählige, unterseits heller gefärbte Blätter, deren Blättchen (Fig. 51) asymmetrisch, grobgesägt

Fig. 51. Autophotogramm des Erdbeerblattes.

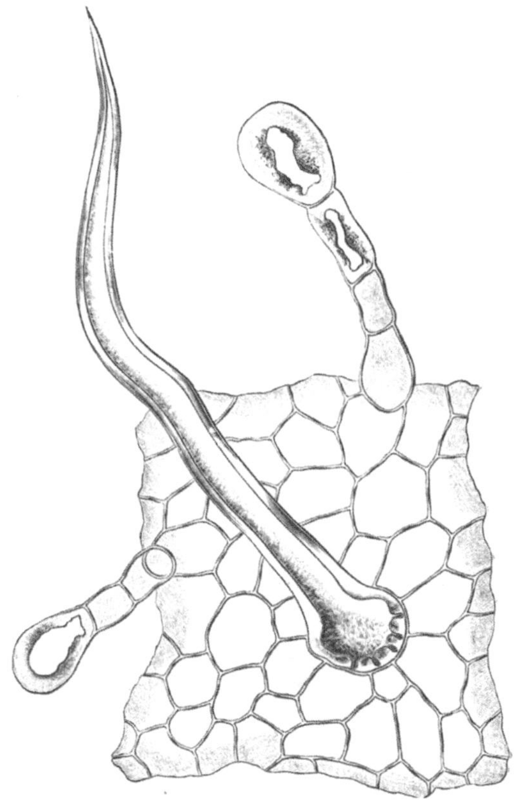

Fig. 52. Epidermis der Oberseite des Erdbeerblattes.

und mitunter zottig behaart sind. Die Sekundärnerven verlaufen fast parallel in gleicher Zahl wie die Blattzähne, denn in jeden Blattzahn streicht ein Nerv.

Die Epidermis beider Blattseiten ist ähnlich gebaut; nur sind die Zellen der Unterseite zarter und stärker gewellt (Fig. 53). Spaltöffnungen fehlen an der Oberseite. Beiderseits finden sich zweierlei Haarformen: 1. Einzellige, sehr lange, steife und meist gerade gestreckte Haare mit verdickter, getüpfelter Basis

(Fig. 52) und 2. zarte Gliederhaare mit kolbenförmiger Endzelle, deren Wand in Lauge stark aufquillt.

Das Mesophyll enthält reichlich grofse Einzelkristalle.

Spierstaudenblätter.

Die Sumpfspierstaude oder Wiesenkönigin (*Spiraea Ulmaria* L. — *Rosaceae*) ist eine in Europa und Nordasien heimische, wegen der schönen Blütenstände auch in Gärten gezogene Staude, die einst als Heilmittel, angeblich auch als Ersatz für Tee gebräuchlich war.

Die Blätter sind unterbrochen-fiederschnittig, die seitlichen Ab-

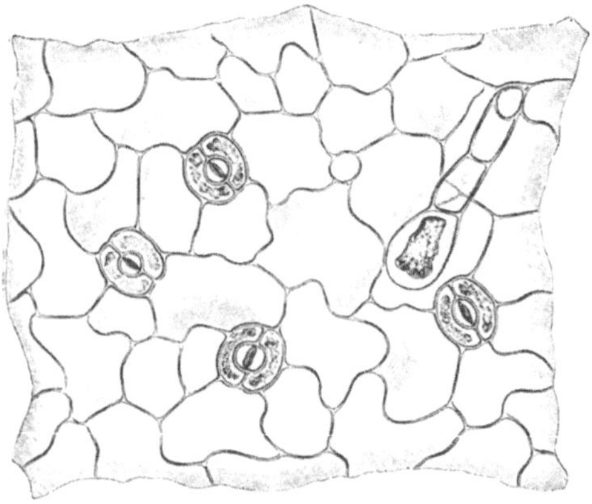

Fig. 53. Epidermis der Unterseite des Erdbeerblattes.

Fig. 54. Autophotogramm des Spierstaudenblättchens.

schnitte (Fig. 54) ungleich eiförmig, spitz, der oberste Abschnitt 3—5lappig. Der Blattrand ist doppelt gezähnt. Die Nerven treten unterseits stark hervor und sind steifhaarig. Die Sekundärnerven anastomosieren entfernt vom Rande und senden Zweige in die Blattzähne.

Die Epidermis beider Blattseiten ist zart und durch Quetschpräparate nicht leicht zur Anschauung zu bringen. Besser gelingen Flächenschnitte, besonders von frischen Blättern. Die Zellen der Oberseite (Fig. 55) haben schwach wellige Konturen; jene der Unterseite sind tief wellig-buchtig (Fig. 56). Spaltöffnungen finden sich nur auf der Unterseite, dreierlei Haare auf beiden Seiten, jedoch am reichlichsten längs dem Mittelnerv unterseits. Die Haare der Blattspreite sind zumeist einzellig, dolchförmig, oft etwas gekrümmt, mit tief eingepflanzter, gerundet-eckiger Basis. Auf den Nerven überwiegen kurzstielige Drüsenhaare mit vielzelligen Köpfchen (Fig. 57) und Drüsenzotten.

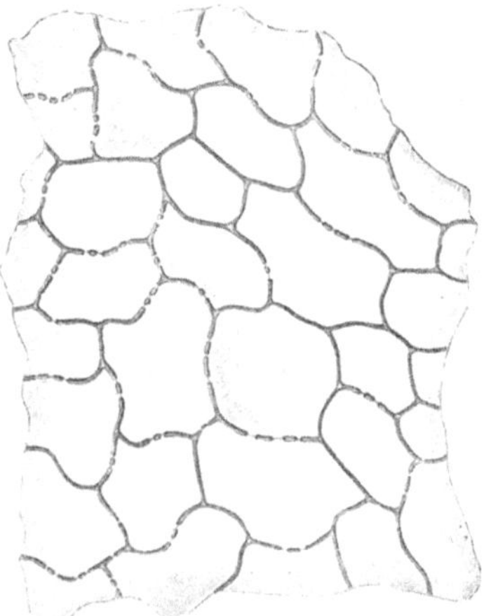

Fig. 55. Epidermis der Oberseite des Spierstaudenblattes.

Fig. 56. Epidermis der Unterseite des Spierstaudenblattes.

Das Mesophyll enthält spärlich Kristalldrusen, am reichlichsten in der Umgebung des Hauptnerven.

Glyzineblätter.

Als Glyzine zieht man bei uns häufig wegen ihrer prächtig blauen Blütentrauben den aus Japan stammenden Schlingstrauch *Kraunhia floribunda* Taubert, bekannter als *Wistaria sinensis* DC. — *Papilionaceae*). Die zugleich mit den Blüten im ersten Frühjahr sich entwickelnden Blätter sind unpaarig gefiedert. Die Blättchen (Fig. 58) sind ungestielt, länglich-eiförmig, zugespitzt, ganzrandig, mit etwas geschweiftem und umgebogenem, schwach gewimpertem Rande. Die stark ausgeprägten Sekundärnerven laufen bis nahe an den Rand und bilden hier undeutliche Schlingen. — Sie dienen in Japan angeblich zur Teefälschung.

Die Epidermis der Oberseite besteht aus dünnwandigen, geknittert-buchtigen (Fig. 59), die der Unterseite aus ähnlichen,

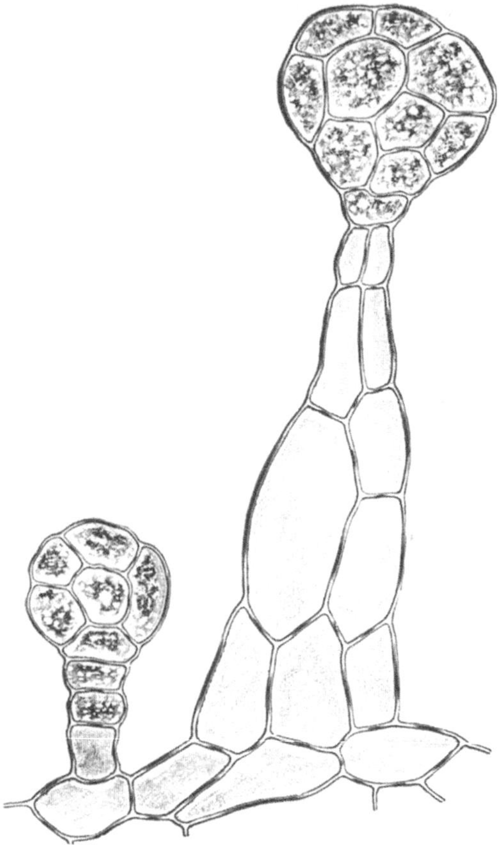

Fig. 57. Drüsenhaare des Spierstaudenblattes.

Fig. 58. Autophotogramm eines Glyzineblättchens.

in Form und Gröfse sehr verschiedenen Zellen. Spaltöffnungen (Fig. 60) finden sich nur unterseits. Sie sind ungewöhnlich zart und haben keine Nebenzellen. Haare kommen auf beiden Blattseiten vor, auf der Spreite aber so spärlich, dafs die Blätter kahl erscheinen. Die Haare haben einen charakteristischen Bau: auf die Oberhautmutterzelle (Fig. 59) folgt eine kurze, verdickte und eine lange, dünnwandige Zelle mit dolchförmiger Spitze.

Sie sind starr, gerade gestreckt (bajonettförmig) oder sichelförmig gekrümmt. — Die Gefäfsbündel sind von ansehnlichen Einzelkristallen begleitet.

Hortensienblätter.

Die Hortensie (*Hydrangea Hortensia* DC. — *Saxifragaceae*), ein in Japan und im nördlichen China verbreiteter Halbstrauch, wird bei uns der prachtvollen Blütenstände wegen in Gärten und als Topfpflanze oft kultiviert. Ihre Blätter sollen in Japan unter

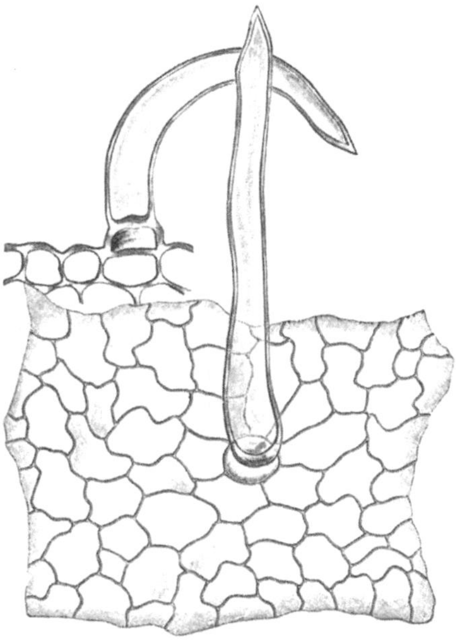

Fig. 59. Epidermis der Oberseite des Glyzineblattes. Querschnitt der Oberhaut mit einem Haar.

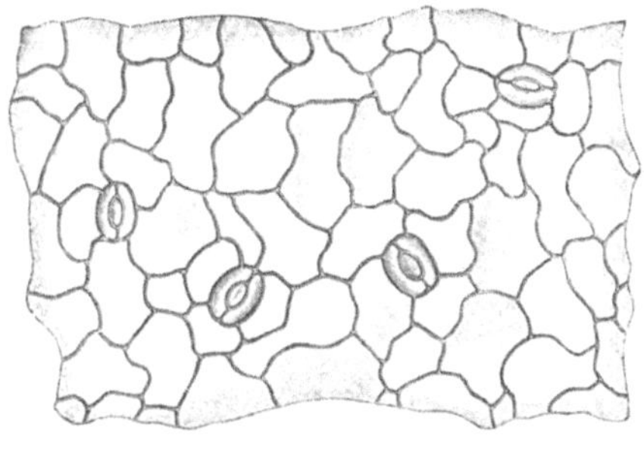

Fig. 60. Epidermis der Unterseite des Glyzineblattes.

der Bezeichnung „Ama-cha“ als Ersatz für Tee verwendet werden[1]).

Sie werden handgrofs, sind kurz gestielt, eiförmig, zugespitzt, am Grunde ganzrandig, nach oben hin ungleich sägezähnig, anscheinend kahl. Die Sekundärnerven streichen in flachen Bogen bis nahe an den Blattrand, anastomosieren hier und senden aus den Schlingen kleine Zweige in die Blattzähne.

---

[1]) O. Kellner, G. Hayakawa und H. Kamoshita, Mittlg. d. deutsch. Ges. f. Nat.- u. Völkerk. Ostasiens. IV.

Die Epidermis der Oberseite besteht aus welligen, stellenweise polygonalen Zellen (Fig. 63). Spaltöffnungen finden sich nur auf der Unterseite, deren Zellen ebenfalls, aber meist weniger gewellte, längs den Nerven polygonale Konturen haben. Nur hier finden sich einzellige, am Grunde und am Scheitel abgerundete, daher wurstförmige Haare (Fig. 62).

Fig. 61. Autophotogramm des Hortensiablattes.

Das Mesophyll enthält zahlreiche Raphidenschläuche.

Ahornblätter.

Die meisten Ahorne haben handförmig gelappte Blätter, können also mit Tee nicht verwechselt werden. Der Esch-Ahorn (*Acer Negundo* L. oder *Negundo fraxinifolium* NUTT.) hat unpaar gefiederte Blätter, deren Blättchen nicht so auffallend von Teeblättern ver-

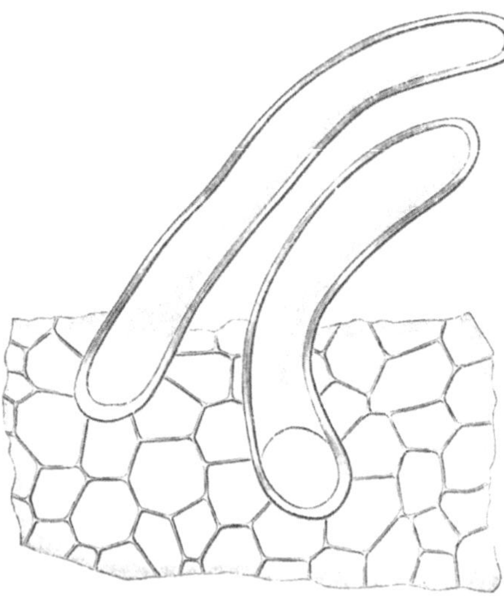

Fig. 62. Haare des Hortensiablattes.

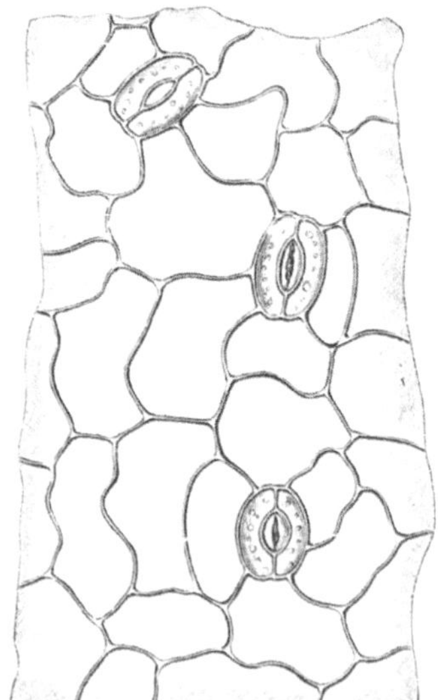

Fig. 63. Epidermis der Unterseite des Hortensiablattes.

schieden sind, dafs ihre Verwendung als Fälschungsmittel nicht glaubhaft wäre.

Sie sind kurz gestielt, länglich-lanzettlich zugespitzt, grob und entfernt gesägt. Die Sekundärnerven streifen bis nahe an den Blattrand und bilden hier undeutliche Schlingen (Fig. 64). Für das unbewaffnete Auge erscheinen beide Blattflächen kahl; unter der Lupe erkennt man am Blattrande spärliche Wimperhaare.

Die Epidermis der Oberseite ist aus unregelmäfsig polygonalen Zellen zusammengesetzt (Fig. 65), trägt vereinzelt Spaltöffnungen und zweierlei Haarformen:

Fig. 64. Autophotogramm eines Blättchens des Esch-Ahorns.

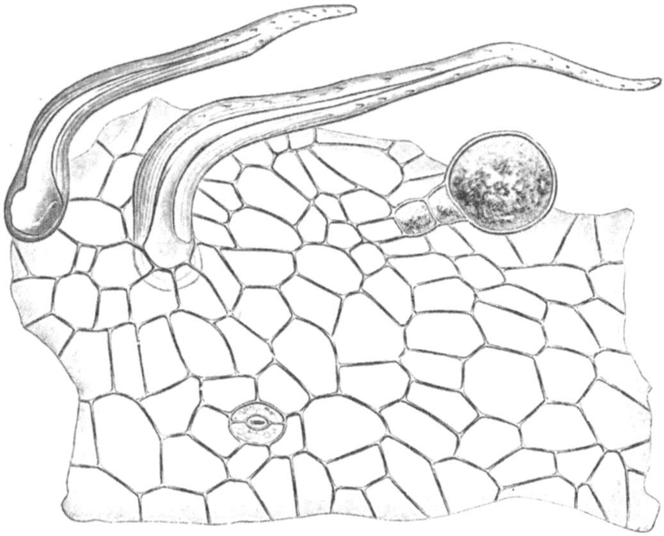

Fig. 65. Epidermis der Oberseite des Ahornblattes.

1. Einzellige, schlanke, meist gekrümmte Haare mit abgerundeter Basis und stumpfer Spitze. Die Wand ist schwach verdickt, quillt aber in Lauge stark auf und zeigt dann Schichtung. Viele Haare sind glatt, andere warzig.

2. Drüsenhaare mit 2—3zelligem Stiel und ungewöhnlich grofsem Köpfchen.

Die Epidermis der Unterseite ist nur darin verschieden, dafs die Zellwände etwas verbogen und die Spaltöffnungen viel zahlreicher sind.

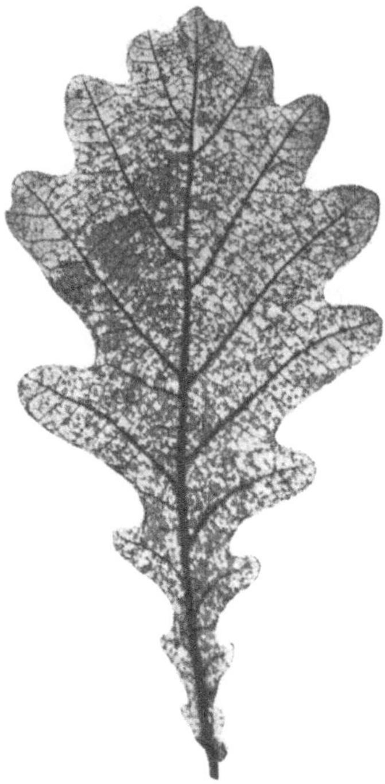

Fig. 66. Autophotogramm eines Eichenblattes.

Das Mesophyll enthält grofse Einzelkristalle.

Eichenblätter.

Die heimischen sommergrünen Eichen (*Quercus peduncalata* EHRH. und *Qu. sessiliflora* SM. — *Fagaceae*) haben kahle, buchtige Blätter, in deren abgerundete Lappen die Sekundärnerven auslaufen (Fig. 66). So unähnlich in Form und Gröfse sie den Teeblättern sind, sollen sie doch als Fälschungsmittel vorgekommen sein. Vielleicht wurden sie wegen ihres Gerbstoffgehaltes extrahiertem Tee zugesetzt.

Die beiderseitige Oberhaut ist aus unregelmäfsig polygonalen Zellen zusammengesetzt (Fig. 67 und 68). Spaltöffnungen finden sich nur unterseits. Auf jungen Blättern kommen auf beiden Blattseiten schlaffe, 2 bis 3 zellige Härchen vor mit wurst- oder

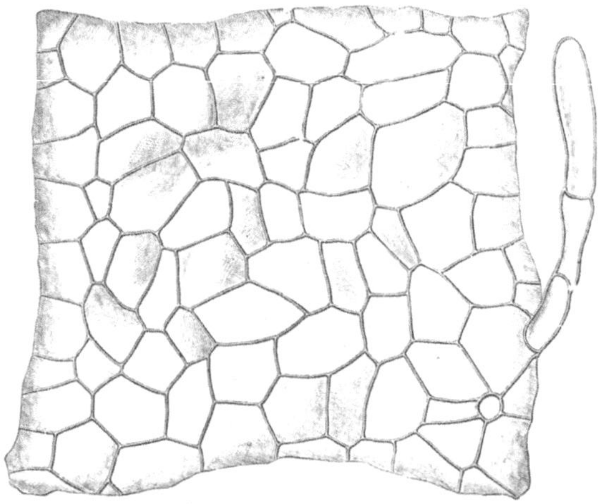

Fig. 67. Epidermis der Oberseite des Eichenblattes.

kolbenförmiger Endzelle und oft verbreiterter Basalzelle, um welche die Oberhautzellen mehr oder weniger deutlich rosettenförmig angeordnet sind. Spuren abgefallener Haare finden sich

Fig. 68. Epidermis der Unterseite des Eichenblattes.

auch an älteren Blättern. — Die Faserbündel im Mesophyll sind von ansehnlichen Einzelkristallen begleitet.

Akebiablätter.

Die bei uns als Schlingstrauch gezogene *Akebia quinata* (THBG.) DECAISNE (*Lardizabalaceae*) ist eine japanische Pflanze

Fig. 69. Autophotogramm des Akebiablattes.

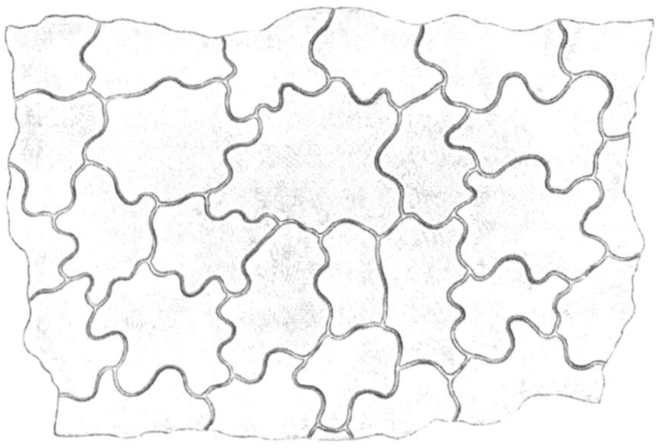

Fig. 70. Epidermis der Oberseite des Akebiablattes

und heifst in ihrer Heimat „Fagi-Kadsura-Akebi". Sie hat fünfzählige Blätter. Die Blättchen (Fig. 69) sind gestielt, eiförmig, ganzrandig, an der Spitze ausgerandet, kahl. Die Nervatur ist zart. Von den Hauptnerven entspringen nur wenige — jederseits meist vier — Sekundärnerven, die weitläufige Schlingen bilden. Sie dienen nach O. KELLNER[1]) in Japan als Teesurrogat.

Die Epidermis der Oberseite (Fig. 70) besteht aus welligbuchtigen Zellen und entbehrt der Spaltöffnungen. — Die Unterseite ist kleinzelliger und trägt spärliche, kleine Spaltöffnungen (Fig. 71). Die Oberhautzellen sind weniger tief gewellt und

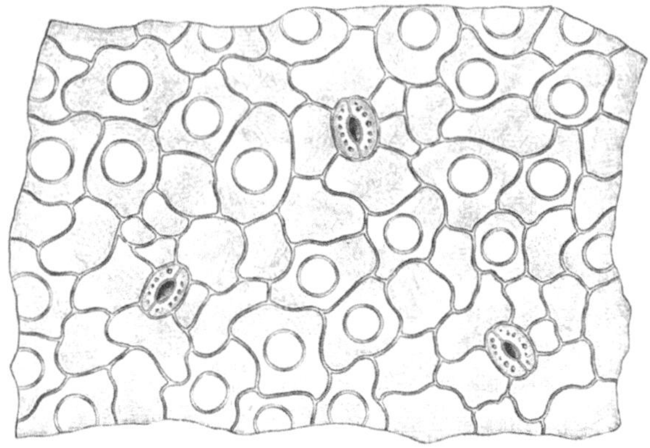

Fig. 71. Epidermis der Unterseite des Akebiablattes.

zumeist ausgestülpt wie beim Cocablatt. Die Papillen sind jedoch am Scheitel wenig verdickt und erscheinen auf Flächenpräparaten als Kreise oder halbmondförmig. Die Papillen fehlen (wie bei Coca) den Nebenzellen der Spaltöffnungen, welche hier meist zu vier, aber auch in gröfserer Anzahl vorkommen.

Gut ausgebildete, einfache Oxalatkristalle begleiten die Faserbündel in geringer Menge.

Heidelbeerblätter.

Die Heidelbeere (*Vaccinium Myrtillus* L. — *Ericaceae*) ist ein kleiner Strauch, der über Mittel- und Nordeuropa, Asien und Nordamerika verbreitet ist und in manchen Gegenden den Waldboden überzieht. Auf den gedrehten, scharfkantigen, grünen Ästen sitzen auf kurzem Stiele die eiförmigen, schwachadrigen, feingesägten, glänzenden Blätter (Fig. 72). Die Sekundärnerven treten wenig hervor und bilden mit den Tertiärnerven ein zierliches Adernetz. Bei schwacher Vergröfserung sieht man, dafs jeder Sägezahn in einer gestielten Drüse endigt (Fig. 73).

---

[1]) Mittlg. d. deutsch. Ges. f. Natur- u. Völkerk. Ostasiens. IV.

Die Epidermis der Oberseite besteht aus tief wellig-buchtigen Zellen ohne Spaltöffnungen. Stellenweise, namentlich

Fig. 72. Autophotogramm des Heidelbeerblattes.

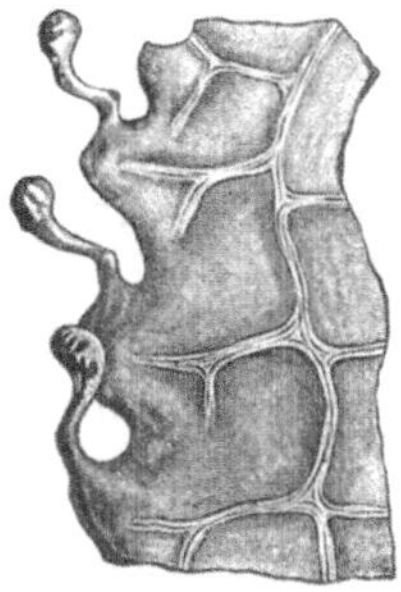

Fig. 73. Rand des Heidelbeerblattes unter der Lupe.

den Nerven entlang, ist die Cuticula deutlich gestreift. Hier, wo die Oberhautzellen gestreckt und kaum gebuchtet sind, finden sich vereinzelt sichelförmige, einzellige, warzige Härchen (Fig. 74) und ähnliche Drüsenzotten, wie sie regelmäfsig an den Sägezähnen sitzen und auch auf der Blattunterseite vorkommen[1]). Die Zellen dieser sind noch tiefer und eigentümlich eckig-buchtig. Die Schliefszellen der gestreckten Spaltöffnungen (Fig. 75) sind von je einer, ausnahmsweise von zwei Zellen flankiert. In der Umgebung der Faserbündel finden

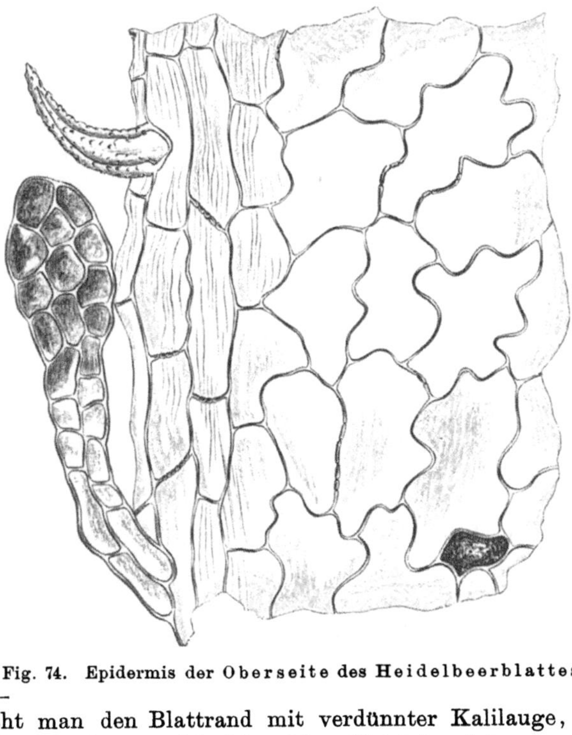

Fig. 74. Epidermis der Oberseite des Heidelbeerblattes.

[1]) Kocht man den Blattrand mit verdünnter Kalilauge, so schiefsen aus dem Drüsensekrete zahlreiche feine Kristallnadeln aus, die sich in Essigsäure lösen (Hanausek).

sich Einzelkristalle in Kammerfasern, im Mesophyll auch vereinzelt.

Kaukasischer Tee.

In Rufsland sollen die Blätter von *Vaccinium Arctostaphylos* L. ähnlich wie chinesischer Tee zubereitet und als Kaukasischer Tee in Verkehr gebracht werden.

Die Blätter dieser im Kaukasus heimischen, bei uns nicht vorkommenden Art[1]) sind bedeutend gröfser als Heidelbeerblätter,

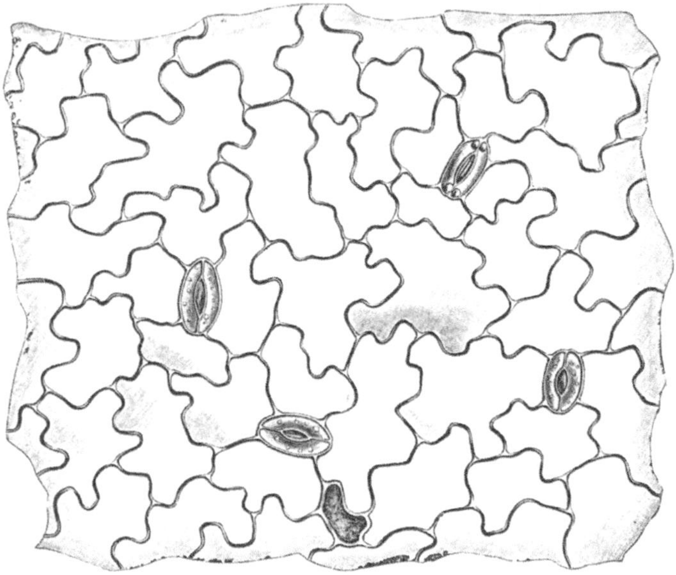

Fig. 75. Epidermis der Unterseite des Heidelbeerblattes.

lederig, am Rande kleinkerbig-gesägt, anscheinend kahl. Unter der Lupe ist der unterseits stark hervortretende Nerv haarig, und man erkennt, dafs jeder Sägezahn in einer Zotte endigt. Die Sekundärnerven bilden fern vom Rande undeutliche Schlingen.

Die Epidermis der Oberseite besteht aus polygonalen, derbwandigen Zellen mit streifiger Cuticula (Fig. 76); die Oberhautzellen der Unterseite (Fig. 77) sind tief wellig-buchtig. Wie bei der Heidelbeere finden sich Spaltöffnungen nur unterseits, von Neben-

---

[1]) Ich verdanke authentische Proben derselben dem Kustos des k. k. Naturhist. Hofmuseums in Wien, Herrn Dr. Zahlbruckner.

zellen in eigentümlicher Weise umgeben: jede Schliefszelle ist von einer schmalen Oberhautzelle umsäumt und über jedem Pole lagert quer eine grofse Oberhautzelle. Einzellige, derbwandige, warzige Haare von beträchtlicher Länge kommen beiderseits vor, am reichlichsten längs dem Mittelnerven auf der Unterseite; Drüsenzotten auf den Blattzähnen, spärlich beiderseits auf der Blattspreite[1]). — Das Mesophyll enthält Kristalldrusen und als Belag der Faserbündel Einzelkristalle.

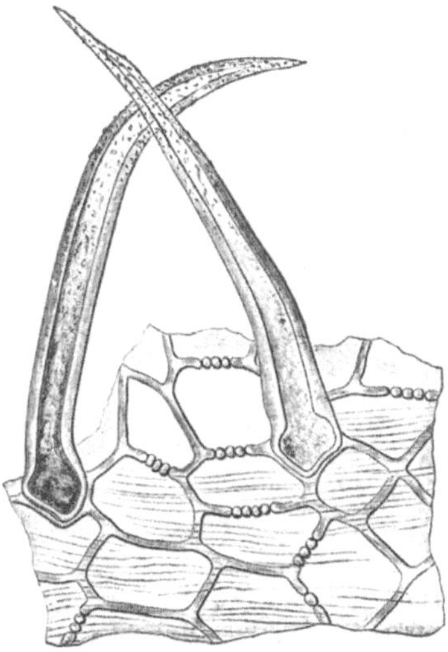

Fig. 76. Epidermis der Oberseite des Blattes von *Vaccinium Arctostaphylos.*

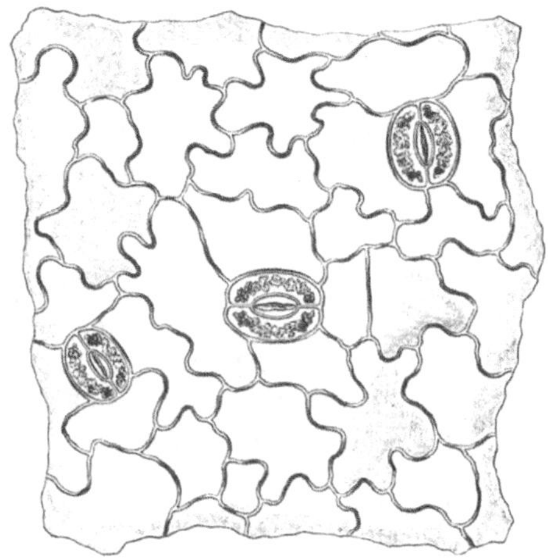

Fig. 77. Epidermis der Unterseite des Blattes von *Vaccinium Arctostaphylos.*

Teesurrogate.

Es gibt aufser Tee nur noch ein einziges[2]) koffeïnhaltiges Blatt: Mate (s. d. pag. 73). In Südamerika wird Mate in ungeheuren Mengen als Tee getrunken; bei uns hat sie sich trotz wiederholter Bemühungen seitens humanitärer Körperschaften nicht einzubürgern vermocht.

Ganz bedeutungslos für uns sind andere Teepflanzen, welche in verschiedenen Ländern teils zum Genusse, teils als Heilmittel gebraucht werden. So benutzt man in Nordamerika die Blätter

---

[1]) T. F. Hanausek (Chem. Z., 1897) beschreibt eine dritte Haarform, sog. „Blasenhaare“.

[2]) Nach Stenhouse (1854) enthalten auch die für uns belanglosen Kaffeeblätter Koffeïn.

von *Prinos glaber* (*Aquifoliaceae*) als Apalachentee, mehrere *Ledum*-Arten (*Ericaceae*) als Labrador- und Jamestea, *Gaultheria procumbens (Ericaceae)* als Kanadischen oder Bergtee, *Solidago odora (Compositae)* als Golden rod, *Ceanothus americanus (Rhamnaceae)* als New Jersey-Tea, *Chenopodium ambrosioides (Chenopodiaceae)* als Mexikanischen Tee, *Monarda*-Arten *(Labiatae)* als Oswegotea, in Südamerika die Blätter von *Lantana pseudothea (Verbenaceae), Stachytarpheta jamaicensis (Verbenaceae), Psoralia glandula (Leguminosae), Myrtus Ugni (Myrtaceae), Alstonia theaeformis (Apocynaceae), Capraria biflora (Scrophulariaceae)* als Antillentee, *Angrecum fragrans (Orchidaceae)* als Faham- oder Bourbontee, *Eritrichium gnaphaloïdes (Borraginaceae)* als Kordillerentee, in China die Blätter von *Sageretia theezans (Rhamnaceae)*, in Hinterindien und Australien die aromatischen Blätter mehrerer Myrtengewächse u. a. m.

Literatur.

Bell (1); Berg (3); Blyth (5); Greenish (14); Hanausek, T. F. (10, 15); Hassall (18); Macé (23); Moeller (26, 27, 28, 29); Schimper (34); Tschirch u. Oesterle (37); Villiers u. Collin (39); Vogl (40, 42).

Anonym: Teefälschung in Rufsland. Schw. Woch. Chem. Pharm., 1892, 142.

— Weidenröschenblätter als Tee. Pharm. Ztg. Rufsland, 1875.

Batalin: Ein neues Ersatzmittel für Tee. Indbltt. 1888, **25**, Nr. 14, 59.

Borkowski: Über gefälschten russischen Tee. Rev. int. falsific. 1896, 132.

Brunotte: De la détermination histologique des falsifications du Thé. Thèse Éc. de Ph. de Nancy, 1883.

Collin: Über chinesischen Tee und einige Surrogate desselben. Journ. Pharm. Chim. analyt., 1900 [6], **11**, 15.

Dragendorff: Fälschungen in Rufsland. P. Tr. [3], 1048.

Hanausek, T. F.: Über den kaukasischen Tee, nebst Beiträgen zur vergleichenden Anatomie der Vacciniumblätter. Chem. Ztg., 1897, **21**, 115.

Lorenz: Tee aus Blättern der kaukasischen Preiselbeere. Apoth.-Ztg., 1902, **16**, 694.

Lubelski: Über Kultur und Fälschungen des Tees. Rep. Fals. intern. **3**, 88.

Medhurst: Konsularbericht Drog.-Ztg. **5** u. Jahresber. Fortschr. Pharm., 1879, 43.

Meyer, Ad.: Anat. Charakt. off. Blätter u. Kräuter. Halle, 1882.

Molisch: Histochemie. Jena, 1891.

Netolitzky: Dikotyledonenblätter. Wien, 1905.

Riche u. Collin: Über die Verfälschung des Tees in China. Journ. Pharm. chim., 1890, 6.

Riche: Gefälschter Tee. Chem. Ztg., 1899, **13**, Rep. 19, 155.

SOLTSIEN: Verfälschung des Tees mit Teefrüchten. Pharm. Ztg., 1894, **39**, 347. Ztschr. öffentl. Chem., 1902, **8**, 254.
STACKMANN: Kaukasischer Tee aus Kutais. Ztschr. anal. Chem., 1895, **34**, 49.
TICHOMIROW: Zur Frage über die Expertise von gefälschtem und gebrauchtem Tee. Pharm. Ztschr. f. Rufsl., 1890, **29**, Nr. 29—40.
WINTON: The adulteration of Tea with Tea Fruit. Conn. Agr. Exp. Stat. Rep., 1901, 183.

Mate.

Mate (nicht Maté), Paraguaytee, auch Jesuitentee, sind die Blätter eines südamerikanischen Strauches oder kleinen Baumes (*Ilex paraguariensis* ST. HIL.[1]) — *Aquifoliaceae*). Die beblätterten Zweige werden abgeschnitten, am Feuer getrocknet, hierauf abgestreift und die Blätter zu einem groben Pulver zerstofsen. Als solches kommen sie auch gewöhnlich in den Handel.

Fig. 78. Autophotogramm des Mateblattes.

Die Blätter sind bis 13 cm, auch wohl darüber lang und dabei gegen 4 cm breit, im Umrisse eirund oder fast spatelförmig, in den kurzen Blattstiel allmählich übergehend, stumpf oder selbst ausgerandet, kerbiggesägt, kahl, lederig, wenig glänzend. Die Sekundärnerven bilden entfernt vom Rande stark gekrümmte Schlingen; auch das Nervennetz dritter Ordnung ist noch gut sichtbar (Fig. 78).

Die Epidermis ist beiderseits aus polygonalen Zellen zusammengesetzt, längs der Nerven in mehreren Reihen leiterförmig angeordnet (Fig. 79), mit deutlicher Cuticularstreifung. Spaltöffnungen kommen nur auf der Blattunterseite vor. Hier sind sie sehr zahlreich und gröfser als die umgebenden Oberhautzellen (Fig. 80). Im Mesophyll finden sich Oxalatdrusen. Die Leitbündel haben einen mächtigen Faserbelag.

Mate ist in Südamerika ein allgemeines Genufsmittel; in Europa hat sie trotz wiederholter Anläufe noch nicht festen Fufs

[1]) Unter diesem Namen werden viele Arten zusammengefafst.

fassen können. Sie ist sehr gerbstoffreich (bis 20 %) und enthält nicht unbeträchtliche Mengen (0,5—0,9 %) von Koffeïn.

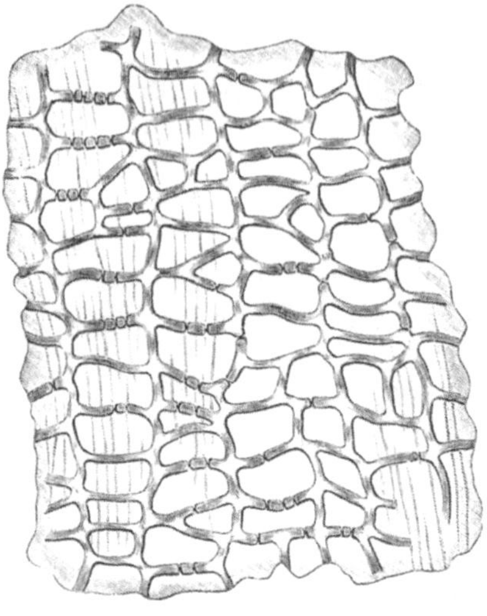

Fig. 79. Epidermis der Oberseite des Mateblattes oberhalb eines Nerven.

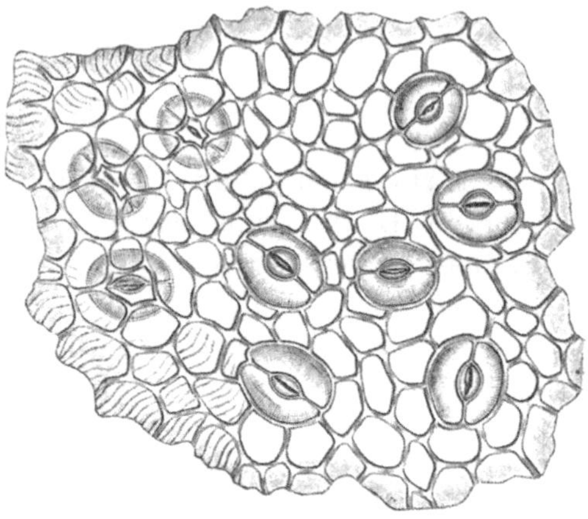

Fig. 80. Epidermis der Unterseite des Mateblattes.

Literatur.

Moeller (27, 28, 29); Tschirch u. Oesterle (39); Vogl (41).

Cador, L.: Anatomische Untersuchungen der Mateblätter unter Berücksichtigung ihres Gehaltes an Teïn. Bot. Centralbl., 1900.

Collin, E.: Du maté ou thé du Paraguay. Journ. de Pharmacie et de Chimie, 1891.

— Journ. de Pharmacie, 1886.

Doublet, B. N. A.: Le maté. Paris, 1885.

Loesener, Th.: Beiträge zur Kenntnis der Matepflanzen. Ber. d. D. pharm. Ges., 1896. Notizbl. d. königl. Bot. Gartens u. Museums in Berlin, 1897. — Verh. d. bot. Ver. d. Provinz Brandenburg, 1891.

Neger und Vanino: Der Paraguay-Tee. Stuttgart, 1903.

Polenske, Ed., u. Busse, W.: Beiträge zur Kenntnis der Matesorten des Handels. Arb. des kaiserl. Gesundheitsamtes, 1898.

Coca.

Die Blätter der Coca, eines südamerikanischen Strauches (*Erythroxylon Coca* Lam. — *Erythroxylaceae*), dienen nicht als Getränk, sondern den Eingeborenen seit den ältesten Zeiten als Kaumittel. Durch die Entdeckung, dafs das in ihnen enthaltene Alkaloid die Schleimhäute anästhesiere, sind sie eine wertvolle Arzneidroge geworden; als Genufsmittel sind die Blätter bei uns nicht gebräuchlich.

Die Blätter sind, ausgewachsen, etwa 6—8 cm lang und halb so breit, eirund, kurzgestielt, oben stumpf oder ausgerandet, mit einer feinen, oft abgebrochenen Stachelspitze, ganzrandig, nach unten etwas um-

Fig. 81. Autophotogramm des Cocablattes.

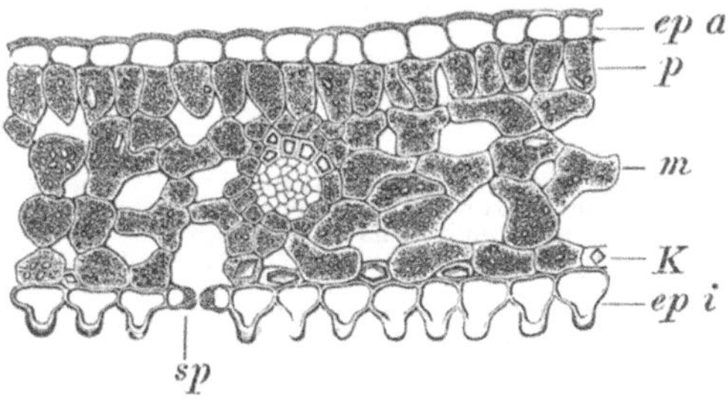

Fig. 82. Querschnitt durch das Cocablatt:
epa äufsere Oberhaut,
p Palissadenschicht,
m Mesophyll mit einem Gefäfsbündel,
epi innere Oberhaut mit gebuckelten Zellen und Spaltöffnungen *sp*,
K Einzelkristalle.

gerollt, kahl, unterseits heller grün gefärbt. Nur der Mittelnerv tritt stark hervor; hält man aber das Blatt gegen das Licht, so sieht man oft zu beiden Seiten des Hauptnerven je eine zarte Linie von der Basis zur Spitze in leichtem Bogen verlaufen. Diese Linien sind nicht Nerven, sondern Versteifungen. Die Sekundärnerven ziehen unter ihnen hinweg, als wären sie nicht vorhanden, und anastomosieren in ziemlicher Entfernung vom Rande (Fig. 81). Das tertiäre Nervennetz ist grofsmaschig, zart.

Querschnitte durch das Blatt (Fig. 82) zeigen eine kleinzellige, schwach cuticularisierte Epidermis der Oberseite, darunter eine einfache Palissadenschicht aus mäfsig gestreckten Zellen, ein lockeres Schwammparenchym, von Gefäſsbündeln durchzogen, endlich die Epidermis der Unterseite aus zierlich gebuckelten Zellen. Allenthalben im Mesophyll, am reichlichsten längs der Unterseite der Gefäſsbündel, finden sich ansehnliche monoklinische Oxalatkristalle. An den Versteifungslinien ist die Oberhaut etwas vorgewölbt, und die darunterliegenden Zellen sind collenchymatisch verdickt.

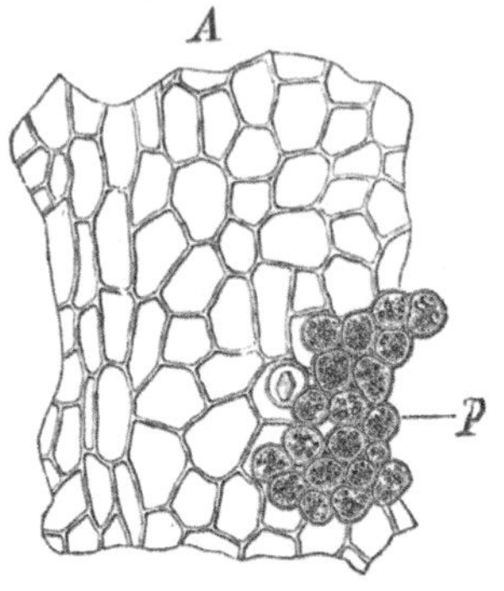

Fig. 83. Epidermis der Oberseite des Cocablattes von innen gesehen mit anhaftenden Palissadenzellen *p*.

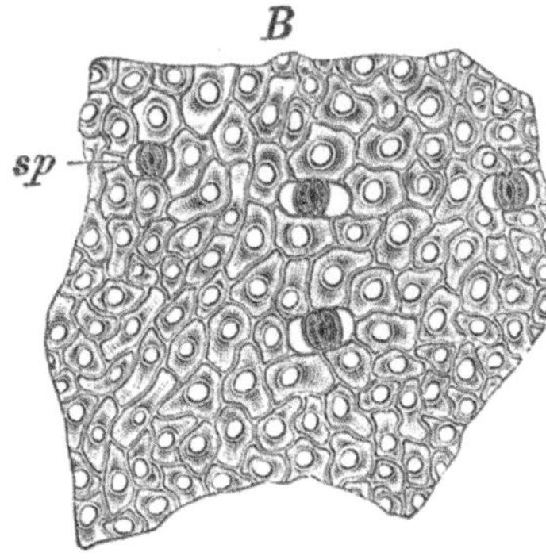

Fig. 84. Epidermis der Unterseite des Cocablattes mit Spaltöffnungen *sp* und Nebenzellen.

Die Epidermis der Oberseite (Fig. 83) besteht aus ziemlich derben, polygonalen Zellen mit feinkörniger Cuticula. Ähnlich, nur etwas gewellt sind die Zellen der Blattunterseite (Fig. 84). In jeder liegt ein doppelt konturierter Kreis, das Flächenbild der papillösen Ausbuchtung. Die Spaltöffnungen sind ungemein zart, klein (0,020 : 0,030 mm), von einem Paar papillenloser Nebenzellen eingeschlossen.

In der Nervation und in der Epidermis der Blattunterseite besitzt demnach das Cocablatt sehr charakteristische Merkmale.

Literatur.

Koch, L. (20); Moeller (27, 28, 29); Planchon und Collin (31); Tschirch und Oesterle (37); Vogl (41).

Hartwich, C.: Beitr. z. Kenntnis d. Cocablätter. Arch. d. Pharm., 1903.
— Beitr. z. Kenntnis d. Cocablätter. Pharm. Praxis, 1904.
— Art. „Coca“ in Realenzykl. d. ges. Pharm. 2. Aufl., III., 1904.
Moeller, J.: Die Falten des Cocablattes. Pharm. Post, 1891.
Nevinny, J.: Das Cocablatt. Wien, 1886.

Lorbeerblätter.

Der Lorbeer (*Laurus nobilis* L.) ist im Mittelmeergebiet verbreitet und wird in mehreren Spielarten kultiviert. Seine Blätter und Früchte dienen als Gewürz; aus den Früchten wird zu Heilzwecken auch ein aromatisches Fett geprefst.

Die Blätter sind kurz gestielt, länglich-lanzettförmig, ganzrandig, am Rande schwach gewellt und etwas umgebogen, lederig, kahl, oberseits glänzend, unterseits matt und heller gefärbt. Von dem stark ausgeprägten Hauptnerven zweigen beiderseits 6—8 schlingenbildende Sekundärnerven ab (Fig. 85).

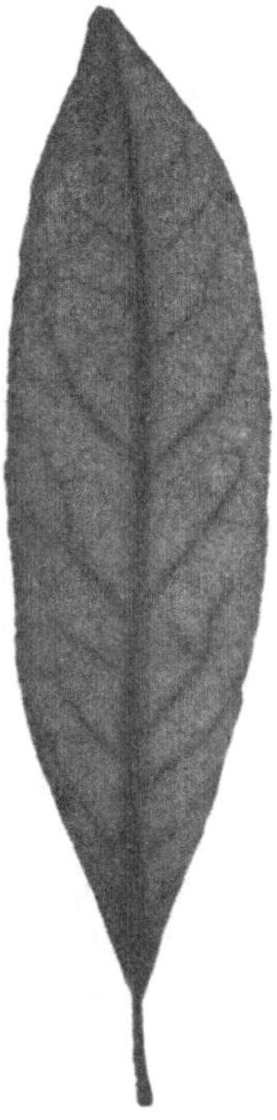

Fig. 85. Autophotogramm des Lorbeerblattes.

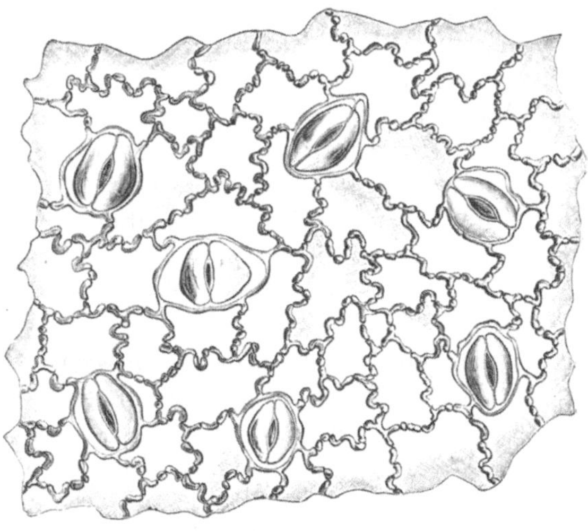

Fig. 86. Epidermis der Unterseite des Lorbeerblattes.

Auf Querschnitten des Blattes (Fig. 7) fallen im Mesophyll die Ölzellen auf. Sie sind kugelig (30—45 μ) und enthalten oft einen Tropfen farblosen ätherischen Öles. Charakteristisch sind ferner die collenchymatischen Beläge der Nerven, wodurch diese gleich Strebepfeilern die beiden Oberhäute auseinanderhalten.

Die Epidermis beider Blattseiten trägt einen starken Cuticularüberzug und besteht aus wellig-buchtigen, dicht getüpfelten

Zellen. Spaltöffnungen finden sich nur unterseits, hier aber reichlich. Sie sind meist von vier Nebenzellen umgeben und liegen vertieft (Fig. 86).

Literatur.

MOELLER (28, 29); PLANCHON et COLLIN (31); VOGL (41, 42).

Tabak.

Die Blätter mehrerer Arten der Tabakpflanze (*Nicotiana Tabacum* L., *N. rustica* L. — *Solanaceae*) und ihrer Varietäten sind bekanntlich in verschiedenen Zubereitungen unentbehrliche Genufsmittel[1]) der zivilisierten Völker geworden, nachdem sie durch Francis Drake (1586) zuerst aus Amerika nach England eingeführt worden waren.

In keiner Form gibt der Augenschein über die Echtheit des Blattes zuverlässigen Aufschlufs.

Alle Tabaksblätter sind lanzettlich oder eiförmig, ganzrandig, drüsig behaart, im übrigen verschieden geformt, mehr oder weniger breit, gestielt, sitzend oder sogar stengelumfassend, in der Gröfse bis über $1/2$ Meter schwankend. Die Sekundärnerven entspringen unter spitzen Winkeln und bilden Schlingen (Fig. 87). Beim Trocknen wird der Tabak immer braun.

Querschnitte zeigen den typischen Bau der Blätter (Fig. 88).

Beide Blattseiten sind in ihrem Bau wenig verschieden. Die Oberhautzellen sind grofs, auf der Unterseite etwas mehr gewellt als auf der Oberseite. Die elliptischen Spaltöffnungen finden sich auf der Unterseite in etwa dreimal so grofser Menge als auf der Oberseite. Alle Haare gehören demselben Typus an: es sind Gliederhaare mit bauchiger Basalzelle. Sie kommen in vier Formen vor (Fig. 88 u. 89):

1. Einfach, mehrgliederig, spitz oder stumpf endigend;
2. dieselben verzweigt;
3. dieselben mit einem mehrzelligen Drüsenkopf;
4. Drüsenhaare auf kurzem, meist einzelligem Stiel, pilzförmig.

---

[1]) Einfach getrocknet sind sie auch medizinisch in Gebrauch; in den Staaten, die kein Tabakmonopol besitzen (Belg., Brit., Gall., Germ., Graec., Helv., Hisp., Port., Rom, Russ., Suec., U. St.), offizinell.

Die drei erstgenannten Formen erreichen eine aufserordentliche Länge und sind oft mit freiem Auge sichtbar. Sie sind

Fig. 87. Autophotogramm eines kleinen Tabakblattes.

meist schlaff. Die Cuticularstreifung der Oberhautzellen ist auch an ihnen erkennbar; häufiger ist ihre Oberfläche feinkörnig.

Das Mesophyll enthält reichlich Kristallsandzellen. Das Chlorophyllparenchym ist braun.

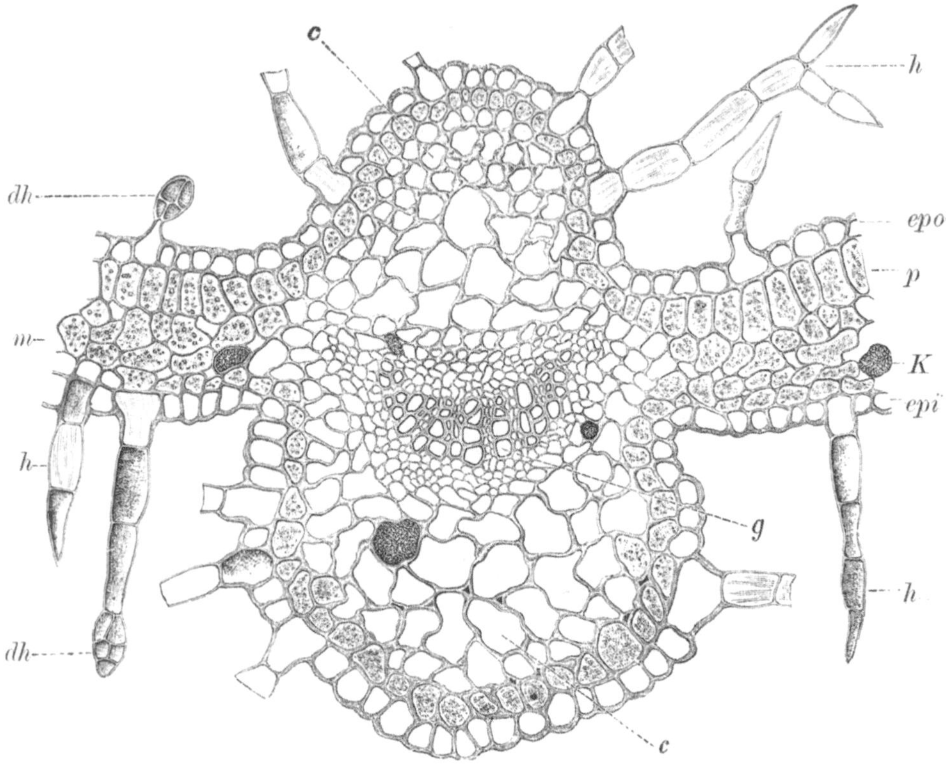

Fig. 88. Querschnitt der Mittelrippe des Tabakblattes;
epo äußere, *epi* innere Oberhaut, *p* Palissadenschicht, *m* Schwammparenchym, *c* Collenchym, *g* Leitbündel, *K* Kristallsand, *h* Gliederhaare, *dh* Drüsenhaare.

Die zum Zwecke der mikroskopischen Untersuchung nötigen Präparate können aus Zigarrenblättern und Rauchtabak ohne Schwierigkeit gewonnen werden. An der Epidermis mit ihren Trichomen und Spaltöffnungen sowie an dem Kristallsand hat man sichere Kennzeichen für die Echtheit des Blattes.

Diese Kennzeichen müssen auch an Schnupftabak aufgesucht werden. Schon bei der Prüfung einer Prise in Wasser oder

Glyzerin wird man immer auf einzelne hinreichend gut erhaltene Haarfragmente stofsen, und unter den schwarzbraunen Klumpen vermag man den einen oder anderen als Gefäfsrohr[1]) oder als Epidermis zu erkennen. Das genügt, um die Anwesenheit von Tabak zu konstatieren, genügt aber nicht, um fremdartige Beimengungen auszuschliefsen oder gar zu bestimmen. Zu diesem Ende ist es zweckmäfsig, die Probe vorher zu extrahieren. Man kocht eine kleine Messerspitze voll in einer Eprouvette mit stark verdünnter Kalilauge, filtriert und wäscht wiederholt mit

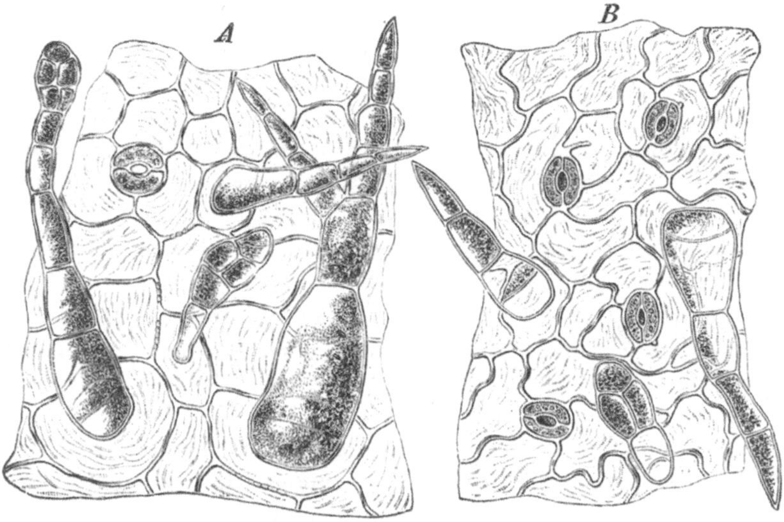

Fig. 89. Oberhaut des Tabakblattes: *A* oberseits, *B* unterseits.

Wasser. Der Rückstand ist ein feines, hellbraunes Pulver, welches der mikroskopischen Betrachtung weiter keine Schwierigkeit bietet — der Betrachtung, aber nicht der Bestimmung. Der berechtigten Beimischungen zu Schnupftabak gibt es so viele, dafs man höchstens die eine oder andere Zutat auf Grund früherer Erfahrungen zu erkennen vermag, aber den Versuch, sämtliche Bestandteile zu bestimmen, als völlig aussichtslos gar nicht unternehmen wird.

[1]) Es verdient hervorgehoben zu werden, dafs im Schnupftabak gewöhnlich sehr viele Gefäfse angetroffen werden, weil man zu seiner Fabrikation vorzüglich die aus den Blättern herausgeschnittenen groben Blattrippen verwendet.

Fälschungen des Tabaks.

Alle möglichen Blätter werden als Fälschungsmittel des Tabaks angeführt und mögen in der Tat gelegentlich angewendet werden, denn was hindert den gewissenlosen Fabrikanten, zur Füllung der Zigarren oder als Rauch- und Kautabak oder gar als Schnupftabak irgend ein braun gebeiztes und aromatisiertes Blatt zu benutzen? Dafs mit Vorliebe die grofsen, weil ausgiebigen Blätter unserer Flora gewählt werden, die wohl auch als Deckblätter dienen können, wie Runkel-, Huflattich-, Rhabarber-, Ampferblätter, ist begreiflich; wunderlich wäre es, wenn andere, zwar kleine, aber in grofsen Mengen erhältliche Blätter, wie Kartoffel-, Linden-, Zichorien-, Nufs-, Ulmen-, Platanenblätter u. a., die in der Literatur als Tabakfälschungen verzeichnet sind[1]), verschmäht würden. Wir meinen vielmehr, dafs ein Fabrikant, welcher den Boden des Gesetzes und der Moral verläfst, jedes ihm preiswürdig angebotene Blatt, sofern es ihm nicht als gesundheitsschädlich bekannt ist, annimmt und verarbeitet.

In Deutschland ist nach dem Gesetz über die Besteuerung des Tabaks ein Zusatz von Kirschen-, Weichsel- und Rosenblättern für Rauchtabak und Zigarren bis zu einem gewissen Prozentsatz erlaubt. Der mikroskopische Bau dieser Blätter und einiger anderer ist oben unter den Teefälschungen beschrieben. Es scheint uns überflüssig, noch andere Blätter anatomisch zu charakterisieren, da wir doch nur Unzulängliches bieten würden und dem praktischen Mikroskopiker nicht mehr zugemutet werden kann, als vermöge seiner genauen Kenntnis des echten Blattes ein Surrogat als solches zu erkennen.

Rauchtabake können nicht gut anders als durch Blätter gefälscht werden; Kautabake geben der Fälschung einen etwas gröfseren Spielraum, und bei Schnupftabaken erweitert sich ihr

---

[1]) In einer Broschüre: „Das Tabaksmonopol und das deutsche Volk“ gibt der Verfasser H. Hauenschild folgende Surrogate an: Kirschen- und Weichselblätter, Erdartischocken, Linden, Akazien, Walnufs, Sonnenblumen, Arnika, Wasserkresse, Hanf, Rosen, Eichen, Ampfer, Betonien, Kastanien, Melilotus, und in gröfster Menge Runkelrüben, Kohl, Zichorien, Kartoffelkraut. Als Zusätze zu den Beizen verwendet man: Kochsalz, Sirup, Zucker, Lakritzensaft, Rum, Salmiak, Pflaumen, Tamarinden, Vanille, ätherische Öle, Benzoësäure, Johannisbrot, Salpeter, Pottasche, Nelken, Anis, Veilchenwurz, Gummi, Dextrin usw.

Feld ins unendliche[1]). Erklärt man nicht kurzweg alles, was nicht Tabak ist, als Fälschung, so hat der Experte einen schweren Stand. Es bleibt dann schlechterdings nur das zweite Extrem übrig: alle Beimengungen unter dem Schilde der Schönungs- und Verbesserungsmittel zu gestatten, sofern sie nicht hygienisch bedenklich sind oder zweifellos keinen anderen Zweck haben können, als zu beschweren. Diese Kategorie von Fälschungsmitteln ist auf chemischem Wege nachzuweisen; hier sei nur bemerkt, dafs die Tabaksblätter aufserordentlich reich an Mineralstoffen sind; ihre Aschenmenge beträgt 16—28 % der Trockensubstanz.

Literatur.

Moeller (27, 28, 29); Molisch (30); Planchon et Collin (31); Vogl (41); Wiesner (45).

Koning: Der Tabak. Leipzig, 1900.

Salbeiblätter.

Der Gartensalbei (*Salvia officinalis* L. — *Labiatae*) wächst in den Mittelmeerländern wild und wird bei uns als Heil- und Gewürzpflanze in Gärten gezogen.

Die Blätter sind gestielt, nicht selten geöhrt (Fig. 90), eirund bis lanzettlich, stumpf oder spitz, am Rande fein gekerbt, auf der Spreite feinaderig-runzelig, in der Jugend weifs oder graufilzig, später fast kahl.

Fig. 90. Autophotogramm des Salbeiblattes.

Die Oberhaut beider Blattseiten ist wenig verschieden. Die Zellen sind polygonal, gewellt oder buchtig; Spaltöffnungen viel zahlreicher auf der Unterseite. Aufser den für die Labiaten charakteristischen

---

[1]) Das englische Gesetz verbietet z. B. den Tabakfabrikanten: Zucker, Sirup, Melasse, Honig, Malzkeime, geröstete Samen, Zichorien, Kalk, Sand, Umbra, Ocker oder andere Erden, Seegras, Wurzeln, Moos oder andere Blätter und Kräuter.

Scheibendrüsen (s. Fig. 93) finden sich Köpfchenhaare mit ein- oder mehrzelligem Stiel und kugeligem, mitunter durch eine vertikale Wand geteiltem Köpfchen. Charakteristisch sind die peitschenförmigen Gliederhaare, die oft so reichlich vorkommen, dafs sie das Bild eines Filzgewebes darbieten. Sie sind sehr lang, dünn, derbwandig, ein- oder mehrzellig und an den Scheidewänden eigentümlich verdickt (Fig. 91). — Kristalle fehlen.

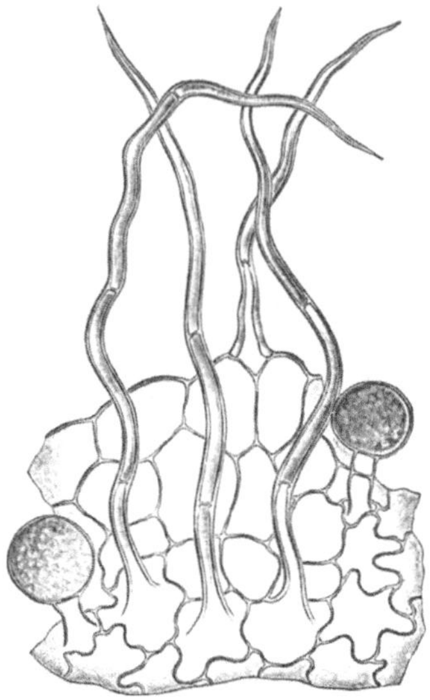

Fig. 91. Glieder- und Köpfchenhaare des Salbeiblattes.

Literatur.

Moeller (27, 28, 29); Planchon und Collin (31); Vogl (41);

Meyer, Ad.: Off. Blätter u. Kräuter. Halle 1882.

Isop.

Das Isopkraut (*Hyssopus officinalis* L. — *Labiatae*) ist ein im südlichen Europa heimischer, bei uns in Gärten als Küchengewürz häufig gezogener Halbstrauch mit kleinen Blüten.

Fig. 92. Autophotogramm des Isopblattes.

Die Blätter sind ungestielt, lanzettförmig, ganzrandig, trocken am Rande etwas umgerollt und runzelig, fein gewimpert mit wenig vortretenden Seitennerven (Fig. 92).

Die Epidermis beider Blattseiten trägt Spaltöffnungen und neben den für Labiaten charakteristischen Scheibendrüsen kurze, einzellige, warzige Haare (Fig. 93 u. 94). Die Zellen der Oberseite sind schwach gewellt (Fig. 93), die gröfseren und zarteren der Unterseite zackig gewellt (Fig. 94).

Besonders charakteristisch sind die Nebenzellen der Spaltöffnungen. In der Regel umlagert je eine Zelle die beiden Pole der Spaltöffnung, so dafs diese mit ihren Breitseiten aufgehängt erscheint. Ausnahmsweise ist eine Spaltöffnung von drei oder vier Oberhautzellen umgeben. — Kristalle fehlen.

Literatur.

Planchon und Collin (31); Vogl (41).

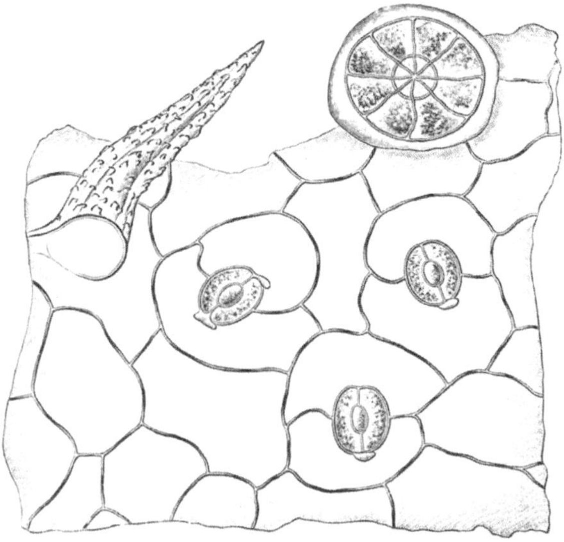

Fig. 93. Epidermis der Oberseite des Isopblattes.

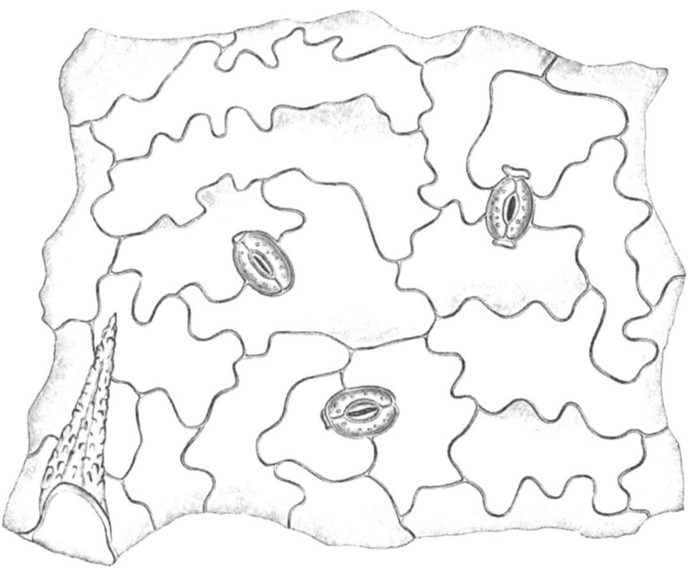

Fig. 94. Epidermis der Unterseite des Isopblattes.

Majoran.

Der Meiran oder Majoran *(Origanum Majorana* L. — *Labiatae*) ist ein auf den afrikanischen Küsten des Mittelmeeres und im mittleren Asien heimisches, als Küchengewürz häufig gezogenes Kraut mit weifsen Blüten.

Fig. 95. Autophotogramm des Majoranblattes.

Die Blätter sind gestielt, eilänglich, spatelförmig in den Stiel verschmälert, stumpf, ganzrandig, beiderseits graufilzig, mit bogenläufigen, undeutlich Schlingen bildenden Sekundärnerven (Fig. 95).

Die Epidermis besteht oberseits (Fig. 96) aus flachbuchtigen, unterseits aus tief wellig-buchtigen (Fig. 97), beiderseits ungleich knotenförmig verdickten Zellen. Kleine Spaltöffnungen, deren Nebenzellen fast ausnahmslos um die beiden Pole gelagert sind, finden sich reichlich unterseits,

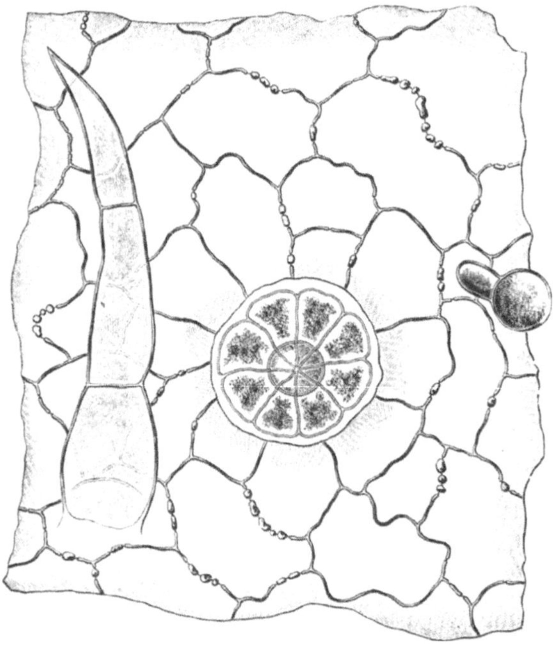

Fig. 96. Epidermis der Oberseite des Majoranblattes.

sehr vereinzelt oberseits. Auf beiden Blattseiten kommen dreierlei Haarformen vor: in gröfster Menge schlanke, mehrzellige, dünnwandige, mitunter feinwarzige, an der Spitze meist gekrümmte Haare; Köpfchenhaare mit kurzem, zwei bis vierzelligem Stiel und ein- bis zweizelligem Köpfchen; rosettenförmige Scheiben-

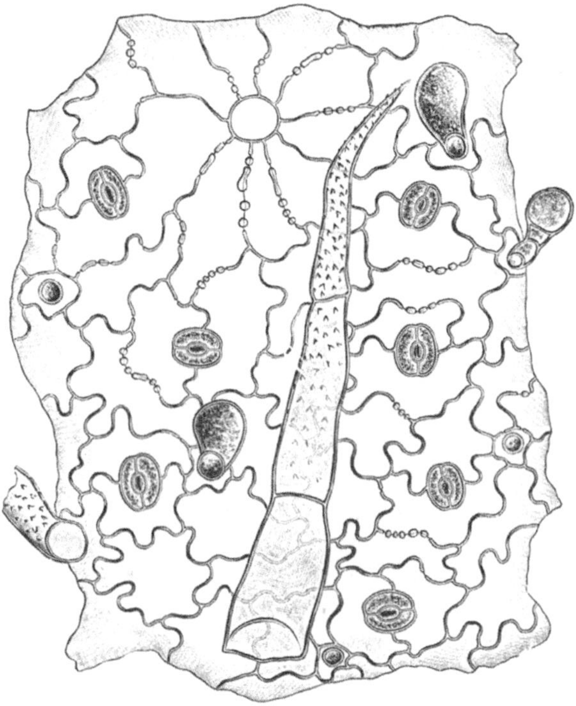

Fig. 97. Epidermis der Unterseite des Majoranblattes.

drüsen, um welche die Oberhautzellen ebenfalls rosettenförmig angeordnet sind. — Kristalle fehlen.

Literatur.

PLANCHON und COLLIN (31); VOGL (41).

MEYER, AD.: Off. Blätter u. Kräuter. Halle, 1882.
MITLACHER: Pharm. Post, 1902.

Saturei.

Das im südlichen Europa heimische Satureikraut (*Satureja hortensis* L. — *Labiatae*) wird bei uns häufig in Gärten gezogen und gelangt meist in getrocknetem Zustande als Küchengewürz zur Verwendung.

Fig. 98. Autophotogramm des Satureiblattes.

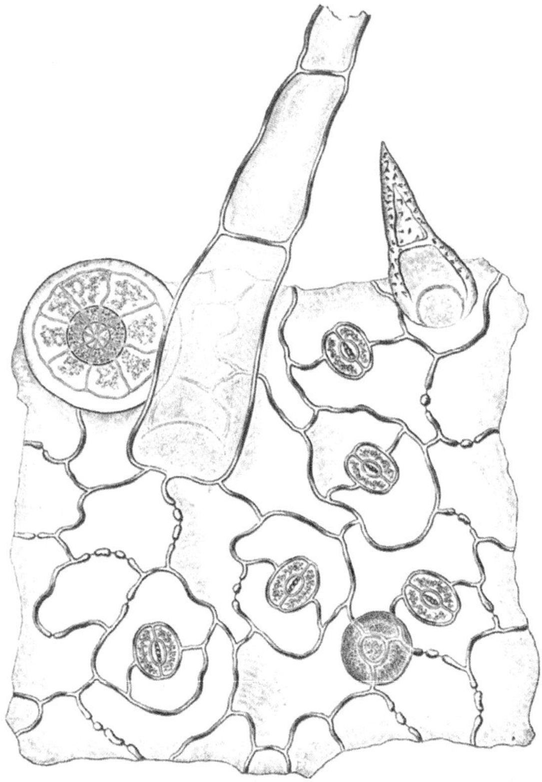

Fig. 99. Oberhaut des Satureiblattes.

Die Blätter sind lineal-lanzettlich, in den kurzen Stiel verschmälert, zugespitzt, ganzrandig, bewimpert und beiderseits drüsig punktiert. In der dicklichen Blattspreite ist nur der Hauptnerv deutlich ausgeprägt (Fig. 98).

Die Oberhaut beider Blattseiten ist gleich gebaut. Die Zellen sind unregelmäſsig buchtig mit deutlich getüpfelter Wand. Die zahlreichen Spaltöffnungen sind an ihren Polen von je einer

Nebenzelle derart umgeben, dafs sie mit ihrer Breitseite aufgehängt erscheinen (Fig. 99). Es finden sich drei Haarformen vor: 1. Gliederhaare, aus breiter Basis allmählich zugespitzt, mit glatter oder warziger, ziemlich derber Wand. Neben sehr langen, mit freiem Auge sichtbaren, aus vier, fünf und mehr Gliedern zusammengesetzten kommen auch ein- und zweizellige, breit-kegelförmige vor (Fig. 99); 2. typische Scheibendrüsen in grofser Menge, wie an Querschnitten erkennbar, in Einsenkungen der Oberhaut sitzend; 3. spärlich Köpfchenhaare, auf kurzem Stiel ein kugeliges oder zweizelliges Köpfchen tragend. — Kristalle fehlen.

Literatur.

Planchon und Collin (31); Vogl (41).

Bertram.

Unter Bertram[1]) oder Estragon versteht man *Artemisia Dracunculus* L. *(Compositae)*, ein in Asien heimisches, bei uns als Küchengewürz häufig gezogenes Kraut. Es kommt meist frisch zur Verwendung.

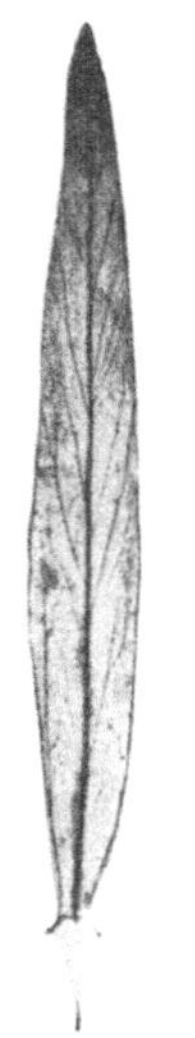

Fig. 100. Autophotogramm des Bertramblattes.

Die ersten Blätter sind dreispaltig, die Stengelblätter einfach lineal-lanzettlich, ungestielt, ganzrandig, dicklich, kahl, mit wenig deutlicher Nervatur (Fig. 100).

Beide Blattseiten sind gleich gebaut, im ausgewachsenen Zustande unbehaart. Die jüngsten Blätter tragen Etagendrüsen. Die leicht abziehbare Oberhaut besteht aus zarten, wellig-buchtigen, stellenweise longitudinal gestreckten und dann kaum gewellten Zellen, zwischen denen grofse Spaltöffnungen mit drei oder mehr Nebenzellen eingeschaltet sind. — Kristalle fehlen.

Andere *Artemisia*-Arten haben filzig behaarte Blätter. Die Haare tragen auf kurzem, mehrzelligem Stiel eine quergestellte, sehr lange und zarte Endzelle (s. Fig. 103).

[1]) Der Bertram der Apotheken ist die Wurzel von *Anacyclus Pyrethrum* D. C. (Compositae).

Literatur.

Koch, L. (20); Moeller (27, 28); Planchon und Collin (31); Tschirch (36); Vogl (41).

Meyer, Ad.: Off. Blätter u. Kräuter. Halle 1882.

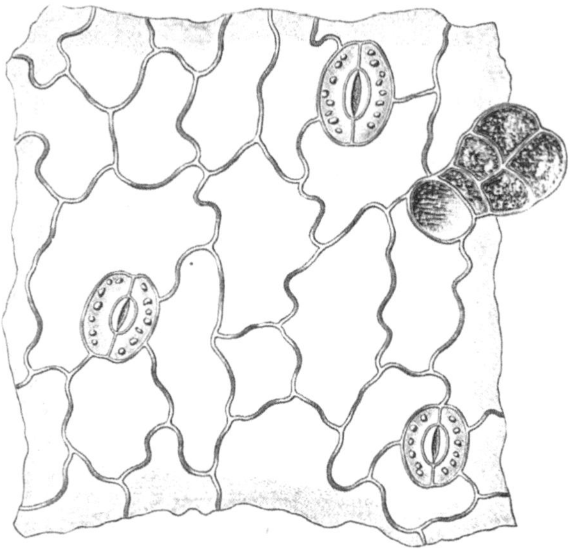

Fig. 101. Oberhaut des Bertramblattes.

Wermut.

Der Wermut oder Beifufs (*Artemisia vulgaris* L. — *Compositae*), ein bei uns wild wachsendes Kraut, hat zweifarbige, oberseits dunkelgrüne, unterseits weifs- oder graufilzige Blätter, die doppelt-fiederschnittig (Fig. 102), nach oben hin weniger zerteilt, in der Blütenregion einfach und ganzrandig sind. Die Blattabschnitte sind lanzettförmig, stachelspitzig, von spärlichen, randläufigen Nerven durchzogen.

Die Oberhaut beider Blattseiten hat buchtige Zellen und trägt Spaltöffnungen, die jedoch auf der Unterseite reichlicher sind. Hier besteht der Filz aus T-förmigen Haaren: ein kurzer, meist drei- bis vierzelliger Stiel trägt eine sehr lange (bis 0,4 mm), quergelagerte, dünnwandige und oft zusammengefallene Endzelle (Fig. 103). Daneben finden sich vereinzelt ungestielte Etagendrüsen.

Fig. 102. Autophotogramm des Wermutblattes.

Literatur.

S. unter Bertram pag. 89.

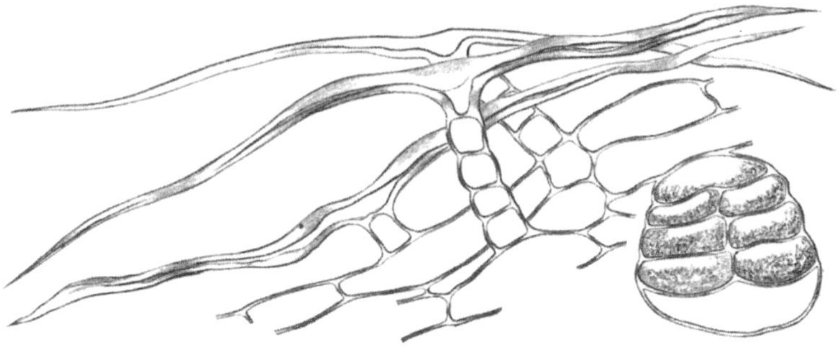

Fig. 103. Eine Etagendrüse und T-förmige Haare des Wermutblattes.

Ampfer.

Als französischer Ampfer wird *Rumex scutatus* L. — (*Polygonaceae*), eine im mittleren und südlichen Europa auch wildwachsende Art, in Gärten gezogen.

Die Blätter sind langgestielt, herzförmig-rundlich, spiefsförmig oder spiefs-geigenförmig mit breitem Mittelteil und zwei kleineren Lappen (Fig. 104), dicklich, kahl, seegrün bereift, mitunter rötlich angelaufen, handnervig.

Die Oberhaut beider Blattseiten ist kaum verschieden: grofse, wellig-

Fig. 104. Autophotogramm des französischen Ampfers.

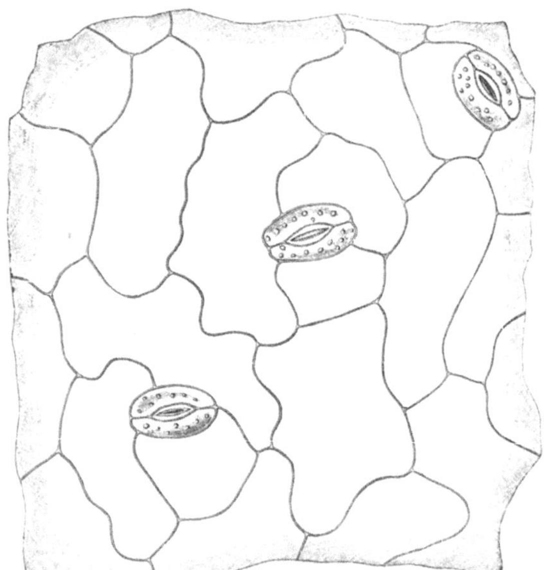

Fig. 105. Oberhaut des französischen Ampfers.

buchtige, dünnwandige Zellen und gestreckt-ovale Spaltöffnungen, die meist von drei Nebenzellen umgeben sind (Fig. 105). — Das Mesophyll enthält Oxalatdrusen.

Der auf unseren Wiesen wildwachsende Sauerampfer (*Rumex Acetosa* L.) hat langgestielte, am Stengel sitzende, aus spiefs- oder pfeilförmiger Basis längliche, dunkelgrüne, kahle oder unterseits behaarte Blätter (Fig. 106).

Die Oberhaut ist der des französischen Ampfers ähnlich, trägt jedoch kurzstielige Drüsen mit meist vierzelligem Köpfchen und längs der Nerven eigentümliche Papillen mit streifiger Cuticula (Fig. 107).

Der Gemüseampfer (*Rumex Patientia* L.)

Fig 106. Autophotogramm des Sauerampfers.

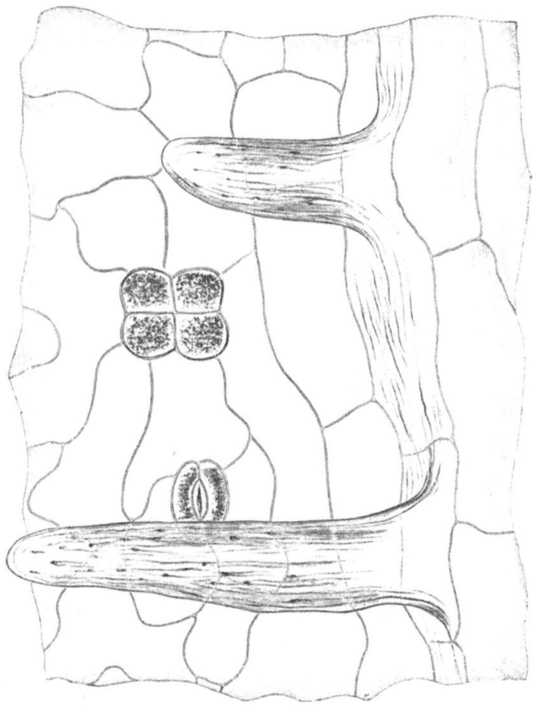

Fig. 107. Oberhaut des Sauerampfers.

wächst ebenfalls in manchen Gegenden bei uns und wird in Küchengärten gezogen. Seine Blätter sind grofs, scheidig gestielt, länglich oder eilanzettförmig, am Grunde abgerundet oder etwas herzförmig, am Rande oft gewellt, kahl.

Literatur.

PLANCHON und COLLIN (31); VILLIERS und COLLIN (39).

Blüten.

An vielen Blüten ist es augenscheinlich, dafs sämtliche sie zusammensetzenden Teile Blattgebilde sind. Besonders bei den Blütenhüllen kann darüber kein Zweifel sein, denn der Übergang von den grünen Laubblättern zu den Kelch- und Blumenblättern erfolgt oft allmählich, mitunter so, dafs die Grenze überhaupt nicht bestimmbar ist. Von der geläufigen Blattform zwar abweichend, aber immer noch mit ihrem Stiel und ihrer Spreite gewissermafsen an ein stilisiertes Blatt erinnernd sind die Staubgefäfse, und es ist allgemein bekannt, dafs bei der von den Gärtnern geübten Füllung der Blumen es sich um die Verwandlung der Staubgefäfse in Blumenblätter handelt. Weniger einleuchtend ist die Blattnatur des Stempels, doch wird auch sie durch die Entwicklungsgeschichte und durch Mifsbildungen aufser Frage gestellt.

Auf die Morphologie der Blüten und Blütenstände näher einzugehen, ist hier nicht der Ort [1]), um so weniger, als die Blüten zwar zu den lieblichsten und beliebtesten, aber auch ökonomisch bedeutungslosesten Pflanzengebilden gehören, indem verhältnismäfsig sehr wenige Arten in der Industrie, als Genufs- und Heilmittel, nur einzelne auch als Nahrungsmittel Verwendung finden, keine einzige jedoch eine hervorragende Stellung im menschlichen Haushalte einnimmt. Wir begnügen uns mit einer allgemeinen Darstellung der histologischen Charaktere.

Der Kelch, sofern er vorhanden ist, zeigt in der Regel die gröfste Übereinstimmung mit den Laubblättern (Fig. 108).

---

[1]) Vgl. die Lehrbücher der Botanik.

Er besitzt dieselbe Oberhaut mit den gleichen Spaltöffnungen und Haaren, dasselbe Mesophyll (jedoch mit undeutlicher oder ganz fehlender Palissadenschicht), dieselben Inhaltsstoffe, meist sogar auch Chlorophyll. Wenn er, wie nicht selten, an der Bildung der Frucht teilnimmt, so treten eingreifende Veränderungen erst bei der Fruchtreife ein.

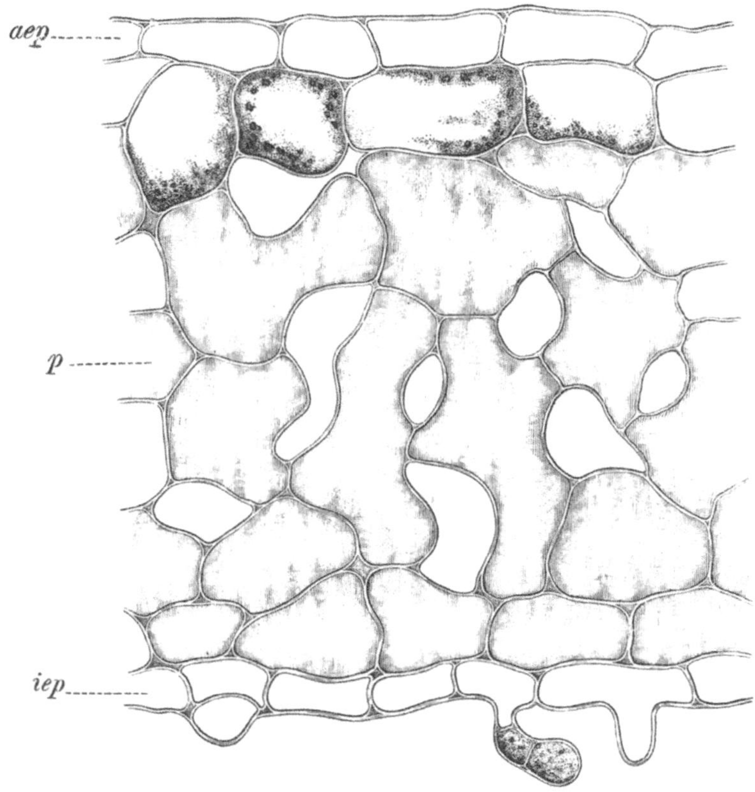

Fig. 108. Querschnitt durch das Kelchblatt des Spanischen Pfeffers; *aep* Epidermis der Aufsenseite, *iep* Epidermis der Innenseite mit Haaren, *p* das Mesophyll.

Die Blumenblätter sind meist zarthäutig und bestehen aus einem dünnen, gleichförmigen, der Länge nach gestreckten Parenchym, welches von einer ebenfalls dünnhäutigen Oberhaut beiderseits bedeckt ist. Die Oberhaut besitzt keine Spaltöffnungen, aber sehr häufig ist sie papillös (Fig. 109) oder behaart. Zarte, einfache oder verzweigte, höchst einfach gebaute Gefäfsbündel durchziehen auch die Blumenblätter. Sie enthalten an deutlich erkennbaren Elementen Spiroiden (Fig. 109) nebst einigen langgestreckten, engen Zellen. Mitunter sind sie von Kammerfasern begleitet, welche Oxalatkristalle enthalten. Die für die Blumenblätter charakteristische Färbung rührt zumeist von im Zellsafte gelösten Farbstoffen her. In trockenen Blüten erscheinen die Farbstoffe als krümelige Massen. An ihrer Löslichkeit in Wasser unterscheiden sie sich sofort von viel seltener vorkommenden Farbstoffkörpern, die im farblosen Zellsafte suspendiert sind. Den charakteristischen Geruch verdanken die Blumenblätter ätherischen Ölen, welche dem allgemeinen Zellinhalt beigemischt sind oder in besonderen Räumen, auch in Drüsenhaaren vorkommen.

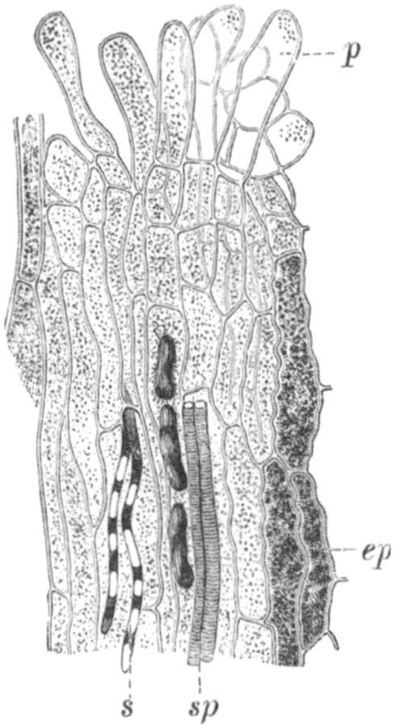

Fig. 109. Blumenblatt des Saflor;
ep Oberhaut mit den Papillen *p*,
sp Spiralgefäfse,
s Sekretschläuche.

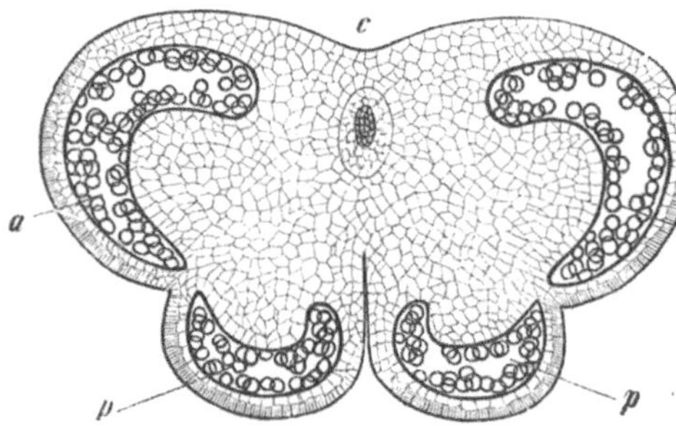

Fig. 110. Querschnitt der Anthere von *Datura Stramonium* (nach A. B. Frank):
c das Konnektiv mit dem Leitbündel,
a die äufseren,
p die inneren Pollensäcke.

An den Staubgefäfsen oder Staubblättern kann man gewöhnlich zwei Teile unterscheiden: einen fadenförmigen Träger (Filament) und einen verbreiterten und verdickten Teil, den Staubbeutel (Anthere). Nur der letztere ist wesentlich, denn in ihm entwickeln sich die männlichen Geschlechtszellen, bekannt als Blütenstaub (Pollen). Das Gewebe der Staubgefäfse ist dem der Blumenblätter ähnlich; das auszeichnende Merkmal derselben ist die Bildung von Kammern in den Antheren, in welchen die Pollenbildung vor sich geht.

An dem Querschnitt einer Anthere (Fig. 110) zeigt sich das von einem Leitbündel durchzogene Parenchym des Antherenträgers (Konnektiv) mit den seitlichen Pollensäcken oder Pollenfächern. In einem späteren Stadium der Entwicklung fliefsen die beiden Pollensäcke jeder Seite zusammen, und schliefslich öffnen sich die Antheren, um den Pollen zu entlassen.

Die Antherenwand besteht aus der mitunter behaarten Oberhaut und aus einer Schicht eigentümlich verdickter Zellen (Tapete, Endothecium). Meist ist diese Zellschicht einreihig, zuweilen mehr- bis vielreihig. Die Zellen sind durch die Verdickungsleisten sehr charakteristische Bestandteile von Blütenpulvern, doch dürfen sie nicht mit Spiralgefäfsen verwechselt

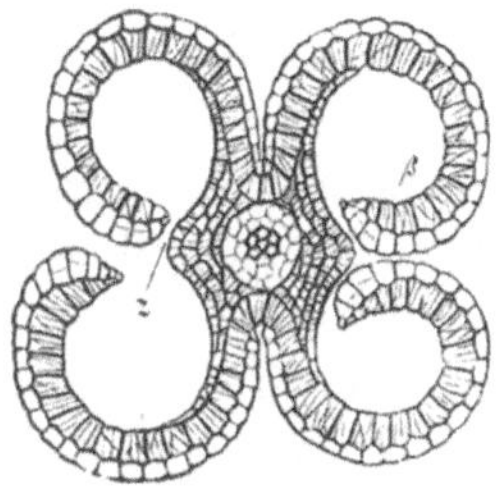

Fig. 111. Querschnitt einer aufgesprungenen Anthere von *Butomus*; die Klappen β haben sich von dem Konnektiv bei z abgelöst (nach SACHS).

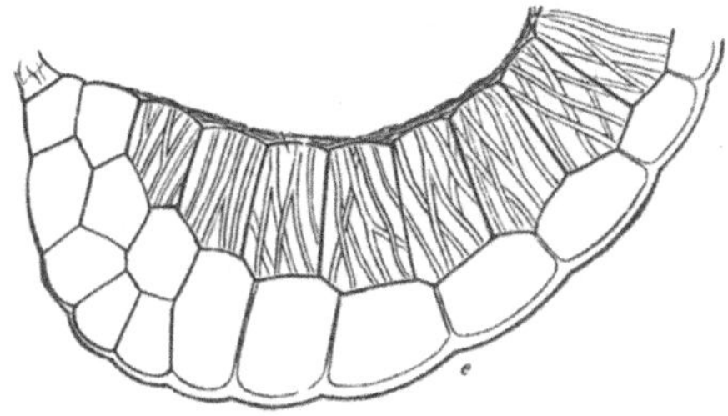

Fig. 112. Querschnitt einer Antherenklappe bei stärkerer Vergröfserung, um die Oberhaut und das Endothecium derselben zu zeigen (nach SACHS).

werden, denen sie bei oberflächlicher Betrachtung ähneln. Letztere sind sehr lang und tragen ein kontinuierliches Spiralband, während die „Faserzellen" des Endotheciums Parenchymzellen sind, deren Verdickungsleisten sich nicht abrollen.

Die Pollenkörner sind isolierte Zellen von sehr charakteristischem Bau (vgl. Fig. 113). Sie sind meist kugelig oder gerundet tetraëdrisch, von einer derben, glatten oder häufiger in der zierlichsten Weise grubigen, körnigen oder stacheligen Haut (Exine) umkleidet, welche bei der Keimung des Pollens mitunter aufreifst (z. B. Safran), bei den meisten Pflanzen aber an mehreren (meist drei) Stellen durchlöchert ist. Die zarte innere Pollenhaut (Intine) ist innerhalb der Poren meist polsterartig verdickt. Oft sind die Poren durch Deckelchen verschlossen. Durch eine dieser Poren wächst der protoplasmatische Inhalt in Form eines Schlauches aus, wenn der Pollen seiner Bestimmung gemäfs auf die Narbe des Stempels gelangt. Man hat sehr häufig

Gelegenheit, bei der Untersuchung der Narben Pollenkörner mit ausgewachsenen Schläuchen zu sehen.

Die Pollenkörner vieler Pflanzen sind durch ihre Form und Gröfse und besonders durch das Relief ihrer Exine so gut charakterisiert, dafs aus ihrem Vorkommen im Honig geschlossen werden kann, aus welchen Blüten die Bienen denselben gesammelt haben.

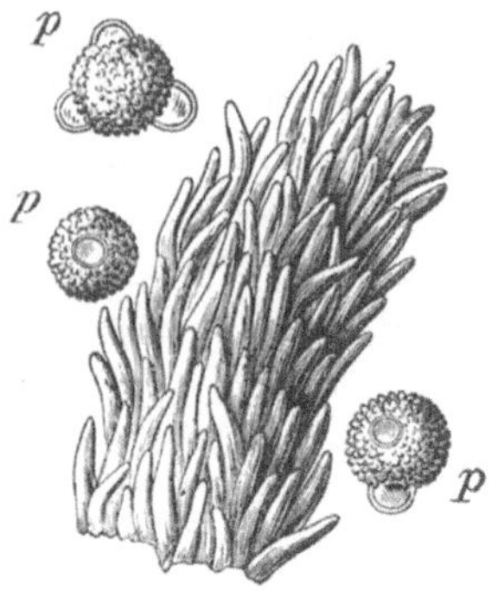

Fig. 113. Griffelende der Saflorblüte: p Pollenkörner in verschiedener Ansicht.

Der Stempel als Grundlage der Frucht wird genauer im folgenden Abschnitte beschrieben werden; hier sei nur seines fadenförmigen Teiles, des Griffels, besonders gedacht. Er ist ein röhriges Gebilde, am oberen Ende kolbig verdickt, flach oder trichterförmig verbreitert, gelappt, gefiedert — kurz, höchst verschieden gestaltet. Man unterscheidet diesen für die Aufnahme des Pollens vortrefflich eingerichteten Teil als Narbe. Um auch das Haften des Pollens zu sichern und seine Quellung einzuleiten, ist die Oberhaut der Narbe mit Papillen besetzt (Fig. 113), welche eine klebrige Flüssigkeit absondern.

Safran.

Die Narben des echten Safrans (*Crocus sativus* L.[1]) — *Iridaceae*) bilden das kostbare Gewürz. Der Safran ist ein kleines Zwiebelgewächs, dessen Heimat Griechenland und Vorderasien ist, wo er auch jetzt noch wild wächst. Frühzeitig gelangte er nach Italien und verbreitete sich von da über West- und Mitteleuropa bis nach England. Gegenwärtig wird Safran im gröfsten Mafsstabe in Spanien kultiviert, sodann in Frankreich, in ganz unerheblicher Menge in Österreich, Deutschland und anderwärts[2]).

[1]) Nicht zu verwechseln mit dem häufig in Gärten gezogenen Frühlingssafran (*Crocus vernus* L.), dessen Narben wertlos sind, weder riechen noch schmecken und ein sehr geringes Färbungsvermögen besitzen.

[2]) Vgl. darüber Flückiger, Pharmakognosie, Hanausek, Nahrungsmittel und Kronfeld, Gesch. des Safrans, Wien, 1892.

Die Kultur, obgleich lohnend, geht darum zurück, weil die Ernte zuviel Hände erfordert. Die Pflanze blüht im Oktober, und da müssen mehrere Wochen hindurch Tag für Tag die Blumen einzeln gepflückt werden. Die Blüten bestehen aus einer etwa 10 cm langen und 2—3 mm breiten, blassen, von einer häutigen Scheide umgebenen Röhre, welche sich nach oben trichterförmig erweitert und in sechs grofse, schön violett gefärbte Blumenblätter spaltet. Vom Grunde der Röhre aus erhebt sich der fadendünne Griffel und teilt sich im Bereich der Blumenkrone in drei gesättigt gelbrote Narben. Diese Narben sind der einzige wertvolle Bestandteil der Pflanze. Sie werden aus der Blüte gezupft und auf Haarsieben rasch über Feuer getrocknet.

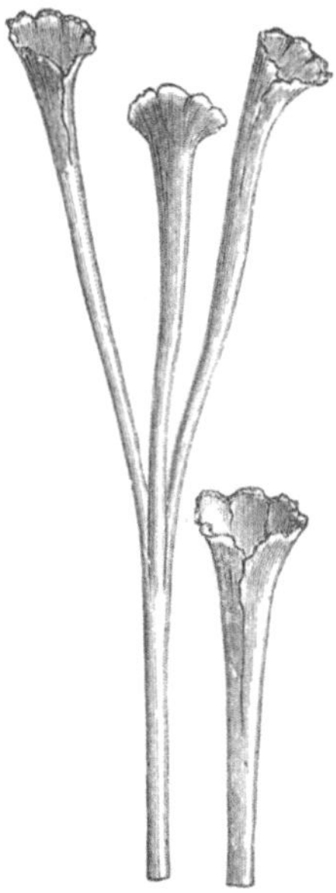

Fig. 114. Narben von *Crocus sativus* (nach PLANCHON).

Die Handelsware stellt ein Haufwerk solcher Narben dar, welche, je nachdem sie mit mehr oder weniger Sorgfalt abgezupft wurden, an kleineren oder gröfseren gelben Griffelstielen sitzen. Sie ist deshalb zweifarbig.

Die Narben sind, wie bemerkt, intensiv gefärbt, glänzend, fettig, gebrechlich, von durchdringendem Geruch und eigentümlichem Geschmack. Erweicht man sie in Wasser, wobei ein grofser Teil des Farbstoffes rasch mit gelber Farbe gelöst wird, so kann man ihren Bau noch sehr gut studieren. Von einem Punkte der Griffelröhre entspringen die drei ungefähr 2—3 cm langen, ebenfalls röhrigen Narben. Im oberen Drittel beginnt jede sich allmählich zu erweitern und endigt in einen etwa 4 mm breiten, gelappten Saum, der aufsen etwas überragt, an der entgegengesetzten Seite geschlitzt ist (Fig. 114 u. 115).

Obwohl die Narbenwand sehr dünn, im gequollenen Zustande nur etwa 0,4 mm dick und sehr weich ist, gelingt es doch bei einigem Geschick, zwischen Hollundermark Querschnitte derselben anzufertigen. Sie zeigt einen höchst einfachen Bau (Fig. 116): ein zartzelliges, locker verbundenes Parenchym, beiderseits von einer wenig differenzierten Epidermis überzogen, in der Mitte spärliche kleine Leitbündel mit Spiroïden. Von der Fläche besehen, sind alle Zellen gestreckt (gegen 0,2 mm lang und 0,015 mm breit), äufserst zartwandig. Die Oberhautzellen sind teils parenchymatisch, teils prosenchymatisch gefügt, oberseits meist zu einer kurzen Papille vorgestülpt (Fig. 118). Von der Oberhaut löst sich mitunter die Cuticula als eine glashelle, streifige Membran, die durch ihre Starrheit von dem übrigen weichen Gewebe absticht. Spaltet man eine in Wasser erweichte Narbe und breitet sie auf dem Objektträger aus, so kann man mit einer Lanzennadel die Oberhaut leicht abschaben. Der Rand des Saumes ist dicht mit Papillen besetzt, welche 0,02—0,04 mm breit, bald nur kurz, bald bis 0,4 mm lang sind. Ihre Oberfläche ist ungemein fein gekörnt (Fig. 117).

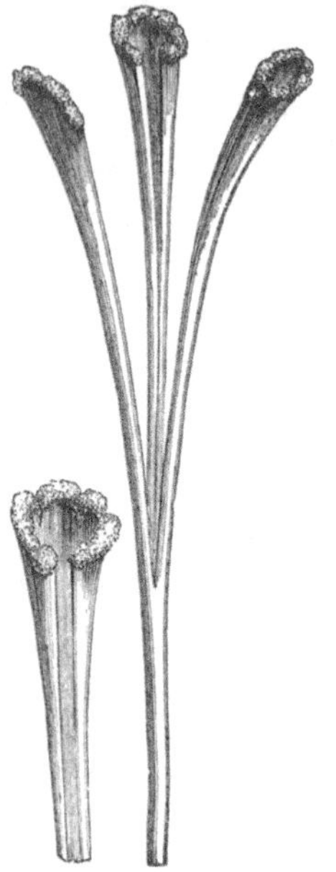

Fig. 115. Narben von *Crocus vernus* (nach PLANCHON).

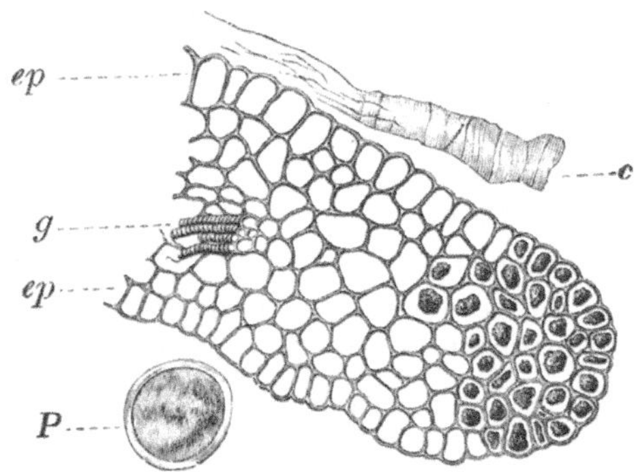

Fig. 116. Der Rand der Safrannarbe im Querschnitt; *ep* die Oberhaut beiderseits, *g* ein Gefäfsbündel, *c* die abgelöste Cuticula, *P* ein Pollenkorn.

Sämtliche Zellen sind von dem charakteristischen, feurig roten, in dünnen Schichten guttigelben Farbstoffe erfüllt. In seiner natürlichen Beschaffenheit sieht man ihn unter fettem Öl, in welchem er unlöslich ist. In Wasser und Alkalien löst er sich rasch mit gelber Farbe und es bleibt in den Zellen nur eine geringe Menge einer krümeligen, farblosen Substanz und hier und da ein Öltröpfchen zurück. Weniger rasch erfolgt die Lösung in Glyzerin und Alkohol. In konzentrierter Schwefelsäure löst sich der Zellinhalt mit tief blauer, bald durch violett und rot in braun übergehender Farbe. Nach dieser Behandlung schiefsen bisweilen spärliche, feine, in Wasser lösliche Kristallnadeln an; Oxalatkristalle fehlen, jedoch kommen mitunter spärliche, in Salzsäure unlösliche Kriställchen vor (RUD. MÜLLER).

Oft stöfst man bei der mikroskopischen Untersuchung des Safrans auf grofse (0,12 mm diam.), derbhäutige Kugeln mit farblosem, körnigem Inhalt (Fig. 116, *P*); es sind Pollenkörner.

Als Küchengewürz hat der Safran heutzutage lange nicht mehr die Bedeutung wie ehemals; man benutzt ihn weniger seines Geruches und Geschmackes als seines Färbungsvermögens wegen[1]). Er ist auch ein altes Arzneimittel und figuriert noch immer in allen Pharmakopöen. Er kommt höchst selten gepulvert in den Handel, und die Form der Narben ist so charakteristisch, dafs eine genaue Betrachtung derselben mit freiem Auge ausreicht, um ihre Echtheit festzustellen. Damit ist aber keineswegs erwiesen, dafs die Ware auch unverfälscht ist (s. a. f. S.).

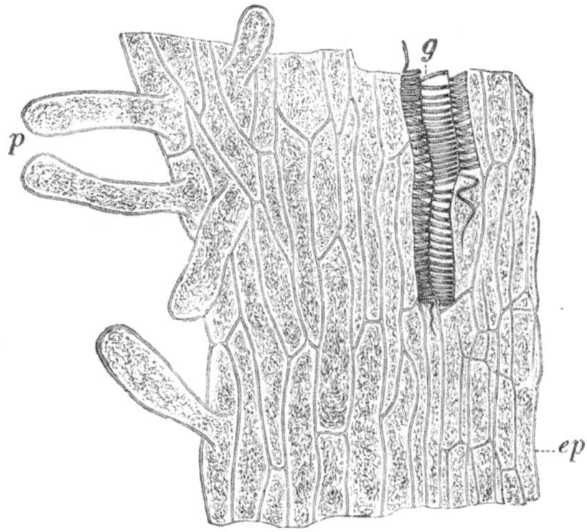

Fig. 117. Ein Stückchen der Safrannarbe in der Flächenansicht; *ep* die Oberhaut, *g* Spiralgefäfse, *p* die Papillen.

Safranpulver ist nach den oben gegebenen Merkmalen unter dem Mikroskope leicht zu erkennen. Vor allem fällt natürlich die Farbe auf. Man darf sich aber durch sie allein nicht bestimmen lassen, weil manche Paprikasorten ganz ähnlich gefärbt sind. Handelt es sich um reine Pulver, so wird die ungeheure Verschiedenheit der zelligen Gewebe einen Irrtum unmöglich machen. In Gemengen und Zubereitungen ist aber das zarte Safrangewebe nicht immer deutlich erkennbar, und die Diagnose kann sich geradezu auf die Verschiedenheit der Farbstoffe stützen. Sie sind an den Lösungsmitteln augenblicklich zu erkennen. Der Farbstoff des Safrans ist unlöslich in fettem Öl, löslich in Wasser; gerade umgekehrt verhält

[1]) Sein Färbungsvermögen ist aufserordentlich. Bei 200000 Teilen des Lösungsmittels ist die Färbung noch deutlich.

sich der Farbstoff des Spanischen Pfeffers: er löst sich in fettem Öl, nicht in Wasser. Diese Reaktionen sind um so wichtiger, als der Paprikafarbstoff (und der rote Farbstoff anderer Solaneenfrüchte und der Farbstoff fast aller gelben Blüten) sich wie der Farbstoff des Safrans mit konzentrierter Schwefelsäure blau färbt. Die Schwefelsäurereaktion ist trotzdem sehr brauchbar, um in Pulvermischungen die Safranteilchen zu erkennen.

Französischer (*Gâtinais*), spanischer und österreichischer Safran gelten zwar im Handel als ungleichwertig, stammen aber von derselben Pflanze und enthalten — ihre Echtheit vorausgesetzt — keine anderen Bestandteile als Narben mit kürzeren oder längeren Stücken des gelben Griffels.

Der orientalische Safran ist ein höchst nachlässig gesammeltes und schlecht konserviertes Produkt und besitzt auch demgemäfs ein geringes Färbungsvermögen, schwachen Geruch und Geschmack.

Fälschungen und Ersatzmittel des Safrans.

Der hohe Preis des Safrans — es kostet ein Kilogramm gegen 90 Mark — verleitet zu mannigfachen Fälschungen.

1. Man mischt der guten Ware, welche allein aus Narben bestehen soll, absichtlich Griffel bei; es ist Handelsbrauch, auf diese Weise Sortimente in verschiedenen Preislagen herzustellen.

Die Griffel der Safranblüte[1]) sind nicht rot, sondern gelb gefärbt, daher im Gemenge mit Narben sehr leicht herauszufinden. Sind sie aber, was ebenfalls vorkommt, künstlich gefärbt, so mufs die Probe in Wasser erweicht werden, worauf die zylindrischen Griffel von den trompetenförmigen Narben sicher zu unterscheiden sind. Im Pulver jedoch ist diese Fälschung, übrigens die harmloseste und am wenigsten lohnende von allen, schwieriger nachweisbar, weil die Griffel im histologischen Bau den Narben sehr nahestehen. Es fehlen ihnen zwar die Randpapillen, aber diese sind auch an den Narben im Verhältnis zur Masse spärlich und im Detritus nicht immer bestimmt erkennbar.

---

[1]) Sie hiefsen ursprünglich „Feminell" und bildeten einen selbständigen Handelsartikel (Schelenz, Pharm. Centralh., 1904). In der Literatur werden sie sowohl wie die Ringelblumen Feminell genannt; was aber gegenwärtig im Handel als Feminell vorkommt, sind die gefärbten Zungenblüten der Ringelblume (s. pag. 105).

Ein wertvolleres Unterscheidungsmerkmal bieten die Oberhautzellen. Diese sind am Griffel schwach gewellt (A. v. VOGL) und entbehren der für die Narben charakteristischen papillösen Ausstülpungen (Fig. 118). Findet man bei der Untersuchung des Pulvers (in einem Tropfen fetten Öles) auffallend viel homogen gelb gefärbtes Parenchym, so kann man wohl eine betrügerische Beimischung vermuten. Es ist jedoch die Möglichkeit im Auge zu behalten, dafs eine künstlich extrahierte Sorte vorliegen kann.

Fig. 118. Oberhaut des Safrans in der Flächenansicht.

2. Man substituiert ihn mit anderen, ihm mehr oder weniger ähnlichen Pflanzenteilen, am häufigsten mit Feminell (s. pag. 105), Saflor (s. pag. 108), Curcuma (s. d.), Maisgriffeln (s. p. 106), rotem Santelholz (s. d.) und Paprika (s. d.).

Andere Pflanzenteile scheinen nur ausnahmsweise und keinesfalls im grofsen Mafsstabe zur Safranverfälschung verwendet zu werden. Es werden erwähnt: die Blüten einer Golddistel *(Scolymus hispanicus)*, die zerschnittenen Blüten des Granatbaumes, die Narben und Staubfäden anderer Safran-Arten, die zerschnittenen, mit Cochenille gefärbten und mit Kalk beschwerten Blätter eines Grases (W. BRANDES), eine ähnliche Fälschung, bei welcher die Blätter einer monokotylen Pflanze mit Karmin und Safran gefärbt und mittels Schwerspats und Stärkesirup beschwert war (A. MEYER), Schnittlauchwürzelchen (GEHE), die zerschnittenen Blätter der Pfingstrose (JANDOUS) und des Klatschmohnes, Lauchwurzeln, Zwiebelschalen, Malzkeime, etiolierte Keimpflanzen von Wicken, sogar eine Alge (KANOLDT), und damit ist gewifs die Liste noch lange nicht erschöpft.

3. Man extrahiert ihn mittels Alkohols und färbt ihn dann künstlich.

4. Man tränkt ihn durch Öl, Glyzerin, Sirup oder Gelatine und beschwert ihn dann mit Mineralstoffen [1]).

5. Als „Safran“ kommen auch Teefarbstoffe ohne jede Spur von Pflanzengeweben in den Handel.

Wenn man die Probe mit heifsem Wasser oder Alkohol schüttelt, sinken die Mineralstoffe zu Boden. Eine Aschenbestimmung und die chemische Analyse hat das Weitere festzustellen, insbesondere ob die Mineralstoffe gesundheitsschädlich sind. Safran hat den auffallend hohen Aschengehalt von 4,5 %, davon 0,5 % in ClH unlöslich.

Künstlich gefärbter Safran.

Der seines Farbstoffes beraubte und künstlich nachgefärbte Safran besitzt immer ein merklich geringeres und abweichendes Färbungsvermögen, wenn man ihn in Wasser erweicht. Daran erkennt man ihn wohl ebenso zuverlässig wie unter dem Mikroskope. Dessenungeachtet soll man die mikroskopische Prüfung unter Öl und unter Wasser nicht unterlassen. Es erscheinen die künstlichen Färbungen, wenn sie auch mit unbewaffnetem Auge dem Safranrot sehr ähnlich sind, in der Regel ganz anders, z. B. violett oder orange, in Nuancen, wie sie im Safran niemals beobachtet werden. Ferner erkennt man sie auch daran, dafs sie nicht in den Zellen eingeschlossen sind, sondern äufserlich in Form von Körnchen oder Tropfen haften.

Kap-Safran.

Kap-Safran ist gar kein Safran, besitzt aber annähernd dessen Geruch, Geschmack und Färbungsvermögen. Es sind die getrockneten Blüten eines am Kap häufigen Strauches (*Lyperia crocea* Eckl. — *Scrophulariaceae*). Sie haben einen grünlichen, fünfteiligen, etwas bauchigen Kelch mit linealen Zipfeln und eine oberständige, etwa 25 mm lange, hinfällige Blumenkrone mit dünner, im oberen Teile etwas schiefer Röhre und flachem, fünfspaltigem Saume, dessen fast gleiche Zipfel vorn ausgerandet

---

[1]) Es ist Safran vorgekommen, der mit einem löslichen Baryumsalz getränkt und in dessen Zellen mit einem Sulfat ein Niederschlag von Baryumsulfat erzeugt worden war.

und eingerollt sind. Zwei kurze und zwei längere Staubgefäfse sind der Blumenröhre angeheftet. Auf der Blumenkrone und teilweise auch auf dem Kelche sitzen grofse, regelmäfsig gestaltete Drüsenschuppen mit vier Zellchen innerhalb der blasig ausgedehnten Cuticula und mit einem farblosen, in Alkohol und Kalilauge löslichen Inhalt. Die Farbe der trockenen Blüten ist schwarzbraun; in Wasser hellen sie sich auf, indem ein Teil des gelben Farbstoffes in Lösung geht (A. E. Vogl).

Auch die Blüten von *Tritonia aurea* Pappe (*Crocosma aurea* Pl., *Babiana aurea* Ketsch. — *Iridaceae*) werden in Südafrika wie Safran verwendet. Sie enthalten einen dem Crocin ähnlichen Farbstoff, der in heifsem Wasser sich löst und nach Safran riecht (Heine). Die Pflanze hat einen ährenförmigen Blütenstand. Die Blütenröhre ist zylindrisch und verbreitert sich trichterförmig zu ziemlich gleichen Abschnitten. Die Griffeläste sind an der Spitze keulenförmig verdickt oder verbreitert.

Literatur.

Hanausek, T. F. (10, 15); Linsbauer (45); Macé (23); Meyer (24); Moeller (26, 27, 28, 29); Molisch (30); Schimper (34); Tschirch u. Oesterle (37); Vogl (40, 42) und die Jahresber. d. Pharmazie.

Chicote: Neue Fälschung des Safrans. Journ. pharm. chim., 1896, **116**.

Hanausek, T. F.: Safranfälschung. Rev. internat. scient. et popul., 1887, **1**, 24.

— Über eine neue Safranfälschung. Ztschr. Nahr.-Unters. Hyg., 1888, **2**, 19.

Kaiser: Über Safranfälschung. Fünfte Versammlung der freien Vereinigung, bayer. Vertr. der angew. Chemie.

Kirkby: Safranfälschung. Pharm. Journ. Transact., 337.

Müller, R.: Über d. vermeintl. Oxalatkristalle im Safran. Ztschr. d. allg. österr. Apoth.-Ver., 1903.

Nestler: Eigentüml. Kristalle auf d. Safrannarben. Ztschr. f. Unters. d. Nahr.- u. Genufsm., 1903.

Ranvez: Fälschung von Safran. Ann. Pharm, 1896.

Feminell.

Unter den Substitutionen nehmen die künstlich gefärbten Blüten der Ringelblumen (*Calendula officinalis* L. — *Compositae*) unstreitig den ersten Rang ein; sie wurden von den Drogisten ungescheut als unechter Safran oder Feminell geführt, scheinen aber in neuerer Zeit aus dem Grofshandel verschwunden zu sein. Auf den ersten Blick sehen sie dem Safran täuschend ähnlich; riechen oder schmecken aber fast gar nicht. Man benutzt von den Blütenkörbchen der Ringelblumen nur die randständigen Zungenblüten, welche gemeinhin, aber fälschlich für die Blumenblätter gehalten werden. Sie bestehen aus einem kleinen, spindelförmigen Fruchtknoten und einem einzigen, zungenförmigen, viernervigen, gegen 25 mm langen, orangegelben Blumenblatte. Am Grunde bildet es eine Rinne und ist behaart; nach aufsen verbreitert es sich allmählich, und seine im Umrifs abgerundete Spitze ist dreizähnig. Diese Zungenblüten sind den Narben des Safrans in Form und Farbe so unähnlich, dafs man sich über die Geschicklichkeit wundern mufs, mit der sie so präpariert werden, dafs sie der Laie sogar neben echtem Safran durch den blofsen Augenschein nicht zu unterscheiden vermag. Legt man sie aber in Wasser, so ist es mit der Täuschung vorbei; denn die vorher gerollten und gekrümmten Blättchen entfalten sich vollständig, verlieren in wenigen Minuten ihre schöne rote Farbe, werden mifsfarbig gelb, während das Wasser, in dem sie suspendiert sind, sich auffallend schwach färbt. Die Blättchen sind so dünn, dafs sie ohne Präparation unter dem Mikroskope angesehen werden können. Die Spreite zeigt ein Parenchym aus langgestreckten dünnwandigen, meist mit horizontalen Wänden aneinanderstofsenden Zellen (Fig. 119), nicht gerade auffällig verschieden von dem Parenchym des Safrans. Sieht man aber genauer zu, so findet man, dafs die Oberhaut zierlich und fein gestreift ist. Ganz und gar verschieden ist der Zellinhalt. Das Parenchym der Calendulablätter enthält gelbe, in Wasser unlösliche Tropfen, allem Anscheine nach einen in fettem Öle gelösten Farbstoff. Gegen den rinnigen Grund des Blattes zu treten in immer gröfserer Anzahl riesige Haarbildungen auf (Fig. 119). Die Haare sind über millimeterlang und am häufigsten aus zwei parallelen Zellreihen aufgebaut; ihre Endzellen sind oft geschrumpft, gelb. Diese mikroskopischen Kennzeichen dienen selbstverständlich, da die unzerkleinerte Droge mit freiem Auge untrüglich zu erkennen ist, nur zur Prüfung des Pulvers, wobei sie allerdings vortreffliche Dienste leisten. Nicht selten finden sich stachelige, dreiporige Pollenkörner.

Maisgriffel.

Zwischen den Scheidenblättern der Maiskolben hängen fingerlange, dünne Fäden heraus: die Griffel der zahlreichen

Fruchtknoten. Sie kommen als Stigmata Maydis oder Corn Silk getrocknet in den Handel und dienen als Heilmittel bei Blasenkrankheiten. In kurze Stücke zerschnitten, sehen sie den Safrangriffeln ähnlich, und gefärbt können sie gleich Feminell zur Fälschung des Safrans verwendet werden.

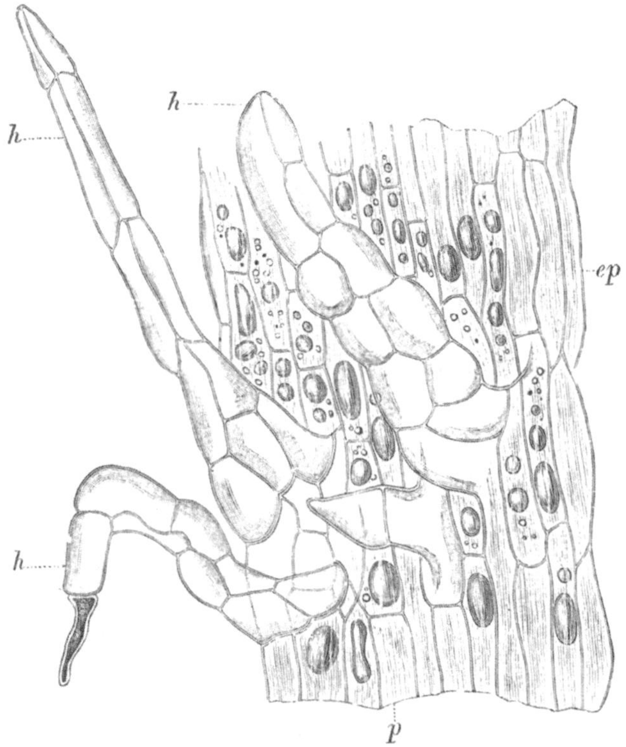

Fig. 119. Blumenblatt der Calendula.
ep die gestreifte Oberhaut mit den Riesenhaaren h,
p ölreiches Parenchym.

Von den Safrangriffeln kann man die Maisgriffel schon unter der Lupe an ihrer bandartig flachen Gestalt unterscheiden. Bei schwacher Vergröfserung sieht man in dem gestrecktzelligen, zarten Gewebe zwei Leitbündel nahe den Rändern parallel verlaufen. Die Oberhaut trägt spärliche Zottenhaare, denen der Ringelblumen (Fig. 119) ähnlich, aber kleiner (0,4—0,8 mm). Der Zellinhalt löst sich in Lauge mit gelblich brauner Farbe.

Saflor.

Weniger häufig ist die Mischung des Safrans mit Saflor, den Blüten von *Carthamus tinctorius* L. (*Compositae*), einem in den Tropen, auch in wärmeren Gegenden Europas kultivierten Farbkraute. Man reifst aus den Blütenköpfchen, wenn sie eben zu welken beginnen, die roten Blüten heraus, wäscht sie, um den in ihnen enthaltenen gelben Farbstoff zu entfernen, prefst sie mit den Händen aus und trocknet sie schliefslich. Aus diesem Verfahren erklärt sich das Aussehen der Handelsware: es sind kleine, aus einem Haufwerk zarter, orangeroter oder ziegelroter Blüten geballte Kuchen. Erweicht man ein Stückchen davon in Wasser, so kann man den Bau der einzelnen Blüten, obwohl sie arg zerknittert zu sein pflegen, unter der Lupe studieren. Um sie von Safran zu unterscheiden, ist aber das nicht einmal notwendig. Die Safrannarben sind ganz anders gefärbt, fleischig, derb, brüchig, fettglänzend; die Saflorblüten sind dünnhäutig, hinfällig, glanzlos. Erstere riechen stark, letztere fast gar nicht. Eher könnten Ungeübte sie mit Feminell oder den Griffeln der Safranblüten verwechseln, da diese ebenfalls schlaff, matt und geruchlos sind. Dagegen schützt die genaue Betrachtung derselben. Die Saflorblüten (Fig. 120) besitzen eine sehr dünne, über 2 cm lange, rote Blumenröhre, welche oben in fünf schmale, zungenförmige Zipfel gespalten ist. Aus dem Schlunde ragen die zu einer etwa 5 mm langen Röhre verwachsenen gelben Staubbeutel hervor, zwischen denen sich der keulenförmig verdickte rote Griffel erhebt. Mitunter ist die Blumenröhre noch mit dem unterständigen Fruchtknoten verbunden, und häufig findet man in manchen Sorten auch die schmalen, weifsen, seidig glänzenden Spreublättchen des Blütenbodens.

Fig. 120. Saflorblüte (Lupenbild nach TSCHIRCH u. OESTERLE); *P* Corolle, *A* Antheren, *N* Narbe, *fk* Fruchtknoten.

Die mikroskopischen Kennzeichen des Saflors sind hinreichend ausgeprägt, um ihn auch in Pulverform von Safran unterscheiden zu können. Zunächst ist der Unterschied der Färbung unter dem Mikroskope viel auffallender; die Perigonzipfel des gewaschenen Saflors erscheinen karminrot ohne jede Beimischung gelber Farbentöne[1]). Der Farbstoff scheint die Zellen wie eine homogene oder undeutlich körnige Masse zu erfüllen. Er ist in Wasser und in fetten Ölen unlöslich, wodurch er sich einerseits vom Farbstoffe des Safrans, anderseits von dem des Spanischen Pfeffers unterscheidet (vgl. pag. 102). Alkalien zerstören ihn: er wird gelb.

Die Hinfälligkeit der Blumenblätter des Saflors gegenüber dem derben Safran könnte vermuten lassen, dafs erstere aus zarterem Zellgewebe aufgebaut seien. Das ist aber nicht der Fall; im Gegenteil erscheint das rote Saflorparenchym (Fig 121) unter dem Mikroskope entschieden fester, starrer als das Safranparenchym, welches seine im trockenen Zustande fleischige Konsistenz offenbar den Inhaltsstoffen verdankt, nach deren Lösung jene schwindet. Form, Gröfse und Verbindung der Zellen ist so ziemlich dieselbe; auch die Papillen kehren

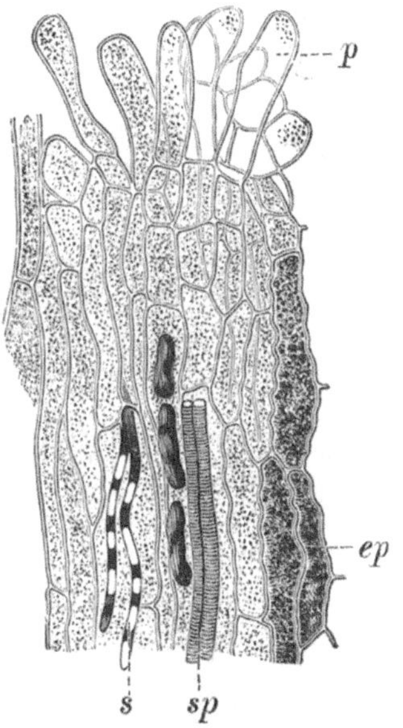

Fig. 121. Blumenblatt des Saflor in der Flächenansicht.
ep Oberhaut mit den Papillen *p*; *sp* Spiralgefäfse; *s* Sekretschläuche.

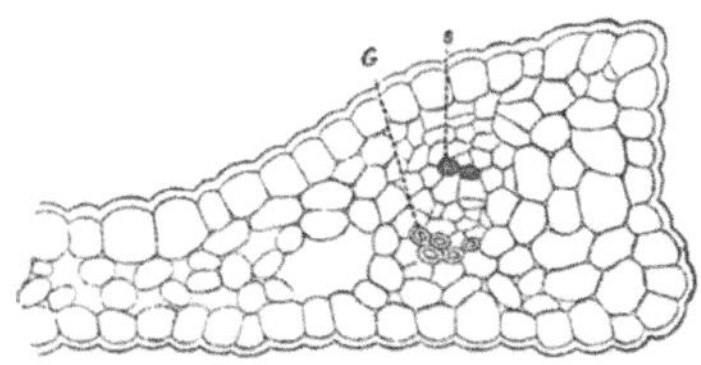

Fig. 122. Querschnitt durch den Rand eines Blumenblattes (Tschirch u. Oesterle); *G* Leitbündel, *s* Sekreträume.

wieder; nur sind sie beim Saflor derber und auf die Spitze der Perigonzipfel beschränkt (Fig. 121). Bezeichnend für Saflor sind ferner die geschlängelten Konturen der Oberhautzellen, die ungewöhnlich engen Spiroïden und die Sekretsschläuche, welche die Gefäfsbündel begleiten (Fig. 122). Sie enthalten eine dunkelbraunrote, harzähnliche Masse, welche meist in mehrere

[1]) Die ziegelrote Farbe der gewaschenen Ware rührt von den beigemengten gelben Antheren und von abgestorbenen Blumenblättern her. An kochendes Wasser gibt gewaschener Saflor (s. oben) nur Spuren des gelben Farbstoffes ab. Der rote Farbstoff (Carthamin) bleibt fast intakt.

Stücke zerbrochen ist. In den engsten Schläuchen sehen die leeren Zwischenräume, weil sie von der farbigen Umgebung grell abstechen, fast wie Kristalle aus (Fig. 121, *s*).

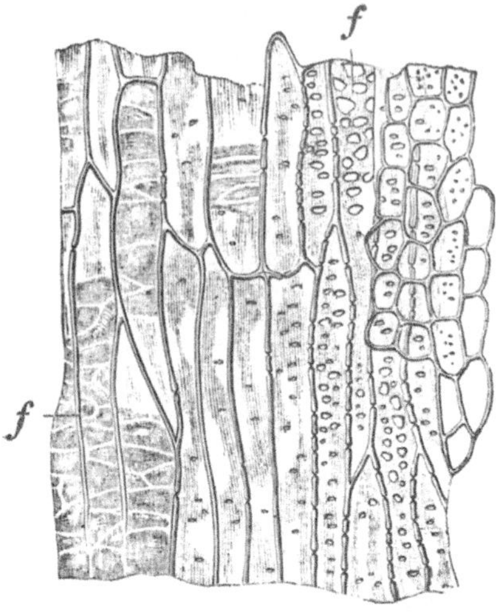

Fig. 123. **Staubblatt** des **Saflor** mit netzig verdickten Faserzellen (*f*) und kleinzelligem Parenchym.

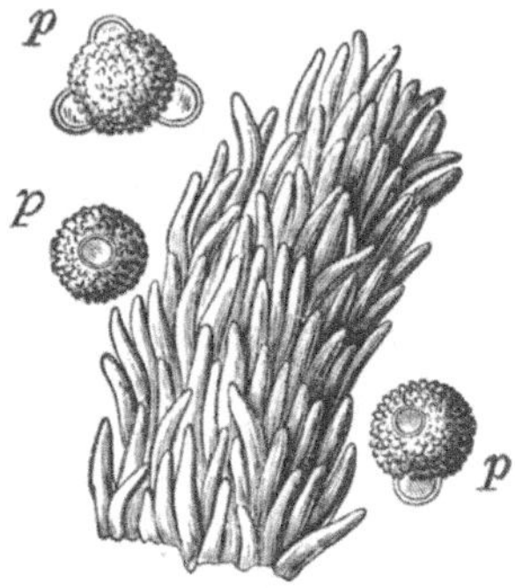

Fig. 124. Griffelende der **Saflorblüte**, *p* Pollenkörner in verschiedener Ansicht.

Noch charakteristischer ist das Gewebe der Staubfäden. Sie bestehen aus langen faserförmigen Zellen, deren Wände farblos, starr, teils dünnwandig, teils stark verdickt sind und in letzterem Falle ein zierliches, an Netzgefäfse erinnerndes Relief oder ungewöhnlich breite und zahlreiche Poren zeigen (Fig. 123). An den Verwachsungsstellen der Staubbeutel ist das Gewebe kurzzellig, aber immer noch derbwandig, porös; an der Spitze sind die Antheren kurz papillös.

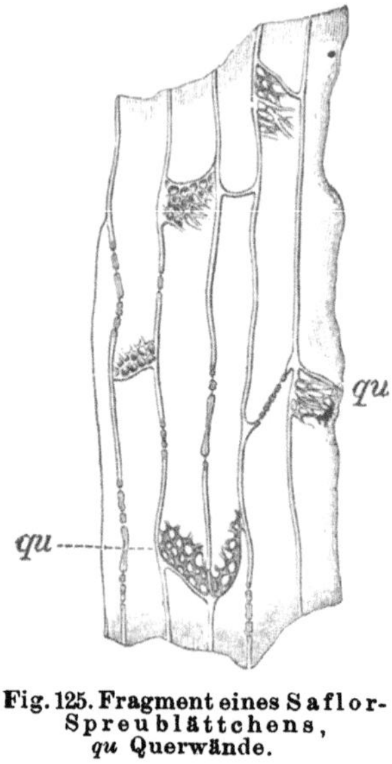

Fig. 125. Fragment eines **Saflor-Spreublättchens**, *qu* Querwände.

Auffallend sind die Griffel. Ihre Oberhautzellen wachsen zu dünnen Papillen aus, weshalb sie dicht zottig erscheinen (Fig. 124).

Die Pollenkörner sind stumpf dreieckig, dreiporig (Fig. 124, *p*), 0,04 bis 0,06 mm grofs, mit den viel gröfseren kugeligen und glatten Pollenkörnern des

Safrans (Fig. 116, *P*) daher nicht zu verwechseln, auch dann nicht, wenn sie in gequollenem Zustande kugelig und auf den ersten Blick porenlos erscheinen.

Die dünnhäutigen, pfriemenförmigen Spreublättchen sind aus langen (oft über 0,5 mm) und schmalen (0,02 mm) parenchymatisch gefügten Zellen aufgebaut, deren Eigentümlichkeit darin besteht, dafs die Querwände netzig verdickt sind (Fig. 125).

Kapern.

Der Kapernstrauch (*Capparis spinosa* L. — *Capparidaceae*) ist in den Mittelmeerländern heimisch und wird dort auch kultiviert. Die Blüten haben gekreuzt-gegenständige, paarweise sich deckende, grüne, dicklich-zähe Kelchblätter, unscheinbare, zarte Blumenblätter, zahlreiche Staubgefäfse und einen gestielten Fruchtknoten. Im Knospenzustande werden sie in Essig und Salz konserviert und als Küchengewürz verwendet.

Fig. 126. Oberhaut des Kapernkelches.

Die Kelchblätter besitzen eine grofszellige Oberhaut mit streifiger Cuticula (Fig. 126). Im Mesophyll finden sich Zellengruppen mit Haufen gelber Kristallnadeln (das Glykosid Rutin) in einer formlosen Masse, die sich in Lauge mit schön gelber Farbe löst.

Die Epidermis der Blumenblätter ist kleinzelliger und trägt zahlreiche, fast kreisrunde Spaltöffnungen. Auf der Innenseite sitzen keulig-buchtige Haare, die man durch Abschaben der Blumenblätter für die Untersuchung leicht in Menge erhält (Fig. 127).

Kapern sollen frisch aussehen, klein, rund und geschlossen sein. Alte Kapern sind weich und mifsfarbig. Auffallend grüne Färbung erweckt den Verdacht auf Kupferung.

Die Kapern werden angeblich mit den Blütenknospen anderer Pflanzen verfälscht.

So sollen als „deutsche Kapern“ die Blütenknospen der Besenpfrieme (*Spartium Scoparium* L. — *Papilionaceae*) in Holland gesammelt und zubereitet werden. Sie besitzen einen lippigen Kelch, Schmetterlingblüten mit zehn in ein Bündel verwachsenen Staubgefäfsen und einen kreisförmig eingerollten Griffel.

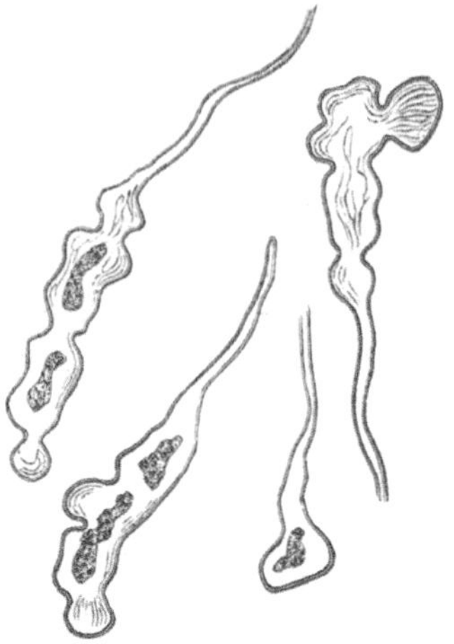

Fig. 127. Kapernhaare.

Die Blüten der Sumpfdotterblume (*Caltha palustris* L. — *Ranunculaceae*) haben fünf gelbe Kelchblätter, keine Blumenblätter und fünf bis zehn Fruchtknoten.

Die Kapuzinerkresse (*Tropaeolum majus* L. — *Tropaeolaceae*) hat einen gespornten Kelch, fünf gestielte Blumenblätter, acht Staubgefäfse und einen dreifächerigen Fruchtknoten.

Auch die Früchte des Kapernstrauches (Cornichons de Câprier) werden eingemacht und bisweilen den eigentlichen Kapern beigemengt. Es sind längliche, vielsamige Beeren, also von den Blütenknospen leicht zu unterscheiden.

Gewürznelken.

Die Gewürznelken, oder wegen ihrer Ähnlichkeit mit einem kurzen,, stumpfen Nagel auch Gewürznägelchen (in Österreich „Nagerl“) genannt, sind die nicht vollständig entwickelten Blüten des Gewürznelkenbaumes (*Eugenia caryophyllata* Thbg. = *Jambosa Caryophyllus* Ndz. = *Caryophyllus aromaticus* L. — *Myrtaceae*), der ursprünglich auf den Molukken heimisch war, jetzt aber in allen Tropenländern, namentlich auf den Philippinen, den grofsen Sundainseln, in Hinterindien, auf den ostafrikanischen Inseln, den Antillen und im tropischen Südamerika, kultiviert wird. Der stattliche, immergrüne Baum blüht zweimal im Jahre (Juni und Dezember) und bietet dann einen prächtigen Anblick dar. Der Blütenstand ist eine dreifach dreigabelige Trugdolde; die Blüten haben einen dunkelroten Kelch, weifse Blumenblätter mit rötlichem Anflug und zahlreiche Staubgefäfse mit gelben Antheren. Sie werden zur Erntezeit teilweise einzeln mit der Hand gepflückt, meist aufs Geratewohl heruntergeschlagen, auf Tüchern gesammelt und in der Sonne getrocknet. Dadurch geht die rote Farbe in dunkelbraun und die weifse in gelb über.

Die Gewürznelke (Fig. 128) hat einen gerundet oder zweischneidig vierkantigen Stiel von ungefähr 1 cm Länge und 3 mm Durchmesser mit fein runzeliger Oberfläche. Nach oben verdickt sich der Stiel ein wenig und endigt in vier abstehende derbe, stumpf dreieckige Lappen, die eigentlichen Kelchblätter, während der „Stiel“ selbst den Fruchtknoten darstellt. In dem oberen Drittel desselben befindet sich nämlich eine kleine, zweifächerige Höhle mit zahlreichen Samenknospen. Am Grunde des Kelches ist ein quadratischer Wall, auf dessen Rändern (mit den Kelchzipfeln alternierend) die vier übereinander gewölbten Blumenblätter stehen, eine kleine, erbsengrofse Kapsel bildend. Öffnet man diese, so erblickt man zahlreiche Staubgefäfse, welche gegen den aus der Mitte des Walles sich erhebenden Griffel gekrümmt sind.

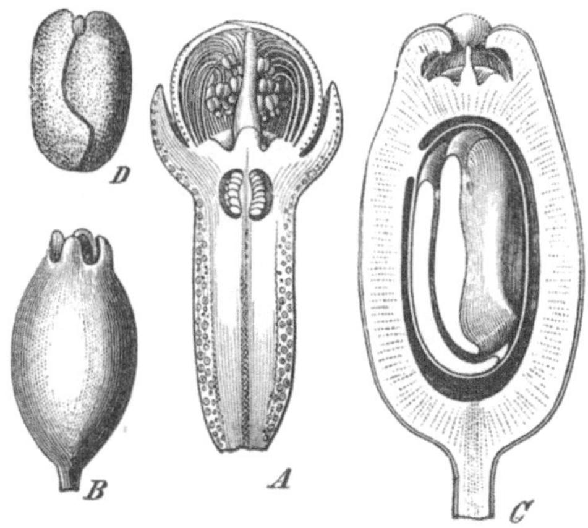

Fig. 128. Gewürznelke (nach LUERSSEN); *A* Blüte im Längsschnitt, 3mal vergr., *B* Frucht (Mutternelke), nat. Gröfse, *C* Mutternelke im Längsschnitt, 2mal vergr., *D* Keimling, nat. Gröfse.

Ein Querschnitt durch den „Blütenstiel“, richtig Unterkelch (Fig. 129), zeigt bei schwacher Vergröfserung knapp unter der Oberhaut einen Kranz grofser Ölräume, innerhalb desselben die ebenfalls im Kreise angeordneten Leitbündel und im Mittelpunkte einen Leitbündelstrang. Bei stärkerer Vergröfserung erkennt man (Fig. 130) eine sehr kleinzellige Epidermis mit ungemein starker (0,015 mm) Cuticula. Sie ist ziemlich tief und dicht gefaltet, wodurch eben die Rauhigkeit und Runzelung der Oberfläche herbeigeführt wird. Das Parenchym in den äufseren Schichten ist dünnwandig, radial etwas gestreckt, nach innen zu wird es derbwandig; innerhalb des Leitbündelkreises bildet es ein lockeres Schwammgewebe, und um den zentralen Bündelstrang wird es wieder dichter.

Die Ölräume sind in doppelter, selbst dreifacher Reihe angeordnet, gewöhnlich nicht unter 0,2 mm diam. grofs, immerhin mit freiem Auge gut sichtbar.

Die Leitbündel sind strahlig gebaut, wie man leicht an den radialen Gruppen der übrigens kleinen Spiroïden erkennt.

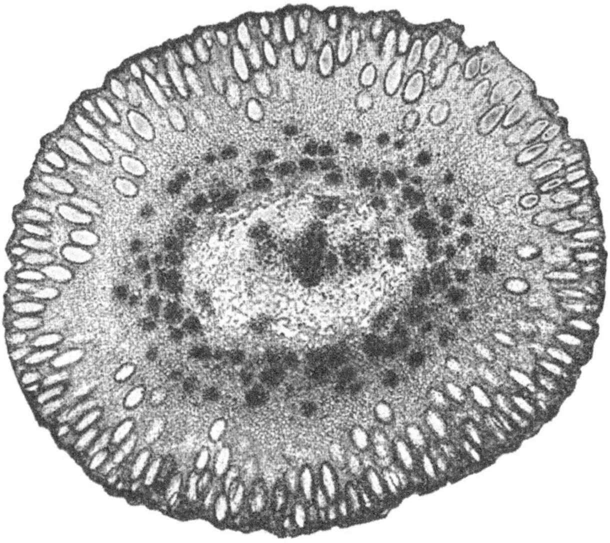

Fig. 129. Stiel (Unterkelch) der Gewürznelke, bei schwacher Vergröfserung.

Einzelne auffallend dicke (0,05 mm) Fasern finden sich an der Peripherie der kleinen Bündel (Fig. 130); sonst kommen keinerlei sklerotische Elemente in den Gewürznelken vor.

Unter den Inhaltsstoffen sind zahlreiche Kristallrosetten von Calciumoxalat hervorzuheben. Sie kommen zumeist innerhalb oder in der nächsten Umgebung der Leitbündel vor (Fig. 131), im ersteren Falle in vertikalen Reihen (Kammerfasern), sonst in kleinen Gruppen. Das Parenchym enthält formlose, gelbe Massen, die sich schon in Wasser lösen und auf

Gerbstoff reagieren. Eisensalze fällen blauschwarz. Stärke fehlt vollständig.

Den eben geschilderten Bau besitzen auch die Kelchzipfel, und wenig verschieden sind die Blumenblätter. Sie sind

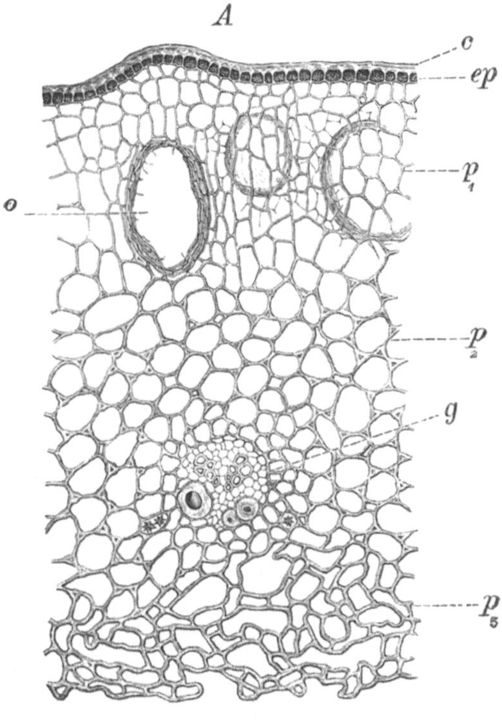

Fig. 130. Unterkelch der Gewürznelke im Querschnitt.

ep Oberhaut mit der Cuticula *c*,
p_1, p_2, p_3 die drei verschiedenen, allmählich in einander gehenden Parenchymschichten,
O Ölräume, teilweise von Parenchym bedeckt,
g Gefäfsbündel, in dem die Querschnitte der engen Spiroïden und der derbwandigen Bastfasern zu erkennen sind.

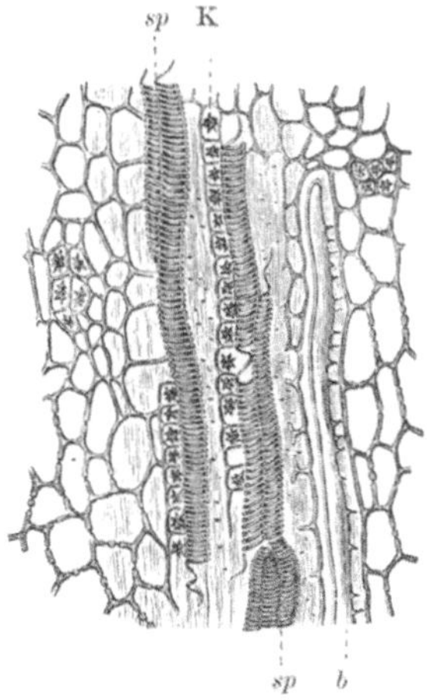

Fig. 131. Längsschnitt durch ein Gefäfsbündel;

sp Spiroïden,
b eine relativ weitlichtige Bastfaser,
K Kristalldrusen, in Kammerfasern und Gruppen.

ungewöhnlich derb (in der Mitte 0,5 mm dick); ihre äufsere Epidermis ist ebenso stark cuticularisiert wie die des Kelches, die innere um die Hälfte schwächer. Eine Reihe grofser Ölräume liegt nahe der Aufsenseite; kleinere Ölräume in geringerer Anzahl sind an der Innenfläche verteilt. Die Leitbündel, mitten durch das Parenchym ziehend, sind sehr dünn (0,05 mm).

Bei der geringen spezifischen Verschiedenheit der Elementarbestandteile von den gleichnamigen in anderen Pflanzen verdient die Oberhaut ganz besondere Beachtung. Ihre starke Cuticularisierung wurde bereits hervorgehoben. Ihr zelliger Bau ist auf den einzelnen Blütenteilen nicht ganz gleich. Auf dem Kelche sind die Zellen ebenflächig, und nur hier kommen

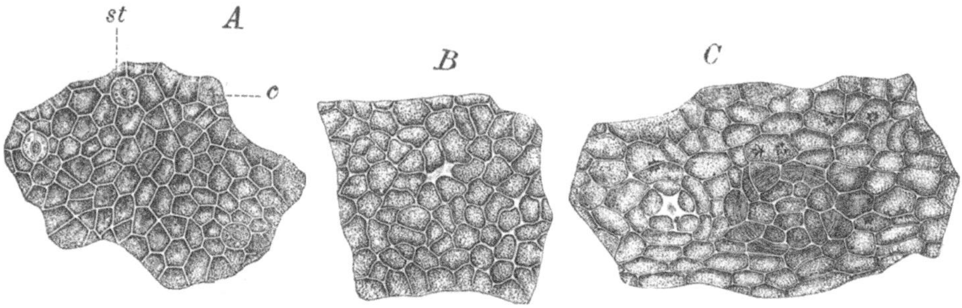

Fig. 132. Epidermen von verschiedenen Teilen der Gewürznelke.
A vom Unterkelch mit dem Cuticularsaum *c* und den Spaltöffnungen *st*;
B von der Aufsenseite;
C von der Innenseite des Kronenblattes mit durchschimmernden Ölräumen und Kristalldrusen.

Spaltöffnungen vor (Fig. 132, *A*); auf der Aufsenseite der Blumenblätter sind die Oberhautzellen ebenso klein und nicht viel weniger cuticularisiert, aber schwach wellig umrandet (Fig. 132, *B*); die Innenseite der Blumenblätter endlich trägt eine bedeutend zartere Oberhaut, durch welche die unter ihr befindlichen Öldrüsen und Oxalatdrusen durchschimmern; die Zellen sind vorwiegend in der Längsrichtung gestreckt, wenn sie nicht konzentrisch um einen Wachstumsmittelpunkt gruppiert sind (Fig. 132, *C*).

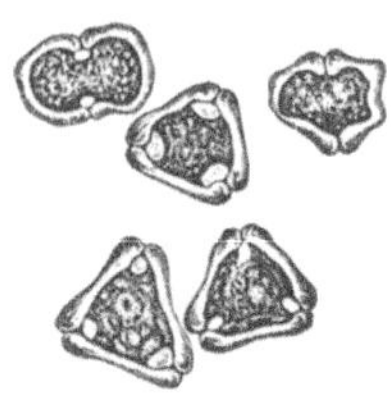

Fig. 133. Pollen der Gewürznelke.

Auch die wesentlichen Blütenteile (Staubblätter und Griffel) sind aus denselben Elementen aufgebaut, nur sind diese um vieles zarter. Die Antherensäcke sind dicht mit Pollenkörnern angefüllt, die im Umrifs gerundet dreieckig (0,015 mm) sind und in den abgestutzten Ecken deutlich die Poren erkennen lassen (Fig. 133).

Die Gewürznelken sind wegen ihres Geruches und Geschmackes[1]) ein beliebtes Küchengewürz und werden auch der

[1]) Sie enthalten bis 25 Prozent des flüchtigen Nelkenöles.

Schokolade zugesetzt. Sie kommen im Handel gewöhnlich unzerkleinert vor und ihre Vollwertigkeit dokumentiert sich darin, dafs sie beim Druck mit dem Fingernagel das Öl austreten lassen und im Wasser untersinken. Trockene und leichte Ware ist entweder so alt, dafs ein grofser Teil des Öles sich verflüchtigt hat, oder sie ist ihres Ölgehaltes durch Destillation beraubt worden, ein Umstand, der durch die mikroskopische Untersuchung nicht erwiesen werden kann. Sollten auch, wie angegeben wird, künstliche, aus einem mit Rinden- und Nelkenpulver versetzten Teige (T. F. Hanausek) oder aus Stärke und Gummischleim geformte und mit Nelkenöl aromatisierte Gewürznelken (König) vorkommen, so dürften sie wohl ohne weiteres zu erkennen sein, jedenfalls aber daran, dafs sie in Wasser zerfallen.

In Pulverform sind die Nelken gerade so wie andere Gewürze (vgl. unter Pfeffer) allen möglichen Verfälschungen ausgesetzt; nur werden diese weniger schwunghaft betrieben, weil Nelkenpulver im Kleinhandel selten begehrt wird. Derzeit sind geröstete Pflanzenteile (Eichelkaffee, Reisschalen) und Piment bevorzugte Fälschungsmittel für Nelkenpulver.

Im Pulver sind vor allem die Pollenkörner und die zwar spärlichen, aber durch ihre Gröfse auffallenden Bastfasern charakteristisch. Hat man sich überzeugt, dafs im Pulver keine Stärke enthalten ist, hellt man es durch Lauge oder Chloralhydrat auf und beobachtet die Gewebsfragmente. Charakteristisch sind die Oberhaut und das Schwammparenchym; in grobem Pulver sind oft auch Ölräume erhalten. Ferner finden sich Leitbündelfragmente mit Kristallkammerfasern und nach Behandlung mit Lauge mitunter lange, oft strahlig gruppierte Kristallnadeln eines Eugenolsalzes (Molisch). Was sonst noch im Pulver angetroffen wird, insbesondere Steinzellen, deutet auf ungehörige Beimengung.

Besondere, nur bei Nelkenpulver anwendbare, weil bei den übrigen sich durch den Geruch sofort verratende Fälschungsmittel sind Nelkenstiele und Mutternelken. Ihr Ölgehalt ist bedeutend geringer (etwa 4 %); da derselbe aber auch in den echten Nelken bedeutenden Schwankungen unterworfen ist, wird man durch eine quantitative Bestimmung des Öles eine Fälschung dieser Art nicht mit Sicherheit angeben können; das vermag nur die mikroskopische Analyse.

Die Aschenmenge darf 8 % nicht übersteigen.

Nelkenstiele.

Die Nelkenstengel sind die bei der Ernte der Nelken abfallenden Blütenstiele, die zum Zwecke der Destillation in den Handel kommen[1]).

Sie sind, je nachdem sie Gabelungen des ersten, zweiten oder dritten Grades sind, verschieden dick, stumpf vierkantig, mit glatter gelblicher oder runzeliger brauner Oberfläche. Die Epidermis gleicht vollständig jener der Blütenkelche und trägt, wie diese, Spaltöffnungen (Fig. 132). An Stelle der Oberhaut findet sich mitunter kleinzelliger Steinkork. Die Rinde ist sehr breit und in hohem Grade sklerosiert. Das Parenchym ist dicht mit braunem Inhalt erfüllt, der in Wasser und Alkalien teilweise löslich ist und auf Gerbstoff reagiert. Zahlreiche Ölräume sind in den äufseren Schichten zerstreut. Im Rindenparenchym finden sich reichlich, oft gruppenweise Steinzellen. Sie sind vergröfsert, von Gestalt sehr unregelmäfsig (Fig. 134). Unter der Oberhaut sind sie klein, einseitig (innen) verdickt; weiterhin werden sie bis über 0,1 mm grofs, vorwiegend tangential gestreckt, gleichmäfsig und sehr stark verdickt, zart geschichtet, von einfachen und verzweigten Porenkanälen durchzogen. Sie quellen in kochenden Alkalien sehr stark auf, färben sich intensiv gelb und zeigen die Schichtung sehr deutlich. Der Bast ist im Vergleich zur Mittelrinde schmal (1 : 5); er enthält in seinem äufseren Anteil spindelige, 0,7 mm lange, bis 0,045 mm dicke Fasern mit sehr engem Lumen und spärlichen Poren (Fig. 134, *b*). Der Holzkörper besteht vorwiegend aus langgliederigen, engen

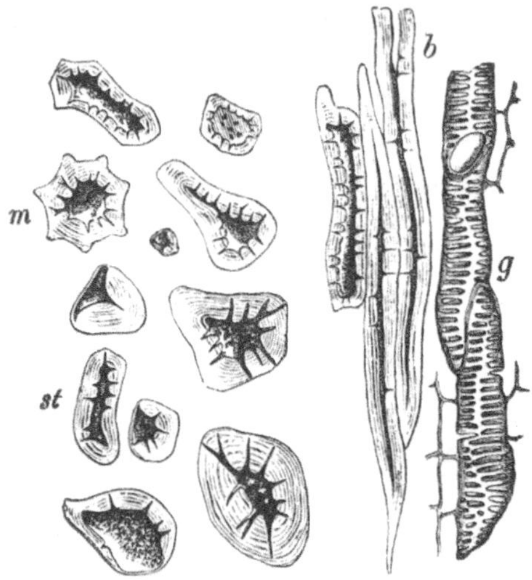

Fig. 134. Gewebselemente der Nelkenstiele;
st Steinzellenformen der Aufsenrinde,
m eine sternförmige Steinzelle aus dem Marke,
g Gefäfsröhren,
b Bastfasern und eine Steinzelle aus dem Bastparenchym.

[1]) Sie führen folgende Namen: Stipites oder Festucae Caryophyllorum, Nelkenholz, Fusti oder Bastaroni (italienisch).

(0,025) Netz- oder Treppengefäfsen und Parenchym. Die Innenseite des Holzzylinders ist ebenso wie die Aufsenseite von Bastfaserbündeln umsäumt, und das Mark enthält ebenfalls Steinzellen, die hier nur regelmäfsiger geformt, oft sternförmig sind (Fig. 134, *m*).

Im Rinden- und Markparenchym findet sich kleinkörnige (3 bis 5 μ) Stärke und Calciumoxalat in Drusen und Einzelkristallen.

Wir haben sonach in den Nelkenstielen zwei charakteristische und im Pulver leicht auffindbare Zellformen: Steinzellen und Netz- oder Treppengefäfse, die im Pulver der Gewürznelken nicht vorkommen dürfen, wenn es als rein gelten soll. Ebensowenig dürfen Stärke, Einzelkristalle, Korkteilchen in reinem Nelkenpulver gefunden werden. Allerdings wird zu beachten sein, dafs Gewürznelken auch in guten Sorten nicht ganz frei von Stengelteilen sind, dafs demnach der Fund einzelner Stielfragmente, vereinzelter Stärkekörnchen und Einzelkristalle nicht notwendig auf eine Fälschung zu beziehen ist. Ganz besonders vorsichtig mufs das Vorkommen von Bastfasern beurteilt werden, weil diese auch in den Gefäfsbündeln der Nelken, wenngleich in sehr geringer Menge und meist in viel kleineren Formen, vorkommen. Kann man nicht zugleich auch Steinzellen und Netz- oder Treppengefäfse auffinden, so ist die Beimischung von Stielen auszuschliefsen.

Mutternelken.

Die nicht völlig ausgereiften Früchte der Gewürznelken kommen als Mutternelken (Anthophylli) in den Handel und dienen zeitweilig als Ersatz der ersteren, besonders zum Ansetzen von Likören[1]).

Von den in beiden Fruchtfächern der Gewürznelke enthaltenen zahlreichen Samenknospen pflegt nur eine sich zu entwickeln. Die Frucht (Fig. 128) stellt demnach eine einfächerige und zumeist einsamige Beere dar; sie ist der vergröfserte, bauchige Unterkelch der Gewürznelke (25 mm lang, 9—10 mm dick). Der untere, nicht vergröfserte Teil bildet den Stiel der Frucht; ihr Scheitel ist von den gegeneinander gekrümmten Kelchzipfeln gekrönt,

[1]) Gegenwertig stehen die Mutternelken trotz ihrer Minderwertigkeit bedeutend höher im Preise als die besten Gewürznelken; es fällt daher niemandem ein, sie als Surrogat oder zur Verfälschung zu benützen.

zwischen denen der quadratische Wall und die Griffelsäule noch gut erkennbar sind, wogegen das Köpfchen (Blumenblätter und Staubfäden) abgefallen ist[1]).

Die Fruchtwand hat die Dicke eines Kartenblattes und stimmt natürlich im Bau überein mit dem Unterkelch der Gewürznelke (Fig. 130), aus dem sie ja hervorgegangen ist. Nur ein neues Formelement ist hinzugetreten. Wie so häufig im Fruchtfleisch, sklerosieren auch hier kleine Zellengruppen. Die Steinzellen (Fig. 135) sind in Gestalt und Gröfse sehr verschieden, vorwiegend jedoch stab- oder faserförmig, knorrig, bis

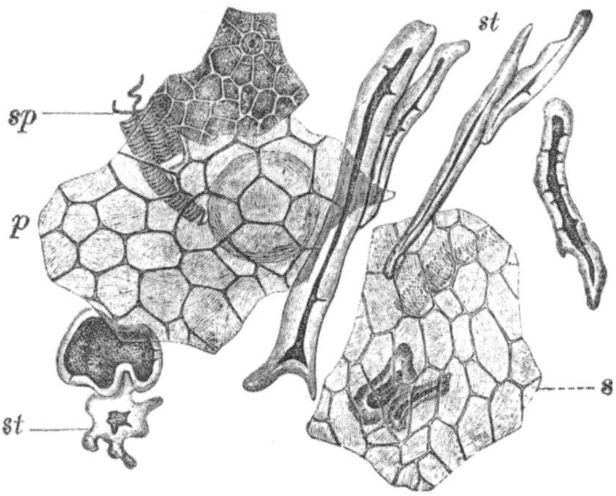

Fig. 135. Gewebselemente der Mutternelke;
ep Oberhaut mit Spaltöffnung,
p braunes Parenchym der Fruchtwand mit durchscheinender Öldrüse,
sp Spiroïden,
st Steinzellen und Fasern,
s Endothel.

0,8 mm lang und 0,04 mm dick, meist sehr stark verdickt mit spärlicher Porenbildung und undeutlicher Schichtung.

Die Samenhaut ist mit der Fruchtwand verwachsen, bildet also die innere Auskleidung der Fruchthöhle. Sie besteht aus zusammengedrücktem Parenchym mit eingestreuten Steinzellen und dünnen Leitbündeln.

Um die Elemente zu sehen, genügt es, ein Stückchen der morschen Fruchtwand mit dem Deckglase unter Wasser zu zerdrücken, und weiterhin kann durch einen Tropfen Kalilauge das Bild klarer gemacht werden.

---

[1]) Die Unterscheidung in „männliche“ (schmächtige) und „weibliche“ (volle) Mutternelken, wie sie landläufig ist, hat wissenschaftlich keinen Sinn.

Der Same füllt die Fruchthöhle beinahe vollständig aus und hat ungefähr die Form eines kleinen Dattelkernes (Fig. 128, *D*). Er besteht aus zwei ungleichen, dunkelrotbraunen, an den Berührungsflächen korrespondierend gefurchten (gefalteten), harten Keimlappen an einem fast zentimeterlangen Würzelchen. Das gröfsere Keimblatt ist um das kleinere gerollt. Die Oberfläche der Kotyledonen ist sehr zart chagriniert.

Eine kleinzellige (0,012 mm diam.) Oberhaut (Fig. 136, *ep*) überkleidet die Keimlappen, deren Parenchym aus grofsen (0,045 mm), rundlichen, derbwandigen, breitporigen, lückig verbundenen Zellen besteht (Fig. 136, *E*), ähnlich dem Kotyledonargewebe vieler Leguminosen. Sie sind auch gleich diesen strotzend mit Stärke erfüllt, die aber der Leguminosenstärke gar nicht ähnlich ist. Die Körner (Fig. 136, *am*) sind vorherrschend birnförmig oder verzogen rechteckig mit einem kleinen Kern am breiteren Ende, sehr zart geschichtet. Die meisten Körner sind einfach, 0,08 mm lang, selten über 0,04 mm, ebenso selten unter 0,01 mm. Das schmale Ende ist oft ebenflächig abgestutzt, offenbar von kleinen Körnern, die hier angewachsen waren; doch findet man fast gar keine zusammengesetzten Körner aufserhalb der Zellen; die Verbindung derselben ist sehr lose. Manche Körner besitzen eine longitudinale Kernspalte. Neben der Stärke findet sich eine mit Eisensalzen sich bläuende körnige Grundmasse, und vereinzelte Zellen enthalten Kristalldrusen aus Calciumoxalat.

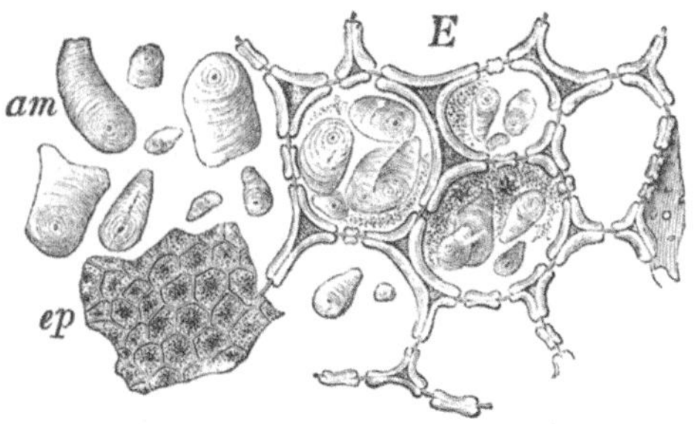

Fig. 136. Gewebselemente des Samens der Mutternelke;
E Gewebe der Keimlappen mit Stärkekörnern *am*; *ep* Oberhaut der Keimlappen.

In den äufseren Schichten der Kotyledonen kommen kugelige (0,2 mm diam.) Räume vor, die ätherisches Öl enthalten.

Mutternelken sind im Pulver der Gewürznelken mit voller Sicherheit zu erkennen. Die knorrigen Steinzellen der ersteren (Fig. 135, *st*) sind ein charakteristisches Merkmal, nicht zu verwechseln mit den Bastfasern in den Nelken und Nelkenstielen (Fig. 134), ebensowenig mit den Steinzellen in den letzteren.

Dazu kommt das Gewebe der Kotyledonen mit dem Stärkegehalt (Fig. 136).

Da zur Fälschung des Gewürznelkenpulvers oft Mehl, insbesondere auch Leguminosenmehl, verwendet wird, mit welchem das Kotyledonarpulver der Mutternelken einige Ähnlichkeit hat, wird man die Form der Stärkekörner genau studieren müssen. Sie gleicht keiner einheimischen Stärkesorte; nur einigen Arrowroot-Arten (Musa, Dioscorea, Sago) ist sie bei oberflächlicher Betrachtung ähnlich. Übrigens würde auch in diesem Falle die Unterscheidung keine Schwierigkeit bieten, weil bei Verwendung von Mutternelken auch die anderen Gewebsteile derselben sicher vorgefunden werden müssen.

Literatur.

Berg (3); Hanausek, T. F. (10, 15); Hassall (18); Hilger (10); Linsbauer (45); Macé (23); Meyer, A. (24); Moeller (26, 27, 28, 29); Molisch (30); Schimper (34); Tschirch u. Oesterle (37); Villiers u. Collin (39); Vogl (40, 42).

Hanausek: Künstliche Gewürznelken. Hegers Ztschr. f. Nahrungsm. u. Hyg. **3**, 1889.

Kraemer: A. mikr. and chem. Exam. of Cloves. Amer. J. Pharm. 1894, **66**.

Zimtblüte.

Eine nicht sicher bekannte Zimtart, vermutlich dieselbe, deren Rinde den Zimt liefert (*Cinnamomum Cassia* Bl.), bietet auch in ihren Blüten ein Gewürz. Die Chinesen sammeln dieselben nach dem Verblühen und trocknen sie. Als Handelsware stellen die Zimtblüten (Flores Cassiae) kleine, flaschen-, keulen- oder kreiselförmige, runzelige, schwarzbraune, harte, holzige Körper dar, die schwach, aber angenehm nach Zimt riechen und schmecken. Man unterscheidet an ihnen das gestielte, 5—10 cm lange Perigon, dessen Saum nach innen umgeschlagen ist, und eine urnenförmige Kapsel bildet für den dick linsenförmigen, heller gefärbten, glatten, einfächerigen, klein pfeffergrofsen Fruchtknoten. Aus der kleinen, kreisrunden Öffnung, welche die sechs undeutlichen Perigonzipfel bilden, ragt mitunter der Griffel hervor, oder man sieht zum mindesten die Narbe desselben auf dem Scheitel der jungen Frucht. Viele Blüten sitzen noch auf einem kurzen, an dem Ringwulst leicht abbrechenden Stiel.

1. Ein Querschnitt durch den Stiel zeigt das enge Mark, umgeben von einem geschlossenen Holzzylinder mit einreihigen Markstrahlen. Die breite Rinde ist durch einen aus Bastfaserbündeln und Steinzellen gebildeten Sklerenchymring in die innere, kleinzellige Bastschicht und in die äufsere grofszellige Parenchymschicht gesondert. In dieser befinden sich zahlreiche Ölzellen. Ähnlich ist der Perigonstiel (sog. „Unterkelch") gebaut; nur ist das Mark viel gröfser, und die Holz- und Rindenstrahlen sind

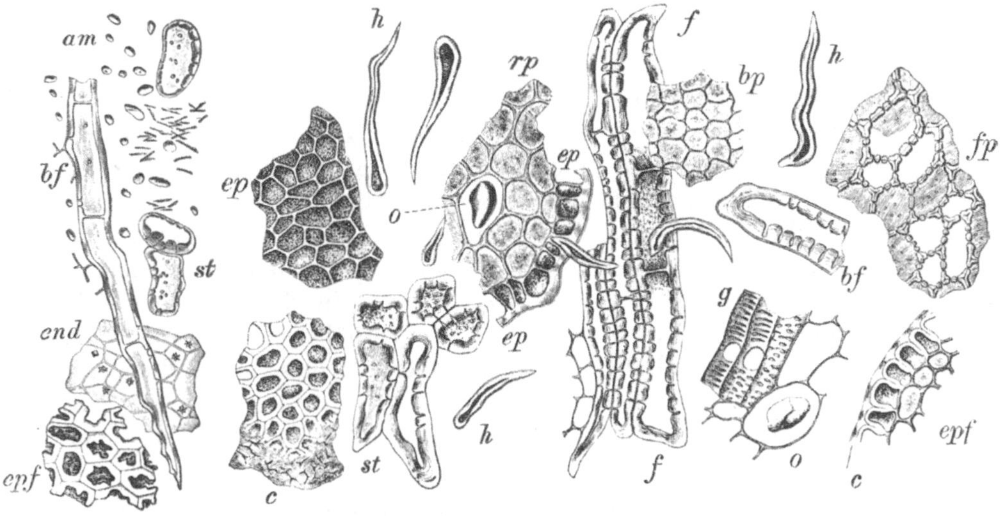

Fig. 137. Elemente der Zimtblüte;

ep Oberhaut des Perigons, *h* Haare, *st* Steinzellen, *f* Stabzellen, *bf* Bastfasern, *rp* Rindenparenchym, *bp* Bastparenchym, *g* Gefäfse, *o* Ölzellen, *end* Endothel, *am* Stärke, *epf* Oberhaut der Frucht, rechts im Durchschnitt, links in der Flächenansicht mit der Cuticula *c*, *fp* Steinparenchym des Fruchtfleisches.

weiter auseinandergedrängt. Die Ölzellen gleichen vollständig denen der Zimtrinde (s. d.) und enthalten, wie diese, oft Schleim.

Die Bastfasern sind zu Gruppen (primären Bündeln) aneinandergedrängt, daher gegenseitig abgeflacht. Sie sind breit, haben ein weites Lumen und gleichen nicht den Bastfasern in der Innenrinde des Zimts, sondern haben eher den Charakter von Stabzellen (Fig. 137, *f*) und sind oft gefächert (*bf*). Die ihnen angelagerten Steinzellen sind auf Querschnitten nicht immer bestimmt zu unterscheiden; doch sind sie oft beträchtlich gröfser (bis 90 μ), unregelmäfsig geformt und mitunter einseitig stärker verdickt.

Im Holzteile der Bündel sind die Gefäfse radial gereiht. Sie sind eng (0,015 mm diam.), dünnwandig, in der Mehrzahl leiter- oder netzförmig, einzelne spiralig verdickt (Fig 137, *g*).

Das Parenchym enthält Stärke- und Calciumoxalat. Die Stärkekörner sind klein, rundlich, ei- oder spindelförmig, einfach (in der Zimtrinde zusammengesetzt). Das Calciumoxalat, wie in der Zimtrinde in Form kleiner Kristallnadeln, bildet den Inhalt vieler Zellen.

2. Der Fruchtknoten (oder die unreife Frucht) läfst sich aus der erweichten Blüte leicht herausnehmen. Er ist gelb, mehr oder weniger runzelig und besitzt einen deckelartigen Scheitel. Hier ist die Oberhaut am besten entwickelt und macht auf Querschnitten den Eindruck von Palissaden, weil die starke, durch ihre helle Farbe von dem braunen Parenchym abstechende Cuticula ungewöhnlich dicke Fortsätze zwischen die einzelnen Zellen einschiebt (Fig. 137, *epf*). Auch in der Flächenansicht ist diese Epidermis durch ihre im Verhältnis zur Gröfse der Zellen ungewöhnlich starke und stellenweise ungleichmäfsige Verdickung auffallend.

Innerhalb des Deckels ist der äufsere Teil des Fruchtfleisches sklerosiert.

3. Perigon und Stengel sind von einer kleinzelligen, kaum abgeflachten, ungemein derb cuticularisierten Oberhaut bedeckt, welche an die Oberhaut der Gewürznelken erinnert (Fig. 132), sich jedoch von ihr durch die Behaarung unterscheidet. Die Härchen sind einzellig, selten über 0,12 mm lang, häufig gekrümmt, sehr stark verdickt (Fig. 137, *h*). In der Flächenansicht erkennt man Fragmente der Oberhaut an den starren, hellen Zellwänden, während die Parenchymzellen braun gefärbt sind infolge der Imbibition durch die Inhaltsmasse.

Das Parenchym ist ziemlich dickwandig, dicht von rotbrauner, mit Eisensalzen sich bläuender Masse erfüllt. Unregelmäfsig zerstreute, mitunter vergröfserte Zellen (30—80 μ) enthalten gelbes oder rotbraunes verharztes Öl.

Das Parenchym enthält reichlich Ölzellen, die mitunter aus Schnittpräparaten als weifse Körnchen herausfallen.

Die innere Auskleidung der Fruchthöhle bildet eine farblose, verschleimende Parenchymschicht mit kleinen Kristalldrusen und vereinzelten gröfseren Kristallen (Fig. 137, *end*).

Der einzige Same ist noch nicht entwickelt. Nach VOGL[1]) ist die Samenhaut durch eine Schicht farbloser Netzfaserzellen ausgezeichnet.

Die Zimtblüten werden als Küchengewürz nur selten, häufiger zu Destillationszwecken verwendet. Sie stehen der Zimtrinde im Werte bedeutend nach, sind aber doch im Preise höher. Aus diesem triftigen Grunde können sie nicht (oder nur in extrahiertem Zustande) zur Fälschung des Zimtpulvers dienen, wozu sie sonst sehr geeignet wären.

Auch in Pulverform sind die Zimtblüten leicht zu erkennen. In ziemlich grofser Menge findet man die charakteristischen Härchen (Fig. 137, *h*) und Bastfasern (*f* und *bf*). Die ersteren fehlen dem Zimt ganz; die letzteren haben eine ganz verschiedene Form. Der Zimt besitzt auch kein der Oberhaut der Zimtblüten auch nur entfernt ähnliches Gewebe. An Stengel, Perigon und Frucht der Zimtblüte ist die Oberhaut nach demselben Typus gebaut, nur ist dieser an der Frucht am schärfsten ausgeprägt (*epf*). Das Steinparenchym der Fruchtschale (*fp*) findet im Zimt ebenfalls kein Analogon, während die im Stielchen und Perigon in geringer Menge vorkommenden Steinzellen von denselben Gebilden im Zimte kaum sicher zu unterscheiden sind. Dafs in der reinen Zimtrinde keinerlei Gefäfse angetroffen werden können, ist selbstverständlich. Die Stärke in den Zimtblüten ist zwar von der Stärke in der Zimtrinde verschieden, aber von den Bruchkörnern der Rindenstärke im Pulver nicht unterscheidbar.

Der Aschengehalt der Zimtblüten darf höchstens 4,5 % betragen, davon 0,13 % in Salzsäure unlöslich.

---

[1]) Nahrungs- und Genufsmittel, pag. 384. — Ich habe, da die Fruchtknoten aller von mir untersuchten Zimtblüten leer waren, bei mehreren Grofsdrogisten Zimtfrüchte gesucht, aber übereinstimmend die Auskunft erhalten, dafs solche in *Flores Cassiae* auch vereinzelt nicht zu finden seien.

Stärke.

Die Stärke ist einer der verbreitetsten Pflanzenstoffe; denn sie fehlt nahezu keiner grünen Pflanze, nicht einmal allen echten Schmarotzern. Wenn dessenungeachtet die Zahl der stärkeliefernden Pflanzen verhältnismäfsig klein ist, so liegt dies daran, dafs die technische Gewinnung der Stärke an gewisse Bedingungen geknüpft ist, die nur selten vereinigt sind. Die Stärke mufs in den betreffenden Pflanzen nicht nur in grofser Menge und brauchbarer Beschaffenheit aufgespeichert, sondern auch ohne besondere Schwierigkeit und mit nicht zu grofsen Kosten rein darstellbar sein, und endlich müssen die Rohstoffe in einer für den Grofsbetrieb ausreichenden Menge zuversichtlich beschafft werden können. Die Samen der Rofskastanien sind beispielsweise sehr stärkereich und wohlfeil, und die Stärke läfst sich auch leicht abscheiden. Aber sie hat einen bitteren Geschmack, der ihre Verwendbarkeit beschränkt, und die Samenernte ist, wie bei allen Sammelprodukten, bezüglich des Ertrages eine viel zu unsichere, als dafs ein Fabrikant dauernd seinen Betrieb darauf gründen könnte. Unsere Waldbäume hinwieder, welche im Winter ungeheure Mengen vortrefflicher Stärke enthalten und auch jederzeit in beliebiger Menge zur Verfügung stehen, sind an und für sich viel zu kostbar für die Stärkegewinnung, und davon abgesehen, wäre auch die Darstellung zu schwierig und kostspielig. So könnte man für die meisten Pflanzen und Pflanzenteile, welche Stärke enthalten, aber auf Stärke nicht ausgebeutet werden, die Ursache dieser scheinbaren Indolenz angeben. Es sind eben die genannten Bedingungen selten so vollständig vereinigt wie in den wenigen Samen, Früchten, Knollen, Wurzeln und Stämmen, welche tatsächlich in grofsem Mafsstabe zur Gewinnung der Stärke dienen.

Die Stärke, im Aussehen dem Mehle so ähnlich, das ja hauptsächlich aus ihr besteht, wird doch auf ganz andere Art dargestellt; sie ist kein Mahlprodukt, sondern ein Schlemmprodukt. Die verschiedenen Methoden der Stärkefabrikation haben doch alle das gemeinsam, dafs die Stärke aus den entsprechend zerkleinerten Pflanzenteilen ausgewaschen, geschlemmt wird, worauf sie sich, da sie schwerer ist als Wasser, absetzt. Diese Darstellung bedingt die wesentliche Verschiedenheit der Stärke vom Mehle. Dieses enthält neben der Stärke auch Zellengewebe und alle Inhaltsstoffe der Zellen; die Stärke besteht blofs aus Stärkekörnern, weil alle übrigen Bestandteile des Rohstoffes entweder in Wasser löslich sind (lösliches Eiweifs, Salze) oder obenauf schwimmen (Zellhäute) oder als zusammenhängende zähe Masse (Kleber) ausgeschieden werden. Die mikroskopische Untersuchung der Stärke entbehrt daher jener Hilfsmittel, welche die Prüfung der Mahlprodukte so sehr unterstützen; sie stützt sich einzig und allein auf die Gestalt der Stärkekörner, und diese wird bestimmt durch ihre Gröfse, Form und Schichtung.

1. Die Gröfse der Stärkekörner ist immer ungleich, doch übersteigt sie ein für jede Art bestimmtes Mafs nicht. Die in einer Stärkeart in gröfster Menge vorkommenden Körner bestimmen den Charakter derselben, und man nennt demnach grofskörnig eine Stärke, deren Körner zumeist über 30 μ, kleinkörnig eine Stärke, deren Körner zumeist unter 10 μ messen. Besondere Beachtung verdient ferner, ob die Körner einer Stärkeart nahezu gleich grofs (wie z. B. in Reis- und Maisstärke) sind, oder ob alle Übergänge zwischen den gröfsten und kleinsten Körnern vorhanden sind (z. B. in der Kartoffelstärke), oder ob neben grofsen zahlreiche kleine Körner mit verhältnismäfsig spärlichen Zwischenstufen (wie in Weizenstärke) sich vorfinden.

Bei einer und derselben Art erreichen die Stärkekörner nach Zeit und Örtlichkeit wechselnde Gröfse; daher findet man diese von den Autoren verschieden angegeben. Der Charakter der Stärke bleibt jedoch immer erhalten.

2. Die Form der Stärkekörner ist für jede Art bestimmt. Es wäre demnach leicht, die Arten zu unterscheiden, wenn nicht die Ähnlichkeit mancher Arten so grofs wäre, und wenn nicht bei einer und derselben Art Stärkekörner verschiedener Form vorkommen würden. Die für die Art charakteristische Form nennt man die typische. Sie ist keineswegs immer (wie in der Kartoffel- und Marantastärke) in überwiegender Menge vorhanden, sondern sie mufs mitunter mühsam unter

der Menge unbestimmter, sozusagen charakterloser Formen aufgesucht werden. Sind mehrere Stärkearten miteinander vermischt, so kann die Bestimmung derselben eine nicht ganz leichte Aufgabe sein.

Man unterscheidet einfache und zusammengesetzte Stärkekörner und versteht unter den letzteren solche, die aus zwei oder mehreren bis vielen Körnern verwachsen sind (Fig. 147). Manche zusammengesetzte Körner zerfallen so leicht, dafs man meist nur ihre Teil- oder Bruchkörner findet (z. B. Reisstärke). Diese können von gleicher oder ungleicher Form und Gröfse sein und sind an ihren ebenen Berührungsflächen zu erkennen, denen sie oft ein kristallähnliches Aussehen verdanken. Solche Formen können jedoch auch einfache Körner erhalten, wenn sie dicht gedrängt sich entwickeln (wie z. B. im Mais).

In der Regel haben die einfachen Stärkekörner rundliche Formen; sie sind kugelig, scheiben-, muschel-, keulen- oder nierenförmig. Ob sie flach, bauchig oder kugelig sind, erkennt der Geübte an der mehr oder weniger starken Lichtbrechung am Rande. Läfst man dem Präparate Alkohol zufliefsen, so sieht man an den dadurch in Bewegung geratenden Körnern die Formen deutlich.

Es gibt Stärkearten, die nur aus einfachen (z. B. Mais, Maranta), und solche, die fast nur aus zusammengesetzten Körnern (z. B. Reis, Manihot) bestehen. In den meisten einfachen Stärkearten finden sich jedoch vereinzelt zusammengesetzte Körner (z. B. in Weizen- und Kartoffelstärke). Ebenso selten sind halb zusammengesetzte Körner, das sind solche, in denen zwei oder drei Stärkekörner von einer gemeinsamen Stärkeschicht umgeben sind (s. Fig. 141).

3. Der Kern, d. i. der organische Mittelpunkt der Stärkekörner, ist nicht immer erkennbar. Er liegt bald in der Mitte, bald im stumpfen, bald im spitzeren Ende des Stärkekorns, und um ihn sind die Schichten des Stärkekorns in charakteristischer Weise konzentrisch oder exzentrisch gelagert[1]). Als wasserreichster Teil des Stärkekorns schrumpft der Kern zuerst, und an seiner Stelle findet sich eine Höhle oder strahlige Spalte. Nicht nur die Sichtbarkeit des Kerns und die Art der Schichtung,

[1]) Undeutliche Schichtung (z. B. in den Grofskörnern der Weizenstärke) wird durch Chromsäurelösung deutlich. Auch die diastatische Wirkung kennzeichnet sich durch deutliche Schichtung der Stärkekörner (s. Fig. 154).

sondern auch der Mangel und das Auftreten von Kernspalten ist für manche Stärkearten charakteristisch. Die Grofskörner der Kartoffelstärke sind z. B. immer deutlich exzentrisch geschichtet, und ihr im spitzeren Ende liegender Kern ist fast nie hohl; die Maisstärke dagegen ist nicht geschichtet und besitzt eine zentrale Kernspalte.

Die Untersuchung der Stärke erfolgt am besten in Wasser und wird sehr erleichtert, wenn man in den Tropfen nur sehr wenig Material verteilt. Im Gesichtsfelde sollen die Stärkekörner einzeln zerstreut, nicht haufenweise beisammenliegen.

Die Gestalt der Stärkekörner wird durch Quellung bis zur Unkenntlichkeit verändert. Man kann die Quellung und schliefsliche Auflösung unter dem Mikroskop in Chloralhydrat gut verfolgen. Zusehends wird jedes Stärkekorn gröfser, ändert seine Form und Schichtung, wird durchsichtig und zerfliefst. Schneller, so dafs man ihr mit dem Auge nicht folgen kann, erfolgt die Verkleisterung in Lauge oder in heifsem Wasser. Kocht man stärkereiche Gewebe, so kann der in den Zellen entstehende Kleister nicht ausfliefsen. Beim Trocknen erstarrt dann der Kleister in jeder Zelle zu einem homogenen Klumpen, und das Gebilde wird hornig hart (z. B. Salep, Curcuma). Eine ähnliche, aber meist nicht vollständige Verkleisterung findet beim Backen statt (s. Brot, pag. 158) und wenn man frische, stärkereiche Pflanzenteile (z. B. Eicheln) röstet.

a) Stärke aus Knollen.

Die unterirdischen Stämme und Wurzeln einer nicht gerade grofsen Anzahl verschiedenen natürlichen Familien angehöriger Pflanzen bildet Knollen, welche als Reservestoffbehälter strotzend mit Stärke angefüllt sind. Die Mehrzahl dieser Knollengewächse gehört den Tropen an, wo die üppige Natur sie in reicher Fülle hervorbringt. Sie dienen in den Heimatländern zu denselben Zwecken wie bei uns Mehl, Brot und Kartoffeln. Einige, wie Maniok, Batate, Yam, Canna, Curcuma, Maranta, werden auch kultiviert, und man bereitet aus ihnen Stärke, welche unter dem Sammelnamen „Arrowroot“ in den europäischen Handel kommt. Die gemäfsigten Himmelsstriche besitzen eigentlich nur eine knollentragende Kulturpflanze: die Kartoffel[1]). Gewifs ist diese Ausschliefslichkeit der vorzüglichste Grund für die überragende Bedeutung derselben als Nahrungsmittel und als Rohstoff für einige Industrien, vor allem auch für die Stärkefabrikation.

Kartoffelstärke.

(Fig. 138.)

Die Kartoffel (*Solanum tuberosum* L.), bekanntlich eine Knollenbildung unterirdischer Sprosse, ist als Volksnahrungsmittel den Zerealien beinahe ebenbürtig; sie ist auch einer der wichtigsten Rohstoffe der Stärkefabrikation[2]). Im Kleinhandel

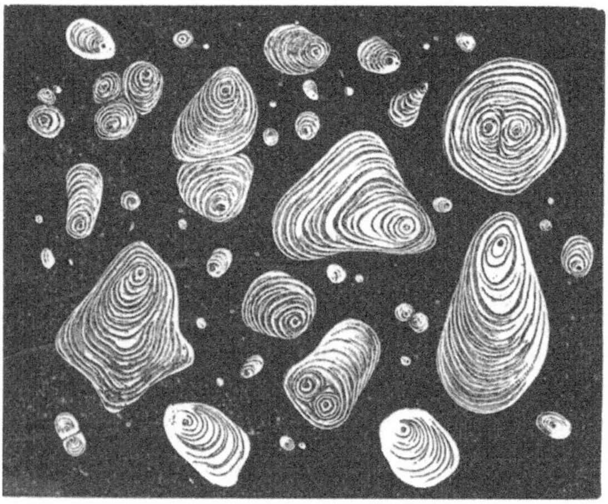

Fig. 138. Kartoffelstärke.

nennt man Kartoffelmehl oder Kraftmehl die pulverförmige Kartoffelstärke im Gegensatz zu der Brocken-, Stengel- oder Kristallstärke. „Kraftmehl" nennt man übrigens auch andere Stärkearten.

Ein dem Getreidemehl analoges Mahlprodukt der Kartoffel, also eigentliches Kartoffelmehl, gibt es nicht.

---

[1]) Höchstens wäre noch Topinambur zu erwähnen, die Knollen einer Sonnenblumenart (*Helianthus tuberosus*), welche hauptsächlich als Viehfutter gebaut wird, als menschliches Nahrungsmittel aber wegen ihres süfslichen Geschmackes keinen Anklang findet. Sie enthält keine Stärke, sondern Inulin.

[2]) Vgl. SAARE: Die Fabrikation der Kartoffelstärke. Berlin, 1897.

Die Stärke ist ein mattweifses oder gelbliches Pulver, in welchem man schon mit freiem Auge einzelne Körnchen als glitzernde Pünktchen unterscheidet[1]).

Die weit überwiegende Mehrzahl der Körner ist einfach; vereinzelt trifft man auf Körner, welche aus zwei, drei oder vier Teilkörnern zusammengesetzt sind, noch seltener auf halb oder unecht zusammengesetzte Körner: das sind solche, deren Teilkörner von einer allen gemeinsamen Stärkeschicht umschlossen werden (Fig. 138). Die Körner erreichen eine Gröfse von 70—100 Mikromillimeter (μ); doch finden sich alle Übergänge bis herab zu kaum merkbar kleinen Körnern. Die letzteren sind kugelig; die charakteristischen Grofskörner jedoch sind im Umrifs eirund, muschelförmig, gerundet drei- oder mehreckig, in der Regel mit einem spitzeren Ende, in welchem der Kern liegt. Dadurch, mehr noch durch die meist deutliche Schichtung erscheinen die Körner exzentrisch. Die scharf abgegrenzten Schichten erweisen sich bei genauer Einstellung zusammengesetzt aus einer Reihe zarterer Schichten. Radiale Spalten bilden sich sehr selten.

Die Kartoffelstärke findet hauptsächlich technische Verwendung: zur Appretur von Papier und Geweben, als sog. „grüne (40—50 % Wasser haltende) Stärke“ zur Dextrin- und Traubenzuckerfabrikation, beim Zeugdruck usw. Als Nahrungsmittel hat sie untergeordnete Bedeutung; mitunter benützt man sie in der Küche als „Kraftmehl“ oder „Amidon“, ferner zur fabriksmäfsigen Darstellung von Mehlspeisen und zur Imitation der ausländischen Sago- und Tapiokasorten, welche entweder als inländisches Produkt, speziell als Kartoffelsago und Kartoffeltapioka bezeichnet, häufiger wohl unter irgendeiner exotischen Marke in den Handel gebracht werden. Die Kartoffeltapioka besteht aus krümeligen, harten, weifsen oder gefärbten Stückchen, der Kartoffelsago aus Kügelchen von verschiedener Gröfse, oder

---

1) Sie wird durch Alkalien leichter verkleistert als Weizenstärke. Darauf stützt Krüger (Erfindungen und Erfahrungen, 1885, pag. 202) eine Methode zum Nachweis von Kartoffelstärke im Weizenmehl. Er schüttelt die Probe mit einer 2- bis 4-prozentigen Ätzkalilösung: bei Gegenwart von Kartoffelstärke bildet sich eine dicke Gallerte, während sich am Boden die reine Weizenstärke absetzt. — So exakt ist die Probe jedoch nicht. Bei der mikroskopischen Untersuchung findet man im Bodensatz eine Menge unvollständig oder gar nicht verkleisterter Kartoffelstärke.

er ist griesartig, ebenfalls in der natürlichen Farbe oder grau, gelblich oder rötlich gefärbt In diesen Kunstprodukten ist die Stärke nicht bis zu dem Grade verkleistert, dafs die Art derselben mit Hilfe des Mikroskopes nicht bestimmt werden könnte.

Kartoffel- und Weizenstärke sind auch die wesentlichen Bestandteile vieler Toilettepulver, wie des Poudre de riz, Poudre du Sérail, Blanc végétal u. a., oder diese enthalten überhaupt nichts anderes. Dieselbe Zusammensetzung haben einige marktschreierisch angepriesenen Nährmittel, wie Solanta, Semoule d'Igname.

Die als Ersatz des flüssigen Farbstoffes beliebten Waschblaukugeln bestehen aus Gips, Kartoffel- und Weizenstärke mit einem Zusatz von Ultramarin, Smalte oder einem anderen blauen Farbstoffe. Die zur Wäscheappretur viel gebrauchte Glanzstärke ist nichts weiter als eine mit Stearinsäure, Walrat, Gummi, Borax u. a. m. versetzte Stärke.

Die Wohlfeilheit der Kartoffelstärke schützt sie vor Fälschungen, macht sie aber geeignet zur Verfälschung anderer Stärkearten. Die Stärkekörner der Kartoffel sind durch ihre Gröfse und Form in jeder anderen Stärke leicht aufzufinden.

Arrowroot.

Ursprünglich hiefs blofs die aus dem Wurzelstock der amerikanischen Pfeilwurzel (*Maranta*) gewonnene Stärke Arrowroot; gegenwärtig führen aber diesen Namen die allermeisten tropischen Stärkesorten, sie mögen von welcher Pflanze immer abstammen, und man unterscheidet sie im Handel meist nur nach ihrem Vaterlande. Wir wollen aber als Arrowroot doch nur die Stärkesorten bezeichnen, welche aus unterirdischen Pflanzenorganen der Tropenländer dargestellt werden, und die aus einigen tropischen Früchten und aus Palmenmark gewonnene Stärke ausschliefsen.

Bei uns standen die verschiedenen Arrowroot-Arten hauptsächlich als Kindernährmittel in Ansehen, obwohl sie sicher nicht nahrhafter und wahrscheinlich auch nicht leichter verdaulich sind als die heimische Stärke. Sie sind auch ein Bestandteil von Geheimmitteln, wie der Guruma. In Form von Tapioka und Sago, d. h. teilweise verkleistert, finden sie als Suppenzutat und Mehlspeise Verwendung. Zu diesem Zwecke bereitet man auch allerlei Mischungen. So ist die Tapioca Crecy mit gepulverten Möhren (gelben Rüben) versetzt; die Tapioca Julienne enthält allerlei Suppenkräuter, die Tapioca au Cacao entfettetes Kakaopulver u. dgl. m. Die echte Tapioka besteht aus Kassawa (Fig. 142), der echte Sago aus Palmenstärke (Fig. 152).

Marantastärke.

Westindisches Arrowroot.

(Fig. 139.)

Westindisches oder Jamaika-Arrowroot, auch Ararutamehl, ist die aus dem fleischigen Wurzelstocke mehrerer Pfeilwurzarten (*Maranta arundinacea* L., *M. indica* Tuss., *M. nobilis* Moore u. a.) im grofsen, namentlich auf St. Vincent und in Natal dargestellte Stärke. Sie ist ein mattweifses, feines, knirschendes Pulver aus durchwegs einfachen, ei-, birn- oder spindelförmigen, seltener kugeligen, meist 30—40 μ grofsen Körnern (Fig. 139); Körner unter 25 μ sind ebenso selten wie solche über 50 μ. Der Kern oder an seiner Statt eine kleine Höhle oder eine in der Form an einen schwebenden Vogel erinnernde Querspalte liegt exzentrisch im stumpferen Teile der Stärkekörner oder in der Mitte, und um den Kern lagern sich zarte, jedoch meist gut erkennbare Schichten.

Fig. 139. Marantastärke.

Einige Sorten von afrikanischem Arrowroot stammen ebenfalls von der westindischen Pfeilwurz, welche in alle Tropengebiete verpflanzt wurde. Deshalb erhält man dieselbe Stärke mitunter auch als ostindisches oder brasilianisches Arrowroot.

Curcumastärke.

Ostindisches Arrowroot.

(Fig. 140.)

Aus Ostindien kommen zwar verschiedene Stärkesorten, aber man versteht unter ostindischem Arrowroot gewöhnlich

der Kern. Die Schichtung ist daher exzentrisch, immer sehr deutlich. Spalten fehlen.

Fig. 141. Cannastärke.

Auch die Stärke von *Zamia*-Arten (*Cycadeen*) liefert Queensland-Arrowroot (vgl. Palmenstärke, pag. 145).

Manihotstärke.

Brasilianisches Arrowroot.

(Fig. 142.)

Es ist auch als Kassawamehl oder als Bahia-, Rio- und Para-Arrowroot, Tapioka- und Mandiokastärke bekannt und stammt aus den riesigen Wurzelknollen des Maniok (*Manihot utilissima* POHL und verwandte Arten — ***Euphorbiaceae***), der übrigens nicht nur in Brasilien, sondern als höchst ertragreiche Nahrungspflanze fast überall in den Tropen gebaut wird. Die Stärkekörner sind zusammengesetzt, in der Handelsware aber meist in die Teilkörner zerfallen, nur Zwillings- oder Drillingskörner findet man auch noch ziemlich häufig. Die Teilkörner zeigen indessen, dafs sie keinem hoch zusammengesetzten Körper angehört haben, denn sie besitzen sämtlich eine gewölbte Fläche, so dafs sie VOGL treffend paukenförmig nennt, besonders wenn sie — wie sehr häufig — der Teil eines Zwillings sind. Nur die kleinsten Körner sind einfach kugelig; aber viele der grofsen scheinen auch so, wenn sie auf der Bruchfläche aufruhen und dem Beschauer ihre Wölbfläche zukehren. Auffallend ist der Mangel an Mittelformen; die Kleinkörner sind nicht über 5—15, die Teilkörner in der Regel 20 μ oder wenig darüber, selten bis 35 μ grofs. Sie besitzen einen zentralen Kern, der häufig gegen die Bruchfläche hin sich erweitert. Die konzentrische Schichtung ist mitunter nicht, an anderen Proben sehr deutlich in allen Lagen der Körner sichtbar.

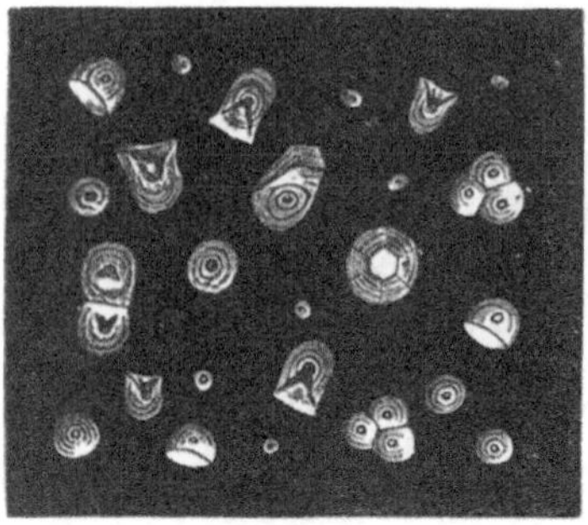

Fig. 142. Manihotstärke.

Die echte Tapioka wird aus Kassawa in Brasilien dargestellt. Aus demselben Rohstoffe wie aus anderen Stärkearten macht man jedoch auch anderwärts, sogar in Europa, Tapioka (vgl. pag. 131).

Batatenstärke.

(Fig. 143).

Der Kassawa ähnlich und gleich ihr als brasilianisches Arrowroot bezeichnet ist die Batatenstärke aus den Knollen

Fig. 143. Batatenstärke.

von *Batatas edulis* Chois. (*Convolvulaceae*), einer in den Tropen ebenfalls sehr verbreiteten Kulturpflanze. Die Stärke (Fig. 143) besteht fast nur aus Bruchkörnern, sehr wenig kleinen, kugeligen Körnern. Die Teilkörner, im allgemeinen denen der Kassawa ähnlich, sind gröfser (meist gegen 20, einzelne 50 μ), mehrflächiger, offenbar von höher zusammengesetzten

Stärkekörpern stammend; die dort paukenförmigen Schlufsstücke sind hier zuckerhutförmig; der Kern liegt etwas exzentrisch und ist strahlig gespalten; die grofsen Körner sind deutlich geschichtet, häufig auch die kleineren.

Dioscoreastärke.

Guyana-Arrowroot.

(Fig. 144).

Die knolligen Wurzeln mehrerer in den heifsen Ländern kultivierten Yam-Arten (*Dioscorea alata* L. [Uri-Yam], *D. sativa* L., *D. aculeata* L. [Kawi-Yam], *D. glabra* Roxb. [Chinese-Yam], *D. japonica* Thbg. [Japan-Yam], *D. nummularia* Lam. [Tivoli-Yam], *D. tomentosa* Koenig [Uyala-Yam] u. a. — *Dioscoreen*) dienen hauptsächlich in Guyana[1]) zur Stärkegewinnung. Die Stärke, welche gegenwärtig in den Handel kommt, ist rein weifs, so fein wie Weizenstärke[2]).

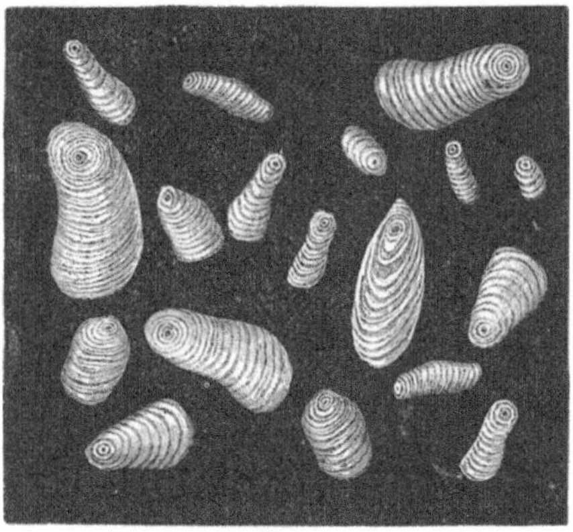

Fig. 144. Dioscoreastärke.

Die Körner sind immer einfach, meist zwischen 30 bis 50 μ, vereinzelt auch bis 80 μ lang, eiförmig, etwas gekrümmt oder regelmäfsig elliptisch, besonders wenn die ziemlich flachen Körner auf der Schmalseite liegen. Im schmalen keilförmigen Ende liegt der Kern stark exzentrisch; die Schichtung ist dicht, zart und scharf. Spalten fehlen.

---

[1]) Als „Fécule de la chataigne de la Guyane" waren Stärkeproben von *Pachira aquatica* Aubl. (*Sterculiaceae*) aus Guayana und Martinique auf der Pariser Ausstellung (1878). Früher schon haben Wiesner und Hübl (Mikr. Unters., pag. 67) dieselbe beschrieben und abgebildet. Im deutschen Handel kommt sie bis nun nicht vor. Auch die Bananenstärke (pag. 143) heifst Guyana-Arrowroot.

[2]) Wiesner (Rohstoffe, I., pag. 608) beschreibt eine gelbliche und pfirsichblührote Sorte, von welcher er vermutet, dafs sie von *Dioscorea sativa* L. stammt, die gelbe und rote Knollen besitzt, während die Knollen von *D. alata* L. weifs sind. Wahrscheinlicher scheint es, dafs die farbige Stärke, welche auch sonst verschieden ist, gar nicht von *Dioscorea* abstammt.

Japanische Stärke.

(Fig. 145.)

In Japan ist die Stärke von ***Erythronium Dens canis*** L. (*Liliaceae*) und von ***Pueraria Thunbergiana*** Benth. (*Leguminosae-Papilionatae*) offizinell.

Erythronium ist der auch bei uns in manchen Gegenden häufig wild wachsende Hundszahn, eine kleine Zwiebelpflanze, deren grofse rote Blüten im ersten Frühjahr auffallen. Ob sie in Japan zum Zwecke der Stärkegewinnung angebaut wird, ist mir nicht bekannt.

Die Stärke der heimischen Zwiebel besteht aus einfachen Körnern von verschiedener Gröfse und Form. Die meisten sind 20—25 μ, nicht selten 40 μ grofs, Kleinkörner in Minderzahl. Sie sind etwas abgeflacht, knollen-, birn- oder keulenförmig, mit dem Kern im spitzeren Ende, zart geschichtet. Keine Kernhöhle.

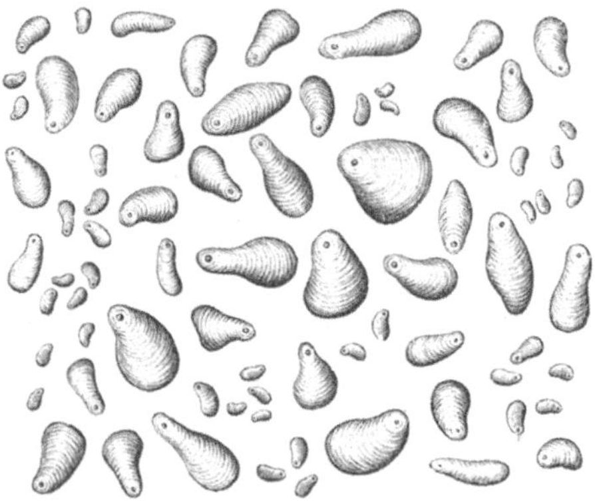

Fig. 145. Erythronium-Stärke.

Pueraria ist ein in China und Japan heimischer Strauch, dessen Rinde die Kopufaser und dessen Wurzel die Stärke liefert. Es war mir nicht möglich, diese Stärke zu erhalten.

Von unterirdischen Pflanzenteilen, welche gelegentlich auch wohl zur Stärkegewinnung dienen, aber keinen regelmäfsigen Handelsartikel bilden, seien angeführt:

die Wurzel einer Wasserlilie (*Nelumbium speciosum* W. — *Nymphaeaceae*) in China;

mehrere Kürbisarten: ***Sechium edule*** Sw. in Westindien, ***Bryonia epigaea*** Rottl. in Ostindien, ***Sicyos angulata*** L. auf Réunion;

die Knollen von Aroideen (***Arum maculatum*** L., ***A. italicum*** Lam. in Südeuropa und Algier, ***Arum esculentum*** L. in allen Tropenländern, ***Colocasia antiquorum*** Schott, „Taro" auf Martinique, ***Typhonium***, ***Amorphophallus*** und ***Dracontium*** in Westindien;

die Wurzelstöcke einiger *Tacca*-Arten, von denen das Tahiti-Arrowroot, Williams' Arrowroot und die Fécule de pia stammen;

die Zwiebeln und Wurzelstöcke einiger Lilien und Narzissen (*Fritillaria imperialis* L. in Frankreich, *Gloriosa superba* L. in Ostindien, *Pancratium maritimum* L. in Italien, *Hypoxis aurea* Lour. in Ostindien, *Bomarea*-Arten und *Alstroemeria pallida* Grah. in Chile).

b) Stärke aus Früchten und Samen.

Viele Samen enthalten die Nahrung für den Keimling in Form von Stärke aufgespeichert. Mitunter ist auch das Fruchtfleisch stärkereich, nicht im unmittelbaren Interesse der Samen, sondern — wie man sich vorstellt — um Tiere zur Verzehrung der nahrhaften Früchte anzulocken und dadurch die Verbreitung der unverdaut abgehenden Samen zu befördern. Demselben Zwecke sollen auch die saftigen, süfsen, schön gefärbten Früchte dienen, da sonst schlechterdings nicht einzusehen wäre, wozu die sonst so sparsame Natur, welche ihre Zwecke mit den einfachsten Mitteln zu erreichen anstrebt, ein zur Vernichtung bestimmtes Organ so verschwenderisch ausgestattet hätte. Uns kommt die Tatsache jedenfalls zunutze, denn unbekümmert um den Naturzweck beuten wir Samen und Früchte aus, soweit wir können.

Zur Stärkegewinnung können jedoch aus den bereits angedeuteten Gründen (pag. 126) nur sehr wenige von den zahllosen stärkehaltigen Samen und Früchten verwendet werden. Die meisten sind zu klein, wenig ausgiebig oder nicht in genügender Menge zu beschaffen, oder ihrer Stärke haften Mängel an, die ihren Wert herabdrücken. Es gibt nichts Empfindlicheres als die technische Industrie. So kommt es, dafs auch in dieser Gruppe von Rohstoffen nur drei an Bedeutung alle anderen weit überragen: Weizen, Mais und Reis.

Weizenstärke.

(Fig. 146.)

Nächst Kartoffelstärke ist die Weizenstärke die wichtigste der europäischen Industrie. Sie wird sowohl unmittelbar aus den geschroteten Getreidekörnern als auch aus dem Mehle durch

Schlemmen dargestellt, nachdem vorher der Kleber ausgeknetet oder durch ein eigentümliches Gärverfahren entfernt wurde. In dem einen wie in dem anderen Falle ist das Endprodukt, die Stärke, frei von fremdartigen Bestandteilen.

Der Bau der Weizenstärke wird unter „Weizen“ im Abschnitt „Früchte und Samen“ (pag. 180) genau beschrieben. Typisch sind die Grofskörner (35—45 μ) von linsenförmiger Gestalt mit undeutlicher Schichtung um den zentralen Kern. Daneben viele kleine und vereinzelt zusammengesetzte Körner (Fig. 146). In den Handel kommt sie entweder in Form von Blöcken und Tafeln oder in

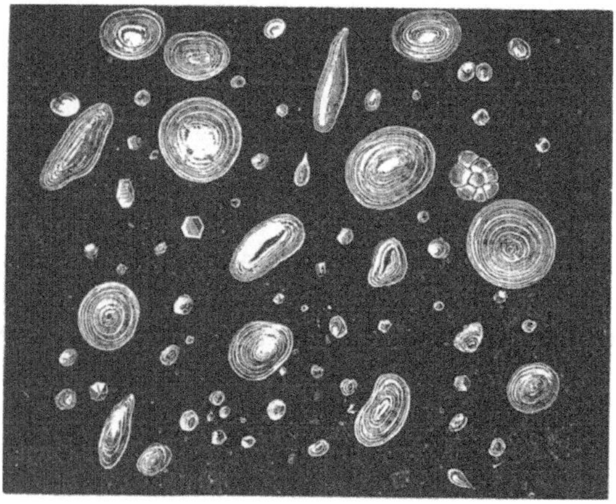

Fig. 146. Weizenstärke.

kleinen unregelmäfsigen Brocken („Bröckelstärke“) oder in rundlichen Stäbchen („Zettelstärke“) oder endlich in Pulverform. Sie findet gleich anderen Stärkesorten ausgedehnte technische Verwendung; als Nahrungsmittel hat sie nur untergeordnete Bedeutung. Man benützt sie zu feinen Mehlspeisen und als Surrogat für die tropischen Stärkesorten. Sie ist in alle Pharmakopöen (aufser in der Japans und der Vereinigten Staaten) aufgenommen. Mit Leguminosenmehl oder allein bildet sie viele Kindermehle und wunderkräftige Nährmittel, wie Semolina oder Semoule d'Igname, NEVILL's Patent flour of Lentill's, BULLOCK's Semola u. a. m. Die sogenannte „Kernenstärke“ ist die aus dem Spelz (s. pag. 184), welcher in Süddeutschland „Grünkern“ oder „Kernen“ heifst, dargestellte Stärke.

Reisstärke.

(Fig. 147.)

Sie hat manche Vorzüge vor Kartoffel- und Weizenstärke, wie rasche und gleichmäfsige Verkleisterung und höheren Glanz der mit dem Kleister gesteiften Gegenstände; doch kann sie wegen ihres hohen Preises nur für die feinsten Appreturen angewendet werden. Ihre Feinheit macht sie auch zu Toilettepulvern (Pariser Waschpulver, Poudre de riz) und zum Ersatz der noch bedeutend teureren Arrowrootsorten besonders geeignet. In den Handel kommt sie meist in Form kurzer kantiger Stäbchen („Kristallstärke"), in Brocken oder gepulvert. Die Reisstärke besteht nur aus kleinen, meist 6 μ grofsen, polyëdrischen Körnern. Über die genauere Charakteristik der Stärkekörner s. Reis.

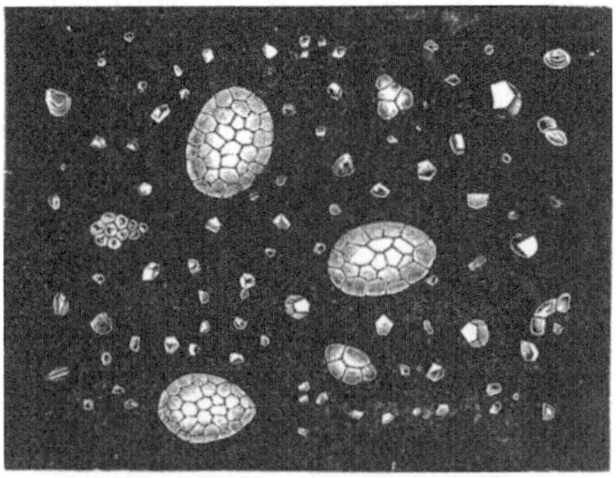

Fig. 147. Reisstärke.

Die gepulverte Reisstärke, das sog. Reismehl, ist im Kleinhandel häufig durch Weizen- oder Maisstärke verfälscht.

Maisstärke.

(Fig. 148.)

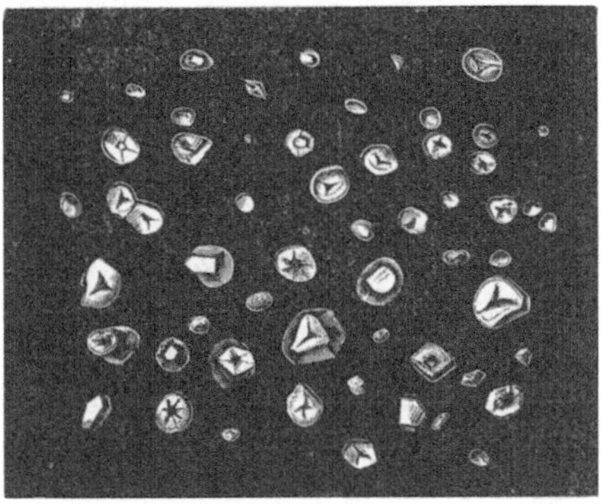

Fig. 148. Maisstärke.

Für Nordamerika hat die Maisstärke dieselbe Bedeutung wie für uns die Kartoffel- oder Weizenstärke; sie hat dort andere Stärkearten beinahe vollständig verdrängt. Wir verwenden sie nur selten; doch wird sie mitunter anderen, teueren Stärkesorten, besonders Arrowroot, unterschoben. Einen besonderen Ruf geniefst die aus dem weifsen Pferdezahnmais „Maizena" dargestellte Stärke.

Die gewöhnlichen Sorten sind gelblich gefärbt und kommen teils in Brocken, teils gepulvert in den Handel[1]).

Die Stärkekörner sind ziemlich gleich grofs (12—18 μ), teils kugelig, teils polyëdrisch, nicht geschichtet, oft mit dreistrahliger Kernspalte. — S. auch Mais.

Aus den anderen Zerealien: Roggen, Gerste, Hafer, Buchweizen, wird wohl auch ab und zu Stärke erzeugt, doch bildet diese keinen ständigen Handelsartikel.

Rofskastanienstärke.

(Fig. 149.)

Die mehlreichen und um billiges erhältlichen Samen der Rofskastanie (*Aesculus Hippocastanum* L.) reizen immer wieder, sie zur Stärkefabrikation heranzuziehen, obwohl alle diesbezüglichen Versuche teils an der Unzulänglichkeit des Produktes, teils an der zeitweilig schwierigen Beschaffung des Rohmaterials gescheitert sind. Nur in Frankreich scheint diese Stärke regelmäfsig erzeugt zu werden.

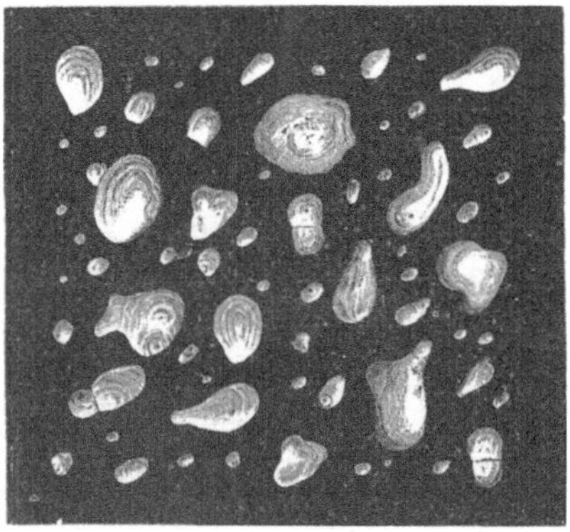

Fig. 149. Rofskastanienstärke bei 400facher Vergr.

Sie ist grauweifs und fein, hat meist einen herben Geschmack. Die Körner sind gröfstenteils einfach; doch findet man immer auch zusammengesetzte, mitunter derart, dafs einem grofsen Korn zwei oder drei Körner angewachsen sind. Die Gestalt der Körner ist höchst mannigfaltig und unregelmäfsig, am häufigsten birnförmig, in der Gröfse 25 μ selten übersteigend. Kern und Schichtung ist an frischer Stärke nicht erkennbar.

---

[1]) In Amerika heifst der Mais insbesondere Corn, daher Corn starch, Corn flour. Corn bedeutet aber in der englischen Sprache auch Korn und Getreide überhaupt.

Kastanienstärke.

(Fig. 150).

Die mehligen Früchte der Edelkastanie (*Castanea vesca* GÄRTN. — *Fagaceae*), die sog. Maronen, dienen im südlichen Europa als Nahrungsmittel, und mitunter bereitet man aus ihnen

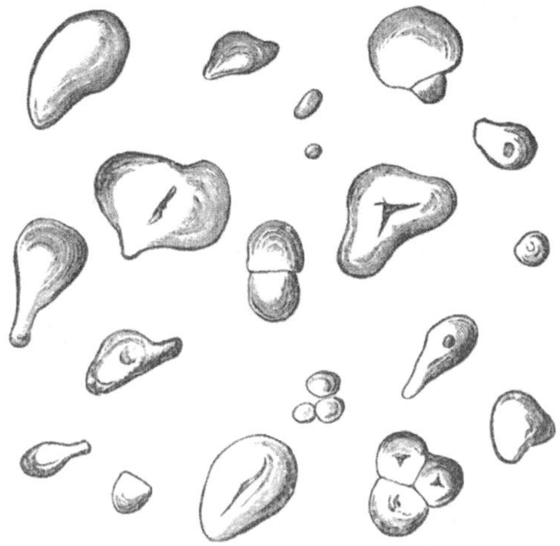

Fig. 150. Kastanienstärke bei 600facher Vergr.

Stärke. Sie ist fein und weifs. Ihre Körner sind zumeist einfach, vielgestaltig, wenig abgeflacht, meist 15—25 μ, vereinzelt 30 μ grofs. Typisch sind die gerundet drei- und vierseitigen, keulenförmigen und höckerigen Körner. Die Schichtung ist undeutlich, Kernspaltung selten. Die spärlichen Zwillings- und Drillingskörner bestehen aus gleich oder ungleich grofsen Teilkörnern.

Bananenstärke.

(Fig. 151.)

Banane, Paradiesfeige oder Pisang (***Musa paradisiaca*** L. — ***Musaceae***), eine in den Äquatorialgegenden verbreitete und bezüglich ihrer Verwendbarkeit mit den Palmen wetteifernde Pflanze, besitzt in ihrem Fruchtfleische so viel Stärkemehl, dafs es für den Handel daraus gewonnen wird. Es führt auch die Bezeichnung Guyana-Arrowroot.

Die Stärke ist entweder reinweifs und fein oder bei nachlässiger Bereitung rötlich und mit Fragmenten des rötlichen

Fruchtfleisches untermischt. Die Körnchen sind — die kleinsten ausgenommen — flach, ei-,· flaschen-, keulen-, wurst- und stabförmig, meist 20—40, einzelne auch bis 75 μ lang. Charakteristisch sind die an einen verkürzten Blutegel erinnernden Formen. Der Kern ist immer exzentrisch, meist im breiteren Teile. Schichtung sehr dicht, zart und scharf. Spalten fehlen. Hie und da finden sich Kristallnadeln.

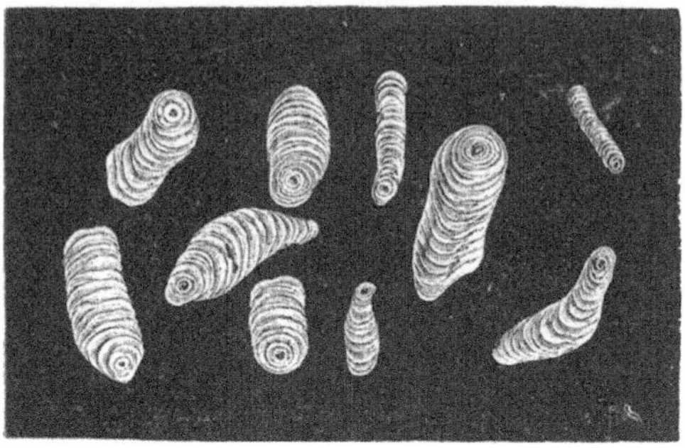

Fig. 151. Bananenstärke.

Die tropische Pflanzenwelt bietet wohl noch manche Früchte und Samen, die für die Stärkegewinnung geeignet erscheinen, und die vielleicht als Rohstoffe für die Stärkefabrikation eine Zukunft haben. So wird aus den riesigen Früchten des Brotfruchtbaumes (*Artocarpus incisa* L. — *Artocarpeen*), der auf den Südseeinseln heimisch, aber gegenwärtig im ganzen Tropengebiete verbreitet ist, aus den kastanienähnlichen Samen eines südaustralischen Baumes, des Bean tree (*Castanospermum australe* Cunn. — *Papilionaceae*), aus den Samen des Mangobaumes (*Mangifera indica* L. — *Anacardiaceen*) in Westindien, des Kastanienbaumes von Guyana (*Pachira aquatica* Aubl., vgl. pag. 137), aus einer westindischen Grasfrucht (*Eleusine coracana* Gärtn.) und aus den Hülsen einer Mimosenart Ostindiens (*Parkia biglandulosa* Welw.) u. a. m. Mehl, Stärke und Sago dargestellt; aber diese Produkte gelangen nicht in den europäischen Handel.

c) Stärke aus Stämmen.

Es wurde schon angedeutet, dafs die Stämme der Holzgewächse zur Zeit der Vegetationsruhe oft mit Stärke erfüllt sind, dafs aber an die Gewinnung dieser Stärke im allgemeinen nicht gedacht werden kann. Doch gibt es Ausnahmen. Einige Palmen und Cycadeen besitzen ein so lockeres Mark, dafs die in demselben reichlich enthaltene Stärke mit Leichtigkeit herausgeschwemmt werden kann. Da die Stämme als Bauholz, zur Faser- oder Zuckergewinnung in grofsen Mengen gefällt und diese Zwecke durch die Ausbeutung des Markes nicht beeinträchtigt werden, so ist auch die Kostspieligkeit des Rohstoffes kein Hindernis für die Verarbeitung.

Die Palmenstärke bildet ebenfalls eine Art Arrowroot, doch kommt sie zumeist in Form von Sago in den Handel.

Palmenstärke.

(Fig. 152.)

Folgende Palmen sind als Stärke liefernd bekannt: die Sagopalmen (*Sagus farinifera* LAM., *S. Rumphii* W., *S. Koenigii* R., *S. laevis* RUMPH.) in Ostindien und auf Martinique, die Zuckerpalme (*Arenga saccharifera* LABILL.) auf Java, die Palmyrapalme (*Borassus flabelliformis* L.) in Ostindien, *Caryota urens* L. in Ostindien, die Zwergpalme (*Chamaerops serrulata* MICH.) in Florida; ferner folgende Cycadeen: *Cycas revoluta* L., *C. circinalis* RXB. in China und Japan, *Zamia media* JQU. in Ostindien, *Z. spiralis* R. BR. in Australien (Queensland-Arrowroot), *Z. pumila* L., *Z. angustifolia* JQU., *Z. tenuis* WILLD. in Westindien.

Das charakteristische Merkmal der Palmenstärke ist eine eigentümliche Zusammensetzung der Körner. Es sind nämlich an ein grofses Korn ein oder mehrere kleine Körner — „Schaltkörner" — angesetzt, gewissermafsen angestückelt. In der Ware sind die Schaltkörner meist abgefallen und erscheinen halbkugelig oder mützenförmig; ihre Spuren sind an den Grofskörnern deutlich sichtbar. Aufser den zusammengesetzten höckerigen oder kurzästigen kommen auch reichlich einfache Körner von mehr oder weniger gestreckt-eiförmiger Gestalt vor, welche gleich den ersteren um einen exzentrischen Kern im breiten Ende deutlich geschichtet sind. Die Gröfse der Körner beträgt meist 30—50 μ, steigt aber bis 80 μ. Häufig findet sich an Stelle des Kerns eine einfache oder strahlige Spalte.

Strenge genommen verdient die Palmenstärke diesen Namen nicht; sie sollte vielmehr Mehl heifsen, da sie gewöhnlich mehr fremdartige Bestandteile enthält als die feineren Getreidemehle. Davon überzeugt man sich leicht, wenn man der auf dem Objektträger im Wasser befindlichen Probe einen Tropfen Kalilauge zufliefsen läfst. Nach wenigen Minuten ist die Stärke vollkommen verkleistert, und man findet nun dünnwandiges Parenchym, farblos oder tiefbraun gefärbt, Steinzellen, Haare und

Kristalle verschiedener Form (grofse Einzelkristalle, Raphiden und Kristalldrusen) frei oder in Zellen eingeschlossen (Fig. 152). Es bedarf zwar dieser Funde nicht, um Palmenstärke zu erkennen, aber immerhin können sie Mindergeübten als bequemes Mittel dienen, etwaige Zweifel zu zerstreuen.

Wie man in Brasilien aus Kassawastärke Tapioka, ähnlich macht man in Ost- und Hinterindien aus Palmenstärke Sago, und wie jene auch aus anderen Stärkearten nachgeahmt wird, so auch der Sago. Unsere Fig. 152, welche einem griesartigen Sago entnommen ist, zeigt deutlich, wie wenig verhältnismäfsig

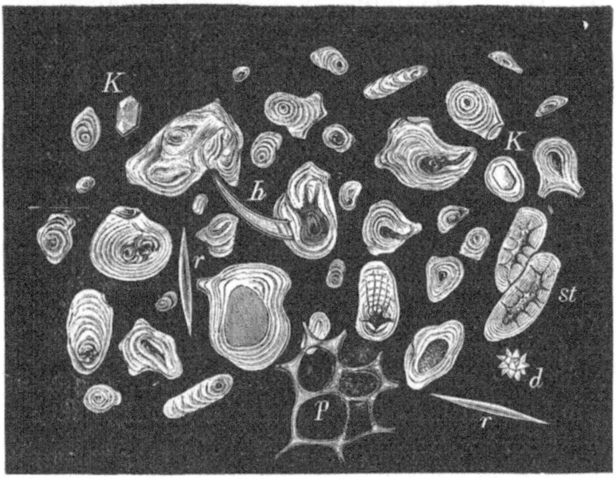

Fig. 152. Palmenstärke.

die Stärkekörner verändert werden. Viele sind ganz unverändert geblieben; ein Teil ist in eine strukturlose, gallertige Masse verwandelt, und dazwischen liegen verschiedene Grade der Verkleisterung. Die Verkleisterung beginnt im wasserreichen Kern; man sieht in vielen Körnern eine grofse granulierte Höhle. Bei fortschreitender Quellung platzt entweder das Korn, oder die gequollene Masse dringt durch einen Kanal nach aufsen.

Man unterscheidet im Handel aufser nach Form, Farbe und Feinheit ostindischen, amerikanischen (brasilianischen oder westindischen) und einheimischen Sago. Zu den ersteren zählt man auch den in Europa aus irgendeinem Arrowroot erzeugten Sago; der letztere besteht meist aus Kartoffel-, seltener aus Weizenstärke. Der sogenannte Portland-Sago wird angeblich aus der Stärke des Wurzelstockes von *Arum maculatum* L. hergestellt.

Vergleichende Übersicht zur Bestimmung der im Handel vorkommenden Stärkesorten.

Trotz der grofsen Ähnlichkeit vieler Stärkearten — und die Ähnlichkeit ist gröfser, als sie sich aus den Abbildungen ergibt, weil in diesen vorwiegend die charakteristischen Formen zusammengestellt sind —, und obwohl in der Regel keine die Erkennung unterstützenden Verunreinigungen (wie beim Mehle) vorhanden sind, gelingt die Unterscheidung derselben bei einiger Übung und Aufmerksamkeit vollkommen sicher.

Der Wert des Mikroskopes als diagnostischer Behelf zeigt sich auf keinem Gebiete deutlicher als gerade hier; denn die ausgebildetste Routine des Praktikers ist ratlos, wenn es sich um die Unterscheidung bestimmter Stärkearten handelt, und ebenso ohnmächtig ist die chemische Analyse, weil die Stärke dasselbe chemische Individuum ist, wo und in welcher Gestalt immer sie sich bilde.

Analytischer Schlüssel.

A. Alle oder doch die weitaus meisten Stärkekörner sind einfach (im Umrisse rundlich): Kartoffel, Maranta, Curcuma, Canna, Dioscorea, Weizen, Rofskastanie, Edelkastanie, Banane, Erythronium.

a) Die grofsen Körner sind linsenförmig mit zentralem Kern, nicht oder undeutlich geschichtet; die zahlreichen kleinen Körner kugelig oder kantige Bruchkörner: Weizen.

b) Die Grofskörner sind mehr oder weniger flach, aber nicht linsenförmig; Kern exzentrisch.

α) Viele Körner sind über 70 Mikromillimeter (0,07 mm) grofs: Kartoffel, Canna.

Die meisten Körner sind ei-, muschel- oder beilförmig, deutlich geschichtet um einen Kern im spitzeren Ende; vereinzelt echt und unecht zusammengesetzte Körner: Kartoffel.

Zahlreiche Körner sind über 0,1 mm grofs, schildförmig; Kern nahe dem breiten, oft ausgerandeten und in eine Spitze ausgezogenen Ende; Schichtung deutlich; selten zusammengesetzte Körner: Canna.

β) Die Körner erreichen nicht oder nur ausnahmsweise 70 Mikromillimeter (0,07 mm): Maranta, Curcuma, Dioscorea, Kastanie, Rofskastanie, Banane, Erythronium.

† Die Körner sind oft über 50 μ, schön geschichtet: Curcuma, Dioscorea, Banane.

Die Körner sind fast gleich grofs (50—60 μ), flach (in der Kantenansicht schmal, stäbchenförmig), an den etwas verschmälerten Enden unvermittelt in eine kurze Spitze ausgezogen, daher in der Flächenansicht einem zugeschnürten Beutel ähnlich; Kern in der Spitze: Curcuma.

Körner nicht zugespitzt, weniger flach; nieren-, birn- und flaschenförmig; Kern im abgerundeten Ende: Dioscorea.

Körner vorwiegend sack- oder wurstförmig, nicht zugespitzt, Kern im breiten, seltener im schmalen Ende; Kristallnadeln: Bananen.

†† Körner stets unter 50 μ, muschel-, knollen-, ei- oder birnförmig, nicht oder wenig flach: Maranta, Rofskastanie, Kastanie, Erythronium.

Körner muschel- oder eiförmig, fast gleich grofs (40 μ), geschichtet um einen zentralen oder im stumpfen Ende liegenden Kern; häufig Kernspalten: Maranta.

Grofskörner (25—40 μ) knollen- und keulenförmig, daneben Kleinkörner; Kern im spitzen Ende, keine Spalte: Erythronium.

†† Körner nicht über 30 μ, zumeist birnförmig, vereinzelt zusammengesetzt; Kern und Schichtung undeutlich oder fehlend: Rofskastanie, Edelkastanie.

Dem Typus der Palmenstärke ähnlich, aber kleiner und ungeschichtet: Rofskastanie.

Neben birnförmigen, viele gerundet eckige Körner: Edelkastanie.

B. Vorwiegend zusammengesetzte oder doch vielflächige Körner: Reis, Mais, Manihot, Bataten, Sago.

a) Vielflächige Körner: Reis, Mais.

Kristallähnliche, scharfkantige, sehr kleine (meist 6 μ) Bruchkörner: Reis.

Einfache polygonale, scharfkantige und gerundete, oft 0,02 mm grofse Körner mit Kernspalten: Mais.

b) Aus zwei bis vier, selten mehr Teilen zusammengetzte Körper oder ihre Bruchkörner. Einfache oder scheinbar einfache Körner in der Minderzahl: Sago, Manihot, Batatas.

An ein grofses rundliches Hauptkorn sind einige wenige kleine Schaltkörner mit ebenen Flächen angefügt oder letztere abgefallen; Schichtung deutlich um einen exzentrischen, oft gespaltenen Kern: Sago.

* Die Teile eines zusammengesetzten Korns fast gleich grofs; Zwillinge am häufigsten: Manihot, Batatas.

Viele Bruchkörner paukenförmig, zentrale Kernhöhle, Schichtung undeutlich, selten über 0,02 mm: Manihot.

Zuckerhutförmige Bruchkörner, Schichtung um einen exzentrischen Kern, bis 0,05 mm grofs: Batatas.

Fälschungen der Stärke.

Sehr häufig werden die Stärkearten, begünstigt durch ihre grofse Ähnlichkeit im Aussehen, untereinander verwechselt: eine minderwertige wird für eine im Preise höherstehende Art verkauft, eine nicht vorrätige für eine eben verlangte abgegeben; endlich werden sie gemischt. Es wird sicher weit mehr Reisstärke konsumiert als produziert und viel weniger Arrowroot eingeführt als verbraucht, und erhält man echtes Arrowroot, so weiſs man doch nie welches. Indessen sind diese dem Händler selbst oft unbewuſsten Unterschiebungen und Verwechslungen meist belanglos; praktisch wichtig ist nur die Unterscheidung von Weizen-, Kartoffel-, Mais- und Reisstärke, und dazu genügt ein Blick ins Mikroskop. Sogar Mischungen sind, wenn sie nicht von einem Sachverständigen mit besonderem Raffinement vorgenommen werden, ohne Schwierigkeit nachweisbar. Ein geringer Zusatz von Reisstärke zu Weizenstärke wäre beispielsweise kaum sicher zu entdecken, aber das kommt in der Praxis auch niemals vor. Umgekehrt kann aber die kleinste Menge Weizen- oder Kartoffelstärke, welche in betrügerischer Absicht der Reisstärke beigemischt wurde, dem Kundigen kaum entgehen. Ebenso sicher wird man Kartoffelstärke in Weizenstärke, sowie irgendeine einheimische Stärkeart in Arrowroot erkennen. Schwierig kann die Unterscheidung mancher Arrowrootgemenge sein, wie Bataten- mit Manihotstärke, Yam- mit Pisangstärke. Sie kann eben nur auf Grund einer genauen Prüfung der typischen Stärkekörnchen durchgeführt werden.

Viel seltener als Substitutionen der Stärkearten untereinander kommen Fälschungen mit anderen Materialien vor, erstlich weil die Fabrikationsmethoden fremdartige Beimischungen nicht gut zulassen, sodann wegen der Wertverminderung des Produktes, die in keinem Verhältnisse steht zu dem durch die Zusätze erzielten Nutzen. Man findet daher nur die in Pulverform im Kleinhandel vorkommenden Stärkesorten mitunter verfälscht und gemischt mit Mehl oder mit weiſsen Mineralpulvern, wie Kalk, Gips, Alabaster u. a. m.

Für den Nachweis dieser Fälschungen gelten dieselben Grundsätze und Methoden wie für die Mehlprüfungen (pag. 154). Die Untersuchung ist hier in der Regel noch einfacher, weil die Art der Fabrikation zufällige Verunreinigungen, die im Mehle nicht zu vermeiden sind und die Sicherkeit des Urteils beirren können, beinahe völlig ausschlieſst. Spuren von Sand oder Kleienteilen, die im Mehle nichts zu bedeuten haben, sind in der Stärke höchst verdächtig, unter Umständen sogar beweisend für eine Fälschung. Reine Stärke hinterläſst weniger als 1 % Asche.

Literatur.

Bell (1); Berg (3); Blyth (5); Cod. alim. Austr. (7); Greenish (14); Hanausek, T. F. (10, 15, 16); Harz (17); Hassall (18); Macé (23); Moeller (26, 27, 28, 29); Planchon und Collin (31); Schimper (34); Tschirch (36); Tschirch und Oesterle (37); Villiers und Collin (39); Vogl (40, 42); Wiesner (45).

v. Höhnel: Die Stärke und die Mahlprodukte. Kassel 1882.

Tschirch: „Amylum“ und „Arrowroot“ in Real-Enzykl. d. ges. Pharm. 2. Aufl., 1904.

Mehl und Mahlprodukte[1]).

Unter Mehl[2]) versteht man den feinzerriebenen Samenkern; es ist ein Mahlprodukt zum Unterschiede von der Stärke, die ein Schlemmprodukt ist. Gäbe es ein ideales Mahlverfahren, so würde das Mehl nur aus dem mehligen Teile des Samenkerns bestehen, also aus dem Gewebe des Endosperms und dem wesentlich aus Stärke und Eiweifsstoffen bestehenden Zellinhalt. Diesem Ideale kommen die feinsten Mehle in der Tat sehr nahe; aber auch sie enthalten immer noch kleine Mengen der Frucht- und Samenschale, der Aleuronschicht und des Embryo. In geringeren Mehlsorten nimmt die Menge und Gröfse dieser Kleienbestandteile zu, und in den Futtermehlen sind sie schon mit freiem Auge erkennbar. Aber auch diese bestehen gewöhnlich noch zum überwiegenden Teile aus Stärke.

Gelegentlich werden wohl alle Zerealien und Hülsenfrüchte, in den Tropen auch stärkereiche Knollen vermahlen, aber regelmäfsig kommen nur die Mehle des Weizens, Roggens, Maises und Buchweizens in den Handel.

Bei der Untersuchung von Mehl und Mahlprodukten auf ihre Reinheit und Bekömmlichkeit sind folgende Punkte zu berücksichtigen:

1. Enthalten sie Mineralstoffe?
2. Enthalten sie Insekten, Milben oder andere Tiere?
3. Enthalten sie Pilze (Rost, Brand, Schimmel) oder Mikroorganismen?
4. Wurden sie aus gekeimtem Getreide gemahlen?
5. Enthalten sie Unkrautsamen (Ausreuter) in erheblicher Menge?
6. Sind sie verfälscht?

---

[1]) Von A. L. Winton z. T. neu bearbeitet.

[2]) Kick, Die Mehlfabrikation. Leipzig 1894.

1. Mineralische Verunreinigungen. Gips, Kalk, Ton und Sand wurden früher häufig dem Mehl zugesetzt; jetzt findet man sie selten. Um verdorbenes, muffig gewordenes Mehl gebrauchsfähig zu machen, setzt man demselben jetzt noch Alaun, Kupfer- und Zinksulfat zu. Die Anwesenheit von Mineralpulvern ist unter dem Mikroskop leicht erkennbar, sicherer durch die Chloroformprobe (s. d. pag. 154) und die Aschenbestimmung. Der Aschengehalt reinen Mehles schwankt um 1 %.

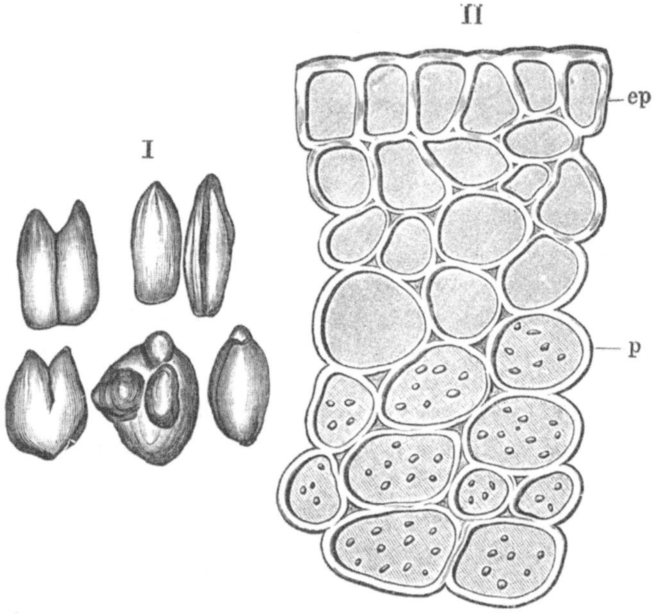

Fig. 153. Radiger Weizen (A. E. v. VOGL); I. Formen des radigen Kornes, etwas vergr.; II. Querschnitt der Schale, *ep* Oberhaut, *p* verholztes Parenchym.

2. Insekten, Milben und Würmer findet man mitunter noch lebend, häufiger Leichenteile und Exkremente[1]). Einige sind schon mit freiem Auge erkennbar, andere unter dem Mikroskop.

Mehl, das aus gichtigem oder radigem Weizen hergestellt ist, enthält lebende Weizenälchen (Anguillula Tritici), das sind farblose, fast millimeterlange, durcheinandergeschlungene, in Wasser sich lebhaft bewegende Würmer. Sie verunstalten das Getreidekorn, in dem sie leben, nicht nur äufserlich (Fig. 153, *I*),

[1]) BÖHMER, Kraftfuttermittel. — CHITTENDEN, U. S. Dept. of Agric., Farmer's Bull. Nr. 45; Washington 1896.

sondern sie hindern auch die normale Entwicklung der Fruchtschale. Diese besteht nur aus einem lückigen, derbwandigen, getüpfelten, bräunlichen Parenchym (Fig. 153, *II*). In grobe, kleienreiche Mehle gehen auch diese Schalenteilchen über.

In überständigem Mehle findet man mitunter Milben (*Acarus farinae* und *plumiger*), Raupen der Mehlmotte (*Asopia farinalis*) und die sogenannten Mehlwürmer, die Larven des Mehlkäfers (*Tenebrio molitor*).

3. Unter den Kryptogamen sind Brand und Mutterkorn am belangreichsten (s. den Abschnitt Pilze). Schimmel- und Hefepilze, Algen und Bakterien, die dem Mehl mitunter einen eigentümlichen Geruch und Geschmack verleihen, sind mikroskopisch nachweisbar; ihre nähere Bestimmung aber ist sehr schwierig[1]).

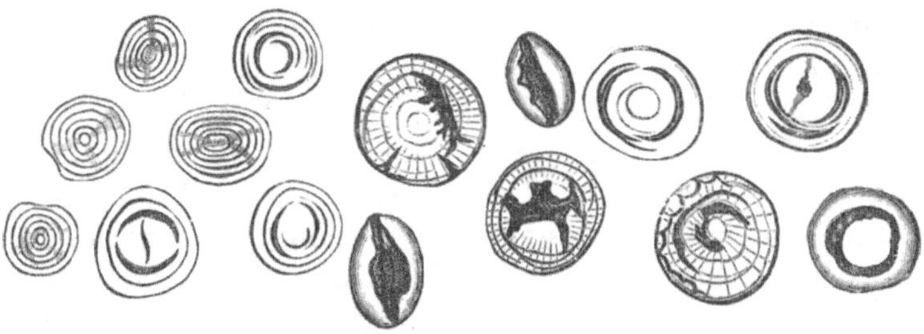

Fig. 154. Grofskörner der Weizen- (links) und Roggenstärke (rechts) im ausgewachsenen Getreide (A. E. v. Vogl).

4. Gekeimtes, ausgewachsenes Getreide. Durch den beginnenden Keimungsprozess werden die Stärkekörner teilweise gelöst. Ihre Schichtung wird deutlicher; das Korn wird rissig und lückig (Fig. 154).

5. Ausreuter. Im Mühlenbetriebe wird zwar der Reinigung des Getreides grofser Wert beigelegt, aber eine vollständige Beseitigung der Unkrautsamen und des Mutterkorns mittels der Trieurs ist nicht möglich, weil manche derselben in Form und Gröfse von den Getreidekörnern wenig verschieden sind. Am reichlichsten finden sie sich in kleiereichen Mehlen, aber auch in den feinsten Mehlnummern fehlen sie selten ganz.

6. Fremde Mehle. Weizenmehl wird mit anderen Mehlen hier und da gemischt; häufiger scheint Roggenmehl mit minder-

---

[1]) Auch die Brotkrankheiten rühren von Pilzen her, und zwar das Verschimmeln von Schimmelpilzen, das Fadenziehen vom Kartoffelbazillus und das Bluten („blutende Hostie") von *Micrococcus prodigiosus* Cohn. Nur der Kartoffelbazillus überdauert die Backtemperatur.

wertigen Weizenmehlen verfälscht zu werden. Das im Preise höherstehende Buchweizenmehl wird bei uns oft mit Weizen- und Reismehl, in Amerika auch mit Maismehl gefälscht u. a. m.

Sägespäne, Maiskolben und ähnliche wertlose Produkte können nicht fein genug vermahlen werden, um zur Fälschung feiner Mehle tauglich zu sein, aber in Futtermehlen findet man sie nicht selten.

Untersuchungsmethoden.

Vorprüfung. Farbe, Geruch, Geschmack und andere physikalische Eigenschaften sollen zuerst festgestellt und mit zuverlässigen Mustern verglichen werden. Dumpfiges, schimmeliges, faul riechendes, von Tieren besiedeltes Mehl ist zur Nahrung ungeeignet, wie immer die mikroskopische oder chemische Untersuchung ausfallen möge.

Farbe. Seit 1894 wird die Farbe des Mehles durch „Pekarisieren" bestimmt[1]). Etwa zwei Teelöffel des zu prüfenden Mehles werden auf einer Glasplatte zu einem 5 cm langen, 3 cm breiten und 2 mm hohen Parallelepiped geschichtet und mit einer Glasplatte glatt gedrückt. Noch deutlicher tritt der Farbenunterschied hervor, wenn die das Mehl tragende Glasplatte sodann in geneigter Lage etwa eine Minute unter Wasser getaucht wird.

Chloroformprobe von Caillettet zum Nachweis mineralischer Verunreinigungen. In einem Proberöhrchen werden etwa 2 g Mehl mit 25 ccm Chloroform übergossen. Beim Stehen setzen sich die Mineralstoffe zu Boden, während die Mehlbestandteile oben schwimmen. Der Bodensatz kann chemisch analysiert werden. Die Menge der Mineralstoffe wird durch den Aschengehalt des Mehles bestimmt.

Chloroformprobe von Beneke dient nicht allein zum Nachweis von Mineralstoffen, sondern auch zur Unterscheidung von Roggen- und Weizenmehl. Man bringt 100 g des Mehles in einen 1/2 Liter-Kolben, füllt 2/3 mit Chloroform, verkorkt und schüttelt so lange, bis keine Klümpchen bleiben. Dann wird nahezu voll gefüllt, kräftig geschüttelt und stehen gelassen. Es setzt sich zunächst brauner Schmutz und weiterhin ein Niederschlag ab, der hauptsächlich aus Kleberzellen besteht. Nach

---

[1]) Vereinbarungen zur einheitlichen Untersuchung und Beurteilung von Nahrungs- und Genufsmitteln. Berlin 1899.

ungefähr 24 Stunden wird dieser Niederschlag, zunächst mit freiem Auge, dann unter dem Mikroskop besehen. Die Kleberzellen des Roggens sind blau oder olivengrün, die des Weizens gelbbraun.

Salzsäure-Alkoholprobe von VOGL dient zum Nachweis fremder Mehle und Ausreuter. In einem Proberöhrchen mischt man 10 ccm Alkohol (70 %) mit etwa 5 % Salzsäure, fügt 2 g des zu prüfenden Mehles hinzu, schüttelt kräftig, erwärmt ein wenig, läfst stehen und beobachtet dann die Farbe der überstehenden Flüssigkeit, ihres Meniskus und des Bodensatzes. Bei reinem Weizenmehl sind Flüssigkeit und Bodensatz farblos; bei unreinen Weizenmehlen, bei Roggen-, Gersten- und Hafermehlen erscheint der Meniskus gelblich, bei groben Mehlen dieser Art gelb oder rötlichgelb. Eine auffallende Färbung der Flüssigkeit deutet auf Ausreuter, und zwar orangegelb auf Raden und Taumellolch, rosenrot, violett oder purpurn auf Wicken, blaugrün oder grün auf Wachtelweizen oder Klappertopf, rot auf Mutterkorn.

Kleberprobe. Aus einer Handvoll Mehl macht man mit möglichst wenig Wasser einen Teig, und wäscht diesen unter fortgesetztem Kneten unter strömendem Wasser aus. Bei dieser Behandlung liefert Weizenmehl eine elastische Klebermasse, während andere Mehle vollständig fortgewaschen werden.

Mikroskopische Untersuchung. Die Vereinigung deutscher Müller schrieb 1882 einen Preis von 1000 M. für eine Abhandlung aus, die ein einfaches Verfahren beschreibt zum Nachweis von Verunreinigungen in Weizen- und Roggenmehl. WITTMACK gewann den Preis, und seine Abhandlung trug das Motto: „Das Mikroskop ist der beste Leitstern.“ Es ist tatsächlich nicht nur der beste, sondern oft der einzige.

Von besonderer Wichtigkeit sind: Form und Gröfse der Stärkekörner, die Lage des Kerns, die Deutlichkeit der Schichtung, ihre Zusammensetzung (s. pag. 127). Am schwierigsten ist die Unterscheidung von Weizen-, Roggen- und Gerstenstärke, von Reis-, Hafer- und Lolchstärke, von Mais- und Sorghumstärke.

Fügt man Kali- oder Natronlauge zum Wasserpräparate, so werden mit der Stärke zugleich die Proteïnsubstanzen gelöst und das zellige Gewebe aufgehellt. Finden sich zellige Gewebe (Kleie und Ausreuter) spärlich, so können sie nach einer der folgenden Methoden gesammelt werden.

Schaumprobe nach SCHIMPER[1]). Man kocht 3 g des Mehles mit 100 ccm Wasser unter fortwährendem Schütteln. Der sich bildende Schaum enthält den gröfsten Teil der Zellgewebe und kann unmittelbar mikroskopisch untersucht werden.

Diastaseprobe nach STEINBUCH[2]). Aus 10 g Mehl wird mit 40 ccm Wasser eine Paste angerührt und 150 ccm siedenden Wassers allmählich zugesetzt. Auf 55—60° abgekühlt, werden 30 ccm Malzextrakt (durch dreistündige Digestion von 1 T. frischen Malzes mit 10 T. Wasser bei Zimmertemperatur bereitet) zugesetzt und 15—30 Minuten bei 55—60° gelassen. Die Flüssigkeit wird sodann abgegossen, der Rückstand 1—2 mal gewaschen und schliefslich mit 1 % Natronlauge behandelt.

Diese Methode ist mühsamer als die beiden folgenden und bietet nur dann Vorteile, wenn die Gewebsreste zart sind.

Salzsäuremethode. Man versetzt 5 g Mehl mit 500 ccm Wasser, kocht, fügt 5 ccm Salzsäure zu, kocht 15 Minuten, läfst absetzen, dekantiert und bringt den Rückstand zum Zwecke der mikroskopischen Untersuchung in Wasser, Chloralhydrat oder verdünnte Lauge.

LAUCKS Methode[3]) ist dieselbe wie die zur Bestimmung der Rohfaser; nur wird 2,5 %ige Natronlauge verwendet und die Lösung fünf Minuten gekocht.

Stärke, Eiweifskörper und Fett werden durch diese Behandlung vollständig gelöst, und die Gewebe werden sehr durchscheinend; weil aber die Zellwände quellen, ist sie zum Nachweis von Weizen- in Roggenmehl oder umgekehrt nicht geeignet. Am wenigsten werden die Gewebe durch die SCHIMPERsche Schaumprobe verändert.

Naphthylenblaumethode von VOGL[4]). Etwa 2 g Mehl werden mit einer kleinen Menge Naphthylenblaulösung (1,0 : 100 ccm abs. Alkohol : 400 ccm Wasser) gemischt, mit einem Pinsel auf den Objektträger gestrichen, trocknen gelassen und dann unter einem Tropfen ätherischen Öles (Sassafrasöl) oder von Kreosot, Guajakol mikroskopiert. Man übersieht dann mit grofser Deut-

---

[1]) Anleitung zur mikroskopischen Untersuchung der vegetabilischen Nahrungs- und Genufsmittel. Jena 1900.

[2]) Berichte d. D. Chem. Ges. XIV.

[3]) Vereinbarungen zur einheitlichen Untersuchung usw. Berlin 1899.

[4]) Die wichtigsten vegetabilischen Nahrungs- und Genufsmittel. Wien 1899.

lichkeit alle, auch die feinsten blaugefärbten Gewebsreste; nur die Stärkezellen und die Stärkekörner bleiben ungefärbt.

BAMIHLS Kleberprobe. Wird eine kleine Probe des Mehles in einem Wassertropfen auf dem Objektträger mit dem Deckglase hin und her gewälzt, so ballt sich der Kleber zu einer zähen, fadenziehenden Masse zusammen. Ähnliche Kleberspindeln bilden sich auch in viel geringerer Menge im Maismehl, aber nicht im Roggenmehl.

I. Bestimmung der Identität.

In einen auf den Objektträger gebrachten Wassertropfen bringt und verteilt man so viel von der Mehlprobe, als an der befeuchteten Präpariernadel haften bleibt, und beobachtet die Gröfse, Form und Struktur der Stärkekörner. Ohne weiteres erkennt man Mais- und Buchweizenmehl; schwieriger ist die Unterscheidung des Weizen- und Roggenmehles.

Die Körner der Maisstärke (Fig. 148) sind mittelgrofs, polygonal oder rundlich, mit meist dreistrahliger Kernspalte.

Die Körner des Buchweizens (Fig. 245) sind kleiner und ungleich, oft zu Stäbchen vereinigt.

Weizen- und Roggenstärke gehören demselben Typus an. Die Körner sind linsenförmig, in der Gröfse sehr verschieden, die Grofskörner undeutlich konzentrisch geschichtet (Fig. 146). Im Roggen finden sich stets einzelne durch Gröfse und strahlige Kernspaltung auffallende Körner, wie sie im Weizen nicht vorkommen. Die BAMIHLsche Kleberprobe (s. oben) sichert die Diagnose.

2. Nachweis von Mischungen.

Es genügen dazu mitunter Wasserpräparate.

Im Mais- und Buchweizenmehl fallen auf den ersten Blick die viel gröfseren, kreisrunden Stärkekörner des Weizentypus auf.

Weniger auffallend, aber immer noch leicht erkennbar ist Mais oder Buchweizen in Weizen- oder Roggenmehl. Die Kleinkörner der letzteren sind zwar von einzelnen Mais- oder Buchweizenkörnern nicht zu unterscheiden, aber die typischen Körner des Maises oder Buchweizens sind, auch wenn sie in geringer Menge vorhanden sein sollten, kaum zu übersehen.

Roggen- in Weizenmehl ist ebenfalls aus der Betrachtung der Stärke allein nachweisbar, nicht aber umgekehrt Weizen- in Roggenmehl. Findet man im Weizenmehl strahlig zerklüftete Grofskörner, so deuten diese auf Beimischung von Roggen, aber Weizen besitzt keine Stärkekörner, die nicht auch im Roggen vorkommen würden.

Einen brauchbaren Anhaltspunkt zum Nachweis von Weizen in Roggen bietet die BAMIHLsche Kleberprobe (pag. 157), falls die Menge des beigemengten Weizenmehles nicht allzu gering ist. Das sicherste Kennzeichen bieten die Kleienbestandteile und unter diesen besonders die Querzellen: beim Weizen sind ihre Schmalseiten dünnwandig und lückenlos gefügt, während sie beim Roggen stark verdickt und abgerundet sind, daher Zwischenzellräume bilden. Die Langseiten sind ferner beim Weizen schärfer geperlt als beim Roggen. Diese Unterschiede sind aber nicht immer deutlich ausgeprägt; man mufs daher, um sicher zu gehen, mehrere Präparate durchmustern und auch die Haarformen (s. Fig. 174 und 179) beachten.

Literatur.

BENECKE (2); HANAUSEK, T. F. (15); HARZ (17); KOENIG (21); VOGL (42); WITTMACK (10).

BENECKE: Landw. Versuchsstat. 1889.

BERTHOLD: Nachw. d. Weizenmehles im Roggenmehl. Zeitschr. f. landw. Gew. Beilage, 1883.

HANAUSEK: Unterscheidung d. Weizen- u. Roggenmehles in Zeitschr. d. allg. öst. Ap.-V. 1887.

v. HÖHNEL: Die Stärke u. die Mahlprodukte. Kassel 1882.

MAURIZIO: Getreide, Mehl und Brot. Berlin 1903.

MOELLER: Art. „Mehl“ in Real-Enzykl. d. ges. Pharm.

VOGL: Die gegenwärtig am häufigsten vorkommenden Verfälschungen usw. der Mehle. Wien 1880.

WITTMACK: Anleitung zur Erkennung organischer und anorganischer Beimengungen in Roggen- u. Weizenmehl. Leipzig 1882.

Brot.

In keinem Brote ist die Verkleisterung, trotzdem die Erwärmung im Backofen bei grofsen Broten 250—270°, bei kleinen Broten 200° erreicht, so weit vorgeschritten, dafs nicht zahlreiche Stärkekörner gefunden werden könnten, welche ihre Abstammung mit derselben Sicherheit erkennen liefsen wie im unveränderten

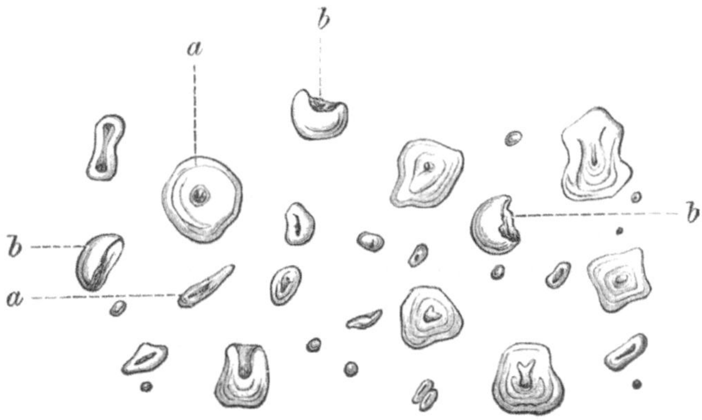

Fig. 155. Stärkekörner aus Weizenbrot;
a typische, kaum veränderte Formen,
b gebrochene und durch Quellung veränderte Formen.

Mehle. Legt man einige Brotkrümchen von der Gröfse eines Stecknadelkopfes auf den Objektträger in einen Tropfen Wasser und drückt mit dem Deckglase etwas reibend auf das Brot, so findet man am Rande des so hergestellten Breipräparates Stärkekörnchen, wie sie in der Fig. 155 dargestellt sind. Trotz der verschiedenen Quellungsphänomene wird man Roggen- und Weizenstärke zu unterscheiden vermögen, da die letzteren niemals so grofs sind und ihnen die charakteristische strahlige Kernspaltung der Roggenstärke fehlt. Man wird sagen können, ob in einem Weizenbrote auch Roggenmehl enthalten ist, nicht aber umgekehrt, weil im Roggenmehle immer auch viele Stärkekörner vorkommen, welche von Weizenstärke absolut nicht zu unterscheiden sind. Es mufs hierbei bemerkt werden, dafs zu jedem „bäckergewerbegemäfs" erzeugten Roggenbrote stets auch etwas Weizenmehl genommen werden mufs, damit das Brot nicht zu dicht wird (und der Teig nicht sitzen bleibt). Die kohärente Beschaffenheit des Weizenklebers, die durch die Entstehung von Kleberspindelchen bei der BAMIHL schen Kleberprobe (s. d. pag. 157) angezeigt wird, läfst sich auch mit einem Präparat aus der Weizenbrotkrume vortrefflich ausführen. Eine Beimischung von Gersten-, Hafer- oder Reismehl wird man auf Grund dieser einfachen Vorprüfung nicht zu bestimmen imstande sein. Dagegen ist die Erkennung von Mais, Kartoffeln und Hülsenfrüchten wegen der charakteristischen Form ihrer Stärkekörner (s. d.) sehr leicht.

In Quetschpräparaten aus sogenanntem „schwarzen" und „gemischten" Brote findet man oft Kleienbestandteile, welche die Diagnose wesentlich unterstützen können. In zweifelhaften Fällen und bei dem aus feinem, kleiearmem Mehle hergestellten Weifsbrot mufs die Kleie gesammelt werden. Es geschieht am einfachsten, indem man einige Brotbrocken in einem Becherglase mit durch Salzsäure angesäuertem Wasser etwa 1/2 Stunde unter wiederholtem Umrühren kocht. Dadurch geht der gröfste Teil des Brotes in Lösung; man filtriert und untersucht den Filterrückstand unter dem Mikroskope.

Man findet in demselben nicht allein reichlich die Kleie der Zerealien, sondern auch die zelligen Fragmente zufälliger oder absichtlicher Verunreinigungen.

Literatur.

v. CZADEK und KORNAUTH: Über fadenziehendes Brot. Landw. Versuchsw. V, 1902.

MAURIZIO: Getreide, Mehl und Brot. Berlin 1903.

Früchte und Samen.

Aus dem Stempel der Blüte entwickelt sich die Frucht. An dem Stempel unterscheidet man den Fruchtknoten, den Griffel und die Narbe, doch kann der Griffel sehr verkürzt sein oder fehlen, so dafs die Narbe unmittelbar auf dem Fruchtknoten aufsitzt.

Der Fruchtknoten ist ein aus Blattgebilden zusammengesetzter Hohlraum. Man kann sich die Entstehung desselben so vorstellen, dafs ein Blatt sich einrollt und mit seinen Rändern verwächst. Es können aber auch zwei und mehr Blätter einen Fruchtknoten bilden, und dieser kann in jedem Falle ein- oder mehrfächerig sein.

Die Fruchtblätter (Karpelle) haben im wesentlichen den Bau der Laubblätter, sind also innen und aufsen von einer Oberhaut bedeckt, zwischen denen sich chlorophyllhaltiges Gewebe befindet.

In der Fruchtknotenhöhle sitzen an bestimmten Stellen der Wand (Placenta), meist an den Nähten oder Scheidewänden, die Samenknospen. Das sind einfach gebaute Körper, die entweder unmittelbar oder mittels eines Stieles an der Placenta befestigt sind. Dieser Stiel heifst Nabelstrang (Funiculus) und besteht hauptsächlich aus Leitbündeln.

Wird die Blüte nicht befruchtet, dann geht sie samt dem Stempel zugrunde. Findet aber Befruchtung statt, dann entwickelt sich aus der Samenknospe der Same, aus der Fruchtknotenwand die Fruchtwand. Beide zusammen, Fruchtwand und Samen, bilden die Frucht.

Wenn an der Fruchtbildung noch andere Blütenteile sich beteiligen, entsteht eine Scheinfrucht. Erdbeeren, Feigen, Maulbeeren sind beispielsweise Scheinfrüchte. Bei der Erdbeere sitzen die Früchtchen (sog. Kerne) auf der verdickten Blüten-

das Tikmehl, Tikor oder Tikur, auch Travankora-, Bombay-, Malabar-, Tellichery-Arrowroot, die Stärke aus den knolligen Wurzelstöcken mehrerer Gelbwurzarten (*Curcuma angustifolia* Rxb., *C. leucorrhiza* Rxb., *C. rubescens* Rxb. u. a. — *Zingiberaceae*). Sie ist rein weifs und fein. Die Körner sind immer einfach, meist 35—60 μ, nicht über 75 μ lang, kaum halb so breit, flach, so dafs sie häufig — auf der Kante stehend — spindel- oder stäbchenförmig erscheinen. In der Flächenansicht ist ihr Umrifs einem zugebundenen Sacke vergleichbar: elliptisch, eiförmig, spatelförmig, gerundet-rechteckig, am schmäleren Ende in einen kurzen, stumpfen Fortsatz ausgezogen, in welchem der Kern liegt. Die Schichtung, welche dicht, scharf und deutlich ist, hat daher eine aufserordentliche Exzentrizität. Spalten werden nicht beobachtet.

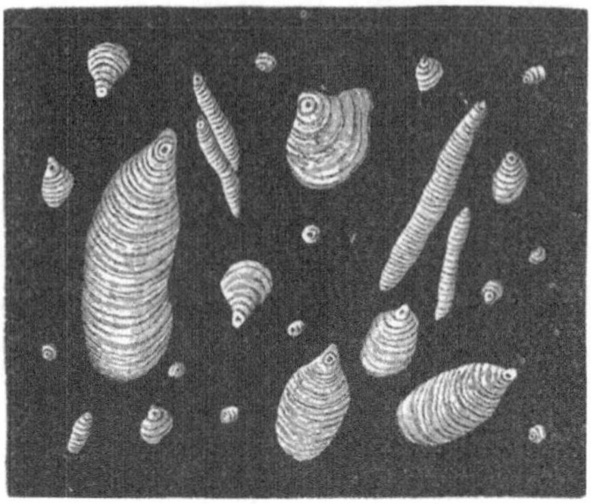

Fig. 140. Curcumastärke.

Cannastärke.

Queensland-Arrowroot.

(Fig. 141.)

Unter diesem Namen, auch als Neu-Südwales- und ostindisches Arrowroot, kommt die Stärke aus den Wurzelstöcken mehrerer Blumenrohrarten (*Canna indica* L., *C. Achiras* Gill [Mendoza], *C. edulis* Edw., *C. coccinea* Rosc. [Tous les mois-Arrowroot] u. a.) in den Handel. Sie ist die grobkörnigste von allen, indem Körner von 50—70 μ sehr gewöhnlich, aber auch solche von 70—130 μ nicht selten sind. Die allermeisten Körner sind einfach, einzelne halb zusammengesetzt. Ihre Gestalt ist flach, im Umrifs elliptisch, breit eiförmig, nierenförmig, am breiten Ende wie abgestutzt, selbst ausgerandet, in eine kurze dreieckige Spitze ausgezogen. In dieser oder ganz nahe am Rande, nie in der Mitte, liegt

achse, bei der Feige auf dem hohlen Blütenboden, bei der Maulbeere bilden die Perigonblätter das Fruchtfleisch.

Enthält eine Blüte mehrere Fruchtknoten, so bilden diese Sammelfrüchte (z. B. Himbeere). Die aus einem Blütenstand hervorgegangenen Früchte bilden einen Fruchtstand (z. B. die Weintraube). Wenn die Einzelfrüchte desselben dicht gedrängt stehen (z. B. in der Maulbeere), sehen sie Sammelfrüchten ähnlich. Beide können auch Scheinfrüchte sein; so ist die Erdbeere eine Schein-Sammelfrucht, die Maulbeere ein Schein-Fruchtstand.

Zu den Scheinfrüchten zählt man nicht die von Blatthüllen („Spelzen") umwachsenen Früchte der Gräser.

Samen.

An reifen Samen unterscheidet man die Schale und den Kern.

Die Samenschale (Testa) besteht aus der Oberhaut und einigen Zellschichten (Fig. 156). Die Zellen der Samenoberhaut gleichen denen der Blattoberhaut und sind wie diese oft zu mannigfachen Haargebilden (Trichomen) ausgewachsen. Spaltöffnungen fehlen. — Die unter der Oberhaut gelegenen Zellschichten können aus gleichartigem Parenchym bestehen, oder sie enthalten mehrere Lagen eigenartig geformter oder durch eigenartige Inhaltsstoffe ausgezeichneter Zellen.

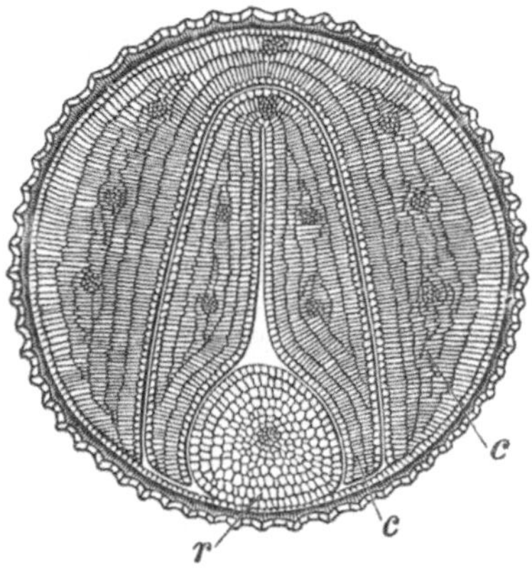

Fig. 156. Senfsame im Querschnitt vergrößert (A. Tschirch); c die beiden gefalteten Keimblätter, r das Würzelchen.

In der Samenhaut verzweigen sich die Leitbündel des Nabelstranges.

Der Samenkern besteht aus dem Keimling (Embryo) und dem Nährgewebe (Endosperm).

Der Keimling ist meist gegliedert, d. h. man unterscheidet an ihm das Würzelchen, die Keimblätter (Kotyledonen) und das Knöspchen (Fig. 166, *D*).

Das Nährgewebe oder Sameneiweiß ist ungegliedert; es ist eine kompakte Masse, die den Keimling umgibt wie das Hühnereiweiß den Eidotter (Fig. 157). Jedoch ist das Sameneiweiß mitunter in zwei Schichten gesondert, deren äußere man als Perisperm von dem inneren Endosperm unterscheidet (Fig. 159).

Die Menge des Sameneiweifses steht bei jeder Samengattung in einem bestimmten Verhältnis zur Gröfse (bezw. Entwicklung) des Keimlings, und man kann im allgemeinen sagen: Je entwickelter der Embryo, desto kleiner ist seine Eiweifsmenge. Im besonderen kann man unterscheiden:

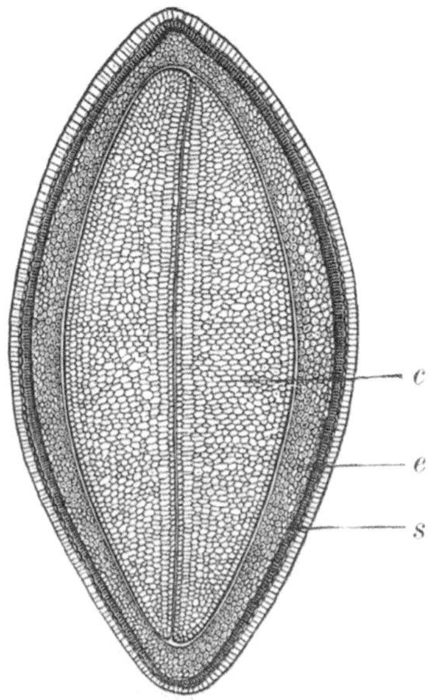

Fig. 157. Querschnitt des Leinsamens; c Keimblätter, e Eiweifs (Nährgewebe), s Samenschale.

1. Samen, deren Kern nur aus dem Keimling besteht. Schält man derartige Samen (z. B. Mandeln, Eicheln), so stöfst man sofort auf die mächtig entwickelten Keimblätter (Fig. 156). Die mikroskopische Untersuchung der Schale zeigt dann freilich oft, dafs ein Rest des Nährgewebes mit der Samenschale verwachsen ist und mit ihr heruntergezogen wird.

2. Samen, deren Keimling sichtlich in Nährgewebe gebettet ist (Fig. 157). Um den Keimling herauszuholen, genügt es also nicht, den Samen zu schälen, sondern es mufs auch das ringsum geschlossene Nährgewebe durchschnitten werden.

3. Samen, deren Keimling winzig klein ist im Verhältnis zum Nährgewebe. Der Kern besteht fast nur aus kompaktem Nährgewebe (z. B. Muskatnufs, Kaffee), und man mufs die Lage des Keimlings kennen, um ihn auf Durchschnitten zu finden (Fig. 158).

Fig. 158. Muskatnufs, der Länge nach durchschnitten; am Grunde des Nährgewebes der Embryo.

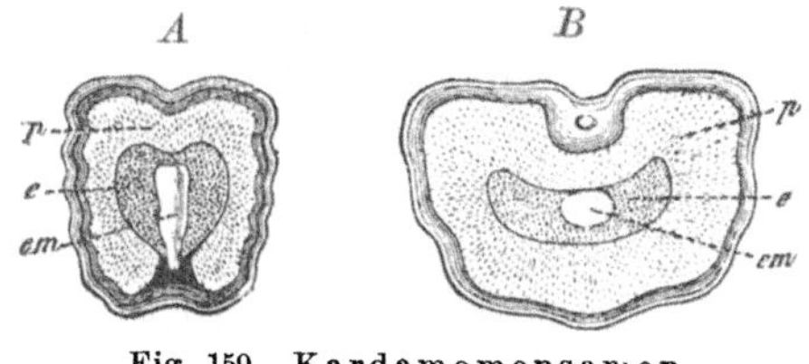

Fig. 159. Kardamomensamen (nach LUERSSEN); A Längsschnitt 3fach vergr., B Querschnitt 5fach vergr.; p Perisperm, e Endosperm, em Embryo.

4. Samen, deren Keimling von einem doppelten Nährgewebe umgeben ist (z. B. Kardamomen, Fig. 159).

Das Nährgewebe führt seinen Namen, weil es die zur Entwicklung des Embryo erforderliche Nahrung enthält. Diese besteht hauptsächlich aus Kohlehydraten (Stärke und Zellulose), Fett und Eiweifs.

Eiweifs fehlt niemals, tritt aber in der Menge zurück gegen die beiden anderen Nährstoffgruppen. Es findet sich als formlose Masse oder als Aleuron- oder Proteïnkörner von verschiedener Gröfse und Gestalt, oft mit Einschlüssen (Fig. 160). Eiweifsstoffe werden durch Jodlösungen gelb bis braun gefärbt. In Alkohol sind sie unlöslich, in Wasser teilweise, in Laugen vollständig löslich (s. pag. 17).

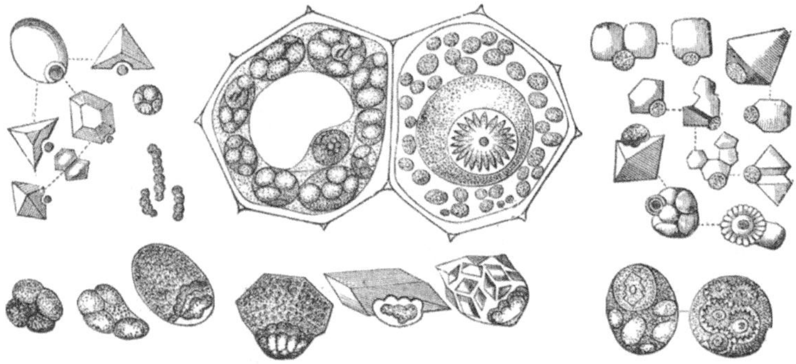

Fig. 160. Aleuron (TH. HARTIG), in der Mitte zwei mit Aleuron gefüllte Zellen.

Um die Aleuronkörner in den sie umhüllenden Fettmassen deutlich zu unterscheiden, genügt es, die Präparate in fetten oder ätherischen Ölen zu besehen, oder man löst das Fett durch Äther oder Ätherweingeist. In derart entfetteten Präparaten sieht man in vielen Aleuronkörnern kugelige, seltener kropfige Gebilde verschiedener Gröfse, einzeln oder zu mehreren (Globoïde). Neben ihnen finden sich mitunter kleine Kristalle aus Calciumoxalat in Form von Nadeln, Täfelchen, Drusen und Rosetten. Die dritte Art von Einschlüssen sind die Eiweifskristalle oder Kristalloïde. Auch diese finden sich nicht in allen Aleuronkörnern, erreichen aber in einigen Samen (z. B. in der Muskat- und Paranufs) beträchtliche Gröfse. Man sieht sie oft schon in Wasserpräparaten, deutlicher, wenn entfettete Schnitte in Jodtinktur oder Safranin gelegt werden, denn die Kristalloïde werden dunkler gelb bezw. rot gefärbt als die sie einhüllende Grundmasse des Aleuronkorns.

Fette finden sich spurenweise wohl in jedem Samen. Wo sie in gröfserer Menge vorkommen, verleihen sie dem Samenkern den fettfleischigen Charakter. Ölsamen können ohne besondere Kraftanwendung zerdrückt werden, lassen dabei Fett austreten und können nicht lange aufbewahrt werden, ohne ranzig zu werden. Das Fett findet sich in den Zellen meist als formlose, farblose Masse, seltener in Tropfen oder in Büscheln von Kristallnadeln. Immer ist es von reichlichem Eiweifs begleitet (z. B. Senf), oft auch von Stärke (z. B. Kakao).

Stärke, in unreifen Samen häufig zu finden, schwindet mit der Reife oft vollständig. Manche reife Samen enthalten neben Fett und Eiweifs geringe Mengen von Stärke. Viele Samen enthalten vorzugsweise Stärke, so dafs die daneben vorkommenden Fett- und Eiweifsmengen fast verschwinden. Solche Samen werden beim Trocknen hart oder mehlig und sind von unbegrenzter Haltbarkeit (z. B. Zerealien, Hülsenfrüchte, Eicheln). Die Stärkekörner sind durch Gestalt und Gröfse für viele Samen charakteristisch.

Zellulose wird in Form von Verdickungen der Zellwand gespeichert (Fig. 161). Solche Samen sind beinhart und fast unzerstörbar (z. B. Kaffee, Dattelkerne).

Der Keimling entwickelt sich auf Kosten dieser Nährstoffe und kann, wie schon bemerkt, eine beträchtliche Gröfse erreichen. Die Keimblätter sind es, die das Eiweifs fast vollständig verbrauchen und dabei sehr grofs werden; die Nährstoffe werden aus dem Sameneiweifs in die Keimblätter übertragen, und der keimende Embryo bezieht dann seine Nahrung statt aus dem Eiweifs aus seinen eigenen Keimblättern. Das Würzelchen und das Knöspchen nehmen an dieser Speicherung nicht teil; sie bleiben klein, wenn ihre Keimblätter auch noch so grofs angewachsen sind. Sie bestehen immer aus embryonalem Gewebe, d. h. aus einem zartzelligen, plasmareichen Parenchym (Fig. 171), lassen aber oft schon die Differenzierung in Haut-, Strang- und Grundgewebe wahrnehmen.

Das Gewebe der zu Speicherorganen umgewandelten Keimblätter dagegen nimmt den Charakter des Nährgewebes an. Sie besitzen zwar eine Oberhaut und sind von Leitbündelanlagen durchzogen, die beide dem eigentlichen Endosperm fehlen, aber ihre Zellen sind oft derbwandiger und stets mit Nährstoffen angefüllt (Fig. 162).

Die Samen sitzen meist lose in der Frucht und sind aus ihr leicht herauszuholen, wenn sie nicht — wie aus vielen Früchten —

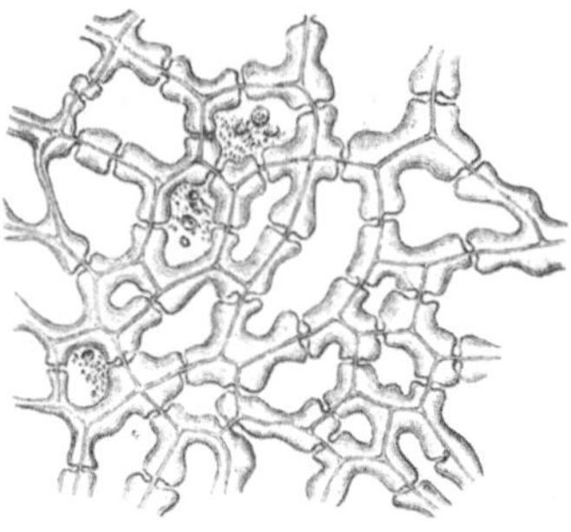

Fig. 161. Nährgewebe des Dattelkerns.

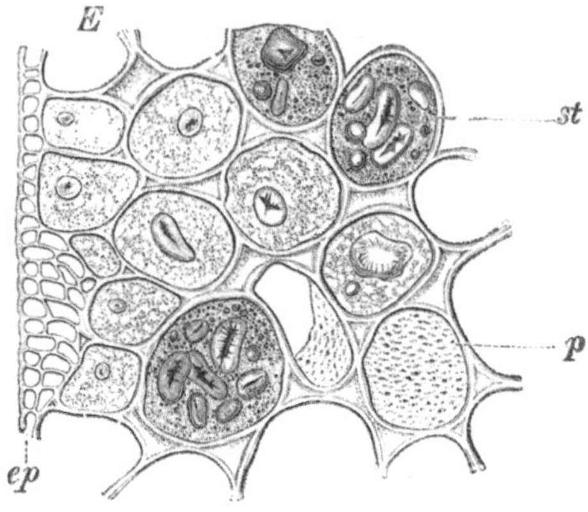

Fig. 162. Keimblattgewebe der Erbse; *ep* Oberhaut, *p* Parenchym mit Stärke (*st*) und Eiweifs.

bei der Reife herausfallen. Selten ist der Same von einer besonderen Hülle umgeben. Diese heifst Samenmantel (Arillus). So z. B. ist die Macis der Samenmantel der Muskatnufs (s. d.).

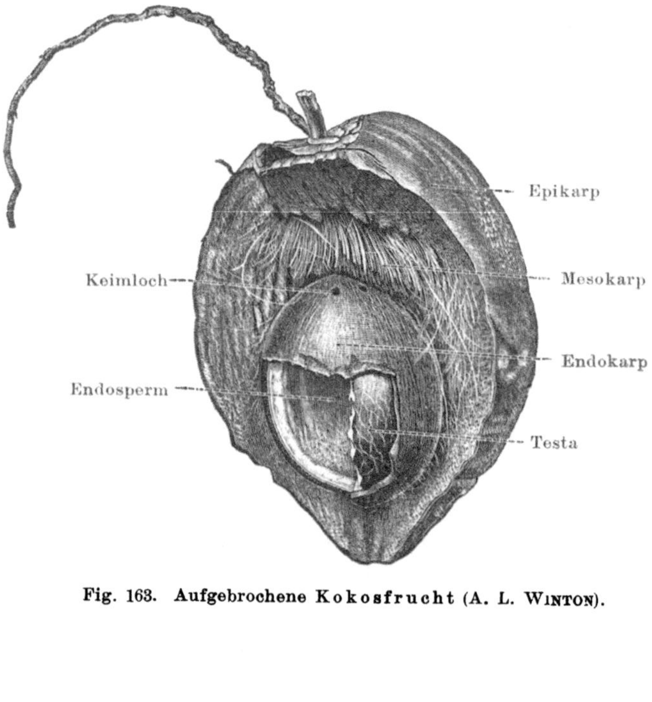

Fig. 163. Aufgebrochene Kokosfrucht (A. L. WINTON).

Frucht.

Die Fruchtwand oder Fruchtschale (Perikarp) hat als Blattgebilde den allgemeinen Bau des Blattes. Man unterscheidet an ihr die äufsere Oberhaut als Epikarp oder Exokarp, die innere Oberhaut als Endokarp und das Zwischengewebe als Mesokarp (Fig. 163 u. 165).

Das Epikarp behält alle Eigentümlichkeiten der Blattoberhaut; es besitzt Spaltöffnungen und ist oft behaart oder trägt die Spuren abgefallener Haare. Die Oberhaut des Fruchtknotens folgt dem oft kolossalen Wachstum der Frucht nicht etwa durch Vergröfserung oder Dehnung der vorhandenen Oberhautzellen, sondern durch Vermehrung derselben. In der reifen Frucht sind die aus den ursprünglich vorhandenen Oberhautzellen durch Teilung hervorgegangenen Tochterzellen in der Regel nicht unterscheidbar. Die Oberhaut (die sog. „Schale") mancher Früchte (z. B. Äpfel, Birnen, Wacholderbeeren) läfst jedoch die aus den Mutterzellen entstandenen Teilzellen deutlich erkennen (Fig. 164).

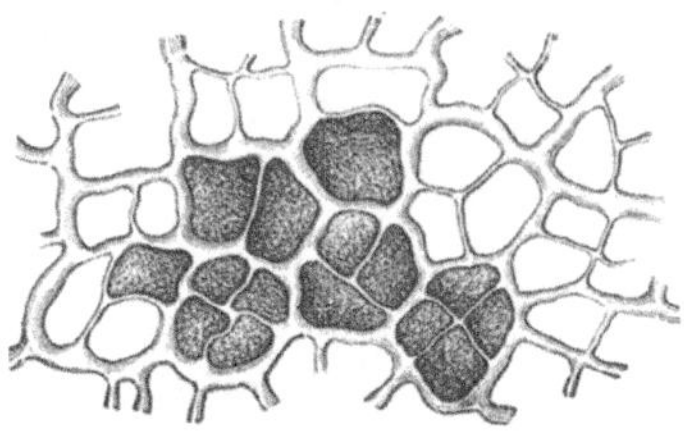

Fig. 164. Oberhaut der Birne.

Das Endokarp ist mitunter auch nur eine wenig veränderte Oberhaut. Häufiger entwickelt sie sich abweichend nach zwei Richtungen. Entweder sie sklerosiert (Fig. 165) und wird zu einer den Samen einschliefsenden Steinschale (z. B. beim Steinobst), oder sie bleibt im Wachstum zurück, obliteriert und schwindet fast ganz (z. B. beim Beerenobst). Man kann im allgemeinen beobachten, dafs schutzbedürftige Samen durch das Endokarp der Frucht geschützt werden, wenn nicht die ganze Frucht ihnen den nötigen Schutz gewährt. Viele Samen liegen der Fruchtwand innig an oder sind mit ihr verwachsen, so dafs sie ein einheitliches Gebilde zu sein scheinen (z. B. Lorbeer-, Getreide- und Umbelliferenfrüchte). Bei solchen ist das Endokarp oder die Samenschale oder es sind beide wenig ausgebildet und oft schwer zu unterscheiden, wenn man ihre Entwicklung nicht verfolgen kann.

Das dem Mesophyll analoge Mesokarp erleidet bei der Fruchtbildung und Fruchtreife die meisten Veränderungen, denn es wird zum „Fruchtfleisch". Ob dieses spärlich oder massenhaft entwickelt ist, ob es trocken oder saftig, häutig oder faserig, ölig oder steinig, wohlschmeckend oder giftig u. v. a. ist, hängt von den im Fruchtfleisch entstandenen zelligen Elementen und Inhaltsstoffen ab.

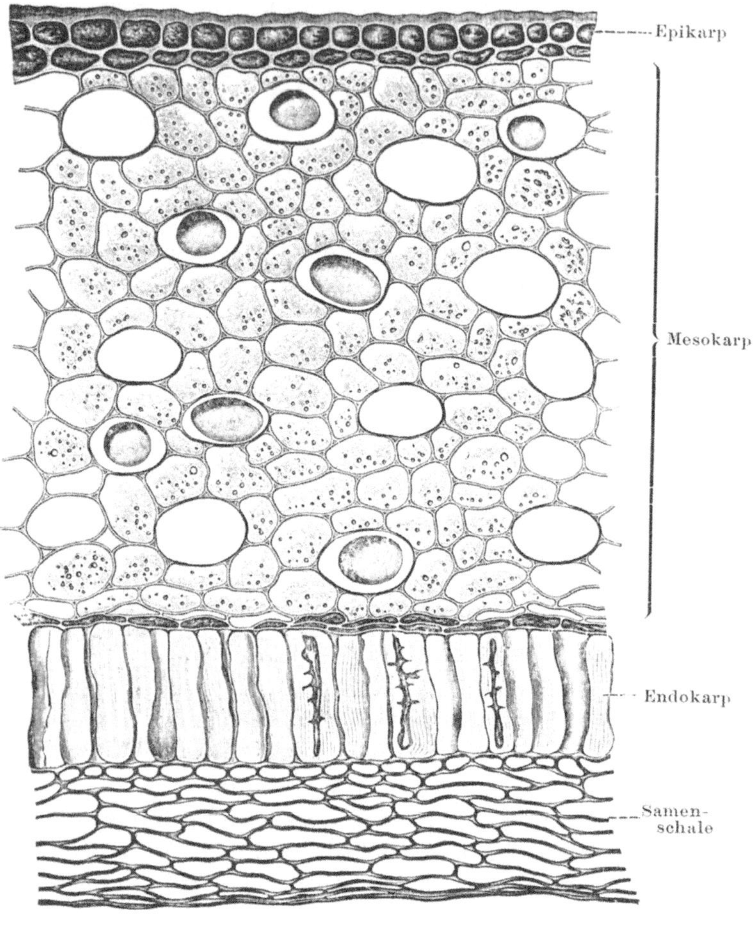

Fig. 165. Lorbeerschale im Durchschnitt.

Zum Zwecke der mikroskopischen Untersuchung müssen in der Regel Fruchtschale und Samen gesondert in Angriff genommen werden.

Querschnitte durch ein Stückchen der Fruchtwand orientieren über die Schichten derselben, über die ihnen eigentümlichen Zellformen und Inhaltsstoffe (Fig. 165). Durch geeignete Kombination von Flächenschnitten, Schab- und Quetschpräparaten sucht man genaueren Aufschlufs über jene Einzelheiten zu erlangen, die am Querschnitte als bedeutsam, aber nicht deutlich genug erkannt wurden.

Auch von den Samen und solchen Früchten, deren Fruchtwand mit den Samen verwachsen ist, werden zunächst Durchschnitte angefertigt, und zwar möglichst aus der Mitte der Samen. Sind diese zu klein, um zwischen den Fingern gehalten zu werden, so fixiert man sie in irgendeiner Klemmvorrichtung oder bettet sie in Paraffin (s. pag. 8). An den Durchschnitten erkennt man ohne weiteres die Zusammensetzung des Kerns, das Verhältnis des Sameneiweifses zum Keimling; der letztere pflegt sogar herauszufallen, während das Endosperm an der Samenschale haften bleibt. Das Mikroskop zeigt sodann die Schichten der Samenschale und die in einzelnen Teilen des Kerngewebes oft verschiedenen Inhaltsstoffe. Die Oberhaut der Samenschale pflegt hohe diagnostische Bedeutung zu haben, ihr mufs daher besondere Aufmerksamkeit auf Flächenschnitten gewidmet werden, und überhaupt soll man es nicht unterlassen, jede der auf Durchschnitten erkennbare Schicht der Samenschale durch zweckentsprechende Präparation auch in der Flächenansicht zur Anschauung zu bringen.

Zerealien [1]).

Die Brotfrüchte der zivilisierten Welt sind, mit einziger Ausnahme des Buchweizens, Früchte von Gräsern.

Die Grasfrüchte haben, so unscheinbar sie sind, einen sehr komplizierten Bau, der ohne Kenntnis des Blütenbaues kaum verstanden werden kann.

Die Gräser sind zumeist Windblütler, d. h. die Befruchtung findet mittels des vom Winde zerstäubten Pollens statt. Deshalb entbehren die meisten Grasblüten der Anlockungsmittel für Insekten, wie sie die auf Insektenbefruchtung angewiesenen Pflanzen besitzen. Sie haben weder schön gefärbte noch grofse Blumenblätter, sie riechen sehr selten, sie bilden keinen Nektar. Dagegen sind ihre Staubbeutel leicht beweglich auf dünnen Stielen befestigt, so dafs der leiseste Windhauch den reifen Pollen herausschüttelt. Ihr Fruchtknoten trägt zwei oder drei

---

[1]) Von A. L. Winton z. T. neu bearbeitet.

dicht gefiederte Narben, an denen der herumfliegende Pollen leicht haften bleibt und so die Befruchtung einleitet. Diese wesentlichen Blütenteile finden sich in den meisten Grasblüten vereinigt vor; die Gräser sind zwitterblütig (ausgenommen der Mais), was jedoch nicht ausschliefst, dafs in einzelnen Blüten die männlichen, in anderen die weiblichen Blütenteile verkümmern.

Die mannigfachen Blütenstände (Rispen oder Ähren) sind aus Ährchen zusammengesetzt, deren jedes von zwei schmalen, harten, gegenständigen Blättchen umgeben ist (Fig. 166 *A*, 1 u. 2). Diese sind die Hüllspelzen (glumae). Innerhalb der Hüllspelzen befinden sich eine oder mehr Blüten, deren jede gewöhnlich wieder von zwei Blättchen (paleae) umgeben ist. Das aufsen

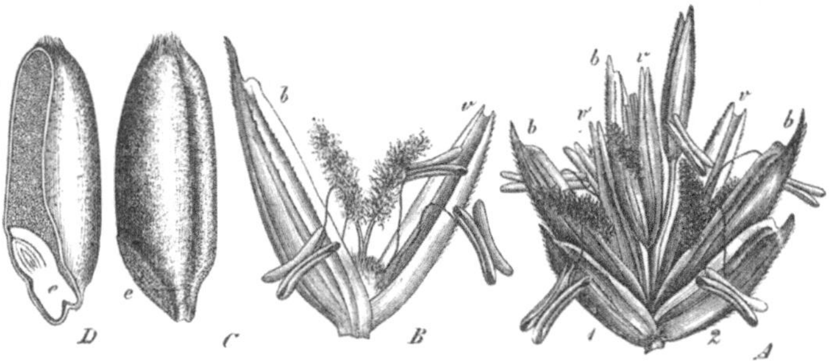

Fig. 166. Weizen (nach K. SCHUMANN);
A Ährchen, | *C* Frucht mit dem Keime *e*,
B Einzelblüte, | *D* Frucht im Längsschnitt.

gelegene, ein- oder mehrnervige Blättchen ist die Deckspelze (*B*, *b*); das innere, mit dem Rücken der Achse zugekehrte Blättchen ist zweinervig oder zweikielig und heifst Vorspelze (*v*). Diese fehlt mitunter. Zwei kleine, zu häutigen Schüppchen verkümmerte Blättchen, selten noch ein drittes an der Innenseite der Vorspelze, fafst man neuerdings als Perigonblätter auf und nennt sie Lodiculae.

Viele Ährchen sind gebärtet. Der Bart besteht aus groben, oft rauhen Borsten. Entspringen diese Borsten von den Spelzen (z. B. bei Weizen und Gerste), so nennt man sie Grannen, sonst Hüllborsten (z. B. bei Hirse).

Gewöhnlich besitzt jede Grasblüte 3 (selten 1, 2, 4 oder 6) Staubgefäfse mit zarten Staubfäden und beweglichen Staubbeuteln. Der Stempel hat 1—3, meist 2 Griffel mit federigen Narben (Fig. 166, *B*) und enthält in dem einfächerigen Fruchtknoten stets nur eine Samenanlage. Bei der Reife verwächst der Same mit der Fruchtknotenwand, und es entsteht eine trockene Schliefsfrucht (caryopsis, Fig. 166, *C* u. *D*).

Die Getreidekörner sind also trotz ihrer äufseren Ähnlichkeit mit Samen echte Früchte. Auf longitudinalen Durchschnitten (Fig. 166, *D*) sieht man innerhalb der dünnen Schale (Frucht- und Samenschale) das mehlige Endosperm und am Grunde desselben auf der Rückseite den Embryo (*e*) mit Würzelchen, Knöspchen und einem grofsen Keimblatt, dem Schildchen (scutellum). Das Schildchen trennt das Endosperm von dem

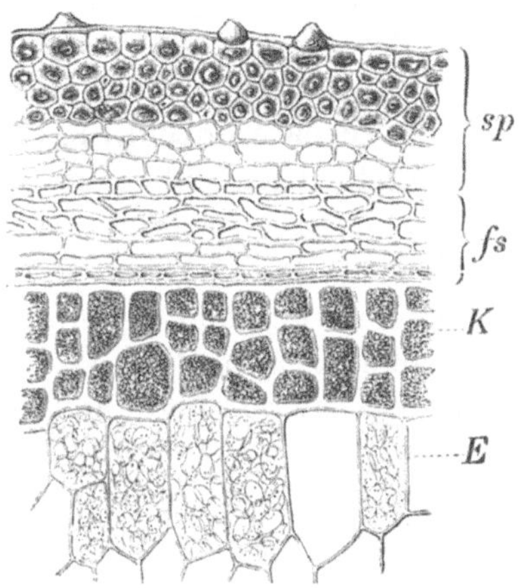

Fig. 167. Randschicht der Gerste im Durchschnitt: *sp* Spelze, *fs* Frucht- u. Samenhaut, *K* Aleuronschicht, *E* Mehlgewebe.

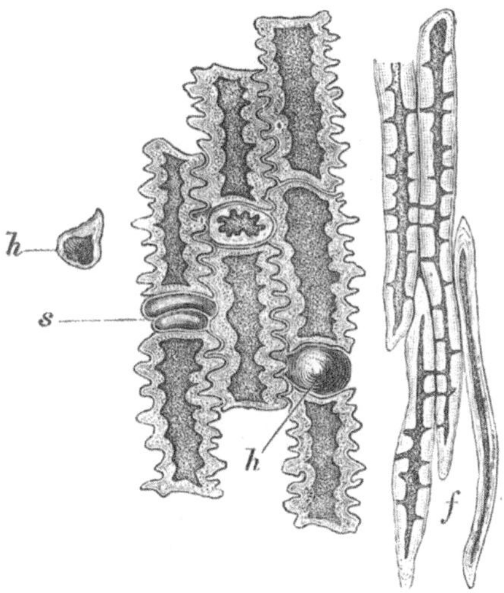

Fig. 168. Oberhaut und Hypodermfasern der Gerstenspelze; *h* Härchen, *s* halbmondförmige Zellen. *f* Fasern.

Keimling und hat die Aufgabe, bei der Keimung die Stärke zu lösen und in den wachsenden Embryo überzuleiten.

Mikroskopischer Bau.

A. **Die dicken und die häutigen Spelzen** haben den gleichen Bau. Als Blattgebilde bestehen sie aus der beiderseitigen Oberhaut und dem dazwischengelagerten Mesophyll (Fig. 167).

1. Die äufsere Oberhaut ist aus welligen, in Längsreihen angeordneten Zellen gefügt (Fig. 168). Die meisten Zellen

sind sehr lang gestreckt, und zwischen ihnen sind gewöhnlich isodiametrische Haar- oder Kieselzellen und Zwillingszellen eingeschaltet.

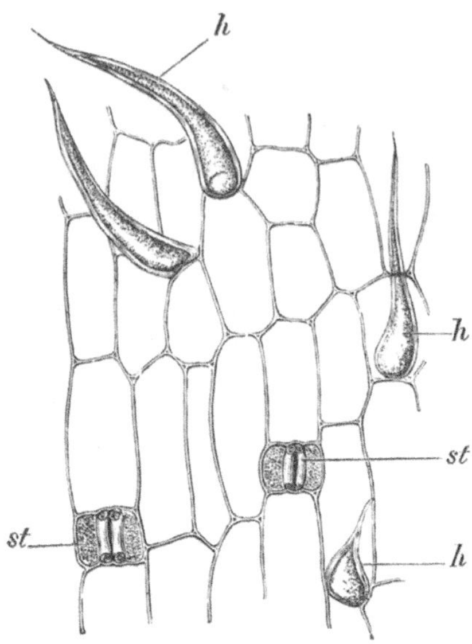

Fig. 169. **Innere Oberhaut der Gerstenspelze;** *h* Haare, *st* Spaltöffnungen.

2. Die innere Oberhaut besteht gewöhnlich aus zartwandigen Zellen von weniger ausgesprochenem Charakter. Sie ist oft behaart (Fig. 169).
3. Das Mesophyll besteht meist aus zwei Schichten: dem Faserhypoderm und dem Schwammparenchym (Fig. 167).

B. **Die Fruchtschale** zeigt bezüglich der Zellformen und der Schichtung grofse Verschiedenheiten, doch können im allgemeinen vier Schichten unterschieden werden (Fig. 170):

1. Epikarp (*ep*) aus getüpfelten Zellen mit oder ohne Haare am Scheitel;
2. Mittelschicht (*m*), der vorigen oft ähnlich;
3. Querzellen (*qu*), quergestreckt;

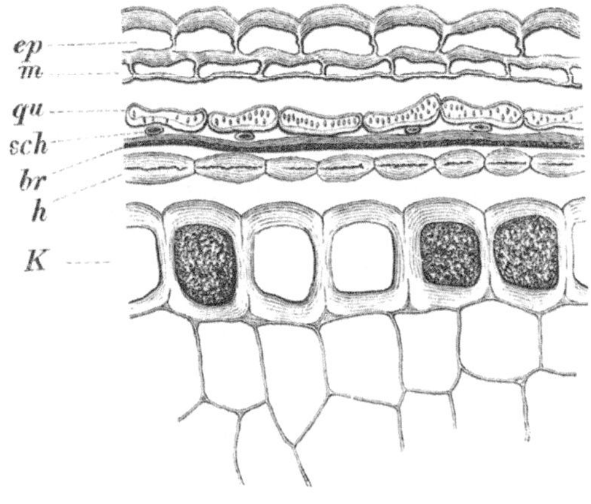

Fig. 170. **Randschichten des Roggens im Querschnitt.**

4. Schlauchzellen (*sch*), dem Endokarp entsprechend, kreuzen die Querzellen.

C. **Die Samenschale** (*br*) aus zartwandigen, meist zusammengedrückten Zellen ist gewöhnlich durch ihre braune Farbe auffallend.

D. **Das Nährgewebe** besteht aus Perisperm und Endosperm.

1. Das Perisperm, auch Nuzellarrest oder hyaline Schicht genannt, bildet gewöhnlich ein dünnes, mit der Schale verwachsenes Häutchen (*h*) aus ein oder zwei Lagen farbloser, zusammengedrückter Zellen. Bei geeigneter Präparation und unter günstigen Bedingungen sind sie in der Flächenansicht erkennbar. Bei Sorghum ist diese Schicht von diagnostischer Bedeutung.

2. Das Endosperm besteht aus dem Mehlkern und der Kleberschicht.

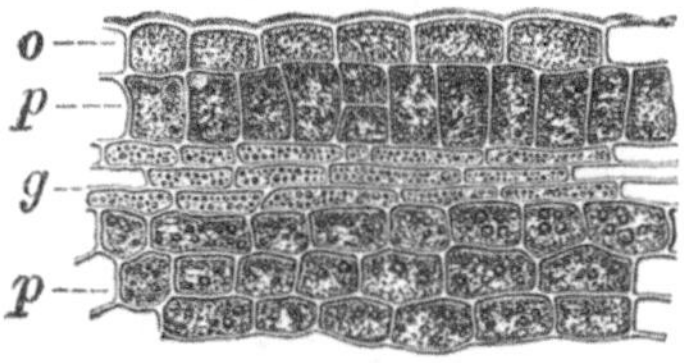

Fig. 171. Keimling im Längsschnitt; *o* Oberhaut, *p* Mesophyll, *g* Anlage des Leitbündels.

a) Der Mehlkern besteht aus einem zartzelligen Parenchym, welches dicht erfüllt ist mit Stärke von charakteristischer Gröfse und Form der Körner.

b) Die Kleberschicht (*K*), auch Aleuron- oder Glutenschicht genannt, umgibt in einfacher (nur bei der Gerste in mehrfacher) Schicht den Mehlkern. Die Zellen haben dicke Wände und enthalten neben Eiweifsstoffen Fett, aber keine Stärke. Da die Eiweifsstoffe weder Kleber noch Aleuron sind, führt die Schicht mit Unrecht ihre Namen[1]).

[1]) Die alten Mikroskopiker glaubten, dafs in der äufseren, stärkefreien Schicht des Endosperms der Kleber oder das Gluten des Kornes zu suchen sei, nannten sie daher Kleber- oder Glutenschicht. Schenk (1872) lehrte jedoch, dafs Gluten wie Stärke nur in den inneren Endospermzellen auftritt, und Johannsen (1883) zeigte, dafs der Inhalt der sogenannten Glutenzellen in Fett gebettete Aleuronkörner seien. In den letzten zwanzig Jahren hat der Name „Aleuronzellen" den früheren allmählich verdrängt, und v. Höhnel, Berthold und andere glaubten die Gröfse der Aleuronkörner zur Unterscheidung verschiedener Getreidearten benutzen zu können. Brahm und Buchwald haben neustens gefunden, dafs der Name „Aleuronzellen" ebenso irrtümlich ist wie der frühere, da die angeblichen Aleuron-

E. **Das Embryonalgewebe** (Fig. 171) ist kleinzellig. Es enthällt Fett und Eiweifs, keine Stärke.

Analytischer Schlüssel.

I. Auf dem Bau der Spelzen fufsend.

A. Oberhaut der Aufsenseite aus gewellten Zellen nebst Rundzellen (oft zu Haaren ausgewachsen) und Zwillingszellen.

a) Schwammparenchym aus sternförmigen Zellen.

1. Die Rundzellen bilden konische Haare; Kiel der Vorspelze ist sägeartig behaart: Hafer.

b) Schwammparenchym aus rechteckigen Zellen.

2. Rundzellen und Spelzenkiel wie beim Hafer: Spelt.
3. Rundzellen wie beim Hafer, jedoch Kiel der Vorspelze nicht behaart: Gerste.
4. Anstatt der Rundzellen Haarspuren: Sorghum.
5. Rundzellen grofs und getüpfelt; gewellte Zellen oft kurz: Lolch.
6. Rundzellen mit gewellter und getüpfelter Wand; gewellte Zellen lang: Trespe.

B. Oberhaut der Aufsenseite aus dickwandigen, nicht gewellten Zellen mit Haaren.

7. Die Zellen des häutigen Randes sind dünnwandig und gewellt: Mais.

C. Oberhaut der Aufsenseite aus meist gleichartigen, stark verdickten und tief gewellten Zellen.

a) Die Oberhautzellen sind breiter als lang, farblos.

8. Oberfläche rauh, behaart; Schwammparenchym aus rechteckigen Zellen: Reis.

b) Die Oberhautzellen sind etwas länger als breit, farblos oder gefleckt.

9. Oberfläche farblos: Kolben- und Rispenhirse.
10. Oberfläche gefleckt: Borstengras.

II. Auf dem Bau der Fruchtschale (Kleie) fufsend.

A. Die gestreckt-polygonalen Querzellen bilden eine geschlossene Schicht.

a) Langseiten der Querzellen dickwandig; deutlich getüpfelt.

1. Haare unter 1 mm lang, englichtig: Weizen.
2. Haare oft über 1 mm lang: Spelt.

b) Langseiten der Querzellen undeutlich getüpfelt.

3. Ihre Schmalseiten abgerundet und gequollen; Haare weitlichtig: Roggen.
4. Schmalseiten der Querzellen nicht gequollen: Emmer.
5. Querzellen wie beim Roggen; Haare wie beim Weizen: Einkorn.

---

körner in Wirklichkeit Fettkügelchen sind, die in eine amorphe Proteïnmasse gebettet sind. Als besser entsprechenden Namen schlagen sie vor „Proteïnzellen“ oder noch exakter „stärkefreie Randzellen“ des Endosperms.

c) Querzellen dünnwandig, nicht getüpfelt.
6. Querzellen zweischichtig: Gerste.
7. Haare sehr lang, am Grunde verengt: Hafer.
8. Gewöhnlich mit einer Pilzschicht: Lolch.

B. Querzellen wurmförmig, keine geschlossene Schicht bildend.
9. Epikarp (Oberhaut der Fruchtschale) aus quergestreckten, ungetüpfelten, an der Schmalseite gewellten Zellen: Reis.
10. Epikarp und Hypoderm aus gewellten und getüpfelten Zellen: Sorghum.
11. Epikarp aus gewellten, nicht getüpfelten Zellen: Hirse, Borstengras.

C. Die Querzellen bilden ein Schwammparenchym.
12. Zellenäste lang und schmal; Epikarp und Mesokarp gut entwickelt; Zellen getüpfelt: Mais.
13. Zellen sternförmig oder unregelmäfsig; Epikarp aus getüpfelten Zellen; Mesokarp unentwickelt; Endosperm aus dickwandigen Zellen: Trespe.

III. Auf Eigentümlichkeiten der Stärke fufsend.

A. Gemenge aus Grofs- und Kleinkörnern; Grofskörner meist über 20 μ, rundlich, mit undeutlichem Kern.
1. Viele über 50 μ, mit strahliger Kernspalte: Roggen.
2. Einige über 50 μ: Weizen, Spelt, Emmer.
3. Keine über 50 μ: Gerste.

B. Korngröfse wenig verschieden.
4. Körner meist über 15 μ, polygonal und rundlich, mit deutlicher Kernspalte: Mais, Sorghum.

† Körner unter 20 μ, meist polygonal.

a) Mitunter in Aggregaten.
5. Vereinzelt spindelförmige Körner: Hafer.
6. Keine spindelförmigen Körner: Reis, Lolch.

b) Niemals in Aggregaten.
7. Nach Laugenbehandlung bleibt ein Netzwerk zurück: Hirse, Borstengras.

†† Körner unter 20 μ, eiförmig.
8. Längliche Kernspalte: Trespe.

Weizen[1]).

Der gemeine Weizen (*Triticum sativum* var. *vulgare* [VILL.] HACKEL) ist die wichtigste Getreideart. Er wächst in den gemäfsigten Teilen der ganzen Erde und wird als Winter- und Sommerweizen in zahlreichen Spielarten gebaut, deren Früchte bei aller Verschiedenheit in Form, Gröfse und Farbe das eine

[1]) Viele Einzelbeschreibungen der Früchte und Samen sind von A. L. WINTON nach eigenen Untersuchungen neu bearbeitet

gemein haben, dafs sie beim Dreschen aus den Spelzen herausfallen. Dadurch unterscheidet sich dieser „nackte“ Weizen vom Spelt (s. d. pag. 184) und anderen bespelzten Getreidearten, z. B. Gerste und Hafer.

Die wichtigsten Varietäten des nackten Weizens sind:
Triticum polonicum L., polnischer Weizen;
T. sativum var. *turgidum* (L.) HACKEL, englischer Weizen;
T. sativum var. *durum* (DESF.) HACKEL, Makkaroni-, harter oder Glasweizen;
T. sativum var. *compactum* (HOST) HACKEL, Igel- oder Zwergweizen.

Das Weizenkorn (Fig. 166) hat einen ovalen Längsschnitt und einen herzförmigen Querschnitt. Der Rücken ist schwach gekielt, die Bauchseite gefurcht, der Scheitel gebärtet. Am Grunde zeigt eine deutliche Einsenkung die Lage des Keimlings an. Die Farbe schwankt von lichtgelb bis braun.

Englischer und Glasweizen sind grofskörnig, polnischer Weizen ist sehr lang (bis 12 mm), schlank, am Grunde zugespitzt, dem Roggen ähnlich.

Aus dem in Wasser erweichten Korn lassen sich zwar leicht Querschnitte (Fig. 172) anfertigen, dieselben sind aber selten und meist nur an wenigen Stellen so gut gelungen, dafs alle Teile der Schale bei starker Vergröfserung deutlich erkennbar sind. Flächenpräparate gewinnt man leicht durch Schaben.

A. Fruchtschale. Die farblosen Oberhautzellen (Fig. 173) sind — aufser am Scheitel — lang gestreckt und mit ihren Schmalseiten reihenweise geordnet (*ep*). Mit Lauge behandelt, quellen sie auf und werden gelb. Die Wand ist perlschnurförmig verdickt und oft 4 μ dick. — Am Scheitel sind die Zellen nahezu isodiametrisch, und hier finden sich viele Haare (Fig. 174), die bis 1 mm lang und am Grunde bis 25 μ breit sind. Aus abgerundeter Basis spitzen sie sich pfriemenförmig zu, und ihr Lumen ist enger als die Wand dick (WITTMACK); es kommen jedoch auch zungenförmige Haare mit breitem Lumen vor.

Die Mittelschicht setzt sich aus zwei bis drei Lagen zusammen, deren Zellen den Oberhautzellen sehr ähnlich sind (Fig. 172 und 173, *m*).

Die Querzellen (Fig. 172, *qu*), von WIGAND so genannt, weil sie quergestreckt sind, daher die oben und unten gelegenen Zellschichten rechtwinkelig kreuzen, besitzen derbe, getüpfelte Wände. Ihre Flächenansicht zeigt, dafs sie nicht nur mit den Schmalseiten,

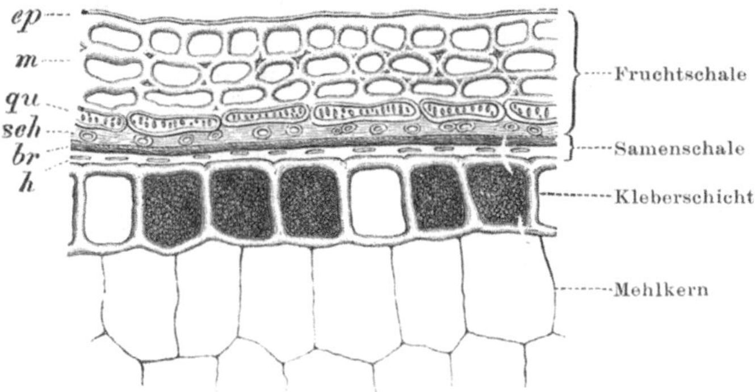

Fig. 172. Randschicht des Weizens im Querschnitt:
ep Oberhaut, *m* Mittelschicht, *qu* Querzellen, *sch* Schlauchzellen, *br* Samenhaut, *h* Perisperm.

sondern auch mit den Langseiten reihenweise verbunden, 100 bis 200 μ lang und 15—25 μ breit sind (Fig. 175, *qu*). Am Scheitel

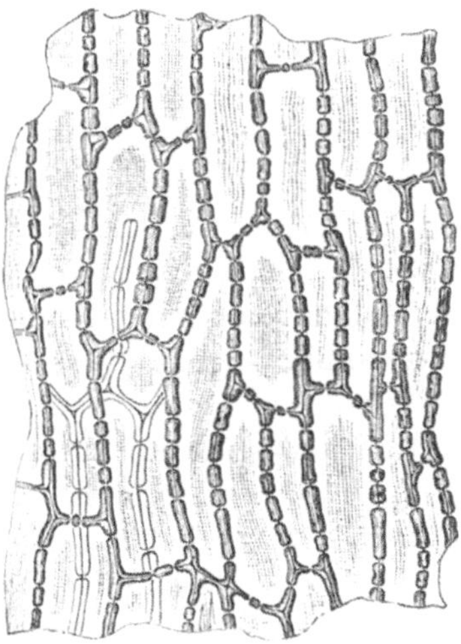

Fig. 173. Oberhaut der Weizenfrucht (Fig. 172, *ep*) in der Flächenansicht.

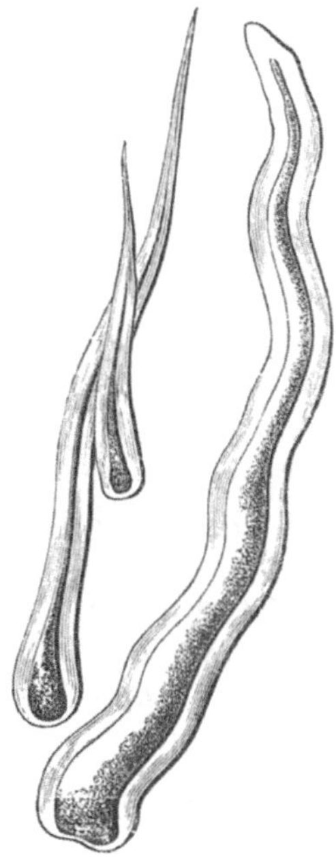

Fig. 174. Weizenhaare.

der Frucht sind sie in Form und Gröfse weniger regelmäfsig. Die sehr deutlich getüpfelte Innenwand ist etwa 8 μ dick; die Aufsenwand und mehr noch die kurze Seitenwand ist in der Regel dünner, die letztere nicht abgerundet und verdickt (wie beim Roggen), sondern meist lückenlos gefügt. Lauge färbt die Membran gelb, quellt sie aber nicht merklich auf.

Diese für die Diagnose bedeutungsvollste Schicht ist auf Präparaten jeder Art deutlich erkennbar.

Die Schlauchzellen (v. VOGL) oder Knüttelzellen (v. HÖHNEL) erscheinen auf Querschnitten als isolierte, in wechselnden Abständen zwischen der braunen Samenhaut und

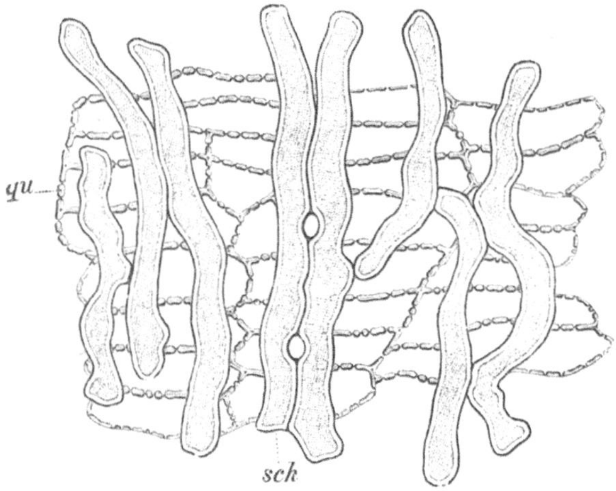

Fig. 175. Querzellen (*qu*) und Schlauchzellen (*sch*) des Weizens.

den Querzellen gelegene Ringe (Fig. 172, *sch*). Diese sind die Durchschnitte schlauch-, wurm- oder knüttelförmiger, in der Richtung der Achse gelagerter, stellenweise einander berührender und mitunter kreisförmige Interzellularräume bildender Zellen (Fig. 175).

B. Samenhaut. Auf Querschnitten erscheint sie als dünne, braune Membran, welche innen oft dunkler gefärbt ist als aufsen (Fig. 172, *br*). Nach Behandlung mit JAVELLEscher Lauge wird die zellige Struktur erkennbar. In der Flächenansicht (Fig. 176) unterscheidet man deutlich zwei sich kreuzende Lagen zarter, gestreckter Zellen. Die Samenhaut ist das einzige Gewebe, das selbst nach Behandlung mit Alkalien durch Chlorzinkjod nicht gebläut wird, sondern braun bleibt.

C. **Nährgewebe.** Das Perisperm ist nur unter den günstigsten Bedingungen als eine farblose, strukturlose, mit der Samenhaut verwachsene Membran sichtbar. Nach Behandlung mit Alkalien und Chlorzinkjod quillt sie stark auf, und man erkennt die geschichteten Zellwände (Fig. 172, *h*).

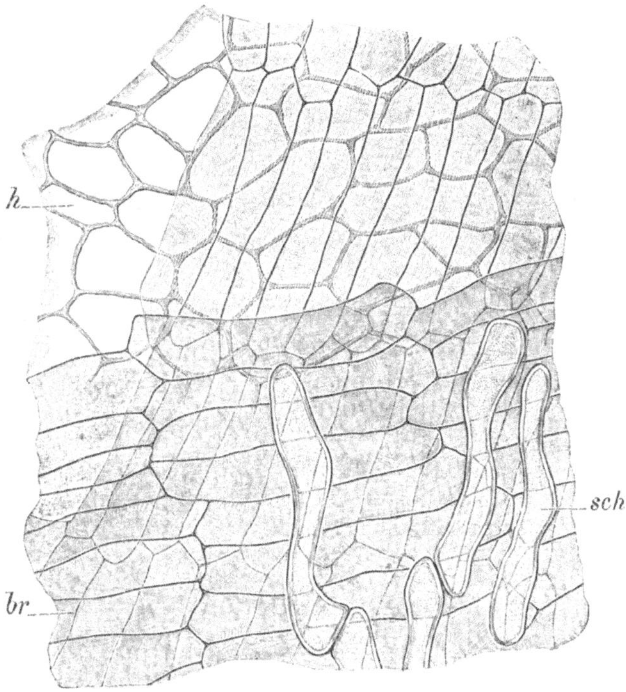

Fig. 176. Die inneren drei Schichten der Weizenschale (vgl. Fig. 172); *sch* Schlauchzellen, *br* die zwei sich kreuzenden Schichten der braunen Samenhaut, *h* hyaline Schicht (Perisperm).

Die Kleberschicht (Fig. 172) ist einreihig; ihre Zellen sind am Querschnitte rechteckig, in der Flächenansicht (Fig. 177) rundlich-polygonal, 30—60 μ im Durchmesser. In Wasser sind die Wände etwa 8 μ dick; in Alkalien quellen sie bedeutend auf und werden gelb. Die Zellen enthalten neben dem Zellkern Proteïnsubstanzen und Fett, keine Stärke (vgl. pag. 173).

Der Mehlkern besteht aus zartwandigen, lückenlos gefügten Zellen (Fig. 172), die dicht mit Stärke gefüllt sind.

Die Stärkekörner (Fig. 178) sind teils grofs und linsenförmig (erscheinen daher, auf der Kante stehend, lineal), teils klein und kugelig oder polygonal mit spärlichen Zwischengröfsen. Die Grofskörner messen 20—30 μ, vereinzelt bis 50 μ; der zentrale Kern ist oft gut erkennbar, die Schichtung undeutlich. Die Kleinkörner messen selten über 6 μ; die polygonalen sind Bruchkörner der spärlich vorkommenden zusammengesetzten Stärkekörner.

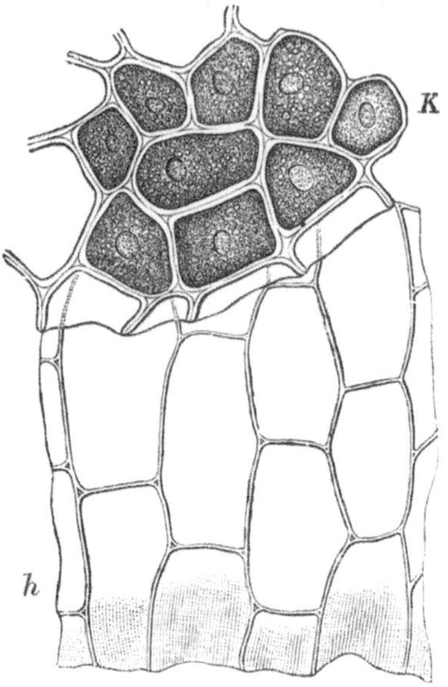

Fig. 177. Nährgewebe des Weizens; *h* Perisperm, *K* Aleuronzellen.

D. **Embryo.** Das kleinzellige Gewebe (s. Fig. 171) enthält Fett und Aleuron, keine Stärke.

Weizenprodukte.

a. Aus dem ganzen Weizenkorn.

Getreidekaffee, als Surrogat und Fälschungsmittel gebräuchlich. In stark geröstetem Weizen ist es ohne Mazeration oft schwierig, die Gewebe zu erkennen.

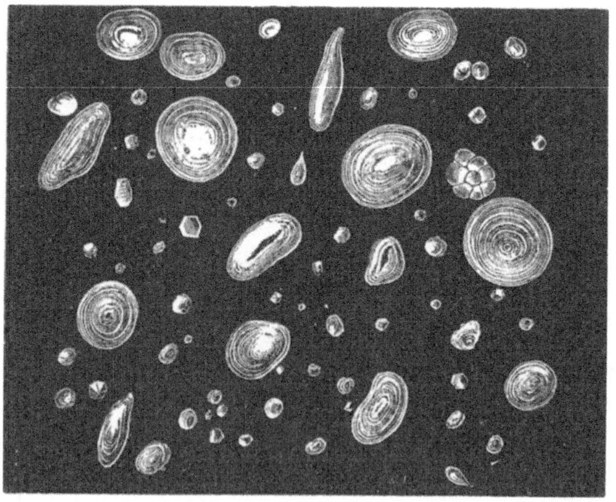

Fig. 178. Weizenstärke.

Grahammehl enthält die Kleie vollständig.

Rollweizen, in Amerika beliebt, ist teilweise gekocht.

Weizenschnitzel („shredded wheat") sind mit eigenen Maschinen hergestellt und gekocht.

„Force," „Malta-Vita," „Zest" und zahlreiche andere Nährpräparate bestehen hauptsächlich aus gekochtem und einem Mälzungsverfahren unterzogenem Weizen.

Alle diese Erzeugnisse enthalten die Bestandteile des Weizenkorns vollzählig; die Stärke ist in ihnen verändert.

b. Mehl und Erzeugnisse aus geschältem Weizen.

Weizenmehl besteht hauptsächlich aus Stärkekörnern, denen je nach dem Feinheitsgrade des Mehles wechselnde, aber stets sehr geringe Mengen von Schalenbestandteilen beigemengt sind. Der im Weizenmehl enthaltene Kleber ist ungeformt; man kann ihn nach dem von Bamihl angegebenen Verfahren nachweisen. S. auch den Abschnitt Mehl, pag. 157.

Weizengebäck enthält alle Bestandteile des Mehles; die Stärkekörner sind jedoch mehr oder weniger verquollen (s. Brot, pag. 159).

Weizengries wird aus dem Mehlkern hergestellt, enthält demnach so gut wie keine Kleienbestandteile.

c. Nebenprodukte.

Weizenkleie ist ein wertvolles Tierfutter, ein häufiges Fälschungsmittel und geröstet ein Zusatz zu Kaffeesurrogaten. Sie besteht hauptsächlich aus der Frucht- und Samenschale mit der Kleberschicht, denen stets noch ansehnliche Stärkemengen anhaften. Fremdartige Kleie ist in Weizenkleie mikroskopisch ebenso leicht nachzuweisen wie Weizenkleie als Fälschungsmittel. Besonders sind die Stärkekörner, die Querzellen und die Haare des Weizens charakteristisch.

Weizenkeime werden in modernen Mühlen von den Getreidekörnern, bevor sie gemahlen werden, abgesondert. Sie dienen als Tierfutter („Spitzkleie"), in Amerika auch zur menschlichen Nahrung („Fould's Wheat germ"). Sie sind kleiner als die Malz- und Maiskeime, die einzigen, die ebenfalls einen Handelsartikel bilden. In fein zerkleinertem Zustande sind die Keimlinge nicht zu unterscheiden.

Weizenkleber, ein Nebenprodukt der Stärkefabrikation, enthält oft 40, mitunter 60 % oder noch mehr Eiweifs. Die eingeschlossenen Stärkekörner sind meist verändert.

Literatur.

Berg (3); Blyth (5); Böhmer (6, 21); Hanausek, T. F. (15, 16); Hassall (18); Harz (17); Macé (23); Meyer, A. (25); Moeller (26, 29); Schimper (34); Tschirch und Oesterle (37); Vereinbarungen (38); Villiers und Collin (39); Vogl (40, 42); Wiesner (45); Wittmack (10).

Balland: Sur la falsification des farines avec le seigle, le sarrassin, le riz, l'orge, le maïs, les fèves et la fécule de pomme de terre. Jour. pharm.-chim. 1899, **9**, 239, 286.

Bamihl: Pogg. Ann. 1852, 161.

Barnstein: Roggen und Weizen. Landw. Vers.-Stat. 1902, **56**, 25.

Baumann: Nachweis von Maisstärke im Weizenmehl. Ztschr. f. Untersuch. d. Nahrungs- u. Genufsmittel 1899, **2**, 27.

Benecke: Zum Nachweise der Mahlprodukte des Roggens in den Mahlprodukten des Weizens. Landw. Vers.-Stat. 1889, **36**, 337.

Berthold: Über den miskroskopischen Nachweis des Weizenmehles im Roggenmehle. Ztschr. f. landw. Gewerbe. Beilage, 1883.

Bessey: The Structure of the Wheat Grain. Bull. Neb. Agr. Exp. Stat. 1894, **32**.

Brahm und Buchwald: Botanische und chemische Untersuchungen an prähistorischen Getreidekörnern aus alten Gräberfunden. Ztschr. f. Untersuch. d. Nahrungs- u. Genufsmittel 1904, **7**, 12.

Collin: Examen microscopique des farines de blé. Jour. pharm.-chim. 1898, **8**, 97, 150, 200.

Danckwortt: Über Mehluntersuchungen (Bamihlsche Probe). Arch. Pharm. 1871, **145**, 47.

Hanausek, T. F.: Zur mikroskopischen Unterscheidung des Weizen- und Roggenmehles. Ztschr. allg. österr. Apoth.-Ver. 1887, **25**, 143.

— Über die Untersuchung der Mehle. Österr. Chem.-Ztg. 1899, **2**, 103.

— Über die Griffigkeit der Mehle. Österr. Chem.-Ztg. 1900, Nr. 3.

v. Höhnel in F. Haberlandt: Wissenschaftlich-praktische Untersuchungen auf dem Gebiete des Pflanzenbaues **1**, 162.

— Die Stärke und die Mahlprodukte. Kassel und Berlin 1882.

Johannsen: Studien über die Kleberzellen der Getreidearten. Bot. Centralbl. 1883, **15**, 305.

Jumelle: Sur la constitution du fruit des Graminées. Comp. rend. 1888, **107**, 285.

Kleeberg: Über einen einfachen Nachweis von Weizenmehl im Roggenmehl. Chem. Ztg. 1892, 1071.

Körnicker und Werner: Handbuch des Getreidebaues. Berlin 1885.

Kraemer: Untersuchung der Handelsmehle. Jour. Am. Chem. Soc. 1899, **21**, 650.

Krasser: Mikroskopische Prüfung des Grieses. Ztschr. allg. österr. Apoth.-Ver. 1897, **35**, 543.

KRUTIZKY: Über einige Eigentümlichkeiten in der Struktur trockener Weizenkaryopsen (russisch). Übers. Leist.-Gebiet. Bot. in Rufsland während 1891, von FAMINTZIN. St. Petersburg 1893, 62.

KUDELKA: Über die Entwicklung und den Bau der Frucht- und Samenhaut unserer Cerealien. Dissertation. Berlin 1875.

LANGE: Die mikroskopische Untersuchung von Mehl. Ztschr. angew. Mikrosk. 1896, 369.

LEBBIN: Arch. Hyg. **28**, 212.

LE ROY: Zum Nachweis von Sägespänen im Mehl. Chem. Ztg. 1898, 31. Chem. Ztg. Rep. 1899 264.

MAURIZIO: Kleberverteilung im Getreidekorn. Landw. Vers.-Stat. 1902, **57**, 405.

— Getreide, Mehl und Brot. Berlin 1903.

MOELLER: Die Mikroskopie der Cerealien. Pharm. Centralh. 1884, **25**, 507.

PETER, A.: Über hochzusammengesetzte Stärkekörner im Endosperm von Weizen, Roggen und Gerste. Öst. bot. Zeitschr. 1900.

NEVINNY: Über Verunreinigung von Mehlen. Ztschr. Nahr.-Untersuch. Hyg. 1887, **1**, 205, 244.

SCHLICKUM: Morphologischer und anatomischer Vergleich der Kotyledonen und ersten Laubblätter der Keimpflanzen der Monokotylen. Dissertation. Marburg 1895.

SPAETH: Nachweis des Mutterkorns im Mehl. Pharm. Centralh., N. F. 1896, **17**, 542.

STUTZER: Nahrungs- und Genufsmittel. Handbuch d. Hyg. **3**, 243.

TARDIEN: Eichelmehl enthaltendes Weizenmehl. Ann. chim. analyt. 1898, **3**, 307.

VAUDIN: Über ein täuschendes Element beim Nachweise von Reis im Weizenmehl. Journ. pharm. chim. **9**, 431.

VINASSA: Über mikroskopische Mehluntersuchung. Ztschr. Nahr.-Untersuch. Hyg. 1895, **9**, 53.

VOGL: Die gegenwärtig am häufigsten vorkommenden Verfälschungen und Verunreinigungen des Mehles usw. Wien 1880.

WAAGE: Zur Unterscheidung von Weizen- und Roggenmehl. Apoth.-Ztg. 1892, **7**, 430.

WEINWURM: Über die Verteilung der einzelnen Bestandteile des Roggen- und Weizenkornes auf die verschiedenen Mahlprodukte. Österr.-ungar. Ztschr. f. Zuckerind. 1890, **19**, 163.

— Über eine qualitative und quantitative Bestimmung von Weizenmehl im Roggenmehl. Ztschr. f. Untersuch. d. Nahrungs- u. Genufsmittel 1898, Heft 2.

WITTMACK: Sitzungsber. des bot. Ver. f. d. Prov. Brandenburg, 1882, 4.

— Anleitung zur Erkennung organischer und unorganischer Beimengungen im Roggen- und Weizenmehle. Leipzig 1884.

WOY: Vorbereitung von Mehlproben zur mikroskopischen Untersuchung. Ztschr. f. öffentl. Chemie 1900, **6**, 213.

Spelt.

Im Altertum war der Spelt oder Spelz (*Triticum sativum* var. *Spelta* LAM. [*T. Spelta* L.]) für Ägypten, Griechenland und Italien eine wichtige Getreidefrucht; gegenwärtig ist er von geringer Bedeutung. Er wurde allmählich durch wertvollere Getreidearten verdrängt, und derzeit beschränkt sich sein Anbau auf Süddeutschland (besonders Württemberg), die Schweiz und Nordspanien. Es gibt Abarten mit begrannten und wehrlosen, kahlen und behaarten Ähren von weifser, graublauer und rötlicher Farbe.

Die Ährchen besitzen zwei gestielte Hüllspelzen, die zwei oder drei Blüten umschliefsen, deren jede von einer vielnervigen, begrannten oder grannenlosen Deckspelze und einer noch dünneren, zweikieligen Vorspelze umschlossen ist. Beim Dreschen bricht die Achse an dem Gelenke ab; an den Ährchen bleibt daher ein Teil der Achse. Die Früchte sind dreieckig, dicht bebartet.

A. **Bau der Spelzen.** 1. Die Hüllspelzen sind dick, mit Ausnahme des häutigen Randes, hornig-hart. Man unterscheidet an ihnen, wie bei den übrigen Zerealien, eine äufsere und innere Oberhaut, dazwischen das Mesophyll, dessen äufserer Anteil aus mehreren Reihen dickwandiger Fasern, der innere Teil aus Schwammparenchym besteht. Dieses bildet jedoch keine geschlossene Schicht, sondern findet sich in der Umgebung der Nerven.

2. Die Deckspelzen sind zarter als die Hüllspelzen, denn ihre Faserschicht bildet nur eine dünne Lage, während das aus rechteckigen Zellen bestehende Schwammparenchym mächtiger entwickelt ist. Die innere Oberhaut ist namentlich an der Spitze reich behaart.

3. Die Vorspelzen tragen an den Kielen zahnförmige, dickwandige, bis 200 μ lange Haare, die (wie an den Vorspelzen des Hafers) eine Säge bilden. Die pfriemenförmigen Haare der inneren Oberhaut sind kurz.

B. **Bau der Fruchtschale.** Oberhaut und Mittelschicht sind dünnwandiger als beim Weizen. Die Spelthaare sind beträchtlich länger; sie erreichen oft 1,5 mm; ihr Lumen ist mitunter breiter als die Dicke der Wand.

Die Querzellen beider sind ähnlich, aber im Spelt sind die Membranen weniger verdickt und deutlicher perlschnurförmig.

Schlauchzellen finden sich reichlich.

C. **Stärke.** Die Stärkekörner haben den Typus der Weizenstärke, doch sind die Grofskörner etwas kleiner.

Produkte des Spelts.

Den Spelt benutzt man in Form von Gries und grob gemahlen als Nahrung für Menschen und Tiere.

Die Speltspelze unterscheidet sich von der Haferspelze durch die rechteckigen Zellen des Schwammparenchyms. Beide haben sägeförmig gezähnte Kiele der Vorspelzen und unterscheiden sich dadurch von der Gerste. So lange Haare wie an der Speltfrucht finden sich am Weizen selten oder nie. Die Querzellen und die Stärkekörner zeigen zwar bei Spelt und Weizen geringe Verschiedenheiten, aber diese reichen zur sicheren Unterscheidung nicht aus.

Literatur.

HAUPTFLEISCH: Die Spelzweizen. Landw. Vers.-Stat. 1903, **58**, 65.

NETOLITZKY: Mikroskopische Untersuchung gänzlich verkohlter vorgeschichtlicher Nahrungsmittel aus Tirol. Ztschr. f. Untersuch. d. Nahrungs- u. Genufsmittel 1900, **3**, 401.

VOGL: Die wichtigsten vegetabilischen Nahrungs- und Genufsmittel. Berlin u. Wien 1899, 75.

Emmer.

Zweikorn oder Emmer (*Triticum sativum* var. *dicoccum* [SCHRANK] HACKEL) wurde schon in vorgeschichtlicher Zeit angebaut; jetzt hat diese Weizenart geringe Bedeutung, da sie nur in einigen Gebieten Süddeutschlands, der Schweiz, in Serbien und Italien in geringem Umfange kultiviert wird.

Die immer begrannten Ähren sind auf der zweizeiligen Seite breiter als auf der dachziegeligen. Die Hüllspelzen sind derb gekielt und gehen in einen kurzen Zahn über.

Im Bau stimmt der Emmer mit dem Spelt sehr nahe überein. Die Querzellen sind dünnwandig und, wie HAUPTFLEISCH schon richtig bemerkt, ebensowenig deutlich geperlt wie die des Roggens. Von den letzteren unterscheiden sie sich durch die dünnen (nicht gequollenen) Schmalseiten. Nach HAUPTFLEISCH sind die Fruchthaare einiger Varietäten weitlichtig wie die des Roggens, doch ist dieses Merkmal für die Diagnose kaum verwertbar.

Literatur s. bei Spelt pag. 185.

Einkorn.

Das Einkorn (*Triticum monococcum* L.) unterscheidet sich von den Varietäten des gemeinen Weizens dadurch, dafs in jedem Ährchen meist nur eine Blüte zur Fruchtreife kommt.

Die Hüllspelzen sind dünner und scharf gekielt, zwei Seitennerven bilden kurze Zähne. Deck- und Vorspelzen sind häutig; die letzteren zerfallen bei der Reife der Länge nach in zwei Stücke.

Die Spelzen haben den gleichen Bau wie beim Spelt; nur sind die Schichten nicht so mächtig entwickelt. HAUPTFLEISCH hat schon beobachtet, dafs die pfriemenförmigen Haare auf der Innenseite der Vorspelze kürzer sind. Die Fruchthaare sind von denen des Weizens nicht unterscheidbar, aber die Querzellen des Einkorns sind dünnwandig und wie bei Emmer und Roggen undeutlich geperlt.

Literatur s. bei Spelt pag. 185.

Roggen.

Roggen oder Korn (*Secale cereale* L.) ist dem Weizen nahe verwandt und nächst diesem die wichtigste Getreideart.

Die nackten (unbespelzten) Früchte sind länger, schlanker, schärfer gekielt, am Grunde mehr zugespitzt und dunkler gefärbt als Weizen; auch sind sie nicht so gleichmäfsig in Form, Gröfse und Farbe.

Auch im anatomischen Bau stimmt die Roggenfrucht mit der Weizenfrucht sehr nahe überein. Um die geringfügigen Unterschiede wahrzunehmen, empfiehlt es sich, Schnitt- und Schabpräparate in kalter Lauge oder in Chloralhydrat zu untersuchen.

A. **Fruchtschale.** (Fig. 170 u. 179.) Die Oberhautzellen (*ep*) sind oft länger als beim Weizen, aber — in Wasser gesehen — dünnwandiger. Die Haare am Scheitel sind dünnwandiger, und ihr Lumen ist, wie WITTMACK und BERTHOLD zuerst betonten, breiter als die Dicke der Wand. In den längsten,

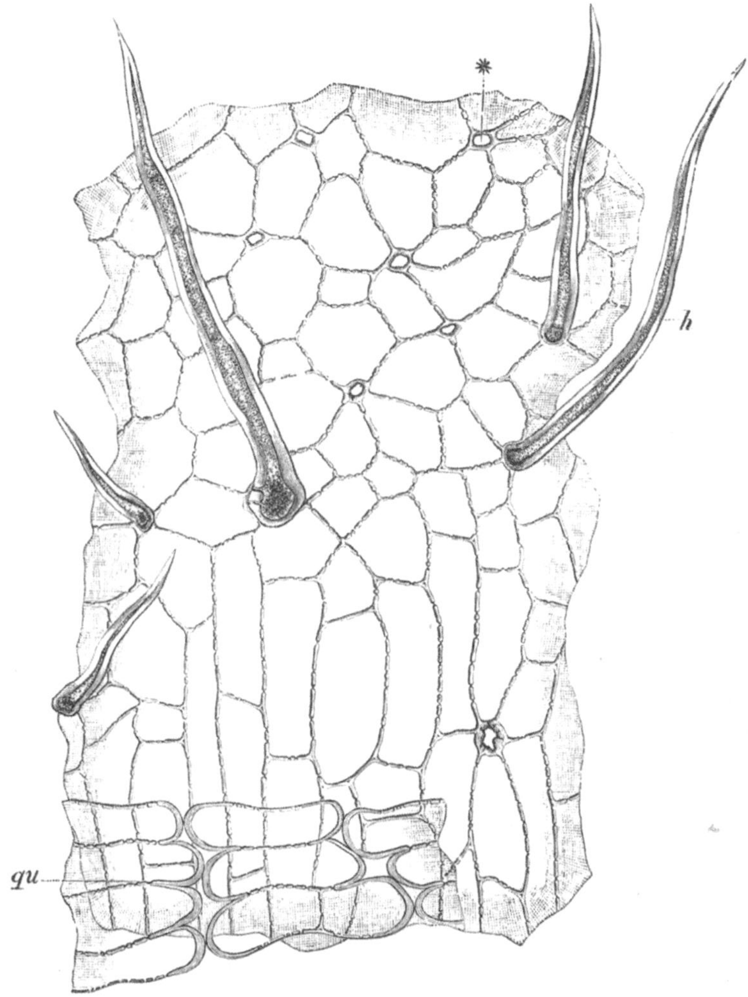

Fig. 179. Oberhaut vom Scheitel der Roggenfrucht;
qu Querzellen,
h Haare,
* Haarspuren.

18 μ breiten Haaren mifst das Lumen 10 μ, aber in den am häufigsten vorkommenden 50—200 μ langen Haaren mifst das Lumen nur 6 μ, wenig mehr als die Wand, und in den kleinsten

Haaren ist das Lumen nicht so breit als die Wand dick. Bandförmige Haare kommen am Roggen nicht vor.

Die Mittelschicht (Fig. 170) besteht nur aus einer oder zwei Zellenreihen. Die Zellwände sind etwas dünner als beim Weizen und quellen nach HANAUSEK in Lauge derart auf, dafs sie gewellt erscheinen, während die Tüpfel beim Weizen auch nach der Quellung ihre scharfen Konturen behalten. Wir meinen, dafs diese Eigentümlichkeit von dem Grade der Quellung abhängt und diagnostisch nicht verwertbar ist.

Die Querzellen sind 100—150 μ lang und 15—35 μ breit. Querschnitte zeigen, dafs ihre Innen- und Seitenwand dicker ist als die Aufsenwand (Fig. 170, *qu*). In der Flächenansicht (Fig. 179, *qu*) bemerkt man, dafs die Langseiten undeutlich getüpfelt sind und die schmalen Seitenwände weder getüpfelt noch so dicht gefügt sind wie beim Weizen, vielmehr abgerundet, wie gequollen und porenfrei, mit der korrespondierenden Wand der Nachbarzellen nicht verwachsen, daher Zwischenräume bildend. Dieses für die Diagnose sehr wertvolle Merkmal ist jedoch nicht an allen Querzellen deutlich erkennbar und verschwindet fast ganz, wenn die Präparate in Lauge zu stark erwärmt werden.

Die Schlauchzellen sind im Roggen kürzer, dünnwandiger und weniger zahlreich als beim Weizen.

B. **Samenschale.** Die braune, aus zwei sich kreuzenden Lagen zartwandiger Zellen zusammengesetzte Samenhaut ist von der des Weizens nicht zu unterscheiden (s. Fig. 176).

C. **Nährgewebe.** In Wasser undeutlich, erscheint die sogenannte hyaline Schicht (das Perisperm) nach Behandlung mit Lauge und verdünnter Essigsäure als dickwandige Zellenreihe (Fig. 170).

Die Zellen der „Kleberschicht“ (Fig. 180) sind etwas kleiner, dickwandiger (v. VOGL) und die „Aleuronkörner“ kleiner (v. HÖHNEL) als beim Weizen. Aber diese Unterschiede sind weder so ausgeprägt noch so beständig, dafs ihnen diagnostischer Wert zugesprochen werden könnte. In Alkalien quellen die Zellwände stark auf und werden streifig (Fig. 181).

Die Roggenstärke (Fig. 182) ist der Weizenstärke (Fig. 178) so ähnlich, dafs unter Umständen die Unterscheidung schwierig ist. In der Roggenstärke finden sich nicht selten Körner von 50 μ, vereinzelt sogar gröfsere. Sie sind oft zart konzentrisch um den strahlig zerklüfteten Kern geschichtet. Zusammengesetzte Stärkekörner sind selten.

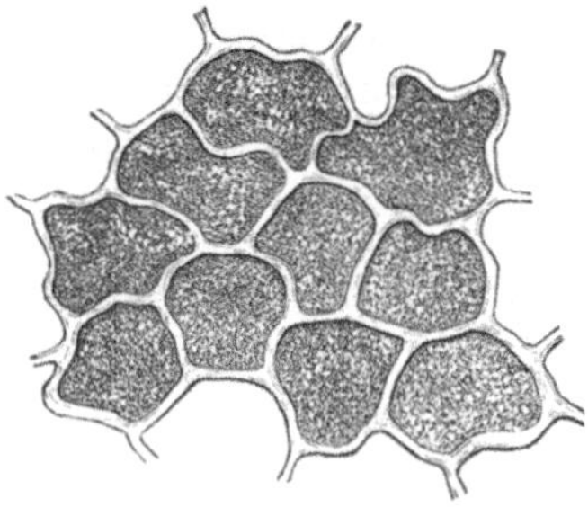

Fig. 180. Kleberzellen des Roggens in Wasser.

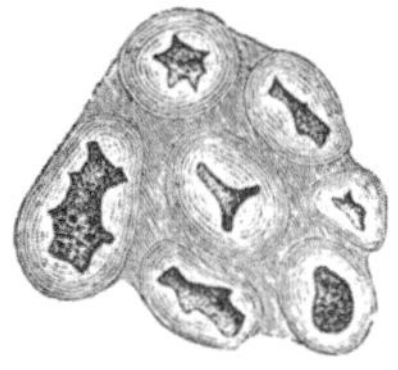

Fig. 181. Kleberzellen des Roggens in Lauge erwärmt.

Roggenprodukte.

Geröstet dient Roggen als Kaffeesurrogat und Fälschungsmittel. Aus dem ganzen, grob gemahlenen oder geschroteten Korn wird Grahambrot oder Pumpernickel gebacken.

Das feine Roggenmehl ist weder so weifs noch so fein wie Weizenmehl. Es enthält gewöhnlich mehr Kleienbestandteile. Da es keinen Kleber enthält, bleibt die BAMIHLsche Probe (s. pag. 157)

Fig. 182. Roggenstärke.

negativ, und ein Teig aus Roggenmehl verschwindet allmählich, wenn man ihn unter fliefsendem Wasser ausknetet.

Roggenkleie dient als Tierfutter.

Die charakteristischen Merkmale der Roggenprodukte sind: die grofsen Stärkekörner mit strahliger Kernspalte, die Querzellen mit abgerundeter Schmalseite und die weitlichtigen Haare.

Literatur[1]).

EGGER: Über das Vorkommen blaugefärbten Zellinhaltes in der Kleberschicht von Roggenkörnern. Arch. Hyg. 1883, **1**, 143.

GREGORY: Die Membranverdickungen der sogenannten Querzellen in der Fruchtwand des Roggens. FÜNFSTÜCKS Beiträge z. wissensch. Bot. **2**, 165.

HANAUSEK, T. F.: Zur Mikroskopie des von der Prefshefe abgeprefsten Roggenmehles. Ztschr. allg. österr. Apoth.-Ver. 1894, **32**, 416.

Mais.

Die Maispflanze (*Zea Mays* L. — *Gramineae*) ist amerikanischen Ursprungs und in ihrer Heimat heute noch die wichtigste Getreideart. In Amerika wird viermal so viel Mais als Weizen geerntet. Auch für die wärmeren Gebiete der Alten Welt ist Mais von Bedeutung.

Die in Amerika kultivierten Varietäten werden gewöhnlich in fünf Klassen eingeteilt:

1. Zahnmais (dent maize) mit langen, weifsen Fruchtkörnern, die am Scheitel eingedrückt sind;
2. Hartmais (Flintmaize) mit fast rundlichen, am Scheitel abgerundeten Körnern;
3. Popmaize mit kleinen, vorzüglich zum Rösten („popping“) verwendeten Körnern;
4. Süfser Mais (sweet corn), grün als Gemüse verwendet;
5. Weicher Mais (soft corn), wenig gebräuchlich.

Die zahlreichen Varietäten jeder Klasse unterscheiden sich nach der Zahl der Körnerreihe auf der Spindel, nach der Gröfse, Form und Farbe der Körner, nach der Länge und Dicke der Spindel usw. Nur die Varietäten des Zahn- und Hartmaises haben als Getreide Bedeutung.

Der Maiskolben besteht aus einer dicken Spindel, auf welcher die von den Spelzen umhüllten Früchte (Körner) dicht gedrängt sitzen. Der entkernte Kolben besteht aus der von Spelzen bedeckten Spindel.

Die Körner sitzen auf der Spindel transversal paarweise und longitudinal in Doppelreihen. Die Anordnung ist dergestalt, dafs eine auf die Achse des Kolbens senkrecht gezogene Ebene, die durch die Basis des Paares in einer Doppelreihe geht, abwechselnd zwischen und durch die Basis der Paare in der

---

[1]) Vgl. auch die Literatur über Weizen, pag. 182.

anderen Doppelreihe verläuft. Da die Doppelreihen der Körner paarweise angeordnet sind, so folgt, dafs ein Kolben regelmäfsig eine gerade Anzahl von Reihen trägt. In den frühen Stadien der Reife sind die Doppelreihen durch deutliche Furchen getrennt; aber wenn sich die Körner der vollen Reife nähern, drängen sie sich so zusammen, dafs die paarweise Anordnung in Doppelreihen äufserlich nicht immer deutlich ist; sie kommt wieder zum Vorscheine, wenn man die Spindel anschneidet.

Fig. 183 zeigt den Querschnitt eines Maiskolbens so, dafs drei von den sechs Körnerpaaren ganz bleiben und mit drei Paaren der Fruchthüllen (Spelzen) abwechseln.

S innere Seite einer oberen dicken Spelze, hinter der dünnen Spelze;
s untere dicke Spelze, äufsere Seite;
F Fruchtstengel;
T dichterer Teil der holzigen Zone;
H Vertiefung;
B Zone mit Gefäfsbündeln;
M Mark.

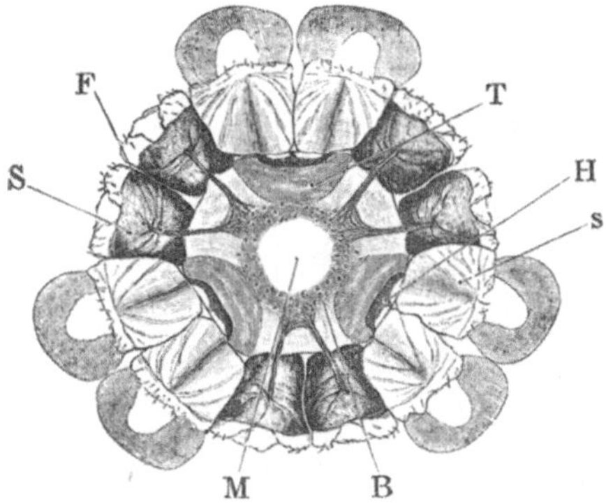

Fig. 183. Querschnitt eines Maiskolbens, gegen die Basis gekehrt (Winton).

Das Mark (*M*) ist von einer Zone (*B*) umgeben, in der zahlreiche Leitbündel der Länge nach durch den Kolben laufen.

Auf diese Zone folgt eine holzige Zone, welche die Fruchthüllen trägt. Die holzigen Teile (*T*) unterhalb der Doppelreihen sind voneinander durch dünne, radiale Scheidewände weichen Gewebes getrennt, die sich von dem inneren Marke fast bis zur Oberfläche ausdehnen. Diese Scheidewände können der ganzen Länge des Kolbens nach verfolgt werden. Sie trennen die holzige Masse in Streifen, die wie Fafsdauben angeordnet sind.

Auf der Oberfläche der holzigen Zone zwischen den Fruchthüllenpaaren ist eine querlaufende Vertiefung, die mit Haaren bekleidet und je nach der Trockenheit des Kolbens mehr oder weniger ausgesprochen ist (*H* in Fig. 183 und 184). Die holzige Masse (*T*) um diese Vertiefungen herum ist wegen ihrer gröfseren Dichtigkeit dunkler gefärbt.

Die Fruchthüllen bestehen aus zwei Hüllspelzen (Fig. 184 *S*, *s*), der Vorspelze (S^3), der Deckspelze (s^1) und den einer rudimentären Blüte angehörenden Spelzen (S^1, S^2).

Zwei von den Spelzen (S, s) sind dick, hornig und an den Innenseiten von schwammigem Gewebe (P) bedeckt; ihre Enden gleichen Seidenpapier. Die anderen Fruchthüllen bestehen ganz aus diesem papierartigen Gewebe. Die Basen der dicken Spelzen

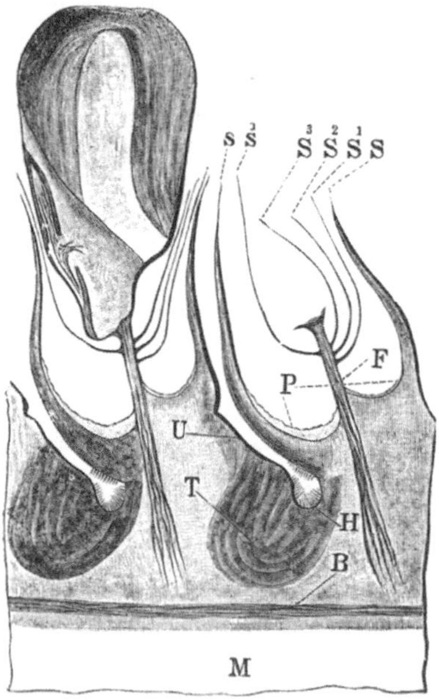

Fig. 184. Radialschnitt eines Maiskolbens durch den Mittelpunkt der Körner, 4mal vergr. (A. L. WINTON.)

Bedeutung von *S*, *s*, *F*, *T*, *H*, *B* und *M* dieselbe wie in Fig. 183;
S^1 dünne Hüllspelze,
S^2 Vorspelze (Blütenrudiment),
S^3 Vorspelze,
s^1 Deckspelze,
P schwammige Einfassung der Spelzen,
U Oberfläche der holzigen Zone über der Vertiefung.

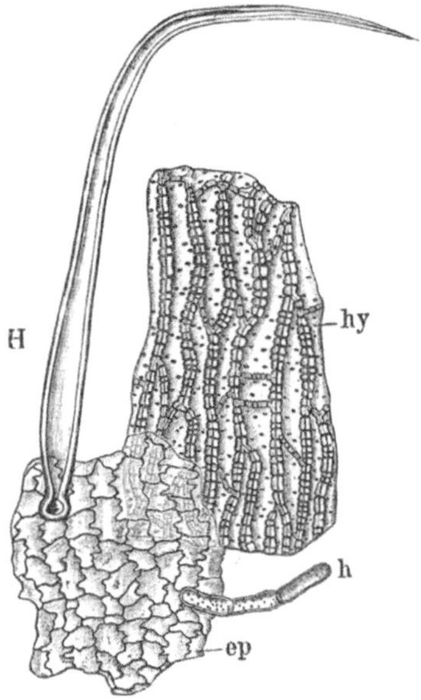

Fig. 185. Flächenansicht der Epidermis (*ep*) und des Unterhautgewebes (*hy*) des Maiskolbens in der Vertiefung (Fig. 183 und 184, *H*). (WINTON.)

(besonders an den Verbindungsstellen) und auch die dünnen Enden sind mit Härchen bekleidet.

Die mehr oder weniger zusammengedrückten Körner sind beim Zahnmais gewöhnlich länger als breit, beim Hartmais breiter als lang. Die nach oben gerichtete Bauchseite ist glatt und flach; die Rückenseite hat eine breite, nach oben sich verjüngende Grube, unter welcher der ungewöhnlich grofse Keimling liegt.

A. **Maisspindel.** 1. Oberhaut. Zwischen den Früchten befinden sich Vertiefungen im holzigen Gewebe (Fig. 184, *H*), deren Seitenwände durch die dicken Spelzen nach oben hin verlängert werden. Am Grunde dieser Vertiefungen besteht die Oberhaut aus dünnwandigen, welligen, mehr oder weniger in Reihen geordneten Zellen (Fig. 185, *ep*). Diese Oberhaut trägt zweierlei Haare:

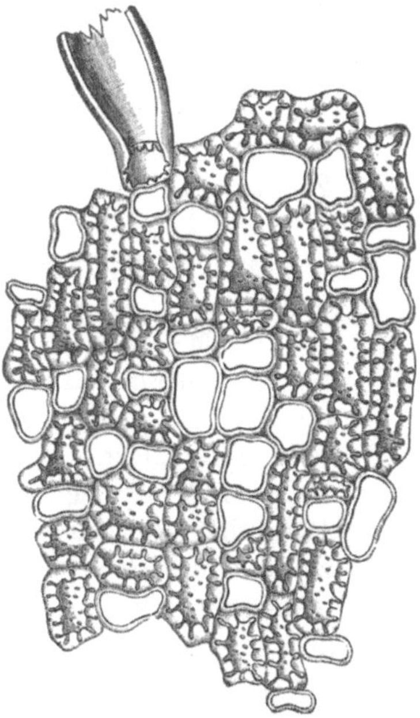

Fig. 186. Epidermis der oberen Deckspelze des Maises (A. L. WINTON).

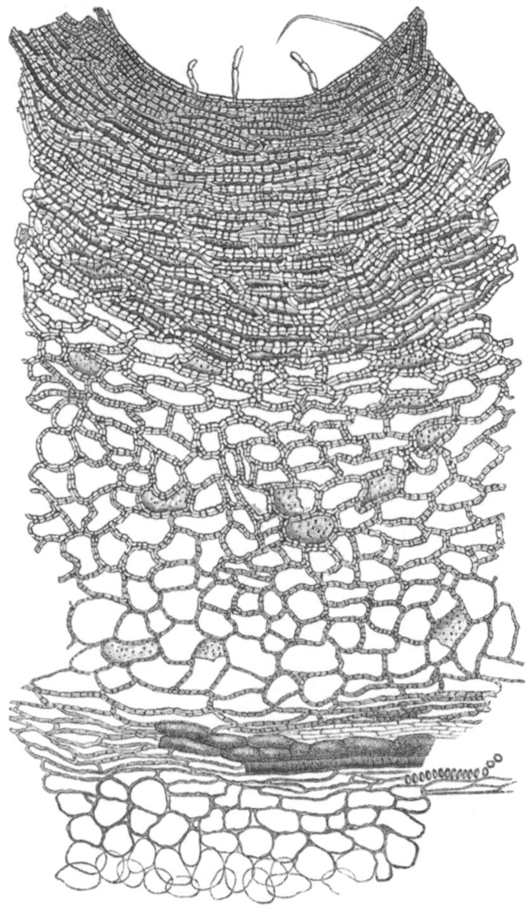

Fig. 187. Radialschnitt der holzigen Zone des Maiskolbens durch die Vertiefung (Fig. 183 und 184, *H*), 32mal vergr. (A. L. WINTON).

lange, einzellige, zugespitzte, dünnwandige (*H*) und kurze, zwei- bis mehrzellige, stumpfe, äufserst zartwandige (*h*).

Anders ist die Oberhaut an den Seitenwänden der Vertiefung; sie besteht hier aus zweierlei Zellformen: aus unregelmäfsig geformten, dickwandigen, reich getüpfelten (Fig. 186) und aus gerundetrechteckigen, dünnwandigen, porenfreien Zellen. Die letzteren liegen oft paarweise beisammen und in regelmäfsigen Abständen.

2. Holzige Zone (Fig. 187). Die Steinzellen sind in Form, Gröfse und Verdickung verschieden. Dicht gelagert umgeben sie in tangentialer Streckung die Vertiefung, werden allmählich isodiametrisch und gehen schliefslich in das rundzellige, zartwandige Parenchym des Markes über. Die dicken Zellwände zeigen deutliche Schichtung (Fig. 188). Das Mark ist von einem Leitbündelkranze umgeben.

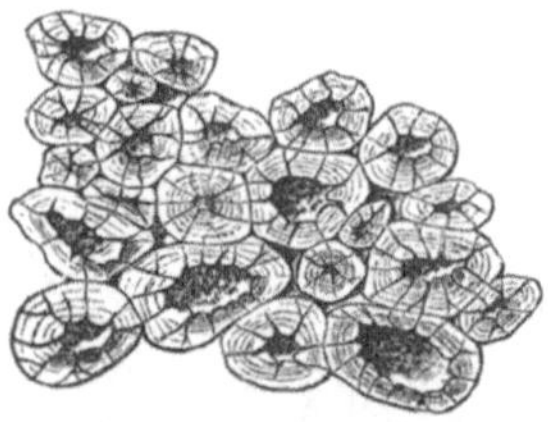

Fig. 188. Querschnitt durch die gestreckten Zellen der holzigen Zone (A. L. Winton).

B. **Hüllspelzen.** Jede der beiden Hüllspelzen ist im unteren Teile hornig, oben papierdünn.

Die Epidermis hat denselben Charakter wie die an den Seitenwänden der im holzigen Teile der Spindel gelegenen Vertiefung (Figur 186). Aufser den beiden Zellformen kommen hier und da auch Härchen und Spaltöffnungen vor.

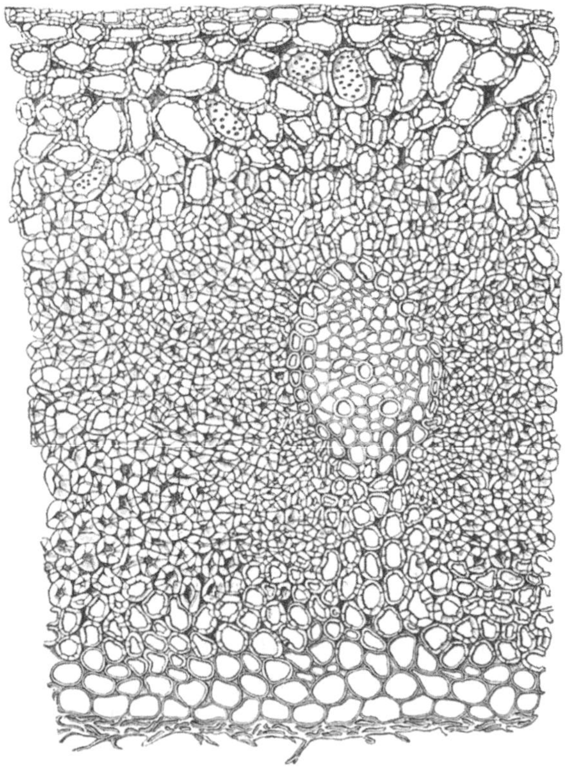

Fig. 189. Querschnitt einer oberen dicken Hüllspelze des Maises (Fig. 184, *S*) mit Epidermis, grofszelligem verholztem Unterhautgewebe, dickwandigem gestrecktem, verholztem Unterhautgewebe, Gefäfsbündeln und zusammengedrücktem Parenchym (A. L. Winton).

Das Mesophyll ist im hornigen Teil der Spelze gröfstenteils sklerosiert. Im äufseren Teil (Figur 189) sind die Steinzellen isodiametrisch, mäfsig verdickt, lückig gefügt; nach innen zu werden die Steinzellen kleiner, dickwandiger und sind der Länge nach gestreckt, parallel zu den Leitbündeln. Weiterhin werden die Zellen wieder dünnwandig und bilden eine dünne Parenchymschicht, deren innerste Lagen nebst der inneren Oberhaut zusammengedrückt und undeutlich sind. Im häutigen Spelzenteile schwindet das Mesophyll; es bleibt nur noch die Oberhaut erhalten (Fig. 190).

C. **Blütenspelzen.** Die dünnen Deck- und Vorspelzen haben den gleichen Bau wie die dünnen Enden der Hüllspelzen (Fig. 190). Oft sind sie von einer roten, durch Alkalien sich gelblichgrün färbenden Substanz durchtränkt.

D. **Frucht und Same.** Querschnitte durch das Maiskorn (Fig. 191) zeigen den typischen Bau der Zerealien (s. pag. 169).

Wird ein Maiskorn einen bis zwei Tage in Wasser erweicht, so läfst sich die Schale leicht abziehen. Durch Alkalien werden die Schalen gelber oder weifser Früchte gelb, die roten Schalen grün. Sie bestehen aus Epikarp, Mesophyll und Schwammparenchym.

Das Epikarp (Fig. 191 u. 192, *ep*) besteht aus gestreckten, von einer zarten Cuticula bedeckten Zellen, denen des Weizens ähnlich, aber dickwandiger.

Das Mesokarp (*m*), die Mittelschicht, setzt sich aus sechs oder mehr Zellenlagen zusammen. Die Zellen sind denen des Epikarps ähnlich, jedoch stärker verdickt. Die getüpfelte Wand quillt mit Lauge auf und wird streifig. In den äufseren Lagen sind diese Zellen 500 μ und darüber lang, 20 bis 40 μ breit. Innen sind die Zellen breiter, flacher, dünnwandiger und gehen über in

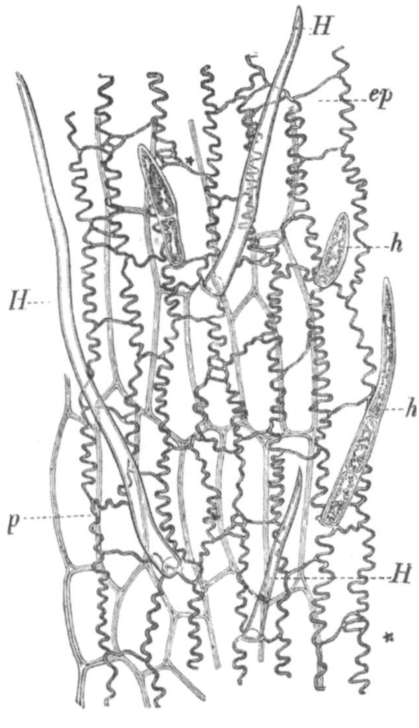

Fig. 190. Flächenansicht des häutigen Teiles der oberen Deckspelze (Fig. 184, *S*);
ep Epidermis,
H lange einzellige Härchen,
h kurze, ein- bis zweizellige Härchen,
p innere Oberhaut.

das Schwammparenchym (*p*), welches die Stelle der Querzellen in Weizen, Reis und Gerste vertritt. Die transversal gestreckten Arme vieler Zellen deuten auf die Verwandtschaft mit den wurmförmigen Querzellen bei Reis und Sorghum.

Um die auf das Perikarp folgenden Schichten kennen zu lernen, wird die nach Beseitigung der Fruchtschale von dem er-

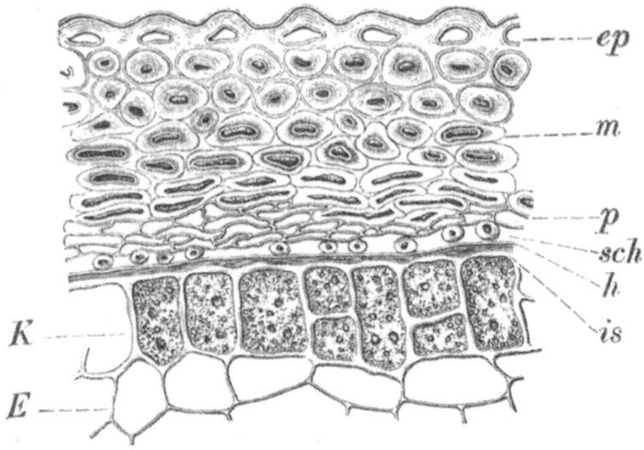

ep Oberhaut,
m Mittelschicht,
p Schwammparenchym,
sch Schlauchzellen,
h Samenhaut,
is Perisperm
K Aleuronschicht,
E Mehlkern.

Fig. 191. Querschnitt durch den Rand des Maiskornes.

weichten Maiskorn ablösbare dicke innere Haut mit 1⁰/₀iger Lauge gekocht, in verdünnter Essigsäure gewaschen, mit Nadeln zerzupft und die Bruchstücke in Chlorzinkjod beobachtet. Man unterscheidet die Schlauchzellen, die Samenschale und das Perisperm.

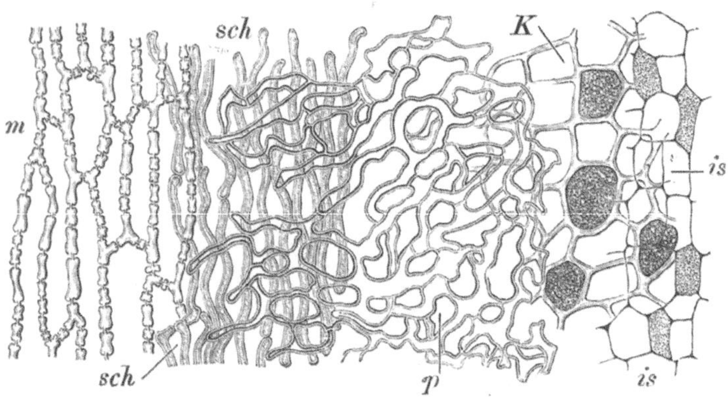

Fig. 192. Die Schichten der Maisschale in der Flächenansicht; Bedeutung der Buchstaben wie in Fig. 191.

Die Schlauchzellen (*sch*) sind länger und dünner als die des Weizens.

Die Samenschale ist eine braune, meist sehr dünne, an Querschnitten gut sichtbare Membran. In Alkalien wird sie intensiv gelb, ohne merklich zu quellen. Sie besteht aus zwei sich kreuzenden Lagen zarter, gestreckter Zellen. Unter ihnen befindet sich

das Perisperm, das jedoch auf Querschnitten nur unter günstigen Bedingungen sichtbar ist. Nach der oben beschriebenen Methode erkennt man deutlich die farblosen, gequollenen Wände und den feinkörnigen, tiefblau gefärbten Inhalt. Die Zellen ähneln einigermafsen der Kleberschicht, sind aber viel dünnwandiger und oft gestreckt (Fig. 192, *is*).

Die Kleber- oder Aleuronschicht (*K*) ist meist einreihig; nur vereinzelte Zellen derselben sind geteilt. Der Durchmesser der Kleberzellen beträgt 30 bis 40 μ, die Dicke ihrer Wand 12 μ.

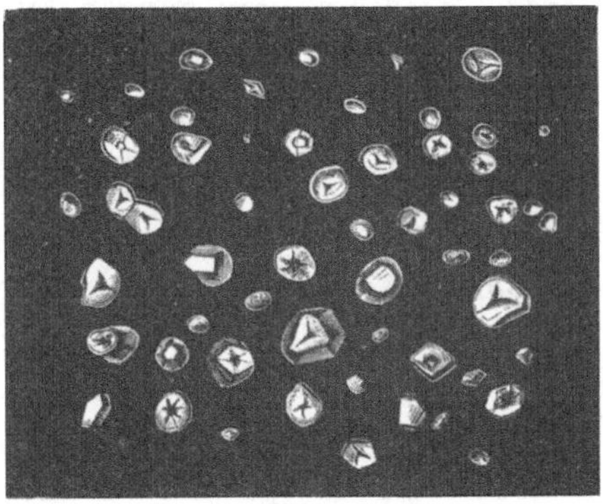

Fig. 193. Maisstärke.

Der Mehlkern (*E*) ist in den äufseren, der Kleberschicht unmittelbar anliegenden Schichten klein- und flachzellig, nach innen zu werden die Zellen grofs und isodiametrisch. In den hornigharten Teilen des Kerns sind die Stärkekörner scharfpolygonal, nur vereinzelt rundlich; im mehligen Teile sind alle Stärkekörner rundlich, meist 15 bis 30 μ, selten bis 35 μ, ebenso selten 5 μ grofs. Eine strahlige Kernhöhle ist meist vorhanden. Alle Stärkekörner sind einfach und auffallend „körperlich“, wie Hanausek schon bemerkte.

Solche grofse, polygonale Stärkekörner kommen aufser bei Mais nur noch bei Sorghum vor.

Maisprodukte.

Die Maisprodukte, deren es in Amerika besonders viele gibt, dienen nicht allein als Nahrungsmittel für Menschen und Tiere, sondern häufig auch als Fälschungsmittel.

a) Erzeugnisse aus ganzem Mais.

Maismehl, grob gemahlen, ist in Amerika als Futter für Rindvieh, Schweine und Pferde sehr gebräuchlich.

Maisschrot dient als Geflügelfutter.

Aus diesen Produkten können die bernsteinähnlichen Brocken des hornigen und mehligen Endosperms, die Bruchstücke der Kleie und des Keimlings für die Untersuchung ausgelesen werden. Die grofsen, polygonalen Stärkekörner sind verschieden von denen aller anderen Nutzpflanzen aufser Sorghum. — Mit Alkalien behandelt, werden die gelben oder weifsen Schalenteile goldgelb, die roten grün. — Die Fruchtschale ist charakterisiert durch die dickwandigen, getüpfelten Zellen der Oberhaut und Mittelschicht sowie durch das Schwammparenchym.

Mais- und Kolbenmehl, in Amerika als „cob-meal" bekannt, wird aus den ganzen Maiskolben gemahlen. Man findet in ihnen die oben beschriebenen Teile der Spindel und der Spelzen.

b) Erzeugnisse aus geschältem Mais.

Feines Maismehl ist Bestandteil der in Amerika gebräuchlichen Pfannenkuchenmehle („Griddle-cake-flours") und dient auch zur Fälschung des Weizenmehles.

Grobes Maismehl dient zu Brot („Johnny-cake") und Polenta („Hasty-pudding").

Maisgries („Hominy") aus weifsem Mais ist in Amerika als „breakfast-cereal" bekannt.

Diese und ähnliche Produkte bestehen hauptsächlich aus unveränderter Stärke, während in

Maisbrocken („Corn-crisp") die gekochten Stärkekörner verquollen sind.

Maisstärke hat in den Vereinigten Staaten die anderen Stärkearten fast ganz verdrängt. Man bedient sich ihrer nicht allein zur Wäsche und für Küchenzwecke, sondern man bereitet aus ihr auch Sirup, Glykose, Dextrin und andere Handelsartikel. Diese Stärke ist auch Bestandteil vieler Nährpräparate und Backpulver, Fälschungsmittel für Kakao, Schokolade, Weinstein u. a. m. Sie ist leicht nachzuweisen (s. Fig. 193).

c) Nebenprodukte.

Glutenmehl und Glutenfutter sind die getrockneten Rückstände der Glykosefabrikation. Sie bilden kleine, harte, unregelmäfsig rundliche, gelbe Brocken, welche aus Kleie und veränderten Stärkekörnern bestehen. Gleich den Abfällen aus der

Gries- und Stärkefabrikation dienen sie als konzentriertes Tierfutter.

Maiskuchen ist der Prefsrückstand der Maiskeime, aus denen fettes Öl gewonnen wurde. Gemahlen kommt der Prefsrückstand als „Germ oil meal“ in den Handel. Er enthält keine Stärke.

Maiskleie wird der Weizenkleie oft zugesetzt. Diese Fälschung ist an den Elementen der Fruchtschale (s. d. pag. 196) leicht nachzuweisen.

Maisspindeln sind wegen ihrer mechanischen Beschaffenheit und wegen ihres geringen Nährwertes ein minderwertiges Tierfutter, doch werden sie in gemahlenem Zustande oft der Weizen- und Reiskleie beigemengt. Meist dienen sie als Brennmaterial; auch macht man in Amerika Tabakspfeifen aus ihnen. In der Kleie entdeckt ein praktischer Blick dieses Fälschungsmittel mit unbewaffnetem Auge an den teils papierdünnen, teils holzig-harten Bruchstücken. Letztere verraten sich auch beim Kauen einer Probe. Die häutigen Spelzenteile können unmittelbar mikroskopisch untersucht werden; die harten Spelzenteile werden vorher mit verdünnter Kalilauge erwärmt und geschabt. Nötigenfalls können auch Schnitt- und Mazerationspräparate angefertigt werden. Charakteristisch, weil der echten Kleie fehlend, sind die Steinzellen, das Markgewebe, die zarten Gliederhaare und die scharf zugespitzten einzelligen Haare, deren Lumen fünf- bis sechsmal breiter ist als die Wandverdickung.

Ist das Fälschungsmittel in gröfserer Menge zugesetzt, so kann durch die chemische Analyse ein Mangel an Stickstoff, Fett und Stärke bei gleichzeitigem Überschufs an Holzfaser festgestellt und damit das Ergebnis der mikroskopischen Prüfung bekräftigt werden.

Literatur[1]).

Berg (3); Böhmer (6, 21); Hanausek, T. F. (15); Harz (17); Hassall (18); Macé (23); Moeller (26); Tschirch und Oesterle (37); Villiers und Collin (39); Vogl (40, 42); Wittmack (10).

Bersch: Mais und Maisabfälle. Landw. Vers.-Stat. 1895, **46**, 85.

Harshberger: Maize, a Botanical and Economic Study. Contrib. Bot. Lab. Univ. Pennsylvania I, 1893, 75.

Linz: Beiträge zur Physiologie der Keimung von Zea Mais L. Dissert., Marburg 1896.

---

1) Vgl. auch die Literatur über Weizen pag. 182 und Allgemeine Literatur.

PAMMEL: Comparative Anatomy of the Corn Caryopsis. Iowa Acad. Sc. 1897, **5**, 1.
WHITE: Note on the Use of Maize as an Adulterant. Analyst. 1895, **20**, 30.
WINTON: Die Anatomie des Maiskolbens mit besonderer Rücksicht auf den Nachweis von Kolbenmehl als Verfälschungsmittel der Weizen- und Roggenkleie. Österr. Chem.-Ztg. 1900, **3**, N. F., 345. — Conn. Agr. Exp. Stat. Rep. 1900, 186.

Gerste.

Die Gerste (*Hordeum sativum* L.) wird in den nördlichen Gebieten der Alten Welt als Brotfrucht, in den gemäfsigten Gebieten zur Malzbereitung gebaut.

Die Ähren setzen sich aus Gruppen von je drei einblütigen Ährchen zusammen, die alternierend gegenständig auf der zickzackförmigen Spindel angeordnet sind. Bei der sechsreihigen (*H. sativum* var. *hexastichon* [L.] HACKEL) und bei der vierreihigen Gerste (*H. sativum* var. *vulgare* [L.] HACKEL) sind alle Blüten fruchtbar; bei der zweireihigen Gerste (*H. sativum* var. *distichon* [L.] HACKEL) sind blofs die mittleren Blüten vollständig. Die Früchte der letzteren sind mitunter nackt; meist sind jedoch auch sie wie die der anderen Varietäten so innig von den Spelzen umhüllt, dafs sie beim Dreschen nicht herausfallen.

Für die Deckspelzen sind fünf Rippen charakteristisch, deren mittlere in eine lange, beim Drusch abbrechende Granne sich verlängert. Eine Rippe der Vorspelze korrespondiert mit der Längsfurche der Frucht und ist durch die sie bedeckende Spelze teilweise verborgen. Das Gerstenkorn ist mit und ohne Spelzen spindelförmig; auf der Bauchseite ist es, wie Weizen und Roggen, gefurcht, und auf der Rückseite zeigt eine Vertiefung am Grunde die Lage des Embryo an.

Werden Querschnitte aus dem bespelzten Korn mit Lauge, verdünnter Essigsäure und Chlorzinkjod oder mit JAVELLE'scher Lauge und Safranin behandelt, so können die Schichten deutlich unterschieden werden (Fig. 194). Um die Spelzen zu beseitigen, kocht man in Wasser. Durch Schaben erhält man Flächenpräparate, die auf dieselbe Weise aufgehellt und gefärbt werden wie die Querschnitte.

A. **Spelzen.** Die Oberhautzellen (Fig. 195) sind stark verkieselt und von dreierlei Form: 1. langgestreckt mit gewellten Seitenwänden; 2. klein, rundlich und zu kegelförmigen Härchen (*h*) emporgewachsen; 3. halbmondförmig und oft paarweise gestellt (*s*). Unter Wasser erscheint die Zellwand homogen; nach Behandlung mit Lauge wird die zickzackförmige Mittellamelle deutlich. Längs der Furche liegen Spaltöffnungen in je zwei Reihen (ZOEBL).

Das Hypoderma besteht aus einer bis drei Lagen dickwandiger, getüpfelter Fasern, deren Länge bis 300 μ, deren Dicke bis 20 μ erreicht.

Das Schwammparenchym (Fig. 196, *p*) besteht aus zart-

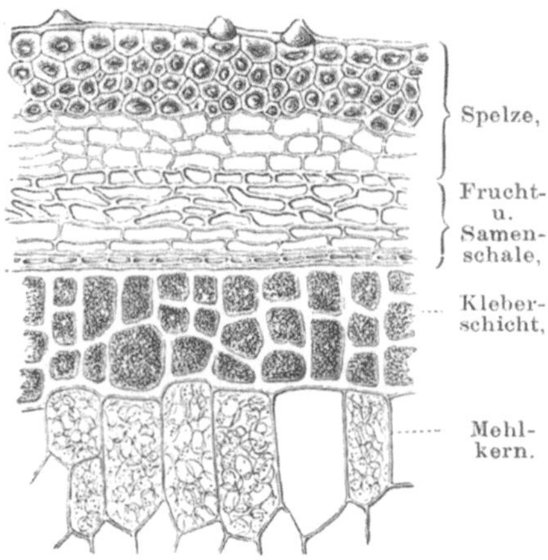

Fig. 194. Querschnitt durch die bespelzte Gerste.

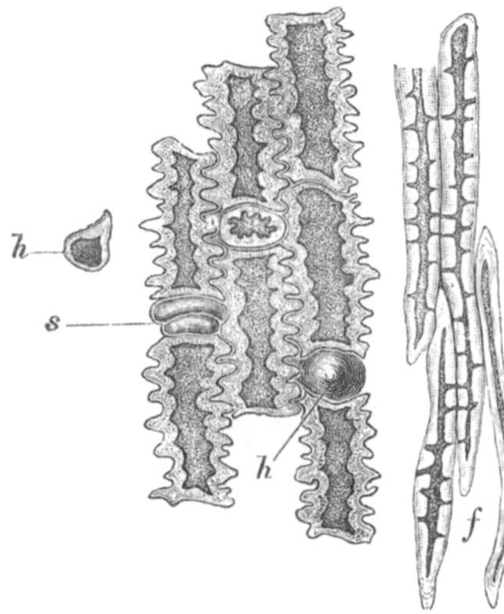

Fig. 195. Oberhaut und Hypodermfasern der Gerstenspelze.

wandigen, rechteckigen, oder wenig gestreckten Zellen mit rundlichen, elliptischen oder unregelmäßigen Zwischenräumen.

Die innere Epidermis (Fig. 197) ist auf Querschnitten nicht deutlich; auf Flächenpräparaten sieht man jedoch die zarten, gestreckten Zellen, kurze, zugespitzte Haare (*h*) und Spaltöffnungen (*st*).

Der in der Furche gelegene Spelzenrand trägt 0,2 bis 0,3 mm lange und etwa 15 μ breite Haare (Fig. 198).

B. **Frucht.** Die Oberhautzellen (Fig. 194 und 196, *f*) quellen in Lauge beträchtlich an. Wie bei Weizen und Roggen ist die Scheitelregion behaart, aber die Haare (Fig. 199) sind viel dünnwandiger (4 μ), die meisten gegen 150 μ lang und an der Basis 20 μ breit, einige über 1 mm lang und 30 μ breit. Die langen Haare sind oft dünnwandiger als die kurzen.

Fig. 196. Innere Schichten der Gerstenschale.
p Schwammparenchym und
ep innere Oberhaut der Spelze,
f Fruchtoberhaut.

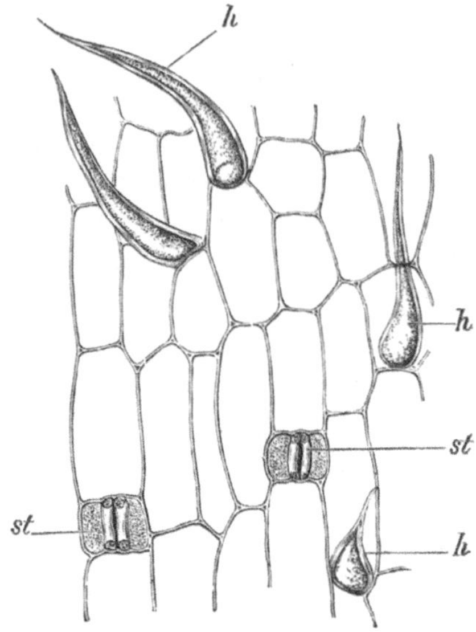

Fig. 197. Innere Spelzenoberhaut (Fig. 196, *ep*) der Gerste.

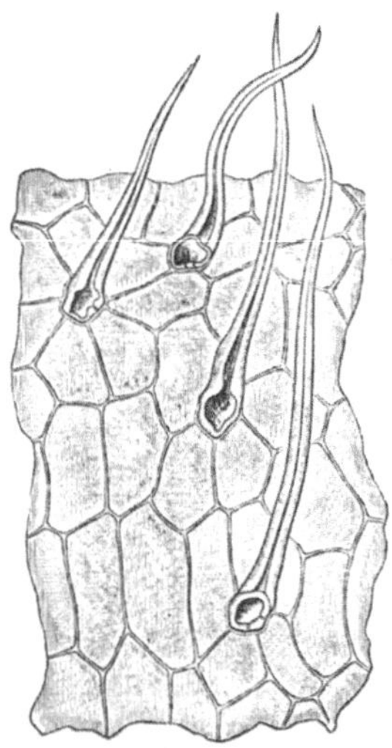

Fig. 198. Haare des Spelzenrandes der Gerste.

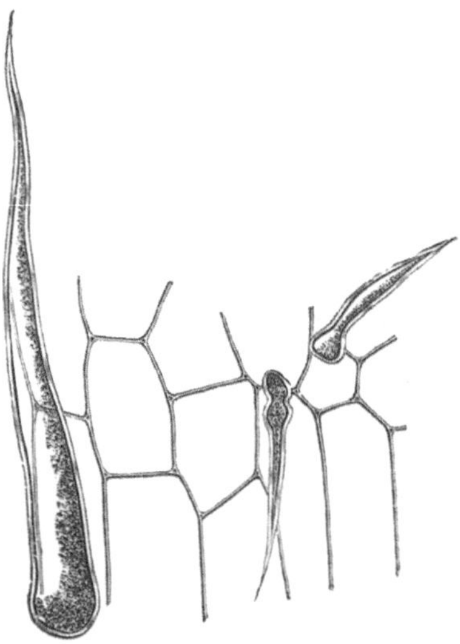

Fig. 199. Fruchthaare der Gerste.

Die Mittelschicht ist der Oberhaut ähnlich. Bei den nackten Gerstenvarietäten sind die Zellen gröfser und dickwandiger.

Die Querzellenschicht (Fig. 194 und 200, *qu*) besteht

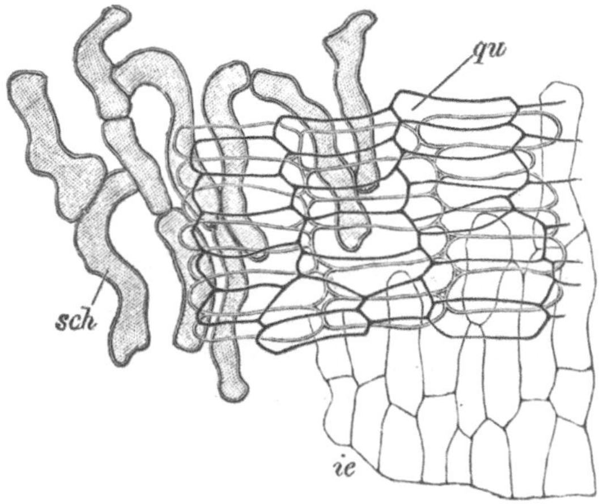

Fig. 200. **Fruchthaut der Gerste;** *qu* **Querzellen,** *sch* **Schlauchzellen.**

aus zwei Reihen ungetüpfelter, kaum 2 μ dicker Zellen. Meist sind sie 60 bis 100 μ lang und 10 bis 25 μ breit, aber stellenweise sind sie fast isodiametrisch, und häufig bilden sie Interzellularräume (Fig. 201).

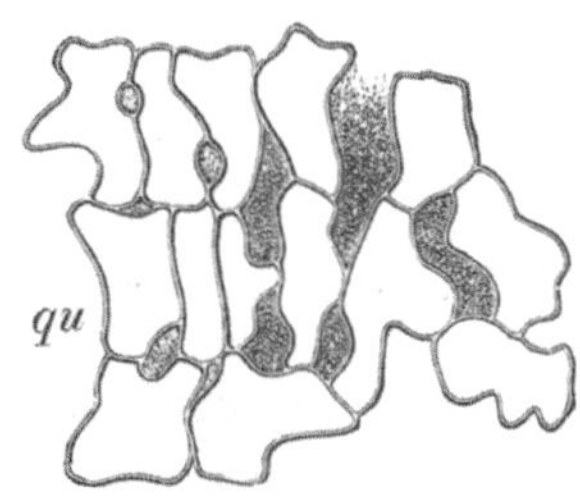

Fig. 201. **Querzellen der Gerste.**

Die Schlauchzellen (Fig. 200, *sch*) sind 80 bis 150 μ lang, 12 μ breit.

C. **Samenhaut.** Die beiden Zellenlagen der Samenhaut sind longitudinal gestreckt und kreuzen sich nicht. Die Aufsenschicht (Fig. 200, *ie*) besteht aus zartwandigen, die Innenschicht aus dickwandigen Zellen, die mit Alkalien stark quellen und durch Chlorzinkjod gebläut werden. Dabei tritt an beiden Schichten die hellgelbe Cuticula deutlich hervor.

D. **Perisperm.** In verdünnter Lauge ist das Perisperm auf Querschnitten oft, in Flächenpräparaten selten sichtbar.

E. **Endosperm.** Von allen anderen Zerealien unterscheidet sich die Gerste dadurch, dafs ihre Aleuronschicht zwei- bis vierreihig ist (Fig. 194). Auf Querschnitten erscheinen die Zellen quadratisch oder radial gestreckt, in der Flächenansicht rundlich-polygonal, 18 bis 30 μ diam., mit 4 μ oder darüber dicken Wänden.

Gerstenstärke (Fig. 202) ist der Weizen- und Roggenstärke ähnlich, die Körner sind jedoch kleiner, gewöhnlich 20 bis 30 μ, selten über 35 μ. Da zusammengesetzte Körner selten sind, finden sich kantige Kleinkörner sehr spärlich. Kern und Schichtung sind an den Grofskörnern oft deutlich. Kernspaltung ist sehr selten.

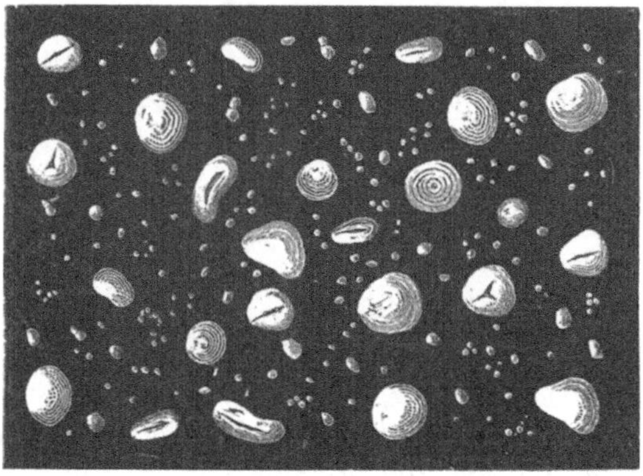

Fig. 202. Gerstenstärke.

Gerstenprodukte.

Malz, das wichtigste Produkt, enthält alle zelligen Elemente der Gerste.

Geröstete Gerste und geröstetes Malz dienen als Surrogat und Fälschungsmittel für Kaffee.

Gerstenmehl dient in einigen Gegenden zum Brotbacken und als Kindermehl.

Graupen oder „Gerstel“ nennt man die geschälte und gerundete Gerste und verwendet sie als Suppeneinlage. In den Furchen findet man Schalenbestandteile. Sonst sind die geschälten Gerstenprodukte durch die Stärkekörner, die dünnwandigen Haare, die dünnwandigen Querzellen in zwei Schichten und die mehrreihige Aleuronschicht charakterisiert.

Unter den Nebenprodukten sind die Trebern und die Malzkeime als Tierfutter gebräuchlich.

Trebern nennt man das ausgelaugte Malz. Durch die stark hervortretenden Spelzenrippen sind die Gerstentrebern von den Hafertrebern schon mit freiem Auge zu unterscheiden, mikroskopisch durch die rechteckigen Zellen des Schwammparenchyms, aufserdem durch die unter Graupen angeführten Merkmale.

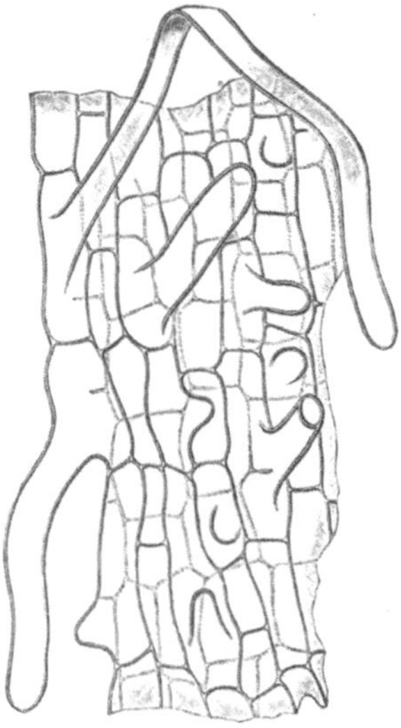

Fig. 203. Oberhaut der Malzkeime.

Malzkeime nennt man die beim Mälzen der Gerste ausgewachsenen, auf der Darre eingetrockneten und vom Malze abgeputzten Würzelchen. Sie bilden ein Haufwerk kurzer Fäden, die spulenrund und von einem zentralen Leitbündel durchzogen sind. Die Oberhaut trägt zahlreiche einzellige, stumpf endigende, oft nur kurze Ausstülpungen der Oberhautzellen bildende Haare (Fig. 203). Durch die hervorgehobenen Merkmale sind die Malzkeime von den ihnen äufserlich ähnlichen zerschnittenen Maisgriffeln (s. d. pag. 106) sicher zu unterscheiden.

Auch bei der Herstellung von Grütze und Graupen fallen Futterstoffe ab, welche Spelzen, Kleie, Keimlinge und Stärke enthalten.

Literatur.

Berg (3); Böhmer (6, 21); Hanausek, T. F. (10, 15, 16); Harz (17); Hassall (18); Macé (23); Moeller (26, 29); Schimper (34); Tschirch und Oesterle (37); Villiers et Collin (39); Vogl (40, 42); Wittmack (10).

Emmerling: Über eine einfache Unterscheidungsweise von Gersten- und Haferspelzen. Landw. Vers.-Stat. 1898, **50**, 1.

Formanek: Über d. Erkennung der in den Nahrungs- und Futtermitteln vorkommenden Spelzen. Zeitschr. f. Unters. d. Nahr.- u. Genufsm. 1899, II, 833.

Holzner: Die Bestandteile und Gewebeformen des bespelzten Gerstenkornes. Ztschr. gesam. Brauwesen 1888, 473.

Zoebl: Der anatomische Bau der Fruchtschale der Gerste, *Hordeum distichum* L. Verhandl. Naturf. Ver. Brünn 1889, **27**, 1.

— Beiträge zur Entwicklung des Gerstenkornes. Allg. Ztschr. Bierbrauerei und Malzfabrikation 1889.

Vgl. auch die Literatur über Weizen, pag. 182.

Hafer.

Der **Hafer** (*Avena sativa* L.) ist nicht nur als Tierfutter, besonders für Pferde, wertvoll, sondern in Amerika auch als menschliches Nahrungsmittel in mannigfachen Zubereitungen.

Man unterscheidet **Rispenhafer** und **Fahnenhafer** (*A. orientalis* SCHREB.) in zahlreichen nackten und bespelzten, begrannten und grannenlosen Abarten. Sie sollen alle vom wilden Hafer mit geknickter Granne (*A. fatua* L.) abstammen.

Die zwei- oder mehrblütigen Ährchen sind von zwei breiten, häutigen Hüllspelzen gestützt, die beim Dreschen in der Spreu zurückbleiben. In den gewöhnlichen Varietäten ist jede Frucht eingeschlossen von der schmalen, gerundeten, verkieselten, fünf- oder mehrnervigen, aber **nicht gerippten** Deckspelze und von der dünnen, zweinervigen Vorspelze. Die Deckspelze hat schmale, dünne Ränder; die breite Vorspelze umschliefst mit häutigen Flügeln die Frucht. Die Granne der Hüllspelze bricht beim Reinigen des Getreides ab. Das enthülste Korn ist spindelförmig, seidenhaarig, auf der Bauchseite seicht gefurcht. Der Keimling hat ungefähr die Länge eines Drittels der Frucht.

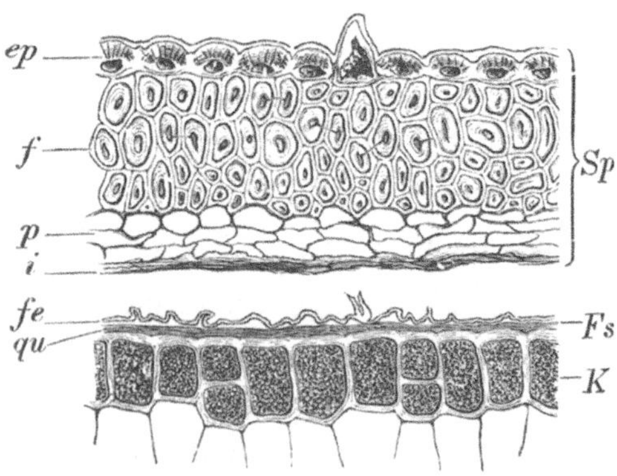

Fig. 204. Durchschnitt der Deckspelze und des Randes der Haferfrucht.
Sp Spelze mit Oberhaut *ep*, Hypoderma *f*, Schwammparenchym *p* und innere Oberhaut *i*,
Fs Fruchthaut mit der Epidermis *fe* und der Querzellenschicht *qu*,
K Aleuronschicht.

A. **Deckspelze.** Die **Oberhaut** (Fig. 205) besteht aus 1. gestreckten, dickwandigen, 2. Zwillingszellen, von denen eine gewöhnlich halbmondförmig ist, und 3. rundlichen Zellen. Auf dem Körper der Spelze ist die Zellwand oft dicker als das Lumen (Fig. 204, *ep*); an den Rändern ist sie dünner (Fig. 205, *ep*). Hier finden sich hier und da, besonders in der Nähe der Rundzellen, scharf zugespitzte Haare mit weitem Lumen, an der Basis gewöhnlich breit, selten über 60 μ lang.

Das Hypoderm (Fig. 204 und 206, *f*) bildet in der Spelzenmitte eine 130 μ dicke Schicht. Auf Querschnitten zeigen die Fasern deutlich die primäre und sekundäre Membran und die Poren. Sie werden über 1 mm lang und 40 μ breit, haben ein enges Lumen und spitze oder gegabelte Enden. Nur die Fasern der Aufsenschicht sind an der Aufsenwand gezähnt. In Alkalien quellen sie stark auf und werden streifig.

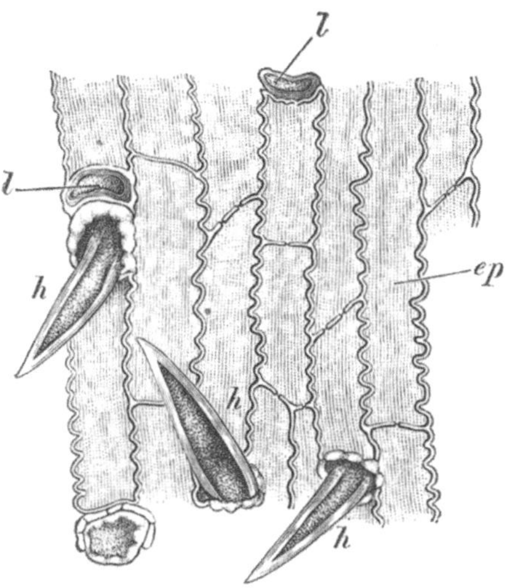

Fig. 205. Oberhaut des Deckspelzenrandes der Haferfrucht.

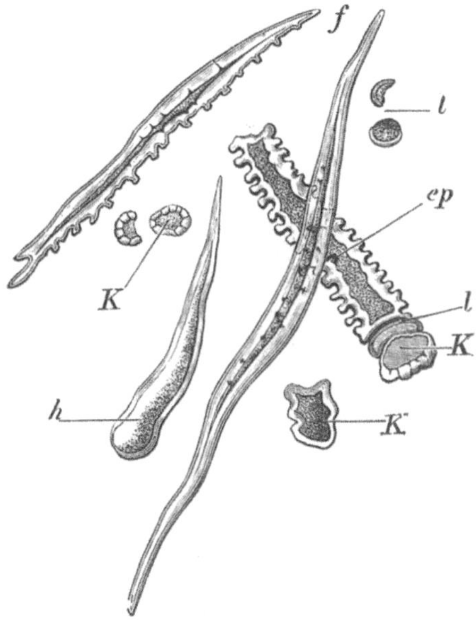

Fig. 206. Isolierte Elemente der Haferspelze; *ep* **Oberhautzelle,** *l* **Halbmondförmige Zellen,** *K* **Kieselzellen,** *h* **Haar,** *f* **Hypodermfasern.**

Das Schwammparenchym ist durch seine sternförmigen Zellen ausgezeichnet (Fig. 204, *p* und 207, *p*). Es enthält Spuren von Chlorophyll.

Die innere Oberhaut (*i*) besteht, wie bei den anderen Zerealien, aus dünnwandigen Zellen mit Spaltöffnungen.

B. **Vorspelze.** Der mittlere Teil hat denselben Bau wie die Deckspelze; nur ist das Hypoderm dünner. In den häutigen Flügeln besteht die äufsere Epidermis aus dünnwandigen Zellen, und das Hypoderm ist sehr wenig entwickelt. Spaltöffnungen sind den Kielen parallel reihenweise geordnet, und die Kiele selbst tragen zahlreiche, steife, dickwandige, zugespitzte, etwa

60 μ lange und an der Basis 15 μ breite Haare; sie bilden sehr charakteristische, gesägte Ränder (Fig. 208).

C. **Fruchtschale.** In der reifen Frucht ist das Perikarp (Fig. 204, *Fs* und 209) so geschrumpft und zusammengedrückt, dafs Querschnitte ihre drei Schichten, von denen die äufsere gerunzelt ist, kaum erkennen lassen. Durch Wasser oder Lauge kann sie erweicht und von der Frucht abgelöst werden.

Die Oberhautzellen (Fig. 209, *fe*) sind gestreckt, dünnwandig, an den Seiten getüpfelt, an den dünneren Enden anscheinend porenfrei. Hier und da sind sie konvergierend um ein, zwei oder drei Haare als Mittelpunkt

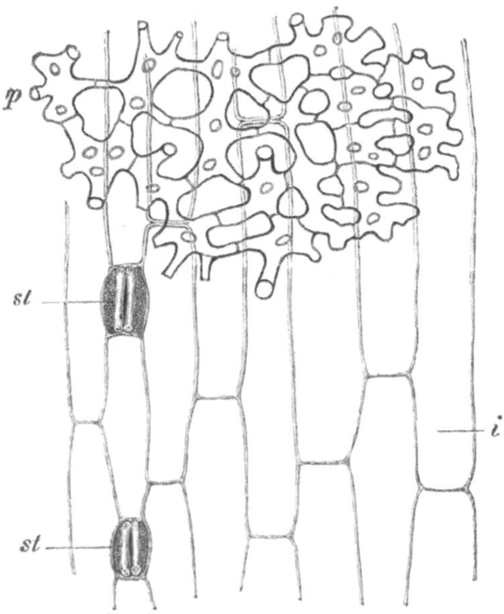

Fig. 207. Schwammparenchym (*p*) und innere Oberhaut (*i*) der Haferspelze mit Spaltöffnungen *st*.

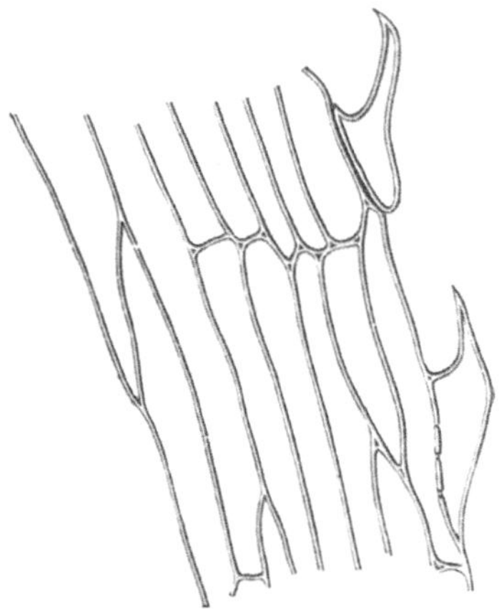

Fig. 208. Vorspelzenrand des Hafers.

geordnet. Diese sind bis 2 mm lang, nicht über 23 μ breit, am Grunde oft verengt, gleichförmig verdickt. Das Lumen ist breiter als die Membran dick.

Die Mittelschicht (*fm*) ist der Oberhaut ähnlich. Die nur mit Mühe erkennbaren Zellen sind kürzer.

Die Querzellen (*qu*) erinnern in der Anordnung der Zellen an eine Strickleiter. Die ungefähre Breite der Zellen beträgt 30 μ, ihre Länge 100 μ. Sie sind dünnwandig und nicht deutlich.

D. **Samenschale** und **Perisperm** sind nicht erkennbar.

E. Endosperm. Die Aleuronschicht (Fig. 204, *k*) ist gewöhnlich einreihig; ihre Zellen (20 bis 50 μ) sind radial gestreckt und oft quergeteilt. Im Vergleich zu Weizen, Roggen und Gerste sind die Zellwände dünner (5 μ oder weniger) und quellen in Alkalien schwach auf (Fig. 209, *K*).

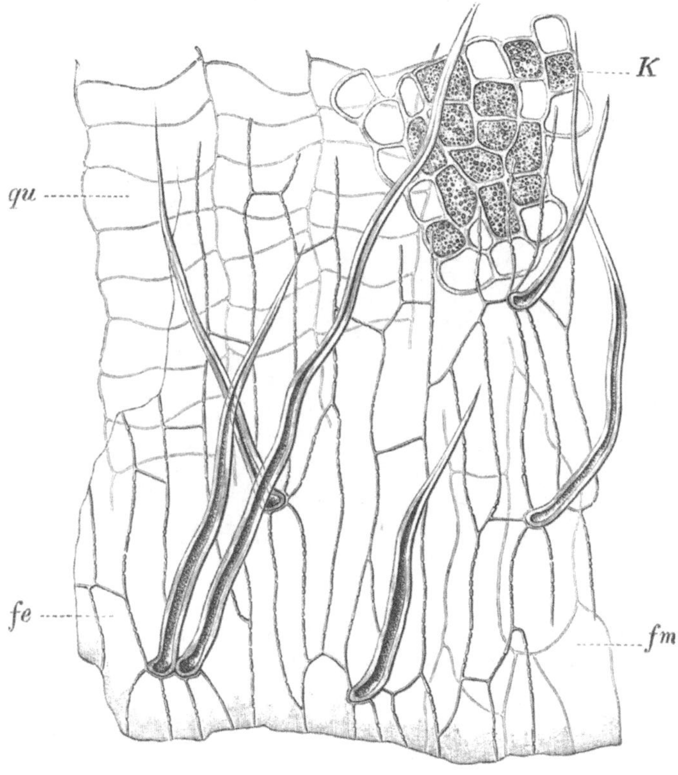

Fig. 209. **Fruchthaut des Hafers;**
fe Oberhaut, | *qu* Querzellenschicht,
fm Mittelschicht, | *K* Aleuronzellen.

Die Stärkekörner (Fig. 210) sind zumeist polygonal; ihrer 2 bis 200 sind zu rundlichen Aggregaten von 60 μ vereinigt. Unter den Einzelkörnern, die gewöhnlich 10 μ, selten über 15 μ messen, finden sich spärlich spindelförmige, die charakteristisch sind.

Haferprodukte.

Hafer wird meist mit den Spelzen und ungeschrotet verfüttert. Gemahlen wird er oft mit anderen Zerealien gemischt; so ist

Hafer und Mais ein in den Vereinigten Staaten sehr gebräuchlich Pferdefutter.

Die für die Diagnose wichtigen Bestandteile sind: 1. die schmalen, nicht gerippten Deckspelzen mit dem Sternparenchym; 2. die zarten Vorspelzen mit sägeförmigen Kielen; 3. die Fruchtschale mit den langen, schlanken, am Grunde oft verengten Haaren; 4. die kleinen, polygonalen, vereinzelt spindelförmigen Stärkekörner.

Hafermehl, gerollter und gequetschter Hafer (Quaker oats) und ähnliche Zubereitungen enthalten alle oben angeführten

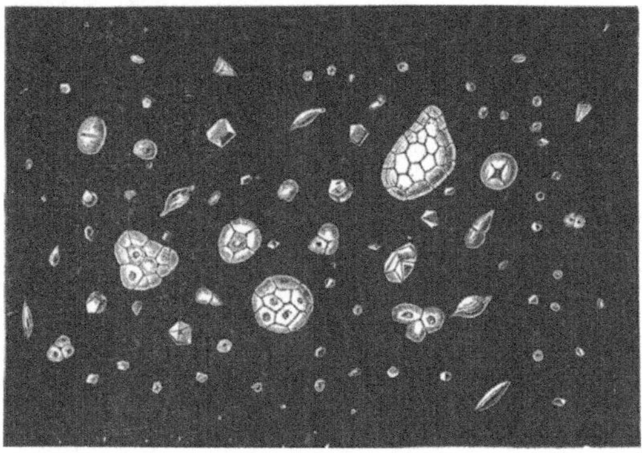

Fig. 210. Haferstärke.

Bestandteile aufser den Spelzen. In vielen ist die Stärke durch Kochen mehr oder weniger verquollen.

Die Abfallstoffe, hauptsächlich aus der Schale bestehend, dienen zur Futtermischung. Ihr Nährwert ist gering, da sie reich an Faser, arm an Stickstoff, Fett und Stärke sind.

Literatur.

Berg (3): Böhmer (6, 21); Hanausek, T. F. (15); Harz (17); Hassall (18); Macé (23); Moeller (26); Schimper (34); Tschirch und Oesterle (37); Villiers et Collin (39); Vogl (40, 42); Wittmack (10).

Emmerling: Über eine einfache Unterscheidungsweise von Gersten- und Haferspelzen. Landw. Vers.-Stat. 1888, **50**, 1.

Formánek: Über die Erkennung der in den Nahr.- und Futtermitteln vorkommenden Spelzen. Zeitschr. f. Untersuchung der Nahr.- und Genufsmittel II, 1899.

S. auch die Literatur über Weizen pag. 182.

Reis.

Der Reis (*Oryza sativa* L.) ist streng genommen keine Brotfrucht; er liefert aber mehr Menschen als irgend eine der Zerealien die tägliche Nahrung; er ist das wichtigste Nahrungsmittel in China, wo er schon vor 5000 Jahren kultiviert wurde, ferner in Japan, Indien und anderen Gebieten Asiens. Seine Kultur hat sich vom Osten her über alle wärmeren Teile der Erde erstreckt.

Der Blütenstand ist eine Rispe aus einblütigen Ährchen, deren jede zwei kleine Hüllspelzen, eine dicke, begrannte, deutlich fünfrippige Deckspelze und eine ebenso dicke, dreirippige Vorspelze, besitzt. Die beiden letzteren sind stark zusammengedrückt und gekielt (Fig. 211), matt und glanzlos, rauh von zahlreichen Längs- und Querstreifen, die nebst groben Haaren unter der Lupe sichtbar sind. Die Granne ist am gedroschenen Korn selten zu finden. Die enthülste Frucht ist etwa 8 mm lang, beiderseits stumpf, oberflächlich mit dem Abdruck des Reliefs der Spelzen. Der Keimling liegt rückwärts an der Basis.

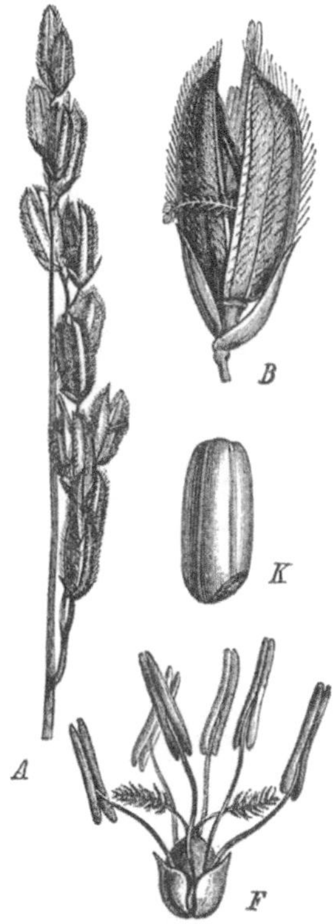

Fig. 211. Reis (nach NEES); *A* Ähre, *B* Ährchen mit den Spelzen, *F* Blüte, *K* Frucht.

A. **Spelzen.** Da die Oberhaut verkieselt ist, können Querschnitte aus der Spelze (Fig. 212, *C*) erst nach Erweichung derselben in Lauge angefertigt werden. Um die Elemente zu isolieren, mazeriert man die Spelze mit SCHULZE'scher Flüssigkeit (s. pag. 7).

Die äufsere Oberhaut (Fig. 212 u. 213) besteht aus parallelen Längsreihen breiter, dickwandiger Zellen mit eigentümlich tiefbuchtigen Seitenwänden (*ep*). Haare von 500 μ Länge und 40 μ Breite sind auf der Oberfläche zerstreut, am reichlichsten längs der Rippen und nahe dem Scheitel.

Das Hypoderm (*f*) wird aus zwei bis drei Reihen Fasern

gebildet, die kammartig untereinander und mit der Epidermis verzinkt sind.

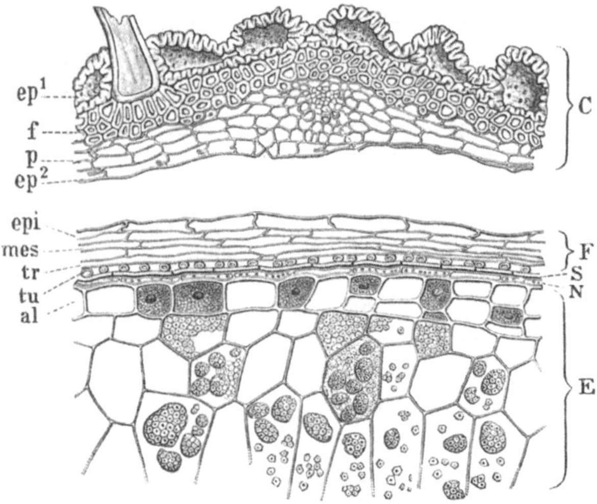

C Spelze mit der beiderseitigen Oberhaut *ep*1 und *ep*2, dem Hypoderm *f* und dem Parenchym *p*; *F* Fruchthaut mit der Oberhaut *epi*, dem Mesokarp *mes*, den Querzellen *tr* und den Schlauchzellen *tu*; *S* Samenhaut; *N* Perisperm; *E* Endosperm mit der Aleuronschicht *al*.

Fig. 212. Querschnitt durch den bespelzten Reis (A. L. WINTON);

Das Schwammparenchym (*p*) besteht aus zwei, stellenweise mehr Lagen rechteckiger, dünnwandiger Zellen.

Die innere Oberhaut (*ep*2) erscheint auf Querschnitten als

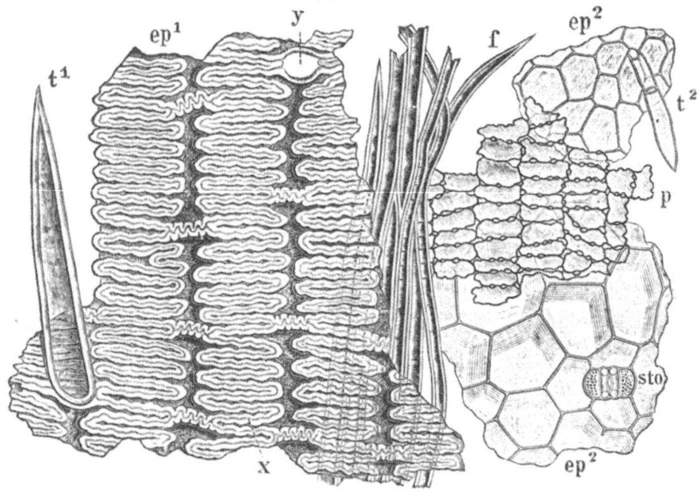

Fig. 213. Spelzengewebe in der Flächenansicht (A. L. WINTON);
*t*1 Haar der äußeren,
*t*2 Haar der inneren Oberhaut,
y Haarspur,
die anderen Buchstaben wie in Fig. 212.

hyaline, streifige Membran. In der Flächenansicht sind die Zellen annähernd isodiametrisch, längs der Leitbündel gestreckt. Ihre dünnen Membranen sind zart gestreift. Die Spaltöffnungen haben zwei eigentümliche Schliefszellen und zwei mitunter gröfsere Nebenzellen mit protoplasmatischem Inhalt. Die Haare sind sehr zart, ein-, drei-, meist zweizellig (t^2).

B. **Fruchthaut** (Fig. 212, *F*). Nach Beseitigung der Hüllen und mehrstündigem Erweichen in Wasser können Querschnitte gemacht werden. Die Fruchthaut kann leicht abgelöst werden, nachdem das Korn einige Augenblicke in schwacher (1 %iger) Lauge gekocht und in verdünnte Essigsäure getaucht wurde.

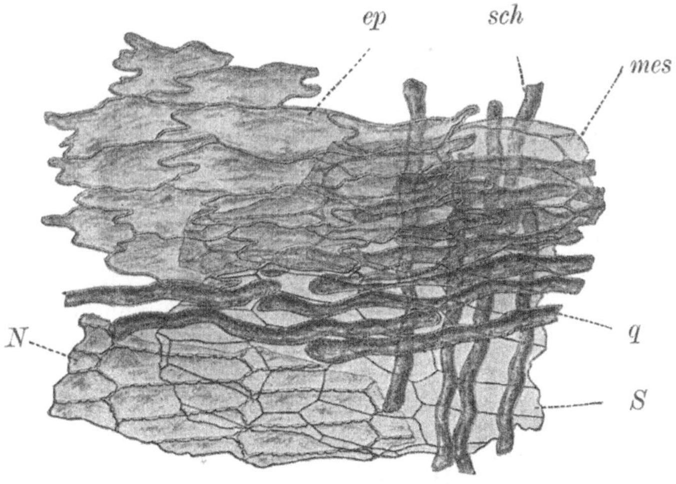

Fig. 214. Frucht- und Samenhaut (das sog. „Silberhäutchen") in der Flächenansicht (A. L. WINTON);

ep Oberhaut,	*sch* Schlauchzellen,
mes Mittelschicht,	*S* Samenhaut,
q Querzellen,	*N* Perisperm.

Das Epikarp (Fig. 214, *ep*) ist die am leichtesten erkennbare und charakteristischeste Schicht. Sie ist — ungleich anderen Zerealien — aus quergestreckten, eigentümlich gewellten Zellen gebaut, die 120—500 μ lang und 30—100 μ weit und Seite an Seite gereiht sind.

Die Mittelschicht (*mes*) ist so zusammengedrückt, dafs ihre Zellen auf Querschnitten nicht erkennbar sind. In den äufseren Lagen sind sie den Querzellen der Gerste ähnlich; in den inneren Lagen sind sie gestreckter, allmählich übergehend in die

Querzellen (q), so dafs eine scharfe Trennung nicht möglich ist. Die inneren Lagen sind verschieden von den Querzellen des Weizens, Roggens, der Gerste und des Hafers, ähneln aber denen von Mais, Sorghum und Hirse. Sie erreichen eine Länge von 500 μ und sind nur 4—6 μ breit. Sie bilden eine geschlossene Schicht oder sind getrennt und gleichen dann den

Schlauchzellen (sch), die jedoch nur 3—5 μ breit sind. Sie sind die einzigen der Frucht- und Samenschale, die nicht quergestreckt sind.

C. **Samenhaut.** Sie erscheint auf Querschnitten (Fig. 212, S) als strukturlose, undeutliche Membran; nach Behandlung mit Lauge, Essigsäure und Chlorzinkjod wird die Cuticula der Samenhaut als eine dünne, gelbe Linie und das Perisperm als dicke, blaue Schicht erkennbar. Wurde die dünne Fruchthaut in der oben beschriebenen Weise beseitigt, kann eine dickere, aus Samenhaut, Perisperm und Aleuronschicht bestehende Haut abgeschabt werden. Die Samenhaut (Fig. 214, S) ist an den dünnen Zellwänden und der dunkelgelben Farbe der dicken Cuticula kenntlich. Die Zellen sind denen des Weizens und anderer Zerealien ähnlich, bilden aber nur eine Schicht.

D. **Perisperm.** In den nach der angegebenen Methode hergestellten Flächenpräparaten sind die Zellen des Perisperms leicht erkennbar an den geperlten Radialwänden und ihrer dunkelblauen Farbe. Sie sind quergestreckt und Seite an Seite gereiht (Fig. 214, N).

E. **Endosperm.** Die Aleuronzellen (Fig. 212, al) sind rundlich-polygonal, 25 bis 40 μ diam., ungewöhnlich dünnwandig.

Die 2—10 μ grofsen Stärkekörner (Fig. 215) sind oft zu 100 und mehr zu eiförmigen Aggregaten vereinigt. In der Handelsstärke finden sich die Aggregate, weil sie zerfallen sind, nicht mehr oder selten. Die meisten Körner sind polygonal, kristallähnlich; die in den Aggregaten randständigen haben neben ebenen auch eine gerundete Fläche; ganz runde Körner sind selten. Die Bruchkörner zeigen mitunter eine Kernhöhle.

Reisprodukte.

Geschälter, d. h. bis auf die Aleuronschicht und teilweise auch von dieser und vom Keim befreiter Reis dient als Nahrungsmittel.

Reismehl und andere Mahlprodukte finden zu Kindermehl beschränkte Anwendung. Sie unterscheiden sich von der Reisstärke, die oft ebenfalls Mehl genannt wird, dadurch, dafs sie nebst Stärke auch Aleuronzellen und gelegentlich andere Teile der Reisschale enthalten.

Nebenprodukte sind die in den Reisschälereien abfallenden Spelzen und die Kleie. Die ersteren dienen als Packmaterial, da sie einerseits wegen ihrer Härte, anderseits wegen des Mangels an Nährstoffen als Tierfutter nicht brauchbar sind. Gleichwohl dienen gemahlene Reisschalen als Fälschungsmittel für Kakao, und Gewürze. Zu diesem Zwecke werden sie oft geröstet. Sind die Fragmente grofs genug, so erkennt man sie unter der Lupe an der Streifung. Unter dem Mikroskop ist die Oberhaut mit den (oft abgebrochenen) Haaren charakteristisch (Fig. 213). Ist die Röstung bis zur Verkohlung gediehen, so dafs die Elemente nicht gut erkennbar sind, leistet die mikroskopische Untersuchung der Asche gute Dienste.

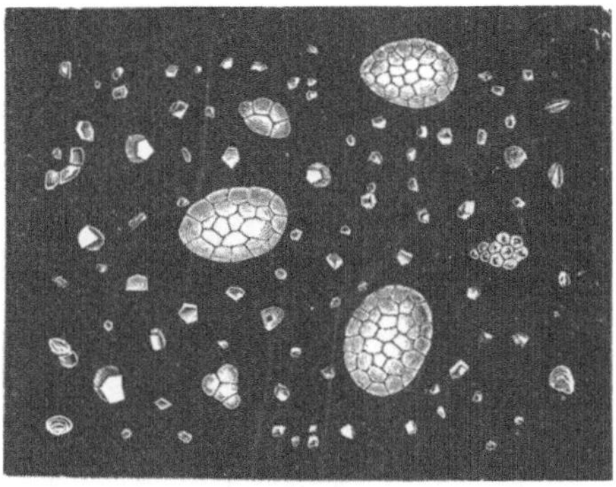

Fig. 215. Reisstärke.

Reiskleie ist ein wertvolles Futtermittel und häufiges Fälschungsmittel für Gewürze. Sie enthält nicht nur alle Elemente des Reiskorns, sondern oft auch Schalenbestandteile. Am charakteristischesten sind die zickzackförmigen Oberhautzellen der Fruchthaut (Fig. 214, *ep*), doch dienen auch die Quer- und Schlauchzellen zum Nachweis.

Literatur.

Böhmer (6, 21); Hanausek, T. F. (15, 16); Harz (17); Hassall (18); Macé (23); Moeller (26); Tschirch und Oesterle (37); Villiers et Collin (39); Vogl (40, 42); Wittmack (10).

Burchard: Reis und Reisabfälle. Landw. Vers.-Stat. 1896, **48**, 111.

Formánek: Über die Erkennung der . . . Spelzen. Zeitschrift f. Unters. d. Nahr.- und Genufsm. II, 1899.

v. Höhnel: Die anatomischen Verhältnisse der Reisspelze. Haberlandts „Wissensch.-prakt. Untersuch. auf dem Gebiete des Pflanzenbaues" I, 149.

Street: Rice Hulls. New Jersey Agr. Expt. Stat. 160, Bull., 1902.

Mohrhirse[1]).

Als *Andropogon Sorghum* Brot. werden eine Anzahl *Sorghum*-Arten zusammengefafst (*S. saccharatum* Pers., *S. vulgare* Pers., *S. Caffrorum* Beauv., *S. nigrum* Roem. et Schult., *S. cernuum* Willd.). Die Verschiedenheit des Blütenstandes und der Frucht ist das Ergebnis der durch Jahrhunderte fortgesetzten Bastardierung und Zuchtwahl, um einerseits Früchte, anderseits Besen oder Zucker zu gewinnen.

Besenhirse.

Die Besenhirse (*Andropogon Sorghum* var. *technicus* Koern.), eine der wichtigsten Varietäten, wird in ausgedehntem Mafsstabe in Illinois, Kansas, Nebraska und einigen anderen Staaten, in

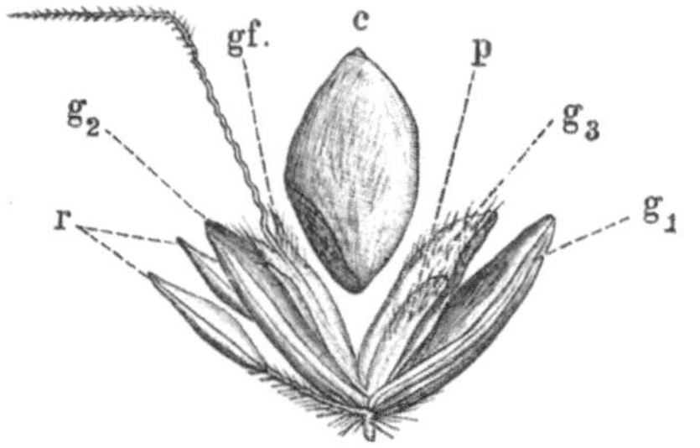

r zwei männliche Ährchen,
g_1 u. g_2 Hüllspelzen,
g_3 Spelze einer unentwickelten Blüte,
gf begrannte Deckspelze,
p Vorspelzen,
c Frucht.

Fig. 216. Ährchen der Besenhirse 4fach vergr.

geringerer Ausdehnung in Spanien, Italien und anderen Teilen Europas kultiviert. Da die Frucht noch nicht ganz reif ist, wenn der Besen am besten ist, benutzt man sie als Tierfutter und mischt sie mitunter der Weizenkleie bei.

An jedem Gelenk der Blütenrispe entspringt ein fruchtbares und ein oder zwei männliche oder unentwickelte Ährchen (Fig. 216). Das fruchtbare Ährchen besteht aus zwei glänzenden, dicken Hüllspelzen (g_1 u. g_2) und drei häutigen, behaarten Hüllen:

---

[1]) Hirse ist ein Sammelname für mehrere Grasgattungen und deren Früchte. Unter Mohr-, Zucker-, Besen- und Kaffernhirse versteht man *Sorghum*-Arten, unter Kolbenhirse, deutscher oder ungarischer Hirse *Setaria*-Arten, unter Rispenhirse oder gemeiner Hirse *Panicum*-Arten.

der Deckspelze (*gf*) und Vorspelze (*p*) der vollständigen Blüte und der Spelze (g_3) der unvollständigen Blüte. Eine gekniete, unterseits bärtige, 5—7 mm lange Granne sitzt auf der Deckspelze, aber sie fällt beim Dreschen meist ab, findet sich daher selten in der Marktware. Das Korn ist etwa 5 mm lang, 2 bis 3 mm breit, beiderseits stumpf zugespitzt, gelb- bis rotbraun.

A. **Hüllspelzen.** Beide Hüllspelzen (Fig. 216, g_1 u. g_2) sind 4—6 mm lang und umschliefsen die Frucht eng. Sie sind von weichen Haaren bedeckt, die so lose haften, dafs sie beim Dreschen und Reinigen zumeist abfallen, so dafs die Spelzen

Sp **Spelze mit den Oberhäuten** *aep* **u.** *iep*, **dem Hypoderme** *f*, **dem Parenchym** *p*, **dem Leitbündel** *g*, **einer Spaltöffnung** *sto*;
Fs **Fruchtschale mit der Oberhaut** *ep*, **der Cuticula** *c*, **dem Hypoderm** *hy*, **der Mittelschicht** *mes*, **den Querzellen** *q*, **den Schlauchzellen** *sch*;
N **Perisperm mit der gequollenen Schicht** *s*;
E **Endosperm mit der Aleuronschicht** *al*, **der Stärke** *st* **u. dem Proteïnnetz** *a*.

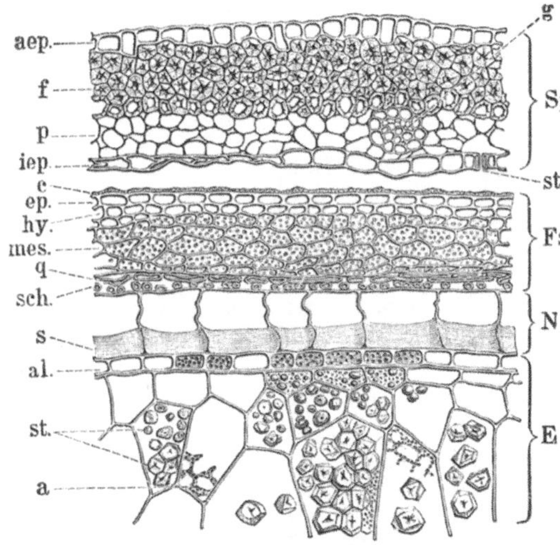

Fig. 217. Querschnitt der bespelzten Besenhirse (A. L. Winton).

glatt und glänzend erscheinen. Querschnitte (Fig. 217) zeigen die typischen Schichten.

Die äufsere Oberhaut (Fig 217 u. 218, *aep*) besteht aus stark verdickten, langen, wellig gerandeten Zellen mit hier und da eingefügten isodiametrischen Haarnarben, deren jede von einer halbmondförmigen Zelle mit körnigem Inhalt begleitet ist. Die Haare, die unfehlbar bei der Präparation abgelöst werden, wenn sie nicht schon vorher abgefallen waren, sind oft 1,0 mm lang, in der Mitte 12 μ breit, beiderseits verjüngt. Stets ist das Lumen viel breiter als die Wand.

Dickwandige Fasern mit engem Lumen, 0,5 mm lang (Fig. 218, *f*), bilden in mehreren Lagen das Hypoderm.

Das Schwammparenchym (*p*) besteht aus rechteckigen Zellen mit kreisrunden Interzellularräumen (Fig. 219, *p*), denen der Reis- und Gerstenspelze ähnlich.

Die innere Oberhaut (*iep*) ist auf Querschnitten nicht gut erkennbar, weil die radialen Wände zusammengefallen sind. In Flächenpräparaten sind die Zellen (oft 150 μ lang, 50 μ breit), Spaltöffnungen und Haare deutlich zu sehen.

B. **Deck- und Vorspelzen.** Die Zellen der äufseren Oberhaut (Fig. 220, *aep*) sind denen der Hüllspelzen ähnlich, aber enger und dünnwandiger. Die Randhaare (*h*) sind oft 500 μ lang, einzellig, zugespitzt; auf

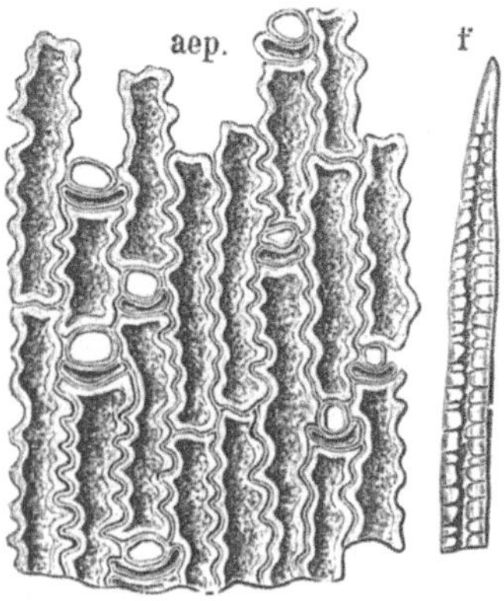

Fig. 218. Hüllspelze der Besenhirse in der Flächenansicht (A. L. Winton);
aep Oberhaut,
f Bruchstück einer Faser.

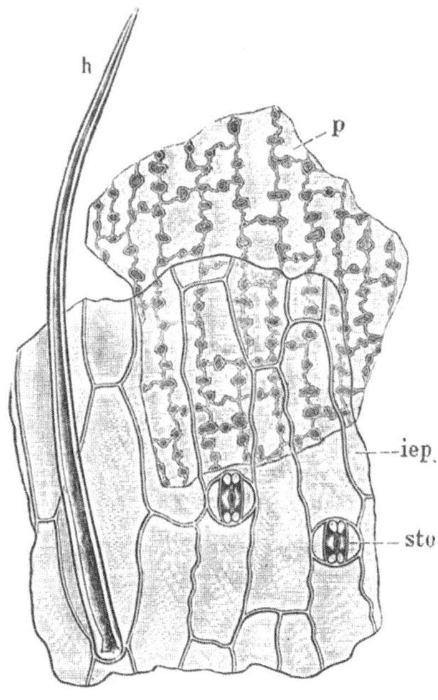

Fig. 219. Hüllspelze der Besenhirse in der Flächenansicht (A. L. Winton);
iep innere Oberhaut mit Spaltöffnungen *sto* u. Haaren *h*.
p Schwammparenchym.

der Fläche kommen auch kurze, zwei- bis dreizellige, stumpfe Haare (h_1) vor. Beide Haarformen sind äufserst dünnwandig.

Die innere Epidermis (*iep*) ist unbehaart; ihre Zellen sind geradwandig.

C. **Fruchtschale.** Die Oberhaut (Fig. 220, *ep*) hat gestreckte, dickwandige, mehr oder weniger getüpfelte, gewellte Zellen. Nach Hassack ist die Cuticula (Fig. 217, *c*) von kleinen Körnern oder Kristallen uneben.

Das Hypoderm (*hy*) besteht aus ein bis drei Lagen meist dünnwandiger Zellen.

Das Mesokarp (*mes*) ist erfüllt mit kleinen, runden oder gerundet polygonalen, selten über 6 μ grofsen Stärkekörnern. Die Frucht ist bis nahe zur Reife in den äufsersten Zellenlagen des Mesokarps grün von Chlorophyll. Die Gegenwart oder Abwesenheit der Stärke zur Erntezeit ist vom Reifegrade der Frucht oder von anderen Umständen abhängig, keineswegs eine spezifische Eigentümlichkeit. Körner derselben Varietät besitzen Stärke im Mesophyll oder sind stärkefrei. Oft kann man schon mit freiem Auge den Stärkegehalt einer Frucht erkennen, wenn man sie schabt.

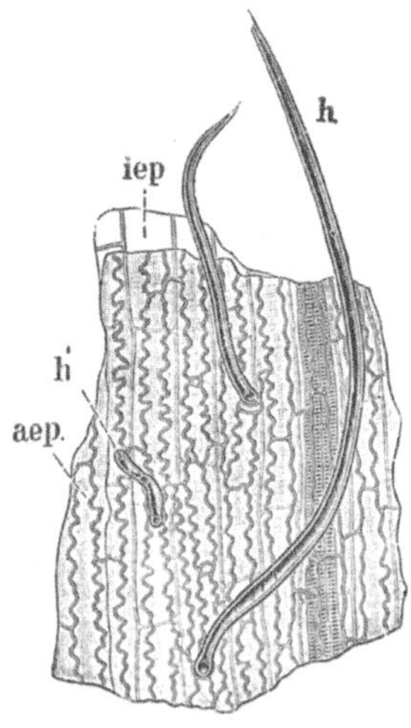

Fig. 220. Dünnhäutige Spelze (Fig. 216, *gs*) der Besenhirse (A. L. WINTON); *aep* äufsere Oberhaut mit den Haaren *h* u. *h*[1], *iep* innere Oberhaut.

Querzellen (*q*) sind gewöhnlich lang und schmal, nur durch die Querlagerung von den Schlauchzellen zu unterscheiden. An den Polen der Frucht sind sie kürzer und unregelmäfsiger gestaltet.

Die Schlauchzellen (*sch*) kreuzen die Querzellen im rechten Winkel. Sie erreichen 200 μ Länge und sind ungefähr 5 μ breit.

D. **Perisperm.** Das Perisperm (Fig. 217 u. 221, *N*) ist oft 50 μ dick. Die Aufsenwand der Zellen ist dünn, die Innen-

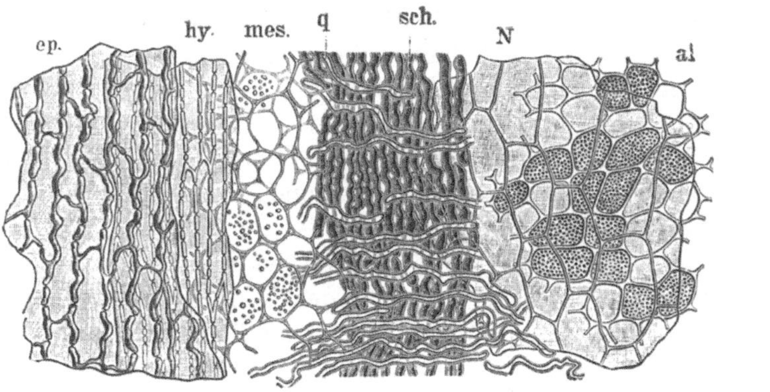

Fig. 221. Fruchtschale der Besenhirse in der Flächenansicht (A. L. WINTON); Bedeutung der Buchstaben wie in Fig. 217.

wand (*s*) stark gequollen. In Flächenansichten sind die Zellen durch ihre Gröfse und gelbe oder braune Färbung auffallend.

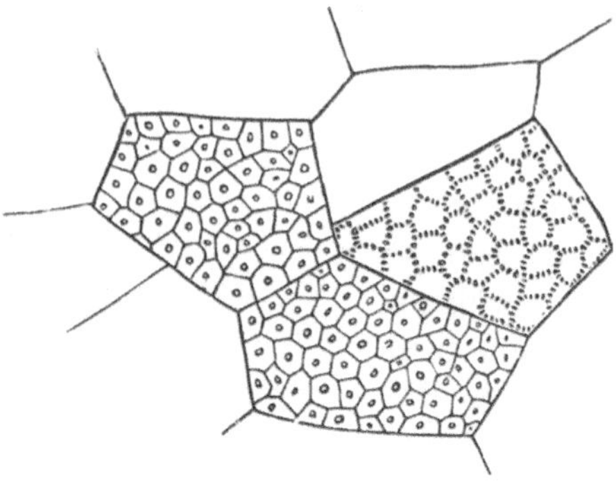

Fig. 222. Mehlendosperm der Hirse (A. E. v. VOGL).

E. **Endosperm.** Die Aleuronschicht (Figur 221, *al*) besteht aus Zellen von sehr verschiedener Gröfse und Form.

Die Stärkekörner (Fig. 217, *st* und 222) sind in den äufseren Teilen des Samens viel kleiner als in den inneren, wo sie oft 30 μ diam. erreichen. Gewöhnlich sind sie scharf polygonal mit deutlichem Kern und radialen Spalten. Sie sind in Eiweifs gebettet, das ein geperltes, in kalter Lauge besonders gut sichtbares Netzwerk bildet (Fig. 222) wie bei den anderen Hirse-Arten. Mitunter enthalten die äufseren Zellenlagen gar keine Stärke, sondern nur Proteïnsubstanzen.

Mahlprodukte.

Die Stärke der Mohrhirse ist in Form und Gröfse der Maisstärke gleich und von der aller anderen Zerealien verschieden. MEYER will beobachtet haben, dafs die Stärke einiger Varietäten mit Jodlösung sich nicht blau, sondern rötlich färbt, aber MITLACHER fand, dafs diese Reaktion nur nach Erweichung in Wasser eintritt. Als Unterscheidungsmerkmal hat sie geringen Wert, man mufs seine Zuflucht zu den zelligen Bestandteilen nehmen.

Die Spelzenoberhaut und das Perisperm der Besen- und Zuckerhirse finden nicht ihresgleichen im Mais; besonders ist das Perisperm charakteristisch.

Nach Behandlung mit Alkalien ist die Epidermis der Hüllspelzen (Fig. 218, *aep*) von der des Maises (Fig. 186) leicht zu unterscheiden. Die dünnen Spelzen (Fig. 220) sind denen des Mais ähnlich, aber die Zellen sind länger, schmäler und unregelmäfsiger geformt.

Die Schlauchzellen beider sind gleich, und die Querzellen von Sorghum sind oft nicht unterscheidbar vom Schwammparenchym des Mais. Von den übrigen Geweben ist die Fruchtoberhaut nicht immer charakteristisch, und das Stärkemesokarp ist im Mehle schwer aufzufinden.

Die gestreckten Oberhautzellen der dicken Sorghumspelzen und der Gerste sind sehr ähnlich, aber die kurzen, kegelförmigen Härchen (Fig. 197) sind für die Gerste charakteristisch. — Sorghum- und Haferspelzen sind an der Oberhaut nicht leicht zu unterscheiden, wohl aber am Schwammparenchym. Dieses besteht beim Hafer aus sternförmigen, bei Sorghum wie bei der Gerste aus regelmäfsig rechteckigen Zellen mit kreisrunden Interzellularräumen.

Zuckerhirse.

Die Zuckerhirse (*Andropogon Sorghum* var. *saccharatus* Koern.), eine alte Kulturpflanze Chinas und Afrikas, wird seit etwa 50 Jahren in Amerika gebaut. Sie versprach eine wichtige Zuckerpflanze der Vereinigten Staaten zu werden, mufste aber der Zuckerrübe weichen. Man schneidet sie zur Zuckergewinnung vor der Fruchtreife; die reifen Früchte sollen der Kaffernhirse (s. d.) gleichwertig oder ihr sogar überlegen sein.

Die wichtigsten Varietäten gleichen im Habitus der Besenhirse, nur sind die Rispen kürzer und gedrängter. Die zwei schwarzen, glänzenden Hüllspelzen sind etwas breiter und fallen mitunter beim Dreschen ab; auch die dichte Behaarung und die begrannten Blütenspelzen fehlen in der Marktware.

Die Oberhautzellen der Hüllspelzen enthalten eine schwarze Masse. Das ist das einzige Unterscheidungsmerkmal.

Kaffernhirse.

Die Kaffernhirse (*Andropogon Sorghum* [L.] Brot.) dient den Eingeborenen Südafrikas unter dem Namen „Durrha“ als wichtigstes Nahrungsmittel für Menschen und Tiere. Auch für einige Teile Amerikas ist sie von Bedeutung. Der dichte Fruchtstand krümmt sich bei der Reife nicht nach abwärts.

Die Hüllspelzen sind mitunter kürzer als die Frucht und die Deckspelze ist unbegrannt. Die Frucht ist weifs oder rot, fast kugelig, ungefähr 4 mm diam., spelzenlos.

Die Kaffernhirse unterscheidet sich von den beiden vorigen dadurch, dafs ihr Perisperm weder auf Querschnitten noch in

Flächenpräparaten deutlich und dafs ihr Hypoderm stärker entwickelt ist, oft aus drei Lagen dickwandiger Zellen besteht.

Weifser Milo-Mais ist eine Abart der Kaffernhirse.

Braune und weifse Durrha, Jerusalemkorn und gelber Milo-Mais sind Abarten, die sich nur durch die Farbe der Frucht unterscheiden. Sie werden in Amerika als Tierfutter gebaut. Die Pflanze erreicht 2—3 m Höhe, und ihr Blütenstand krümmt sich nach abwärts, wenn er sich der Reife nähert.

Beide Hüllspelzen sind stumpf, dicht behaart, ungefähr halb so lang als breit, flach; die Frucht ist linsenförmig, 5–6 mm lang und fast ebenso breit. Die Deckspelze der weifsen Durrha ist begrannt, die der anderen Abarten unbegrannt. Gewöhnlich ist die Marktware hüllenlos.

Obwohl die drei Abarten für das unbewaffnete Auge sich nur durch die Farbe unterscheiden, besitzen sie doch ein mikroskopisches Kennzeichen. In der braunen Durrha ist das Perisperm immer stark entwickelt, in den beiden anderen ist es nicht erkennbar. Sonst gleichen alle Sorghum-Arten der Besenhirse, nur enthalten die äufseren Endospermschichten regelmäfsig Aleuronkörner, keine Stärke.

Literatur.

Hassall (18).

Brown: On Another New Pepper Adulterant. Analyst 1887, **12**, 89.

Harz: Landwirtschaftliche Samenkunde. Berlin 1885, **2**, 1249.

Hassack: Anatomie der Sorghum-Früchte. Mitt. aus dem Labor. f. Warenk. an der Wiener Handelsakad. 1887, 113.

Mitlacher: Über einige exotische Gramineenfrüchte, die zur menschlichen Nahrung dienen. Ztschr. allg. österr. Apoth.-Ver. 1901, 813, 831, 856, 875, 899 u. 928.

Winton: Anatomie der Kulturvarietäten der Hirse. Ztschr. f. Untersuch. d. Nahrungs- u. Genufsmittel 1903, **6**, 337. Rep. Conn. Agr. Expt. Stat. 1902, 326.

Gemeine Hirse.

Die Rispen- oder gemeine Hirse (*Panicum miliaceum* L.) wird in grofser Ausdehnung in Indien, China und Japan, in Europa besonders in Rufsland der Frucht wegen, in Amerika nur als Grünfutter und Heu angebaut.

Die beinahe kugelige Frucht ist von der Hüll- und Vorspelze dicht umschlossen und bildet ein Korn von 3 mm Länge und 2 mm Breite. Beide Hüllen sind gleichförmig leder- oder strohfarbig, kahl und glänzend.

A. **Spelzen.** Die äufsere Oberhaut besteht aus isodiametrischen oder gestreckten, buchtigen, an den Rändern mehr gestreckten Zellen mit geraden Endseiten. Beide Formen haben glatte Aufsenwände und enthalten eine farbige Masse.

Das Mesophyll und die innere Oberhaut sind wie bei Setaria (pag. 225).

B. **Frucht.** Die Frucht unterscheidet sich von der Setariafrucht nur durch die gröfseren Aleuronzellen. Bei Setaria sind sie selten über 20 μ, bei Panicum 25—50 μ diam.

Die Stärkekörner sind polygonal, 4—12, selten 15 μ diam., mit deutlosem Kern, oft gruppenweise zusammenhängend. Wie bei Sorghum und Setaria liegt die Stärke in einem geperlten Eiweifsnetz (s. Fig. 222).

Hirsenprodukte.

Die gemeine Hirse kann nur im entspelzten Zustande, als Hirsengrütze, zur menschlichen Nahrung dienen. Die bei Bereitung derselben abfallenden Spelzen und Schalen unterscheiden sich von der Kleie der meisten Zerealien (Weizen, Gerste, Hafer, Reis, Mais), des Taumellolchs und der Trespe durch die Abwesenheit der Haare und Zwillingszellen sowie durch die rechteckigen Parenchymzellen ohne Interzellularräume; von der deutschen Hirse durch die Abwesenheit der Falten an der äufseren Oberhaut; vom Borstengras durch die Abwesenheit der Falten und braunen Flecken.

Literatur.

Vogl: Die wichtigsten Nahrungs- und Genufsmittel. Wien 1899.

Deutsche Hirse.

Die Kolben-, deutsche oder ungarische Hirse (*Setaria italica* Beauv., *S. panis* Jess.) war die wichtigste Brotfrucht der Pfahlbauer. In China ist sie neben Reis jetzt noch das verbreitetste Nahrungsmittel. In anderen Erdteilen wird sie nur als Tierfutter gebaut.

Da sie als eine durch Kultur entstandene Abart des grünen Borstengrases (*Setaria viridis*) betrachtet wird, ist es begreiflich, dafs die Früchte beider sehr ähnlich sind. Die der deutschen Hirse sind gelb oder lederfarbig und daran von den gesprenkelten oder schwarzen Früchten des grünen Borstengrases zu unterscheiden.

Literatur.

Formánek: Über die Erkennung der Spelzen. Żtschr. f. Unters. d. Nahr.- und Genufsm. II, 1899.
Hanausek, T. F.: Über die Matta. Ztschr. f. Nahr.-Unters. u. Hyg. 1887.
Vogl, A.: Die wichtigsten Nahrungs- und Genufsmittel. Wien 1899.

Borstengras.

Das Borstengras, auch grüner Fuchsschwanz genannt (*Setaria viridis* Beauv., *Chaetochloa viridis* [L.] Scribn.), ist ein lästiges Unkraut beider Kontinente, besonders auf den Feldern der Nordweststaaten. Im Ausreuter amerikanischen Getreides finden sich die Früchte derselben in einer Menge von 11,6 %.

Der Blütenstand ist eine dichte, borstige Ähre oder besser eine ährige Rispe von 4—10 cm Länge. Jedes Ährchen (Fig. 223) besteht aus zwei Hüllspelzen (g^1 und g^2) und zwei Blüten: einer vollständigen, mit lederigen, quergerunzelten Spelzen und einer männlichen mit häutigen Hüllen. An der Basis jedes Ährchens befinden sich 2—4 aufrechte, bärtige, bis 8 mm lange Borsten.

A. **Hüllspelzen** und **Spelzen der unfruchtbaren Blüte.** Die untere Hüllspelze ist dreinervig und kaum über 1 mm lang; die obere und die Spelze der sterilen Blüte sind fünfnervig und 2 mm lang. Im mikroskopischen Bau stimmen sie miteinander überein.

Die äufsere Oberhaut (Fig. 224) besitzt gestreckte, wellige Zellen und Längsreihen von Grübchen, die so angeordnet sind, dafs jedes Grübchen in einer konkaven Krümmung der Zellwand sitzt. In der Spelzenmitte (Fig. 224, II) sind diese Grübchen

I. Ährchen mit Spelzen und Frucht;
g^1 untere Hüllspelze,
g^2 obere Hüllspelze,
gf^1 Deckspelze und
p^1 Vorspelze der männlichen Blüte,
gf^2 Deckspelze und
p^9 Vorspelze der zwitterigen Blüte,
c Frucht,
b Borsten,
II und III Frucht eingeschlossen in dicken Spelzen;
II Deckspelze oben,
III Vorspelze oben.

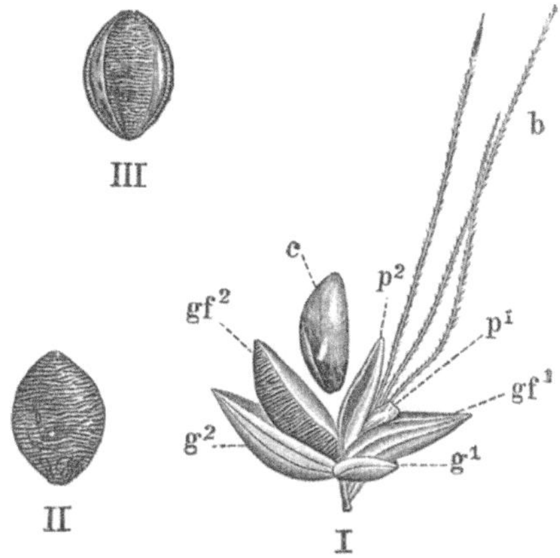

Fig. 223. Grünes Borstengras, 8fach vergr. (A. L. WINTON).

so grofs und so dick berandet, dafs sie mit den Krümmungen der Oberhautzellen schnurförmig aussehen. Aufser den gestreckten Zellen besitzt die Oberhaut auch gepaarte Kurzzellen, von denen eine wahrscheinlich eine Haarnarbe, die andere mehr oder weniger halbmondförmig ist; ferner Spaltöffnungen und hie und da ein zartes, 1—3 zelliges Haar.

Mesophyll findet sich nur an der Basis und längs der Nerven.

Die innere Oberhaut besteht aus gestreckten, geradwandigen Zellen.

B. **Vorspelze der männlichen Blüte.** Sie ist eine hyaline, höchstens 1 mm lange, an der Spitze gekerbte Schuppe innerhalb der Hüllspelze. Im Bau stimmt sie mit den anderen häutigen Hüllen überein, ihre Zellwände sind jedoch dünner.

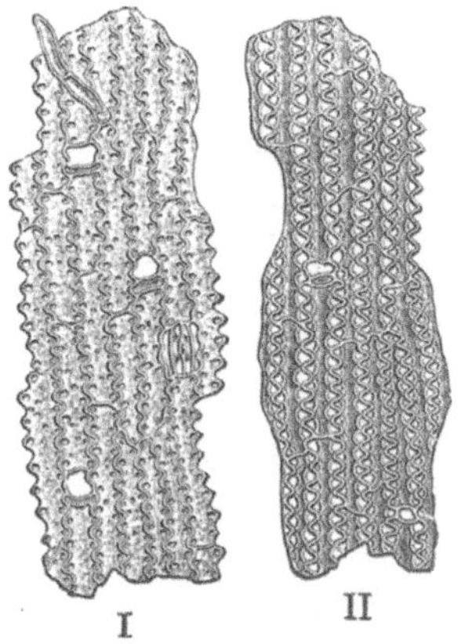

Fig. 224. Grünes Borstengras. Äufsere Epidermis der Hüllspelze (Fig. 223, gf^1) der männlichen Blüte, in der Flächenansicht (A. L. WINTON). I Am Rand, II in der Mitte.

Die äufsere Oberhaut besitzt gestreckte, wellige Zellen mit undeutlichen oder ganz fehlenden Grübchen. Es kommen auch isodiametrische Zellen und zarte Gliederhaare vor. Unmittelbar unter ihr liegt die innere Oberhaut; nur an der Basis sind Spuren von Mesophyll dazwischen.

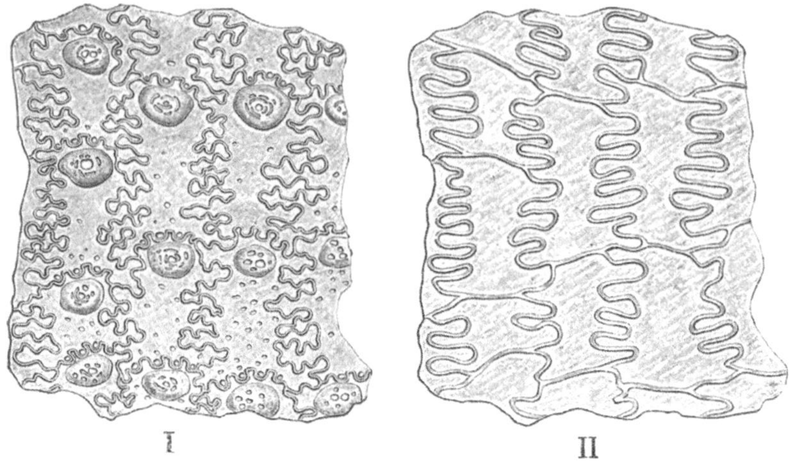

Fig. 225. Grünes Borstengras; Oberhaut in der Mitte der unentwickelten Vorspelze (Fig. 223, p^2) der Zwitterblüte (A. L. WINTON); I Aufsenseite, II Innenseite.

C. **Deckspelze** und **Vorspelze der vollständigen Blüte.** Beide (Fig. 223, gf^2, p^2) umschliefsen dicht die reife Frucht, die erstere stark konvex, die letztere flach bis auf den die Frucht umfassenden Rand. Zur Blütezeit sind diese Hüllen dünn und grün; reif sind sie lederig, verkieselt, braun oder gescheckt. Unter der Lupe sieht man zahlreiche Querfalten auf der Deckspelze und auf der Mitte der Vorspelze, deren Seitenteile glatt und glänzend sind.

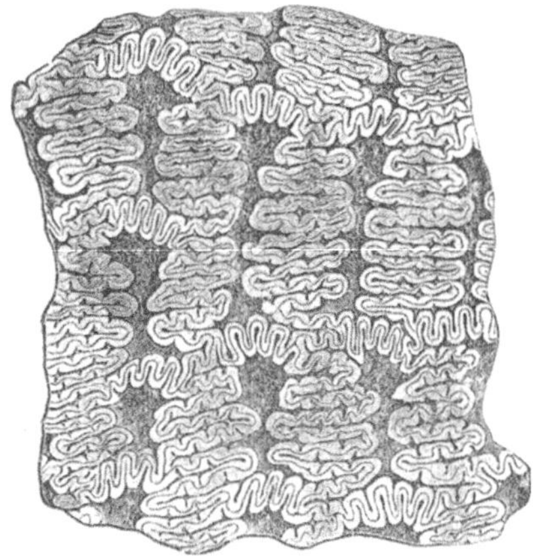

Fig. 226. Die Epidermis in Fig. 225, I der ausgebildeten Spelze (A. L. WINTON).

Die äufsere Oberhaut (Fig. 225—228) der Deckspelze und des mittleren Teiles der Vorspelze besteht aus isodiametrischen oder mäfsig gestreckten Zellen, die nicht nur in Längsreihen, sondern auch in unregelmäfsigen Querreihen angeordnet sind (Fig. 225, I und II). An der dem Scheitel der Hülle zugekehrten Seite jeder Zelle ist oft, besonders an den Vorspelzen, eine Cuticularwarze mit einer Gruppe von Grübchen bemerkbar.

Fig. 227. Die Epidermis des Spelzenrandes der Fig. 226 (Mikrophotogr. bei 160facher Vergr. von A. L. WINTON).

An den Seitenteilen der Vorspelze sind die Zellen länger, schmäler und weniger verwickelt (Fig. 227 u. 228).

Während der Entwicklung ist der Zellinhalt farblos, später wird er dunkelbraun.

Zur Reifezeit stehen die Runzeln 30—60 μ voneinander ab.

Die Fasern des Hypoderms können durch Alkalien leicht isoliert werden. Sie sind gegen 0,6 mm lang und am Rande oft gezähnt.

Das Mesophyll besteht aus rechteckigen, lückenlos gefügten Zellen. Zur Blütezeit enthalten sie Chlorophyll. Ähnlich sind die Zellen der inneren Oberhaut. Beide Schichten sind bei der Reife obliteriert und haben keine diagnostische Bedeutung.

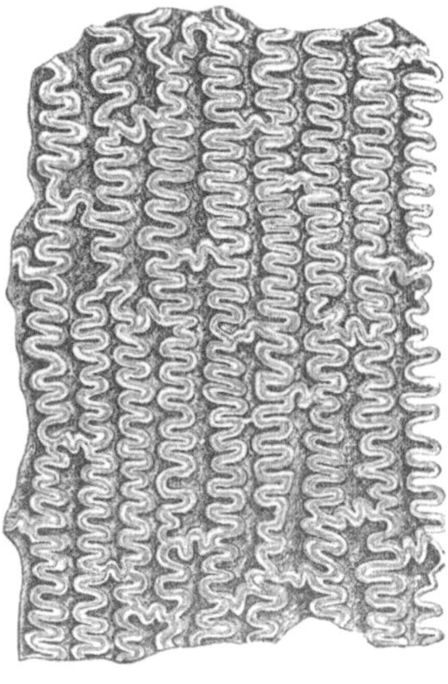

Fig. 228. Ein Teil der Fig. 227 bei 300facher Vergröſserung (A. L. WINTON).

D. **Frucht** (Fig. 223, II u. III). Die Bauchseite ist flach und hat nahe der Basis einen dunkleren Fleck (Nabel). In der Mitte der Rückenseite deutet ein Grübchen die Lage des Embryo an.

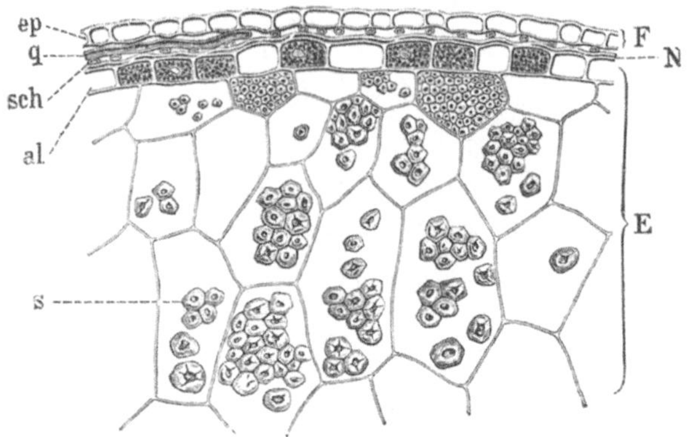

Fig. 229. Grünes Borstengras. Querschnitt der Frucht (A. L. WINTON); *F* Fruchtschale, bestehend aus der Epidermis *ep*, den Querzellen *q* und den Schlauchzellen *sch*; *N* hyaline Schicht; *E* Endosperm, bestehend aus der Aleuronschicht *al*, und dem Stärke führenden Parenchym *p*.

Querschnitte zeigen (Fig. 229) die nur aus wenigen Schichten bestehende Frucht- und Samenschale.

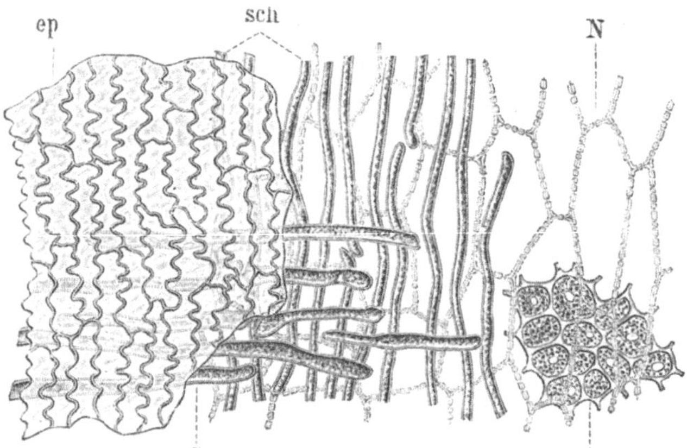

Fig. 230. Grünes Borstengras. Flächenansicht der Frucht (A. L. WINTON); Bedeutung der Buchstaben wie in Fig. 229.

Die Oberhautzellen (Fig. 229 und 230, *ep*) sind gestreckt und haben wellige Seitenwände. An den dunkelgefleckten Stellen sind die Zellen mehr oder weniger rechteckig.

Die Querzellen (*q*) sind den Schlauchzellen (*sch*) ähnlich, aber gewöhnlich breiter, kürzer und unregelmäfsiger geformt. Die Länge der letzteren erreicht 300 μ, ihre Breite 2—4 μ.

Perisperm. Nach Behandlung mit Alkalien ist das Perisperm in der Flächenansicht deutlich erkennbar. Die grofsen Zellen haben getüpfelte Wände (Fig. 230, *N*).

Endosperm. Die Aleuronzellen (*al*) sind 10—20 μ grofs. Die Stärkekörner (Fig. 229, *q*) sind polygonal mit deutlicher Kernhöhle. In den äufseren Schichten sind sie 4—8 μ, in den inneren bis 18 μ grofs. Wird die Stärke mittels Lauge gelöst, so bleibt ein Netzwerk zurück, dessen granulierte Fäden (zum Unterschied von dem glattfädigen Netzwerk der Polygoneen) charakteristisch sind (Fig. 222).

Das gelbe Borstengras (*Setaria glauca* BEAUV., *Chaetochloa glauca* [L.] SCRIBN.) besitzt breitere, deutlicher gerunzelte Früchte (Fig. 231) als das grüne Borstengras.

Fig. 231. Blaugrünes Borstengras bei 8facher Vergr. (A. L. WINTON); I Deckspelze oben, II Vorspelze oben.

Im mikroskopischen Bau stimmen die Früchte beider Arten nahe überein. Auch die Hüllen sind fast gleich; der einzige Unterschied besteht in der Runzelung der freien Deckspelze. Im grünen Borstengras ist sie dichter; der Abstand ist 30—60 μ gegen 80—120 μ im gelben Borstengras. Dieses Kennzeichen ist aber auf unreife Früchte nicht anwendbar, und da die Runzeln der Vorspelzen bei beiden Arten gleich sind, ist die Unterscheidung derselben im gemahlenen Zustand oft schwierig.

Mahlprodukte.

Für beide Setaria-Arten sind die häutigen Spelzen mit den Poren und die lederigen, quer gerunzelten Spelzen mit den doppelt gewellten Oberhautzellen in hohem Grade charakteristisch. Sie sind gewöhnlich in allen Entwicklungsstufen (Fig. 225—228) vorhanden.

Die Gewebe der Frucht sind denen der gemeinen und deutschen Hirse gleich, aber verschieden von denen der gebräuchlichen Zerealien.

Die Stärke ist von der des Windenknöterichs kaum zu unterscheiden, aber das nach Behandlung mit Alkalien zurückbleibende Netz ist geperlt (Fig. 222).

Literatur.

Böhmer (6).

Formánek: Über d. Erkennung der in den Nahrungs- und Genufsmitteln vorkommenden Spelzen. Zeitschr. f. Untersuchung d. Nahrungs- u. Genufsmittel II., 1899.

Winton: Über amerikanische Weizen-Ausreuter. Zeitschr. f. Untersuch. Nahrungs- u. Genufsmittel VI, 1903, 433.

— Conn. Agr. Exp.-Stat. Rep. 1902, 339.

Taumellolch.

Der Taumellolch (*Lolium temulentum* L.) ist eine der häufigsten Verunreinigungen im europäischen und kalifornischen Weizen. Deshalb und weil die Früchte giftig sind, ist der Nachweis von besonderer Wichtigkeit.

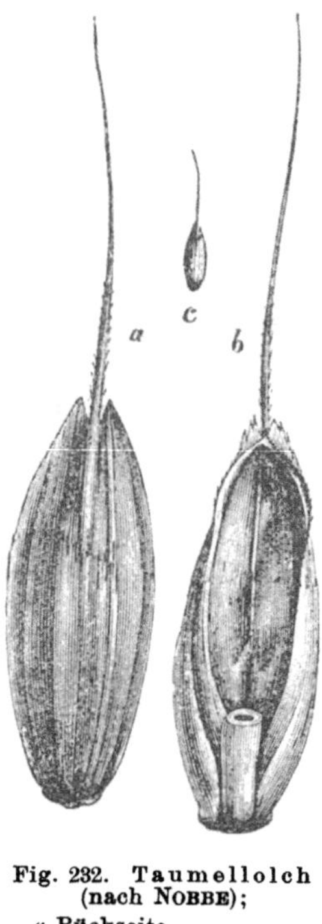

Fig. 232. Taumellolch (nach Nobbe); *a* Rückseite, *b* Bauchseite vergr., *c* nat. Gröfse.

Die 4—8blütigen Ährchen sind von einer Hüllspelze umgeben, die jedoch in dem gedroschenen Getreide selten angetroffen wird.

Jedes Früchtchen (Fig. 232) ist von einer 6—8 mm langen Deckspelze und von einer zweistieligen, ebenso grofsen, aber dünneren Vorspelze eingeschlossen. Die Deckspelze ist fünfnervig, an der Spitze lappig und trägt eine oft 15 mm lange Granne. Die Frucht ist auf der Bauchseite tiefgefurcht, erscheint daher auf Querschnitten U-förmig.

A. **Deckspelze.** Wie bei Gerste, Hafer und anderen Zerealien besteht die Deckspelze aus vier Schichten, von denen jedoch einige am Rande und an der Spitze fehlen.

Die Oberhaut ist auf verschiedenen Teilen der Spelze nicht gleich. Am Rande sind die gestreckten Zellen geradwandig, und hier finden sich kurze, lanzettförmige Haare (Fig. 233). Auf dem gröfseren Teil der Oberfläche sind die Zellen dreierlei Art (Fig. 234): Zellen mit gewellten Membranen; rundliche, den Haarzellen der Gerste entsprechende und halbmondförmige Zellen. Nahe dem Rande und längs der Nerven, wo sie mit Spaltöffnungen alternieren, sind die welligen Zellen gestreckt, sonst sind sie sehr kurz, oft sogar breiter als lang. Trotz der starken Verdickung sind die Zellwände durchscheinend und machen wegen der deutlichen Mittellamelle den Eindruck der Dünnwandigkeit. Die spärlichen Tüpfel sind undeutlich. Nahe dem Rande sind die Rundzellen klein und gewöhnlich von halbmondförmigen Zellen begleitet, die jene an Gröfse oft übertreffen. Gewöhnlich sind die

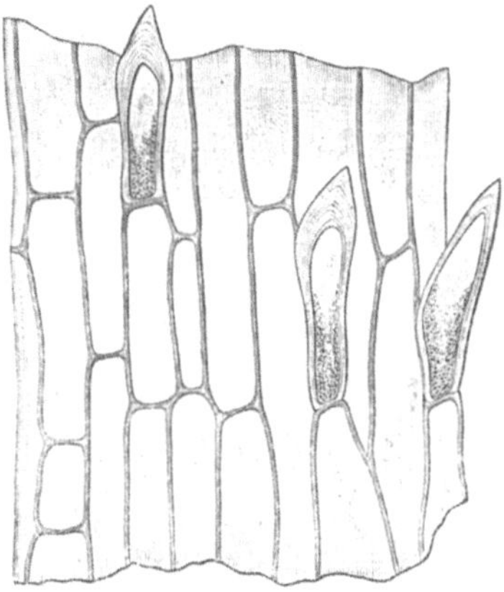

Fig. 233. Taumellolch; Oberhaut am Rande der Deckspelze.

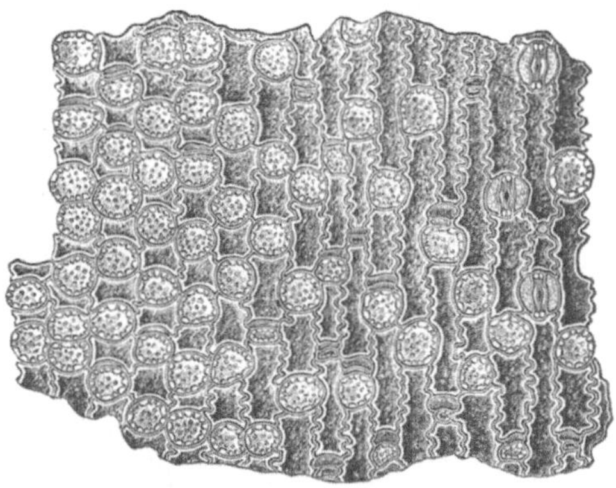

Fig. 234. Taumellolch; Oberhaut in der Mitte der Deckspelze (A. L. WINTON).

Rundzellen gröfser, bis 70 μ diam., dicht getüpfelt und von 1—2 viel kleineren, halbmondförmigen Zellen begleitet (Fig. 234).

Die Fasern des Hypoderms gleichen denen anderer Zerealien.

Die Zellen des Schwammparenchyms sind rechteckig wie bei der Gerste (s. Fig. 196) und von dem Sternparenchym des Hafers leicht zu unterscheiden.

Die innere Oberhaut, aus dünnwandigen Zellen mit Spaltöffnungen bestehend, hat keine diagnostische Bedeutung.

B. **Vorspelze.** Die Oberhaut ist ebenso gebaut wie bei der Deckspelze, nur trägt sie längs der Kiele starre, dornförmige, 150 μ und darunter lange Haare (Fig. 235). Die Faserschicht ist nur unter den Kielen entwickelt.

C. **Fruchtschale.** Querschnitte zeigen (Fig. 236), dafs von den typischen vier Schichten nur zwei gut entwickelt sind: die Oberhaut und die Querzellen. Flächenansichten (Fig. 237) lassen jedoch stellenweise vier Schichten unterscheiden.

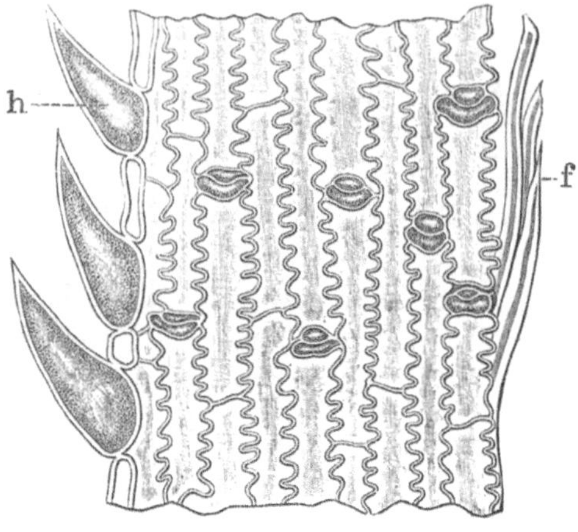

Fig. 235. Taumellolch; Oberhaut am Rande der Vorspelze mit den Haaren *h* und den Hypodermfasern *f*.

Die Oberhaut (*ep*) besteht aus kollabierten, mäfsig dickwandigen, undeutlich geperlten Zellen, die am Scheitel der Frucht nahezu isodiametrisch, sonst gestreckt sind.

Das Mesokarp (*m*) ist nur an den Ecken erkennbar. Die Zellen sind in Form und Gröfse verschieden, bald unregelmäfsig isodiametrisch, bald quer gestreckt, ähnlich den Querzellen (*q*), die sehr auffallen und denen der Gerste ähneln. Die radialen Wände sind undeutlich geperlt.

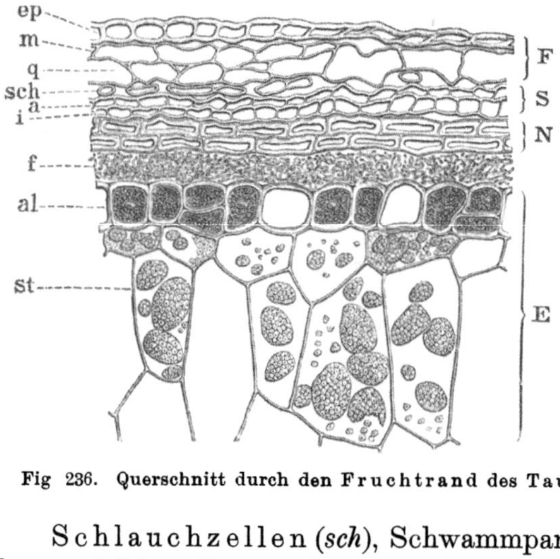

F Fruchtschale mit der Oberhaut *ep*, der Mittelschicht *m*, den Querzellen *q* und den Schlauchzellen *sch*; *S* Samenschale mit den Schichten *a* und *i*; *N* Perisperm; *f* Pilzschicht; *E* Nährgewebe mit der Aleuronschicht *al* u. dem Stärkegewebe *st*.

Fig 236. Querschnitt durch den Fruchtrand des Taumellolchs (A. L. WINTON).

Schlauchzellen (*sch*), Schwammparenchym und Zwischenformen bilden die unterbrochene Innenschicht.

D. **Samenschale** (Fig. 236, *S*). Die Zellen sind zumeist gestreckt und oft diagonal geordnet. Unter Wasser ist nur eine (die innere) Schicht sichtbar, durch Behandlung mit 5 %iger Lauge, verdünnter Essigsäure und Chlorzinkjod kann auch die zweite Schicht zur Anschauung gebracht werden. Diese (a) besteht aus dünnwandigen Zellen mit cuticularisierter Aufsenwand, die gelbbraun gefärbt wird und von der blauen Innenwand sich abhebt. — Die innere Schicht (*i*) ist nicht nur dicker, sondern ihre Zellen sind auch dickwandiger, quellen in Lauge stark auf und färben sich mit Chlorzinkjod dunkelblau, so dafs sie sich von der braunen Cuticula der Innenwand scharf abhebt.

E. **Perisperm** (Fig. 236, *N*). Es besteht gewöhnlich aus zwei Lagen rechteckiger Zellen mit gequollenen Wänden. In der

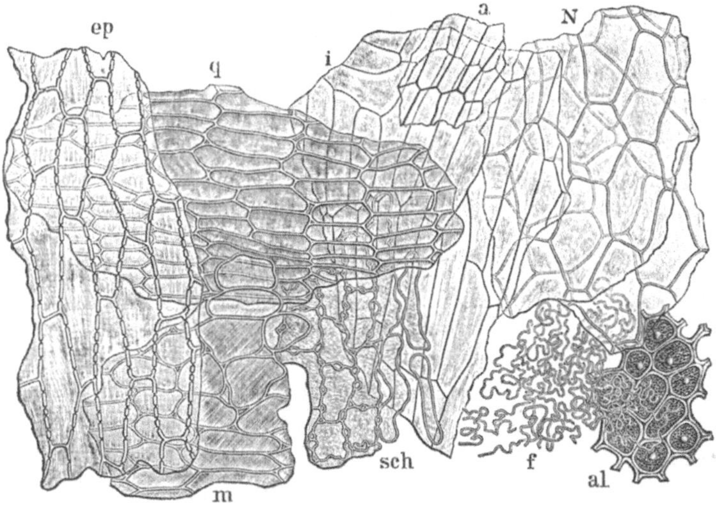

Fig. 237. Schale des Taumellolchs in der Flächenansicht (A. L. Winton); Bedeutung der Buchstaben wie in Fig. 236.

Flächenansicht (Fig. 237, *N*) sind sie unregelmäfsig polygonal, mehr oder weniger gestreckt.

F. **Pilzschicht.** Fast immer findet sich zwischen Perisperm und Aleuronschicht eine 20 μ dicke Myzelschicht, welche nach Behandlung mit Lauge und Chlorzinkjod sich hellgelb färbt.

G. **Endosperm.** Die Aleuronzellen (*al*) sind 20—40 μ grofs.

Die Stärkekörner (*st*) sind polygonal und messen 3—7 μ. Sie sind von Reis- oder Haferstärke nicht zu unterscheiden und bilden wie diese Aggregate von verschiedener Gröfse.

Kennzeichen in Pulverform. Charakteristisch für Taumellolch ist die äufsere Oberhaut der Deck- und Vorspelze und die Myzelschicht.

Literatur.

Böhmer (6); Macé (23); Moeller (26); Villiers et Collin (39); Vogl (42).

Erdélyi, J. R.: Beitr. z. Histologie d. Loliumfrüchte. Zeitschr. d. allg. österr. Alp.-Ver. 1904.

Formánek, Spelzen in Nahr.- u. Genufsm. Zeitschr. f. Unters. d. Nahr.- u. Genufsm. II., 1899.

Hanausek, T. F.: Vorläufige Mitteilung über den von A. Vogl in der Frucht von *Lolium temulentum* entdeckten Pilz. Ber. d. deutsch. bot. Ges. 1898, **16**, 203.

Nestler: Über einen in der Frucht von *Lolium temulentum* L. vorkommenden Pilz. Ber. d. deutsch. bot. Ges. 1898, **16**, 207.

Vogl: Mehl und die anderen Mahlprodukte der Zerealien und Leguminosen, Zeitschr. Nahr.-Unters. Hyg. 1898, **12**, 25.

Winton: Anatomie der Frucht des Taumellolches und der Roggentrespe. Zeitschr. Unters. Nahr.-Genufsm. 1904, **7**, 321. — Conn. Agr. Exp. Stat. Rep. 1903, 165.

Trespe.

Die Trespe (*Bromus secalinus* L.) ist eines der gemeinsten Ackerunkräuter in Europa und Amerika; ihre Früchte finden sich daher gewöhnlich im Ausreuter. Sie sind dem Taumellolch ähnlich, aber kurz begrannt oder grannenlos.

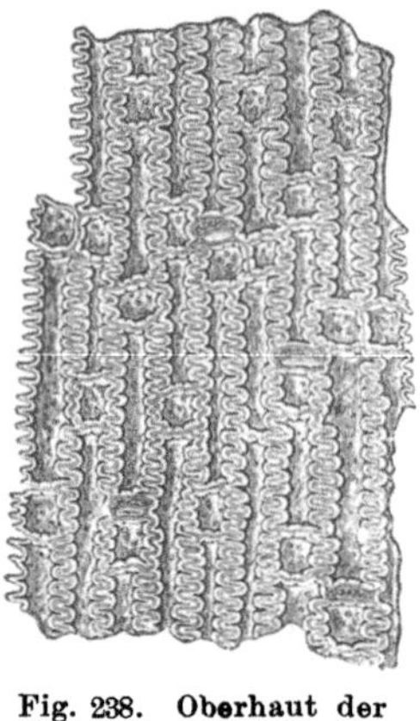

Fig. 238. Oberhaut der Trespenspelze (A. L. Winton).

A. **Deckspelze.** Sie ist ebenso gebaut wie die Deckspelze des Taumellolchs und trägt am Rande ebensolche Haare; aber die Oberhautzellen (Fig. 238) sind dickwandiger und viel länger als breit; die Rundzellen haben ebenfalls gewellte Wände.

B. **Vorspelze.** Am Stiele ist sie bärtig von starren, oft 45 μ langen Haaren, sonst gleicht sie im Baue der Deckspelze.

C. **Fruchtschale.** Sie besteht, wie Querschnitte (Fig. 239) zeigen, aus drei Schichten.

Die Oberhautzellen (Fig. 239 u. 240, *ep*) sind grofs, gestreckt-polygonal, dünnwandig, porenfrei. Mesokarp findet sich gelegentlich in Spuren; in der Regel folgen auf die Oberhaut unmittelbar die Querzellen (*q*), einem Schwammparenchym ähnlich, so dafs es unentschieden ist, ob sie den Schlauch- oder Querzellen anderer Gräser analog ist.

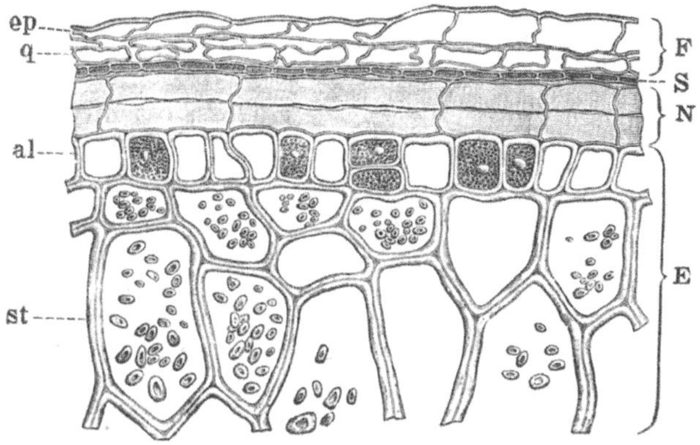

Fig. 239. Querschnitt der **Trespenfrucht** (A. L. WINTON);
F **Fruchtschale** mit Oberhaut *ep* und Querzellen *q*,
S **Samenhaut**,
N **Perisperm**,
E **Endosperm** mit Kleberschicht *al* und Stärkegewebe *st*.

D. **Samenschale.** Eine einzige Lage langer, brauner, 10—20 μ breiter Zellen (*S*).

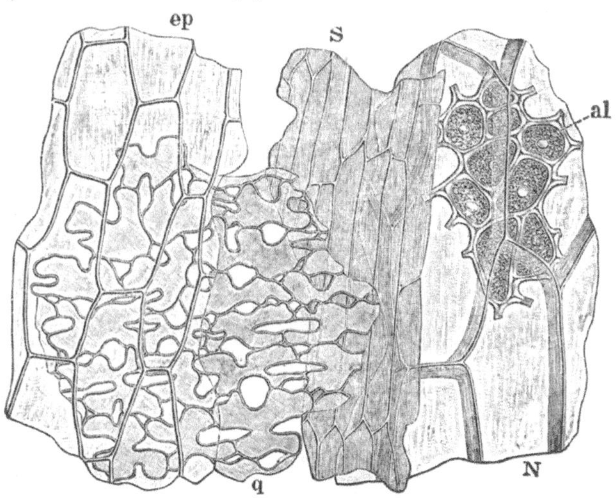

Fig. 240. Schalenbestandteile der **Trespenfrucht** in der Flächenansicht (A. L. WINTON); Bedeutung der Buchstaben wie in Fig. 239.

E. **Perisperm.** Es ist enorm entwickelt (*N*). Auf Querschnitten sind die Zellen 40 μ dick mit sehr engem Lumen; in der Flächenansicht erscheinen sie als ungewöhnlich grofse, polygonale Zellen mit gequollener Zellwand.

F. **Endosperm.** Die Aleuronschicht (*al*) ist ohne besondere Eigentümlichkeit. Das Stärkeparenchym (*st*) ist durch die dicken Zellwände (oft 10 μ) bemerkenswert. Die Stärkekörner sind elliptisch, 3—20 μ grofs, oft mit Kernhöhle.

Kennzeichen in Pulverform. Vor allem ist das Stärkeparenchym charakteristisch; auch die Querzellen haben einen diagnostischen Wert. Die Haare der Vorspelze sind länger als beim Taumellolch, und die Oberhaut zeigt einige bemerkenswerte Unterschiede.

Literatur.

Böhmer (6).

Formánek: Spelzen in Nahrungs- und Genufsmitteln. Zeitschr. f. Unters. d. Nahr.- u. Genufsm. II., 1899.

Vogl: Die wichtigsten vegetabilischen Nahrungs- und Genufsmittel. Berlin und Wien 1899, 36.

Winton: Anatomie der Früchte des Taumellolches und der Roggentrespe, Ztschr. Unters. Nahr.-Genufsm. 1904, 7, 321. — Conn. Agr. Exp. Stat. 1903, 165.

Buchweizen.

Der in Europa und Amerika sowie in einem grofsen Teile des Orients kultivierte Buchweizen ist zumeist das aus Zentralasien stammende ***Fagopyrum esculentum*** Moench (*Polygonaceae*).

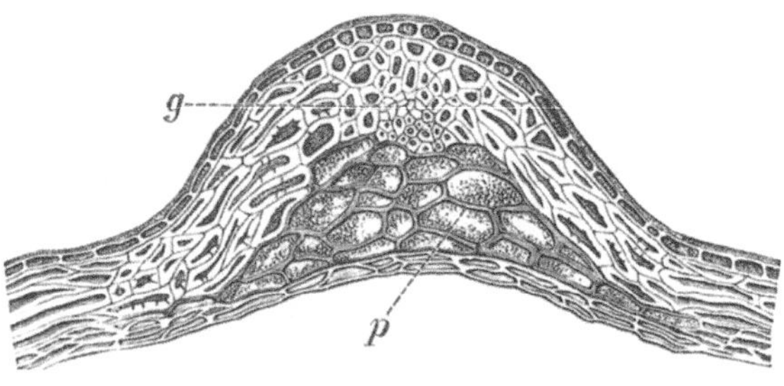

Fig. 241. Kiel des Buchweizens im Querschnitt; *p* braunes Parenchym, *g* ein Leitbündel.

Die scharf dreikantigen, schwarz- oder graubraunen Früchte sind 5—8 mm lang und 3—4 mm breit, oft mit Resten des Kelches an der Basis. In der Mitte jeder der drei Seiten streicht der Länge nach ein Nerv. Der Same füllt die Fruchtschale ganz aus, ist aber mit ihr nicht verwachsen, so dafs er leicht herausgelöst werden kann. Andererseits haftet die Samenschale so fest am Endosperm, dafs sie beim Mahlen nicht vollständig beseitigt wird. Der Embryo mit breiten, aber dünnen Kotyledonen ist in Endosperm gebettet und so gefaltet, dafs er im Querschnitt s-förmig ist.

A. **Fruchtschale.** Querschnitte werden aus der in Wasser erweichten Frucht angefertigt. Sie zeigen den typischen Bau (Fig. 241) mit einem starken Fasernhypoderm. Flächenpräparate erhält man durch Schaben mit dem Skalpell, nachdem die Frucht

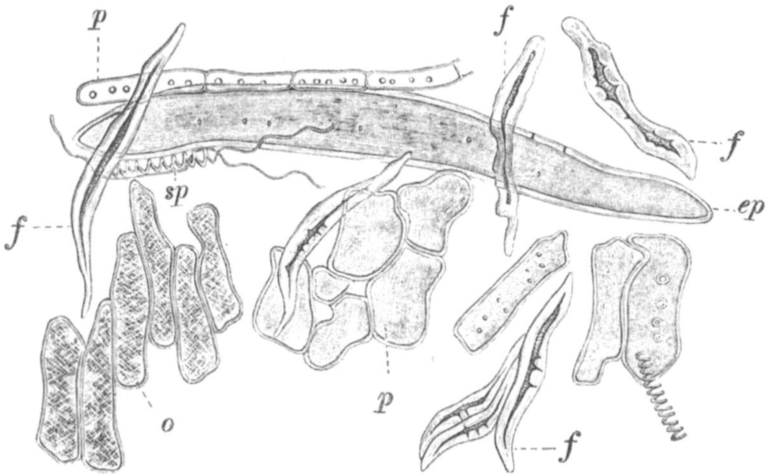

Fig. 242. Isolierte Schalenbestandteile des Buchweizens;
o Epidermis,
p Parenchym (oben aus dem Leitbündel),
f Hypodermfasern,
ep innere Epidermis,
sp Spiralgefäfs.

eine Stunde in 1⁰/₀iger Lauge gekocht wurde. Ein Teil des braunen Farbstoffes wird dadurch entfernt.

Die Oberhautzellen (Fig. 242, *o*) sind 70 μ lang und 15—20 μ breit. Die Seitenwände sind gewöhnlich parallel. Die diagonalen Poren der Aufsenwand kreuzen die der Innenwand beinahe rechtwinkelig und veranlassen ein eigentümlich gegittertes Aussehen. Dieser Poren wegen erscheinen die radialen Wände undeutlich geperlt.

Das Hypoderm besteht aus kurzen, spindelförmigen, stellenweise knotigen, meist 120—150 μ langen und 10—25 μ breiten, stark verdickten Fasern mit spärlichen Poren (Fig. 242, *f*). Auf den Seitenflächen sind die Fasern quer gelagert und bilden eine 100 μ dicke Lage; in den Kanten sind sie longitudinal in dünnerer Schicht angeordnet (Fig. 241).

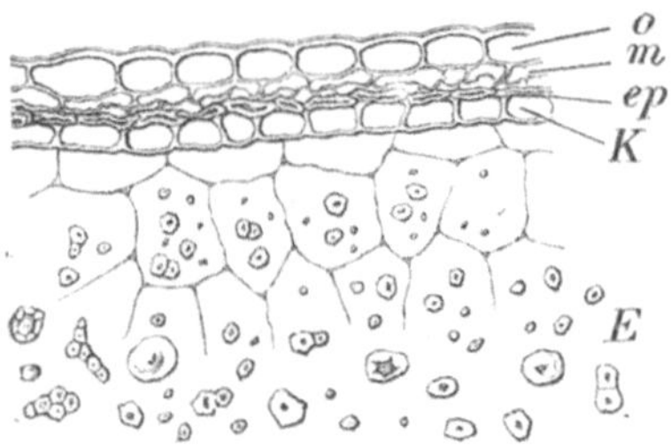

Fig. 243. Querschnitt des Buchweizensamens;
o Epidermis, *m* Mittelschicht, *ep* innere Epidermis, *K* Kleberschicht, *E* Stärkeparenchym.

Braunes Parenchym (*p*) findet sich in dünner Schicht auf den Flächen, in mehrfacher Lage in den Kanten. Die Zellen sind isodiametrisch oder gestreckt, ihre mäfsig dicken Membranen mit brauner Substanz imprägniert, die in geringerer Menge auch in den anderen Schichten vorkommt.

Das Endokarp (Fig. 242, *ep*) ist an den meisten Stellen grofszellig, gestreckt. Oft sind diese Zellen 700 μ lang und 50 μ breit; ihre etwas verdickten Wände sind spärlich getüpfelt.

B. **Samen.** Die Schale ist auf Querschnitten (Fig. 243)

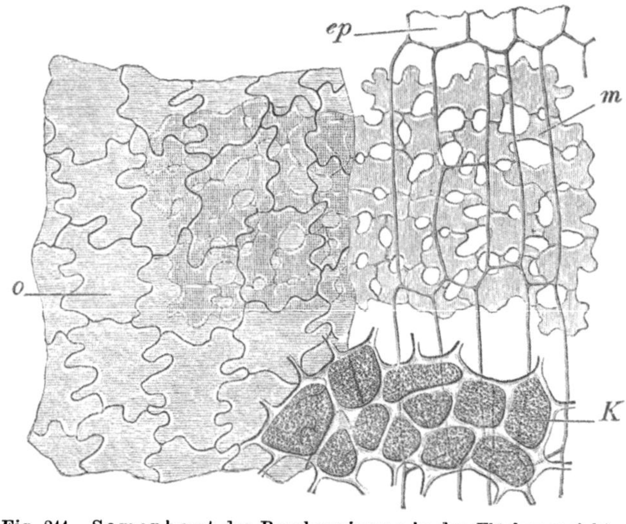

Fig. 244. Samenhaut des Buchweizens in der Flächenansicht;
o äufsere, *ep* innere Oberhaut, *m* Schwammparenchym, *K* Aleuronschicht.

eine dünne, gelbliche, nach dem Erwärmen in verdünnter Lauge leicht ablösbare Membran aus drei Schichten (Fig. 244):

1. die äufsere Epidermis (*o*) aus welligen, isodiametrischen oder etwas gestreckten Zellen;

2. Schwammparenchym (*m*) aus mannigfach gestalteten Zellen mit vielen runden Interzellularräumen und grünlich- oder bräunlichgelbem Inhalt;

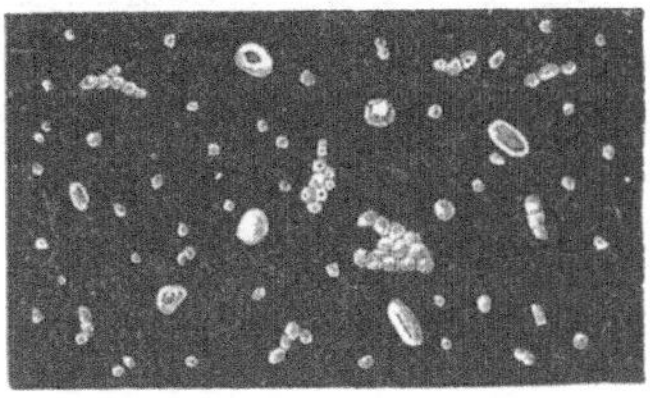

Fig. 245. Buchweizenstärke.

3. die innere Oberhaut (*ep*) aus 120 μ langen und 40 μ breiten, dünnwandigen Zellen.

C. **Endosperm.** Die Aleuronzellen (Fig. 243 u. 244, *K*) bilden eine einreihige Schicht. Auf Querschnitten erscheinen sie tangential etwas gestreckt; in der Flächenansicht sind sie in Gröfse und Verdickung sehr verschieden: 10—50 μ diam. und 2—6 μ dick.

Das Stärkeparenchym (Fig. 243, *E*) ist dicht mit Stärkekörnern erfüllt. Diese sind 2—15, gewöhnlich 6—12 μ grofs,

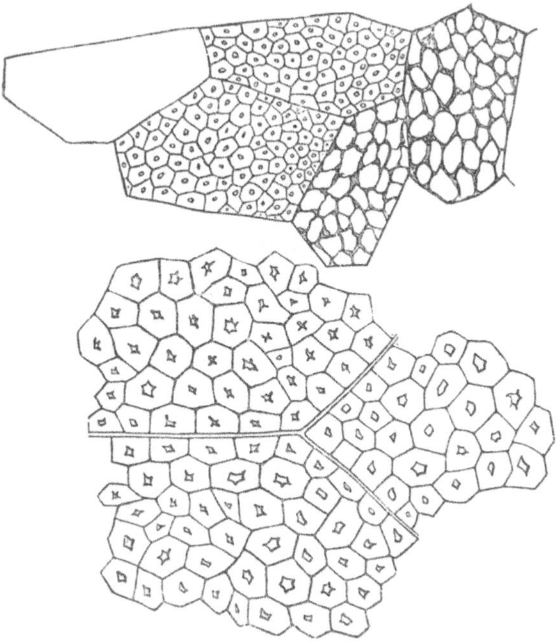

Fig. 246. Mehlgewebe des Buchweizens (B) und des Mais (M) nach A. E. v. Vogl.

rundlich oder gerundet polygonal, meist mit deutlicher Kernhöhle. Charakteristisch sind die stäbchenförmigen Aggregate aus zwei oder mehr Körnchen, von denen einzelne eigentümlich verdreht sind (Fig. 245). Vogl fand, dafs nach Behandlung der

Stärkekörper mit Lauge ein Netz aus homogenen, nicht geperlten Fäden übrig bleibt, die Grenzen der Stärkekörnchen andeutend (Fig. 246, *B*). Dieselbe Erscheinung zeigen auch *Polygonum*- und *Rumex*-Arten, während das Netz bei *Sorghum, Panicum* und *Setaria* aus perlschnurförmigen Fäden (Fig. 222) besteht.

D. **Embryo.** In den Keimblättern (Fig. 247) sind die beiderseitigen Oberhäute und das Mesophyll, in letzterem ist die Leitbündelanlage (*g*) deutlich erkennbar.

Buchweizenprodukte.

Unzerkleinert oder mit der Schale gemahlen, dient Buchweizen als Geflügelfutter.

Aus geschältem Buchweizen gemahlenes Mehl fühlt sich eigentümlich hart an; es besteht aus Stärkezellen, einzelnen Stärkekörnern und Teilen der Samenschale. Die einzelnen Stärkekörnchen gleichen denen von Reis, Hafer und Taumellolch, bilden aber niemals rundliche, sondern stäbchenförmige Aggregate. Die Stärkezellen sind denen von *Setaria* und *Panicum* ähnlich, können aber durch das nach Behandlung mit Lauge zurückbleibende Netz unterschieden werden. Von gröfstem diagnostischen Werte sind die Fragmente der Samenschale (s. pag. 238).

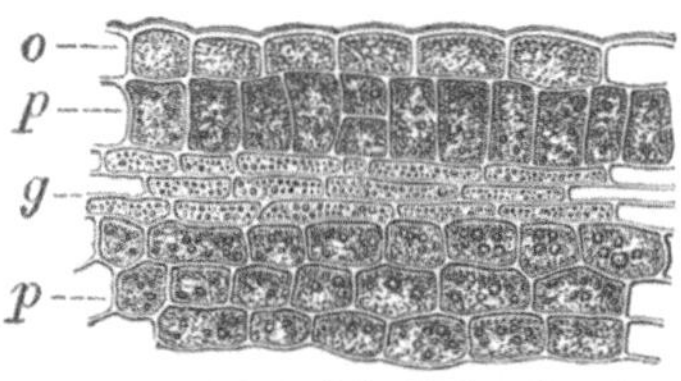

Fig. 247. Keimblatt des Buchweizens im Längsschnitt; *o* Oberhaut, *p* Mesophyll | *g* Anlage des Leitbündels (Procambium).

Buchweizenmehl steht, obwohl minderwertig, höher im Preise als feinstes Weizenmehl; es wird daher mitunter verfälscht.

Grütze dient in Rufsland und in einigen Teilen des Orients als Volksnahrungsmittel. Sie enthält dieselben Bestandteile wie Mehl.

Die Nebenprodukte, die beim Schälen abfallen, haben geringen Nährwert; sie dienen als Packmaterial. Gemahlen, dienen sie zur Fälschung des schwarzen Pfeffers. Zu ihrem Nachweis genügt die Oberhaut und die Faserschicht.

Die beim Mahlen abfallende Kleie enthält aufser den Samenschalen auch viel Stärke und wird als Tierfutter verwendet.

Fagopyrum tartaricum GÄRTN. hat dunkelbraune, auf jeder der drei Flächen rinnig vertiefte Früchte.

Die Oberhautzellen der Fruchtschale haben dünne, nicht getüpfelte Wände; auf der Innenfläche sind sie konvex, eingepafst in die Einsenkungen des Hypoderm, dessen Fasern aufsen transversal, innen longitudinal gereiht sind.

Literatur.

Boehmer (6, 21); Hanausek, T. F. (15); Harz (17); Macé (23); Moeller (26); Schimper (34); Tschirch u. Oesterle (37); Villiers et Collin (39); Vogl (40, 42); Wittmack (10).

Hanausek, T. F.: Reis- und Buchweizenstärke. Chem. Ztg. 1894, **18**, Nr. 33.
Tschirch: Stärkemehlanalysen. Arch. d. Pharm. 1885, **23**, 521.

S. auch die Literatur bei Weizen pag. 182.

Ausreuter.

Unter Ausreuter versteht man jene Verunreinigungen des Getreides, die teils schon am Produktionsorte mittels Werfen und Sieben, teils in Lagerhäusern und Mühlen mittels Trieurs beseitigt werden, weil sie den Wert des Mahlgutes beträchtlich herabsetzen. Eine vollständige Reinigung des Getreides ist, so wünschenswert sie wäre, nicht möglich; es können nur die in Form, Gröfse und Gewicht von dem betreffenden Getreide verschiedenen Körner ausgereutert werden, die dem Getreide ähnlichen nicht. Da diese jedoch meist in verschwindend geringer Menge vorkommen, ist das Mahlgut der mit vortrefflichen Reinigungsmaschinen ausgestatteten modernen Mühlen fast rein.

Der Abfall, d. i. der Ausreuter, besteht einerseits aus mangelhaft entwickelten oder zerbrochenen Getreidekörnern, anderseits aus Fremdkörpern, unter denen die Sämereien der Ackerunkräuter weitaus zu überwiegen pflegen, so dafs man im Handel auch diese allein unter Ausreuter begreift. Doch enthält dieser immer auch Steine, Erdklümpchen, Mäusekot, Pilze, Insekten, radige und gichtige Körner (s. pag. 152), mitunter die Brutknöllchen von Laucharten, Nägel u. a. m.

Die Sämereien im Ausreuter sind verschieden nach der Getreideart, dem Produktionsorte, den Boden- und Kulturverhältnissen, dem Jahrgang und noch anderen Umständen; denn bestimmte Unkräuter wachsen nicht überall und nicht immer, so dafs ihre Samen bestimmte Schlüsse auf die Provenienz eines Getreides zulassen. Die Entwickelung bestimmter Pilze ist hauptsächlich von den Witterungsverhältnissen, anderer mehr von den Kulturverhältnissen abhängig.

In europäischem Getreide finden sich am häufigsten die Samen einiger Hülsenfrüchte, sog. „Wicken“, und die Samen der Kornrade, sog. „Raden“. Raden nennt man aber auch alle Sämereien, die nicht Wicken sind. Dahin gehören (nach ihrer Häufigkeit in absteigender Reihe geordnet): Labkraut, Kuhkraut, Trespe, Taumellolch, Kornblume, Ackerwindling, Klappertopf, Wachtelweizen, Hohlsamen, Rittersporn, Ackerkümmel, Wegerich, Seifenkraut, Butterblume, Spergel, Adonis und vereinzelt noch viele andere. Vorzüglich im Roggen findet sich in manchen Jahren und Gegenden massenhaft Mutterkorn, im Weizen brandige oder gichtige Körner (s. pag. 152).

In amerikanischem Getreide kommen Wicken gar nicht, Kornrade in geringer Menge vor, dagegen reichlicher Windenknöterich, Borstengras, Trespe, Taumellolch und die in europäischem Getreide seltener beobachteten Leinsamen, Fuchsschwanz- *(Amarantus-)* und Gänsefufssamen *(Chenopodium)*.

Einige der hier angeführten Ausreuterbestandteile (Taumellolch, Trespe, Borstengras) wurden schon unter Zerealien, andere werden unter den Hülsenfrüchten, Ölsamen und Pilzen beschrieben; hier sollen jene Platz finden, die in anderen Abschnitten nicht gut untergebracht werden können.

Der Nachweis von Ausreuterbestandteilen im Mehle (s. d. pag. 151) bietet keine Schwierigkeit, wohl aber oft die Bestimmung der Art. Dazu ist die genaue Kenntnis des anatomischen Baues unerläfslich.

Windenknöterich.

Der Windenknöterich oder wilde Buchweizen (*Polygonum Convolvulus* L.) ist eines der lästigsten Unkräuter, das von Europa in die Vereinigten Staaten eingeschleppt wurde. Ihre Früchte fand WINTON im Weizen-Ausreuter in einer Menge von 27 %.

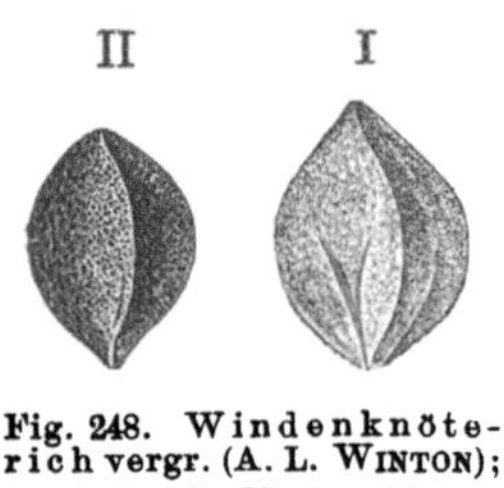

Fig. 248. Windenknöterich vergr. (A. L. WINTON); I mit Kelch, II ohne Kelch.

Die schwarzen, glanzlosen, dreieckigen Früchte sind 3 mm lang und die Flächen 2 mm breit (Fig. 248). Da sie bei der Reife vom Kelch eingeschlossen sind, werden beide zusammen geerntet, aber beim Dreschen, Reinigen und Transportieren wird der Kelch abgelöst, und auch die an den Kanten

C Kelch,
Epi Epikarp,
Mes Mesokarp mit den Leitbündeln *B*,
S Samenschale,
E Endosperm,
Em Embryo.

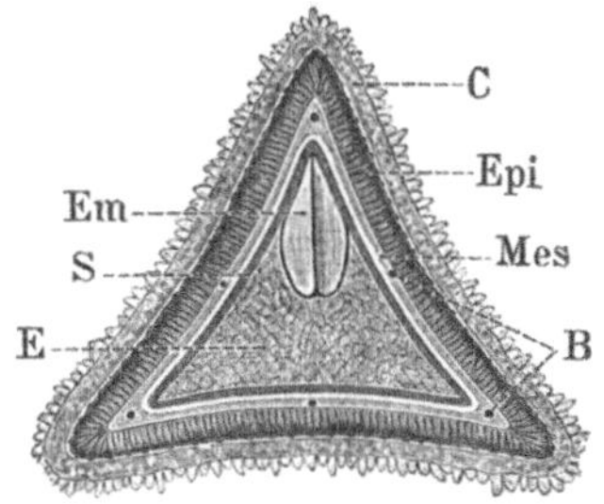

Fig. 249. Querschnitt durch die Frucht des Windenknöterichs bei 16facher Vergr. (A. L. WINTON).

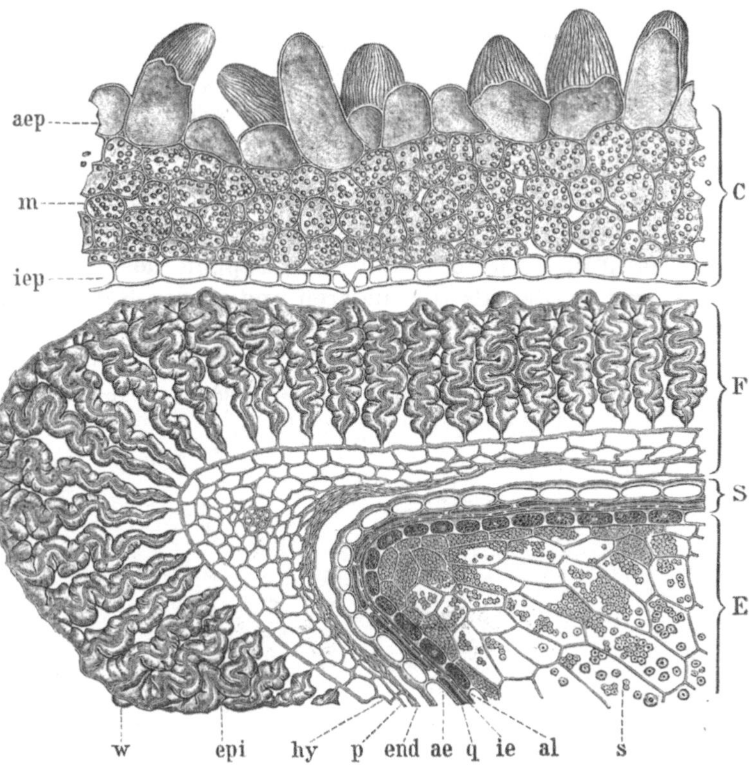

Fig. 250. Querschnitt einer Kante des Windenknöterichs (A. L. WINTON).
C Kelch mit der äufseren (*aep*), der inneren Oberhaut (*iep*) und der Mittelschicht *m*;
F Fruchtschale mit der äufseren (*epi*), der inneren Oberhaut (*end*), dem Hypoderm *hy* und der Mittelschicht *p*;
S Samenhaut mit der äufseren (*ae*), der inneren Oberhaut (*ie*) und den Querzellen *q*;
E Nährgewebe mit der Aleuronschicht *al* und dem Stärkeparenchym *s*.

sich spaltende Fruchtschale trennt sich oft von den Samen. Diese haben eine dünne, farblose Schale und in einer Furche des stärkereichen Endosperms einen kleinen Embryo (Fig. 249).

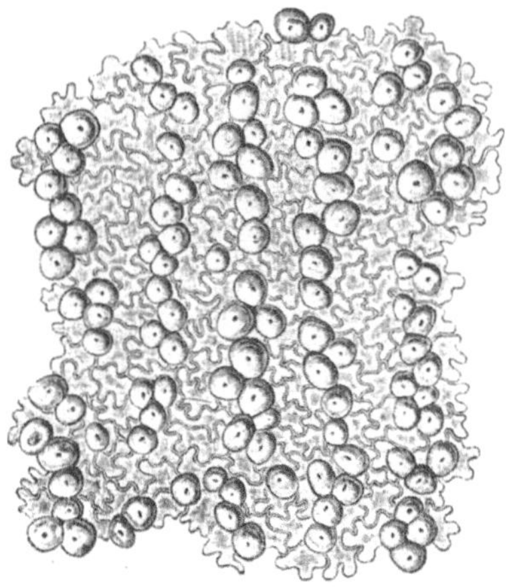

Fig. 251. Epikarp des Windenknöterichs in der Ansicht (A. L. WINTON).

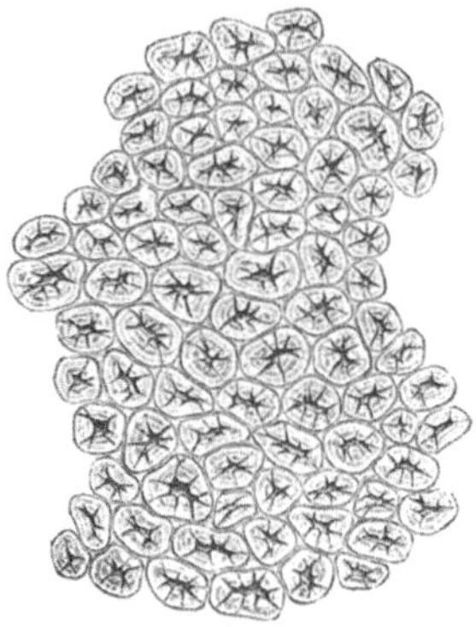

Fig. 252. Epikarp des Windenknöterichs im Tangentialschnitt (A. L. WINTON).

A. **Kelch.** Die drei äufseren Lappen des 5—6 lappigen Kelches sind breiter als die anderen und an den Kanten schwach gekielt (Fig. 249 u. 250, *C*).

Auf der Oberhaut (*aep*) sind zahlreiche, stumpfkegelförmige oder zitzenförmige, an der Basis 30:60 μ breite, streifige

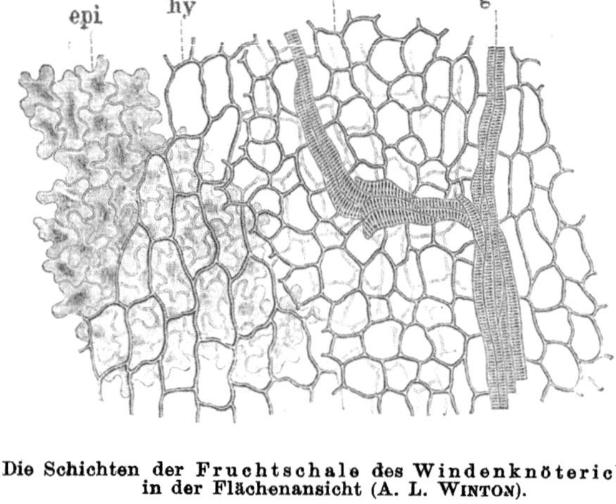

Fig. 253. Die Schichten der Fruchtschale des Windenknöterichs (Fig. 250, *F*) in der Flächenansicht (A. L. WINTON).

Papillen zerstreut. Einige Lagen lückigen, chlorophyllhaltigen Parenchyms (*m*) trennen die äufsere von der inneren Oberhaut (*iep*), die aus gestreckten, welligen, bis 200 μ langen und 15—45 μ breiten Zellen besteht. Hie und da sind Spaltöffnungen eingefügt.

B. **Fruchtschale.** Die Oberhaut (Fig. 250 *F*, *epi*) besteht aus 100 μ hohen, an den Kanten noch höheren Zellen, deren Aufsen- und Seitenwände stark verdickt sind. Durch Alkalien aufgehellte Flächenpräparate zeigen zahlreiche Warzen (15—30 μ diam.) in unregelmäfsigen Längsreihen (Fig. 251), Tangentialschnitte ein rundzelliges Sklerenchym (Fig. 252).

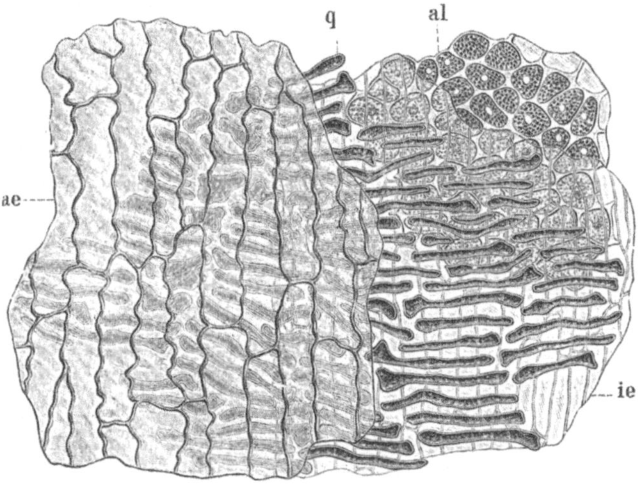

Fig. 254. Die Schichten der Samenschale des Windenknöterichs in Flächenansicht (A. L. WINTON);
ae äufsere Oberhaut, *q* Querzellen, | *ie* innere Oberhaut, *al* Aleuronschicht.

Das Mesokarp (*p*) aus dünnwandigen, isodiametrischen Zellen ist von sechs spärlich verzweigten Leitbündeln der Länge nach durchzogen: drei in den Kanten, je eines in der Mitte jeder Fläche. Innen ist das Parenchym obliteriert und ebensowenig deutlich erkennbar wie das Endokarp (*end*). Die an die Oberhaut grenzende Zellschicht ist deutlich abgegrenzt (*hy*).

Betrachtet man die Fruchtschale von der Innenseite (Fig. 253), so erkennt man die wellig-buchtigen Umrisse der Oberhautzellen (*epi*).

C. **Samenschale.** Die Oberhaut (Fig. 254, *ae*) besteht aus langgestreckten welligen Zellen.

Die Querzellen (*q*) sind meist gestreckt, den Schlauchzellen der Zerealien ähnlich, doch sind auch kurze Zellen untermischt, namentlich am Grunde und am Scheitel. An keiner Stelle bilden sie ein Schwammparenchym wie beim Buchweizen.

Die innere Oberhaut (*ie*) besteht aus dünnwandigen, gestreckten Zellen.

D. **Endosperm.** Die Aleuronzellen (*al*) sind unregelmäfsig und verschieden grofs. Die Stärkekörner sind polygonal oder rundlich, 3—12 μ grofs. Nach Behandlung des Stärkeparenchyms mit Alkalien bleibt ein Netzwerk aus homogenen Fäden zurück wie beim Buchweizen (s. Fig. 246) und anderen Polygoneen.

E. **Embryo.** Wenn der Same einige Stunden in 1%iger Lauge gelegen und die Stärke gelöst ist, kann der Keimling leicht herausgenommen werden. Er besitzt ein langes Würzelchen und zwei längliche Kotyledonen.

Fig. 255. Samen des Ackerknöterichs in nat. Gr. und vergr. (nach Nobbe).

Nachweis in Mahlprodukten. Die Papillen des Kelches und die Warzen der Fruchtoberhaut sind vor allem charakteristisch. — Die Oberhautzellen der Samenschale sind gewöhnlich gestreckter als im Buchweizen. — Die morphologisch dem Schwammparenchym des Buchweizens verwandten Querzellen sind den Schlauchzellen der Zerealien ähnlich. — Stärke und Stärkennetz sind von Buchweizen nicht zu unterscheiden.

Literatur.

Böhmer (6).

Kraus: Pringsh. Jahrb. d. wissensch. Bot. 1866, 5, 83.

Villiers et Collin: Traité des Alterations et Falsifications. Paris 1900. 103.

Winton: Über amerikanische Weizen-Ausreuter. Ztschr. Unters. Nahr.-Genufsm. 1903, 6, 433. — Conn. Agr. Exp. Stat. Rep. 1902, 339.

Andere Polygoneen-Samen.

Mehrere Polygonum- und Rumex-Arten sind lästige Unkräuter.

Die schwarzen oder braunen Samen sind dreieckig oder flach, rauh oder häufiger glatt glänzend (Fig. 255).

Meist gleichen sie im anatomischen Bau dem Winden-Knöterich. Die Oberhautzellen sind gewöhnlich buchtig, mit oder ohne Cuticularwarzen, die Stärkekörner polygonal, vom Typus der Buchweizenstärke; sie sind in Eiweifs gebettet, welches nach Behandlung der stärkeführenden Zellen mit Alkalien als ein Netz aus homogenen Fäden erscheint (Fig. 239).

Kornrade.

Eine der häufigsten Verunreinigungen des europäischen Getreides ist die mit den Samen der Kornrade (*Agrostemma Githago* L. — *Caryophyllaceae*). Sie finden sich auch im amerikanischen Weizen, aber in geringerer Menge als Winden-Knöterich und Borstengras, obwohl keine der genannten Pflanzen in Amerika heimisch ist, ihre Samen vielmehr mit europäischem Getreide eingeführt wurden.

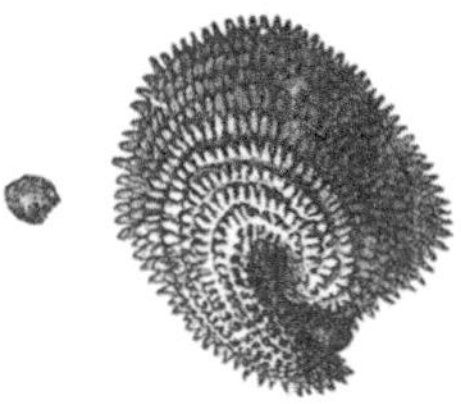

Fig. 256. Kornrade in nat. Gr. und vergröfsert (nach NOBBE).

Die schwarzen oder braunen Samen sind rundlich-nierenförmig (campylotrop), einer zusammengerollten Raupe ähnlich (Fig. 256). Mit freiem Auge sind die um den Nabel halbkreisförmig gereihten derben Warzen sichtbar. Der lange, gelblichweifse Embryo umgibt ringförmig das rein weifse, mehlige Endosperm.

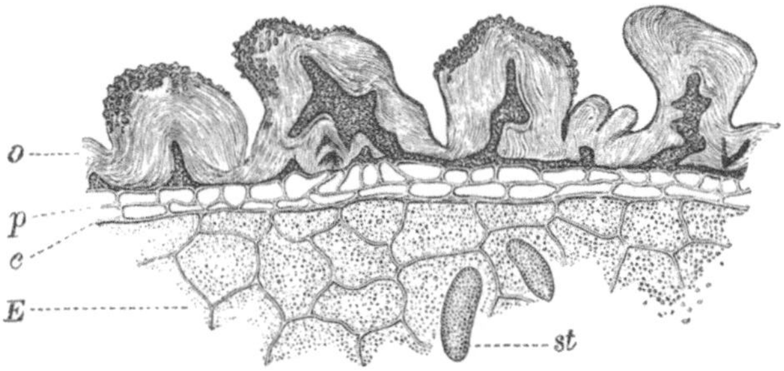

Fig. 257. Randschicht der Kornrade im Querschnitt; *o* Oberhaut, *p* Parenchym, *e* innere Oberhaut, *E* Sameneiweifs mit Stärkekörpern *st*.

Die Kornrade enthält eine giftige Saponinsubstanz (Githagin, Sapotoxin), ist daher eine besonders unliebsame Verunreinigung des Getreides.

A. **Samenschale.** Die äufsere Samenhaut ist in hohem Grade charakterisiert durch grofse (100—600 μ) ästige Zellen, die zu stumpfen, mit zahlreichen Körnchen bedeckten Warzen sich erheben (Fig. 257). Die stark verdickten Zellwände sind streifig und von einer dunkelrotbraunen Masse, die auch den Zellinhalt bildet, imprägniert. Dieser Farbstoff wird auch durch

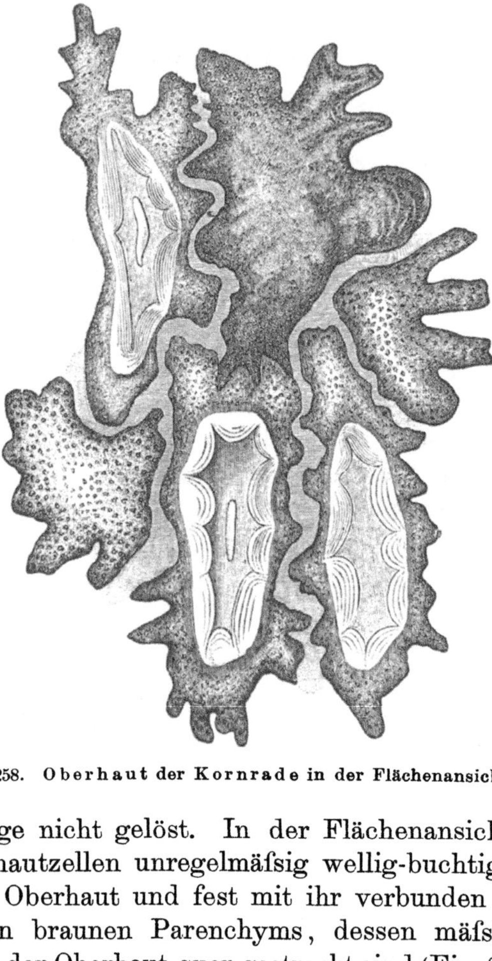

Fig. 258. Oberhaut der Kornrade in der Flächenansicht.

kochende Lauge nicht gelöst. In der Flächenansicht (Fig. 258) sind die Oberhautzellen unregelmäfsig wellig-buchtig.

Unter der Oberhaut und fest mit ihr verbunden ist eine oder mehrere Lagen braunen Parenchyms, dessen mäfsig verdickte Zellen wie die der Oberhaut quer gestreckt sind (Fig. 257 u. 259, *p*).

Eine Schicht farbloser, unregelmäfsig polygonaler, isodiametrischer Zellen mit zarter Netzverdickung (Fig. 257, *e*) wird als innere Oberhaut der Samenschale oder als Perisperm (A. Vogl) aufgefafst.

B. **Endosperm.** Die grofsen Zellen enthalten ovale, keulenförmige oder kugelige Körper (Fig. 257, *E*) von 20—100 μ diam., zusammengesetzt aus winzigen Stärkekörnern von kaum mefsbarer Gröfse (*st*). Nach VOGL, der diese Körper zuerst beschrieb, bestehen sie aus Saponin und Schleim mit eingebetteten Stärkekörnern. In kaltem Wasser lösen sie sich langsam auf, schneller in warmem Wasser und verdünntem Alkohol. Die frei gewordenen Körnchen zeigen lebhafte Molekularbewegung.

Nachweis in Mahlprodukten. Stücke der Oberhaut sind in Kleie und groben Mahlprodukten oft schon unter der Lupe erkennbar und können mittels Nadel und Skalpell für die mikroskopische Untersuchung präpariert werden. Ebenso charakteristisch sind die Stärkekörper, aber wenn sie einmal zerfallen sind, können die Stärkekörnchen wegen ihrer Kleinheit im Mehle kaum mit Sicherheit erkannt werden.

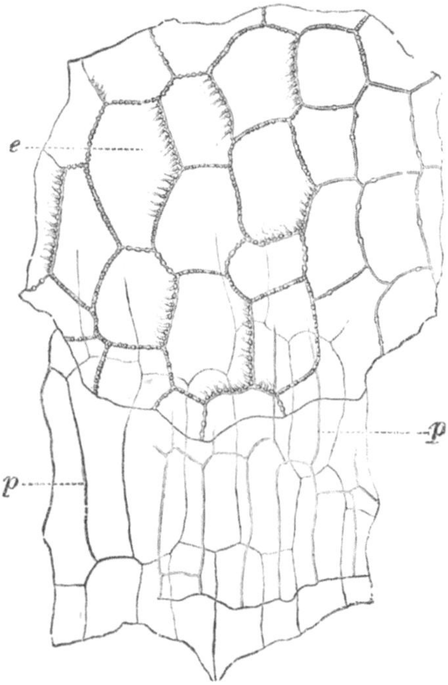

Fig. 259. Innenschichten der Samenschale der Kornrade in der Flächenansicht; *p* Parenchym, *e* innere Oberhaut.

Literatur.

BÖHMER (6, 10, 21); DAMMER (10); HANAUSEK (15); HARZ (17); MACÉ (23); MOELLER (26); SCHIMPER (34); TSCHIRCH u. OESTERLE (37); VILLIERS et COLLIN (39); VOGL (42); WITTMACK (10).

BENECKE: Über den Nachweis des Samens der Konrade (*Agrostemma Githago* L.) in Mahlprodukten. Landw. Vers.-Stat. **31**, 407.

KRUSKAL: Über *Agrostemma Githago.* Arb. d. pharmakol. Inst. Dorpat 1891, **6**, 116.

LEHMANN: Arch. Hyg. 1893, **19**, 104.

MEYER, A.: Mikroskopischer Nachweis von Radenmehl in Getreidemehlen. Hannoversche Monatssch. „Wider die Nahrungsfälscher" 1880, Heft X.

PETERMAN: Über das Vorkommen von *Lychnis Githago* im Getreidemehl. Ann. chim. phys. 1880, **19**, 243.

Kuhkraut.

Die kugeligen Samen des Kuhkrautes (*Vaccaria parviflora* Moench = *Saponaria Vaccaria* L. — *Caryophyllaceae*) finden sich häufig in europäischem Weizen.

Sie sind etwa 2 mm grofs, schwarzbraun, mit kleinem, aber deutlichem Nabel, unter der Lupe kleinwarzig. Auf Durch-

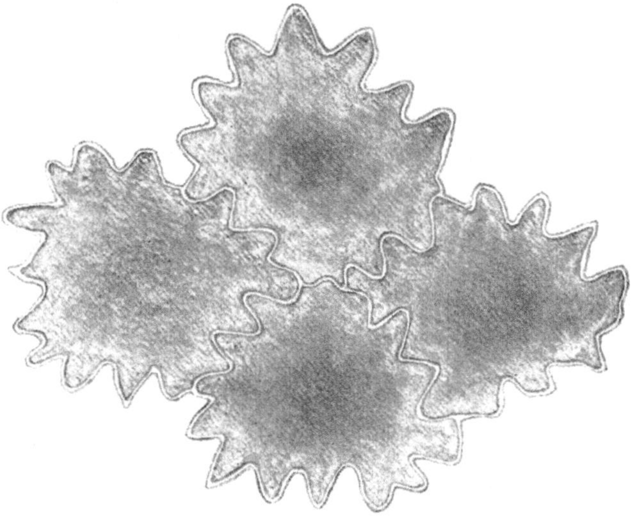

Fig. 260. Oberhaut des Kuhkrautsamens.

schnitten sieht man, dafs der Keimling wie bei der Kornrade das mehlige Sameneiweifs ringförmig umgibt.

Die Kuhkrautsamen enthalten wahrscheinlich dieselben giftigen Saponinsubstanzen wie die Kornrade.

Im Baue gleichen sie der Kornrade, doch sind die Oberhautzellen regelmäfsig sternförmig (Fig. 260), gleichmäfsig hoch, und entbehren der Papillen.

Literatur. Villiers et Collin (39); Vogl (42).

Seifenkraut.

Das Seifenkraut (*Saponaria officinalis* L. — *Caryophyllaceae*), ein an Wegrändern häufiges Unkraut, hat kleinere (2 bis 2,5 mm), aber sonst der Kornrade ähnliche Samen. Sie sind tief schwarzbraun und glänzend, dicht feinkörnig. Die Oberhautzellen sind nach aufsen stark gewölbt, in der Fläche eiförmig mit Fortsätzen, nicht warzig.

Literatur. Harz: Samenkunde (17).

Ackerspergel.

Die Samen des Ackerspergels (*Spergula arvensis* L. — *Caryophyllaceae*) finden sich oft in Leinsamen- und anderen Ölkuchen.

Sie sind 1—1,5 mm breit, kreisrund, etwas abgeflacht, dunkelbraun, mit graubraunen Haaren dicht besetzt und von einem schmalen, strohfarbigen Flügel umgeben (Fig. 261).

Unter dem Mikroskop sind sie leicht zu erkennen an den eigentümlichen, keulenförmigen, warzigen Körpern, die nichts anderes sind

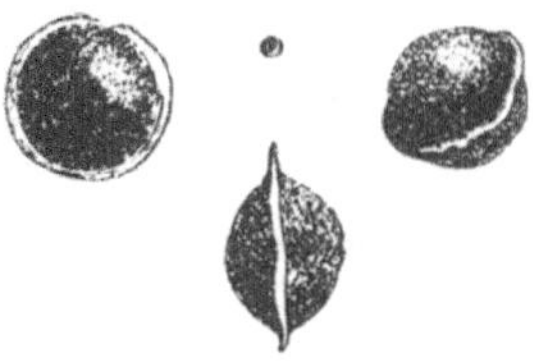

Fig. 261. Spergelsamen in nat. Gr. und vergröfsert (nach Nobbe);

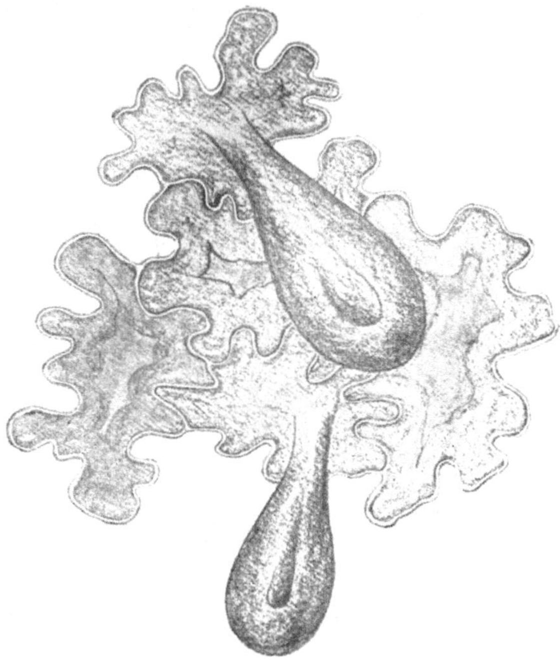

Fig. 262. Oberhaut des Spergelsamens.

als papillöse, stark verdickte Auswüchse einzelner Oberhautzellen. Die anderen Oberhautzellen gleichen denen der Kornrade (Fig. 262).

Literatur. Böhmer (21); Harz (17).

Butterblumen.

Die Früchtchen von *Ranunculus arvensis* L. sind flach, 5—6 mm lang, 1 mm dick, gekielt und stumpf geschnäbelt (Fig. 263).

A. Die **Fruchtschale** besitzt vier Schichten:

Fig. 263. Früchtchen von Ranunculus arvensis in nat. Gr. und vergr. (nach NOBBE).

1. die Oberhaut, deren gelbbraune Zellen zu Papillen ausgewachsen sind;
2. eine einfache Parenchymschicht aus tangential gestreckten, gelblichbraunen Zellen;
3. Kristallzellen (100 μ) mit dunkelbrauner Zellwand;
4. Faserschicht, deren Elemente aufsen longitudinal, innen transversal gelagert sind.

B. Die **Samenschale** besteht aus zwei Schichten: aufsen sind die Zellen gesondert, rundlich, quer gestreckt, dickwandig; innen sind sie longitudinal gestreckt, dicht gefügt, getüpfelt.

C. Das **Nährgewebe** besteht aus zwei Schichten: das Perisperm aus fast quadratischen, dickwandigen, porösen Zellen mit körnigem Inhalt; die Endospermzellen sind dickwandig (9 μ) und enthalten Aleuronkörner in Fett gebettet.

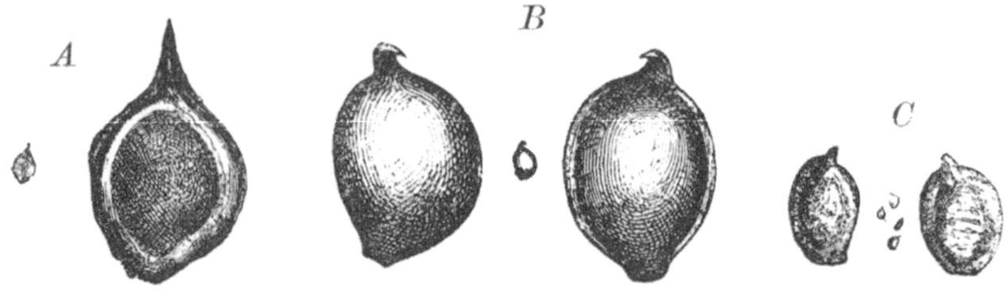

Fig. 264. Ranunkelfrüchte in nat. Gr. und vergr. (nach NOBBE) u. zw. *A* R. repens, *B* R. acris, *C* R. sceleratus.

Die Früchte anderer Arten (Fig. 264) sind ihnen nicht ähnlich. Da sie als Unkräuter sehr verbreitet sind, gelangen ihre Samen oft in das Getreide. Ihre Menge im Ausreuter ist zwar unbedeutend, aber wegen ihrer Giftigkeit beachtenswert.

Literatur. HARZ: Samenkunde (17); SENFT: Die Bestandt. d. Ausreuters a. d. Fam. d. Ranunculaceen. Pharm. Praxis 1902; VILLIERS et COLLIN (39).

Adonis.

Einige *Adonis*-Arten (*Ranunculaceae*), im Volksmunde Feuerröschen oder Teufelsaugen genannt, wachsen auf Äckern; ihre Früchte gelangen daher, wenngleich in geringer Menge, in das Getreide. Sie enthalten ein giftiges Glykosid.

Die Sammelfrüchte von *Adonis aestivalis* L. und *Adonis Flammea* L. bestehen aus zahlreichen, einsamigen, geschnäbelten Achänen.

A. Die **Fruchtschale** besitzt drei Schichten:

1. die äufsere Oberhaut besteht aus polygonalen Zellen mit streifiger Cuticula und Spaltöffnungen;

2. das Parenchym ist obliteriert und enthält kleine Oxalatdrusen;

3. die Steinzellenschicht besteht aufsen aus grofsen, stark verdickten, oft kristallführenden Steinzellen, innen aus quer gelagerten Fasern.

B. Die **Samenschale** besteht aus drei Lagen, deren mittlere aus gelbwandigen, deutlich gestreiften, getüpfelten Zellen allein Erwähnung verdient.

C. Das **Endosperm** enthält Aleuronkörner von 14 μ Länge.

Literatur. Harz (17); Villiers et Collin (39).

Rittersporn.

Einige Arten des Rittersporns (*Delphinium* — *Ranunculaceae*) wachsen ebenfalls in der Saat; ihre Samen können daher in das Getreide gelangen. Sie enthalten giftige Alkaloïde.

Ihre Früchte sind Balgkapseln mit mehreren netzrunzeligen oder häutig-schuppigen, kantigen, schwarzbraunen Samen (Fig. 265) mit fettfleischigem Nährgewebe.

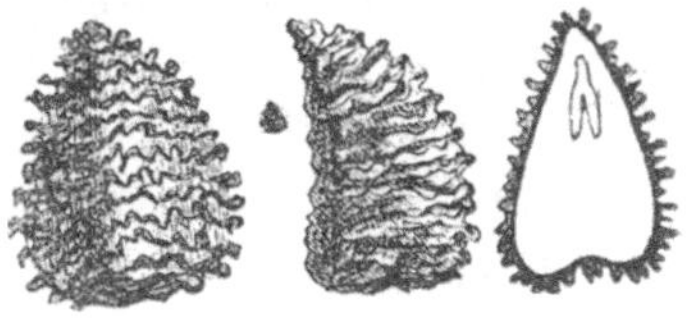

Fig. 265. Samen des Feld-Rittersporns in nat. Gr. und vergr. (nach Nobbe);

Charakteristisch ist die Oberhaut und die dritte Schicht der Samenschale.

Die Stephans- oder Läusesamen (*Delphinium Staphisagria* L.) sind bis 7 mm lang, netzrunzelig, matt; die Oberhautzellen sind ungewöhnlich grofs, stark verdickt und deutlich geschichtet, mit breiten Poren. Den Runzeln entsprechend sind die Oberhautzellen bedeutend gestreckt und erscheinen als fingerförmige, 30 μ lange, 9 μ breite Auswüchse (Fig. 266). Die Aufsenseite ist grobwarzig.

Die dritte Schicht der Samenschale besteht aus longitudinal gestreckten, schmalen, genetzten Zellen.

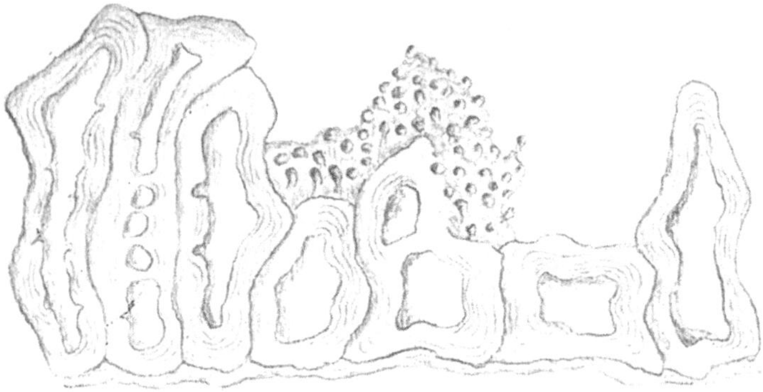

Fig. 266. Oberhaut des Läusesamens im Querschnitt.

Der Feld-Rittersporn (*Delphinium Consolida* L.) hat nur 2 mm lange, häutig beschuppte Samen (Fig. 265), da die Oberhautzellen stellenweise zu breiten, bis 150 μ langen Platten auswachsen.

Literatur. Harz (7); Planchon et Collin (31); Villiers et Collin (39); Vogl (41).

Ackerkümmel.

Mehrere Arten des Acker- oder Schwarzkümmels (*Nigella* — *Ranunculaceae*), auch „Jungfer im Grünen“ genannt, sind Ackerpflanzen; ihre Samen gelangen daher in das Getreide. Sie enthalten ein giftiges Alkaloïd.

Die Frucht ist eine 5fächerige Kapsel mit zahlreichen kantigen, rauhen, auch quer gerunzelten, matten Samen. Die dünne Schale umschliefst ein fettfleischiges Endosperm, in dessen spitzem Ende der kleine, grüne Embryo liegt.

Die Samen der *Nigella arvensis* L. sind unregelmäfsig dreieckig, scharf berandet, pechschwarz, 2—3 mm lang, 1,2 mm breit, oberflächlich fein gekörnt.

Charakteristisch sind die grofsen (100 μ breiten), papillenartigen, schwarzbraunen Oberhautzellen (Fig. 267) und die 4—5 seitigen, quer gestreckten, dicht gestreiften Zellen (Fig. 268) der dritten Schicht.

Literatur. HARZ (17); PLANCHON et COLLIN (31); VOGL (41).

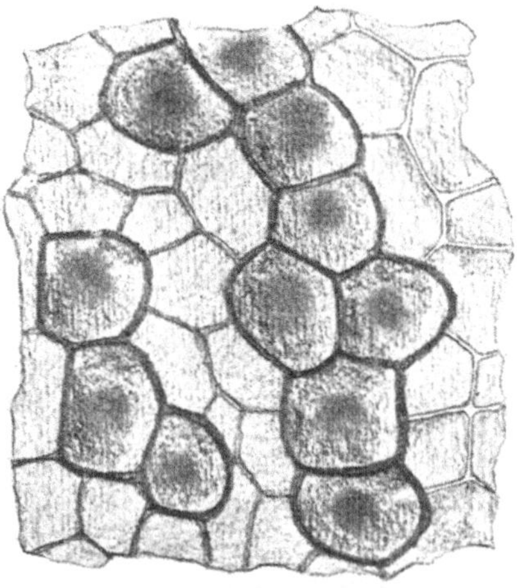

Fig. 267. Oberhaut des Ackerkümmels in der Flächenansicht.

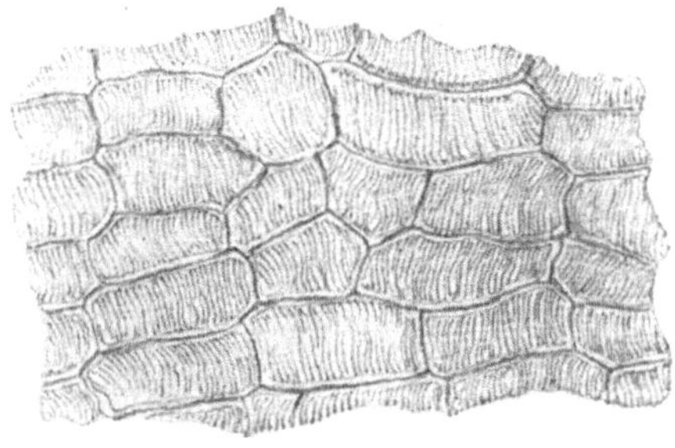

Fig. 268. Spiralfaserzellen des Ackerkümmels.

Wachtelweizen.

Der Wachtel- oder Kuhweizen (*Melampyrum arvense* L. — *Scrophulariaceae*) ist eines der häufigsten Ackerunkräuter, aus dessen Kapselfrüchten die Samen leicht herausfallen und in das Getreide gelangen. Da sie kleiner sind als die meisten Getreidekörner, finden sie sich in gereinigtem Getreide nur noch in geringer Menge. Sie enthalten das nicht giftige Glykosid Rhinanthin (s. auch Klappertopf pag. 256).

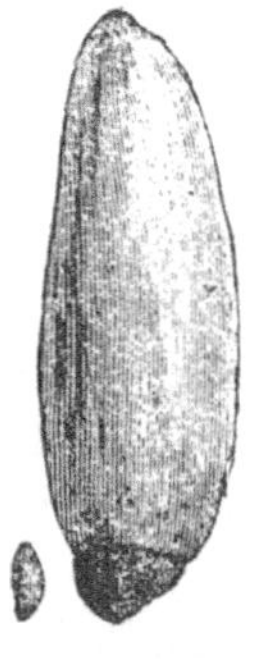

Fig. 269. Wachtelweizen in nat. Gr. und vergr. (nach NOBBE).

Die Samen sind braun, oval, 5—6 mm lang, oben abgerundet, unten mit einem weichen, geschrumpften Anhang (Fig. 269). Sie sind sehr hart, denn sie besitzen ein horniges Endosperm, in dessen Achse der Embryo gebettet ist.

Die Samenschale scheint zu fehlen; wird aber ein Same in Laugenwasser etwas erweicht, so kann von seiner Oberfläche ein zartes Häutchen abgeschabt werden, an dem grofse, wellig buchtige Oberhautzellen gut kenntlich sind.

Die dickwandigen Endospermzellen sind in den Aufsenschichten radial gestreckt, sonst isodiametrisch, gewöhnlich

50 diam. (Fig. 270 u. 271). Die gedoppelte Wand ist 15 μ dick und deutlich porös. In Lauge quellen sie erst beim Erwärmen. Sie enthalten Fett und körniges Protoplasma.

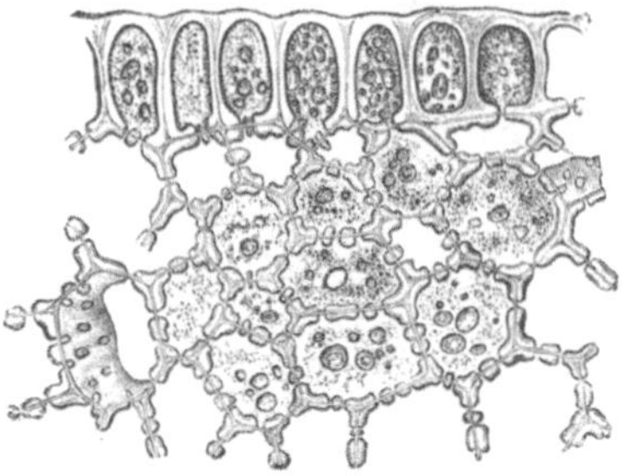

Fig. 270. Samenhaut u. Nährgewebe des Wachtelweizens im Querschnitt.

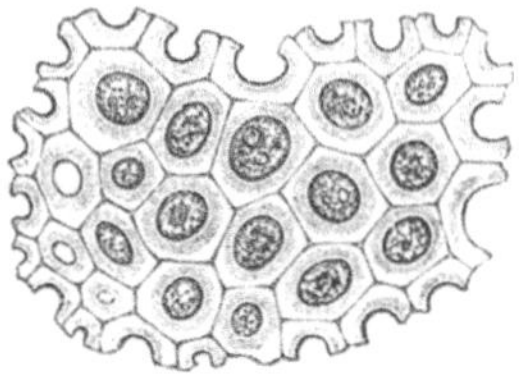

Fig. 271. Aufsenschicht des Wachtelweizens in der Flächenansicht.

Dieses Gewebe ist so charakteristisch, dafs es auch in kleinsten Mengen in Mahlprodukten aufgefunden werden kann.

Literatur.

BÖHMER (6, 21); HANAUSEK (15); HARZ (17); MACÉ (23); MOELLER (26); PLANCHON et COLLIN (31); SCHIMPER (34); VILLIERS et COLLIN (39); VOGL (42); WITTMACK (10).

TSCHIRCH: Entwicklungsgeschichtl. Studien. Schweiz. Wochenschr. Chem. Pharm. XXXV., 1897, Nr. 17.

Klappertopf.

Die Arten des Klappertopfes (*Rhinanthus* L., *Fistularia* WETTST., *Alectorolophus* BIEB. — *Scrophulariaceae*) sind meist Wiesenkräuter; in Getreidefeldern wächst oft in beträchtlicher Menge der Rodel oder Ackerrodel, auch Klapper genannt (*Alectorolophus hirsutus* ALL.), seine Samen sind daher ein mitunter namhafter Bestandteil des Ausreuters.

Sie sind scheibenförmig, 2,5—5 mm diam., dunkel-blaugrün oder schwarzbraun, mit einem schwielig verdickten (dem Nabel entsprechenden) Flügel umsäumt (Fig. 272). Sie enthalten das Glykosid Rhinanthin, welches nach LEHMANN zwar nicht giftig ist, aber dem Brote eine schwärzliche Farbe und einen widerlichen Geschmack verleiht.

A. Die dünne **Samenschale** besteht aus vier Schichten:

1. einer Oberhaut aus polygonalen, nach aufsen stärker verdickten Zellen;

2. einer Mittelschicht aus zusammengedrücktem Parenchym;

3. einer Innenschicht aus einer einfachen Lage gelber, an der Innenseite collenchymartig verdickter, 30—40 μ großer Zellen und

4. der zu einem dünnen Häutchen zusammengedrückten inneren Oberhaut aus kleinen polygonalen Zellen.

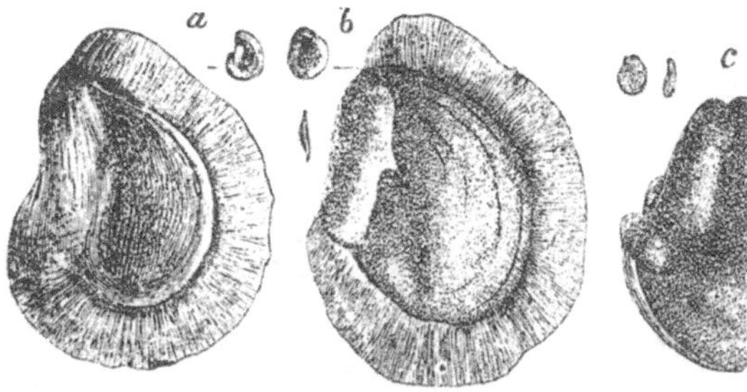

Fig. 272. Rodelsamen in nat. Gr. und vergr. (nach NOBBE); *a* Rh. minor, *b* Rh. major, *c* Rh. hirsutus.

B. Das **Nährgewebe** ist großzellig (40—75 μ), derbwandig, umgeben von einer Randschicht, deren Zellen an der Außenwand stark verdickt sind und unter Schichtung quellen. Alle Endospermzellen enthalten braune Körner. Diese fallen bei der Untersuchung unreiner Mehle zuerst auf.

Literatur. HARZ (17); VILLIERS et COLLIN (39); VOGL (42).

Windling.

Der Ackerwindling (*Convolvulus arvensis* L. — *Convolvulaceae*) ist in manchen Getreidefeldern kaum auszurotten.

Die schwarzen Samen haben die Form eines Orangensegmentes, sind 4 mm lang, 2,5 mm breit (Fig. 273). Die Schale umschließt ein massiges Endosperm und einen Embryo mit eigentümlich gefalteten Kotyledonen.

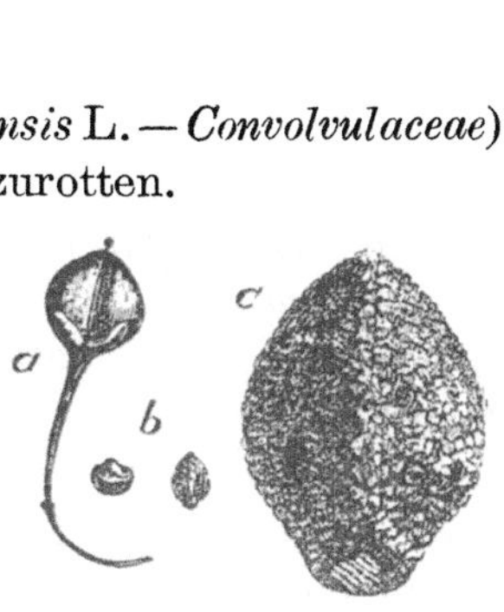

Fig. 273. Frucht und Samen des Ackerwindlings (nach NOBBE); *a* Fruchtkapsel in nat. Gr. *b* und *c* Samen in nat. Gr. und vergr.

Die Samenschale zeigt vier Schichten:

1. die Oberhautzellen sind ungleich hoch, ihre Außenseite oft konvex,

kurze Papillen bildend. In der Flächenansicht sind sie polygonal mit schwarzbraunem Inhalt.

2. Die Querzellen sind sehr schmal, farblos, oft parkettenartig gereiht.

3. Die Palissadenzellen sind 75 μ hoch, gelblichbraun, mit einer Lichtlinie, in deren Nähe das enge Lumen sich mitunter verbreitert. Diese Schicht hat einige Ähnlichkeit mit der Palissadenschicht der Baumwollsamen.

4. Parenchym bildet die innere Auskleidung.

5. Die Zellwände des Endosperms sind verschleimt.

Literatur. Harz (17); Villiers et Collin (39).

Möhrenfrüchte.

Die Frucht der wild wachsenden Möhre (*Daucus Carota* L. — *Umbelliferae*) ist breit eiförmig, 1,5—2,5 mm lang. Die Nebenrippen sind von über 1 mm langen Borsten gebärtet, die wenig deutlichen Hauptrippen sind spärlich behaart (Fig. 274). An der Basis der Nebenrippen befindet sich in der Fruchtschale je ein Ölgang (vgl. Umbelliferenfrüchte).

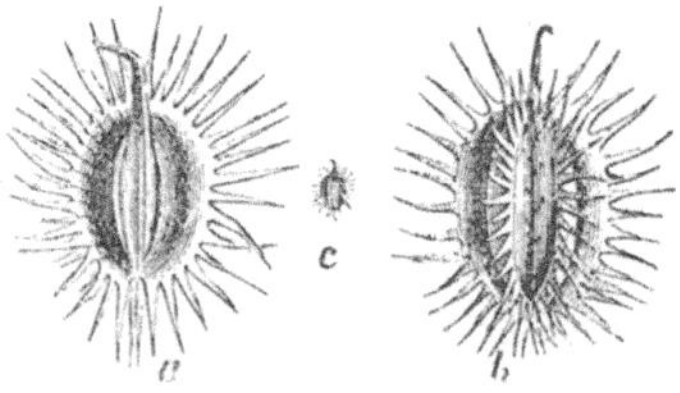

Fig. 274. Möhrenfrüchte (nach Nobbe); *a* Innenfläche, *b* Aufsenfläche vergr., *c* Frucht in nat. Gr.

Die Borsten bestehen aus schmalen, gestreckten, in Längsstreifen angeordneten Zellen.

Literatur. Harz (17).

Hohlsame.

In Südeuropa ist der Hohlsame (*Bifora radians* M. B. — *Umbelliferae*) ein häufiges Ackerunkraut, und die Früchte finden sich oft in beträchtlicher Menge (4,9 % in einem Falle) im Ausreuter.

Sie sind fast kugelig, 3 mm grofs, an der Fugenseite hohl, undeutlich gerippt und haben keine Ölgänge. Im Mesokarp befindet sich eine dichte Sklerenchymzone, deren durch Mazeration isolierte Zellen oft charakteristische Verzweigungen zeigen (Fig. 275, *II*). Innerhalb dieser Hartschicht ist das Parenchym zusammengefallen und abgeschlossen durch eine einfache Lage grofser Netzfaserzellen (Fig. 275, *I*, *p*), deren dicke Wand verholzt ist.

Das Endokarp besteht aus schmalen, parkettartig gruppierten (Fig. 275, *Q*), die Netzfaserzellen kreuzenden Zellen.

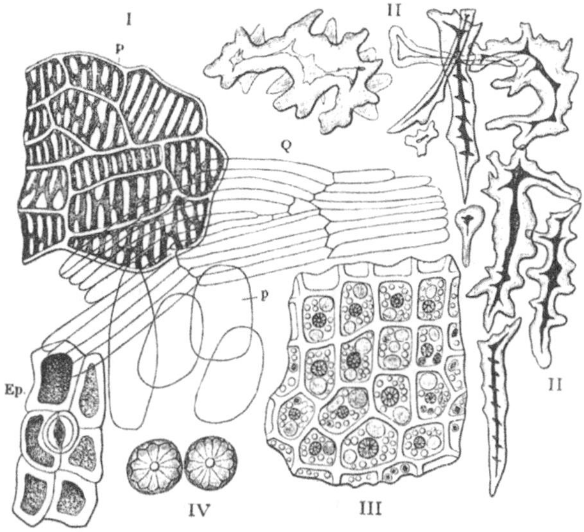

Fig. 275. Gewebe der Hohlsamenfrucht (A. E. v. VOGL);
I. Fruchtschale: *Ep* Oberhaut, *p* Parenchym, *Q* Querzellen, *P* Netzfaserzellen;
II. Steinzellen aus der Hartschicht der Fruchtschale;
III. Nährgewebe;
IV. Aleuronkörner mit Oxalatrosetten, stärker vergr.

Das Endosperm enthält Aleuronkörner mit deutlichen Oxalatdrusen (Fig. 275, *IV*).

Literatur. VOGL (42).

Kornblume.

Die Kornblume (*Centaurea Cyanus* L. — *Compositae*) ist häufig auf europäischen Feldern, selten in Amerika.

Die Früchtchen sind lichtgrau, etwa 4 mm lang, mit ebenso langem Pappus (Fig. 276).

Die Pappushaare bestehen aus Bündeln schmaler, verdickter Fasern, von denen einige zu einem nach oben gekehrten Bart verlängert sind.

A. **Frucht-** und **Samenschale** bilden zusammen eine lederige Hülle.

Die Oberhaut der Frucht besteht aus dicken, getüpfelten, in Längsreihen angeordneten Zellen. Unter ihr bilden ähnliche, aber kleinere Zellen eine Sklerenchymschicht, an deren Innenseite schön ausgebildete monokline Kristalle in grofser Zahl liegen.

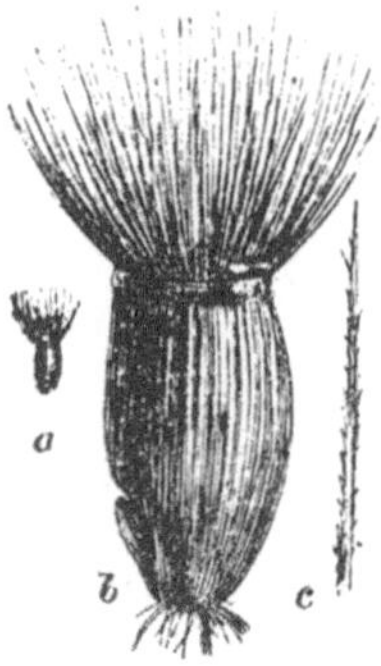

Fig. 276. Früchtchen der Kornblume (nach NOBBE); a in nat. Gr., b vergr., c Pappusborste.

Palissadenzellen, ungefähr 75 μ hoch, braun, bilden die vierte Schicht.

Parenchym in mehreren Lagen zusammengedrückter Zellen bildet die innere Auskleidung. In dieser Schicht liegt der Nabelstrang.

B. Das **Endosperm** besteht aus einer einfachen Reihe von Aleuronzellen.

C. Der **Embryo** ist ausgezeichnet durch warzige Aleuronkörner. Sie sind kugelig oder elliptisch, bis 18 μ lang, mit mehreren Globoïden.

Literatur. VILLIERS et COLLIN (39).

Klebkraut.

Die Früchte des Klebkrautes (*Galium Aparine* L. — *Rubiaceae*) sind rundlich, 2—4 mm diam., hohl, von kleinen, hakigen Härchen rauh (Fig. 277). Die Schale umschliefst ein horniges Eiweifs mit einem halbmondförmigen Keimling.

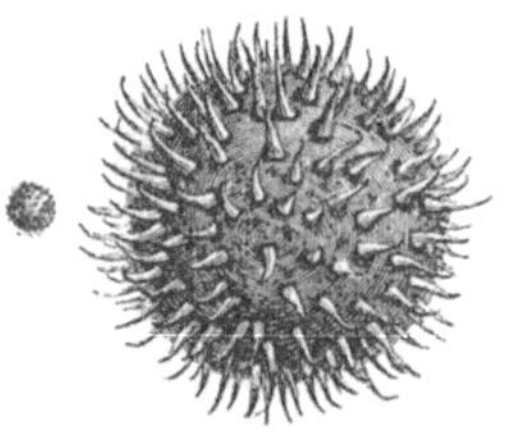

Fig. 277. Früchtchen von Galium Aparine in nat. Gr. und vergr. (nach NOBBE).

Andere Galium-Arten haben ähnliche, aber kleinere Früchte, manche ohne Stacheln. Ihre Früchte verunreinigen oft in grofser Menge das Getreide.

Durch Kochen mit 1 %iger Lauge kann die Schale als graues Häutchen abgetrennt werden. Es besteht aus der Frucht und Samenhaut.

Die Oberhaut besteht aus grofsen, dünnwandigen, polygonalen Zellen (Fig. 278), deren jede in der Mitte eine Warze besitzt. Charakteristisch sind auch die langen Haare mit breit kegelförmiger Basis und hakiger Spitze; endlich die Spaltöffnungen.

Das Mesokarp ist eine dünne Schicht zartwandigen, meist schwammigen Parenchyms. Einzelne Zellen enthalten grofse Rhaphidenbündel. Leitbündel durchziehen diese Schicht.

Die Zellen des Endokarps sind schmal, gestreckt, dünnwandig.

Die Samenschale besteht aus einer einfachen Lage grofser,

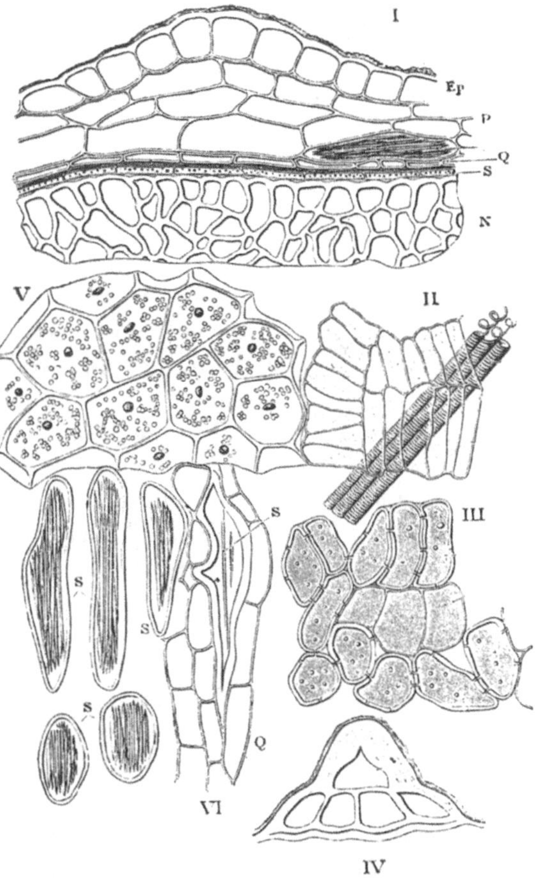

Fig. 278. Gewebe des Klebkrautes (A. E. v. Vogl);
I Querschnitt mit der Oberhaut *Ep*, der Mittelschicht *P*, den Querzellen *Q*, der Samenhaut *S* u. dem Nährgewebe *N*;
II Querzellen (innere Oberhaut) in der Flächenansicht;
III Sklerosiertes Parenchym der Mittelschicht *P*;
IV Oberhautpapille;
V Samenhaut *S*;
VI Querzellen *Q* und Mittelschicht mit Raphidenschläuchen *S*.

polygonaler, oft gestreckter Zellen mit brauner Membran. Vogl beobachtete in ihr kleine (3 μ), braune Stärkekörner.

Die Endospermzellen sind ungemein dickwandig und sehr gestreckt.

Literatur. Harz (17); Villiers et Collin (39); Vogl (42).

Wegerich.

Die Samen der Wegerich-Arten (*Plantago major* L., *P. lanceolata* L. u. a. — *Plantaginaceae*) verunreinigen oft, wenngleich in geringer Menge, die Leinsaat und andere Samen. Sie sind braun, länglich (1,2—2,5 mm), konvex auf der einen, gefurcht auf der anderen Seite (Fig. 279).

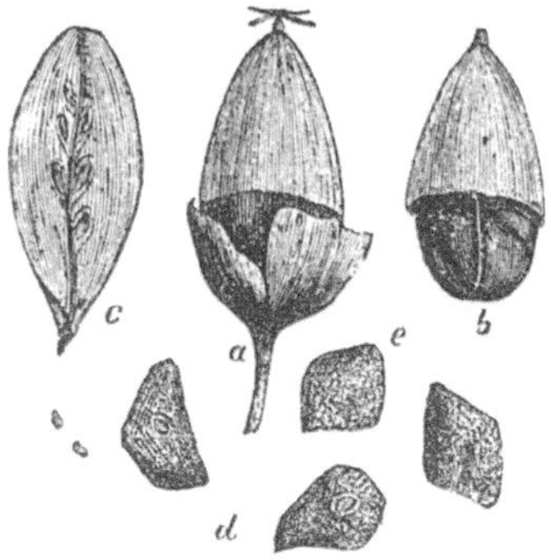

Fig. 279. Wegerichsamen (nach NOBBE); *a* Frucht m. Kelch, *b* Fruchtdeckel, *c* Samenträger in nat. Gr. *d* Samen von der Innenseite, *e* von d. Rückseite vergr.

In der Samenschale unterscheidet man deutlich drei Schichten:

1. Die Oberhaut bildet auf trockenen Durchschnitten eine weifse, formlose Platte. Befeuchtet quillt diese auf, und man erkennt die fast vollständig mit Schleim erfüllten Zellen;

2. eine zusammengedrückte Parenchymschicht;

3. braune, quergestreckte, bis 80 μ lange Zellen in einfacher Lage.

Charakteristisch sind die dickwandigen, getüpfelten Endospermzellen, ähnlich denen des Wachtelweizens (s. pag. 256).

Literatur. BÖHMER (21); HARZ (17).

Hülsenfrüchte.

Als Hülsenfrüchte bezeichnet man die Samen von Leguminosen, die als Nahrungsmittel allgemeine Verwendung finden, wie Bohnen, Erbsen, Linsen. Einige dienen als Kaffeesurrogat, wie Lupinen und Stragel. Andere sind für uns deshalb von Interesse, weil sie einen regelmäfsigen Bestandteil des Getreide-Ausreuters bilden. Leguminosenmehl ist nicht backfähig, wird aber Zerealienmehlen und Würsten zugesetzt.

Alle Leguminosensamen besitzen im frischen Zustande eine derb-lederige, trocken eine brüchige Schale und einen Kern, der nur aus dem Embryo mit zwei grofsen Keimblättern besteht. Das Sameneiweifs (Perisperm) ist meist nur in spärlichen Resten erhalten und bildet die innere Auskleidung der Samenschale.

Gut entwickeltes Nährgewebe findet sich im Mogdadkaffee, im Bockshornklee, in der Luzerne und in den Karobensamen. Es ist hornig hart oder schleimig.

Quer- und Flächenschnitte lassen sich aus den frischen oder in Wasser erweichten Samenteilen ohne weiteres herstellen.

Für die Samenschale ist die **Palissadenoberhaut** und die unter ihr gelegene Schicht sogenannter **Trägerzellen** charakteristisch.

Die **Palissadenzellen** sind prismatisch (Fig. 280), dicht gereiht, dickwandig, mit nach aufsen verengtem Lumen. Am

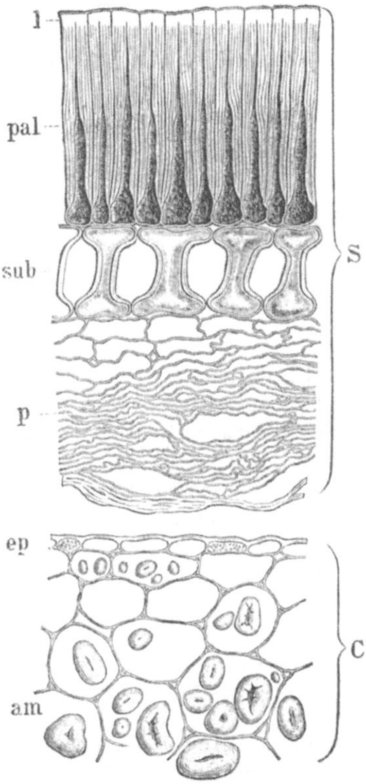

Fig. 280. Querschnitt der Saubohne (A. L. WINTON);
S Samenschale, bestehend aus den Palissaden *pal* mit der Lichtlinie *l*, den Trägerzellen *sub*, dem Parenchym *p*;
C Keimblatt mit der Oberhaut *ep* und dem stärkereichen Parenchym *am*.

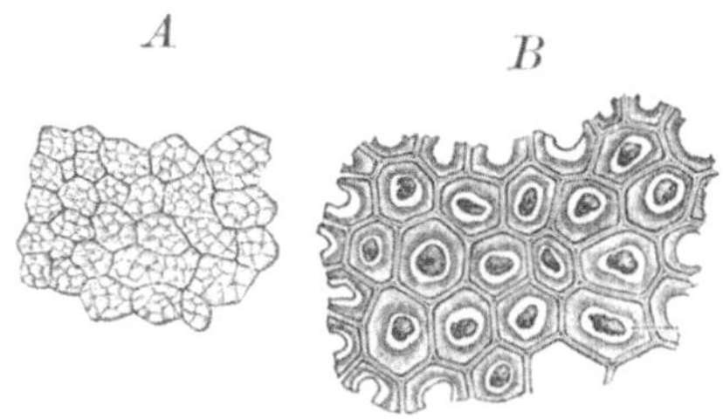

Fig. 281. Palissadenzellen;
A in der Aufsicht von oben, daher ohne Lumen;
B im Durchschnitt mit Zellinhalt.

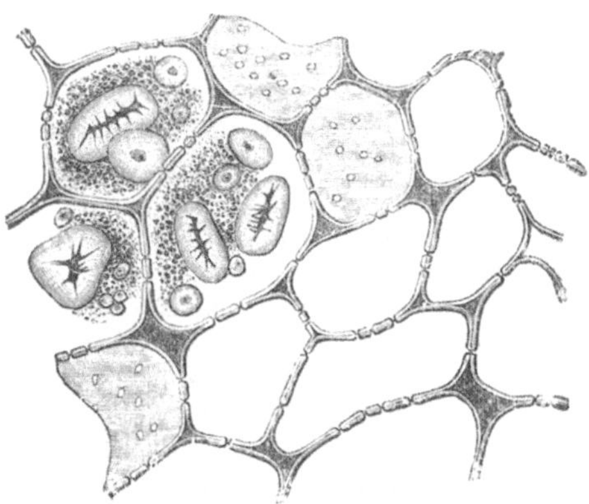

Fig. 282. Kotyledonargewebe der Bohne.

Querschnitt zeigen sie eine „Lichtlinie“, deren Breite und Abstand von der Oberfläche einen gewissen diagnostischen Wert hat. In der Flächenansicht erscheinen sie polygonal, oft mit einer netzigen Zeichnung (Fig. 281), dem Ausdruck der leistenförmigen Verdickung.

Die Trägerzellen (wegen ihrer I-Form so genannt) oder Sanduhrzellen sind mitunter gerippt; bei einigen Phaseolus-Arten sind sie prismatisch und enthalten einen Oxalatkristall.

Die Hauptmasse der Samenschale besteht aus einem vielschichtigen Schwammparenchym (Fig. 287), in dem die Leitbündel liegen.

Das Gewebe der Kotyledonen (Fig. 282) enthält neben Fett und Eiweifs meist reichlich Stärke, deren Körner grofs, am Rande geschichtet und strahlig zerklüftet zu sein pflegen.

Stärkefrei sind: Mogdadkaffee, Lupine, Sudankaffee, Luzerne, Stragel, Bockshornklee, Soja. Die spärliche, kleinkörnige Stärke in der Erdnufs kommt neben den Fettmengen kaum in Betracht.

Analytischer Schlüssel.

A) Die Samen enthalten Stärke.

a) Die Palissaden sind englichtig,

* unter 100 μ hoch,

\+ aufsen flach,

\# Trägerzellen prismatisch, mit Kristallen.

1. Palissaden unter 60 μ hoch; Trägerzellen dünnwandig, mit grofsen Kristallen: Phaseolus vulgaris (Bohne).
2. Palissaden über 60 μ hoch; Trägerzellen dickwandig, mit kleinen Kristallen: Phas. multiflorus (Feuerbohne).

\#\# Trägerzellen sanduhrförmig, ohne Kristalle,

† unter 20 μ hoch,

○ Stärkekörner unregelmäfsig elliptisch.

3. bis 40 μ lang: Pisum (Erbse).
4. bis 90 μ lang: Phas. Mungo.

○○ Stärkekörner regelmäfsig elliptisch.

5. bis 35 μ lang: Vigna catjang (China-Bohne).

†† Trägerzellen 25—35 μ hoch.

6. Stärkekörner bis 65 μ lang: Phas. lunatus (Limabohne).

\+\+ Palissaden aufsen abgerundet oder spitz.

7. unter 45 μ hoch, mit 10 μ breiter Lichtlinie: Ervum (Linse).
8. 50—65 μ hoch mit, 10—15 μ breiter Lichtlinie: Vicia (Wicke).

** Palissaden über 100 μ hoch.

\+ Trägerzellen in einfacher Reihe.

9. Stärkekörner bis 70 μ lang: Faba (Saubohne).
10. Stärkekörner bis 40 μ lang: Dolichos.

\+\+ Trägerzellen in mehreren Reihen.

11. Stärkekörner bis 50 μ lang: Canavalia.

b) Palissaden sind weitlichtig.

* Palissadenwand getüpfelt, in den Keimblättern spärliche (oft erst nach Entfettung erkennbare) Stärke.

12. Palissaden unter 25 μ hoch, über 25 μ dick; Stärkekörner kugelig, oft über 10 μ diam.: Arachis (Erdnufs).
13. Palissaden über 50 μ hoch, unter 25 μ dick, mit dunklem Inhalt; Stärke kugelig, unter 10 μ; Samen aromatisch: Coumarouna.
** Palissadenwand nicht getüpfelt.
14. Palissaden von ungleicher Höhe; Stärkekörner grofs, elliptisch: Cicer (Kichererbse).

B. Die Samen enthalten keine Stärke oder nur Spuren.

a) Palissaden zugespitzt; Trägerzellen gerippt; Schleimendosperm.
15. Palissaden 30—40 μ hoch; Trägerzellen 15–45 μ breit: Medicago (Luzerne).
16. Palissaden 60—75 μ hoch; Trägerzellen 30—75 μ breit; Samen aromatisch: Foenum graecum.
17. Palissaden 125—150 μ hoch; Trägerzellen 35—75 μ hoch: Astragalus (Stragel).

b) Palissaden flach oder abgerundet; Trägerzellen nicht gerippt.
* Palissaden über 100 μ hoch; gekniet.
† Palissaden mit farblosem Inhalt und breiter Lichtlinie.
18. Oberhautzellen der Kotyledonen nicht getüpfelt: Lupinus albus.
†† Palissaden im inneren Teile mit dunklem Inhalt; Oberhautzellen der Kotyledonen getüpfelt.
19. Der dunkle Zellinhalt im inneren Drittel: Lupinus luteus.
20. Der dunkle Zellinhalt in der inneren Hälfte; Lichtlinie schmal: Lupinus angustifolius.
** Palissaden über 100 μ hoch, gerade.
21. Palissadenhöhe 170–250 μ; Endosperm aus dickwandigen Zellen: Ceratonia (Karoben).
22. Palissaden 150 μ hoch, spindelförmig: Parkia.
*** Palissaden unter 100 μ hoch, gerade.
23. Palissaden 50—60 μ hoch, 6—15 μ breit; Trägerzellen 35—50 μ hoch, sich leicht trennend: Glycine (Soja).
24. Palissaden 60—75 μ hoch, 3—7 μ breit; Trägerzellen 16—25 μ hoch; Endosperm aus dickwandigen Zellen: Cassia occidentalis (Mogdadkaffee).

Allgemeine Literatur.

Beck: Die Samenschale einiger Leguminosen. Stzb. k. k. Akad. zu Wien 1878, **79**.

Chalon: La graine de Légumineuses. Mém. et Pub. Soc. Sc., Arts et Let. du Hainaut. 1875, 55.

Guignard: Embryogénie des Legumineuses. Ann. des Sc. nat., Bot. 1882, Sér. VI, **12**, 68.

Mattirolo et Buscalioni: Ricerche anatomofisiologiche sul tegumenti seminali delle Papilionacee. Sep.-Abdr. aus Memorie Accad. Szienze Torino. Ser. II, **42** (1892).

Nadelmann: Über Schleimendosperm der Leguminosensamen. Ber. deutsch. Bot. Ges. 1889, 248.

PAMMEL: On the Structure of the Testa of Several Leguminous Seeds. Bull. Torr. Bot. C. 1886, 17.
— Anatomical characters of the seeds of Leguminosae, chiefly genera of Gray's Manuel. Transact. Acad. Sc. St. Louis 1899, **9**, 91.

PFÄFFLIN: Untersuchungen über Entwicklungsgeschichte, Bau und Funktion der Nabelspalte und der darunter liegenden Tracheïdeninsel verschiedener praktisch wichtiger Papilionaceen-Samen. Inaug.-Diss., Bern 1897.

SCHIPS: Über die Cuticula und die Auskleidung der Interzellularen in den Samenschalen der Papilionaceen. Ber. deutsch. Bot. Ges. 1893, **11**, 311.

SCHLEIDEN: Beiträge zur Entwicklungsgeschichte der Blütenteile bei den Leguminosen und über das Albumen, insbesondere der Leguminosen. 1838.

SCROBISCHEWSKY: Recherches sur l'embryogénie des Papilionacées. Bull. Congr. Internat. Bot. et Hortic. Petersburg 1884, 207.

VAN TIEGHEM: Observations sur la légérité et la structure de l'embryon de quelques Léguminoses. Mém. de Soc. Sc. nat. de Cherbourg **19**.

Bohne.

Die in Europa und einem grofsen Teil Amerikas als Nahrungsmittel gebräuchliche gemeine Bohne (*Phaseolus vulgaris* METZGER) soll nach WITTMACK aus dem tropischen Amerika stammen.

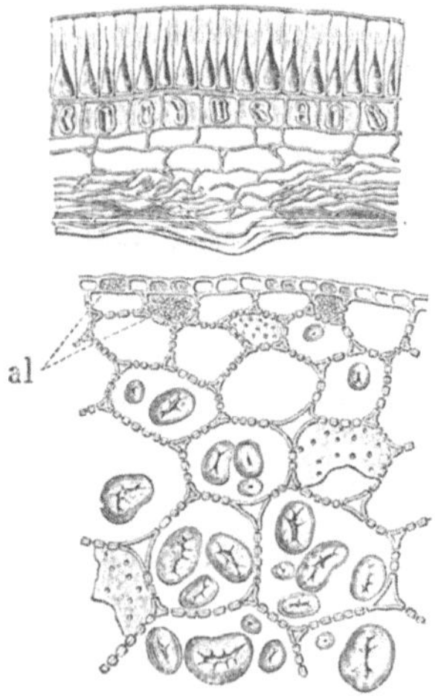

Fig. 283. Querschnitt der Bohne (A. L. WINTON); *al* Randzellen des Keimblattes mit Aleuron.

Die Samen sind nierenförmig, aber das Verhältnis zwischen Länge, Breite und Dicke ist bei den einzelnen Varietäten sehr verschieden, so dafs es fast kugelige, sehr lange und flache Bohnen gibt. Ihre Farbe ist weifs, schwarz, rot, braun oder scheckig. Der elliptische Nabel mit engem Spalt liegt in der Mitte einer der Schmalseiten.

An einem Ende des Nabels liegt die Mikropyle, an dem anderen Ende eine kleine Warze, und hier dringt der Nabelstrang (die Raphe) in den Samen ein.

Der Same besteht aus dem grofsen Embryo, der von einer dünnen, trocken brüchigen Schale bedeckt ist.

A. **Samenschale.** Die Palissadenzellen (Fig. 283) sind bis 60 μ lang, mit einer schmalen Lichtlinie in der Nähe der Cuticula. Das aufsen schmale Lumen verbreitert sich allmählich nach innen zu. Die Farbe der Bohne ist durch den Zellinhalt der Palissaden bedingt. Von aufsen gesehen, erscheint die Oberfläche chagriniert infolge der radialen Streifung der Zellwände. Unterhalb des Nabels liegt eine doppelte Palissadenschicht, beide durch den Spalt durchbohrt.

Die Trägerzellen sind nicht sanduhrförmig, sondern prismatisch, mäfsig verdickt, in Wasser und in Alkalien beträchtlich quellend. Jede Zelle enthält einen, selten zwei grofse, die Zellhöhle fast ausfüllende, monokline Oxalatkristalle. Unterhalb des Nabels fehlt diese Schicht.

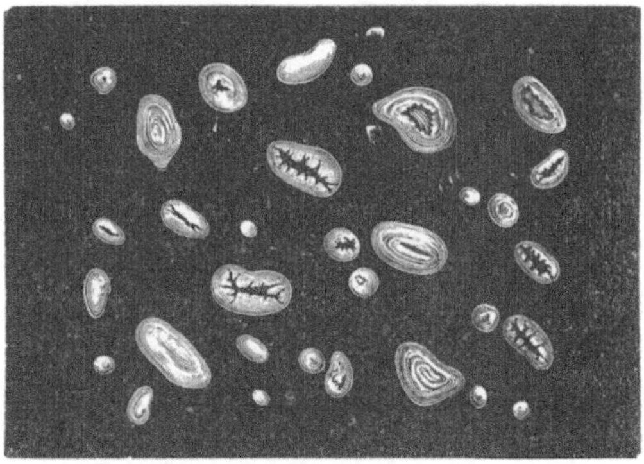

Fig. 284. Bohnenstärke.

Das Schwammparenchym besteht aufsen aus sehr grofsen, dickwandigen, nach innen zu aus dünnwandigen Zellen mit langen, schmalen Verzweigungen. Unmittelbar unter dem Nabelspalt liegt eine Gruppe sklerotischer Zellen mit netzförmiger Membran. Nach Tschirch sollen sie das Eindringen von Pilzen verhindern.

B. **Perisperm.** Eine einfache Lage polygonaler Zellen bildet den Rest des Eiweifses; in einigen Varietäten ist auch dieser fast verschwunden.

C. **Embryo.** Die beiden grofsen Keimblätter bilden die Masse des Samens. Sie enthalten Fett, Eiweifs und hauptsächlich Stärke. Die Oberhautzellen sind aufsen isodiametrisch, innen tangential gestreckt. Die Mesophyllzellen sind grofs (oft 100 μ) und haben dicke (4—9 μ) Wände mit deutlichen Poren und kleinen Interzellularräumen (Fig. 282).

Die Stärkekörner (Fig. 284) sind gegen 60 μ lang, die gröfseren meist elliptisch oder nierenförmig, selten unregelmäfsig-bauchig wie die der Erbse, am Rande zart geschichtet. Die verzweigte Kernspalte ist immer deutlich.

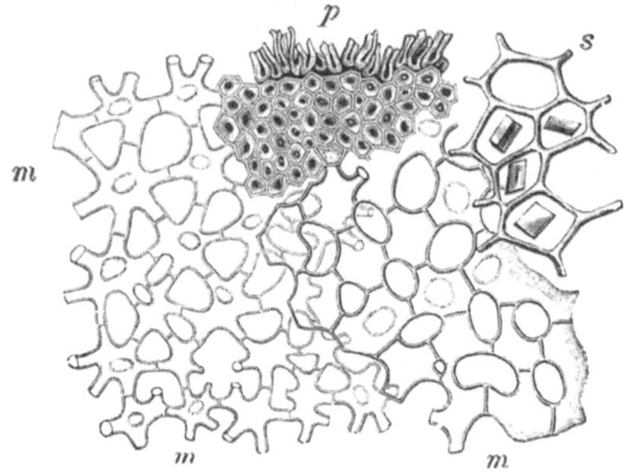

p Palissadenzellen, *s* Trägerzellen mit Kristallen, *m* Schwammparenchym in zwei Schichten.

Fig. 285. Gewebe der Bohnenschale in der Flächenansicht.

Bohnenprodukte.

Die Bohnen kommen gewöhnlich unzerkleinert, daher unverfälscht zum Verbrauch; ihre Produkte dienen jedoch zur Fälschung anderer Nahrungsmittel.

Bohnenmehl und Bohnenschalen dienen als Tierfutter. Die letzteren sind an den kristallführenden Trägerzellen (Fig. 285) leicht zu erkennen. Das Bohnenmehl enthält aufser Stärke beträchtliche Mengen des durch die dicken, porösen Membranen charakteristischen Kotyledonargewebes (Fig. 282).

Literatur.

Böhmer (6); Greenish (14); Hanausek, T. F. (10); Harz (17); Macé (23); Moeller (26); Tschirch u. Oesterle (37); Villiers et Collin (39); Vogl (42); Wittmack (10).

Gulliver: On the Crystals in the Testa and Pericarp of several Orders of Plants and in the other Parts of the Order of Leguminosae. Monthly Micros. Journ. 1873, 259.

Haberlandt: Über die Entwicklungsgeschichte und den Bau der Samenschale bei der Gattung Phaseolus. Stzb. d. k. k. Akad. zu Wien 1877, **75**, 33.

Koehler: Erbsen, Bohnen, Wicken und deren Müllereiprodukte. Landw. Vers.-Stat. 1901, **55**, 401.

Tschirch: Über Stärkemehlanalysen. Arch. d. Pharm. 1884, **22**, 921.

Lima-Bohne.

Die Lima- oder Mondbohne (*Phaseolus lunatus* L.) ist in Südamerika heimisch, wächst aber durch ganz Amerika, und ihre Samen werden als Gemüse grün oder trocken genossen. Sie sind weifs, flach, 20—25 mm lang und halb so breit.

Die Palissadenzellen sind 60—80 μ lang und 12—20 μ breit.

Die Trägerzellen unterscheiden sich durch ihre Sanduhrform von denen anderer Phaseolus-Arten. Sie sind sehr hoch (25—35 μ) und 14—35 μ breit.

Das Schwammparenchym ist innen und aufsen kleinzellig, in der Mitte grofszellig.

Die Kotyledonarzellen sind mäfsig dickwandig und enthalten elliptische, nieren- oder kleeblattförmige Stärkekörner, die durchschnittlich länger (bis 65 μ) und breiter sind als in der gemeinen Bohne.

Literatur. Harz.

Feuerbohne.

Unter den Varietäten der Feuer- oder spanischen Bohne (*Phaseolus multiflorus* Willd.) sind die bekanntesten die mit scharlachroten Blüten und schwarzen oder gefleckten Samen und die mit weifsen Blüten und Samen.

Sie sind der gemeinen Bohne im Baue sehr ähnlich, aber die Palissadenzellen sind länger (60—75 μ), und die dickwandigeren Trägerzellen enthalten kleinere Kristalle. Obwohl die Trägerzellen prismatisch sind, hat ihr Lumen doch infolge eigentümlicher, ungleichmäfsiger Verdickung der radialen Wände Sanduhrform.

Literatur. Harz: (17); Tschirch u. Oesterle: (37).

Adzuki-Bohne.

Die Adzuki- oder Mungo-Bohne (*Phaseolus Mungo* var. *glaber* Rxbg.) ist in Japan als Nahrungsmittel sehr geschätzt und wird auch in die Vereinigten Staaten eingeführt.

Die Samen sind 8—10 mm lang, weinfarbig, mit einem schmalen, 2—3 mm langen Nabel, auf dem sich ein Gewebepolster (Arillus) befindet.

Die Palissadenzellen sind 75 μ lang, 6—15 μ breit und enthalten rötlichen Farbstoff.

Die Trägerzellen sind sanduhrförmig, 14—20 μ hoch, 8—20 μ breit.

Die Stärkekörner sind die gröfsten aller Leguminosen, oft 90 μ. Aufser elliptischen finden sich auch zahlreiche lappig und unregelmäfsig geformte Körner wie in der Erbse.

Erbse.

Die Felderbse (*Pisum arvense* L.) wird als Futterpflanze und der reifen Samen wegen, die Gartenerbse (*P. sativum* L.) nur als Gemüse gebaut.

In Form und Farbe sind die Samen verschieden, im mikroskopischen Baue gleich.

A. Samenschale. Sie ist (Fig. 286) dünn und spröde.

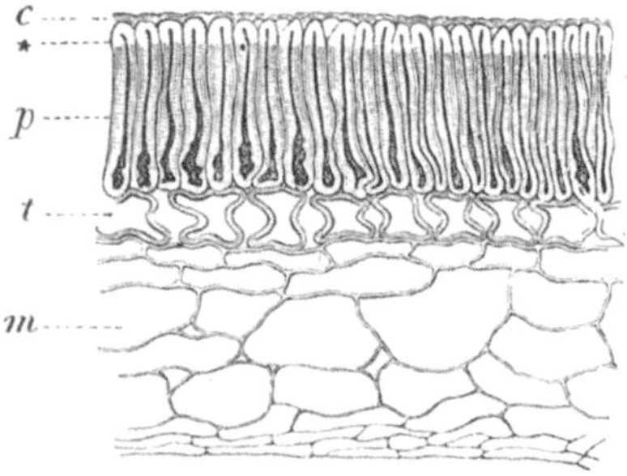

Fig. 286. Querschnitt der Erbsenschale.
p Palissaden mit Cuticula *c* und Lichtlinie *,
t Trägerzellen,
m Schwammparenchym (s. Fig. 287).

Ihre Palissadenzellen (*p*) sind gegen 70—100 μ hoch, mit der Lichtlinie unmittelbar unter der Cuticula. Das Lumen ist innen verbreitert und gewellt.

Die Trägerzellen (*t*) haben die typische Sanduhrform. Sie enthalten mitunter Protoplasmareste, aber keine Kristalle. Ihre Höhe schwankt um 20 μ.

Das Schwammparenchym (Fig. 287) wird nach innen kleinzellig.

B. Embryo. Die Oberhautzellen der Kotyledonen (Fig. 288 u. 289, *ep*) sind tangential gestreckt und in Reihen geordnet. Sie enthalten Aleuronkörner und Fett, keine Stärke.

Das P a r e n c h y m ist grofszellig, lückig und enthält reichlich Stärke. Die Zellwände sind mäfsig dick, p o r e n l o s.

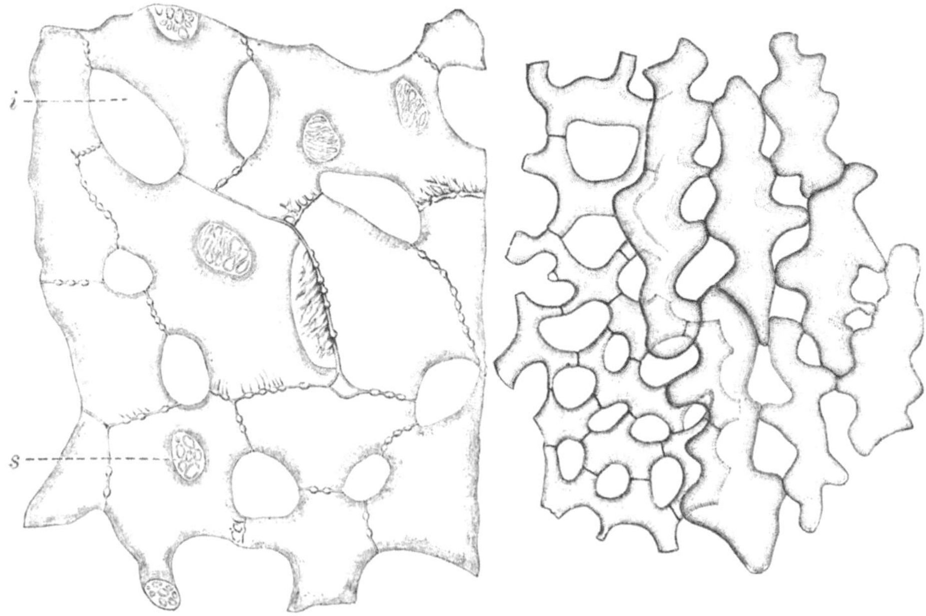

Fig. 287. S c h w a m m p a r e n c h y m der E r b s e n s c h a l e;
i Intercellularraum,
s getüpfelte Verbindungsstelle zweier Zellenäste.

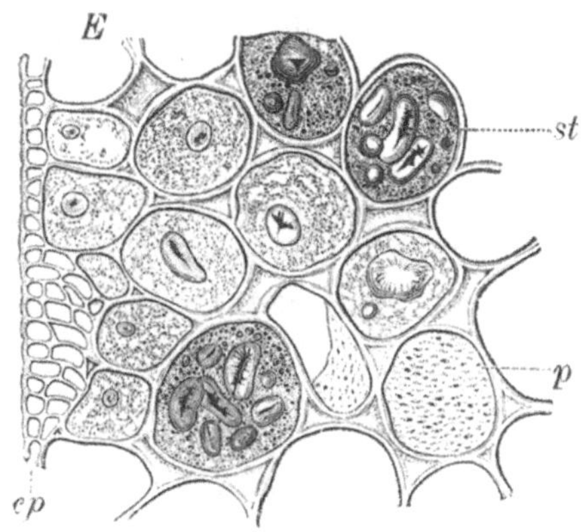

Fig. 288. K o t y l e d o n a r g e w e b e der E r b s e im Querschnitt;
ep Oberhaut (z. T. umgelegt),
p Parenchym,
st Stärke.

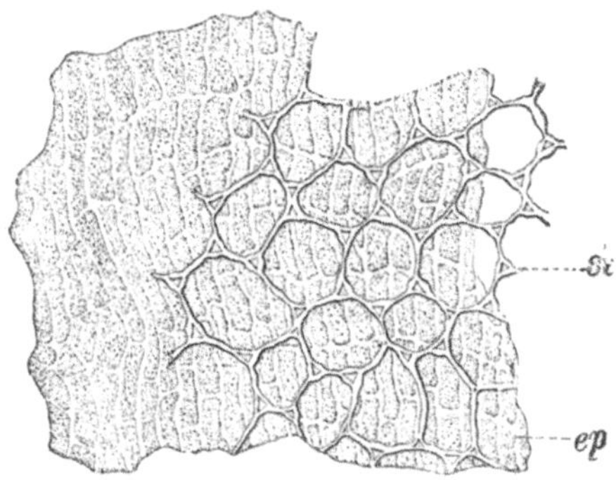

Fig. 289. K o t y l e d o n a r g e w e b e der E r b s e in der F l ä c h e n a n s i c h t (nach Laugenbehandlung);
ep Oberhaut,
st Stärkeparenchym.

Die Stärkekörner sind gewöhnlich kleiner als in der Bohne, selten über 40 μ. Aufser elliptischen, nierenförmigen, kugeligen kommen auch unregelmäfsige Körner vor mit rundlichen Auswüchsen. In der Regel ist die Kernhöhle nur in wenigen Körnern deutlich.

Erbsenprodukte.

Erbsen und Erbsenheu sind als Tierfutter in einigen Gegenden geschätzt.

Getrocknete und mit Eisensulfat gefärbte Erbsen dienen neuestens in Frankreich unter dem Namen „Erviop“ zur Pfefferfälschung (COLLIN).

Geröstete Erbsen dienen als Kaffeesurrogat.

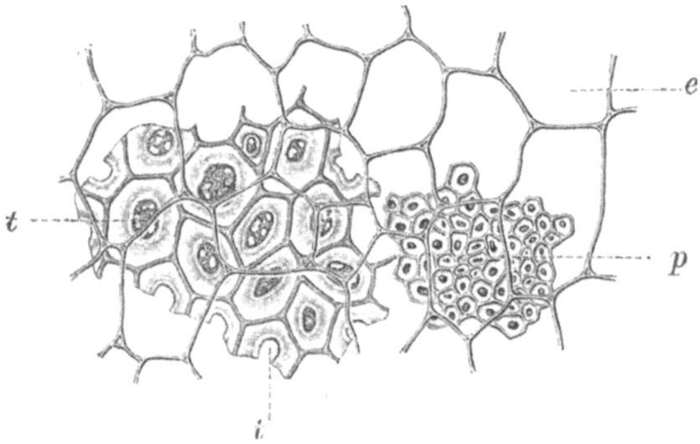

Fig. 290. Gewebe der Erbsenschale; *p* Palissaden, *t* Trägerzellen, *e* Parenchym.

Geschälte und gespaltene Erbsen dienen als Gemüse und Suppeneinlagen.

Erbsenmehl ist wegen seines hohen Nährwertes Bestandteil von Nährpräparaten.

Erbsenschalen dienen als Tierfutter und Fälschungsmittel.

Charakteristisch für die Schalen sind die Trägerzellen (Fig. 290) und die hohen Palissadenzellen, für die Stärke die unregelmäfsig knolligen, selten zerklüfteten Formen.

Literatur.

BÖHMER (6, 21); GREENISH (14); HANAUSEK, T. F. (10); HARZ (17); MACÉ (23); MOELLER (26, 29); TSCHIRCH u. OESTERLE (37); VILLIERS et COLLIN (39); VOGL (42); WITTMACK (10).

COLLIN: Application du microscope à la découverte d'une nouvelle falsification du poivre. Festschrift A. E. v. VOGL. Wien 1904.

SEMPOLOWSKI: Über den Bau der Schale landwirtschaftlich wichtiger Samen. Landw. Jahrb. 1874, 3, 823.

Linse.

Die Samen der L i n s e (*Lens esculenta* MOENCH, *Ervum Lens* L.) dienen im Orient seit den ältesten Zeiten als Nahrungsmittel; Esau soll ja das Recht seiner Erstgeburt für ein Linsengericht verkauft haben. Derzeit wird die Pflanze hauptsächlich im Mittelmeergebiet gebaut.

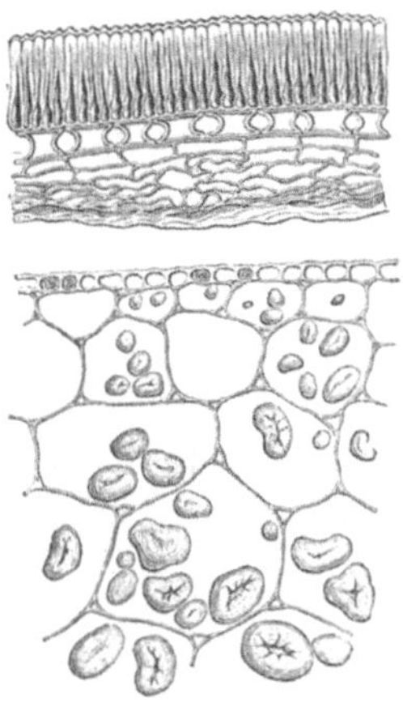

Fig. 291. Querschnitt der Linse (A. L. WINTON).

Die Samen haben eine flache, bikonvexe Gestalt. Sie sind graubraun oder rot, 5—7 mm diam. Der lange, schmale Nabel mit Mikropyle und Raphe befindet sich auf der Schmalseite.

A. **Samenschale.** Die P a l i s s a d e n z e l l e n (Fig. 291) erreichen 45 μ Höhe, 8 μ Breite und sind aufsen abgerundet. Die Cuticula ist zu stumpfen Papillen ausgezogen. Die fast 10 μ breite Lichtlinie liegt unmittelbar unter der Cuticula, sonst sind die Zellmembranen gelblichbraun.

Die T r ä g e r z e l l e n haben Sanduhrform, sind 18—35 μ breit, 12—22 μ hoch und enthalten einen unregelmäfsigen braunen Klumpen.

Das S c h w a m m p a r e n c h y m ist in der Mitte grofszellig. Einige Zellen enthalten eine braune, auf Gerbstoff reagierende Substanz.

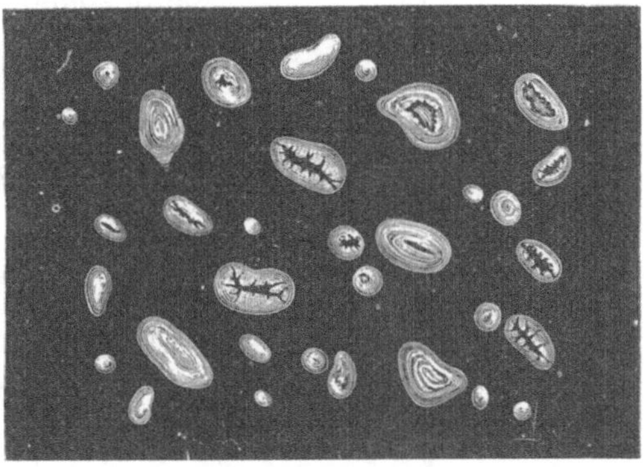

Fig. 292. Linsenstärke.

B. **Embryo.** Das dünnwandige Parenchym der Kotyledonen enthält Stärke (Fig. 292), deren Körner höchstens 40 μ lang sind; die meisten sind elliptisch, aber nicht selten finden sich auch unregelmäfsig höckerige Körner wie bei der Erbse.

L i n s e n m e h l. Von Erbsen- und Bohnenmehl unterscheidet sich das Linsenmehl durch die schmalen, höchstens 8 μ breiten

Palissadenzellen mit abgerundeten oder stumpf zugespitzten Enden und breiter Lichtlinie. Die Stärkekörner sind kleiner.

Literatur.

Böhmer (6, 21); Greenish (14); Harz (17); Macé (23); Moeller (26, 39): Tschirch u. Oesterle (37); Villiers et Collin (39); Vogl (42).

Beck: Vergl. Anatomie der Samen von Vicia und Ervum. Sitzb. Wiener Akad. 1873, **77**.

Sempolowski: Über den Bau der Schale landwirtschaftlich wichtiger Samen. Landw. Jahrb. 1874, **3**, 823.

China-Bohne.

Mehrere Varietäten der China-Bohne (*Vigna Catjang* Walp., *V. sinensis* Endl., *Dolichos sinensis* L.) sind in Ostasien der Samen wegen, in den südlichen Staaten der Union als Grünfutter geschätzt.

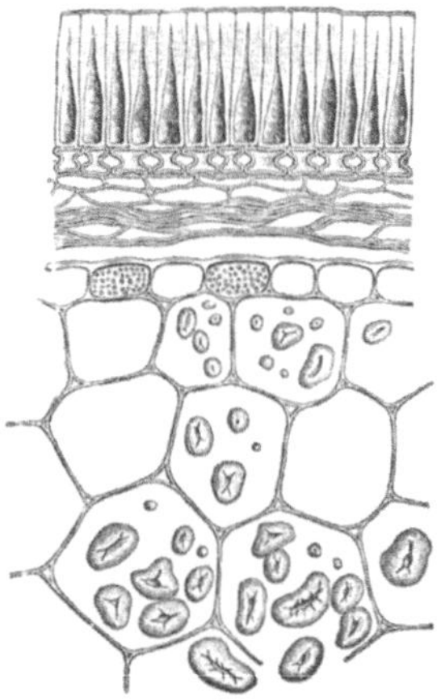

Fig. 293. Querschnitt der China-Bohne (A. L. Winton).

Die Samen sind schwarz oder weifs mit schwarzen Augen, gelb, rot, braun und gefleckt, etwas flach, nierenförmig, 8—10 mm lang.

Die Samenschale besitzt 60—75 μ hohe und 6—18 μ breite Palissadenzellen, 9—15 μ hohe und 9—25 μ breite, sanduhrförmige Trägerzellen und zusammengedrücktes Schwammparenchym (Fig. 293).

Die Stärkekörner sind denen der gemeinen Bohne ähnlich, jedoch etwas kleiner (bis 35 μ).

Literatur.

Harz (17); Tschirch u. Oesterle (37).

Sojabohne.

Die Soy- oder Sojabohne (*Glycine hispida* Maxim., *Soja hispida* Moench) ist im Orient heimisch, wird aber in China und Japan der Samen wegen, in Europa und Amerika hauptsächlich als Futterpflanze gebaut.

Die Samen sind gelb, braun und schwarz, 5—10 mm lang, etwas abgeflacht, in einigen Varietäten fast kugelig. Sie enthalten keine Stärke.

A. **Samenschale** (Fig. 294). Sie ist mit den zusammengedrückten Schichten des Nährgewebes (*E* verwachsen.

Die Palissadenzellen sind ungefähr ebenso hoch (50—60 μ) und breit (6—15 μ) wie die der gemeinen Bohne und enthalten wie diese keinen oder einen der Farbe des Samens entsprechenden Farbstoff.

Die Trägerzellen sind ebenso hoch wie die Palissaden, gewöhnlich 35—50 μ, um den Nabel oft 150 μ, sanduhrförmig. Sie trennen sich leicht von den angrenzenden Schichten und voneinander; man findet sie daher oft isoliert.

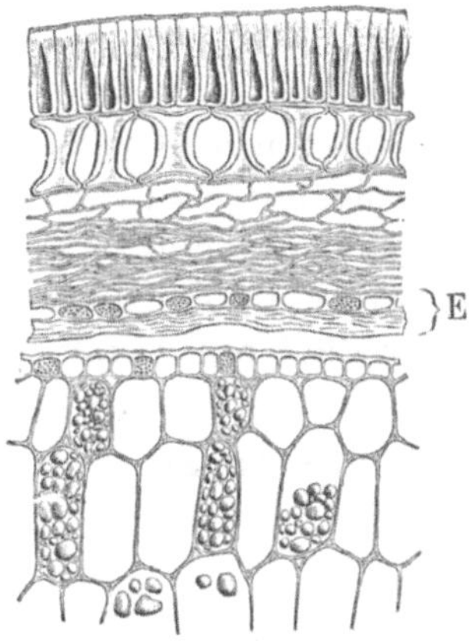

Fig. 294. Querschnitt der Sojabohne (A. L. WINTON). *E* Nährgewebe.

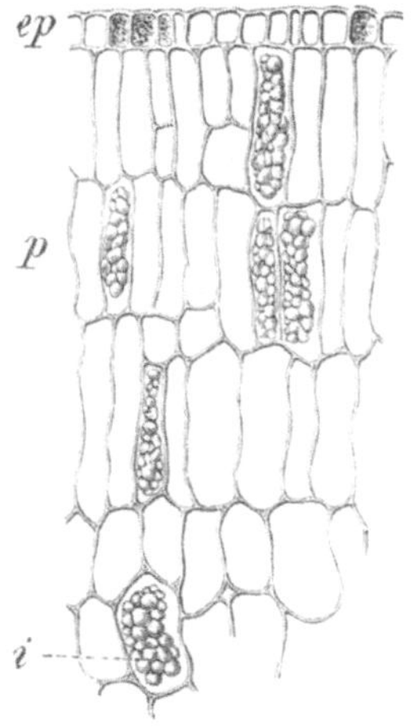

Fig. 295. Keimblattgewebe der Sojabohne. *ep* Oberhaut, *p* Palissaden, *i* Aleuron.

Das Schwammparenchym ist stark zusammengedrückt, mit dem Nährgewebe (Fig. 294, *E*) verwachsen.

In diesem ist eine einzige Lage mäfsig verdickter, rechteckiger oder polygonaler Aleuronzellen gut erhalten.

B. **Embryo.** Die dünnwandigen Zellen der Kotyledonen (Fig. 295) enthalten grofse (mitunter 25 μ) Aleuronkörner, keine Stärke.

Daran sowie an den grofsen Trägerzellen und an dem deutlichen Nährgewebe ist die Sojabohne leicht zu erkennen.

Literatur.

Böhmer (6, 21); Harz (17); Moeller (26); Tschirch u. Oesterle (37).
Hanausek, T. F.: Die Sojabohne. Irmischia II, 1882, Nr. 7, 44.
— Über das Vorkommen von Stärkemehl in der Sojabohne. Ztschr. Allg. österr. Apoth.-Ver. 1884, 474.
Harz: Über den Stärkegehalt der Sojabohne. Ztschr. österr. Apoth.-Ver. 1885, 40.
Trimble: The Sojabean. Amer. Jour. Pharm. 1897, 69.

Lablab.

Die Samen des Lablab- oder der ägyptischen Bohne (*Dolichos Lablab* L., *Lablab vulgaris* Savi) werden in den Tropen viel verzehrt. Sie sind flach, mit einem grofsen Nabel.

Die Palissadenzellen sind 125 μ und darüber hoch.

Die Trägerzellen sind sanduhrförmig, 35—55 μ hoch und ebenso breit.

Das Schwammparenchym ist sehr zusammengedrückt, daher in den Zellformen nicht erkennbar.

Die Stärke ist der Bohnenstärke ähnlich, aber die Körner sind erheblich kleiner (20—40 μ).

Literatur.

Harz (17); Tschirch u. Oesterle (37).

Rofsbohne.

Die Pferde-, Sau- oder Puffbohne, auch breite oder Windsorbohne genannt (*Vicia Faba* L.), ist eine der ältesten Kulturpflanzen. Man hat sie in den Pfahlbauten und in vorhistorischen Bauten Ägyptens gefunden.

Die Samen sind in Form, Farbe und Gröfse verschieden, meist etwas abgeflacht, 8—12 mm lang, 5—8 mm breit, mit einem endständigen Nabel.

Die Palissadenzellen (Fig. 296) sind 150—175 μ lang, 12—20 μ breit,

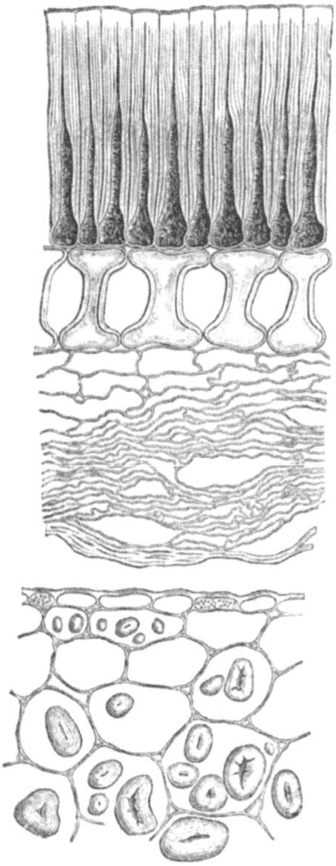

Fig. 296. Querschnitt der Rofsbohne (A. L. Winton).

mit einer 20—25 μ breiten, von den gelblichbraunen Zellwänden sich deutlich abhebenden Lichtlinie.

Die Trägerzellen sind 35—50 μ hoch, 35—60 μ breit, sanduhrförmig, in der Mitte besonders eng.

Das Parenchym ist aufsen grofszellig, innen zusammengedrückt und führt in den mittleren Lagen braunen Inhalt.

Das Kotyledonargewebe ist dem der Erbse ähnlich. Die Stärkekörner sind bis 70 μ lang, breit-elliptisch oder unregelmäfsig mit oft undeutlicher Kernspalte.

Die enorm grofsen Palissadenzellen mit ihrer breiten Lichtlinie, die grofsen Trägerzellen und die grofsen, fast kreisrunden Stärkekörner sind die Merkmale, an denen die Pferdebohne auch im Pulver erkennbar ist.

Literatur.

Böhmer (6, 21); Harz (17); Macé (23); Tschirch u. Oesterle (37).

Godfrin: Étude histologique sur les téguments séminaux des Angiospermes. Soc. d. Sc. Nancy 1880, 109.

Sempolowski: Über den Bau der Schale landwirtschaftlich wichtiger Samen. Landw. Jahrb. 1874, **3**, 823.

Wicke.

Die Futterwicke (*Vicia sativa* L.) ist schon in vorhistorischer Zeit angebaut worden. Sie findet sich nebst anderen Wicken im Ausreuter (s. pag. 241).

Die Samen sind schwarz, fast kugelig, 5 mm oder weniger im Durchmesser.

Die Schale ist der Linsenschale fast gleich im Bau.

Die Palissadenzellen (Fig. 291) sind ebenfalls abgerundet oder stumpf bespitzt, aber oft länger und haben eine breitere Lichtlinie (10—15 μ).

Die Trägerzellen und die mittleren Parenchymschichten enthalten eine dunkelfarbige Masse.

Die Winterwicke (*Vicia villosa* Roth) hat etwas kleinere Samen von demselben Bau.

Die rauhhaarige Wicke (*Vicia hirsuta* Koch) kommt im Getreide am häufigsten vor. Die Samen sind kugelig, 2,5 mm diam., schwarzfleckig auf lichterem Grunde (Fig. 297).

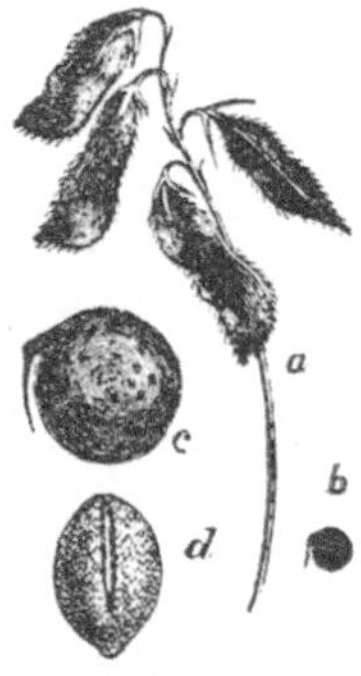

Fig. 297. Rauhhaarige Wicke (nach Nobbe); *a* Fruchtzweig, *b* Same in natürl. Gr., *c* Same vergröfsert, *d* Same in Profilansicht.

Die Palissadenzellen sind etwa 50 μ, die spulenförmigen Trägerzellen etwa 15 μ hoch.

Die Stärkekörner messen bis 30 μ.

Literatur.

BÖHMER (6); HARZ (17); MACÉ (23); TSCHIRCH u. OESTERLE (37); VOGL (42).

BECK: Vergl. Anatomie der Samen von Vicia und Ervum. Sitzb. Wiener Akad. 1873, **77**.

SEMPOLOWSKI: Über den Bau der Schale landwirtschaftlich wichtiger Samen Landw. Jahrb. 1874, **3**, 823.

Lupine.

Lupinen werden hauptsächlich als Futterpflanzen gebaut; in einigen Gegenden Europas jedoch werden die Samen gegessen und als Ersatz für Kaffee benutzt.

Die Samen der gelben Lupine (*Lupinus luteus* L.) sind flach, nierenförmig, 6—9 mm lang, 5—7 mm breit, schwarzfleckig auf lichtem Grunde. Der Nabel liegt nicht in der Ausbauchung, sondern in der Mitte eines der Lappen.

Die Palissadenzellen (Fig. 298 u. 299, *p*) sind 140—170 μ hoch, 8—18 μ breit, aufsen abgerundet. Die rauhe Cuticula ist 3—6 μ dick, die schmale Lichtlinie 2—6 μ breit. In den äufseren zwei Dritteln

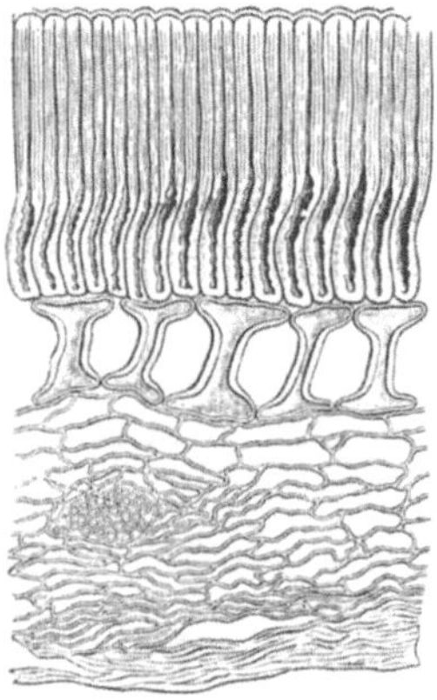

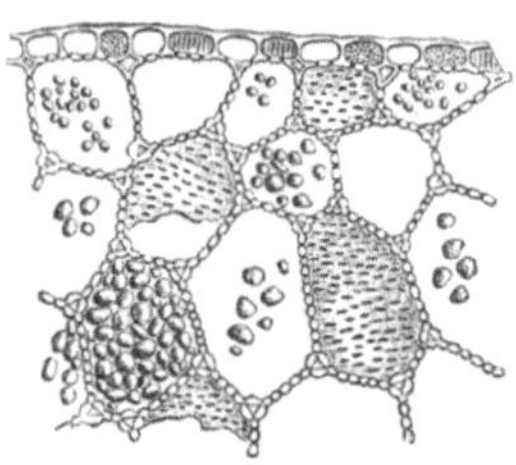

Fig. 298. Querschnitt der gelben Lupine (A. L. WINTON).

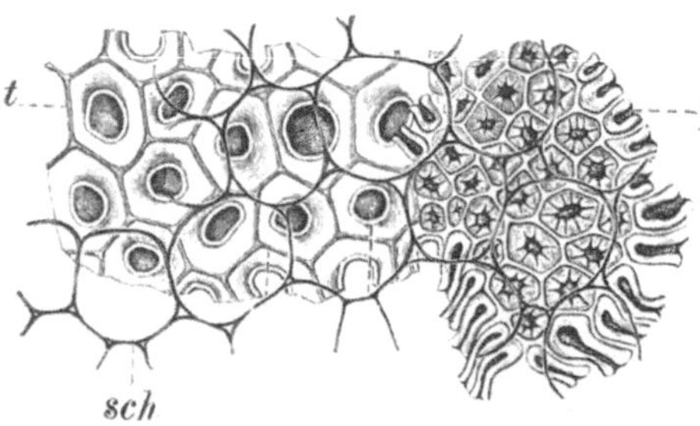

Fig. 299. Gewebe der Lupinenschale; *t* Trägerzellen, *p* Palissaden, *sch* Schwammparenchym.

ist jede Zelle englichtig; im inneren Drittel verbreitert sich das Lumen und bildet am Grunde zwei Winkel. Der schwarze Farbstoff, der die Fleckigkeit der Samen verursacht, befindet sich hauptsächlich im unteren Teil des Lumens.

Die Trägerzellen sind spulenförmig, in der Mitte stark verengt, 35—75 μ hoch, 25—50 μ breit.

Das Parenchym ist dünnwandig, feinporig, innen zusammengedrückt.

Die Oberhaut der Kotyledonen ist feinporig, ihr Parenchym, besonders in den Ecken, dickwandig (15—25 μ), getüpfelt (Fig. 300). Der Inhalt besteht aus ovalen, bis 20 μ grofsen, oft kristallführenden Aleuronkörnern. Stärke fehlt.

Die Samen der weifsen Lupine (*Lupinus albus* L.) sind hellfarbig, flach, fast linsenförmig, etwas gröfser (oft 10 mm) als die der gelben und blauen Lupine. Jede der beiden Flachseiten ist in der Mitte eingedrückt.

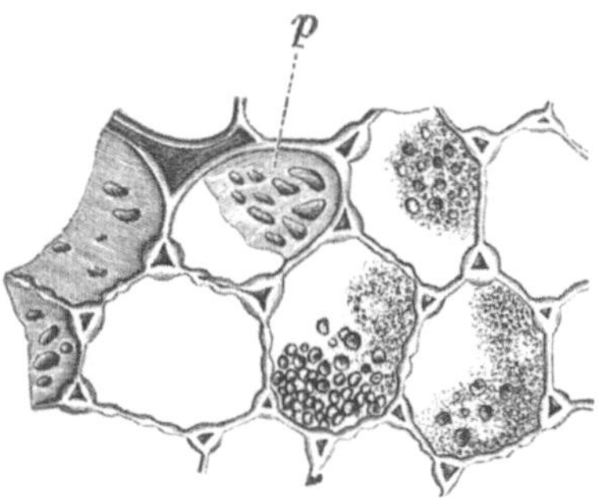

Fig. 300. Kotyledonargewebe der Lupine; *p* breitporige Zellwand.

Die Palissaden haben eine breitere Lichtlinie als die der gelben Lupine, und ihr Inhalt ist farblos. Die Oberhaut der Kotyledonen ist nicht deutlich getüpfelt.

Die Samen der blauen Lupine (*Lupinus angustifolius* L.) sind gefleckt oder weifs (var. *leukospermus*), rundlich-nierenförmig, 5—7 mm lang.

Die Palissadenzellen haben ungefähr in der Mitte eine deutliche Demarkationslinie. Der innere Teil ist gekniet, uneben und enthält nahe der Demarkationslinie eine schwarze Masse. Wie bei der gelben Lupine ist die Lichtlinie schmal.

Alle Lupinen haben hohe Palissadenzellen mit zwei Krümmungen, dickwandiges Kotyledonargewebe mit Aleuron, keine Stärke.

In der gelben Lupine sind die äufseren zwei Drittel der Palissaden gestreckt (Unterschied von der blauen Lupine); der innere, gekniete Teil enthält oft schwarzen Farbstoff (Unterschied von der weifsen Lupine). Die polygonalen Zellen des Schalenparenchyms und die Oberhaut der Kotyledonen sind deutlich getüpfelt (Unterschied von der weifsen Lupine).

Literatur.

Böhmer (21); Hanausek, T. F. (10); Harz (17); Moeller (26); Vogl (42).

Godfrin: Étude histolog. s. l. téguments séminaux des Angiospermes. Soc. d. Sc. d. Nancy 1880.

Gundriser: Über ein Kaffeesurrogat a. d. Samen der blauen Lupine. Ztschr. f. Nahr.-Unters. u. Hyg. VI, 1892, 373.

Sempolowski: Über den Bau der Schale landwirtschaftlich wichtiger Samen. Landw. Jahrb. 1874, III, 823.

Kichererbse.

Die Kichererbse (*Cicer arietinum* L.) dient in Ostindien und im südlichen Europa als Nahrungsmittel und Ersatz für Kaffee.

Die unregelmäfsig kugeligen, 7—14 mm grofsen Samen sind lederfarbig bis dunkelbraun. In der Mitte einer grubigen Vertiefung

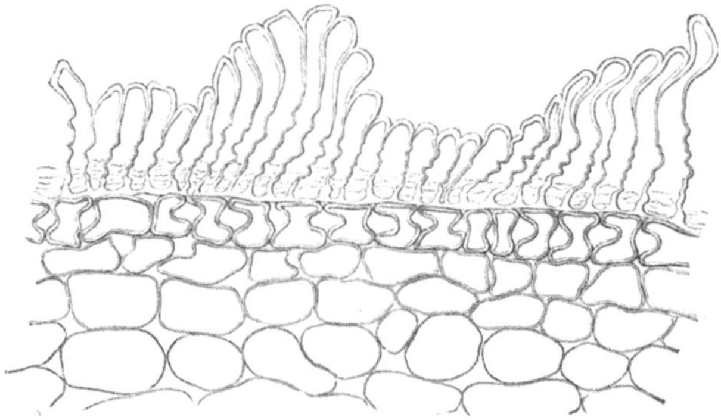

Fig. 301. Schalenrand der Kichererbse im Querschnitt.

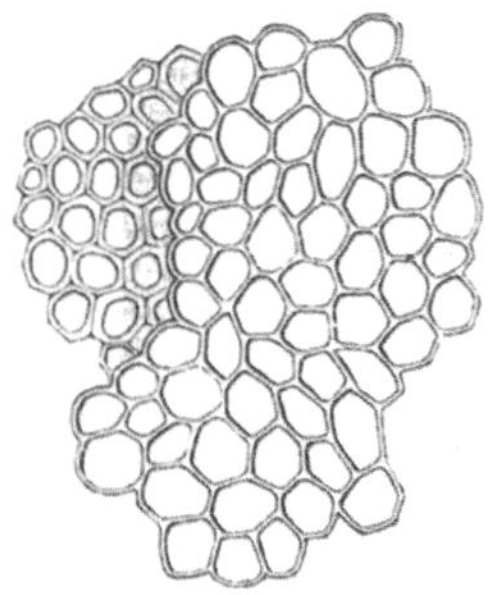

Fig. 302. Palissaden der Kichererbse in der Aufsicht.

liegt die Raphe. Auf der anderen Seite liegt der kreisförmige Nabel am Grunde einer Rippe, deren Spitze in die Mikropyle ausläuft.

Die Palissadenzellen (Fig. 301) sind durch ihre ungleiche Länge (35—125 μ) und ihr weites Lumen (12—20 μ) ausgezeichnet. Sie sind blofs aufsen mäfsig verdickt; die zarten Seitenwände sind fein gerunzelt. In der Flächenansicht (Fig. 302) bieten sie daher ein anderes Bild wie die Palissaden anderer Leguminosen.

Die Trägerzellen sind sanduhrförmig, 20—30 μ hoch, 25—45 μ breit, stellenweise undeutlich ausgebildet.

Das Parenchym gleicht dem der gemeinen Erbse; ebenso

das Kotyledonargewebe, welches breit-eiförmige, mitunter fast kugelige, 35 μ grofse Stärkekörner enthält.

Literatur.

Harz (17); Moeller (26); Tschirch u. Oesterle (37); Villiers et Collin (39); Vogl (42).

Mogdadkaffee.

Mogdadkaffee nennt man die Samen von *Cassia occidentalis* L., welche in Afrika, Ost- und Westindien als Kaffeeersatz gebraucht werden.

Im Aussehen haben sie keine Ähnlichkeit mit Leguminosensamen. Sie sind flach-eiförmig, 4—6 mm lang, 3—4 mm breit, kleinem Sesam ähnlich. Die Farbe ist dunkelgrau. In der Mitte jeder Flachseite ist ein glanzloser Fleck; sonst ist die Oberfläche glänzend von einem schmelzartigen, sich leicht abblätternden Überzug. Der Embryo mit seinen zwei dünnen, herzförmigen Kotyledonen ist in horniges Eiweifs gebettet. Einen bis zwei Tage in Wasser gelegt, überzieht sich der Samen mit einer schleimigen Masse. Schnitte lassen sich besser aus dem trockenen oder nur schwach gequollenen Samen anfertigen.

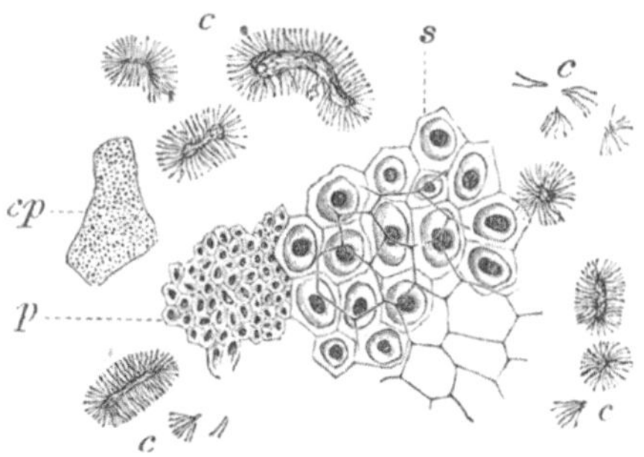

Fig. 303. Schalengewebe des Mogdadkaffees;
p Palissaden,
c verschleimte Palissaden,
s Trägerzellen,
cp Cuticularplättchen.

Die Samenschale ist mit dem Endosperm verwachsen. Die Palissadenzellen (Fig. 303, *p*) sind 60—75 μ hoch, 3—7 μ breit. Ihre Aufsenteile sind in Schleim umgewandelt. Im Gebiete der oben erwähnten glanzlosen Flecke ist die verschleimte Schicht 30—35 μ, an anderen Teilen nur etwa 12 μ dick. Dort ist die Metamorphose auch vollständiger. Die Grenzwand der Zellen bleibt von ihr verschont und erscheint in Form radialer Stäbchen in der schleimigen Masse. Moeller hat zuerst auf diese Metamorphose aufmerksam gemacht. Die Cuticula selbst wird von ihr nicht befallen (Fig. 303, *cp*). Diese zeigt in der Flächenansicht die Abdrücke der Palissadenzellen. Die Lichtlinie befindet sich innerhalb der Schleimschicht, und wo diese dick ist, ist sie deutlicher. Eine zweite, durch schwarzen Zellinhalt verursachte Grenzlinie befindet sich in dem unveränderten inneren Teil der Palissaden.

Die Trägerzellen (*s*) haben etwas verdickte Wände, sind 16—25 μ hoch, 25—40 μ breit.

Das Parenchym ist ebenfalls dickwandig.

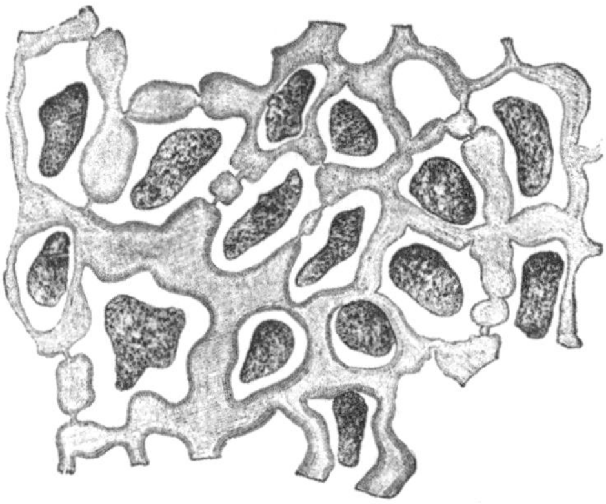

Fig. 304. Nährgewebe des Mogdadkaffees.

Die Zellen des Endosperms sind ungemein dickwandig und enthalten eine braune Masse (Fig. 304).

Die dünnen Kotyledonen haben eine zweireihige Palissadenschicht auf der Innenfläche. Sie enthalten Fett und Eiweifs.

Literatur.

MOELLER: Über Cassia-Samen. Bot. Ztg. XXXVIII, 1880.

Sudankaffee.

Die Neger im Sudan und in anderen Teilen Afrikas bereiten aus den Samen von *Parkia africana* R. Br. *(Mimosoideae)* verschiedene Nahrungsmittel und benutzen sie auch als Ersatz für Kaffee.

Im Indischen Archipel soll *P. Roxburghii* Don eine wertvolle Nährpflanze sein.

Die Samen sind kastanienbraun, flach-eirund (9 : 12 mm) mit polar gelegenem Nabel. Auf Durchschnitten unterscheidet man mit freiem Auge die hellfarbige Oberhaut von der mehrfach dickeren, fast schwarzen Parenchymschicht. Nährgewebe fehlt. Die gelblichgrünen Keimblätter bilden allein den Samenkern.

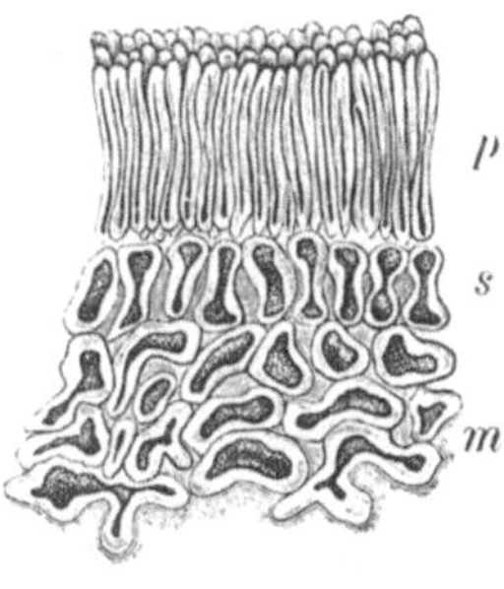

Fig. 305. Schale des Sudankaffees im Querschnitt; *p* **Palissaden,** *s* **Trägerzellen,** *m* **Parenchym.**

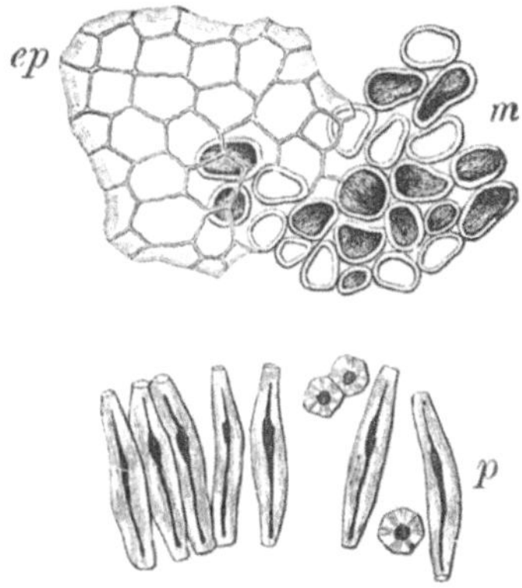

Fig. 306. Gewebe des Sudankaffees; *ep* **innere Samenhaut,** *m* **Parenchym,** *p* **Palissaden.**

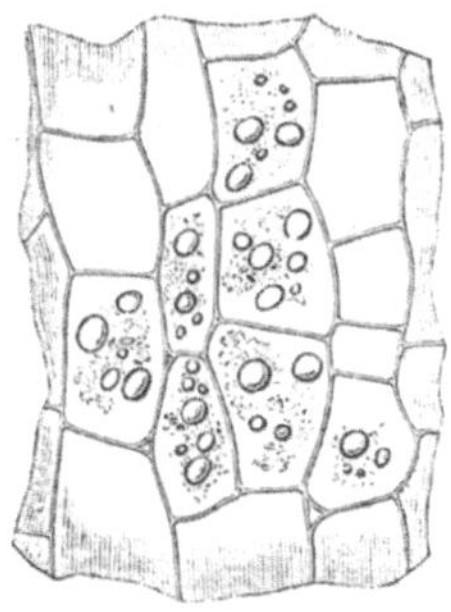

Fig. 307. Kotyledonargewebe des Sudankaffees.

Die Palissaden (Fig. 305) sind 150 μ hoch. Die Zwischenzellsubstanz löst sich in Wasser, so dafs die Zellen sich trennen. Isoliert sind sie stumpf-spindelförmig (Fig. 306, *p*).

Die Trägerzellen (*s*) und das Parenchym (*m*) sind dickwandig. Sie bilden eine 0,4 mm breite Schicht, in der die Leitbündel nach innen zu verlaufen.

Der Embryo (Fig. 307) ist zartzellig. Er enthält Fett und Eiweifs, keine Stärke.

Literatur. Moeller (26).

Canavalia.

Mehrere tropische und subtropische *Canavalia*-Arten haben eſsbare Samen. *C. ensiformis* DC. und *C. obtusifolia* DC. dienen als Kaffeesurrogat. Erstere wird in den Südstaaten als „Jack bean“ oder „Chickasaw Lima“ angebaut.

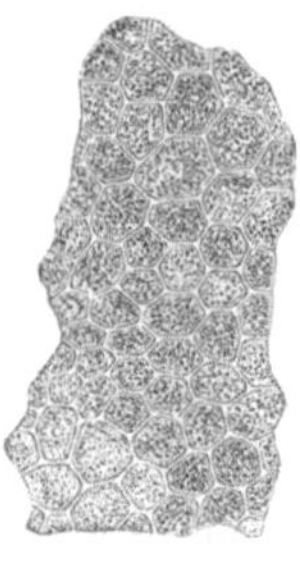

Fig. 308. Cuticula der Canavaliabohne mit den Abdrücken der Palissadenschicht.

Die ovalen, 15 mm langen Samen sind weiſs, mit einem roten Fleck um den 5—7 mm langen Nabel. Sie enthalten kein Nährgewebe.

Die Palissadenzellen sind beinahe farblos, 125—150 μ hoch, 10—22 μ breit (Fig. 308).

Die Trägerzellen bilden vier oder mehr Lagen, unter dem Nabel eine schwammige, gegen 2 mm dicke Masse. In der obersten Lage sind sie 25—45 μ hoch, 25—60 μ breit; nach innen zu findet man alle Übergänge von der typischen Spulenform zu verzweigten Formen (Fig. 309) und schlieſslich zu Parenchym. Unter dem Nabel enthalten sie braunen Farbstoff.

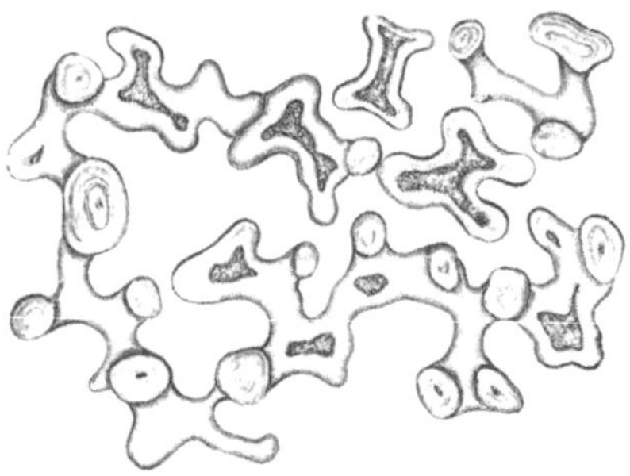

Fig. 309. Trägerzellen der Canavaliabohne.

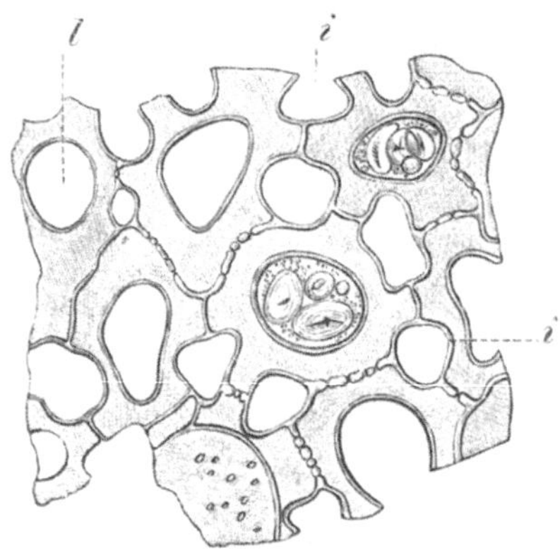

Fig. 310. Kotyledonargewebe der Canavaliabohne; *i* Interzellularräume, *l* Durchschnittener Zellenast.

Die mäſsig verdickten, porösen Kotyledonarzellen (Fig. 310) enthalten elliptische, bis 50 μ lange Stärkekörner ähnlich der gemeinen Bohne.

Literatur. Moeller (26).

Bockshornsamen.

Der Bockshornklee (*Trigonella Foenum graecum* L.) hat eigentümlich geformte, aromatische Samen, die als Arzneimittel

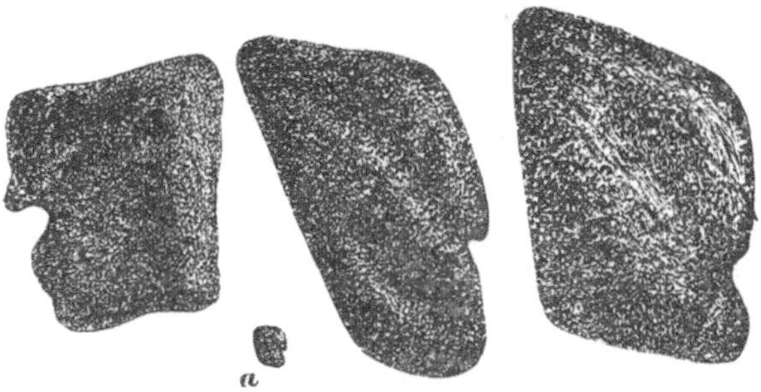

Fig. 311. **Bockshornsamen** in nat. Gr. (*a*) und stark vergröſsert (nach NOBBE).

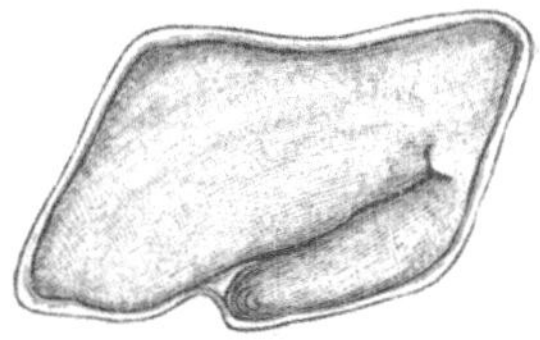

Fig. 312. **Bockshornsamen** eröffnet, um das Nährgewebe zu zeigen.

und technisch verwendet werden. Die Weiber in Nordafrika essen sie, um fett zu werden.

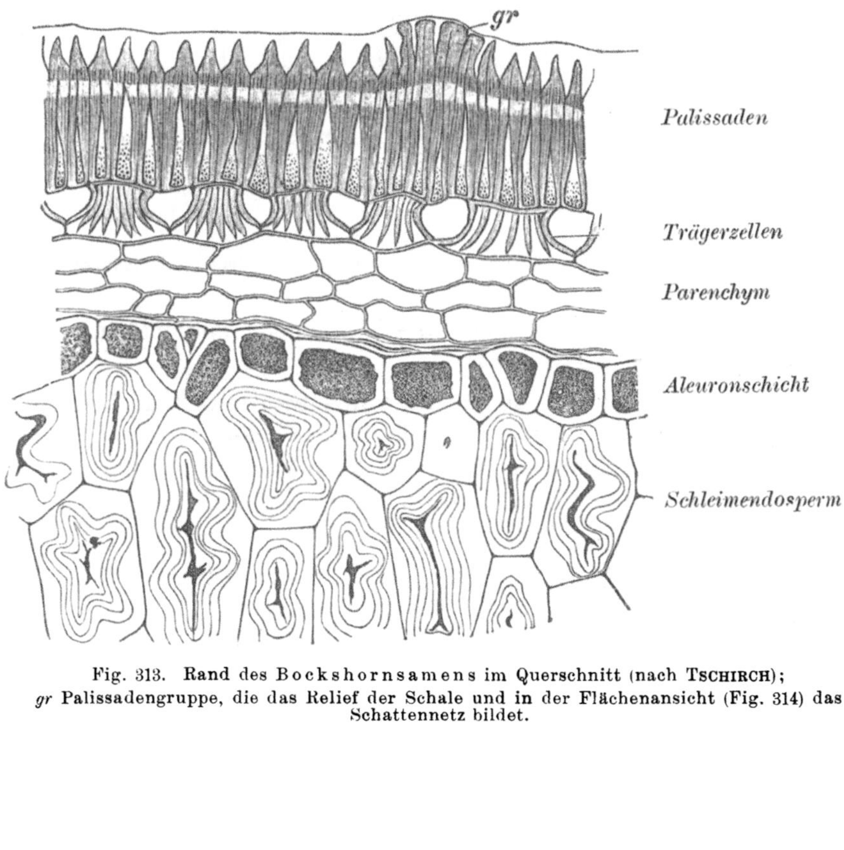

Fig. 313. Rand des **Bockshornsamens** im Querschnitt (nach TSCHIRCH); *gr* Palissadengruppe, die das Relief der Schale und in der Flächenansicht (Fig. 314) das Schattennetz bildet.

Die gelblichbraunen, vierseitigen, abgeflachten Samen lassen äufserlich das gekrümmte Würzelchen erkennen (Fig. 311), an dessen Spitze der Nabel mit Hilfe der Lupe sichtbar wird. Sie besitzen ein glasig-hartes, in Wasser verschleimendes Endosperm (Fig. 312) und enthalten keine Stärke.

Die Palissadenzellen (Fig. 313) sind 60—75 μ hoch, 8—20 μ breit, mit einem nach innen sich verbreiternden Lumen und einer schmalen (3—6 μ) Lichtlinie in einem Abstand von 25—35 μ von der Oberfläche. Die äufseren Teile der Palissaden sind verschleimt, und in die unter Wasser eben noch sichtbare Schleimschicht ragen die Zellen mit spitzen oder stumpfen Enden.

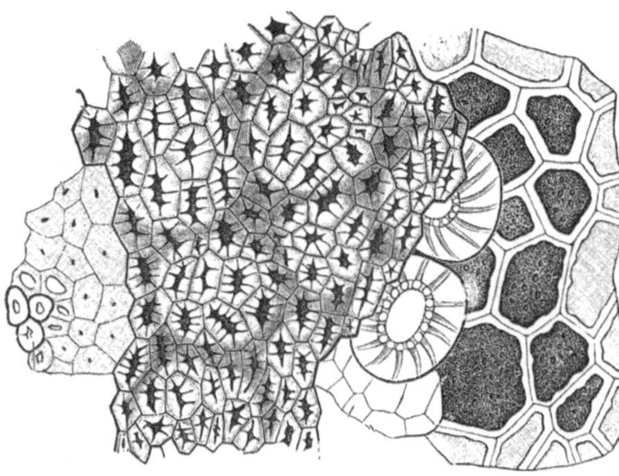

Fig. 314. Schale des Bockshornsamens in der Flächenansicht (nach TSCHIRCH).

Die Trägerzellen sind 15—20 μ hoch, spulenförmig mit verbreiterter Basis, gerippt.

Das Endosperm ist aufsen von einer einfachen Aleuronschicht begrenzt; innen sind die Zellen derart verschleimt, dafs in Wasserpräparaten nur die Primärmembran erkennbar ist. Wird aber allmählich Glyzerin zugesetzt, dann erscheint die dicke, geschichtete Zellwand.

Das mit dem Schleimendosperm verwachsene, lückige Parenchym nimmt den halben Raum des Samens ein.

Die harten, gelben Kotyledonen haben gewöhnlich eine dreifache Palissadenschicht. Sie enthalten Aleuronkörner, keine Stärke.

Im Pulver ist Bockshornklee an den in der Flächenansicht (Fig. 314) mit einem Schattennetz bedeckten, dicken Palissadenzellen und an den gerippten Trägerzellen leicht zu erkennen.

Literatur.

Harz (17); Hassall (18); Meyer, A. (24); Moeller (28); Tschirch (36); Tschirch u. Oesterle (37).

Godfrin: Étude histologique sur les téguments séminaux des Angiospermes. Soc. d. Sc. d. Nancy 1880, 109.

de Lanessan: Sur la structure des graines du Trigonella Foenum graecum et la présence d'un albumen dans ces graines. Bull. de la soc. Linn. de Paris 1877, séance du 4 juillet, 134.

Sempolowski: Über den Bau der Schale landwirtschaftlich wichtiger Samen. Landw. Jahrb. 1874, 3, 823.

Stragel.

Der Kaffeestragel (*Astragalus baeticus* L.) ist auf der spanischen Halbinsel heimisch und wird in einigen Teilen Europas der Samen wegen angebaut, die geröstet wie Kaffee schmecken und riechen sollen. Der „Schwedische Kontinentalkaffee“, ein sehr gebräuchliches Surrogat, ist Stragelkaffee.

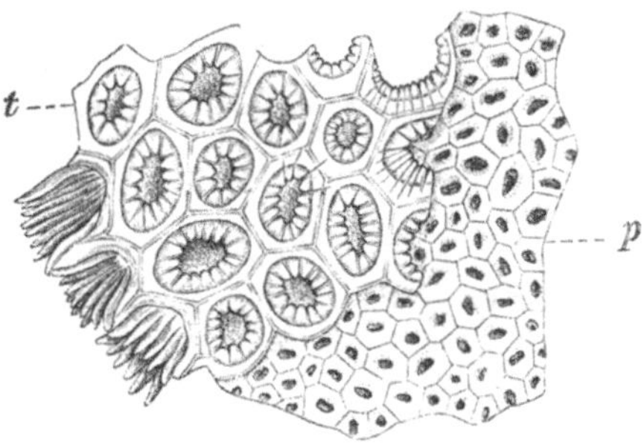

Fig. 315. Palissaden (*p*) und Trägerzellen (*t*) des Stragels.

Die Samen sind in Form, Gröfse und Farbe dem Bockshornklee ähnlich, aber geruchlos.

Diese Ähnlichkeit erstreckt sich auch auf den anatomischen Bau; wesentlich verschieden sind die Palissadenzellen (Fig. 315, *p*), die 125—150 μ hoch, 12—20 μ breit und nicht verschleimt sind. Wie bei der Lupine sind sie etwas gekniet.

Die Trägerzellen (*t*) sind gerippt.

Stärke fehlt.

Literatur.

Hanausek, T. F. (10); Harz (17); Moeller (26).

Luzerne.

Luzerne, Schneckenklee oder Alfalfa (*Medicago sativa* L.) wird als Futterpflanze gebaut, und ihre Samen verunreinigen mitunter den Weizen.

Die spiraligen Hülsen enthalten kleine (2—3 mm), durch das Würzelchen gerippte Samen (Fig. 316).

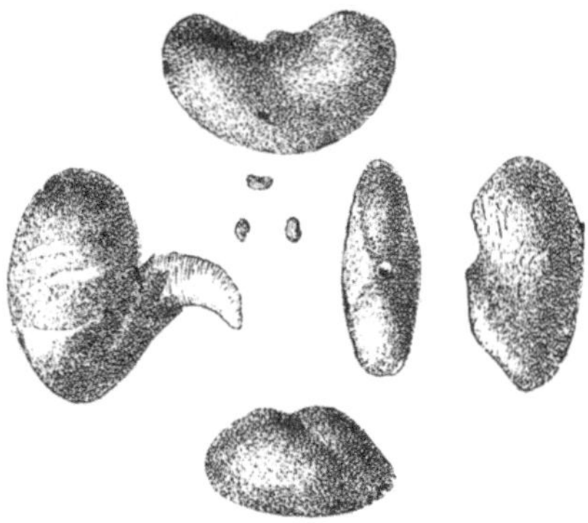

Fig. 316. Luzerne in nat. Gröfse und stark vergröfsert in verschiedenen Lagen (nach NOBBE).

Sie gleichen im anatomischen Bau dem Foenugrek; nur sind die Elemente kleiner.

Die am Scheitel verschleimenden, daher bespitzten Palissadenzellen sind 30—40 μ hoch und 9—15 μ breit.

Die gerippten Trägerzellen sind 10—15 μ hoch, 15—45 μ breit.

Das Endosperm besteht aus einer Aleuron- und einer Schleimschicht.

Der Embryo enthält keine Stärke.

Literatur. HARZ (17).

Erdnufs.

Die Erdnufs, Peanut, Aschantinufs (*Arachis hypogaea* L.) ist neueren Untersuchungen zufolge eine brasilianische Pflanze. Gegenwärtig wird sie in grofsem Mafsstabe in Afrika, Südeuropa, Indien, China, Japan und auf den Inseln des Stillen Ozeans der ölreichen Samen wegen angebaut. In den Vereinigten Staaten werden ungeheure Mengen gerösteter Erdnüsse auf der Strafse verkauft. Hauptsächlich dienen die Samen jedoch zur Ölgewinnung, und die Ölkuchen bilden ein Nahrungsmittel für Menschen und Tiere. Auch das Kraut mit den unreifen Hülsen wird als Tierfutter verwendet.

Die unterirdisch reifenden Hülsen (Fig. 317) enthalten gewöhnlich zwei, selten einen oder drei Samen[1]). Die Schale ist spröde, durch stark ausgeprägte, anastomosierende Nerven genetzt.

Fig. 317. Erdnufshülse in nat. Gröfse (A. L. WINTON).

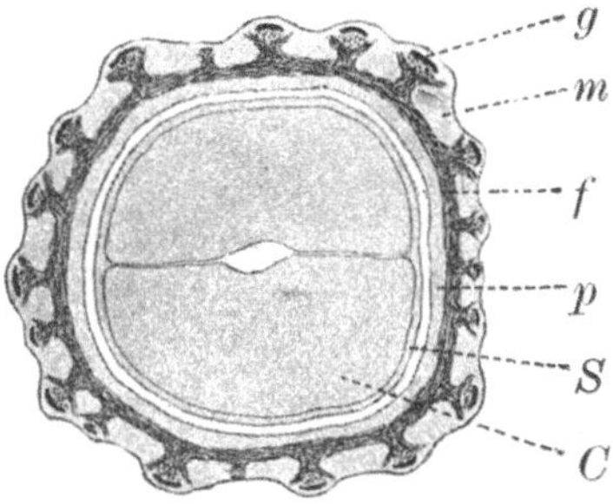

g Rippen,
m Schwammgewebe,
f Faserschicht,
p Papierschicht,
S Nährgewebe,
C Kotyledonen.

Fig. 318. Querschnitt der Erdnufshülse, 3fach vergr. (A. L. WINTON).

Unter der Oberfläche ist das Gewebe schwammig (Fig. 318, *m*); es folgt eine dünne hartholzige (*f*), endlich eine papierdünne, jedoch glänzende Schicht (*p*). Vor der Reife füllen die

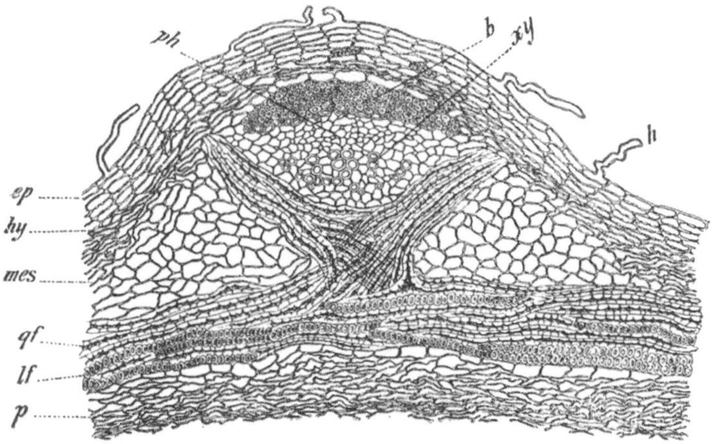

Fig. 319. Querschnitt der Erdnufsschale (A. L. WINTON);
ep Oberhaut mit den Haaren *h*,
hy äufsere, *mes* mittlere, *p* innere Parenchymschicht,
qf quer verlaufende Fasern,
lf längs verlaufende Fasern,
ph Weichbast, *b* Hartbast, *xy* Holzteil des Leitbündels.

Samen vollständig die Hülse aus, sind daher gegenseitig abgeflacht. An reifen Samen bilden Schale und Perisperm (*S*) eine

[1]) Eine in Costa Rica gezogene Varietät hat lange Hülsen mit 4—5 Samen.

dünne, aufsen rote oder braune, innen farblose oder gelbe Haut, in welcher fünf Zweige des Nabelstranges zur Chalaza ziehen. Die Kotyledonen (*C*) sind auf der Innenseite der Länge nach gefurcht.

A. **Fruchtschale.** Die Oberhaut (Fig. 319, *ep*) ist so zartzellig, dafs sie in Flächenpräparaten schwer sichtbar ist.

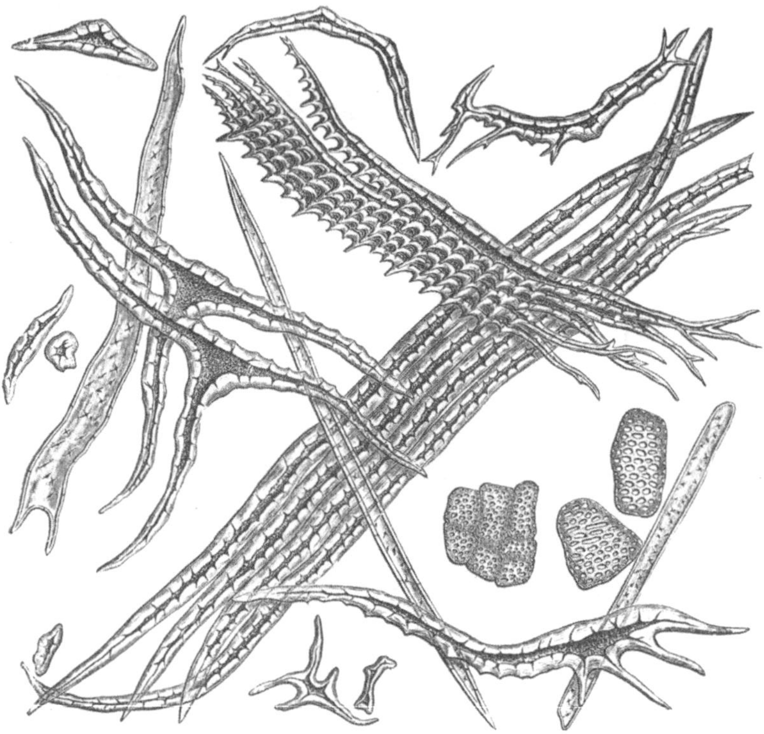

Fig. 320. Isolierte Elemente der Erdnufsschale (A. L. WINTON).

An Querschnitten, besonders nach Safraninfärbung, bemerkt man zarte, den Wurzelhaaren ähnliche Haare aus der Mitte der Oberhautzellen entspringen [1]). An der Handelsware pflegen sie abgeschülfert zu sein.

---

[1]) Man könnte versucht sein, diese Härchen mit dem unterirdischen Wachstum der Früchte in Beziehung zu bringen und ihnen eine ähnliche Funktion wie den Wurzelhaaren zuzuschreiben. Gegen diese Auffassung scheint jedoch zu sprechen, dafs die Oberhaut schon an den unreifen Früchten angelegt ist, bevor diese unter die Erde schlüpfen.

Eine oder mehr Lagen unter der Oberhaut (Fig. 319, *hy*) sind die Zellen zart; weiter nach innen werden sie dickwandig und deutlich getüpfelt (Fig. 320). Eine Schicht zusammengedrückten Parenchyms (*mes*) trennt diese durch die Zellform und durch die Tüpfelung charakteristische Lage von der Faserschicht (*qf*, *lf*). Sie bildet Reihen von Sägezähnen (Fig. 320), zwischen denen die gekreuzten Fasern der angrenzenden Schicht liegen. Die Faserenden sind oft gegabelt und in mannigfacher Weise verzweigt. In der Faserschicht liegen noch Zellen, die in Form, Gröfse und Verdickung sehr variieren. Das Rippen-Netzwerk der Fruchtschale wird aus **T**- und **L**-förmigen Fasern

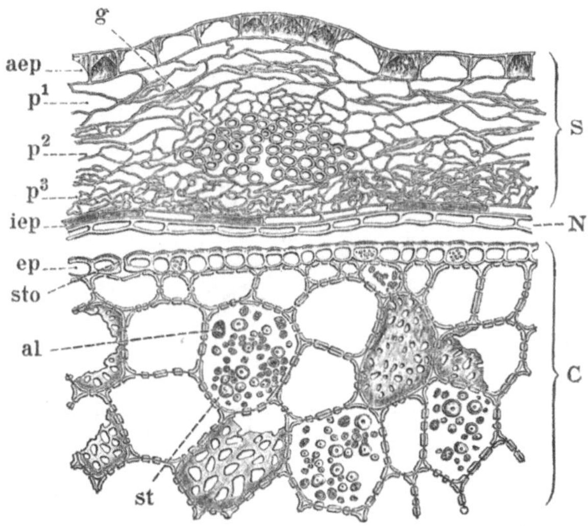

S Samenschale mit der beiderseitigen Oberhaut *aep* u. *iep*, dem Parenchym p^1, p^2, p^3 und dem Leitbündel *g*,
N Nährgewebe,
C Keimblatt mit der Oberhaut *ep*, einer Spaltöffnung *sto*, Aleuronkörnern *al*, Stärke *st*.

Fig. 321. Querschnitt des Erdnufssamens (A. L. WINTON).

gebildet (Fig. 320); in den Vertiefungen verlaufen die Leitbündel (Fig. 319, *b*, *ph*, *xy*).

Die innere Auskleidung der Fruchtschale besteht aus einem markähnlichen Parenchym, das bei der Reife zur „Papierschicht" eintrocknet.

B. **Samenschale.** Sie bildet mit dem Parenchym (Fig. 321 und 322) ein dünnes, trockenes Häutchen. Um ihre Schichten zu erkennen, empfiehlt es sich, die Schnitte mit Salzsäure oder Lauge zu behandeln.

Die äufsere Oberhaut (*aep*) entspricht der Palissadenschicht, obwohl sie auf den ersten Blick nichts mit ihr gemein zu haben scheint. Die Zellen sind 15—25 μ hoch und 25—50 μ breit. Ihre Innenwand ist dünn, die Seiten- und Aufsenwand derart verdickt, dafs ihr Lumen auf Querschnitten dreieckig erscheint. Die Verdickung ist von radial verlängerten Poren durchsetzt, so dafs die scharf-polygonalen Zellen in der Flächenansicht (Fig. 322, *aep*) ein eigentümliches Aussehen darbieten.

An Stelle der für Leguminosen charakteristischen Trägerzellen findet sich eine Lage dünnwandiger, lückenlos gefügter Zellen (Fig. 321 und 322, p^1), die weiterhin in ein vielgestaltiges Parenchym (p_2 und p_3) übergehen.

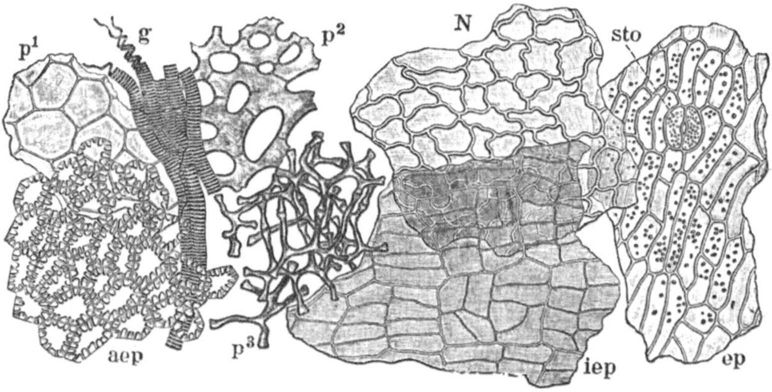

Fig. 322. Samengewebe der Erdnufs in der Flächenansicht (A. L. WINTON): die Buchstaben haben dieselbe Bedeutung wie in Fig. 321.

Die innere Oberhaut (*iep*) besteht aus vierseitigen, oft gestreckten und die Teilungen der Mutterzellen zeigenden Zellen.

Mäfsig verdickte Zellen, deren Wände etwas gewellt sind (*N*), bilden die Innenauskleidung (das Perisperm).

C. **Embryo.** Die Oberhaut der grofsen Kotyledonen (*ep*) besteht aus gestreckten, aufsen verdickten Zellen, die kleine Aleuronkörner und in den Nebenzellen der Spaltöffnungen (*sto*) kleinkörnige Stärke enthalten (HANAUSEK).

Das Mesophyll enthält Aleuron, Fett und kugelige Stärkekörner (15 μ) mit zentralem Kern. Manche Aleuronkörner sind den gröfsten Stärkekörnern an Gröfse gleich und enthalten mehrere Globoide; die meisten sind kleiner.

Erdnufsprodukte.

Auch die aus enthülsten Samen bereiteten Produkte enthalten charakteristische Teile der Samenhaut. In den Ölkuchen und in den aus unreifen Früchten hergestellten Futterstoffen finden sich immer auch Schalenteile.

Literatur.

Benecke (2); Böhmer (10); Hanausek, T. F. (45); Harz (17); Moeller (26); Vogl (42); Wiesner (45).

Bilteryst: Recherche de l'arachide et de son tourteau dans le chocolat. Journ. pharm. chim. 1897, **6**, 29.

Kobus: Kraftfutter und seine Verfälschung. Landw. Jahrb. 1884, **13**, 813.

Uhlitzsch: Rückstände der Erdnufsölfabrikation. Landw. Vers.-Stat. 1892, **41**, 385.

Winton: The Anatomy of the Peanut with Special Reference to its Microscopic Identification in Food Products. Conn. Agr. Exp. Stat. Rep. 1904, 191.

Tonkabohne.

Die Tonkabohnen stammen von *Coumarouna* (*Dipteryx*) *odorata* Aubl. u. *C. oppositifolia* Taub. in Südamerika. Man benutzt sie ihres Kumaringehaltes wegen in der Parfümerie und zum Aromatisieren des Schnupftabaks u. a. m.

Sie sind schwarz, 25—50 mm lang, 10—20 mm breit, flach, mit einem scharfen und einem stumpfen Rande, und an letzterem liegt der Nabel. Die Oberfläche ist runzelig und oft mit weifsen Kumarinkristallen bedeckt.

Die Samenschale bildet mit dem Nährgewebe eine brüchige, dünne Hülle um die grofsen Kotyledonen.

Die Palissadenzellen sind dünnwandiger, ihr Lumen ist breiter als gewöhnlich. Sie enthalten eine fast schwarze Inhaltsmasse. Die äufsere Hälfte ist longitudinal gerippt, so dafs die Wand — von oben gesehen — geperlt erscheint. Sie sind 50—70 μ hoch, 15—25 μ breit.

Die Trägerzellen sind zwar spulenförmig, aber eigentümlich verbogen, 15—25 μ hoch, 30—50 μ breit.

Das Parenchym ist mäfsig dickwandig, lückig, innen stark zusammengedrückt.

Die innere Oberhaut ist eine Pigmentschicht aus quergestreckten Zellen.

Das Perisperm ist in einer Aleuronschicht, das Endosperm als eine hyaline Membran mit undeutlicher Zellstruktur erhalten.

Das Gewebe der Kotyledonen enthält rundliche, kleine (4—9 μ) Stärkekörner und gelbe, unregelmäfsig längliche, bis 35 μ grofse Aleuronkörner in einer Grundmasse von Fett und Eiweifs. Nach Extraktion mit Äther werden durch Jodlösungen die blauen Stärkekörner und die gelben Aleuronkörner deutlich erkennbar.

Dadurch, ferner durch die Palissaden- und Trägerzellen ist die Tonkabohne in Pulvermischungen nachzuweisen.

Literatur. Hanausek, T. F. (45); Vogl (41); Wiesner (45).

Karoben.

Die Früchte des Johannisbrotbaumes (*Ceratonia Siliqua* L.) dienen den armen Bewohnern des Mittelmeergebietes zur Nahrung und als Tierfutter. Wegen ihres hohen Zuckergehaltes macht man auch Branntwein und ein Kaffeesurrogat aus ihnen.

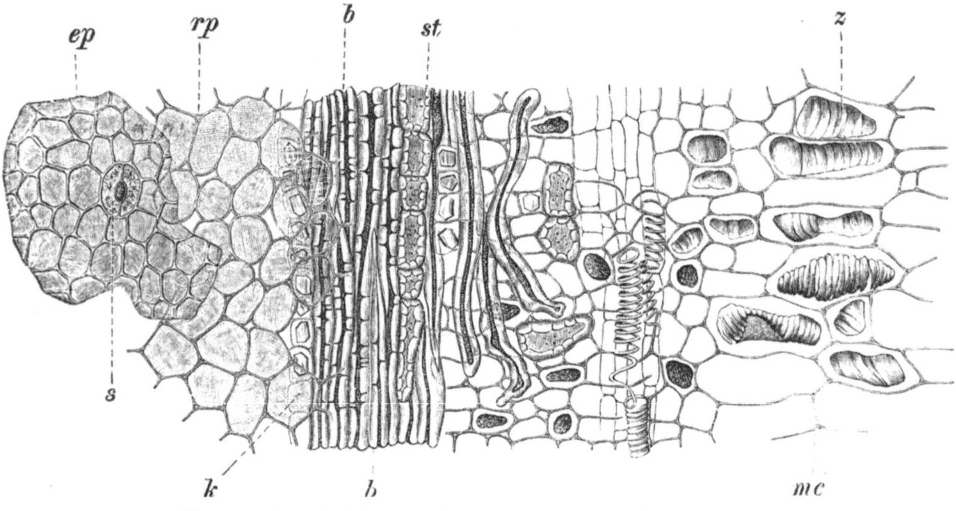

Fig. 323. Gewebe der Karobenschale in der Flächenansicht; Erklärung der Buchstaben im Texte.

Die nicht aufspringenden Hülsen sind 10—20 cm lang, 2—3 cm breit, 5—10 mm dick, gefächert, in jedem lederigen Fache einen flachen, eiförmigen, 8—10 mm langen Samen bergend. Die Ränder sind verdickt, und zu beiden Seiten der gefurchten Naht liegt, wie man an Längsschnitten sehen kann, eine Reihe von Höhlen.

A. **Fruchtschale.** Die Oberhaut (Fig. 323, *ep*) besteht aus polygonalen Zellen mit Spaltöffnungen (*s*). Unter ihr liegt eine oft 120 μ dicke Schicht aus 6—10 Lagen flacher, in der Flächenansicht rundlicher Zellen (*rp*), die gleich der Oberhaut mit brauner Substanz erfüllt sind. Es folgt eine kaum unterbrochene Faserschicht (*b*) mit Steinzellen (*st*). Die etwa 1 mm langen Fasern sind von Kristallkammerfasern (*k*) begleitet. Die zu den Fasern gehörigen Bast- und Holzteile sind schwach entwickelt.

Das Fruchtfleisch (*mc*) ist ein mächtiges Gewebe aus grofsen, dünnwandigen, radial gestreckten Zellen, die Zucker und grofse, rotbraune, eigentümlich gerunzelte Klumpen (*z*) enthalten. Diese sind in Wasser, Alkohol, Essigsäure und verdünnter Schwefelsäure unlöslich. Chlorzinkjod färbt sie gelb, die Zellwände blau. In kalter, verdünnter Lauge werden sie erst grün, dann graublau, beim Erwärmen violett. In starker Lauge vorsichtig erwärmt, werden sie prachtvoll dunkelblau. In Alkohol und Äther ändert sich diese Färbung nicht; an der Luft (schneller durch Salzsäure) wird sie rotbraun.

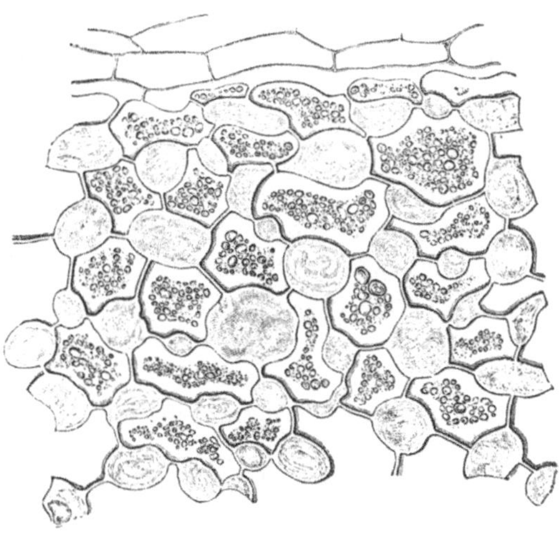

Fig. 324. Nährgewebe des Karobensamens.

Eine der äufseren ähnliche, aus Fasern, Steinzellen und Kristallkammerfasern zusammengesetzte, aber quer gelagerte Sklerenchymschicht kleidet die Samenfächer aus.

Die innere Oberhaut besteht aus kleinen, isodiametrischen Zellen mit dicken, deutlich geperlten Wänden.

B. **Samen.** Die Samenschale besitzt 170—250 μ hohe Palissaden, die im äufseren Teile kein Lumen erkennen lassen.

Die Trägerzellen sind spindelförmig, 20—35 μ hoch und so verdickt, dafs ihr Lumen kaum zu unterscheiden ist. Auch das Parenchym ist stark verdickt und in den inneren Lagen dunkel gefärbt.

Das Endosperm ist hornig, grünlichweifs, in der Mitte der Breitseiten 2 mm dick, gegen den Rand sich verschmälernd. Die Interzellularsubstanz ist enorm verdickt (Fig. 324) und löst sich in heifsem Wasser. Die Zellen enthalten Fett und Eiweifs, keine Stärke.

Der Embryo erscheint am Querschnitte als ein schmaler, kaum über 1 mm dicker, gelber Streif im Endosperm. Die Kotyledonen haben eine dreifache Palissadenschicht.

Gemahlene Karoben sind vor allem an den braunen, gerunzelten Körpern des Fruchtfleisches und an dem Endosperm zu erkennen.

Literatur.

Bell (1); Harz (17); Moeller (26); Vogl (42).

Marlière: Sur la graine et spécialement sur l'endosperme du Ceratonia Siliqua. La Cellule 1897, **13**, 5.

Ölsamen.

Bei den Zerealien ist Stärke das hauptsächliche Reservematerial, und Mehl, Stärke und Alkohol sind die wichtigsten Erzeugnisse; die Ölsamen speichern die Reservenahrung für den Keimling in Form von Fett auf, das meist durch Pressung gewonnen wird. Die Rückstände der Pressung, die Öl- oder Prefskuchen, dienen ebenso wie die Rückstände der Mühlen, Stärkefabriken, Brauereien und Brennereien als Tierfutter, Senfkuchen als Gewürz und Heilmittel, einige auch als Dünger.

Einige Ölsamen werden vor der Pressung geschält, andere werden ganz geprefst, und die in den Ölkuchen befindlichen Schalenteile werden mitunter (z. B. bei der Bereitung des Senfmehles) ausgeschieden.

Die Ölkuchen enthalten immer noch beträchtliche Mengen von Fett und sind auch reich an Eiweifs; man nennt sie daher konzentrierte Futterstoffe. Stärke enthalten sie nicht; ihre Anwesenheit deutet daher entweder auf Verwendung unreifer Samen oder auf Unkräutersamen oder auf Fälschung mit stärkehaltigen Materialien. Nur Erdnufskuchen enthält Stärke, und anderseits ist Maiskuchen (obwohl zu den Zerealien gehörig) stärkefrei, weil er der Rückstand der ausgeprefsten Keimlinge ist.

Die Schalen der Baumwoll-, Sonnenblumen- und anderer Samen dienen als Tierfutter und zur Fälschung solcher; mit den Senfschalen werden Gewürze und Mostrich gefälscht.

Untersuchungsmethoden.

Vorprüfung. Jeder Ölkuchen hat gewisse physikalische Eigentümlichkeiten: Farbe, Geruch, Textur, Verhalten zu Wasser usw., die nur durch Erfahrung erkennbar sind. So z. B. riecht und schmeckt Maiskuchen eigentümlich; Baumwollsamenkuchen hat eine charakteristische Farbe; die meisten Kruziferenölkuchen entwickeln einen Senfgeruch, wenn sie mit Wasser gemischt werden; Leinsamenkuchen wird mit Wasser schleimig.

Fremde Samen, Bruchstücke der Schale u. a. erkennt man oft schon mit freiem Auge. Sind sie nicht ohne weiteres erkennbar, so legt man sie zur mikroskopischen Untersuchung beiseite.

Kaltwasserprobe. Man mischt 5 g des Ölkuchens mit 100 ccm kalten Wassers und vergleicht den Bodensatz und die schwimmenden Teile mit einer ebenso behandelten Probe von bekannter Zusammensetzung.

Methode von Collin und Perrot[1]). Man kocht 2 g des gepulverten Materials mit 60 ccm Wasser 10 Minuten und fügt 10—12 Tropfen einer konzentrierten Kalilösung hinzu. Man läfst 7—8 Minuten absitzen, dekanthiert, wäscht zweimal mit Wasser und erhält schliefslich 15—20 ccm Wasser, aus dem bei langsam drehender Bewegung der Schale die Rückstände sich ihrer Schwere nach allmählich absetzen. Sie werden zunächst nach ihren physikalischen Eigenschaften, sodann mikroskopisch geprüft.

Mikroskopische Untersuchung. Da Stärke in der Regel fehlt (s. pag. 296), mufs der Schwerpunkt auf die Unterscheidung der Schalenbestandteile gelegt werden; ausnahmsweise bieten auch die Aleuronkörner brauchbare Kennzeichen. Die Behandlung ist also eine ganz andere wie bei der Untersuchung stärkehaltiger Materialien. Um das Fett zu entfernen, extrahiert man eine Probe mit Äther, und ist die Beseitigung der Proteïnstoffe erwünscht, so kocht man mit Alkali.

Man untersucht zunächst eine Probe in Wasser, um etwa vorhandene Stärke zu finden. Da die Stärkekörner mit Öltropfen oder Aleuronkörnern verwechselt werden könnten, empfiehlt sich die Jodreaktion.

Nun fügt man Lauge zum Präparate. Die Proteïnkörner werden dadurch gelöst, das Fett wird verseift oder emulgiert,

---

[1]) Les Résidus industr. Paris 1904.

die Zellwände quellen. Chloralhydrat klärt die Präparate ebenfalls, aber langsamer auf.

Schalenteilchen werden mit der Nadel herausgehoben und entweder geschnitten oder geschabt oder mazeriert, um geeignete mikroskopische Präparate zu erhalten.

Methode von HEDEBRAND[1]). Sie dient hauptsächlich zur Aufhellung solchen Materials, dessen zartes Gewebe durch BENEKE's Methode würde zerstört werden, wie Sesamkuchen. Die Probe wird mit Äther auf dem Filter oder im Becherglase extrahiert und so zerkleinert, dafs sie durch ein Sieb von 0,5 mm Maschenweite geht. Davon werden 1—2 g mit 10—15 ccm Natriumkarbonatlösung (7 : 100 Wasser) gemischt; dann wird Chlorgas[2]) mit der Vorsicht eingeleitet, dafs die Mischung alkalisch bleibt. Nach 2—15 Minuten wird mit Wasser verdünnt, absetzen gelassen, dekanthiert und zweimal nachgewaschen.

Methode von BENEKE[3]). Sie dient zum Sammeln und Aufhellen derber Schalenteile. In einer Porzellanschale werden unter fortwährendem Rühren etwa 5 g der Probe mit 30 ccm konzentrierter Salzsäure und 10 ccm konzentrierter Salpetersäure so lange erwärmt, bis die Flüssigkeit zu schäumen beginnt. Dann wird viel Wasser zugesetzt, durch feinen Mull filtriert und nachgewaschen. Der Rückstand wird mit 60 ccm Wasser in die Schale zurückgespült, 30 ccm konzentrierter Natronlauge zugesetzt und bis zum Sieden erwärmt. Dann wird mit kaltem Wasser verdünnt, filtriert und gewaschen.

Kruziferen.

Die Früchte der Kruziferen (Schoten oder Schötchen) enthalten einen oder mehrere gekrümmte (kampylotrope) Samen. In Wasser umgeben sich die Samen mit einer Schleimhülle. Sprengt man die dünne, spröde Samenschale, so kann man den Embryo leicht herausholen, und man bemerkt, dafs seine Kotyledonen (‖) dem Würzelchen (*o*) entweder anliegen (*o* =) oder aufliegen (*o* ‖) oder gefaltet (*o* ≫) sind.

[1]) Beitr. z. mikr. Unters. v. Nahr.- u. Futterm. Forschungsber. 1897 u. Landw. Vers.-Stat. 1898.

[2]) Man bereitet es am einfachsten aus den käuflichen Chlorkalkwürfeln, von denen ein Stück im Generator mit verdünnter Salzsäure übergossen wird.

[3]) Anl. z. mikr. Unters. d. Kraftfutterm. Berlin 1886.

Die Samenschale (s. Fig. 328, pag. 304) besteht typisch aus vier Schichten, und eine fünfte Schicht bildet das mit ihr verwachsene Nährgewebe (Endosperm).

1. Die Oberhautzellen sind grofs und enthalten Schleim, der unter Wasser schichtenweise aufquillt und die Zellen sprengt[1]).

2. Unter der Oberhaut liegt eine oft grofszellige Parenchymschicht aus 1—2 Zellenlagen.

3. Die Palissadenschicht ist nicht nur die auffallendste, sondern auch die charakteristische. Die Zellen sind nur an der Basis verdickt, und da die oberen, zarthäutigen Teile leicht übersehen werden, erscheinen sie auf Querschnitten der Samenschale (siehe Fig. 328) als „Becherzellen". In der Flächenansicht bilden sie ein Mosaik aus polygonalen Zellen (Fig. 325).

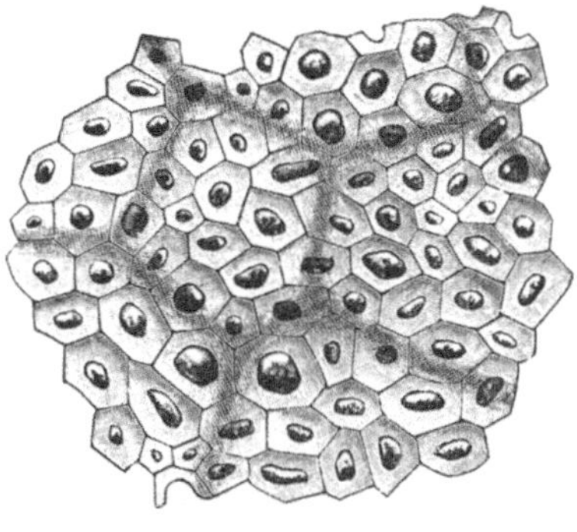

Fig. 325. Mosaik der Becherzellen des schwarzen Senfs.

4. Die innere, kleinzellige Parenchymschicht enthält oft Farbstoff („Pigmentschicht").

5. Das Endosperm ist eine Aleuronschicht.

Der Embryo ist zartzellig. Er enthält Aleuronkörner und Fett, keine Stärke.

Alle Kruziferensamen sind trocken geruchlos und schmecken mehr oder weniger scharf.

Analytischer Schlüssel.

A. Samen gelb.

Oberhautzellen mit Schleim.

1. Darunter kollenchymatische Grofszellen: Weifser Senf.
2. Darunter keine deutlichen Grofszellen: Eruca (Rauke).
3. Oberhaut und Grofszellen bilden eine strukturlose Membran: Brassica campestris var. Sarson.

---

1) Nach d'Arbaumont ist dieser Schleim ein Zellinhalt, der in Wasser
a) vollständig gelöst wird;
b) an den Seiten gelöst wird, so dafs ein zentraler Zylinder zurückbleibt;
c) nur aufquillt;
d) aus der geborstenen Aufsenwand in bestimmter Form heraustritt.

B. Samen braun.

a) Palissaden ungleich hoch, ihr Flächenmosaik daher genetzt.

α) Oberhaut zellig.

* Grofszellen nicht kollenchymatisch;

4. Palissadenzellen rotbraun, schmal (3—10 μ): Schwarzer Senf.

** Grofszellen kollenchymatisch.

5. Palissadenzellen rotbraun: Sinapis dissecta.

*** Grofszellen undeutlich;

6. Palissaden rotbraun, breiter als beim schwarzen Senf: Sareptasenf.

**** Grofszellen fehlen;

7. Palissadenzellen nach Behandlung mit Säuren und Alkalien gelbbraun, enggenetzt. Brassica rugosa.

β) Oberhaut nicht zellig.

8. Palissadenzellen weitlichtig, enggenetzt; Aleuronzellen oft zweischichtig: Br. Napus var. dichotoma.

9. Palissadenzellen mit engem Lumen, enggenetzt; Aleuronzellen einschichtig: Br. juncea.

b) Palissadenschicht gerippt, nicht genetzt.

10. Oberhaut und Grofszellenschicht nicht zellig: Thlaspi (Täschelkraut).

c) Palissadenschicht weder gerippt noch genetzt.

α) Oberhaut deutlich.

* Der Schleim, ähnlich den Honigwaben, tritt nicht aus den Zellen.

11. Der Inhalt der Palissadenzellen wird mit Chloralhydrat blutrot: Br. sinapistrum.

** Der Schleim tritt in Form kegelförmiger Säulen aus.

12. Oberhaut und Palissadenzellen breit (bis 90 μ): Camelina sativa (Leindotter).

*** Der eine zentrale Säule bildende Schleim tritt selten aus.

13. Palissadenzellen mit breitem (60 μ) Lumen: Capsella (Hirtentäschel).

14. Die schmalen Palissadenzellen sind nur an der Innenseite verdickt: Sisymbrium (Heckensenf).

15. Der Schleim tritt in langen, nach aufsen sich verbreiternden Säulen aus: Lepidium (Kresse).

β) Oberhaut und Grofszellen bilden eine fast strukturlose Membran.

16. Becherzellen gleich hoch, bis 30 μ breit: Br. Napus (Raps).

17. Becherzellen gleich hoch, schmächtiger: Br. Rapa (Rübsen).

Literatur.

Abraham: Bau und Entwicklung der Wandverdickungen in den Samenoberhautzellen einiger Kruziferen. Jahrb. f. wissensch. Bot. 1885, **14**, 559.

d'Arbaumont: Note sur les téguments séminaux de quelques Crucifères. Bot. Jahresber. 1890, **18**, I. Abt., 663. — Journ. de micrographie 1891, **15**, 212. — Bull. Soc. Bot. de France 1891, **38**, 67.

Burchard: Über den Bau der Samenschale einiger Brassica- und Sinapis-Arten. Journ. f. Landw. 1894, **42**, 125. — 1896, **44**, 337.

Claes et Thyes: Morphologie comparée des testes des Brassica: oleracea, napus, rapa et nigra et des Sinapis: alba et arvensis. Bull. de l'agric. 1891, **7**, 253.

Gram: Über Rapskuchen und deren Verunreinigung. Landw. Vers.-Sat. 1898, **50**, 449.

Guignard: Recherches sur le développement de la graine et en particulier du tégument séminal. Journ. Bot. 1893, **7**.

v. Höhnel: Bau der Samenschale der vier kultivierten Brassica-Arten, in F. Haberlandt, Wissensch.-prakt. Untersuchungen auf dem Gebiet des Pflanzenbaues 1875, **1**, 171.

Kinzel: Über die Samen einiger Brassica- und Sinapis-Arten, mit besonderer Berücksichtigung der ostindischen. Landw. Vers.-Stat. 1899, **52**, 169.

Kobus: Kraftfutter und seine Verfälschung. Landw. Jahrb. 1884, **13**, 813.

Pammel: On the seeds and testa of some Cruciferae. Ann. Monthly Micr. Journ. 1897, 1.

Pieters and Charles: The Seed Coats of certain Species of the Genus Brassica. U. S. Dep. Agr., Div. Bot. Bull. 1901.

Schröder: Untersuchung des Samens der Brassica-Arten und -Varietäten. Landw. Vers.-Stat. 1871, **14**, 179.

Sempolowski: Über den Bau der Schale landwirtschaftlich wichtiger Samen. Landw. Jahrb. 1874, **3**, 823.

Tschirch: Entwicklungsgeschichtliche Studien. Schw. Woch. Chem. Pharm. 1897, **35**, Nr. 17.

Vuillemin: Beitr. z. Kenntnis der Senfsamen. Diss. Zürich 1904.

Wolff: Zur Kenntnis der Senfsorten des Handels. Pharm. Ztg. 1893, **38**, 761.

Senf.

Als Senf bezeichnet man jene Brassica- und Sinapis-Arten, die sehr scharf schmecken. Der Geschmack rührt von einem Glykoside her, das beim Kauen (oder beim Zerquetschen mit Wasser) durch Wirkung eines in den Samen enthaltenen Fermentes gespalten wird. Das scharf schmeckende Spaltungsprodukt ist nicht bei allen Arten dasselbe; beim schwarzen Senf ist es ein ätherisches Öl.

Im anatomischen Bau stimmen alle Senfarten nahe überein.

Gute Querschnitte herzustellen, ist nicht leicht. Man bettet die trockenen Samen in hartes Paraffin und bringt die Schnitte in Alkohol. Unter dem Deckglase läfst man vom Rande her einen Tropfen Wasser zufliefsen und beobachtet die Oberhaut.

Dieselben Schnitte werden sodann durch Lauge aufgehellt. Flächenpräparate erhält man durch Schaben der mit verdünnter Lauge erwärmten Samenschale. Um die im Samenkern enthaltenen Aleuronkörner genau zu unterscheiden, legt man die Schnitte in starkes Glyzerin oder in Terpentin.

Weifser Senf.

Der weifse oder gelbe Senf (*Sinapis alba* L.) ist in Europa heimisch, wird aber in allen Erdteilen, besonders häufig in England, Holland, Deutschland und Kalifornien gebaut.

Die Samen sind fast kugelig, 2—3 mm diam., lederfarbig, unter der Lupe feinkörnig, nicht genetzt. Sie enthalten das Glykosid Sinalbin, dessen Spaltungsprodukt (eine Sulphocyanidverbindung) sehr scharf schmeckt, aber nicht flüchtig ist.

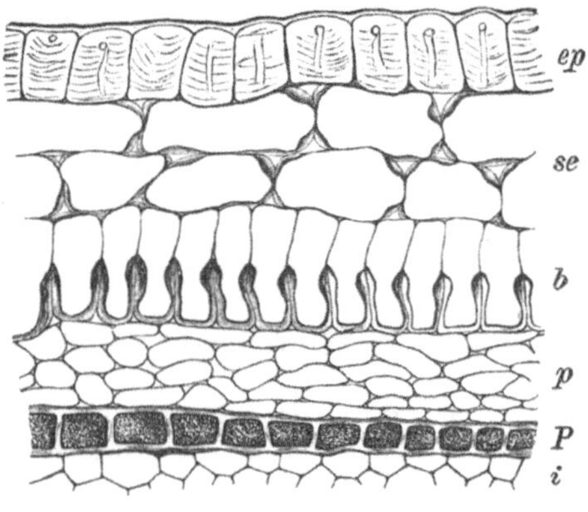

Fig. 326. Samenschale des weifsen Senfs im Querschnitt;
ep Oberhaut, *se* Grofszellen, *b* Palissaden oder Becherzellen, | *p* Parenchym, *P* Aleuronschicht, *i* hyaline Schicht.

A. **Samenschale.** Die Oberhaut (Fig. 326 und 327, *ep*) besteht aus polygonalen, isodiametrischen Schleimzellen von 100 μ diam. In Wasser schichtet sich der Schleim um eine zentrale Höhle, die wie ein Strang erscheint. Sehr deutlich ist die konzentrische Schichtung in Flächenpräparaten zu sehen.

Eine meist zweifache Lage grofser, in den Kanten kollenchymatisch verdickter Zellen (*se*) ist für weifsen Senf charakteristisch.

Am auffallendsten ist die dritte Zellenschicht. Es sind schmale, farblose, nur an der Innenseite verdickte, daher becherförmige Zellen (*b*). In der Flächenansicht sind sie polygonal, etwa 15 μ diam.

Zwei oder mehr Lagen dünnwandigen Parenchyms (*p*) schliefsen die Samenschale nach innen ab. Die Zellen enthalten, zum Unterschied von den braunen Brassica-Samen, kein Pigment.

Das Endosperm ist mit der Samenschale so innig verwachsen, dafs es für einen Teil derselben gehalten wurde. Es besteht aus Aleuronzellen (*P*) mit kugeligen oder rundlich-polygonalen, 1—4 μ grofsen Körnern und einer Schicht zusammengedrückter Zellen (*i*).

B. **Keimling.** Nicht nur die Palissaden, sondern alle Zellen des Mesophylls sind radial gestreckt. Sie enthalten Fett und Aleuron, im reifen Samen keine Stärke. Die Aleuronkörner sind isodiametrisch oder länglich, die ersteren etwa 3 μ diam., die letzteren 6—10 μ lang, und da die Zellen wenig breiter sind, liegen die Körner in einer Reihe und flachen sich gegenseitig ab. Sie enthalten mehrere kleine Globoide[1]).

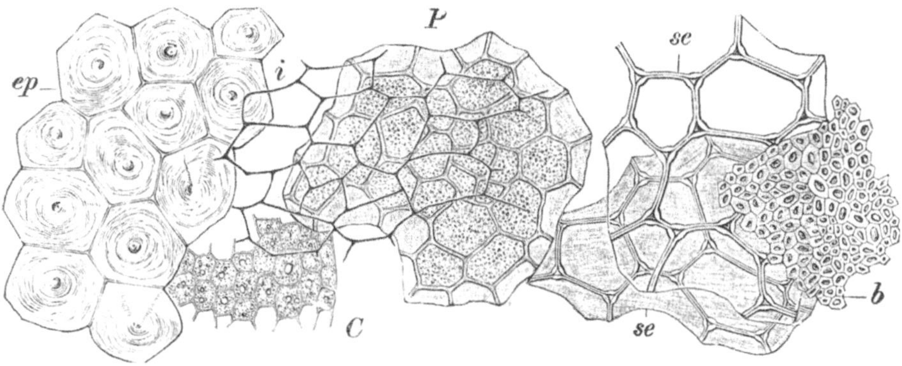

Fig. 327. Gewebe des weifsen Senfs in der Flächenansicht; *C* Keimblattgewebe; die übrigen Buchstaben wie in Fig. 326.

Produkte aus weifsem Senf.

Sie sind an der weifsen Farbe von allen schwarzen und braunen Kruziferensamen zu unterscheiden. Die Samen des weifsen indischen Rapses (***Brassica campestris*** L. var. ***Sarson*** Prain), die mitunter zur Fälschung dienen, besitzen keine Kollenchymschicht unter der Oberhaut und die Becherzellen sind gröfser.

Senfmehl wird entweder aus den ganzen Samen oder häufiger aus dem Prefsrückstand bereitet. Obwohl die Samen zur Pressung geschält werden, finden sich im Kuchen doch immer genug

[1]) Stellenweise finden sich in den Kotyledonen und im Würzelchen Zellen mit globoidfreien Aleuronkörnern. In mit Äther extrahierten Schnitten färben sie sich mit Millons Reagens in der Wärme karminrot, mit Jod goldgelb. Nach Guignard und Gram sind sie der Sitz des Myrosins und werden deshalb „Myrosinzellen“ genannt.

Schalenbestandteile, um die Abstammung nachweisen zu können. In Terpentinöl oder nach Ätherextraktion sind die Aleuronkörner mit Jodtinktur zu erkennen.

Die abfallenden Schalen werden zur Fälschung des Mostrichs und verschiedener Gewürze verwendet.

Schwarzer Senf.

Der schwarze (richtiger braune) Senf (*Brassica nigra* [L.] KOCH) wird in vielen Teilen Europas, Asiens und Amerikas kultiviert.

Die kugeligen, 1—1,5 mm grofsen Samen sind lichtbraun bis fast schwarz, unter der Lupe grubig genetzt. Sie enthalten das

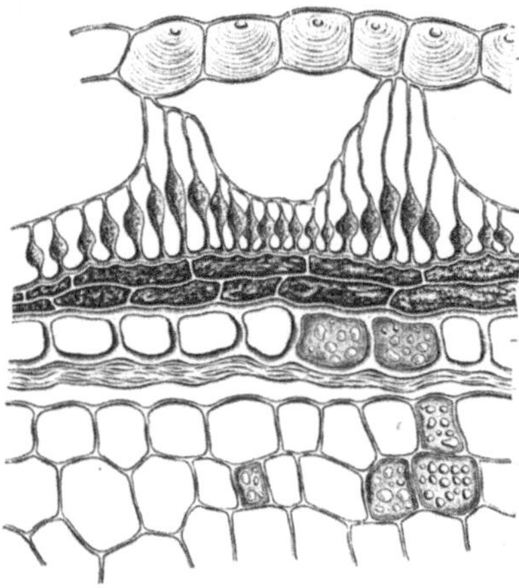

Fig. 328. Querschnitt des schwarzen Senfs.

Glykosid Sinigrin, dessen Spaltungsprodukt das ätherische Senföl (Allylsulphocyanid) ist.

A. **Samenschale.** Die Oberhaut (Fig. 328) gleicht der des weifsen Senfs.

Unter ihr liegt eine einfache Reihe ungewöhnlich grofser, dünnwandiger, in den Kanten nicht verdickter Zellen.

Die Becherzellen (*b*) sind schmäler (4—10 μ), ungleich hoch und derart angeordnet, dafs sie Mulden bilden. In jede Mulde pafst eine der Grofszellen der zweiten Schicht, und bei der Reife sinkt auch die Oberhaut in die Mulden, deren Ränder das netzige Relief der Samen bilden. Bei der mikroskopischen Beobachtung von Flächenpräparaten dringt durch die den Rand der Mulden bildenden hohen, becherförmigen Verdickungen weniger

Licht als durch die den Boden der Mulden bildenden niedrigen Becher; es erscheint daher in der Aufsicht ein dunkles, grofsmaschiges Netz über dem gelben Mosaik der polygonalen Becherzellen (Fig. 325 u. 329). Bei günstiger Einstellung werden auch die zarthäutigen Teile der Becherzellen sichtbar (Fig. 330).

Die Parenchymschicht (Fig. 328) enthält eine braune, mit Eisensalzen sich blau färbende Masse.

Nährgewebe und Keimling sind von weifsem Senf nicht verschieden.

Produkte aus schwarzem Senf.

In Mostrich, der gewöhnlich aus einem Gemenge mehrerer Senfarten bereitet wird, kann der schwarze Senf an den schmäleren Becherzellen, an dem Schattennetz und an dem Mangel der kollenchymatischen Parenchymschicht erkannt werden.

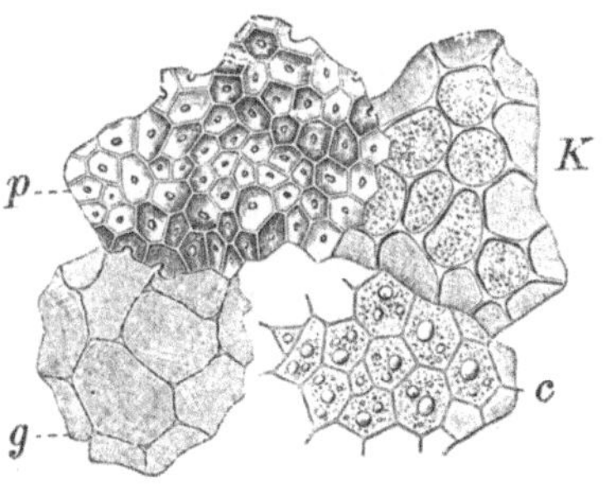

Fig. 329. Gewebe des schwarzen Senfs in der Flächenansicht:
p Becherzellen in dem Schattennetz,
g braunes Parenchym,
K Aleuronschicht,
c Keimblattgewebe.

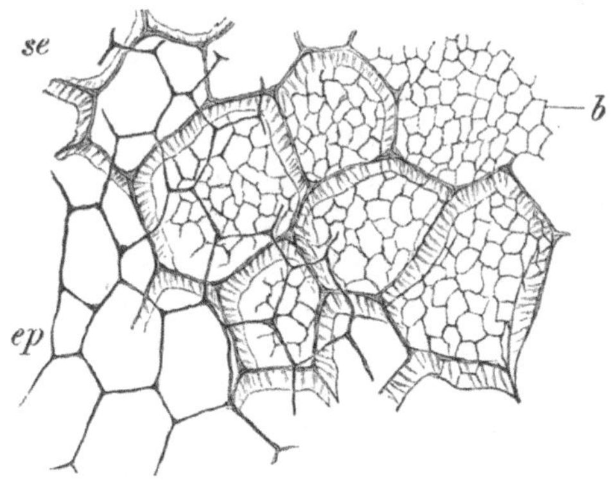

Fig. 330. Schale des schwarzen Senfs in der Aufsicht;
ep Oberhaut,
se Grofszellen,
b die oberen zarten Teile der Becherzellen.

Der schwarze Senf ist kleiner als Sarepta-Senf und Raps, und von letzterem unterscheidet er sich aufserdem durch seine genetzte Oberfläche. Der Ackersenf (*Sinapis arvensis* L.), der ihm in Amerika oft unterschoben wird, ist ebenso grofs, aber gewöhnlich dunkler und gleichfalls nicht genetzt.

Sarepta-Senf.

In Rufsland, hauptsächlich in der Umgebung von Sarepta, wird *Brassica Besseriana* ANDR. in grofser Ausdehnung gebaut.

Früher wurde diese Art mit der indischen *B. juncea* HOOK. fil. et THOMS. vereinigt.

Die Samen sind etwas gröfser (1 – 1,8 mm) als schwarzer Senf und ebenso deutlich genetzt. Auch im anatomischen Bau sind sie sehr ähnlich; die Becherzellen sind etwas breiter und die Grofszellen weniger deutlich, oft ganz obliteriert.

Indischer Senf.

Die in Indien „Asi-rai" genannte Pflanze ist nach PRAIN und KINZEL *Brassica juncea* HOOK. fil. et THOMS.

Die Samen sind von Sarepta - Senf kaum zu unterscheiden.

Ackersenf.

Der Ackersenf (*Brassica Sinapistrum* BOISS., *Sinapis arvensis* L.) ist ein häufiges Unkraut der Alten und Neuen Welt; seine Samen finden sich daher reichlich im Getreide, besonders im Weizen.

Sie sind dunkelbraun, fast schwarz, 1—1,5 mm grofs, matt, auch unter der Lupe nicht genetzt. Mikroskopisch unterscheiden sie sich besonders durch die Oberhaut und die Becherzellen von den ähnlichen Samen.

Die 40—75 μ grofsen Oberhautzellen haben eine deutlich radial gestreifte Schleimschicht, die in der Flächenansicht als zartes Netz um eine zentrale Höhle erscheint. Die Maschen dieses Netzes sind so grofs wie die Querschnitte der Becherzellen; sie sind aber weniger deutlich und verschwinden bei fortschreitender Quellung in Wasser.

Die Grofszellen sind stark zusammengedrückt und als Zellen kaum erkennbar; nach GRAM bilden sie eine doppelte Reihe.

Die Becherzellen sind 20 μ hoch, 8—18 μ breit, von einer dunkelbraunen Masse erfüllt, die mit Chloralhydrat sich blutrot färbt (WAAGE).

Die Pigmentschicht besteht aus einer einfachen Zellenreihe. Da der Inhalt gelblichbraun ist, verdanken die Samen ihre dunkle Färbung dem Farbstoff der Becherzellen.

In Mahlprodukten ist der Ackersenf an den Becherzellen am sichersten zu erkennen.

Literatur.

BERG (3); BLYTH (5); BÖHMER (10); FLÜCKIGER (11); GREENISH (14); HANAUSEK, T. F. (15, 45); HARZ (17); HASSALL (18); MACÉ (23); MEYER, A. (10, 24, 25); MOELLER (26, 27, 28, 29); PLANCHON u. COLLIN (31); SCHIMPER (34); TICHOMIROW (35); TSCHIRCH u. OESTERLE (37); VILLIERS u. COLLIN (39); VOGL (40, 42).

HARZ: Über eine neue Verfälschung des weifsen Senfes. Bot. Centralbl. 1887, 8, 249.
STEFFECK: Ein neues Fälschungsmittel des weifsen Senfes (*Sinapis alba*). Landw. Vers.-Stat. 1887, **33**, 411.
TICHOMIROW: Die Struktur der Samenschale von Brassica juncea HOOK. Pharm. Centralh. 1900, **41**, 510.

S. auch die Literatur der Kruziferen pag. 300.

Rauke.

Die Rauke oder Runke (*Eruca sativa* LAM., *Brassica Eruca* L., *Sinapis Eruca* RÖHL.) ist im Mittelmeergebiet heimisch und wird im südlichen Europa als Gemüse und Salat gegessen. Ihre beifsend scharf und zugleich süfs schmeckenden Samen dienen hier und da als Ersatz für Senf.

Die Samen sind blafsgelb bis braun, oval (2 : 1,6 mm), etwas abgeflacht, unter der Lupe fein grubig punktiert.

Die Oberhaut gleicht der des weifsen Senfs.

Die Grofszellen sind zweischichtig, aber so stark zusammengedrückt, dafs sie als gallertige Membran erscheinen.

Die Becherzellen sind 15—20 μ hoch, 10—20 μ breit und bilden seichte Mulden; am Grunde ist ihr Lumen mehrfach so breit als die Wandverdickung.

Das Parenchym ist zu einer brannen Schicht zusammengedrückt.

Raps.

Raps oder Colza (*Brassica Napus* L.) lieferte vor Einführung des Petroleums die wichtigste Ölsaat, denn Rapsöl war das gebräuchlichste Leuchtmaterial. Jetzt benutzt man es fast nur noch als Schmiermittel und zur Seifenfabrikation. Man baut Raps vorzüglich in Deutschland, Rufsland und Österreich-Ungarn, in beschränkter Menge in Frankreich und Belgien, selten in Amerika.

Die Samen sind kugelig, 1,5—2,5 mm diam., dunkelbraun bis schwarz, matt, nicht genetzt. Dadurch unterscheidet sich Raps makroskopisch vom schwarzen Senf.

Im anatomischen Bau sind beide ebenfalls sehr ähnlich, doch bilden die Oberhaut und das subepidermale Parenchym eine Membran mit undeutlicher Zellstruktur. Die Becherzellen sind untereinander fast gleich hoch (25—30 μ) und breiter (8—20 μ) als beim schwarzen Senf.

Rübsen.

Rübsen (*Brassica Rapa* L.) dient wie Raps zur Ölgewinnung, und die Ölkuchen sind ein geschätztes Tierfutter.

Für beide sind die fast gleich hohen, grofsen Becherzellen charakteristisch. Die des Rübsen sind noch höher und sie haben ein engeres Lumen.

Literatur.

Benecke (2); Böhmer (6, 10, 21); Collin et Perrot (9); Hanausek, T. F. (16, 45); Harz (17); Hassall (8); Moeller (26).

S. auch die Literatur der Kruziferen (pag. 300): Burchard; Claes et Thyes; Gram; Kobus; Pieters and Charles; Schröder; Sempolowski usw.

Indischer Raps.

Indischer Raps oder Sarson (*Brassica campestris* L. var. *Sarson* Prain) wurde als Fälschungsmittel für weifsen Senf, dem die meisten Varietäten desselben sehr ähnlich sind, eingeführt. Nach Kinzel ist der „Guzerat-Raps“ von Wittmack, wahrscheinlich auch der „gelbe indische Raps“ von Steffeck, sowie der „falsche weifse Senf“, den Harz von *Br. iberifolia* (?) ableitet, indischer Sarson.

Die Oberhaut ist nicht zellig und die Grofszellenschicht fehlt. Die Becherzellen scheinen regelmäfsig breiter zu sein als im weifsen Senf.

Literatur.

Kinzel: Über die Samen einiger Brassica- und Sinapis-Arten. Landw. Vers.-Stat., 52, 1899.

Brauner indischer Raps.

Sarson kommt mit weifsen und braunen Samen vor. Der eigentliche braune Raps Indiens, Tori genannt, stammt von einer Varietät des gemeinen Rapses (*Br. Napus* L. var. *dichotoma* Prain).

Nach Kinzel (l. c.) bilden die Becherzellen ein deutliches, aber enges Netz, ihr Lumen ist gleich dem des Rapses. Auf Querschnitten zeigen die Oberhautzellen keine radialen Wände und die Aleuronschicht ist oft doppelt. Nach Vuillemin sind die Radialwände der Oberhautzellen getüpfelt.

Palai-Raps.

In Indien wird *Brassica rugosa* PRAIN als Palai, Palangi oder Pahari-Rāi kultiviert.

Die Samen sind braun und feingenetzt. Von allen indischen Arten unterscheiden sie sich nach KINZEL (l. c.) durch den zelligen Bau der Oberhaut.

Mit Schwefelsäure und Lauge behandelt, werden die Becherzellen intensiver gelbbraun als bei anderen Arten.

Leindotter.

Der Leindotter oder falsche Flachs (*Camelina sativa* L.) wird in Deutschland und Holland, auch in anderen Ländern in geringem Umfange als Ölsaat gebaut. Da er ein Ackerunkraut ist, kommen seine Samen als Verunreinigung im Lein und Raps vor.

Fig. 331. Leindottersamen in nat. Gr. und vergr. (nach NOBBE).

Sie sind braun, 1,5 mm lang, halb so breit, feinkörnig, nicht genetzt. Das Würzelchen ist als longitudinale Rippe deutlich ausgeprägt (Fig. 331).

Die Oberhautzellen (Fig. 332) sind 50—80 μ grofs, ausgezeichnet durch eine axiale Schleimsäule von etwa einem Drittel der Zellbreite.

Die Becherzellen scheinen durch die Oberhaut durch. Sie sind durchschnittlich 45 μ, höchstens 90 μ breit.

Das der Pigmentschicht anderer Samen entsprechende Parenchym ist zusammengedrückt und nur nach Behandlung mit Quellungsmitteln erkennbar.

Endosperm und Embryo enthalten kleine, selten über 5 μ grofse Aleuronkörner.

An den grofsen, niedrigen Becherzellen (Fig. 332) ist Leindotter in Ölkuchen leicht zu erkennen.

Literatur.

BENECKE (2); BÖHMER (6, 10, 21); COLLIN et PERROT (9); HANAUSEK, T. F. (16, 45); HARZ (17).

S. auch die Literatur der Kruziferen (pag. 300): GRAM; KOBUS; SEMPOLOWSKI.

NEVINNY: Die Samen von *Camelina sativa* CRNTZ. HEGER's Ztschr. Nahr.-Unters. Hyg. 1887, **1**, 85.
VAN PESCH: Leindotter-Kuchen. Landw. Vers.-Stat. 1892, **41**, 94.

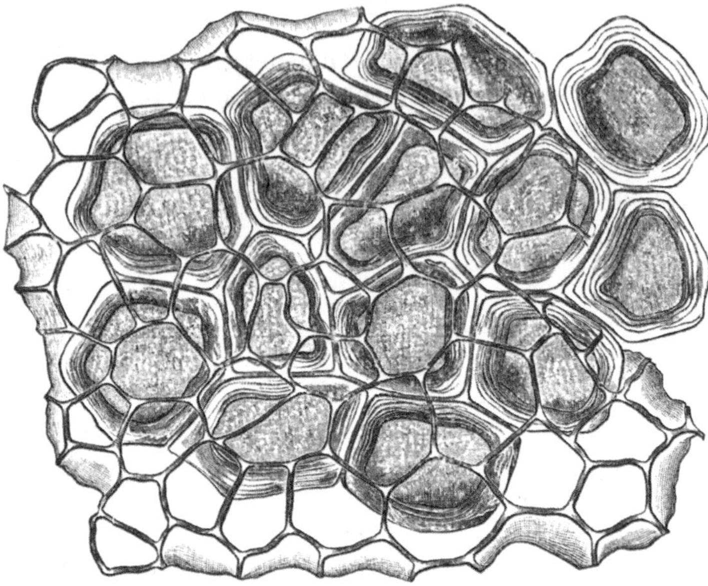

Fig. 332. Oberhaut und Becherzellen des Leindotters.

Heckensenf.

Der Heckensenf, auch Rauke oder Ackerhederich (*Sisymbrium*-Arten), ist in Europa und Amerika als Unkraut verbreitet.

Die kleinen, braunen, unregelmäfsig gestalteten Samen kommen im Ausreuter vor.

Die Oberhautzellen von *S. officinale* SCOP. enthalten geschichteten Schleim, und die Becherzellen sind nur am Boden verdickt (GRAM).

Die Samen von *S. Sophia* L. sind denen des Hirtentäschels sehr ähnlich, nur sind die Becherzellen nicht so breit (GRAM).

Literatur.

GRAM: Über Rapskuchen u. deren Verunreinigungen. Landw. Vers.-Stat. **50**. 1898.

Kresse.

Mehrere Kressen-Arten (*Lepidium sativum* L., *L. campestre* Br.) sind gemeine Unkräuter. Die kleinen, braunen, etwas abgeflachten und der ganzen Länge nach gefurchten Samen verunreinigen das Getreide.

Die Schleimsäule der Oberhautzellen verbreitert sich am Ende, besonders wenn sie durch Quellung aus den geborstenen Zellen austritt. Die Becherzellen von *L. campestre* sind sehr hoch (Gram).

Hirtentäschel.

Das Hirtentäschel (*Capsella Bursa pastoris* Moench) ist ein gemeines Unkraut, dessen Samen das Getreide verunreinigen.

Die Samen gleichen in Form und Farbe dem Leindottersamen, sind aber nur halb so grofs.

Auch im feineren Bau sind sie sehr ähnlich, aber die Schleimsäule im Hirtentäschel quillt selten aus den Oberhautzellen und die Becherzellen sind nicht so breit, durchschnittlich 30 μ, höchstens 60 μ.

Literatur.

Böhmer (21).

Burchard: Über d. Bau d. Samenschale etc. Journ. f. Landw. 1894 u. 1896.

Gram: Rapskuchen und deren Verunreinigung. Landw. Vers.-Stat. **50**, 1898.

Täschelkraut.

Das Täschelkraut (*Thlapsi arvense* L.) ist ein häufiges Unkraut, dessen Samen in Lein und Raps angetroffen werden.

Sie sind mohnkorngrofs, hufeisenförmig gekrümmt und gerippt (Fig. 333).

Die Oberhaut und die Parenchymschicht bilden eine obliterierte Membran. Die Becherzellen sind ungleich hoch und sehr stark verdickt. Charakteristisch ist, dafs die hohen Becherzellen reihenweise angeordnet sind, so dafs die Flächenansicht derselben parallel gestreift erscheint.

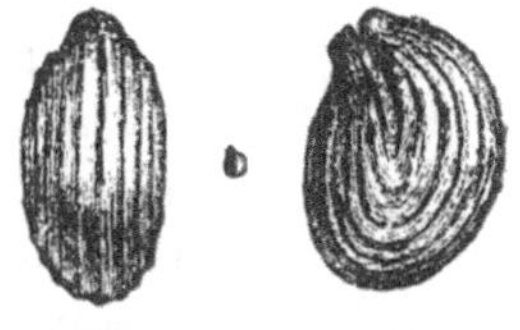

Fig. 333. Samen des Täschelkrautes in nat. Gr. und vergr. (nach Nobbe).

Literatur.

Böhmer (21).

Gram: Über Rapskuchen und deren Verunreinigung. Landw. Vers.-Stat. **50**, 1898, 449.

Leinsamen.

Lein, Flachs oder (in den Alpenländern) Haar (*Linum usitatissimum* L. — *Linaceae*) wird nicht nur als Faserpflanze, sondern auch der ölreichen Samen wegen angebaut, vorzüglich in Indien, Rufsland, Ägypten und in den Vereinigten Staaten Amerikas.

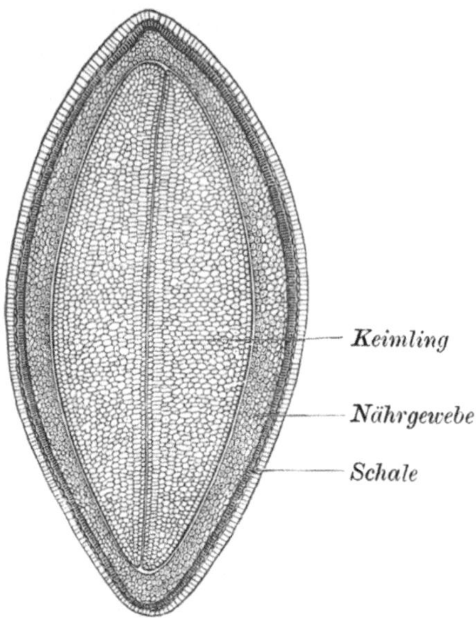

Fig. 334. Durchschnitt des Leinsamens.

Die Samen sind flach, länglich-eiförmig, am Grunde bespitzt, 4—6 mm lang, glatt und glänzend, unter der Lupe undeutlich punktiert. Der indische Leinsamen ist gelb, sonst ist er braun. In Wasser umgibt er sich mit einer Schleimhülle. Der gerade Embryo hat ein kurzes Würzelchen und zwei lange, flache Kotyledonen. Er ist in Endosperm gebettet (Fig. 334).

Zur Schnittführung werden die Samen trocken in Paraffin gebettet. Die Schnitte werden zuerst mit Äther und Alkohol extrahiert, dann in Glyzerin gebracht.

A. **Samenschale.** 1. Die Oberhaut (Fig. 335 und 336, *p*) besteht aus polygonalen, mit farbloser, feinkörniger Cuticula bedeckten Zellen. Läfst man Wasser vom Rande des Deckglases zufliefsen, kann man sehen, wie die dicke Aufsenwand schichtenweise aufquillt und die Cuticula gesprengt wird.

2. Unter ihr liegt eine einfache oder doppelte Parenchymschicht, deren rundliche, daher lückig gefügte Zellen (*E*) in der Flächenansicht sehr charakteristisch sind.

3. Faserschicht. Am Querschnitt (Fig. 335) erscheint sie als einfache Reihe schmaler, gelber, stark verdickter und dicht getüpfelter Zellen. Flächenansichten (Fig. 336, *f*) belehren, dafs diese palissadenartigen Zellen lange (250 μ), durchwegs longitudinal gereihte Fasern sind. Sie werden gekreuzt von

4. Querzellen (*qu*), die sehr zart und oft nur als Querstreifung der Faserschicht erkennbar sind.

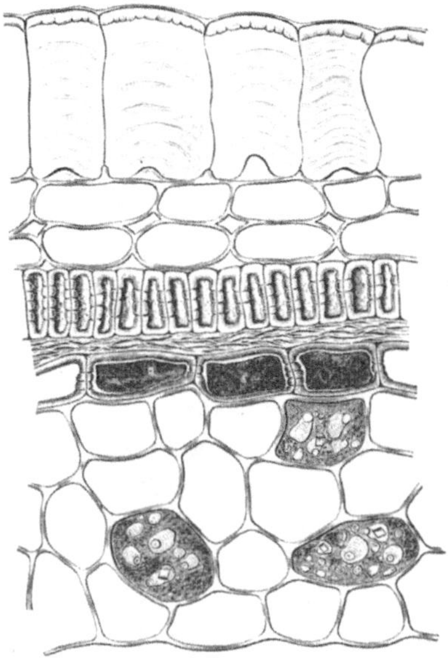

Fig. 335. Leinsamenschale im Querschnitt.

5. Pigmentschicht, auf Querschnitten (Fig. 335) eine einfache Reihe fast quadratischer, perlschnurförmig verdickter Zellen mit kompaktem gelbem oder braunem Inhalt. In der Flächen-

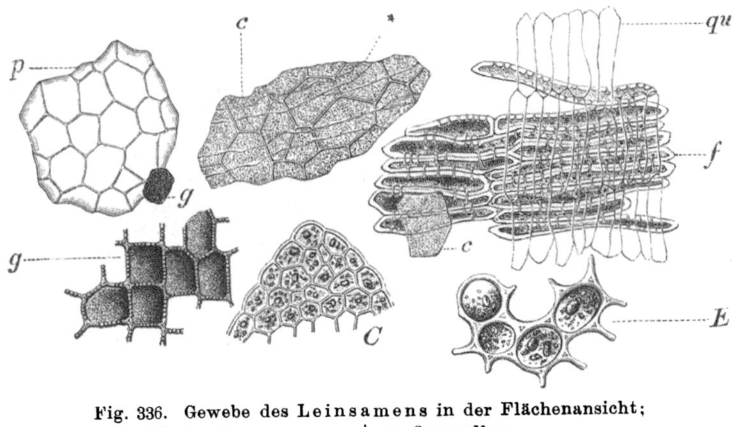

Fig. 336. Gewebe des Leinsamens in der Flächenansicht;

p Oberhaut,
c Cuticula mit Rissen *
E Parenchym,
f Faserschicht,
qu Querzellen,
g Pigmentschicht,
C Keimblatt.

ansicht (Fig. 335, *g*) sind die Zellen unregelmäfsig polygonal, und ihr Inhalt ist oft in Form gerundet-polygonaler Täfelchen herausgefallen. Diese sind in Wasser, Alkohol, Äther und Lauge unlöslich; durch Eisensalze werden sie blau gefärbt.

6. Das Endosperm (Fig. 335) ist als 2–6 zellige, farblose Schicht mit der Samenschale verwachsen. Die Zellen sind dickwandiger als die des Embryo. Sie enthalten Fett und gekrümmte Aleuronkörner, die je ein Globoid und ein undeutliches Kristalloid einschliefsen.

B. **Kotyledonen** (*C*). Sie enthalten nebst vielen kleinen auch grofse, bis 20 μ lange Aleuronkörner mit einem Globoid im schmalen und einem Kristalloid im breiten Ende.

Leinsamenprodukte.

Leinsamenmehl wird nur pharmazeutisch verwendet. Der Prefsrückstand und der gemahlene Ölkuchen, der ebenfalls Leinsamenmehl genannt wird, sind als Tierfutter sehr geschätzt. Das auffallendste mikroskopische Kennzeichen derselben sind die Pigmenttäfelchen; aber auch andere Schalenbestandteile, die nach Aufhellung mit Lauge oder Chloralhydrat meist mehrere Schichten erkennen lassen, sind sehr charakteristisch. Stärke (von unreifen Samen herrührend) darf nur in sehr kleiner Menge vorkommen.

Leinölkuchen ist oft mit anderen, wohlfeileren Ölkuchen verfälscht, anderseits dient er selbst zur Fälschung von Gewürzpulvern.

Viele Tier-Nährpräparate enthalten Leinölkuchen.

Literatur.

Benecke (2); Berg (3); Böhmer (6, 10, 21); Collin (8); Flückiger (11); Hanausek, T. F. (10, 15, 16, 45); Harz (17); Macé (23); Meyer, A. (25); Moeller (26, 27, 28, 29); Schimper (34); Tschirch u. Oesterle (37); Villiers et Collin (39); Vogl (40, 42); Wiesner (45).

Berghe: Tourteaux de Farines de Lin. Rev. internat. des fals. **4**, 1890.

Cramer: Über das Vorkommen und die Entstehung einiger Pflanzenschleime. Pflanzenphysiologische Untersuchungen von C. Nägeli u. C. Cramer. Zürich 1855.

Godfrin: Étude histologique sur les Téguments séminaux des Angiospermes. Soc. de Sc. de Nancy 1880, 109.

Haselhoff u. van Pesch: Über Leinsamenkuchen und Mehl. Landw. Vers.-Stat. 1892, **41**, 55.

Kobus: Kraftfutter und seine Verfälschung. Landw. Jahrb. 1884, **13**, 813.

Kořan: Der Austritt des Schleimes aus d. Leinsamen. Pharm. Post **32**, 1899.

Sempolowski: Über den Bau der Schale landwirtschaftlich wichtiger Samen. Landw. Jahrb. 1874, **3**, 823.

Baumwollsamen.

Aus Indien, ihrer Heimat, hat die Kultur der Baumwolle (*Gossypium*-Arten — *Malvaceae*) sich über Nordafrika, die Südstaaten der Vereinigten Staaten Nordamerikas, Brasilien und andere warme Gebiete ausgebreitet.

Die in einer aufspringenden Kapselfrucht eingeschlossenen Samen sind dicht mit zarter, weifser, bis 5 cm langer Wolle bedeckt. Reifst man die Wollhaare ab, so bleibt der Same noch immer mit der kurzhaarigen, gelben oder grünen Grundwolle bedeckt, die nicht leicht entfernt werden kann. Von Wolle ganz befreit, ist der Same länglich (6—12 mm), kantig, zugespitzt, schwarz oder dunkelbraun. Nabel und Mikropyle liegen am spitzen, die Chalaza am stumpfen Ende; die sie verbindende Raphe ist deutlich als Rippe erkennbar. Die Schale und ein aus Perisperm und Endosperm bestehendes, dünnes Häutchen umgibt den massigen Embryo, dessen eingerollte Kotyledonen auf Durchschnitten von Sekreträumen schwarzbraun punktiert erscheinen (Fig. 337).

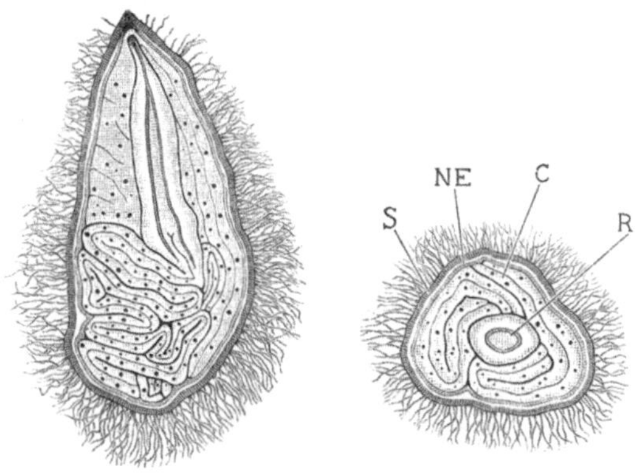

Fig. 337. Baumwollsamen im Längs- und Querschnitt (A. L. WINTON).
S Schale, | *C* Keimblätter,
NE Nährgewebe, | *R* Würzelchen.

A. **Samenschale.** Sie löst sich leicht ab, ist 0,3 mm dick, innen braun mit weifslicher Opaleszenz.

1. Die Oberhaut (Fig. 338 und 339, *ep*) ist über dem Nabelstrang 30—40 μ, an anderen Teilen selten über 25 μ dick. Die Zellmembran ist 5—12 μ dick, gelb, streifig; der Inhalt dunkelbraun. In der Flächenansicht sind die Zellen unregelmäfsig geformt, 10—60 μ grofs und bilden um die Haare Rosetten. Die Baumwollhaare (*h*) sind gedreht und unterscheiden sich dadurch von allen anderen Textilfasern. Spaltöffnungen mit dünnen, farblosen Schliefszellen kommen einzeln oder paarweise vor.

2. Äufsere braune Haut (*br*) aus dünnwandigen, oft zusammengedrückten Zellen mit braunem Inhalt. An den meisten

Stellen ist sie 20—40 μ dick und besteht aus zwei oder drei Zellenlagen; stellenweise ist sie dicker.

3. Farblose Schicht (*w*) aus kleinen (10—30 μ), mitunter quer geteilten Zellen mit scharf gezeichneten Wänden. Gelegent-

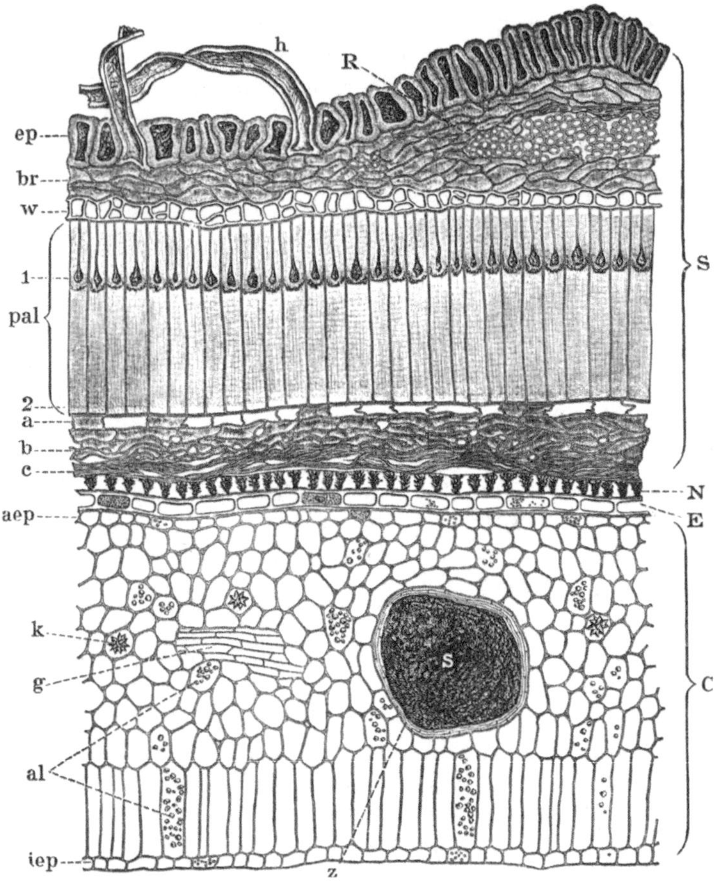

Fig. 338. Querschnitt des Baumwollsamens (A. L. WINTON).
S Samenschale, | *E* Endosperm,
N Perisperm, | *C* Keimblatt.
Die Erklärung der anderen Buchstaben siehe im Texte.

lich enthalten sie Oxalatkristalle oder eine körnige Masse (HANAUSEK); meist sind sie leer.

4. Palissadenschicht (*pal*) von halber Schalendicke. Die Zellen sind gegen 150 μ lang, 8—20 μ breit, im äufseren Drittel mit farblosen, innen mit gelblichbraunen Wänden. Der

äufsere Teil besitzt ein enges, nach unten verbreitertes Lumen mit brauner Inhaltsmasse. Der innere Teil scheint auf Querschnitten kompakt zu sein, aber in der Flächenansicht erkennt man das Lumen, von dem radiale Poren ausstrahlen (Fig. 339, *pal*). Nach Brefeld sind die Palissaden aus Lamellen aufgebaut, und der äufsere Teil besteht aus Zellulose, der innere ist verholzt.

5. Innere braune Haut sondert sich in drei Schichten: in der äufseren (*a*) sind die Zellen polygonal und gut unterscheidbar, die mittlere (*b*) ist ein typisches Schwammparenchym, die innere (*c*) ist stark zusammengedrückt und frei von braunem Zellinhalt. Daher die weifsliche Opaleszenz.

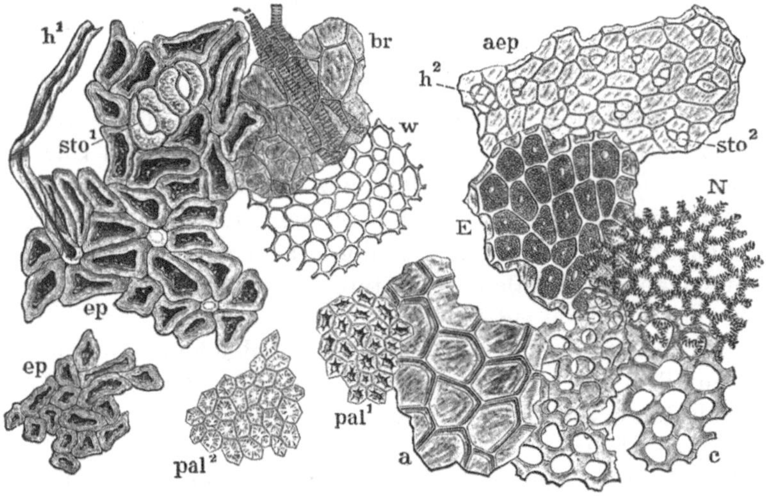

Fig. 339. Gewebe des Baumwollsamens in der Flächenansicht (A. L. Winton). Die Buchstaben haben dieselbe Bedeutung wie in Fig. 338.

B. **Nährgewebe.** Das aus einer einzigen Zellenlage bestehende Perisperm bildet mit dem gleichfalls einreihigen Endosperm ein dünnes Häutchen (*N* und *E*). Die Perispermzellen sind farblos und haben „gefranste“ Wände; die mäfsig verdickten Endospermzellen enthalten kleine Aleuronkörner.

C. **Embryo.** Läfst man die Samen einen Tag in Wasser, so können die komplizierten Falten der Kotyledonen (Fig. 337, *c*) gestreckt und in ihrer breit-nierenförmigen Gestalt erkannt werden. An der abgeschabten Oberhaut (Fig. 339, *aep*) sind drei Zellformen zu unterscheiden: 1. dünnwandige, polygonale Zellen; 2. Zellenpaare, die unentwickelte Spaltöffnungen sind (*sto*²);

3. kleine ovale Härchen (h_2). Diese sind am häufigsten an der Insertionsstelle der Kotyledonen.

Das Mesophyll ist von Prokambiumsträngen (Fig. 338, *g*) durchzogen und besitzt an der Innenseite eine einfache Palissadenschicht. Einzelne Zellen enthalten Kristalldrusen (*k*), die meisten sind mit Fett und Eiweifs erfüllt. Die Aleuronkörner (unter Terpentinöl deutlich) sind unregelmäfsig, eckig, 2—5 μ grofs (*al*).

Die schon dem freien Auge als braune Punkte erscheinenden Sekreträume (Fig. 338, *S*) sind in konzentrischen Lagen angeordnet und von zarten Zellen (*z*) ausgekleidet. In Wasser bildet das Sekret eine olivengrüne Emulsion. Starke Schwefelsäure löst es mit blutroter Farbe. Durch Alkalien wird es, ohne gelöst zu werden, grünbraun (Hanausek).

Baumwollsamen-Produkte.

In den meisten Baumwollgebieten, aufser in den Vereinigten Staaten, ist es üblich, das Öl aus den ungeschälten Samen zu pressen. Die so erhaltenen Ölkuchen enthalten mehr Faser und weniger Proteïn, werden aber von englischen Züchtern wegen der mechanischen Wirkung auf den Darm vorgezogen. Sie enthalten reichlich Schalenbestandteile mit den charakteristischen Oberhaut- und Palissadenzellen.

Die amerikanischen Baumwollsamenkuchen sind arm an Schalenteilen; sie sind aber oft stark vermischt mit zum Zwecke der Fälschung gemahlenen Baumwollschalen, gelegentlich auch mit Reisschalen.

Die Schalen wurden früher zur Kesselfeuerung der Ölpressen und die an Kali reiche Asche als Dünger für Tabak verwendet. Jetzt benutzt man sie als Viehfutter und zur Fälschung der Ölkuchen.

Literatur.

Benecke (2); Böhmer (6, 10, 21); Collin (8); Hanausek, T. F. (16, 45).

v. Bretfeld: Anatomie des Baumwolle- und Kapoksamens. Journ. f. Landw. 1887, **35**, 29.

Hanausek: T. F.: Zur mikroskopischen Charakteristik der Baumwollsamenprodukte. Ztschr. Allg. österr. Apoth.-Ver. 1888, **26**, 569, 591.

Kobus: Kraftfutter und seine Verfälschung. Landw. Jahrb. 1884, **13**, 813.

Voelcker: Methods of Discriminating between Egyptian and Bombay Cotton Seed Cakes. Analyst. 1903, **28**, 261.

Winton: The Anatomy of Certain Oil Seeds with Especial Reference to the Microscopic Examination of Cattle Foods. Conn. Agr. Exp. Stat. Rep. 1903, 175. — The Microscopic Examination of American Cotton Seed Cake. Analyst. 1904, **29**, 44.

Kapok.

Mehrere tropische Bäume aus der Familie der Bombaceae besitzen Kapseln, welche dicht mit glanzlosen, weichen Haaren angefüllt sind. Diese Haare sind keine Samenhaare, sondern sitzen auf der Fruchtwand. Sie sind zu spröde, als dafs sie versponnen werden könnten, aber sie sind ein gutes Polstermaterial (vegetabilische Wolle). Einer dieser Kapok-Bäume (*Ceiba pentandra* [L.] GÄRTN. = *Eriodendron anfractuosum* DC.) besitzt Samen, die von den Eingeborenen gegessen werden. Auch prefst man aus ihnen Öl. Der Prefskuchen wird nach REINDERS und KOBUS zur Fälschung des Leinölkuchens verwendet.

Die Samen sind etwa erbsengrofs und haben einen dicken, die Chalaza bedeckenden Nabelstrang. Die Kotyledonen sind ähnlich gefaltet wie die der Baumwollsamen, aber sie haben keine Sekreträume.

Die histologischen Unterschiede sind in der folgenden Übersicht von BRETFELD zusammengestellt:

	Baumwollsamen:	Kapoksamen:
Epidermis:	sklerotisch, mit Wollhaaren;	zartwandig mit Drüsenräumen;
1. Farbstoffschicht:	mit Gefäfsbündel;	ohne Gefäfsbündel;
Lufthaltige Schicht:	1—2 Zelllagen;	2—4 Zelllagen mit Kristalldrusen;
Prismenschicht:	ein Drittel gröfser;	ein Drittel kleiner;
2. Farbstoffschicht:	mehr Sternzellen;	weniger Sternzellen;
Epidermis des Nährgewebes:	Zellen kleiner, Wände stärker geknotet;	Zellen gröfser, schwächer geknotet;
Kotyledonargewebe:	mit Drüsen und grünlich gefärbt;	ohne Drüsen und farblos.

Literatur.

v. BRETFELD: Anatomie des Baumwoll- und Kapoksamen. Journ. Landw. 1887, **35**, 29.

KOBUS: Kraftfutter und seine Verfälschung. Landw. Jahrb. 1884, **3**, 813.

VAN PESCH: Kapokkuchen. Landw. Vers.-Stat. 1896, **47**, 471.

Hanf.

Der Hanf (*Cannabis sativa* L.) wird als Faserpflanze und der ölreichen Samen wegen angebaut. Was im Verkehr „Hanfsamen" genannt wird, ist die Frucht (Fig. 340). Sie ist zweirippig, hat die Form eines etwas abgeflachten Ellipsoides und ihre braune Oberfläche ist zart weifsgeädert (II). Mitunter steckt das Nüfschen noch in seinem hüllenartigen Deckblatte (I). Zerbricht man die spröde Schale, so stöfst man auf den grünlichen Samen. Ein longitudinaler Durchschnitt zeigt den dicken, gekrümmten Embryo (III, *C* und *R*) in spärliches Endosperm (*E*) gebettet.

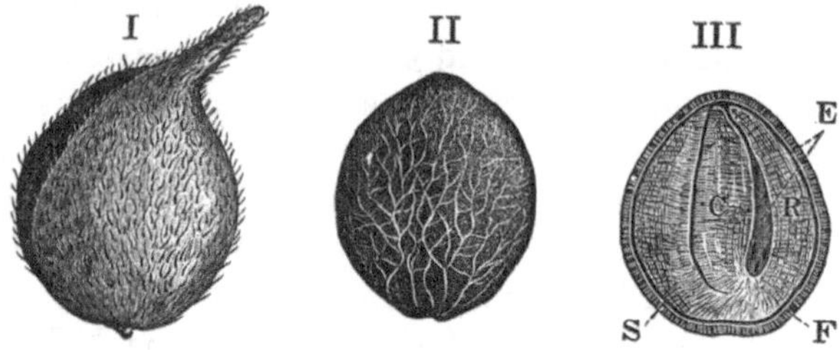

Fig. 340. Hanf (A. L. WINTON); I Frucht und Hülle, II nackte Frucht, III Frucht im Längsschnitt: *S* Samenschale, *E* Nährgewebe, *C* Keimblätter, *R* Würzelchen. *F* Frucht- und Samenschale.

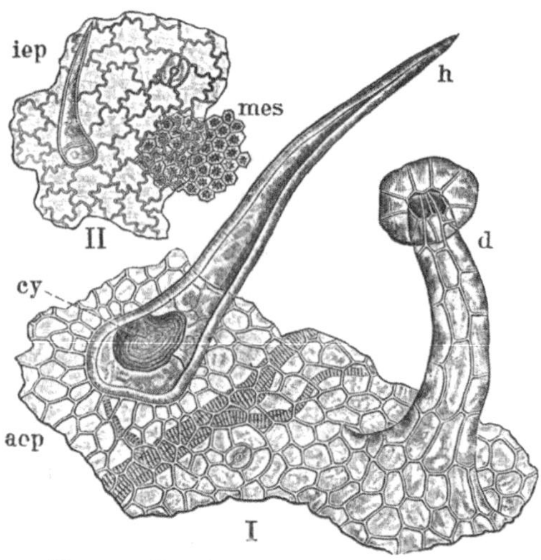

Fig. 341. Hüllblattgewebe des Hanfes (A. L. WINTON); I Oberseite mit der Epidermis *aep*, einer Drüsenzotte *d* und einem Zystolithenhaar *h*; II Unterseite mit der Epidermis *iep* und dem Chlorophyllgewebe *mes*.

A. **Fruchthülle.** Sie hat den gleichen Bau wie die Blätter.

Die Oberhaut aus kleinen polygonalen Zellen trägt zweierlei Haarformen: Drüsenzotten u. Zystolithenhaare (Fig. 341, I).

a) Die Drüsenzotten (*d*) tragen Scheibendrüsen auf dickem, vielzelligen Stiel; die Scheibendrüsen sind denen der Labiaten ähnlich (s. Fig. 96, pag. 86), aber die sie zusammensetzenden

Zellen sind nicht regelmäfsig rosettig angeordnet, sondern erinnern in der Aufsicht an den Rücken einer Schildkröte.

b) Die Zystolithenhaare (*h*) sind einzellig, oft retortenförmig gekrümmt, scharf zugespitzt, in der aufgetriebenen Basis einen traubenförmigen, von kohlensaurem Kalk inkrustierten Körper (*cy*) tragend. Sie erreichen oft 0,5, sogar 1,0 mm Länge und ihre Wände sind gegen die Spitze zu sehr stark verdickt.

Das Mesophyll (Fig. 341, *mes*) enthält Kristalldrusen. Die Leitbündel sind von dünnen, braunen Sekretschläuchen begleitet.

Die innere Oberhaut (*iep*) hat gewellte Zellen, Spaltöffnungen und kleine Zystolithenhaare.

B. **Fruchtschale.** Am Querschnitt (Fig. 342) unterscheidet man fünf Schichten.

1. Die Oberhautzellen (*ep*) sind stark verdickt, getüpfelt, in der Flächenansicht (Fig. 343) wellig-buchtig.

2. Das farblose Schwammparenchym (*hy*) ist an den Kielen am stärksten entwickelt. Es ist von anastomosierenden, durch die Oberhaut dem freien Auge als Aderung erscheinenden Leitbündeln durchzogen.

3. Braune Zellen (Fig. 342 und 343, *br*) werden durch Erwärmen in Lauge deutlich.

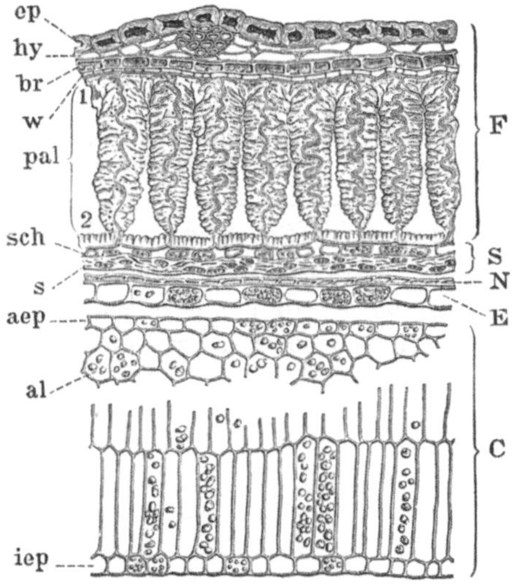

Fig. 342. Hanf im Querschnitt (A. L. Winton);
F Fruchtschale, *S* Samenschale, *N* Perisperm, | *E* Endosperm, *C* Keimblatt.
Die übrigen Buchstaben s. im Texte.

Die Zellwände bilden eigentümliche, in das Lumen ragende Leisten und Zacken. Der braune Inhaltsstoff bildet Klümpchen.

4. Zwergzellen (*w*) sind ungewöhnlich klein, farblos, porös.

5. Palissadenschicht (*pal*) besteht aus eigentümlichen, oft 100 μ langen Zellen. Die mächtige Verdickung ihrer Seiten- und Aufsenwände macht auf Querschnitten (Fig. 342) den Eindruck, als wäre die Membran gequollen. Die Innenwand ist verhältnismäfsig schwach verdickt, getüpfelt. In der Flächenansicht (Fig. 343) zeigen die Palissaden wellige Ränder.

C. **Samenschale** (Fig. 342, *S*). Sie besteht aus einer äufseren Schicht schlauchförmiger Zellen (Fig. 343, *sch*) und aus einem typischen Schwammparenchym (Fig. 343, *S*).

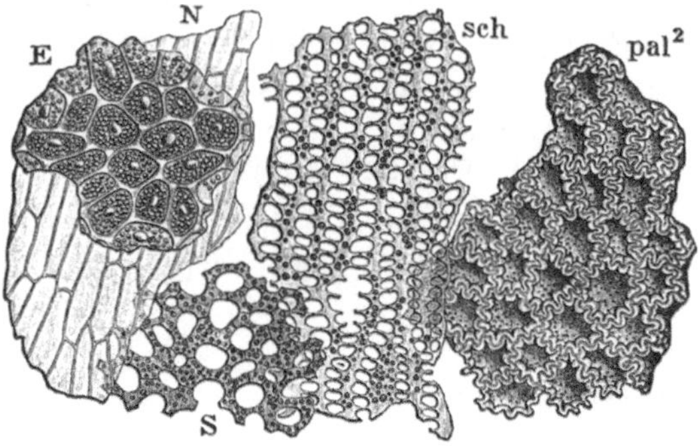

Fig. 343. Gewebe der äufseren Hanfschale in der Flächenansicht (A. L. WINTON). Die Buchstaben haben dieselbe Bedeutung wie in Fig. 342.

D. **Nährgewebe.** Das den Embryo einhüllende Häutchen kann durch Behandlung mit 1 %iger Natronlauge in zwei Schichten getrennt werden. Die äufsere (Fig. 342, *N*) aus longitudinal gestreckten Zellen ist das Perisperm; die innere (*E*) ist eine Aleuronschicht.

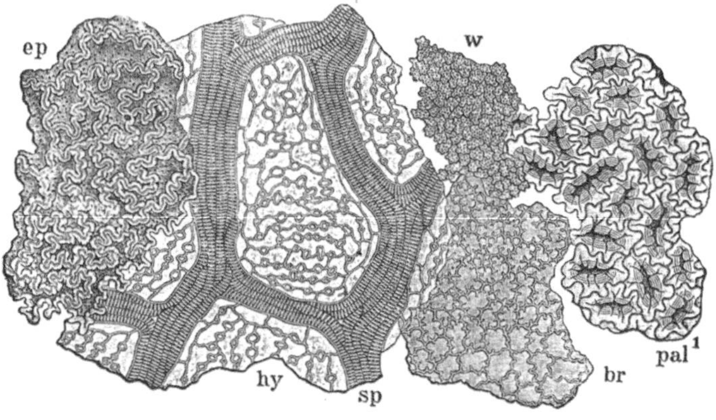

Fig. 344. Gewebe der inneren Hanfschale in der Flächenansicht (A. L. WINTON). Die Buchstaben haben dieselbe Bedeutung wie in Fig. 342.

E. **Embryo.** Die Kotyledonen (Fig. 342, *C*) besitzen eine doppelte Palissadenschicht. Aufser Fett enthalten sie Aleuron. Die Körner sind bis 8 μ grofs, rundlich oder eiförmig, mit einem Kristalloid und einem Globoid.

Literatur.

BENECKE (2); BÖHMER (6, 10, 21); COLLIN (8), HANAUSEK, T. F. (16); HARZ (17); TSCHIRCH (36); TSCHIRCH u. OESTERLE (37).

MACCHIATI: Sessualità, anatomia del frutto e germanatione del seme della canapa, Bull. d. Statione agraria di Modena, 1889, nov. Ser. **9.**

TSCHIRCH: Über den anatomischen Bau und die Entwickelungsgeschichte der Sekretdrüsen des Hanfes. Naturforscherversammlung 1886, Ber. in Pharm. Ztg. 1886, **31**, 577.

WINTON: Anatomie des Hanfsamens. Ztschr. Unters. Nahr. Genufsm. 1904, **7**, 385. — The Anatomy of Certain Oil Seeds, with Especial Reference to the Microscopic Examination of Cattle Foods. Conn. Agr. Exp. Sta. Rep. 1903, 175.

Sesam.

Der gemeine Sesam (*Sesamum indicum* L. — *Pedaleaceae*) ist seiner ölreichen Samen wegen eine der wichtigsten Kulturpflanzen Indiens, Chinas, Kleinasiens, Ägyptens, Ostafrikas und der wärmeren Gebiete Nord- und Südamerikas.

Die flachen, birnförmigen Samen (Fig. 345) sind 2—3 mm lang, weifs oder braun. In der Mitte einer der flachen Seiten verläuft die Raphe (*R*), und am Rande ist jede Seite undeutlich gerippt (1). Das Endosperm (*E*) ist ungefähr halb so dick wie das Keimblatt (*C*).

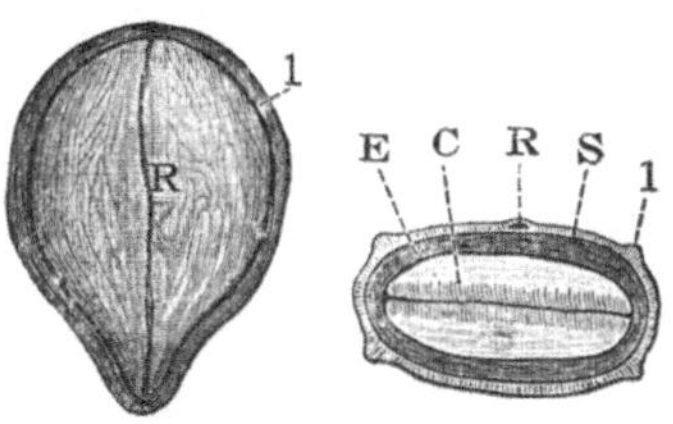

Fig. 345. Sesam, Flächenansicht u. Querschnitt, 8fach vergr. (A. L. WINTON); *S* Samenschale mit der Rippe 1 und der Raphe *R*, *E* Nährgewebe, *C* Keimling.

Die Oberhaut der Samenschale (Fig. 346 und 347, *ep*) ist kollabiert; ihre radial gestreckten Zellen zeigen aber nach Behandlung mit Lauge ihre normale Form. An den Rippen sind die Oberhautzellen leer, wie eine Federfahne angeordnet. An anderen Teilen sind sie parallel gereiht und enthalten aufsen je einen Sphärokristall aus Calciumoxalat, anscheinend in einer zarten Hülle. In der Flächenansicht sind die Kristallzellen isodiametrisch-polygonal (Fig. 347, *ep*), die Zellen der Rippen gestreckt.

Unter der Oberhaut liegt eine dünne, erst nach Laugenbehandlung in ihrer zelligen Struktur erkennbare Parenchymschicht (Fig. 346, *p*) und eine gelbe Membran (*m*). Erstere enthält nach HANAUSEK lose Einzelkristalle.

Das Endosperm (*E*) ist an den Flachseiten 3—5, an den Rändern nur 2 Zellenreihen stark. Die Aufsenwand ist stark

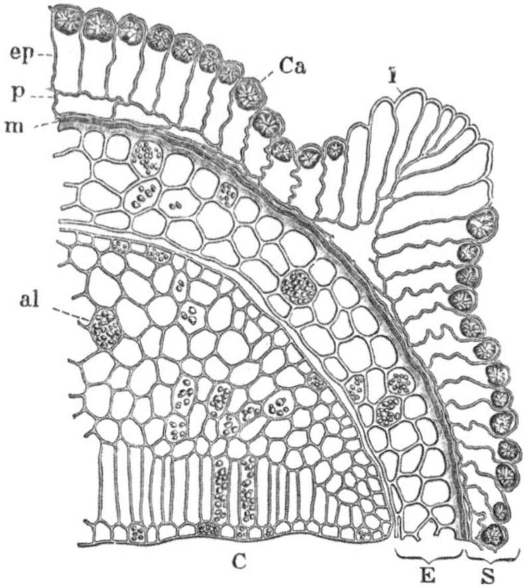

Fig. 346. Sesam im Querschnitt (A. L. WINTON); *S* Samenschale, *E* Nährgewebe, *C* Keimling. Die Erklärung der anderen Buchstaben s. im Texte.

verdickt. Der Inhalt besteht aus Fett und Aleuronkörnern (2—6 μ).

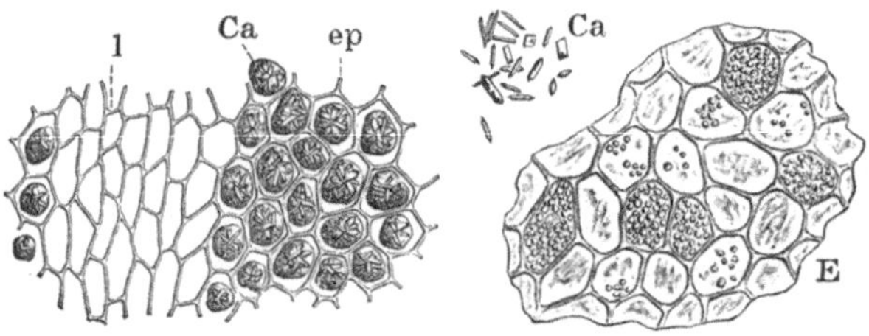

Fig. 347. Sesamgewebe in der Flächenansicht (A. L. WINTON).

Der Embryo (*C*) führt dieselben Inhaltsstoffe. Die Aleuronkörner sind jedoch gröfser (bis 10 μ) und enthalten entweder ein Kristalloid oder ein Globoid.

Sesamkuchen.

Nicht nur die Samen, sondern auch ihr Ölkuchen dient in den Produktionsorten als Nahrungsmittel für Menschen und Tiere.

Letztere werden auch nach Europa als Tierfutter in beträchtlicher Menge eingeführt.

An den Oberhautzellen der Samenschale sind sie leicht zu erkennen. Im schwarzen Sesam sind die Oberhautzellen stark verdickt und die Kristallmassen liegen an ihrer Innenseite.

Literatur.

Benecke (2); Böhmer (6, 10, 21); Collin (8); Hanausek, T. F. (16, 45); Harz (17).

Benecke: Die verschiedenen Sesamarten und Sesamkuchen des Handels. Pharm. Centralh. 1887, 545.

Hebebrand: Über den Sesam. Landw. Vers.-Stat. 1898, **51**, 45.

Kobus: Kraftfutter und seine Verfälschung. Landw. Jahrb. 1884, **13**, 813.

Winton: The Anatomy of Certain Oil Seeds with Especial Reference to the Microscopic Examination of Cattle Foods. Conn. Agr. Exp. Stat. Rep. 1903, 175.

Rizinus.

Der Wunderbaum (*Ricinus communis* L. — *Euphorbiaceae*), bei uns einjährig als Dekorationspflanze gezogen, ist schon in Italien ausdauernd und in Indien, seiner Heimat, sogar strauchförmig. Aus den Samen wird das Rizinusöl zu Heilzwecken geprefst. Der Ölkuchen kann als Tierfutter nicht gebraucht werden, weil er das höchst giftige, in das Öl nicht übergehende Rizin enthält. Er ist jedoch ein wertvoller Dünger. Wiederholt ist er mit üblen Folgen verfüttert worden; sein mikroskopischer Nachweis kann daher unter Umständen erwünscht sein.

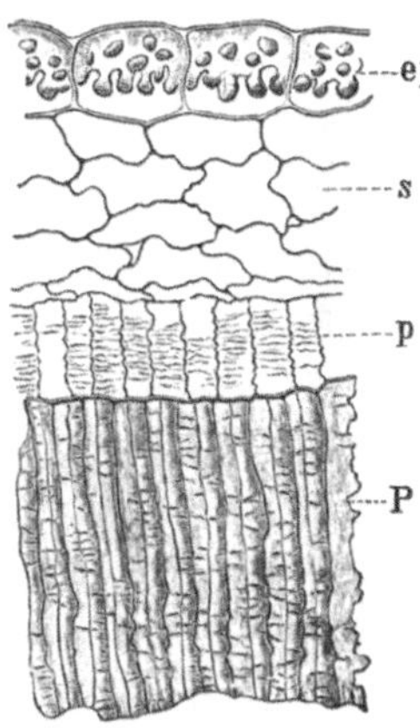

Fig. 348. Schale des Rizinus-Samens im Querschnitt; *ep* Oberhaut, *s* Schwammparenchym, *p* zarte Palissaden, *P* braune, dicke Palissaden.

Die Samen sind 8—18 mm grofs, elliptisch, etwas abgeflacht, glänzend, gelb- und braunscheckig. Auf der flachen Seite ist der Nabelstrang deutlich ausgeprägt, und am Nabelende befindet sich eine hellfarbige, leicht abfallende, daher oft fehlende Warze (Caruncula). Die Samenschale ist dünn und sehr spröd. Der Embryo mit breiten, flachen Kotyledonen liegt in massiges Endosperm gebettet.

Die Samenschale besteht aus fünf Schichten, von denen die vier äuſseren (Fig. 348) leicht getrennt werden von der inneren, die beim Schälen an dem Kern haften bleibt.

1. Die Oberhaut besteht aus scharf-polygonalen, an der Auſsenseite wulstig verdickten, gekröseartigen, farblosen oder braunen Zellen (Fig. 349).

2. Schwammparenchym in mehreren Lagen.

3. Dünnwandige Palissadenzellen, 20 μ hoch, mit zart gerunzelten Wänden, in der Flächenansicht polygonal, 12—20 μ breit.

4. Dickwandige Palissaden bilden eine bis 200 μ dicke Schicht und sind untereinander seitlich verzinkt. Die Membranen sind braun, undeutlich getüpfelt, das Lumen nach auſsen oft

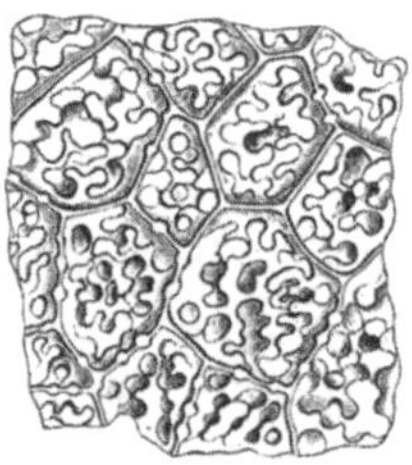

Fig. 349. Oberhaut des Rizinus-Samens in der Flächenansicht.

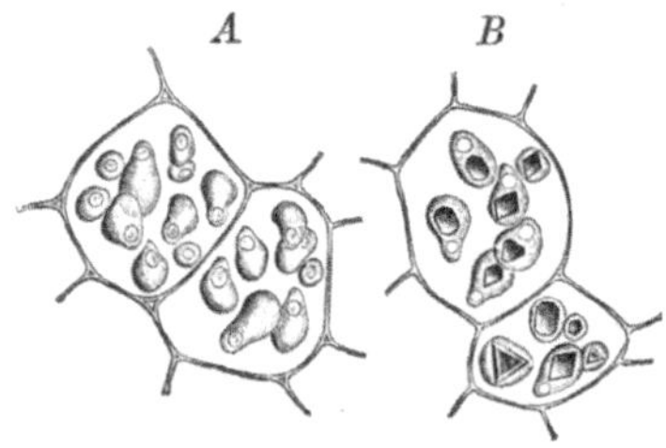

Fig. 350. Aleuronkörner des Rizinus-Samens; *A* in Öl, *B* in Jodlösung.

verbreitert. In der Flächenansicht sind die Palissaden polygonal, 8—15 μ breit.

5. Die innere Samenhaut umgibt den weiſsen Samenkern als eine farblose Haut. Sie besteht aus mehreren zusammengedrückten, von vielen Leitbündeln durchzogenen Parenchymschichten, denen oft Kristalldrusen und federförmige Fettkristalle anhaften.

Das Endosperm ist mit Fett und Aleuron erfüllt. Die Aleuronkörner sind rund, elliptisch oder eckig, oft 20 μ groſs. Sie enthalten ein groſses Kristalloid und einen oder mehrere exzentrisch gelagerte Globoïde (Fig. 350).

Besonders charakteristisch sind die Oberhaut, die Sklerenchymschicht und die in Terpentin oder Glyzerin deutlich erkennbaren Aleuronkörner.

Literatur.

BÖHMER (6, 10, 21); COLLIN (8); HANAUSEK, T. F. (45); TICHOMIROW (35); VOGL (41).

COLLIN: Tourteau de Ricin; ses dangers, ses caractères anatomique. Journ. pharm. chim. 1903.

GRAM: Om Frösskallens Bygning hos Euphorbiaceerne. (Über den Bau der Samenschale bei den Euphorbiaceen.) Bot. Tidskrift 1896, **20**, 358.

GRIS: Note sur le développement de la graine du Ricin. Ann. Soc. nat. Bot. 1861, **15**, 5; 1862, **17**, 312; 1864, Sér. V, **2**, 5.

KAYSER: Beiträge zur Entwicklungsgeschichte der Samendecken bei den Euphorbiaceen mit besonderer Berücksichtigung von *Ricinus communis* L. Ber. Pharm. Ges. 1892, **2**, 545.

PAMMEL: On the Seed-Coats of the Genus Euphorbia. Contributions fr. Shaw School of Bot. 1891, Nr. 8, 543.

SCHLOTTERBECK: Beiträge zur Entwicklungsgeschichte pharmakognostisch wichtiger Samen. Inaug.-Diss. Bern 1896.

Kandelnufs.

Kandel- oder Candlenufs heifst der Same von *Aleurites triloba* FORST. (*A. moluccana* [L.] WILLD. — *Euphorbiaceae*), eines auf den Molukken und den Südsee-Inseln heimischen und in allen tropischen und subtropischen Gebieten der Ölsamen wegen kultivierten Baumes.

Die haselnufsgrofsen, höckerig-grobrunzeligen, dunkelbraunen, mit kreidiger Kruste bedeckten Samen besitzen eine harte, 2—5 mm dicke Schale und im massigen Endosperm einen Embryo mit breit herzförmigen Kotyledonen.

Im anatomischen Bau stimmen sie mit den Rizinus-Samen nahe überein, nur fehlen der Marktware die beiden äufseren Schichten.

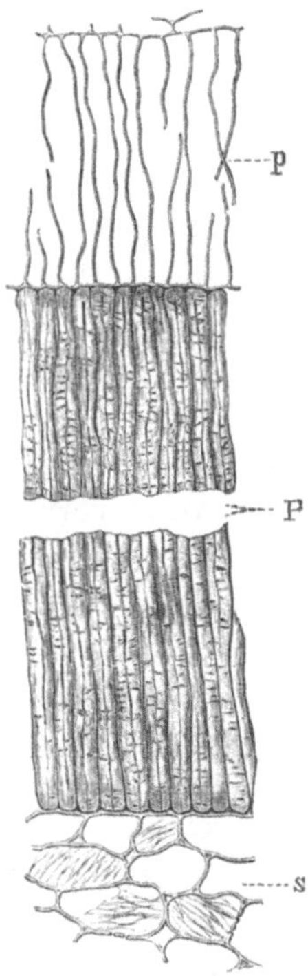

Fig. 351. Schale der Kerzen-od. Candlenufs im Querschnitt; *p* zarte Palissaden, deren kreidiger Inhalt durch Salzsäure entfernt wurde, *P* braune, dicke Palissaden, *s* Schwammparenchym.

Die dünnwandigen Palissaden (Fig. 351) bilden demnach die Aufsenseite. Sie sind mit einer körnigen Masse aus Calciumkarbonat erfüllt und bilden den kreidigen Überzug. Ihr zelliger Bau wird erst kenntlich, nachdem die Kreide mit Salzsäure gelöst wurde.

Die dickwandigen Palissaden sind bedeutend gröfser (1,5—2,5 mm) als im Rizinus-Samen.

Das Parenchym enthält zystolithenartige Massen aus Calciumoxalat. Die Membranen sind von schmalen, verlängerten Poren netz- oder schraubenförmig gezeichnet.

Das Endosperm enthält neben Öl Aleuronkörner von 8—30 μ, denen des Rizinus ähnlich, und in einzelnen Zellen Oxalatdrusen.

Kandelnufskuchen unterscheidet sich von Rizinuskuchen durch die viel gröfseren Palissaden in beiden Schichten und durch die Kruste kohlensauren Kalkes.

Literatur. Böhmer (6, 21); Hanausek (12).

Kompositenfrüchte.

Die Früchte der Kompositen (Achänen) haben das Aussehen von Samen und werden gewöhnlich als solche bezeichnet. Sie sind länglich, am Scheitel oft von einem Pappus gekrönt, am unteren Ende stets benabelt (s. Fig. 276, pag. 260). Sie sind einsamig.

Die Schale besteht aus der verwachsenen Frucht- und Samenhaut. In der Fruchtwand befinden sich oft charakteristische Hartschichten. Mit der Samenschale ist das spärliche Nährgewebe verwachsen.

Der Embryo besitzt grofse Kotyledonen, die Fett und Eiweifs, keine Stärke enthalten.

Helianthus, Madia und Guizotia sind die einzigen Kompositen, die ihrer fettreichen Samen wegen angebaut werden. Die Prefsrückstände dienen als Tierfutter.

An den Schalenfragmenten sind diese Ölkuchen leicht zu erkennen und zu unterscheiden.

Besonders charakteristisch sind die in der Fruchtschale dicht gedrängten Faserbündel, deren Aufsenseiten mit dunklem Pigment („Humus") bedeckt sind.

Sonnenblumenkuchen ist an den gepaarten Haaren, Nigerkuchen an der genetzten Samenschale, Madiakuchen an den fein getüpfelten Zellen der Samenschale zu erkennen.

Die Früchte der Kornblume (s. pag. 260), vereinzelt auch die anderer Kompositen, bilden einen Bestandteil des Ausreuters.

Sonnenblume.

Im tropischen Amerika heimisch, wird die Sonnenblume (*Helianthus annuus* L. — *Compositae*) als Zierpflanze und der ölreichen Samen wegen überall in Europa und Asien angebaut. In Rufsland, Ungarn, Italien und Indien wird das Öl zur menschlichen Nahrung und technisch, der Ölkuchen als Tierfutter verwendet.

Die länglichen, selten über 10 mm langen Früchte (fälschlich Samen genannt) sind vierseitig und abgeflacht. Es gibt fast schwarze und schwarz und weifs gestreifte Varietäten. Die Fruchtschale ist spröde und trennt sich leicht von den Samen.

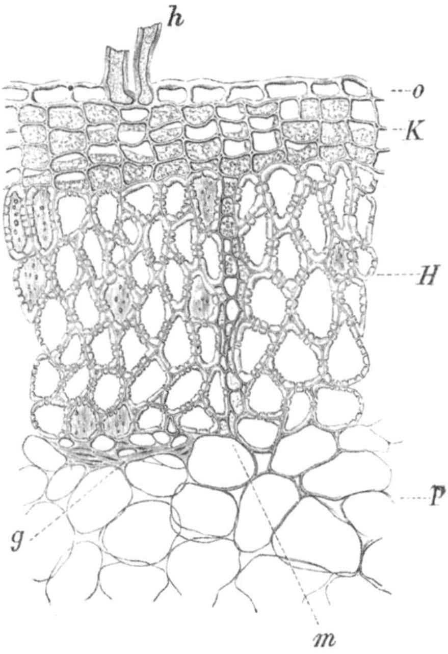

Fig. 352. Fruchtschale der Sonnenblume im Querschnitt;
o Oberhaut mit den Haaren *h*,
K Hypoderm,
H Faserschicht mit dem Zwischenparenchym *m*,
p Parenchym mit dem Leitbündel *g*.

A. **Fruchtschale.** 1. Die Oberhautzellen (Fig. 352, *o* und Fig. 353) sind grofs, meist gestreckt, getüpfelt, mit oder ohne dunkelgefärbten Inhalt. Spaltöffnungen fehlen. Charakteristisch sind die gewöhnlich gepaarten Haare (*h*). Sie sind bis 0,5 mm lang, am Grunde bis 25 μ breit, etwas dünnwandiger als die Oberhautzellen, oft abgebrochen. In der Regel sind die Haare eines Paares fast der ganzen Länge nach verwachsen; ein Haar sitzt auf einer eigentümlichen Fufszelle, das andere ist seitlich angefügt.

2. Das Hypoderm (Fig. 352, *K*) besteht aus zwei oder mehr Lagen dicht und fein poröser Zellen, die nach Art eines Korkgewebes angeordnet sind.

3. Humuszellen. In den meisten Samen, besonders in den schwarzen, findet sich zwischen Hypoderm und Faserschicht

eine pechartige Substanz abgelagert. In Fig. 352 fehlt sie. Früher als Interzellularsubstanz betrachtet, wurde sie von T. F. HANAUSEK als eine desorganisierte Zellschicht erkannt.

4. Faserbündel (Fig. 352, *H* u. Fig. 354), aus zehn oder mehr Lagen, oft 600 μ diam., sind durch Reihen dünnwandiger Zellen voneinander getrennt, an Markstrahlen erinnernd. Nicht nur die Faserbündel, sondern auch die einzelnen Fasern sind gröfser

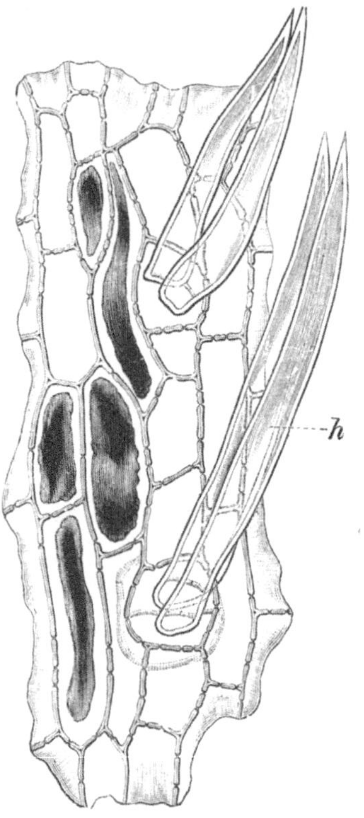

Fig. 353. Epidermis der Sonnenblumenfrucht mit den Haaren *h*.

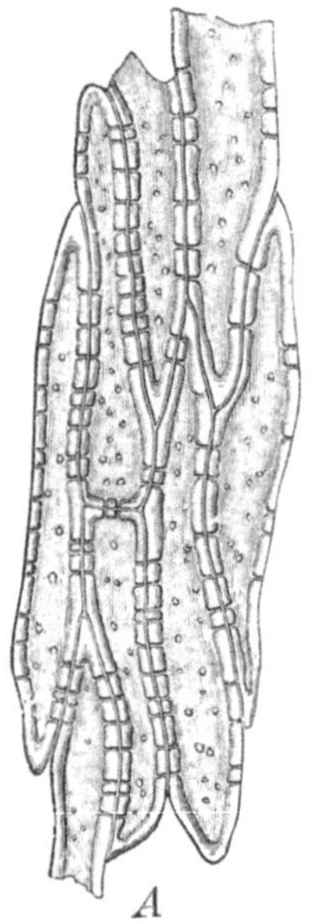

Fig. 354. Fasern aus der Sonnenblumenschale (Fig. 352, *H*).

als bei Madia und Guizotia. An der Innenseite jedes Faserbündels liegt eine kleine Gefäfsgruppe (*g*).

5. Parenchym (*p*), äufserst dünnwandig und lückig gefügt, ist zu einer weifsen, papierartigen Schicht zusammengedrückt.

B. **Samenschale.** Sie bildet mit dem Endosperm eine zarte Membran. Die äufsere Oberhaut (Fig. 355 unten) erscheint in der Flächenansicht als rundzelliges Gewebe, darunter ein

Schwammparenchym mit Leitbündeln und die innere Oberhaut aus rechteckigen, 8—20 μ grofsen Zellen.

C. Das **Endosperm** (Fig. 355, oben) besteht aus einer einfachen oder doppelten Reihe typischer Aleuronzellen.

D. **Embryo.** Die gefalteten Kotyledonen (Fig. 356) haben mehrere Palissadenreihen. Sie enthalten Fett und unregelmäfsig-sphärische Aleuronkörner von 3—12 μ diam. Viel kleiner sind die Aleuronkörner in den Oberhautzellen.

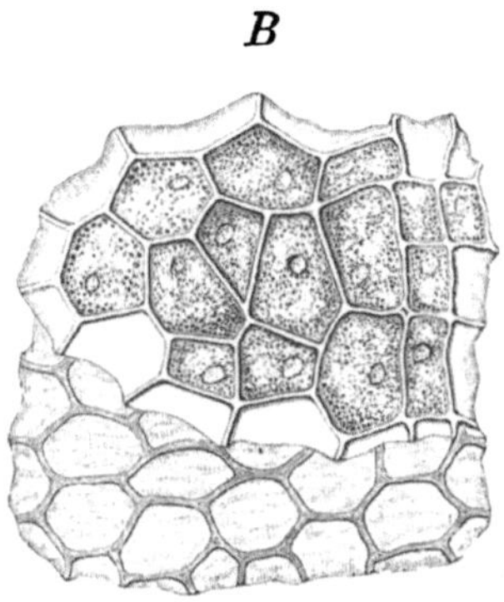

Fig. 355. Samenhaut (unten) und Nährgewebe (oben) der Sonnenblumenfrucht.

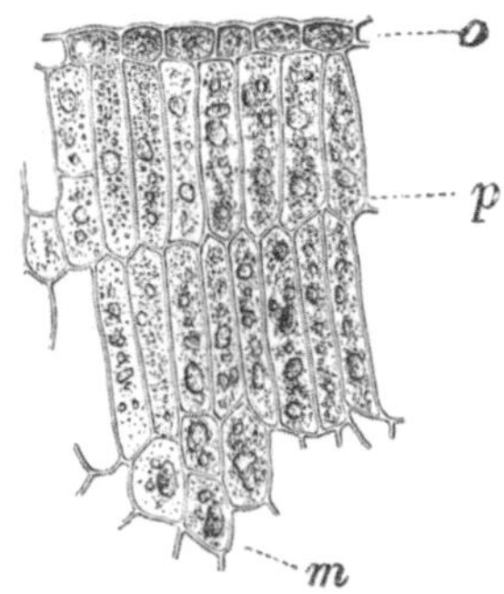

Fig. 356. Keimblattgewebe der Sonnenblume; *o* Epidermis, | *p* Palissaden, *m* Mittelschicht.

Die Samen werden vor der Pressung geschält; es enthalten daher die Ölkuchen nur spärlich die zur Identifizierung nötigen Bestandteile (Zwillingshaare, Hypoderm, breite Fasern).

Literatur.

Benecke (2); Böhmer (6, 10, 21); Collin (8); Hanausek, T. F (16, 45); Harz (17); Moeller (26).

Hanausek, T. F.: Zur Entwicklungsgeschichte des Perikarps von *Helianthus annuus*. Ber. Deutsch. Bot. Ges. 1902, **20**, 449.

Heineck: Beitrag zur Kenntnis des feineren Baues der Fruchtschalen der Kompositen. Inaug.-Diss. Giefsen 1890.

Kobus: Kraftfutter und seine Verfälschung. Landw. Jahrb. 1884, **13**, 813.

Kraus: Über den Bau trockener Perikarpien. Inaug.-Diss. Leipzig 1866, 66 und Pringsheim's Jahrb. f. w. Bot. **5**, 1866/67, 124.

Pfister: Ölliefernde Kompositenfrüchte. Landw. Vers.-Stat. 1894, **43**, 441.

Madia.

Das Teerkraut, in Chile „Madi" genannt (*Madia sativa* MOL. — *Compositae*), ist eine der zahlreichen Arten dieser an der pazifischen Küste Nord- und Südamerikas heimischen Gattung. Sie wird in Amerika, weniger ausgedehnt in Deutschland, als Ölsaat gebaut.

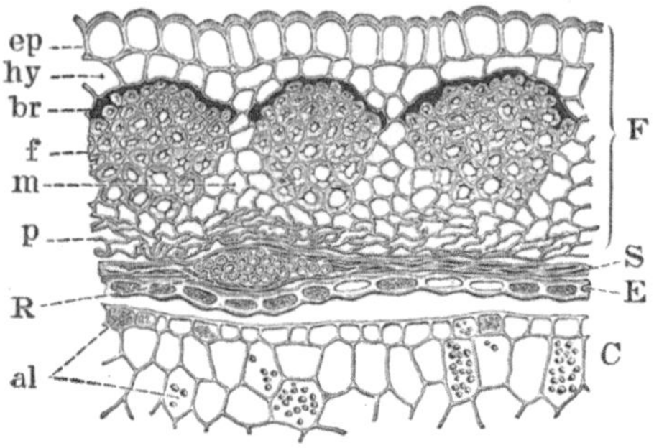

F Fruchtschale, *S* Samenschale, *E* Nährgewebe, *C* Keimblatt, *R* Leitbündel.
Die Bedeutung der übrigen Buchstaben s. im Texte.

Fig. 357. Querschnitt des Madiasamens (A. L. WINTON).

Die schlanken, gerippten, 4—8 mm langen, 2 mm dicken, am Scheitel zugespitzten Früchte sind gewöhnlich hellfarbig, mitunter fast schwarz.

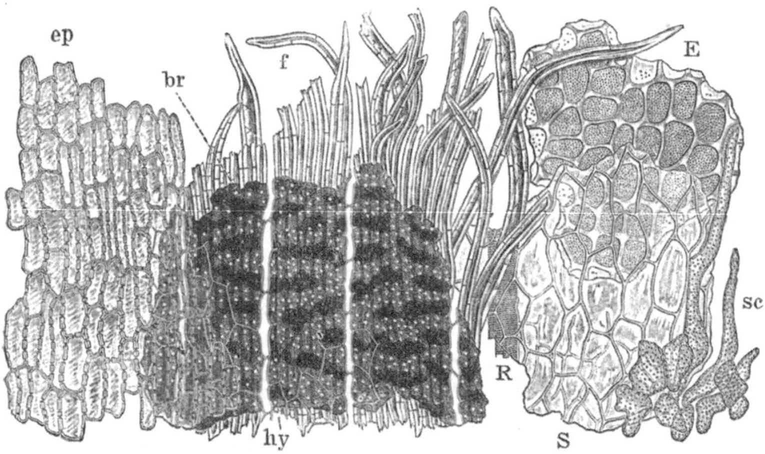

Fig. 358. Gewebe des Madiasamens in der Flächenansicht (A. L. WINTON); *sc* getüpfelte Zellen der Samenschale. Die übrigen Buchstaben haben dieselbe Bedeutung wie in Fig. 357.

A. **Fruchtschale.** Die Oberhautzellen (Fig. 357 u. 358, *ep*) sind gestreckt, farblos, getüpfelt.

Das Hypoderm (*hy*) ist nicht immer ausgebildet.

Die Faserbündel (*f*) sind an der Aufsenseite von einer dunkeln, in den gewöhnlichen Reagentien unlöslichen Masse (der Humus-Schicht der Sonnenblumenfrucht analog) bedeckt. Die oberflächliche Färbung der Frucht rührt von der verschiedenen Dicke dieser Pigmentschicht her. Die Fasern sind oft 1 mm lang, 5—15 μ dick. Die Bündel sind durch keilförmige Parenchymgruppen (*m*) voneinander getrennt.

Teilweise kollabiertes Parenchym (*p*) bildet die innere Auskleidung der Fruchtschale.

B. **Samenschale.** Sie besteht aus einer Parenchymschicht (*S*) und eigentümlich geformten, punktierten Zellen (*sc*).

C. Das **Endosperm** (*E*), aus einer einfachen Aleuronschicht bestehend, ist mit der Samenschale verwachsen.

D. **Embryo.** Die Kotyledonen sind gefaltet und besitzen eine 3—4fache Palissadenreihe. Sie enthalten Fett und Aleuronkörner (2—6 μ).

Literatur.

Benecke (2); Böhmer (6, 10, 21); Collin (8); Hanausek, T. F. (16, 45); Harz (17).

Pfister: Ölliefernde Kompositenfrüchte. Landw. Vers.-Stat. 1894, **43**, 441.

Winton: The Anatomy of Certain Oil Seeds with Especial Reference to the Microscopic Examination of Cattle Foods. Conn. Agr. Exp. Stat. Rep. 1903, 175.

Nigersamen.

Guizotia abyssinica (L.) Cass. (*G. oleifera* DC. — *Compositae*) wird in ihrer Heimat und in Indien als Ölsaat gebaut; Versuche, sie in Europa und Amerika einzuführen, haben bisher nicht befriedigt. Die Prefsrückstände werden jedoch auch bei uns, unter dem Namen „Nigerkuchen“, als Tierfutter benützt.

Die Früchte sind schwarz, den Madia-Früchten ähnlich, aber viel kleiner, selten über 5 mm lang u. 1 mm breit. Auch im Baue stimmen sie nahe überein.

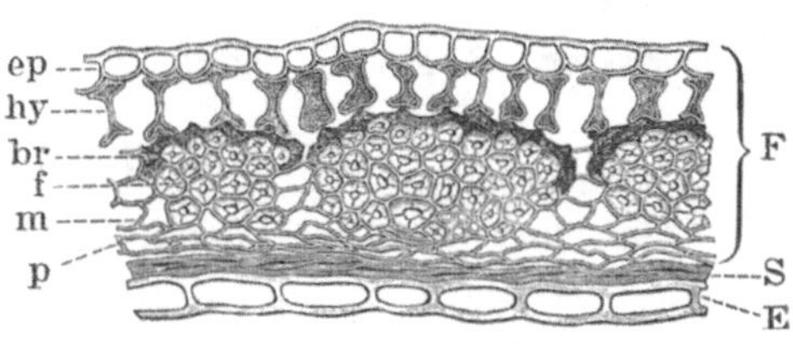

Fig. 359. Querschnitt des „Nigersamens“ (A. L. Winton);
F Fruchtschale mit der Oberhaut *ep*, dem Hypoderm *hy*, der Pigmentschicht *br*, den Faserbündeln *f*, dem Zwischenparenchym *m*, dem kollabierten Parenchym *p*,
S Samenschale,
E Nährgewebe.

Die Oberhautzellen der Fruchtschale (Fig. 359 u. 360, *ep*) sind länger und nicht getüpfelt.

Die Zellen des Hypoderms (*hy*) erinnern auf Querschnitten an die Trägerzellen der Leguminosen, isoliert, an Eisenbahnschienen (PFISTER). Die Farbe der Früchte ist hauptsächlich durch das Pigment dieser Zellen bedingt.

Die mit Pigment bedeckten Faserbündel sind kleiner und die einzelnen Fasern dünner als bei Madia.

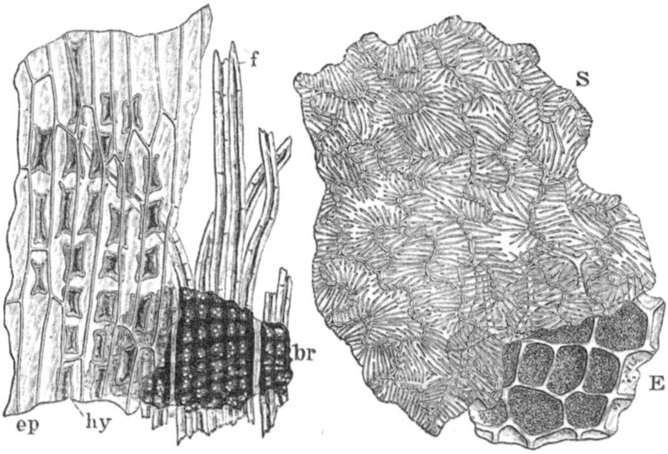

Fig. 360. Gewebe des „Nigersamens" in der Flächenansicht (A. L. WINTON). Die Buchstaben haben dieselbe Bedeutung wie in Fig. 359.

Charakteristisch ist die Aufsenseite der Samenschale wegen der eigentümlich netzig verdickten Zellen (Fig. 360, *S*). Die Innenschicht ist obliteriert.

Das Endosperm ist eine einreihige Aleuronschicht und ebensowenig wie das Embryonalgewebe von Madia zu unterscheiden.

Literatur. S. Madia, pag. 333.

Mohn.

Der im Orient heimische Mohn (*Papaver somniferum* L. — *Papaveraceae*) ist in den Schweizer Pfahlbauten massenhaft zu finden (HARTWICH) und wird jetzt überall kultiviert; die Varietät mit weifsen Samen vorzüglich zur Opiumgewinnung, die mit schwarzen Samen zur Ölgewinnung.

Die Samen sind nierenförmig, selten über 1 mm lang. Nabel und Chalaza liegen, durch den kurzen Nabelstrang verbunden, in der Konkavität, der Nabel dem schmäleren Ende zu. Die Oberfläche erscheint unter der Lupe schön genetzt (Fig. 361, *I*). Der Embryo (*II*) ist in massiges Endosperm gebettet.

A. **Samenschale.** Querschnitte sind aus dem in Wasser erweichten Samen leicht herzustellen und können mit Chloralhydrat oder Lauge aufgehellt werden. Läfst man den ganzen Samen 24 Stunden in 1 %iger Natronlösung quellen, so können die vier äufseren Schichten von der fünften abgelöst werden. Durch Salzsäure löst man das Kalziumoxalat und färbt mit Chlorzinkjod oder Safranin.

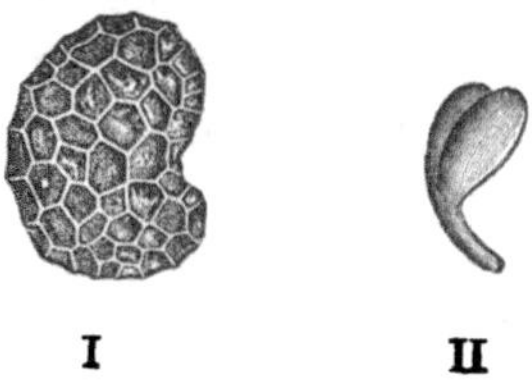

Fig. 361. Mohnsamen (A. L. WINTON); I Lupenbild, II Keimling.

1. Die Oberhautzellen (Fig. 362 u. 363, *ep*) sind polygonal und enorm grofs, dem Netzwerk der Oberfläche (Fig. 361, *I*) entsprechend. Wie Querschnitte zeigen (Fig. 362), sind sie kollabiert. Die radialen Wände sind dünn und gewellt; das auf Flächenpräparaten auffallende dicke Maschenwerk wird nicht von den Oberhautzellen, sondern von einer tieferen, der dritten Zellschicht, gebildet.

S Samenschale mit der Oberhaut *ep*, der Kristallschicht *k*, der Faserschicht *f*, den Querzellen *q* und den Netzzellen *n*, *E* Nährgewebe mit Aleuron *al*.

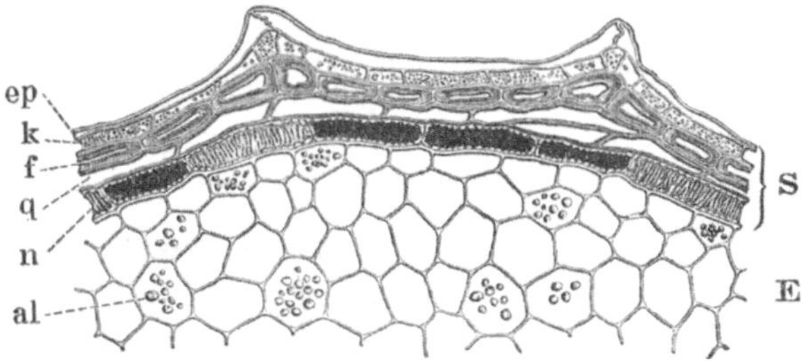

Fig. 362. Querschnitt des Mohnsamens (A. L. WINTON).

2. Kristallschicht (*k*). Eine Lage dünnwandiger, polygonaler Zellen enthält Kristallsand. Nach A. MEYER beruht die blauschwarze Farbe der Samen auf Interferenz, und tatsächlich werden die Samen braun, wenn die Kristalle durch Salzsäure entfernt wurden.

3. Faserschicht (*f*). Die 15—40 μ dicken Fasern sind der Längenachse des Samens parallel gereiht. Sie verursachen, wie schon bemerkt, das netzige Relief der Samenoberfläche.

4. Querzellen (*q*), mäfsig verdickt, braun, zugespitzt, Seite an Seite gereiht, kreuzen die Fasern.

5. Netzzellen (*n*) sind wie die Querzellen angeordnet. Sie enthalten eine dunkelbraune Masse, die in Alkalien unlöslich ist und auf Gerbstoff nicht reagiert. In den weifsen Samen fehlt dieser Zellinhalt.

6. Eine zartzellige Schicht (der Rest des Nährgewebes?) ist nur in der Nähe des Nabels erkennbar.

B. **Samenkern.** Endosperm und Embryo enthalten Aleuronkörner (3—7 μ) mit mehreren Globoiden und Kristalloiden.

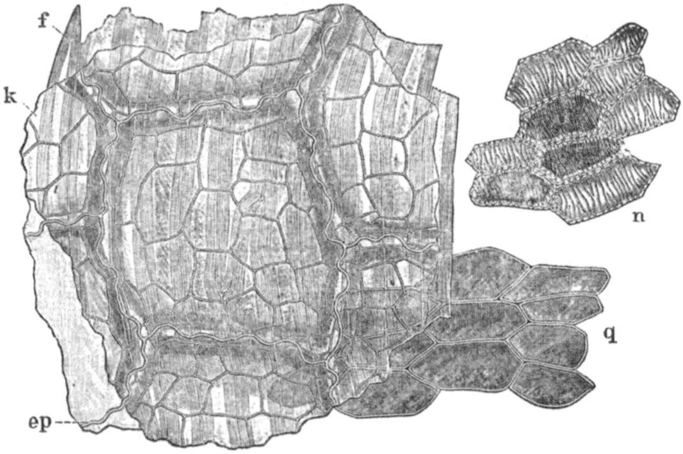

Fig. 363. Schalengewebe des Mohnsamens in der Flächenansicht (A. L. Winton); *ep* Oberhaut, *k* Kristallschicht, *f* Faserschicht, *q* Querzellen, *n* Netzzellen.

Literatur.

Benecke (2); Berg (3); Böhmer (6, 10, 21); Collin (8); Hanausek, T. F. (15, 16, 45); Harz (17); Meyer, A. (24); Tschirch u. Oesterle (37); Vogl (42).

Godfrin: Étude histologique sur les Téguments séminaux des Angiospermes. Soc. d. Sc. d. Nancy 1880, 109.

Mach: Mohn und Mohnkuchen. Landw. Vers.-Stat. 1902, **57**, 421.

Hartwich: Über Papaver somniferum u. dessen in den Pfahlbauten vorkommende Reste. Apoth.-Ztg. 1899.

Hockauf: Beob. an Handelsmohnen. Chem. Ztg. 1903.

Meunier: Les téguments séminaux des Papaveracées. „La Cellule", Recueil de Cytologie et d'Histologie générale. 1891, **7**, 377.

Michalowski: Beitrag zur Anatomie und Entwicklungsgesch. von *Papaver somniferum* L., I. Teil, Dissertation, Breslau 1881.

Tschirch: Entwicklungsgeschichtliche Studien. Schw. Woch. Chem. Pharm. 1897, **35**, Nr. 17.

Winton: The Anatomy of Certain Oil Seeds with Especial Reference to the Microscopic Examination of Cattle Foods. Conn. Agr. Exp. Stat. Rep. 1903, 175.

Olive.

Der Olivenbaum (*Olea europea* L. — *Oleaceae*) wird vorzüglich im südlichen Europa, seiner Heimat, kultiviert. Seine Früchte sind in Form und Gröfse sehr verschieden, reif, purpurfarbig. Sie sind Steinfrüchte (wie Pflaumen und Kirschen), d. h. der Same liegt in einer Steinschale, die ein Teil des Fruchtfleisches ist.

Die in Salzwasser konservierten reifen Oliven liefern ein gutes Material zum Studium des mikroskopischen Baues. Man härtet sie einige Tage in Alkohol und entfettet die Schnitte durch Äther.

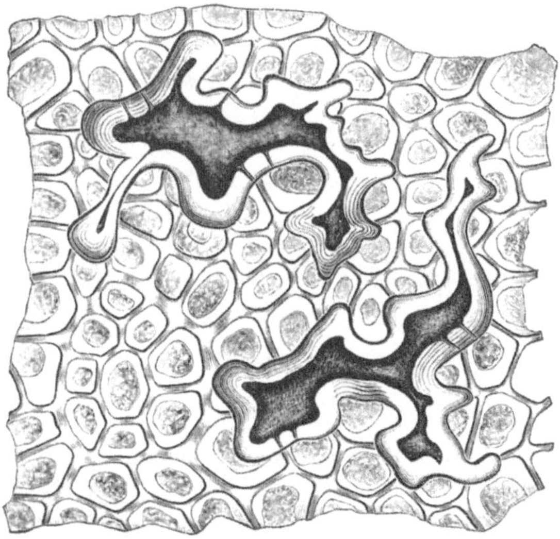

Fig. 364. Oberhaut der Olive von innen mit zwei Idioblasten des Fruchtfleisches.

A. **Fruchtschale.** Sie besteht aus dem öligen Fruchtfleisch und der Steinschale.

1. Die Oberhautzellen sind polygonal (25 μ diam.), dickwandig. Sie enthalten, gleich dem folgenden Parenchym, purpurnen Farbstoff, der mit konzentrierter Schwefelsäure intensiv rot wird (Hanausek).

2. Das Mesokarp besteht aus dünnwandigen, aufsen isodiametrischen, nach innen zu radial gestreckten, dicht mit Öl erfüllten Zellen. Im Parenchym zerstreut finden sich grofse, phantastisch geformte Steinzellen (Fig. 364), deren Äste oft T-

oder Y-förmig sind. Da sie farblos sind, können sie in Wasserpräparaten, besonders wenn sie nicht gut entfettet sind, leicht übersehen werden. Mit Lauge färben sie sich dunkelgelb.

3. Das Endokarp bildet einen länglichen, harten, 1—3 mm dicken Stein. Mittels einer feinen Säge können Scheiben herausgeschnitten, mit Kanadabalsam auf einem Deckglase befestigt, dünn geschliffen und schliefslich in Balsam eingelegt werden. An solchen Schliffpräparaten ist die eigentümliche Form und Gruppierung der Steinzellen gut zu sehen. Sie gleichen denen des Mesokarps; in den äufseren und mittleren Lagen kommen

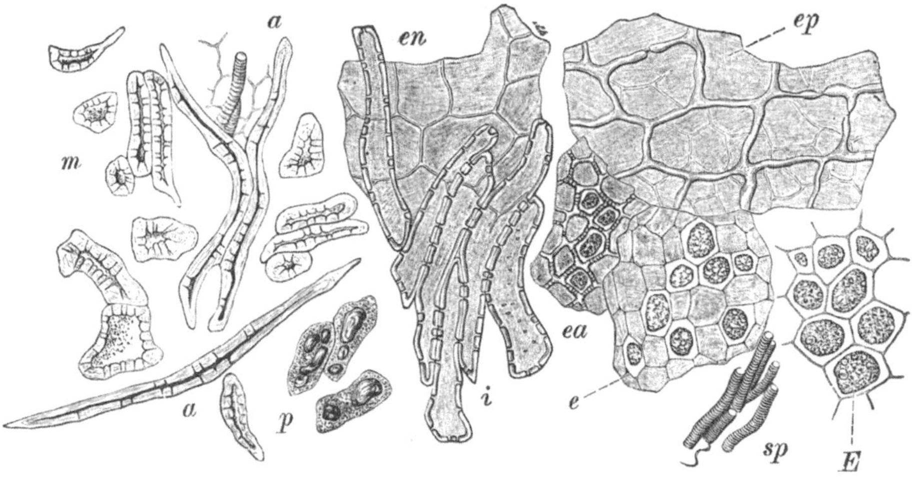

Fig. 365. Olivengewebe in der Flächenansicht;
a, *m* und *i* Steinzellenformen und Fasern,
en Auskleidung der Steinschale,
p Ölhaltiges Fruchtfleisch,
ep Oberhaut der Samenschale,
ea Aufsenschicht des Nährgewebes,
E und *e* Keimblattparenchym,
sp Spiralgefäfse.

gestreckte (Fig. 365, *a*) und isodiametrische (*m*) vor, in den inneren Schichten sind alle gestreckt und quer gelagert (*i*). Die Verdickung ist meist so bedeutend, dafs nur ein enges Lumen frei bleibt. Die innere Auskleidung (Fig. 365, *en*) besteht aus dünnwandigem, zusammengedrücktem Parenchym.

B. **Samenschale.** Die Oberhautzellen (Fig. 365, *ep*) sind gestreckt, oft 300 μ lang, und in der Flächenansicht durch die ungleichmäfsige Verdickung der farblosen Wand sehr charakteristisch.

Darunter liegt ein zartzelliges, von zahlreichen Leitbündeln durchzogenes Parenchym. Aufsen sind die Zellen polygonal, nach innen zu rundlich, zu innerst zusammengedrückt. Sie enthalten Oxalatkristalle mannigfacher Form.

C. **Samenkern.** Er besteht hauptsächlich aus Endosperm. Die unregelmäfsig-polygonalen Zellen der Aufsenschicht sind einseitig (aufsen) stärker verdickt und getüpfelt (Fig. 365, *ea*). Das übrige Gewebe ist zartzellig und enthält neben Fett Aleuron.

In der Achse des Endosperms liegt der gerade Embryo (*E, e*) mit länglichen Kotyledonen. Die Zellen sind kleiner und zarter als die des Endosperms und führen die gleichen Inhaltsstoffe.

Olivenprodukte.

Olivenöl und Palmöl (von *Elaeïs*) sind die einzigen Pflanzenfette, die nicht aus Samen, sondern aus dem Fruchtfleisch gewonnen werden.

Olivenkuchen dient als Tierfutter und gelegentlich als Fälschungsmittel, besonders für schwarzen Pfeffer. Charakteristisch sind die Steinzellen und der Farbstoff.

Olivenkerne werden in Frankreich und Italien, auch geröstet, zum Zwecke der Gewürzfälschung gemahlen und besonders über Triest als „Matta Livorno" eingeführt. Man erkennt sie leicht an den vielgestaltigen Steinzellen und an den grofsen Oberhautzellen der Samenschale (Fig. 365, *ep*).

Literatur.

Böhmer (21); Hanausek, T. F. (10, 12, 15, 16); Macé (23); Moeller (26); Schimper (34); Villiers et Collin (39); Vogl (42).

Bottini: Sulla struttura dell' oliva. Nuov. giorn. bot. ital. 1889, **21**, 369.

Hanausek, T. F.: Über einige, gegenwärtig im Wiener Handel vorkommende Gewürzfälschungen. Ztschr. Nahr.-Unters. Hyg. 1894, **8**, 95.

Landrin: Falsification du poivre a l'aide des grignons d'olive. Journ. Pharm. **10**, 194.

Gewürze.

Zu den Gewürzen zählen nicht nur die im folgenden Abschnitt behandelten Samen und Früchte, sondern auch der im Zusammenhang mit den Kruziferensamen beschriebene Senf, ferner einige Wurzeln (Ingwer, Curcuma, Zitwer, Galgant u. a.), Rinden (Zimt, Nelkenzimt), Blüten (Gewürznelken, Kappern, Safran, Zimtblüten), Kräuter und Blätter (Salbei, Majoran, Saturei, Bertram, Lorbeer u. a. m.).

Verunreinigungen.

Die Verunreinigungen sind die Folge fehlerhafter Methoden beim Sammeln oder Ernten, beim Trocknen, Reinigen und Behandeln. Sie bestehen aus Schmutz, kleinen Steinen, Holzspänen und anderen Pflanzenteilen, Unkräutern und Insekten.

Mineralische Verunreinigungen. Während des Wachstums können niemals die in der Frucht geschützten Samen, sondern nur Früchte, Blätter und Rinden beschmutzt werden. Sie werden zwar durch Regen einigermafsen abgewaschen, aber anderseits, wenn sie nahe am Boden wachsen, durch Kot bespritzt und dadurch in der Qualität wesentlich beeinträchtigt. Manche Gewürze (z. B. Paprika, Salbei) haben nur aus diesem Grunde einen nach Jahrgang und Gegend wechselnden Reinheitsgrad.

Der am Feuer getrocknete Singapore-Pfeffer ist viel reiner als andere Sorten, die auf der Erde ausgebreitet werden, um durch die Sonnenwärme getrocknet zu werden. Ingwer und andere Wurzelgewürze werden zwar gewaschen, aber die ungeschälten Sorten (aus Afrika, Kalkutta) kommen doch selten ganz rein auf den Markt.

Ceylonzimt ist gewöhnlich ganz rein, aber andere Zimtsorten, besonders Chips, sind oft verunreinigt; Winton fand in einem Bündel chinesischen Zimtes nicht weniger als 15,47 % Sand, während die gesiebte Droge nur 1,11 % Sand ergab.

Gekalkte Muskatnüsse und gebleichter Ingwer haben einen Überzug von Calciumkarbonat. Er dient als Schutz gegen Insektenfrafs und wird nicht als Fälschung betrachtet. Weifser Penangpfeffer ist ebenfalls gekalkt, aber ohne jeden Zweck.

Fremde Pflanzenteile (wie Blätter, Stengel und Schalen) sollen nur in kleiner Menge, in gereinigten Gewürzen gar nicht vorkommen. Dafs die Verunreinigungen von derselben Mutterpflanze herrühren, ist keine Rechtfertigung. Nelkenstiele sind z. B. im Pulver der Gewürznelken ebenso als Fälschung aufzufassen wie etwa Sägespäne des Nelkenholzes.

Unkräutersamen verunreinigen oft den Senf und die Umbelliferenfrüchte, selten andere Gewürze.

Insekten verschonen häufig die an ätherischem Öl reichen Gewürze, verwüsten andere um so mehr.

Verfälschungen.

Gemahlene Gewürze werden sehr häufig verfälscht, um so ausgiebiger, je gebräuchlicher und teuerer sie sind und je mangelhafter die behördliche Aufsicht ist. Die Fälschungsmittel sind sehr mannigfach.

Anorganische Fälschungsmittel dienen teils zum Beschweren (Gips, Kalk, Ziegelstaub, Kohle, Sand und Erde), teils zum Färben (Venetianerrot und Chromgelb, Rufs und Teerfarben).

Organische Fälschungsmittel sind: Mehl und Kleie der Zerealien, Buchweizenschalen, Ausreuter, Leguminosen, Ölkuchen, Kokosnufs, Mandel-, Nufs- und Haselnufsschalen, Olivenkerne, Sägespäne, Sandelholz, Nelkenstiele, Senf- und Pfefferschalen, extrahierte Gewürze u. a. m. Die Kenntnis der in gewissen Gegenden gebräuchlichen Fälschungsmittel und Handelspraktiken bietet mitunter wertvolle Anhaltspunkte. So z. B. werden Hasel- und Nufsschalen, Raps- und Sonnenblumenkuchen in Europa, Kokosnufsschalen in Amerika verwendet; schwarzer Pfeffer wird in Deutschland vorwiegend mit Palmölkuchen, in Frankreich und Italien mit Olivenkernen, in Österreich mit Reis- und Hirseschalen vermischt. Für bestimmte Gewürze appretierte Fälschungsmittel kommen als „Matta“, die gefälschten Gewürze selbst als „Surrogate“, Mischungen minderwertiger Gewürze als „Spezie“ in den Handel.

Bei den einzelnen Gewürzen werden Winke zum Nachweis fremder Beimengungen gegeben. Um die Gewürze selbst im gepulverten Zustande zu bestimmen, sofern sie sich nicht schon durch ihren Geruch verraten, diene der folgende

Analytische Schlüssel.

A. Stärke ist vorhanden; Oberhaut ohne Spaltöffnungen.

a) Die kleinen (bis 10 μ), polygonalen Stärkekörner bilden kompakte Massen.

* Typische gelbe Steinzellen sind vorhanden.

1. Aufserdem auch kleine, weitlichtige Becherzellen: Pfeffer.
2. Aufserdem auch grofse (über 50 μ) farblose, gleichmäfsig stark verdickte Steinzellen: Kubeben.
3. Aufserdem grofse, langgestreckte Zellen: Langer Pfeffer.

** Typische Steinzellen fehlen.

4. Ein Mosaik aus braunen, polygonalen Zellen (Palissaden) nebst faserförmigen Oberhautzellen: Kardamomen.

b) Mittelgrofse (bis 20 μ), rundliche, oft zusammengesetzte Stärkekörner.

5. Steinzellen und Bastfasern vorhanden: Zimt.
6. Steinzellen und einzellige Härchen aber keine Bastfasern: Piment.
7. Weder Steinzellen noch Bastfasern: Muskatnufs.

c) Grofse (über 20 μ), birnförmige Stärkekörner; Netzgefäfse.

* Zellgewebe und Inhalt fast farblos. Neben Netzgefäfsen auch breite Bastfasern.

8. Stärkekörner flach: Ingwer.
9. Stärkekörner keulenförmig: Galgant.

** Keine Bastfasern.

10. Stärkekörner flach: Zitwer.
11. Stärke zu gelben Klumpen verkleistert; vereinzelt auch flache Stärkekörner: Curcuma.

B. Stärke vorhanden; Oberhaut mit Spaltöffnungen.

12. Mosaik aus wellig-buchtigen Steinzellen: Lorbeer.

C. Stärke fehlt; Oberhaut ohne Spaltöffnungen.

* Haare fehlen.

a) Mosaik aus braunen, polygonalen Zellen (Becherzellen).

13. Über dem Mosaik schwebt ein grofsmaschiges Netz: Schwarzer Senf.
14. Das grofsmaschige Netz fehlt: Weifser Senf.

b) Parenchym mit gelben oder roten Öltröpfchen; zweierlei Oberhaut; Gekrösezellen.

15. Neben wellig-buchtigen auch polygonale Oberhautzellen: Paprika.
16. Neben wellig-buchtigen auch rechteckige, in Reihen geordnete Oberhautzellen: Chilly.

** Einzellige, dickwandige Härchen.

17. Zahlreiche Leitbündelelemente und Ölzellen: Zimtblüten.

c) Keinerlei sklerosierte Zellen.

18. Der Zellinhalt löst sich in Wasser mit gelber Farbe; oft grofse Pollenkörner: Safran.
19. Im farblosen Parenchym gelbe Ölzellen: Macis.

D. Stärke fehlt; Oberhaut mit Spaltöffnungen.

a) Kein Chlorophyll.

20. Braune Ölstriemen: Umbelliferen.
21. Unter der braunen, kleinzelligen Oberhaut viele Ölräume; dicke Bastfasern neben zarten Spiroïden; Kristalldrusen in Reihen: Gewürznelken.

b) Chlorophyll vorhanden (Blätter).

○ Oberhaut mit einfachen Haaren, Köpfchenhaaren und Scheibendrüsen; keine Oxalatkristalle.

22. Lange, dünne, verfilzte Gliederhaare: Salbei.
23. Ein-, seltener zweizellige, warzige Haare: Isop.
24. Gliederhaare aus breiter Basis zugespitzt: Saturei.
25. Schlanke, gekrümmte Gliederhaare: Majoran.

○○ Keinerlei Haare; keine Kristalle.
26. Ölzellen im Mesophyll: Lorbeer.
○○○ Etagendrüsen; keine Kristalle.
27. Fast kahl: Bertram.
28. Von T-Haaren filzig: Wermut.

Pfeffer.

Beide Pfefferarten des Handels: schwarzer und weifser Pfeffer, sind die Früchte von *Piper nigrum* L., einem Kletterstrauche Hinterindiens, der aufser in seiner engeren Heimat auch auf Borneo, Sumatra und Java, in Siam, auf den Philippinen, auf Ceylon und im tropischen Amerika kultiviert wird.

Der Blütenstand ist eine 10 cm lange Ähre mit 10—20 ungestielten, sehr einfach gebauten Blüten, aus denen sich einsamige, beerenartige, reif rote oder gelbe Früchte entwickeln. Das schwarze Pfefferkorn ist die unreife, noch grüne, an der Sonne oder über Feuer getrocknete, durch Schrumpfung gerunzelte Frucht.

Der weifse Pfeffer wird zumeist aus den reifen Früchten, seltener aus schwarzem Pfeffer hergestellt. Die reifen Früchte läfst man 2—3 Tage in Haufen fermentieren und reibt dann mit den in Wasser getauchten Händen die Schale ab. Der schwarze Pfeffer wird in Salz- oder Kalkwasser erweicht, zwischen den Fingern oder mit Maschinen geschält und neuerdings getrocknet. Die Körner sind lichtgrau, glatt, zart geädert und natürlich kleiner, weil ein Teil der Schale fehlt. Aus demselben Grunde schmecken sie weniger scharf und haben einen feineren Geruch.

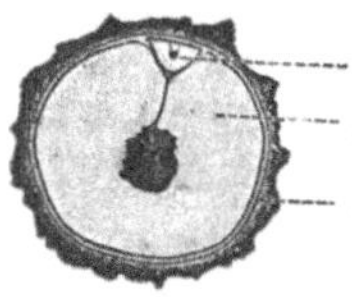

Fig. 366. Durchschnitt des schwarzen Pfeffers.

Schneidet man ein schwarzes Pfefferkorn der Länge nach durch, so sieht man (Fig. 366) innerhalb der dünnen Schale, und allseitig mit ihr verwachsen, einen dichten, weifslichgrauen Kern. Am Rande ist der Kern dichter, fast hornig hart; nach innen zu wird er mehlig, und in der Mitte befindet sich eine unregelmäfsige, etwa 1 mm weite Höhle. Dieser Kern ist das Nährgewebe. Es besteht gröfstenteils aus Perisperm. An seinem Scheitel ist ein kleiner Teil abgegrenzt: das Endosperm, und in diesem befindet sich eine kleine Höhle mit Resten des unentwickelten Embryo.

A. **Schale.** Aus dem trockenen oder in Wasser erweichten Pfeffer lassen sich, ohne besondere Mühe, Querschnitte (Fig. 367)

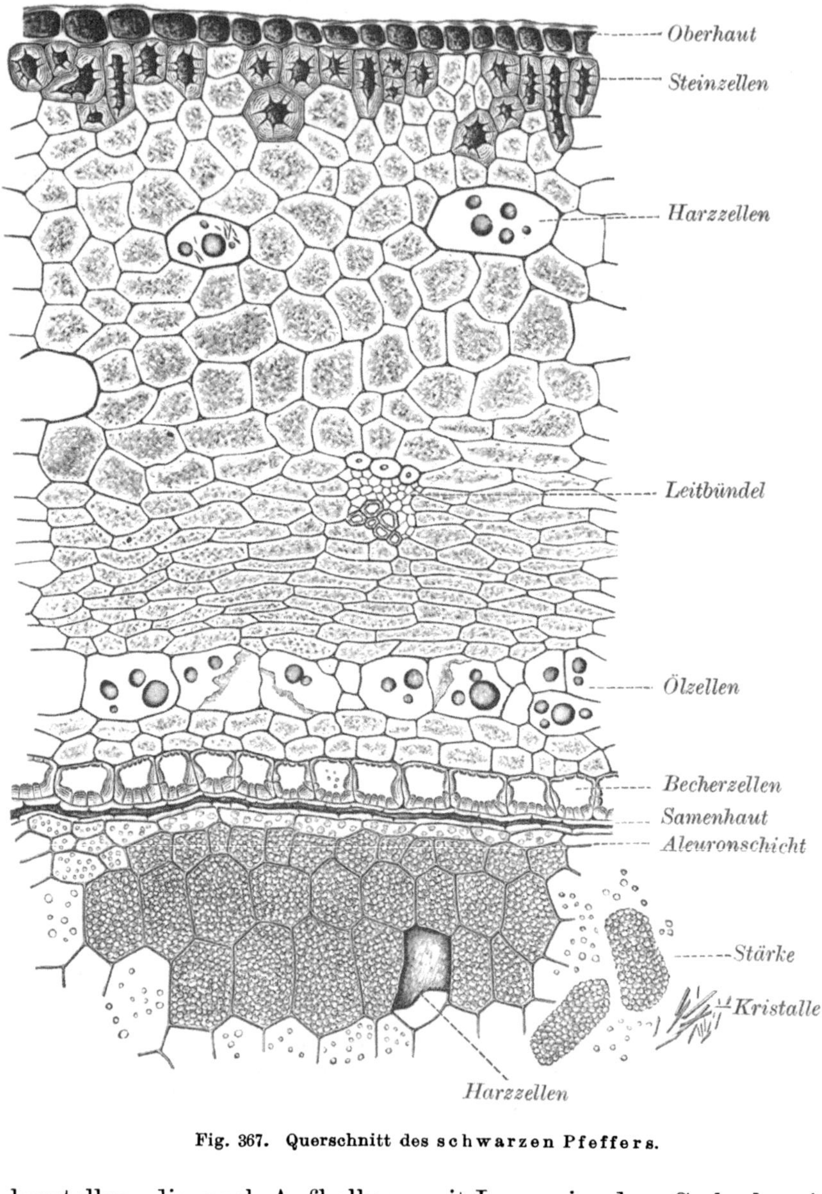

Fig. 367. Querschnitt des schwarzen Pfeffers.

herstellen, die nach Aufhellung mit Lauge in der Schale vier Schichten deutlich erkennen lassen, von denen drei der Fruchtschale, eine der Samenschale angehört. Mit der letzteren ist das Perisperm innig verwachsen.

1. Die Oberhaut (Fig. 367 u. 368, *ep*) besteht aus polygonalen, 15—30 μ großen, von 5 μ dicker Cuticula bedeckten Zellen mit dunkelbraunem Inhalt. Selten findet sich eine Spaltöffnung.

2. In dem Fruchtfleisch (Mesokarp) können vier Schichten unterschieden werden:

a) Unter der Oberhaut liegt eine selten unterbrochene Steinzellenschicht (Fig. 367 u. Fig. 368, *ast*). Die Steinzellen sind gelb, oft radial gestreckt, stark verdickt, getüpfelt. Ihr dunkelbrauner Inhalt wird mit Lauge rötlich.

b) Die äußere Parenchymschicht aus mäßig großen Zellen enthält kleine Stärkekörner, auch Chlorophyll. Einzelne durch ihre Größe und verkorkte Membran auffallende Zellen enthalten gelbes ätherisches Öl oder Harz.

c) Leitbündelschicht. In dem kleinzelligen, mehr oder weniger zusammengedrückten Parenchym verlaufen die Leitbündel. Sie sind die Grenze, bis zu welcher bei Herstellung des weißen Pfeffers die Fruchtschale abgeschabt wird. Sie bilden auch das zarte Geäder des weißen Pfeffers.

d) Ölzellenschicht, besonders auf Querschnitten (Fig. 367) deutlich erkennbar, enthält große Zellen mit farblosen Öltropfen.

e) Die innere Parenchymschicht aus kleinen, dünnwandigen, getüpfelten Zellen.

3. Die innere Oberhaut (Endokarp) besteht aus kleinen gelben, an den Innen- und Seitenwänden verdickten und dicht getüpfelten Zellen („Becherzellen"). In der Flächenansicht (Fig. 368, *ist*) erscheinen sie je nach der Einstellung mit verschieden weitem Lumen. Immer sind sie lückenlos gefügt, und ihre Verdickung ist gleichmäßig, nicht so stark wie die der hypodermatischen Steinzellen. — Wegen des sklerosierten Endokarps sind die Pfefferfrüchte eigentlich keine Beeren, sondern Steinfrüchte.

4. Auf gelungenen Querschnitten erkennt man innerhalb der Becherzellen eine mit ihr verwachsene, strukturlose, zweifarbige, außen gelbe, innen braune Membran. Sie ist die Samenhaut. In aufgehellten Flächenpräparaten unterscheidet man an ihr zwei sich kreuzende Schichten gestreckter, spitzwinkelig ineinander gefügter Zellen (Fig. 368, *as* u. *is*).

B. **Perisperm.** Eine hyaline, farblose Membran umgibt das Perisperm allseitig. Durch Alkalien wird ihre zellige Struktur sichtbar. Die Zellen sind gestreckt-polygonal, dünnwandig.

Die Randzellen des Perisperms sind klein und enthalten keine Stärke, sondern Aleuronkörner. Legt man Querschnitte in Jodlösung, so färben sie sich am Rande gelb, innen blau. Das Stärkeparenchym (Fig. 367 u. 368, *am*) ist grofszellig,

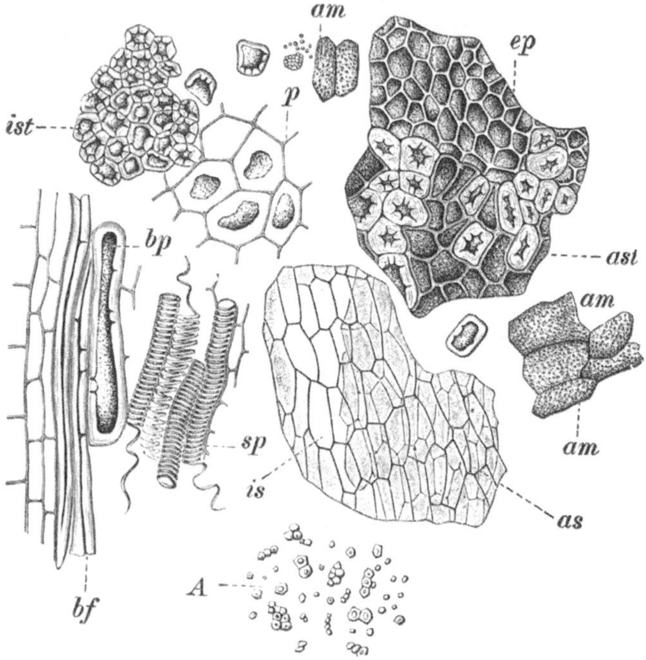

Fig. 368. Pfefferpulver;

ep Oberhaut, *ast* Steinzellenhypoderm, *ist* Becherzellen, *p* Ölzellen, *bp*, *bf*, *sp* Leitbündelelemente, *is* u. *as* Samenhaut, *am* Stärke.

A Stärkekörner bei 600facher Vergr.

radial gestreckt, dicht mit kleinkörnigen Stärkemassen erfüllt, die oft in toto aus den Zellen herausfallen. Die einzelnen Stärkekörnchen sind meist 2—4 höchstens 6 μ grofs, polygonal oder rundlich mit trotz ihrer Kleinheit erkennbarer Kernhöhle. Vereinzelte Zellen, die weder durch ihre Gröfse noch durch abweichende Form auffallen, enthalten keine Stärke, sondern gelbe Öltropfen oder Harzklumpen, mitunter auch winzige Kristallnadeln von Piperin. Dem ätherischen Öl verdankt der Pfeffer seinen Geruch, dem Harz seinen Geschmack; das Alkaloid Piperin ist geschmacklos. Es findet sich im frischen Pfeffer gelöst im ätherischen Öl und scheidet sich nach dessen Verflüchtigung kristallinisch aus. In alter Ware und im gepulverten Pfeffer findet man deshalb mitunter Piperinkristalle. Sie sind in Wasser unlöslich, in Alkohol und Äther löslich. In Querschnitten, die in Alkohol gelegt und nach Verdunstung des Alkohols in Wasser besehen werden, findet man sie ebenfalls in gröfserer Menge. In konzentrierter Schwefelsäure färben sich Schnitte dunkelbraunrot.

Pfefferpulver.

Kein Gewürz wird so viel gebraucht wie Pfeffer; seine Fälschung ist daher am lohnendsten. Sogar künstlich aus Teig geprefster und gefärbter Pfeffer ist vorgekommen. In grofsem Mafsstabe wird das Pfefferpulver gefälscht; man findet in Ländern, die sich keines Nahrungsmittelgesetzes erfreuen, im Kleinhandel gemahlenen Pfeffer kaum jemals unverfälscht, und nicht selten kann mit Hilfe des Mikroskopes die wiederholte Fälschung einzelner Proben nachgewiesen werden. Die Fälschungsmittel sind höchst mannigfach: Leinsamenmehl, Buchweizenschalen, Hirseschalen, Nufsschalen (Kokos, Walnufs, Mandeln, Haselnufs u. a.), Senfschalen, Ausreuter, Tierkohle, Mehl, Brot, Hülsenfrüchte (in Frankreich besonders Erbsen als „Erviop" [Collin]), Wachholderbeeren, Mohn, Olivenkerne, Sägespäne, Kakaoschalen, Pfefferschalen, extrahierter Pfeffer, Kubeben, allerlei Ölkuchen und Mineralstoffe (s. pag. 341). Es ist üblich, je nach Bedarf hell- oder dunkelfarbige Fälschungsmittel anzuwenden, um die Farbe dem natürlichen Pfefferpulver ähnlich zu machen und den Geschmack durch Paprika aufzubessern.

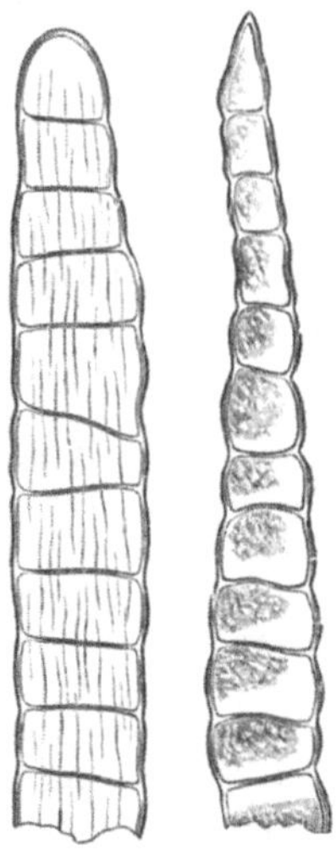

Fig. 369. Haare der Pfefferspindel.

Der Nachweis irgend eines Fälschungsmittels setzt die genaue Kenntnis aller Gewebsbestandteile des Pfeffers voraus. Reines Pfefferpulver ist vor allem durch die massenhaften Stärkeklumpen charakterisiert. Nach Entfernung derselben durch Kochen des Präparates in Wasser oder Lauge treten die Gewebsfragmente deutlicher hervor. Man unterscheidet die Oberhaut — mit oft anhaftenden gelben Steinzellengruppen —, die Becherzellen und die braune Samenhaut. Weifser Pfeffer enthält weder Oberhaut noch Steinzellen. Ein betrügerischer Zusatz von Pfefferschalen kann zwar durch das Überwiegen der Steinzellen vermutet, sicherer durch die Aschenbestimmung nachgewiesen werden. Die Aschenmenge darf den Vereinbarungen zufolge beim schwarzen Pfeffer 8 %, beim weifsen Pfeffer 4 % nicht übersteigen, davon 2, bezw. 1 % Sand.

In naturellem Pfeffer finden sich mitunter ansehnliche Mengen Fruchtspindeln, die gewöhnlich ausgelesen werden. Zur Herstellung des gemahlenen Pfeffers wird aber oft ungereinigte Ware verwendet, und in derartigem Pfefferpulver findet man ungewöhnlich viele Bastfasern und grofse, bis 30 μ weite Gefäfse. Besonders charakteristisch sind aber die auf den Früchten nicht, wohl aber auf ihren Tragblättern und auf den Spindeln vorkommenden langen und kurzgliederigen Haare (Fig. 369).

Literatur.

Berg (3); Blyth (5); Flückiger (11); Greenish (14); Hanausek, T. F. (10, 15); Hassall (18); Macé (23); Moeller (26, 27, 28, 29); Schimper (24); Tschirch u. Oesterle (37); Villiers et Collin (39); Vogl (40, 42).

Andouard: Falsification du poivre par le Galanga. Journ. pharm. chim. 1890, **21**, 585.

Beythien: Über Gewürze. Ztschr. Unters. Nahr.-Genufsm. 1903, **6**, 957.

Bertarelli: Verfälschung von weifsen Pfefferkörnern. Atti della Società Piemontese d' Igiene 1900/01, **7**.

Bertschinger: Künstliche Pfefferkörner. Schw. Woch. f. Chem. u. Pharm. 1901, **39**, 215.

Bonnet: Du poivre et de ses falsifications. Thèse E. de Ph. de Paris, 1886, 19.

Brown: On another New Pepper Adulterant. Analyst. 1887, **12**, 89.

Brunotti: Des fruits utiles des Pipéritées. Thèse d'agrégation. Concours 1889, 31.

Chevreau: Nachweis einer Verfälschung des Pfeffers durch Öltrester mittels Anilinsalzen. Rep. de Pharm. 1889, **45**, 203.

Collin: Application du microscope à la découverte d'une nouvelle falsification du Poivre. Festschr. f. A. E. v. Vogl. Wien 1904.

Dachs: Verfälschtes weifses Pfefferpulver. Journ. de Pharm. d'Anvers 1904.

Gillet: Neues Verfahren zur Erkennung der Verfälschung des Pfeffers durch Öltrester. Bull. soc. chim. 1888, **50**, 173.

Gladhill: Commercial Pepper. Am. Journ. of Pharm. 1904, **76**, 71.

Grimaldi: Über eine Verfälschung von Pfefferkörnern. Staz. sperim. agrar. Ital. 1901, **34**, 705.

Hager: Handb. d. Pharm. Praxis von B. Fischer u. C. Hartwich. Berlin 1900/2.

HANAUSEK, E.: Schwarzer Tellicherrypfeffer. Ztschr. Nahr.-Unters. Hyg. 1888, **2**, 5.
— Über die Harz- und Ölräume in der Pfefferfrucht. Programm der k. k. Staatsrealschule am Schottenfelde. Wien 1886.
— Über die Matta. Ztschr. Nahr.-Unters. Hyg. 1887, **1**, 24.
— Künstlicher Pfeffer. Ztschr. allg. österr. Apoth.-Ver. 1887, **12**, 180.
— Künstliche Pfefferkörner. Ztschr. Nahr.-Unters. Hyg. 1889, **3**, 31.
— Im Budapester Handel beobachtete Pfefferfälschungen. Ztschr. Nahr.-Unters. Hyg. 1889, **3**, 33, 58.
— Die Pfefferfruchtspindel. Ztschr. Nahr.-Unters. Hyg. 1889, **3**, 59.
— Über einige, gegenwärtig im Wiener Handel vorkommende Gewürzfälschungen. Ztschr. Nahr.-Unters. Hyg. 1894, **8**, 95.
— Über den schwarzen Pfeffer von Mangalore. Ztschr. Unters. Nahr.-Genufsm. 1898, **1**, 153.
— Über eine neue Pfefferfälschung. Ztschr. Unters. Nahr.-Genufsm. 1898, **1**, 490.
— Olivenkerne und ihre Erkennung im Pfefferpulver. Pharm. Centralh. **25**, 1884, 261.

HEBERT: Moyen facile et rapide de reconnaitre la falsification du poivre. Journ. pharm. chim. 1891, **23**, 283.

JUMEAU: Note sur les falsifications du poivre en poudre. Journ. pharm. chim. 1889, **20**, 442.

KARSTEN, G.: Lehrb. d. Pharmakognosie. Jena 1903.

KUNDRAT: Das neueste Verfälschungsmittel für Pfeffer. Ztschr. Nahr. Hyg. Warenk. 1895, **9**, 104.

LANDRIN: Falsification du poivre à l'aide des grignons d'olive. Journ. Pharm. **10**, 194.

MAINSBRECQ: Pfeffer-Verfälschung. Bull. Assoc. Belge Chim. 1901, **15**, 335.

MARTELLI: Nachweis der Verfälschungen des gemahlenen Pfeffers. Ztschr. Nahr.-Unters. Hyg. 1895, **9**, 205.

MENNECHET: Über eine Verfälschung des Pfeffers mit den Früchten von *Myrsine africana* L. und *Embelia ribes* BURM. Journ. pharm. chim. 1901, **14**, 557.

MEYER, ARTHUR: Die mikroskopische Untersuchung von Pflanzenpulvern, speziell über den Nachweis von Buchweizenmehl in Pfefferpulver und über die Unterscheidung des Maismehls von dem Buchweizenmehl. Arch. Pharm. 1883, **21**, 911.

MOELLER: Ein neues Verfälschungsmittel für Pfeffer. Rep. anal. chem. 1886, 409.
— Matta d. Wiener Handels. Pharm. Post 1886, 365.

MOLINARI: Nachweis von Olivenkernen im Pfeffer. Rev. chim. anal. appl. 1898, **6**, 6.

MORPURGO: Delle Spezie. Trieste 1904.

NESTLER: Über Verfälschungen von Macis, Pfeffer und Safran. Zeitschr. f. Unters. d. Nahr.- u. Genufsm. 1903, 1033.

NEUSZ: Zur Pfefferuntersuchung. Pharm. Ztg. 1885, **30**, 26.

PABST: Nachweis einer Pfefferfälschung durch Olivenkerne mittels Anilinsalzen. Rev. internat. falsificat. 1889, **3**, 8.

PABST: Nachweis von Olivenkernen im Pfeffer. Monit. scient. 1890, 470.
PAOLINI: Über eine neue Verfälschung des gewöhnlichen Pfeffers. Staz. sperim. agrar. Ital. 1901, **34**, 966.
PEINEMANN: Beiträge zur pharmakognostischen und chemischen Kenntnis der Kubeben und der als Verfälschung derselben beobachteten Piperaceenfrüchte. Arch. Pharm. 1896, **234**, 204.
PLANCHON: Note sur le poivre et les grignons d'olive. Journ. pharm. chim. 1885, **11**, 641.
RAU: Über neuere Verfälschungen des gemahlenen Pfeffers. Ztschr. öffentl. Chem. 1900, **6**, 243.
RAUMER und SPAETH: Fälschungen von Gewürzen und anderen Nahrungsmitteln. Ztschr. Unters. Nahr.-Genufsm. 1902, **5**, 409.
RIMMINGTON: Pepper Adulteration and Pepper Analysis. Analyst. 1888, **13**, 81.
SPAETH: Über ein neues Verfälschungsmittel des gemahlenen Pfeffers. Forschungsber. Lebensm. Hyg. 1893, **1**, 37.
TEYXEIRA und FERRUCCIO: Natürlicher und künstlicher Pfeffer. Boll. Chim. Farm. 1900, **39**, 534.
UHL: Zur Unters. des Pfeffers. Forschungsb. Lebensm. u. Hyg. 1896, 127.
WENDER: Kunstpfeffer. Ztschr. allg. österreich. Apoth.-Ver. 1887, **25**, 145.

Langer Pfeffer.

Der wenig gebräuchliche lange Pfeffer des Handels stammt zumeist von *Piper officinarum* DC., in geringerer Menge von *Piper longum* L., beide im südöstlichen Asien heimisch und selten kultiviert.

Die Droge ist der ganze ährenförmige, 2—6 cm lange Fruchtstand mit zahlreichen, dicht gedrängt in Spiralreihen sitzenden, kleinen, als Höcker erscheinenden Früchtchen.

Im Baue stimmen sie mit schwarzem Pfeffer nahe überein.

Oberhaut und Hypoderma ist nur an der freien Aufsenseite entwickelt. Die Steinzellenreihe ist häufiger unterbrochen, und auch im mittleren Teile des Fruchtfleisches kommen vereinzelt Steinzellen vor. Die Ölzellenschicht fehlt.

Wesentlich verschieden ist das Endokarp. Es besteht weder aus Becherzellen, wie im Pfeffer, noch aus isodiametrischen Steinzellen, wie in Kubeben, sondern aus grofsen, gestreckten, hufeisenförmig wenig verdickten Zellen.

Die innere Schicht aus schwach gewellten, dicht getüpfelten („geperlten") Zellen ist an Flächenpräparaten (wohl infolge des geringeren Reifegrades) deutlicher zu erkennen als im schwarzen Pfeffer. Wahrscheinlich gehört sie der Samenschale an. In dieser sind aufserdem nach Behandlung mit Javellescher Lauge drei Schichten erkennbar: eine äufsere aus gestreckten, 12—20 μ

breiten, aufsen verdickten Zellen; eine mittlere, am Grunde der Frucht mehrreihige Schicht; eine innere Pigmentschicht aus deutlich genetzten Zellen.

Das Perisperm enthält keine Ölzellen. Die Stärkekörnchen sind etwas gröfser (gewöhnlich 4 μ) als die des schwarzen Pfeffers. Konzentrierte Schwefelsäure färbt dunkelkarminrot (wie Kubeben), während schwarzer Pfeffer braunrot wird.

Der lange Pfeffer ist in England wiederholt als Fälschungsmittel des schwarzen, gemahlenen Pfeffers beobachtet worden. Er hat einen anderen Geruch. Die angegebenen Unterscheidungsmerkmale, besonders das Endokarp und die gröfseren Stärkekörner genügen zum Nachweis. Dafs Sekretzellen fehlen, ist bemerkenswert.

Kubeben.

Die Kubeben stammen von *Piper Cubeba* L. (*Cubeba officinarum* MIQ., einem im südöstlichen Asien heimischen Kletterstrauche. Sie dienen als Heilmittel, selten als Gewürz, doch werden die durch Extraktion erschöpften Früchte mitunter dem Pfeffer beigemischt. Sie sind diesem sehr ähnlich, besitzen aber einen 6—8 mm langen Stiel (daher „gestielter Pfeffer“), der als Auswuchs der Fruchtschale nicht leicht abzubrechen ist. Ein zweites makroskopisches Kennzeichen besteht darin, dafs der Same nur am Grunde der Fruchtschale angewachsen ist, daher leicht herausgenommen werden kann.

Während man an einem einzigen Querschnitt aus schwarzem Pfeffer alle Teile mikroskopisch studieren kann, müssen aus Kubeben besondere Schnitte aus der Fruchtschale und dem Samen hergestellt werden.

Anatomisch sind Kubeben und Pfeffer zwar sehr ähnlich, aber doch leicht zu unterscheiden. An Stelle der Becherzellen befindet sich bei den Kubeben eine einfache (selten stellenweise doppelte) Reihe grofser (oft 80 μ), isodiametrischer oder radial gestreckter, sehr stark gleichmäfsig verdickter, farbloser, in Alkalien sich gelb färbender Steinzellen.

Diesem auffallenden Merkmale gegenüber haben die anderen Verschiedenheiten untergeordnete Bedeutung.

Die unter der Oberhaut gelegenen Steinzellen sind etwas kleiner (24—40 μ) und isodiametrisch, seltener als im Pfeffer radial gestreckt.

Die Aufsenschicht der Samenschale ist viel grofszelliger (150—200 μ lang und 25—50 μ breit), die innere Pigmentschicht dunkler braun.

Die Stärkekörner sind erheblich gröfser (3—12 μ) und nicht so dicht zu Klumpen geballt wie im Pfeffer.

Mit konzentrierter Schwefelsäure zerrieben, wird Kubebenpulver karminrot, Pfefferpulver braunrot.

Literatur.

BERG (3); MEYER, A. (24); MOELLER (28, 29); TSCHIRCH u. OESTERLE (37).

DEWÈWRE: Recherches s. l. cubèbe etc. Ann. Soc. roy. des sc. méd. et nat. de Bruxelles, III., 1894.

HARTWICH: Weitere Beiträge zur Kenntnis der Kubeben. Arch. Pharm. 1898, **236**, 172.

— Art. Cubeba in Real-Enzykl. d. ges. Pharm., 2. Aufl., IV., 1905.

PEINEMANN: Beiträge zur pharmakognostischen und chemischen Kenntnis der Kubeben und der als Verfälschung derselben beobachteten Piperaceenfrüchte. Arch. Pharm. 1896, **234**, 204.

VOGL: Falsche Kubeben. Pharm. Centralh. 1895, **36**, 11.

WEVRE: Über Kubeben und ihre Verfälschungen. Apoth.-Ztg. 1895, **10**, 345.

Paprika.

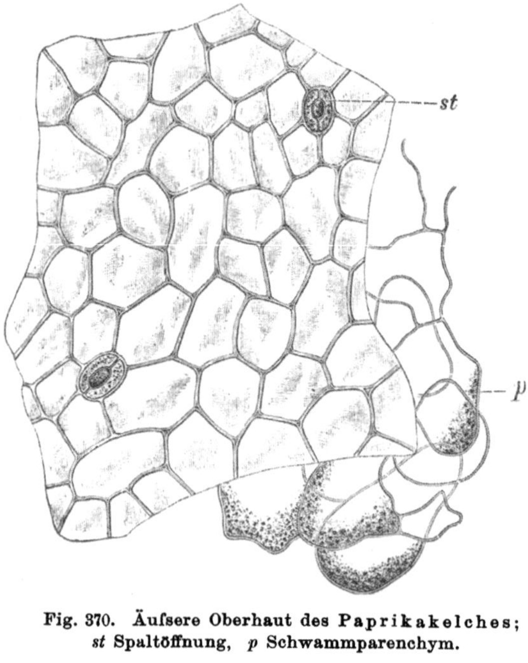

Fig. 370. Äufsere Oberhaut des Paprikakelches; *st* Spaltöffnung, *p* Schwammparenchym.

Mit diesem slawischen Namen bezeichnet man die Frucht mehrerer *Capsicum*-Arten (*Solanaceae*), die in Form, Gröfse, Farbe und Geschmack sehr verschieden sind. Bei uns sind die grofsen, roten Früchte von *C. annuum* L. als Paprika, Ungarischer, Spanischer, Türkischer oder Indischer Pfeffer am gebräuchlichsten, in England und Amerika die kleinen, viel schärfer schmeckenden Früchte von *C. fastigiatum* Bl. und *C. frutescens* L. als Chillies oder Cayennepfeffer.

I. Die **eigentlichen Paprikafrüchte** sind zumeist rote, aufgeblasene, wie lackiert aussehende, stumpf kegelförmige, 5 bis 10 cm lange, am Grunde etwa halb so breite, unvollständig gefächerte Beeren mit zahlreichen, scheibenförmigen, 3—5 mm breiten Samen an dem zentralen, fleischigen Samenträger. Die

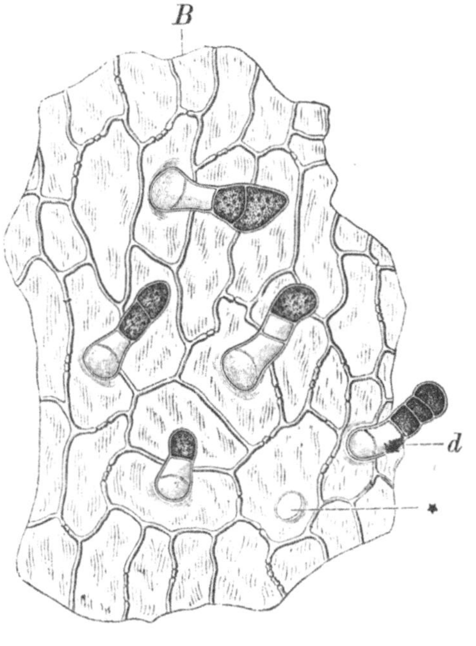

Fig. 371. Innere Oberhaut des Paprikakelches: *d* Drüsenhaare, * Spur derselben.

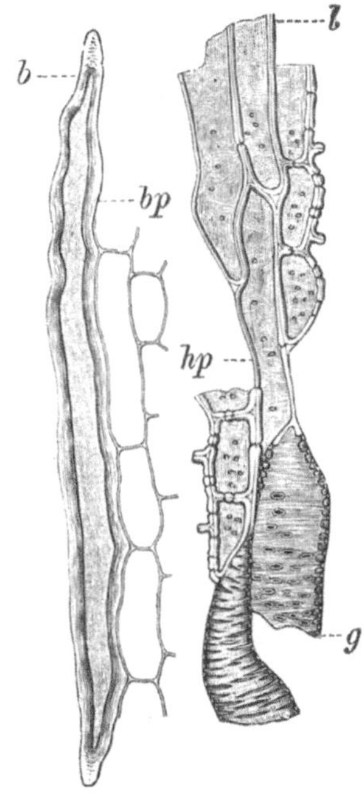

Fig. 372. Elemente des Paprikastieles; *b* Bastfaser, *bp* Bastparenchym, *l* Holzfasern, *hp* Holzparenchym, *g* Gefäfse.

Früchte des Handels sind immer noch mit dem gestielten Kelch verbunden.

A. **Kelch.** Der Stiel ist 3—4 mm dick und wie der 5 bis 6-lappige Kelch grün.

Die Oberhaut (Fig. 108, pag. 95 u. Fig. 370) besteht aus grofsen, flachen, polygonalen Zellen mit Spaltöffnungen.

Das Mesokarp ist längs der beiderseitigen Oberhaut dicht gefügt; in der Mitte ein grofszelliges, von Leitbündeln durchzogenes Schwammparenchym. Es enthält Chlorophyll.

Die innere Oberhaut (Fig. 371), d. i. die morphologische Oberseite, hat kleinere, wellige Zellen und keine Spaltöffnungen. Sie trägt eigentümliche Drüsenhaare: auf 2—3 zelligem Stiel ein meist vielzelliges Köpfchen mit rotbraunem, harzigem Inhalt.

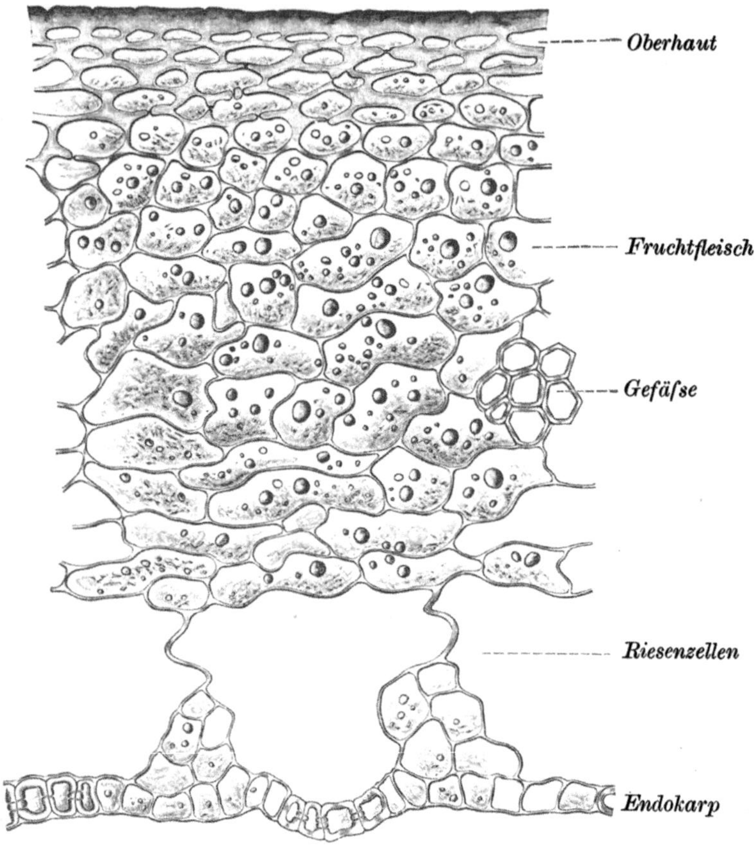

Fig. 373. Querschnitt der Paprikaschale.

Sie entspringen aus der Mitte einer gröſseren Zelle als Ausstülpungen der Wand.

Im Kelchstiele (Fig. 372) ist der geschlossene Holzkörper von einem schmalen, unterbrochenen Bastring umgeben. Die Elemente des Holzes (Tüpfel- und Netzgefäſse, Fasern und Parenchym) sind stark verdickt. Der Bast enthält breite (bis 50 μ), weitlichtige, geschmeidige Fasern.

B. **Fruchtschale.** Um aus der dünnen, lederigen Fruchtschale brauchbare Querschnitte (Fig. 373) zu erhalten, klemmt man ein kleines Stück derselben zwischen Kork und führt die Schnitte von innen nach aufsen. Flächenschnitte der Innen- und Aufsenseite machen keine Schwierigkeit.

1. Die Oberhautzellen (Fig. 373) haben eine cuticularisierte, 15—20 μ dicke Aufsenwand. In der Fläche (Fig. 374) sind sie polygonal (50—100 μ diam.), in den Kanten stärker verdickt, dicht getüpfelt. Die Cuticula ist durch rinnenförmige Vertiefungen, die auch auf guten Querschnitten erkennbar sind (Fig. 373), parallel gestreift.

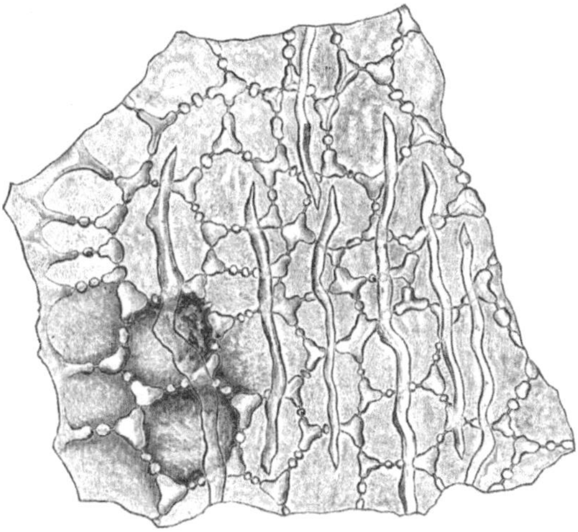

Fig. 374. Paprika-Oberhaut in der Flächenansicht.

2. Das Fruchtfleisch (Fig. 373) ist aufsen kollenchymatisch verdickt und wird nach innen zu allmählich zart und grofszellig. Die verdickten Zellwände sind verkorkt (MOLISCH) und färben sich mit Lauge gelb. An der Innenseite liegt eine Reihe aufserordentlich grofser (1—2 mm) Zellen („Riesenzellen“), durch schmale Parenchymbrücken voneinander getrennt[1]). Die Zellen enthalten winzige rote Farbstoffkörper (Chromoplasten) und rote Öltropfen, die durch konzentrierte Schwefelsäure indigo-

[1]) Die Riesenzellen sind mit freiem Auge sichtbar. Die Brücken zerreifsen bei der Schnittführung leicht, man erhält daher oft unvollständige Querschnitte, wenn man das Messer von aufsen nach innen führt.

blau gefärbt werden. Gelegentlich, besonders in nicht ganz ausgereiften Früchten, kommen auch winzige Stärkekörner vor.

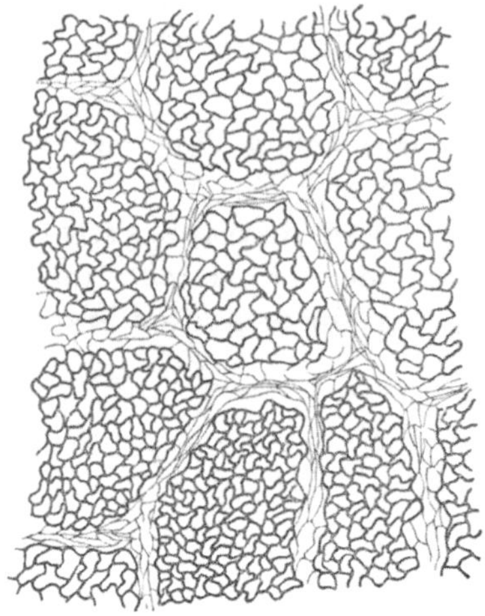

Fig. 375. Endokarp der Paprikaschale in der Flächenansicht bei schwacher Vergr.

3. Die innere Oberhaut (Endokarp) besteht aus gestreckten, welligen Zellen. Unterhalb jeder Riesenzelle ist eine Zellengruppe in charakteristischer Weise verdickt. Da die innere Oberhaut sich leicht in gröfseren Stücken abziehen läfst, kann man die in der zartzelligen Oberhaut eingelagerten sklerosierten Zellengruppen leicht beobachten (Fig. 375). Die Verdickung ist gleichmäfsig und dicht getüpfelt. Die Poren der Tüpfel verbreitern sich an der Basis trichterförmig, und da die Tüpfel benachbarter Zellen miteinander kommunizieren, entstehen linsenförmige Hohlräume (Fig. 378, *st*), den Hoftüpfeln der Gefäfse ähnlich.

4. Die Scheidewände der Frucht sind von einer zarten Oberhaut bedeckt, deren Cuticula stellenweise emporgehoben wird. In den so entstehenden Blasen befinden sich prismatische oder tafelförmige Kristalle von Capsicin, dem die Früchte ihren scharfen Geschmack verdanken. Läfst man Kalilauge unter das Deckglas fliefsen, so verschwinden die Kristalle, aber bald treten an ihre Stelle andere, oktaëdrische Kristalle (die Kaliverbindung des Capsicins) auf (A. Meyer). In der reifen Frucht verbreitet sich der ursprünglich in den Scheidewänden gebildete scharfe Stoff über alle Teile, auch auf die Samen.

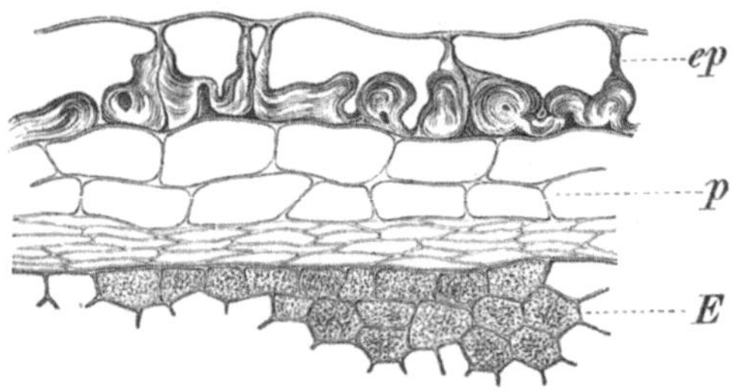

Fig. 376. Rand des Paprikasamens im Querschnitt;
p Oberhaut, | *ep* Parenchym, *E* Nährgewebe.

C. **Samen.** Auf Querschnitten sieht man, dafs die Samenschale mit dem Nährgewebe verwachsen ist (Fig. 376 u. 377, *ep*).

Die Samenschale besteht überwiegend aus der ungewöhnlich grofszelligen und eigentümlich verdickten Oberhaut. Die Innen- und Seitenwände der Zellen sind knollig verdickt, und über die gleich Strebepfeilern emporragenden Seitenwände wölbt sich eine vergleichsweise dünne Aufsenwand. In der Flächenansicht erscheinen die wellig-buchtigen Zellen je nach der Einstellung scharf gerändert mit ungleichmäfsiger, gewulsteter, von breiten Tüpfeln unterbrochener Verdickung oder gekröseartig mit schlitzförmigen Tüpfeln (Fig. 377). Diese „Gekrösezellen" (MOELLER) sind aufserordentlich charakteristisch.

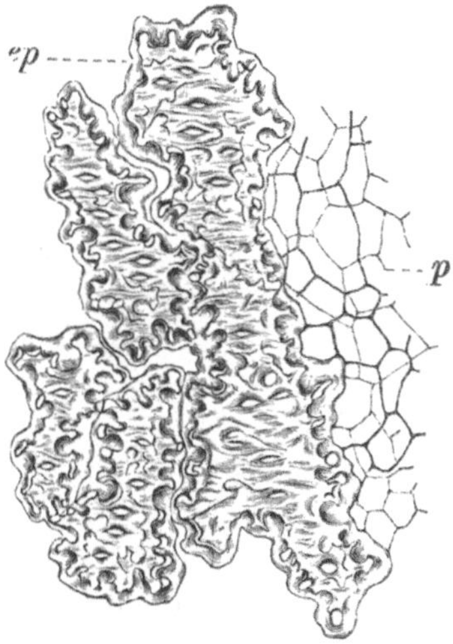

Fig. 377. Schale des Paprikasamens in der Flächenansicht; *ep* Gekrösezellen, *p* Parenchym.

Einige mehr oder weniger zusammengedrückte Parenchymschichten mit einer zartzelligen inneren Oberhaut vervollständigen die Samenschale.

Das ihr anhaftende Endosperm (Fig. 376, *E*) ist mäfsig verdickt und enthält neben Fett Aleuronkörner mit je einem Kristalloïd.

Der Embryo ist zartzellig und führt dieselben Inhaltsstoffe; die Aleuronkörner sind jedoch etwas kleiner.

Paprikapulver.

Es fallen vor allem die roten Öltropfen auf. Unter den Gewebsresten (Fig. 378) sind die Fragmente der beiderseitigen Oberhaut, namentlich die der Unterseite der Fruchtschale und die Gekrösezellen, höchst charakteristisch und leicht zu finden. Kleinkörnige Stärke in geringer Menge ist nicht ohne weiteres auf Fälschung zu beziehen, da sie von unreifen Früchten herstammen kann.

Fälschungen des Paprika sind überhaupt nicht so häufig, als gemeinhin angenommen wird. Namentlich Mineralstoffe (Ziegelmehl) werden kaum jemals beigemischt; sie würden sich ja durch Knirschen zwischen den Zähnen sofort verraten. Der Aschengehalt beträgt 5 % und darf 6,5 % nicht übersteigen. Die Asche ist grün von einer in ihr enthaltenen Kupferverbindung (VEDRÖDI).

II. Der **Chilly** oder **Cayennepfeffer** ist 0,5—2,0 cm lang, die Farbe meist dunkelrot; seine Samen nur 3—4 mm breit.

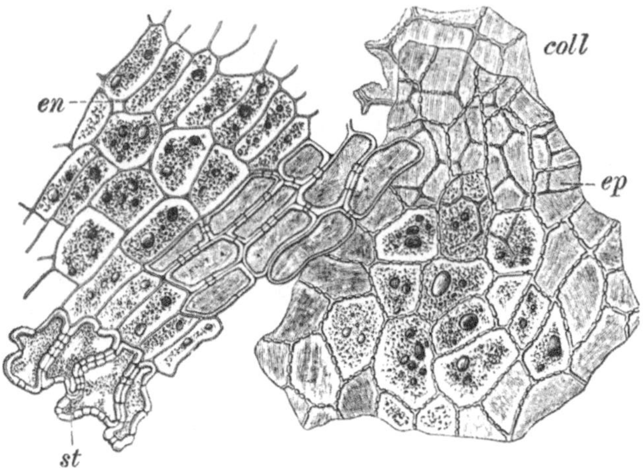

Fig. 378. Paprikapulver;
ep Oberhaut | *en* zartzelliges,
coll Kollenchym, | *st* sklerosiertes Endokarp.

Die Fruchtschale ist kaum dicker als ein Blatt Schreibpapier. Anatomisch ist sie der Paprikaschale ähnlich, doch nicht in dem Grade, dafs eine Unterscheidung beider im Pulver nicht möglich wäre.

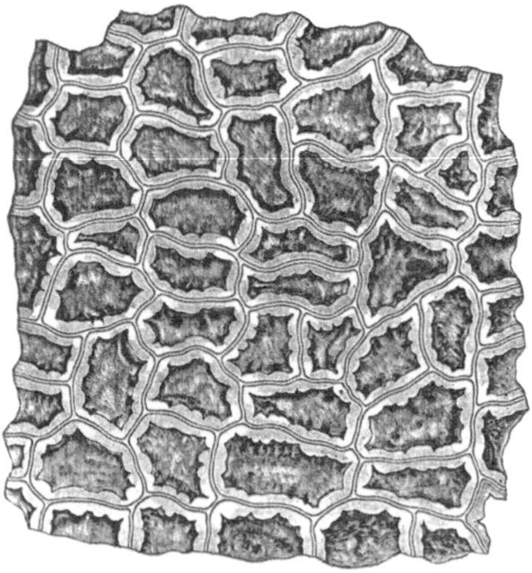

Fig. 379. Oberhaut des Cayennepfeffers in der Flächenansicht.

Die Oberhautzellen sind gewöhnlich vierseitig und deutlich reihenweise angeordnet (Fig. 379). Sie sind kleiner (20—55 μ), ihre Wände undeutlich getüpfelt.

Das Mesokarp ist durchaus zartzellig; es fehlt die kollenchymatische Aufsenschicht; dieser auf Querschnitten auffallende Unterschied ist jedoch bei der Untersuchung des Pulvers von geringem Wert.

Die innere Oberhaut

ist kleinzelliger und wie bei Paprika gruppenweise sklerosiert (Fig. 374).

Die Samen sind wie die des Paprika gebaut; bemerkenswert ist jedoch, dafs an der Aufsenwand der Oberhautzellen die Innenlamelle stärker entwickelt ist als die Mittellamelle.

Literatur.

BERG (3); GREENISH (14); HANAUSEK, T. F. (10, 15, 16, 45); HARZ (17); HASSALL (18); MACÉ (23); MEYER, A. (24, 25); MOELLER (26, 27, 28, 29); SCHIMPER (34); TSCHIRCH u. OESTERLE (37); VILLIERS et COLLIN (39); VOGL (40, 42).

ANONYMUS: Capsici Fructus. Pharm. Journ. 1897, **59**, 467.

HANAUSEK, T. F.: Über die Samenhautepidermis der Capsicum-Arten. Ber. d. deutsch. bot. Ges. 1888, **6**, 329.

— Zur Charakteristik des Cayennepfeffers. Ztschr. Nahr. Hyg. u. Warenk. 1893, 297.

HARTWICH: Über die Epidermis der Samenschale von Capsicum. Pharm. Post 1894, **27**, 609, 633.

— Über die Samenschale der Solanaceen. Vjschr. d. naturf. Ges. in Zürich 1896, **41**, Jubelband II, 366.

ISTVANFFI: Zur Charakteristik des Cayennepfeffers. Bot. Centralbl. 1893, **3**, 468.

LOHDE: Über die Entwicklungsgeschichte und den Bau einiger Samenschalen. Dissertation, Leipzig 1874, 26.

MEYER, ARTHUR: Der Sitz der scharfschmeckenden Substanz im spanischen Pfeffer. Pharm. Ztg. 1889, **34**, 130.

MIKLOWN: Verfälschung von spanischem Pfeffer. Weekly Drug News 1886, 215.

MOLISCH: Collenchymatische Korke. Ber. d. deutsch. bot. Ges. 1889, **7**, 364.

MORPURGO: Delle Spezie. Trieste 1904.

VEDRÖDI: Unters. d. Paprikapfeffers. HEGER's Zeitschr. f. Nahr.-Unters. 1893, VII.

WALLIS: Die Struktur von *Capsicum minimum*. Pharm. Journ. 1901, **13**, 552.

— The Structure of Japanese Chillies. Pharm. Journ. 1902, **69**, 3.

Piment.

Piment, Neugewürz, Nelkenpfeffer, Jamaikapfeffer, Englischgewürz sind die gleichbedeutenden Namen für die Früchte der im tropischen Amerika heimischen und vorzüglich auf Jamaika kultivierten *Pimenta officinalis* BERG (*Myrtaceae*), eines den Gewürznelken nahe verwandten Baumes.

Tabasko- oder Mexikopiment ist eine grofsfrüchtige Varietät. — Kronpiment („Poivre de Thebet") stammt von *Pimenta acris* Sw., ebenfalls im tropischen Amerika. Die Früchte sind 8—10 mm lang, im Baue dem gewöhnlichen Piment gleich.

Es sind zweifächerige, oft auch ein- oder dreifächerige Beeren, 5—8 mm diam., vom vierzähnigen Kelch gekrönt, in jedem Fache mit einem plankonvexen, schokoladefarbigen Samen. Reif sind sie purpurschwarz; sie werden jedoch gesammelt, wenn sie zwar ausgewachsen, aber noch grün sind, und in der Sonne

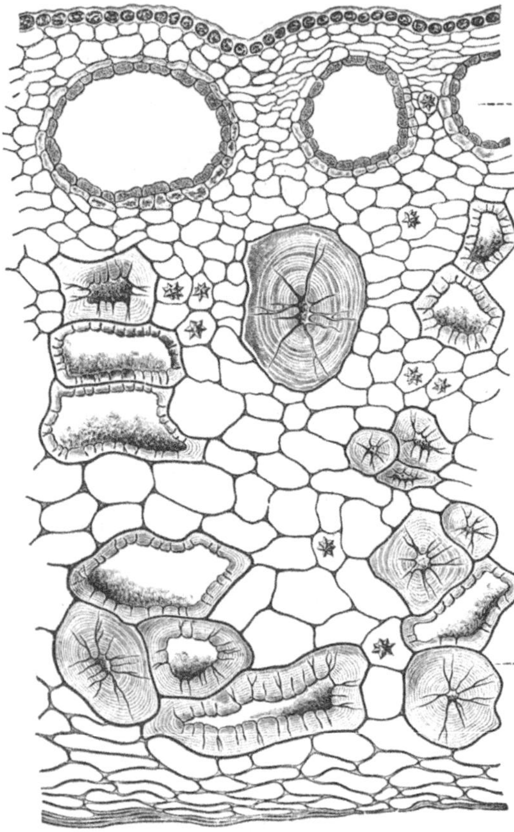

Fig. 380. Querschnitt der Pimentschale.

getrocknet. Sie werden dann schwarzbraun, körnigrauh. Ihr Geruch erinnert an Gewürznelken und zugleich an andere Gewürze; daher der englische Name „Allspice".

Die Samen bestehen aus der braunen Schale und dem spiralig gekrümmten Embryo mit langem, dickem Würzelchen und kleinen Kotyledonen.

A. **Fruchtschale.** Querschnitte (Fig. 380) zeigen an der Peripherie einen Kranz grofser Ölräume und im Fruchtfleisch zahlreiche Steinzellen. Die Oberhaut (Fig. 381, *ep*) ist ungewöhnlich kleinzellig (15 μ), besitzt Spaltöffnungen (*st*) und trägt Haare. Diese sind bis 200 μ lang, einzellig, sehr stark verdickt, oft gekrümmt, den Härchen der Zimtblüten ähnlich (Fig. 137). Am häufigsten finden sie sich an dem durch das Krönchen vor Abschilferung geschützten Scheitel der Frucht.

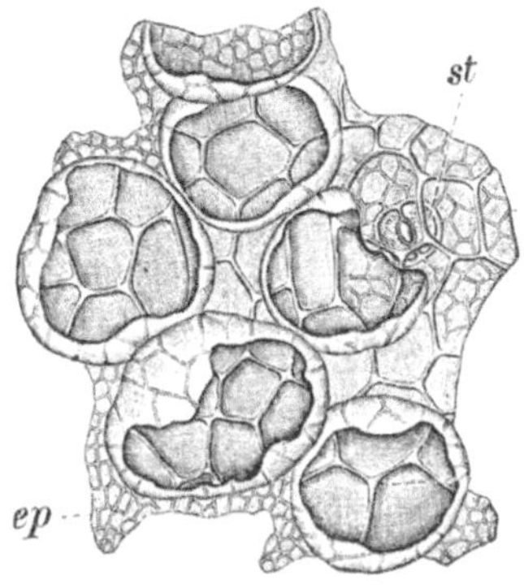

Fig. 381. Oberhaut u. Ölräume der Pimentschale in der Flächenansicht.

Das Fruchtfleisch (Fig. 380) ist aufsen ein kleinzelliges Parenchym mit zahlreichen grofsen Ölräumen in ein- oder mehrfacher Reihe. Sie sind die Ursache der feinkörnigen Beschaffenheit der Oberfläche. Sie sind kugelig oder eiförmig, etwa 200 μ weit, im Baue denen der Gewürznelken gleich (schizogen).

Nach innen zu wird das Parenchym grofszellig und sklerosiert. Die Steinzellen sind an Gestalt, Gröfse und Verdickung sehr verschieden, aber meist grofs, fast vollständig verdickt, fein und deutlich geschichtet, mit verzweigten Porenkanälen (Fig. 380). Durch ihre Farblosigkeit (in Wasser) heben sie sich deut-

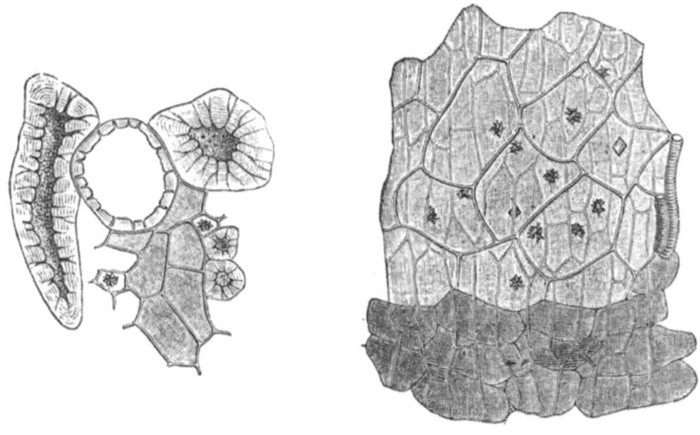
Fig. 382. Gewebe der Fruchtscheidewand des Piment.

lich von der braunen Umgebung ab. An der Innenseite bilden sie eine fast geschlossene Schicht. Das Fruchtfleisch enthält neben brauner, formloser Masse reichlich Calciumoxalat in Form von Kristalldrusen.

Die innere Auskleidung der Fruchtschale besteht aus mehreren Lagen zusammengedrückter Zellen.

Die innere Oberhaut aus polygonalen Zellen setzt sich auf die pergamentartigen Scheidewände fort, deren Parenchym, wie das Mesokarp, Steinzellen, Kristalldrusen und Leitbündel enthält (Fig. 382).

B. **Samenschale.** Sie ist an den Kanten dünn; auf den Breitseiten bildet sie ein dickes Polster.

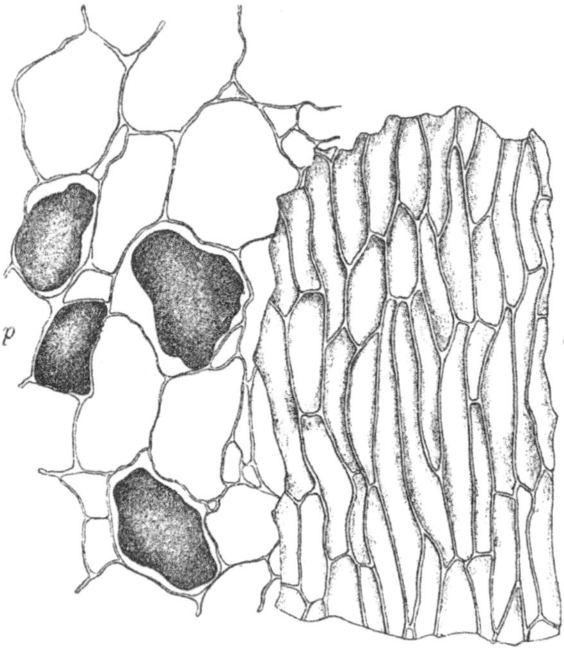

Fig. 383. Samenhaut des Piment; *ep* Oberhaut, *p* Parenchym.

Die Zellen der Oberhaut (Fig. 383, *ep*) sind schmal, lang gestreckt.

Das Parenchym der Mittelschicht (*p*) enthält eine homogene, portweinfarbige, oft streifig-faltige Masse, die oft in toto aus den Zellen herausfällt. Diese auch im Pulver leicht auffindbaren Farbstoffkörper werden durch Eisensalze blau, durch Chloralhydrat orangefarbig und lösen sich in erwärmter Lauge mit schmutzig-violetter Farbe.

Die innere Oberhaut ist der äufseren ähnlich. An

manchen Stellen haften ihr noch einige kleinzellige Schichten an, die wohl als Reste des Sameneiweißses anzusprechen sind.

C. **Embryo.** Er läßt sich aus dem in Wasser gut erweichten Samen vollständig herausheben. Er ist fast ebenso lang wie breit (4 : 5 mm), flach schneckenförmig, dunkelviolett. Querschnitte des Samens treffen 4—5 mal den Keimling und liefern Durchschnitte desselben von ungleicher Größe und Form. Der kreisrunde Querschnitt des die Hauptmasse des Keimlings bildenden Stämmchens zeigt in der Mitte einen Kreis zarter Leitbündel und an der Peripherie einen Kreis großer Ölräume. Das Parenchym enthält neben einer rotbraunen oder bräunlich-violetten, auf Gerbstoff reagierenden Masse Stärke in regelmäßig zusammengesetzten, meist 10—12 μ großen Körnern (Fig. 384). Die Teilkörner zeigen immer den Kern oder die Kernhöhle [1]).

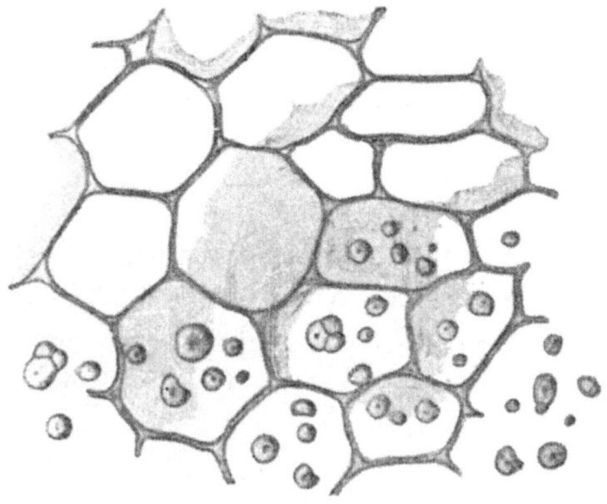
Fig. 384. Keimblattgewebe des Piment.

Die kleinen polygonalen Oberhautzellen des Embryo enthalten wohl Pigment, aber keine Stärke.

Pimentpulver.

Es enthält neben braunem Parenchym in großer Menge farblose Steinzellen, zusammengesetzte Stärke, rötliche oder gelbliche Pigmentklumpen, vereinzelt Teile der Fruchtschale mit der Oberhaut und den Ölräumen, einzellige Härchen, Kristalldrusen, Spiralgefäße.

Sind dem Pulver Pimentstiele beigemischt, so verraten sich diese durch das reichliche Vorkommen größerer Gefäßfragmente, Bastfasern, Kammerfasern mit Einzelkristallen, Haare.

Auch mit Nelkenstielen, Nuß- und Kakaoschalen, getrockneten Birnen („Matta"), Sandelholz, Zerealien und Hülsenfrüchten usw. wird Piment verfälscht.

---

[1]) In vielen Zellen findet sich neben Stärke ein violetter Farbstoffkörper, der in Wasser und Alkalien sich löst, daher gewöhnlich übersehen wird.

Literatur.

Hanausek, T. F. (10, 15); Hassall (18); Macé (23); Moeller (26, 27, 28, 29); Schimper (34), Tschirch u. Oesterle (37); Villiers et Collin (39); Vogl (40, 42).

Hanausek, T. F.: Über einige, gegenwärtig im Wiener Handel vorkommende Gewürzfälschungen. Ztschr. Nahr.-Unters. Hyg. 1894, 8, 95.

Morpurgo: Delle Spezie. Trieste 1904.

Nevinny: Die Piment-Matta. Ztschr. Nahr.-Unters. Hyg. 1887, 1, 46.

Spaeth: Zur mikroskopischen Prüfung des Pimentes. Forschber. Lebensm. Hyg. for. Chem. 1895, 2, 419.

Muskatnufs.

Die echte Muskatnufs ist der von der Steinschale befreite Same, also der Samenkern von *Myristica fragrans* Houtt., einem auf den Molukken heimischen und im ganzen Tropengürtel kultivierten Baume. Gegenwärtig liefern die Banda-Inseln die meisten und namentlich die besten Muskatnüsse.

Fig. 385. Muskatnufs in der nur im Umrifs gezeichneten Frucht (A. v. Vogl).

Die Frucht ähnelt der Aprikose, spaltet sich bei der Reife in zwei Hälften und zeigt im Fruchtfleisch einen dunkelbraunen Samen, umgeben von einem dunkelroten, zerschlitzten Samenmantel (Fig. 385).

Zunächst wird aus dem Fruchtfleisch der Samenmantel herausgelöst, an der Sonne getrocknet und mitunter mit Salz bestreut. Er kommt als Muskatblüte oder Macis (s. d.) in den Handel. Auch die Samen werden getrocknet und dann erst aufgeschlagen. Die dunkelbraune, glänzende Steinschale ist 1—2 mm dick, von den Abdrücken des Samenmantels gefurcht, mit bandartiger Raphe.

Die herausgelösten Kerne, die eigentlichen „Muskatnüsse“, bestehen fast nur aus dem gefalteten Endosperm (Fig. 386). Sie sind oval, zimtbraun, oberflächlich gerunzelt. Von dem grubig vertieften Nabel zieht längs der etwas flacheren Seite der Nabelstrang zum entgegengesetzten Pol (der Chalaza). Auf Durchschnitten (Fig. 387) sind die Nüsse schön marmoriert, weil die braune Schale in die Falten des Endosperms eindringt[1]). Der kleine, am Grunde des Endosperms gebettete Embryo wird von Durchschnitten selten getroffen (siehe Fig. 158, pag. 163) und hat praktisch keine Bedeutung. Es ist üblich, die Muskatnüsse in Kalkwasser zu legen, teils um ihr Aussehen zu verbessern, teils um sie vor Insektenfrafs zu schützen[2]). Deshalb sind die Muskatnüsse des Handels fast immer weifs bestäubt; aus Penang werden sie gewöhnlich ungekalkt verschifft.

Fig. 386. Aus der Steinschale gelöste Muskatnufs (A. E. v. Vogl).

Fig. 387. Querschnitt der Muskatnufs mit der Schale (nach Berg).

Mikroskopischer Bau.

Die braune Hülle der Muskatnüsse besteht aufsen aus rundlichen, 12—30 μ grofsen Zellen, die (Figur 388) braune Massen und prismatische, seltener tafelförmige Kristalle (nach Tschirch Kaliumbitartrat) enthalten.

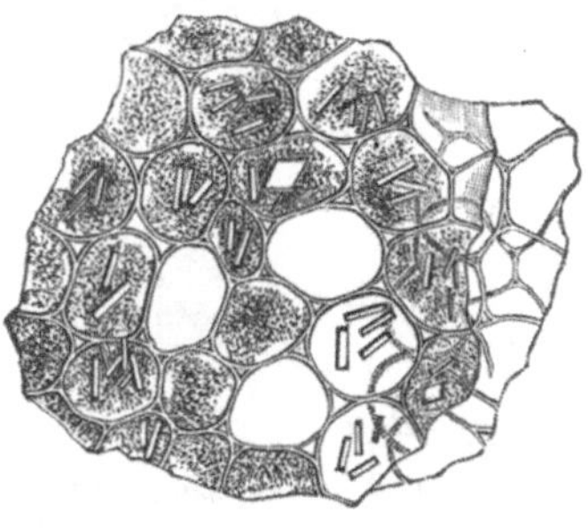

Fig. 388. Braunes Hüllgewebe der Muskatnufs in der Flächenansicht.

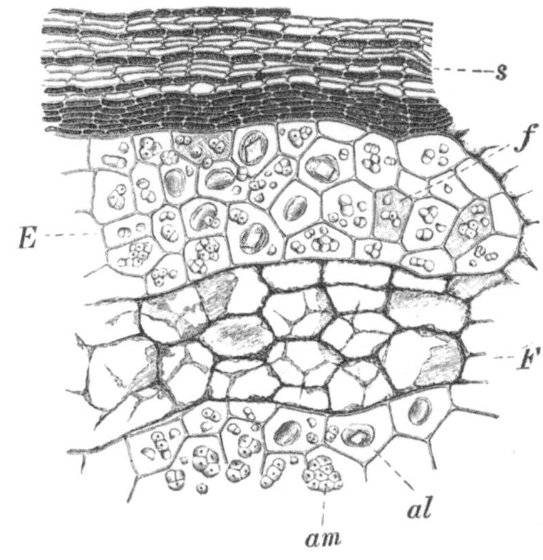

Fig. 389. Durchschnitt der Muskatnufs; *E* Nährgewebe, *F* Faltengewebe, *s* Hüllgewebe, *am* Stärke, *al* Aleuron, *f* Farbstoffzellen.

---

[1]) Die früher als Testa angesprochene Schale ist der Rest des Perisperms, ein „Ruminationsgewebe" (Tschirch).

[2]) Die Meinung, dafs die Muskatnüsse gekalkt werden, um ihre Keimkraft zu zerstören, ist irrig.

Die inneren Schichten dieser scheinbaren Samenschale, die auch in die Falten des Endosperms eindringen, bestehen aus polygonalen, meist kleineren Zellen, zwischen denen aber grofse Ölzellen oft so zahlreich eingeschlossen sind, dafs diese das grofszellige Aussehen des Faltengewebes bedingen (Fig. 389, *F*).

Das hellfarbige Endospermgewebe (Fig. 389, *E*) ist ein zartzelliges Parenchym, erfüllt mit Fett, Stärke und Aleuron, nebst vereinzelten Pigmentzellen (*f*). Die Stärkekörner sind einfach (2—15 μ) oder zusammengesetzt, meist Zwillinge und Drillinge, mit deutlicher Kernhöhle. Jede Zelle enthält ein Aleuronkorn mit meist einem grofsen Eiweifskristall. Auch die Pigmentzellen enthalten Stärke, von brauner Masse umgeben. — Das Fett ist oft kristallinisch. Es mufs extrahiert werden, wenn man die anderen Inhaltsstoffe deutlich erkennen will. Entfettete Schnittpräparate untersucht man zweckmäfsig in Jodlösung.

Muskatnufspulver.

Muskatnüsse kommen selten gepulvert in den Handel. Das Pulver besteht hauptsächlich aus dem zu Klümpchen geballten Zellinhalt des Endosperms nebst spärlichen, farblosen oder braunen Membranfetzen. Charakteristisch ist das dreifarbige Bild in Jodlösung: blaue Stärkekörner, glänzend braune Eiweifskristalle und gelber Detritus.

Fälschungen wurden beobachtet mit Kakao- und anderen Schalen, Leinölkuchen, Zerealien u. a. m. Sie sind um so leichter zu entdecken, als das reine Pulver arm ist an charakteristischen Geweben.

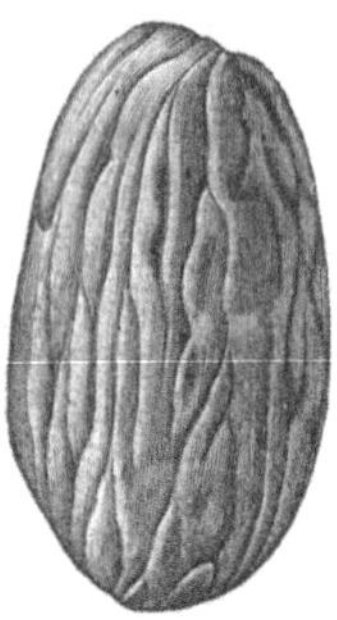

Fig. 390. Papua-Muskatnufs ohne Schale in nat. Gr. (n. WARBURG).

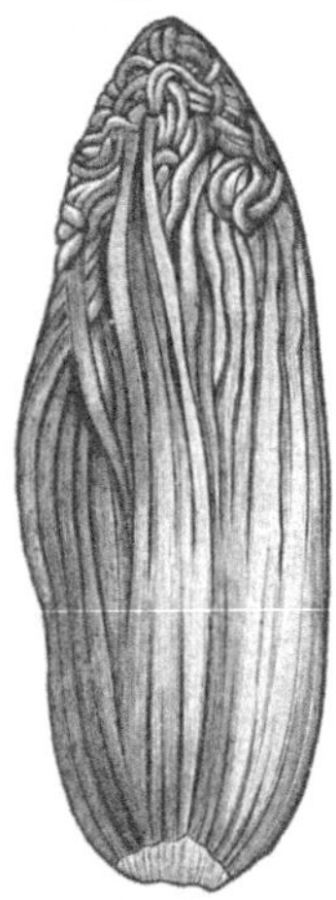

Fig. 391. Bombay-Muskatnufs mit dem Samenmantel in nat. Gr.

Die lange, wilde, auch Makassar- oder Papua-Muskatnufs stammt von *Myristica argentea* WARB. Ihr Geschmack ist ebenfalls aromatisch, aber weniger fein. Sie ist 25—40 mm lang und 15—25 mm breit, fast zylindrisch, am Grunde etwas breiter (Fig. 390). Ihre Schale ist hart, mit seichten Eindrücken und wenig deutlicher Raphe [1]).

[1]) Der Steinschale fehlt die Faserschicht (TSCHIRCH), aber dieses Merkmal ist praktisch nicht zu verwerten, weil die Nüsse ohne Schale in den Handel kommen.

Die Bombay-Muskatnufs stammt von *Myristica malabarica* Lam. aus Vorderindien. Sie ist gar nicht aromatisch. Ihre Form ist zylindrisch, die Länge erreicht 5 cm (Fig. 391). Die Abdrücke des Samenmantels sind wenig ausgeprägt, die Raphe jedoch bildet eine tiefe Furche.

Im anatomischen Bau sind Bombay- und Makassar-Nufs von der Banda-Nufs kaum verschieden.

Aufser den drei angeführten gibt es noch etwa 80 *Myristica*-Arten, die von Vorderindien über Australien bis zu den Tongainseln verbreitet sind. Nur wenige besitzen bleibend gewürzhafte Samen, einige liefern Fett oder sind in anderer Weise nutzbar (Warburg).

Macis.

Macis oder Muskatblüte ist der Samenmantel (Arillus) der echten, sog. Banda-Muskatnufs (Fig. 392). Frisch dunkelrot und fleischig, wird er durch das Trocknen gelb und brüchig, etwas durchscheinend.

Ein Querschnitt durch das blattartige Gebilde (Fig. 393) zeigt (in Glyzerin) ein beiderseits von Oberhaut begrenztes

Fig. 392. Banda-Muskatnufs mit dem Samenmantel (Macis).

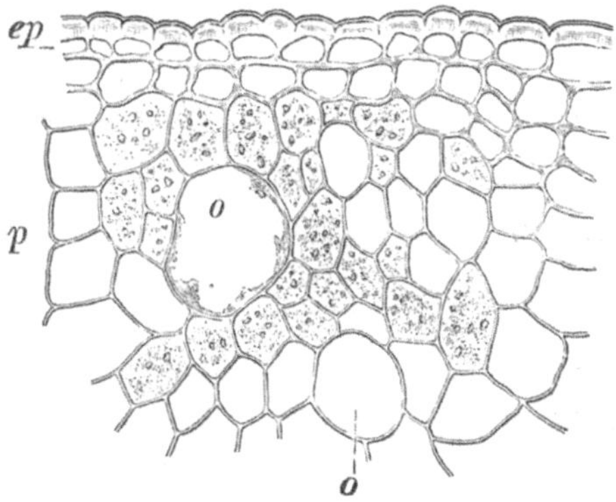

Fig. 393. Querschnitt der Banda-Macis; *ep* Oberhaut und Hypoderm, *p* Parenchym mit den Ölzellen *o*.

Parenchym, in welchem zerstreute Ölzellen durch ihre Gröfse auffallen. Stellenweise, besonders am Grunde des becherförmigen Gebildes, ist die Oberhaut doppelt.

Auf Flächenschnitten (Fig. 394, *ep*) erscheint die Oberhaut aus spindelförmigen, fast 1 mm langen und 20—40 μ breiten, schon in Wasser beträchtlich quellenden Zellen zusammengesetzt.

Mit Chlorzinkjod wird die Zellwand (mit Ausnahme der Cuticula) unmittelbar gebläut.

Das parenchymatische Grundgewebe aus isodiametrischen (25—50 μ). dünnwandigen Zellen enthält reichlich Fett. Wird dieses mit Äther extrahiert, so findet man zahlreiche, winzige (bis 12 μ lange), unregelmäfsig geformte, mit Jod sich rotbraun färbende Körperchen (Amylodextrin). Stärke fehlt. Der Inhalt der Ölzellen ist ein Gemenge von ätherischem Öl, Fett und Harz. Lauge bewirkt keine merkliche Färbung.

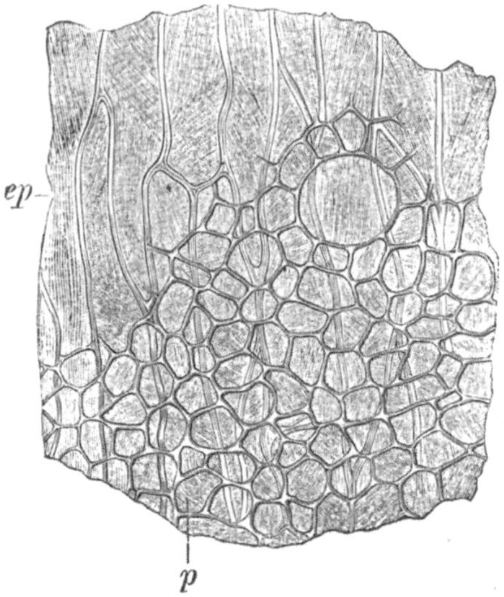

Fig. 394. Oberhaut (*ep*) und Parenchym (*p*) der Banda-Macis in der Flächenansicht.

Macispulver.

Macispulver ist orangebraun. Es wird in Wasser untersucht. Charakteristisch ist die Oberhaut, der oft Parenchym mit Ölzellen anhaftet. Die Hauptmasse besteht aus farblosem Zellinhalt; vereinzelt finden sich zarte Leitbündel.

Makassar- oder Papua-Macis von *Myristica argentea* Warb. ist gelblichbraun, breitblätterig, aromatisch, im Baue von Banda-Macis nicht zu unterscheiden.

Bombay-Macis von *Myristica malabarica* Lam. ist fast geschmacklos, daher als Gewürz wertlos. Von der echten Banda-Macis ist sie leicht zu unterscheiden. Der Form der Nüsse entsprechend ist sie länglich, gröfser und feiner zerschlitzt, am Scheitel eine aus wurmförmigen Fäden verwickelte Kappe bildend (Fig. 391). Die Farbe ist gewöhnlich dunkel rotbraun, mitunter gelb.

Mikroskopisch unterscheidet sie sich von der echten Macis durch die am Querschnitte schmalen und hohen Oberhautzellen (Fig. 395), doch ist dieses Kennzeichen bei der Untersuchung des Pulvers nicht verwertbar. Diagnostisch wertvoller sind die Sekretzellen. Sie sind nicht nur zahlreicher, sondern ihr Inhalt ist (unter Wasser) orangerot und wird mit Alkalien blutrot[1]).

Obwohl Bombay-Macis ebenso wie Banda-Macis anatomisch gleichwertig, d. h. Samenmäntel sind, mufs die Unterschiebung der ersteren doch als Fälschung bezeichnet werden. Denn im Handel und Verkehr versteht man unter „Macis" nicht das anatomische Gebilde, sondern das Gewürz, und Bombay-Macis ist kein Gewürz.

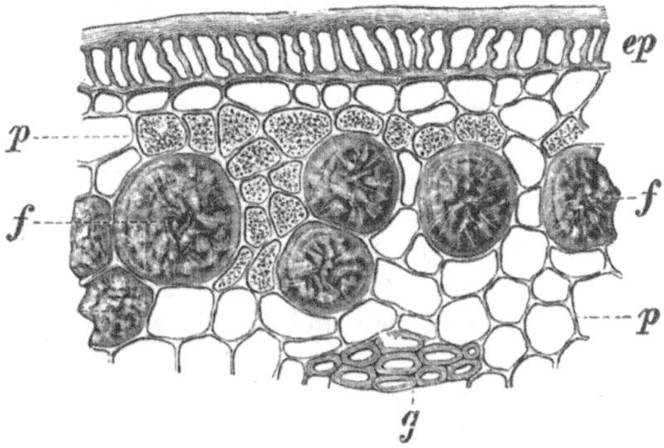

Fig. 395. Querschnitt der Bombay-Macis (T. F. HANAUSEK); ep Oberhaut, p Parenchym, f Farbstoffzellen, g Leitbündel.

Von den zum Nachweis derselben im Pulver vorgeschlagenen Methoden sind nur zwei brauchbar.

1. Zu einem alkoholischen Auszug (1:10) wird Kaliumchromat gefügt. Liegt Bombay-Macis vor, so wird die Lösung blutrot, und der anfangs gelbe Niederschlag wird beim Stehen rot (WAAGE). Bei reiner Banda-Macis bleiben Lösung und Niederschlag gelb.

2. Fingerbreite Streifen von Filtrierpapier werden mit dem alkoholischen Extrakt getränkt, getrocknet, in kochendes Barytwasser getaucht und auf reinem Papier getrocknet. Bombay-Macis gibt eine ziegelrote, Banda- und Makassar-Macis eine bräunlich-gelbe, im unteren Teil der Streifen schwach rote Farbe.

Literatur.

BERG (3); HANAUSEK, T. F. (10, 15, 45); MACÉ (23); MEYER, A. (24); MOELLER (26, 27, 29); SCHIMPER (34); TSCHIRCH u. OESTERLE (37); VILLIERS et COLLIN (39); VOGL (40, 42).

BAILLON: Sur l'origine du macis de la Muscade et des arilles en général. Comptes rendus de l'Académie 78, 779. — Adansonia **11**, 1876, 329.

BUSSE: Über Gewürze. Muskatnüsse. Arb. Kaiserl. Ges.-Amte 1895, **11**, 390, 628.

— Notiz betr. d. Nachweis v. Bombay-Macis. Ztschr. f. Unters. der Nahr.- u. Genufsm. 1904.

[1]) Bombay-Macis gibt 60 %, also mehr als doppelt so viel nicht flüchtigen Ätherextraktes, dagegen nur 15 % „Stärke".

Frühling, R.: Prozeſs der Firma Heintz & Kreiss wegen Schadenersatz. Rep. d. anal. Chemie 1886.

Hallström: Anatomische Studien über die Samen der Myristicaceen und ihre Arillen. Arch. Pharm. 1895, **233**, 441.

Hanausek, T. F.: Verfälschte Macis. Ztschr. Nahr.-Unters. Hyg. 1890, **4**, 77.

Moeller: Über Muskatnüsse. Pharm. Centralh. 1880, 453.

Morpurgo: Delle Spezie. Trieste 1904.

Pfeiffer: Die Arillargebilde der Pflanzensamen. Inaug.-Diss. Berlin 1891.

Ranvez: Verfälschung des Muskatpulvers durch die Muskatschalen. Ann. Pharm. 1900, **6**, 139.

Tschirch: Ucuhuba, die Samen von *Myristica surinamensis*. Arch. Pharm. 1887, **66**, 619.

— Inhaltsstoffe der Zellen des Samens und des Arillus von *Myristica fragrans* Houttuyn. Tageblatt der 58. Versammlung deutscher Naturforscher u. Ärzte in Straſsburg 1888.

— Bombay-Macis. Pharm. Ztg. 1881.

Voigt: Über den Bau und die Entwicklung des Samens und Samenmantels von *Myristica fragrans*. Inaug.-Diss. Göttingen 1885, 365.

Waage: Banda- und Bombay-Macis. Pharm. Centralh. 1892.

— Papua-Macis. Pharm. Centralh. 1893.

Warburg: Die Muskatnuſs. Leipzig 1897.

Kardamomen.

Zwei Arten kommen nach Europa: die kleinen oder Malabar-Kardamomen und die weniger gebräuchlichen langen oder Ceylon-Kardamomen. Beide stammen von *Elettaria Cardamomum* White et Maton (*Zingiberaceae*), einer im südöstlichen Asien heimischen, schilfähnlichen Pflanze, deren kleinfrüchtige Varietät jetzt vorzüglich auf Ceylon kultiviert wird.

Andere Kardamomen kommen nur selten auf den europäischen oder amerikanischen Markt, so

die runden oder Siam-Kardamomen (*Amomum Cardamomum* L.),
die wilden oder Bastard-Kardamomen (*Amomum xanthioides* Wall.),
die bengalischen Kardamomen (*Amomum subulatum* Rxb.) und
die javanischen Kardamomen (*Amomum maximum* Rxb.).

Die Früchte sind dreifächerige, oft in einen kurzen Schnabel (dem Perigonrest) endigende Kapseln. In jedem Fache sind die von einem zarten, durchsichtigen Häutchen (dem Samenmantel) eingehüllten Samen in zwei Reihen dicht aneinandergepreſst. Form, Gröſse und Farbe der Kapseln, Zahl und Bau der Samen sind verschieden.

Kleine Kardamomen.

Die sog. Malabar-Kardamomen sind rundlich-dreikantig, etwas über 1 cm lang. Ihre lederige Schale ist lichtbraun, gelb oder fast weifs, längsstreifig, schwach aromatisch. Zwischen den farblosen Scheidewänden bilden 6—8 Samen eine

Fig. 396. Same der Kleinen Kardamomen mit dem Arillus *a*, 3fach vergr. (nach LUERSSEN).

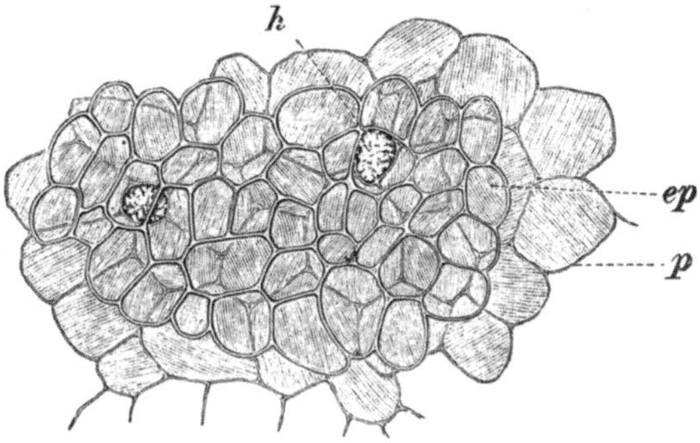

Fig. 397. Äufsere Fruchtwand der Kleinen Kardamomen; *ep* Oberhaut, *p* Parenchym mit Harzzellen *h*.

zusammenhängende, jedoch leicht zerfallende Masse. Die von einem zarten Arillus umgebenen Samen (Fig. 396) sind mit einem Faden (dem Nabelstrang) an der Mittelsäule befestigt. Sie sind rotbraun, 2—3 mm lang, unregelmäfsig eckig, quer gerunzelt, der Länge nach gefurcht, sehr hart, angenehm und stark aromatisch.

Fig. 398. Innere Fruchtwand der Kleinen Kardamomen.

A. **Fruchtschale.** Sie ist trocken etwa 1 mm dick und quillt in Wasser etwas auf. Schnitt- und Schabepräparate sind leicht herzustellen.

Die rundlich-polygonalen Zellen der Oberhaut (Fig. 397, *ep*) lassen oft die Teilungen der Mutterzellen erkennen.

Im grofszelligen Parenchym des Fruchtfleisches sind zahlreiche kleinere Sekretzellen zerstreut, die einen zitronengelben oder rotbraunen Klumpen enthalten (Fig. 397, *h*). In den Leitbündeln sind die Spiralgefäfse ungefähr ebenso breit (60 μ) wie die mäfsig verdickten Fasern. Innen ist das Gewebe ein Schwammparenchym (Fig. 398), abgeschlossen durch eine gestreckt-zellige Oberhaut.

B. **Samen.** Der zarte, farblose Samenmantel (Fig. 399) erscheint auf den ersten Blick strukturlos; bei genauerem Zusehen erkennt man aber mehrere Lagen langgestreckter Zellen mit stark lichtbrechenden Tropfen und einzelnen oder reihenweise angeordneten Kristallen.

Um aus den beinharten Samen Schnitte anfertigen zu können, müssen sie in Wasser lange erweicht und fest zwischen Kork eingeklemmt werden. Auch dann noch mufs die Schnittführung behutsam sein; hohl geschliffene Messer

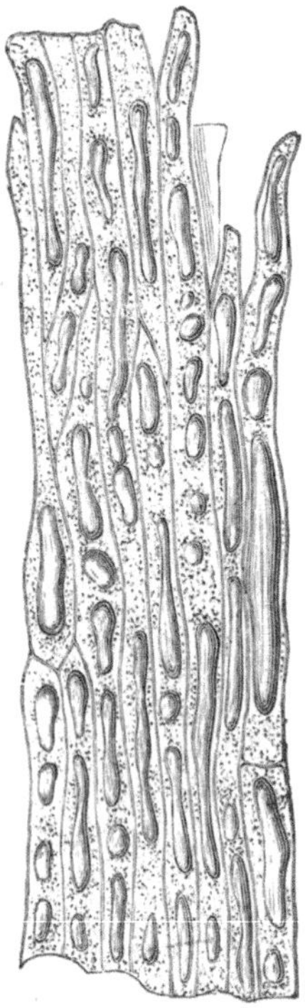

Fig. 399. Samenmantel der Kardamomen.

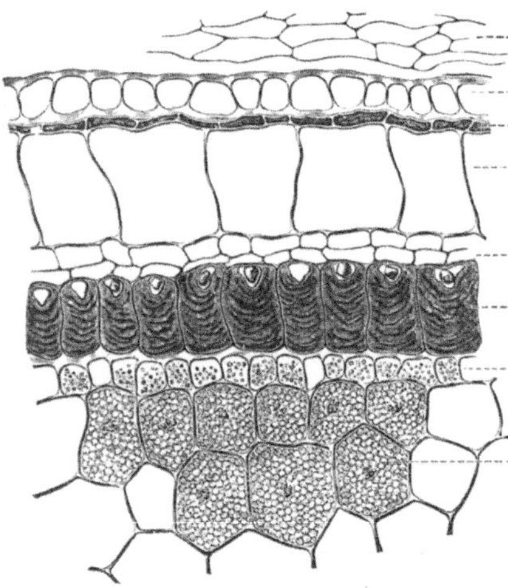

Fig. 400. Querschnitt der Kleinen Kardamomen.

werden leicht schartig. Der Querschnitt (Fig. 400) zeigt fünf Schichten, von denen die erste und fünfte besonders charakteristisch sind.

1. Die Oberhaut (Fig. 400 u. 401, *o*) besteht aus langen, faserförmigen, etwa 35 μ breiten, scharf konturierten Zellen.

2. Querzellen (*qu*), oft mit braunem, auf Gerbstoff reagierendem Inhalt, sind auf Querschnitten weniger deutlich als in Flächenpräparaten zu sehen.

3. Ölzellen sind durch ihre Gröfse auffallend. Sie enthalten farblose Tropfen ätherischen Öles.

4. Parenchym (*p*) in einfacher oder doppelter Lage.

5. Palissadenzellen (*st*), braun und so vollständig verdickt, dafs nur an der Aufsenseite eine kleine Höhle frei bleibt, in welcher ein kristallähnlicher Körper liegt. Sie sind etwa 25 μ hoch, 8—20 μ breit. In der Flächenansicht (Fig. 401) sind sie polygonal und je nach der Einstellung kompakt oder weitlichtig.

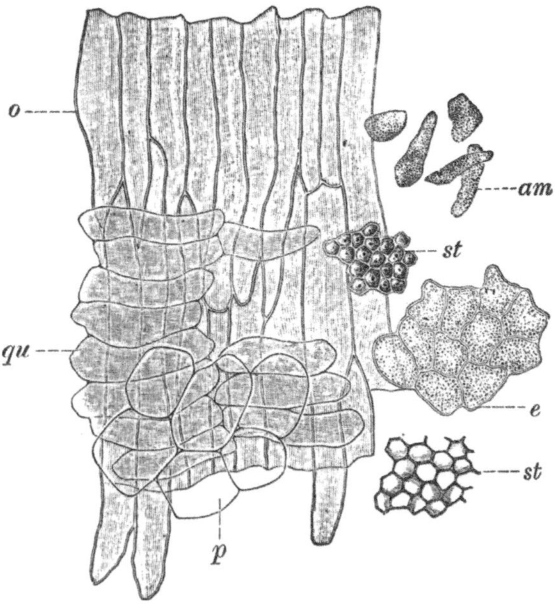

Fig. 401. Samengewebe der Kleinen Kardamomen.
o Oberhaut, *qu* Querzellen, *p* Parenchym, | *st* Palissaden, *e* Perisperm, *am* Stärkeklumpen.

Der mit der Schale verwachsene Samenkern (Fig. 402) besteht aus drei Teilen: in der Mitte liegt der Embryo, umgeben von spärlichem Endosperm und dieses wieder umgeben von Perisperm.

Das Perisperm (Fig. 400 u. 401, *e*) ist ein grofszelliges, mit Stärke vollgepfropftes Parenchym. Die Stärkekörnchen sind sehr klein (2—3 μ, selten über 4 μ), kugelig oder polygonal und (wie im Pfeffer) zu kompakten Massen verklebt, die oft in toto herausfallen. In der Mitte jeder Masse ist ein kleiner Hohlraum mit einem einzigen oder mehreren kleinen Oxalatkristallen. Mit kalter Lauge behandelt, löst sich die Stärke, aber die Massen verschwinden nicht, sondern werden zunächst körnig, dann homogen.

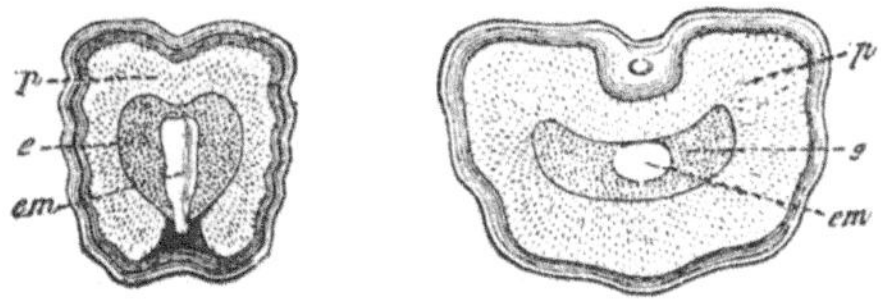

Fig. 402. Samen der Kleinen Kardamomen (nach LUERSSEN); *A* Längsschnitt, 5fach vergr., *B* Querschnitt, 8fach vergr.; *p* Perisperm, | *e* Endosperm, *em* Embryo.

Das Endosperm enthält Fett und Aleuron, keine Stärke; ebenso der kleinzellige Embryo.

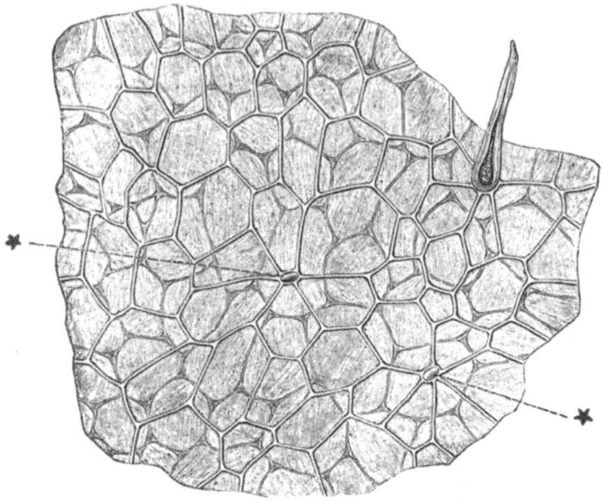

Fig. 403. Äufsere Fruchtwand der Langen Kardamomen mit Haaren und deren Spuren (vgl. Fig. 397).

Pulver.

Als Gewürz und zur Bereitung pharmazeutischer Präparate dienen nur die Samen, da die Fruchtschale fast gar nicht aro-

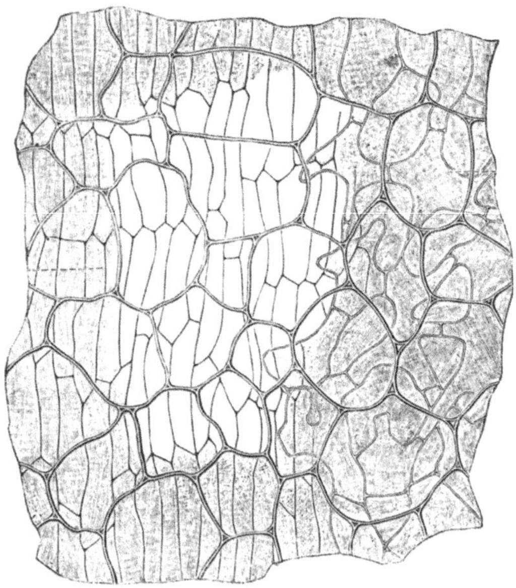

Fig. 404. Innere Fruchtwand der Langen Kardomomen (vgl. Fig. 398).

matisch ist. Diese soll daher im Pulver nicht oder höchstens als Verunreinigung vorkommen; gröfsere Mengen deuten auf Verfälschung.

Da das Perisperm die Hauptmasse des Samens ausmacht, besteht das Pulver hauptsächlich aus Stärkeklumpen und ist auf den ersten Blick dem Pfefferpulver ähnlich. Mit leichter Mühe findet man jedoch alsbald die höchst charakteristischen Fragmente der Oberhaut und der Palissadenschicht. Die ersteren sind zwar in der Form ähnlich dem Endokarp und dem Arillus, aber die Zellen sind dicker und starrer. Die Fruchtschale ist besonders an der äufseren Oberhaut, an den Harzklumpen und an den Leitbündeln erkennbar.

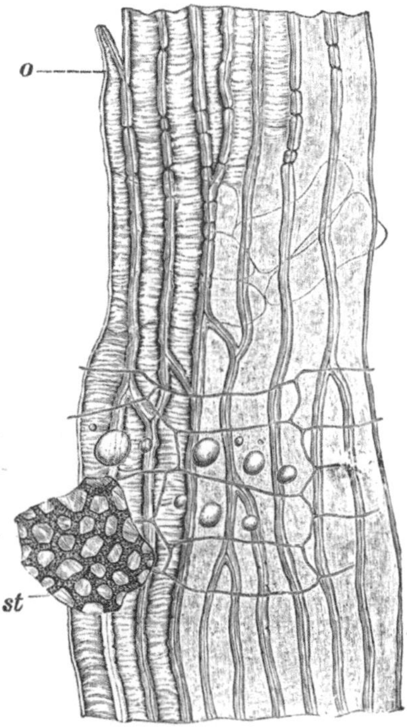

Fig. 405. Samengewebe der Langen Kardamomen; *o* Oberhaut, *st* Palissaden.

Lange Kardamomen.

Die sog. Ceylon-Kardamomen sind oft 4 cm lang, schmutzigbraun und enthalten in jedem Fache ungefähr 20 fast doppelt so grofse Samen wie die Kleinen Kardamomen.

Die Fruchtschale trägt lange, dünne, einzellige Haare oder Narben derselben auf der Oberhaut (Fig. 403). Ein zweites mikroskopisches Unterscheidungsmerkmal bieten die Oberhautzellen der Samenschale (Fig. 405, *o*): sie sind bedeutend dickwandiger (6 μ).

Literatur.

Berg (3); Greenish (14); Hanausek, T. F. (15); Hassall (18); Meyer, A. 10, 24); Moeller (26, 27, 28, 29); Schimper (34); Tschirch u. Oesterle (37); (Villiers et Collin (39); Vogl (42).

Busse: Über eine neue Kardamomenart aus Kamerun. Arb. Kais. Gesundh. 1898, **14**, 139.

Hartwich und Swanlund: Über Kardamomen von Kolombo, das Rhizom von *Zingiber Mioga* und *Galanga maior*. Ber. deutsch. pharm. Ges. 1903, **13**, 141.

Morpurgo: Delle Spezie. Trieste 1904.

Niederstadt: Die im Handel vorkommenden Kardamomenarten. Chem.-Ztg. 1897, **21**, 831.

Schade: Entwicklungsgeschichtliche Untersuchungen über die Malabar-Kardamomen und vergleichend-anatomische Studien über die Samen einiger anderer Amomum- und Elettaria-Arten. Inaug.-Diss. Bern 1897.

Soltsien: Verfälschung von Kardamomenpulver. Pharm. Ztg. 1892, 373.

Tschirch: Beiträge zur Pharmakobotanik und Pharmakochemie. Schw. Woch. Chem. Pharm. 1897, Nr. 17.

— Über Kardamomen. Schw. Woch. Chem. Pharm. 1897, **35**, 481.

— Diagnose der Kardamomen. Schw. Woch. Chem. Pharm. 1897, Nr. 43.

Waage: Fructus Cardamomi. Ber. Pharm. Ges. **3**, 162.

Vanille.

Die Vanille ist die Frucht einer auf Bäumen wachsenden Orchidee, *Vanilla planifolia* Andr., deren Heimat Mexiko ist, woher jetzt noch die feinsten Sorten kommen. Sie wird überall in den Tropen kultiviert, besonders in Südamerika, auf Réunion (Bourbon), in Afrika, auf Tahiti, Java und Ceylon.

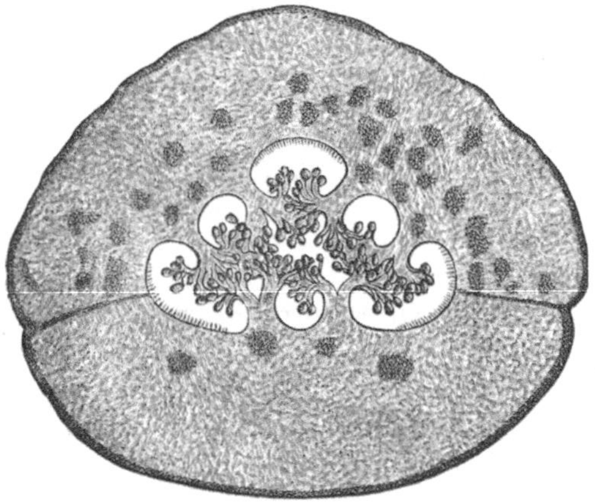

Fig. 406. Querschnitt der Vanille, 8fach vergr. (nach Berg).

Die Früchte werden fälschlich „Schoten" genannt, denn sie sind einfächerige, aus drei Fruchtblättern entstandene, zweiklappig aufspringende Kapseln. Sie werden 12—20 cm lang, werden vor der vollständigen Reife abgeschnitten und nach einem sehr umständlichen Verfahren getrocknet. Hierbei entwickelt sich erst das Aroma, und von der Sorgfalt der Zubereitung hängt hauptsächlich die Qualität ab. Die „Schoten" sind biegsam, längsfaltig, schwarzbraun, fettglänzend und oft mit feinsten Kristallnädelchen bedeckt[1]), so dafs sie wie verschimmelt aussehen. In Wasser quellen sie zu ihrer ursprünglichen gerundet-dreikantigen Gestalt auf (Fig. 406). Sie enthalten zahlreiche winzige, schwarze Samen, in gelben Balsam gebettet.

A. **Fruchtschale.** Die Oberhaut (Fig. 407 u. 408, *ep*) besteht aus dickwandigen, fein getüpfelten, in Längsreihen an-

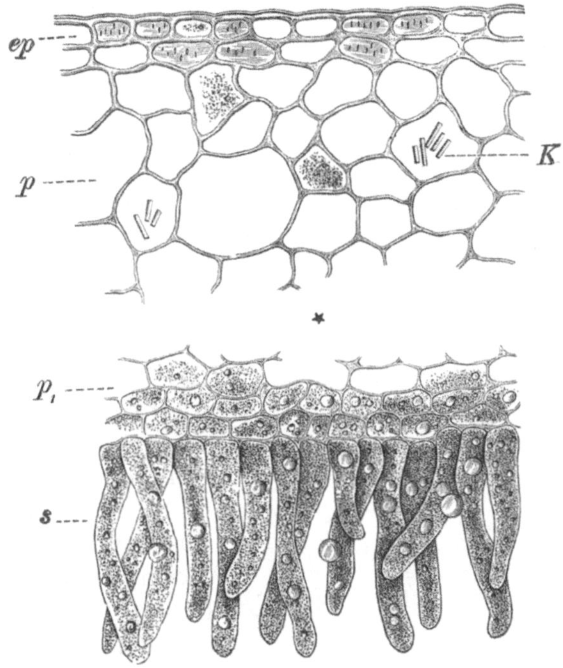

Fig. 407. Querschnitt der Vanille;
ep Oberhaut,
p Fruchtfleisch mit Kristallen *K*,
s zu Balsampapillen ausgewachsene innere Oberhaut.

geordneten Zellen mit spärlichen, kleinen, oft fast kreisrunden Spaltöffnungen. Die Zellen enthalten in körniger Grundmasse braune Körperchen (10 μ) und kurz-prismatische Oxalatkristalle, leicht zu unterscheiden von den oberflächlich ausgeblühten Vanillinnadeln.

1) Die Kristalle sind Vanillin, kein ätherisches Öl, sondern Methylprotokatechualdehyd. Es ist in der Frucht nicht fertig gebildet, sondern entsteht beim Welken und Trocknen in einer Menge von 1,5—3,0 %. Andere Vanillearten entwickeln viel weniger oder gar kein Vanillin, kommen daher als Gewürze nicht in Betracht.

Das Fruchtfleisch ist in seinem äufseren Teile schwach kollenchymatisch verdickt (*p*). Die Zellen sind gestreckt und deutlich getüpfelt. In den Sorten aus Mexiko und Zentralamerika sind die Tüpfel spaltenförmig; die Zellen erscheinen daher netzförmig verdickt. Nach innen zu werden die Zellen gröfser (oft 150 μ) und dünnwandig. Hie und da finden sich schmale, lange, in Längsreihen übereinandergestellte Kristallschläuche mit oft 500 μ langen Raphidenbündeln. Am besten sieht man sie an mit Lauge behandelten Längsschnitten; in Querschnitten sind sie zerbrochen[1]).

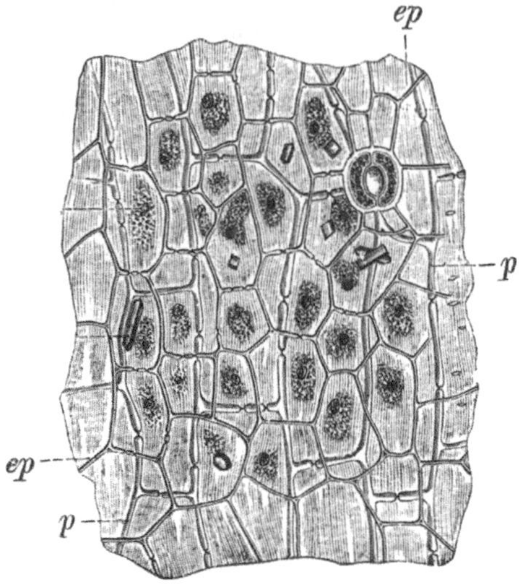

Fig. 408. **Aufsenwand der Vanille in der Flächenansicht;** *ep* Oberhaut mit Oxalatkristallen, *p* Parenchym.

Das Fruchtfleisch (Fig. 409) ist (wie immer) von Leitbündeln durchzogen, deren Gefäfse spiralig oder netzförmig verdickt sind und deren Fasern ovale (nicht spaltenförmige) Tüpfel besitzen (TSCHIRCH). Die inneren Parenchymschichten sind kleinzellig.

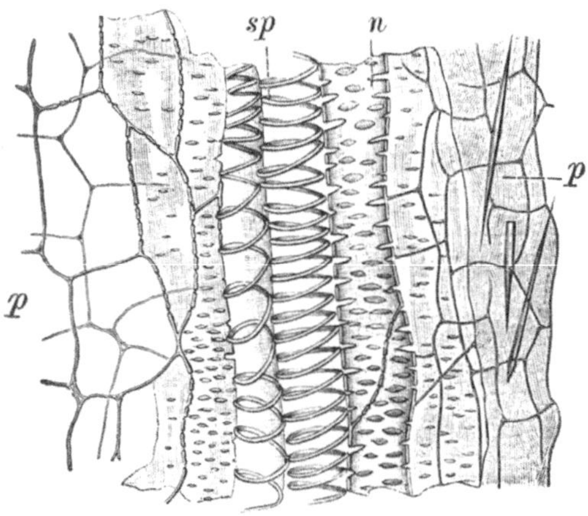

Fig. 409. **Fruchtfleisch der Vanille;** *p* Parenchym mit Kristallnadeln, *sp* und *n* Spiral- und Netzgefäfse.

In die Fruchthöhle ragen (Fig. 406) drei gegabelte Samenträger (Placentae). Zwischen ihnen sind die Oberhautzellen zu Papillen ausgewachsen (etwa 300 μ lang und 20 μ breit), die Balsam enthalten (Fig. 407). An den übrigen Stellen der

[1]) Um Vanillin nachzuweisen, bringt man einen Querschnitt in 5 %ige Phlorogluzinlösung und fügt einen Tropfen Schwefelsäure hinzu. Es erscheint sofort eine prächtige Karminfärbung.

Fruchthöhle ist die innere Oberhaut samt dem ihr angrenzenden Parenchym verschleimt (TSCHIRCH).

B. **Samen.** Die von T. F. HANAUSEK mit Schiefspulver verglichenen Samen sind 0,4 mm lang und 0,3 mm breit. Man kocht sie in Lauge und zerquetscht sie, um ihren Bau zu studieren.

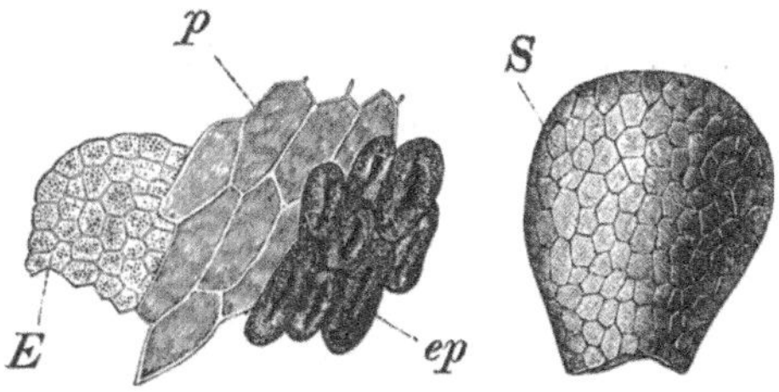

Fig. 410. Vanille-Samen; *S* Ganzer Same vergr., *ep* Oberhaut, | *p* Parenchym, *E* Keimling.

Die Oberhautzellen (Fig. 410, *ep*) sind polygonal, auffallend grofs, 75 μ lang, 15—30 μ breit, noch immer schwarzbraun, aber genügend durchsichtig, um in der Flächenansicht eine gleichmäfsig starke Verdickung erkennen zu lassen; an Querschnitten kann man sich jedoch von der hufeisenförmigen Verdickung überzeugen.

Die innere Auskleidung der Samenschale (*p*) besteht aus einem zartzelligen, gestreckten Gewebe von ebenfalls brauner Farbe.

Der Embryo (*E*) besitzt kein Eiweifs und ist wenig entwickelt.

Vanillepulver.

Es ist rein oder mit Zucker gemischt im Kleinhandel, mitunter ersetzt durch künstliches Vanillin oder Kumarin, auch vermischt mit dem Pulver extrahierter Vanille.

Die mikroskopische Untersuchung kann nur die Gegenwart der Vanille und etwaige fremde Pflanzenteile nachweisen; die Wertbestimmung ist der chemischen Analyse vorbehalten.

Charakteristisch für Vanille sind besonders die Samen, ferner die Oberhaut der Fruchtwand und die Raphidenschläuche; die übrigen Gewebe sind kaum sicher erkennbar.

Vanillon.

Vanillon, Pompona- oder La Guayra-Vanille kommt neben der echten Vanille in den Handel, hat aber nur geringe Bedeutung. Sie stammt von *Vanilla Pompona* SCHIEDE, wird von wild wachsenden Pflanzen gesammelt und ohne weiteres getrocknet. Die Früchte sind kürzer (höchstens 15 cm) und dicker

(2,5 cm), ihr Geruch von dem der Vanille verschieden, mehr an Tonkabohnen und Benzoë erinnernd.

Mikroskopisch ist die Pompona an der Grofszelligkeit des Fruchtfleisches erkennbar (Fig. 411). Die Oberhautzellen sind etwa 400 μ lang und 140 μ breit, die Spaltöffnungen dagegen klein (60 μ). Noch gröfser sind die Hypodermzellen; auch sind diese nicht netzig verdickt.

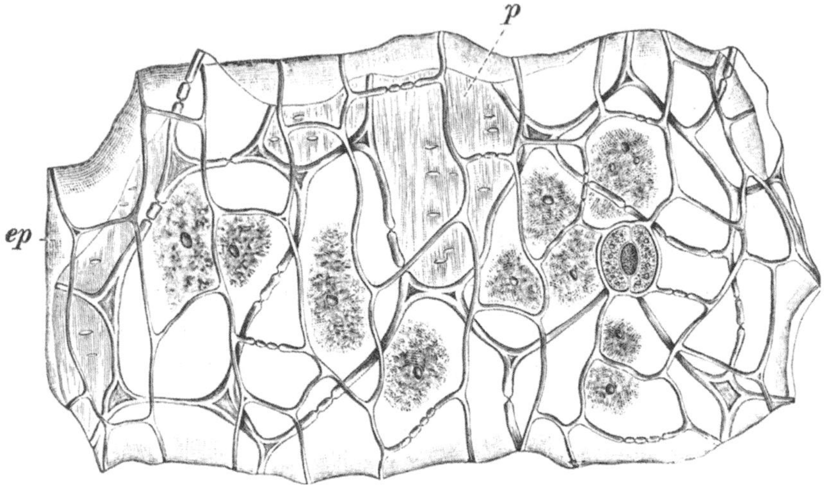

Fig. 411. Gewebe der Vanillon:
ep **Oberhaut mit einer Spaltöffnung,**
p **Fruchtfleisch.**

Literatur.

Berg (3); Hanausek, T. F. (10, 15, 45); Macé (23), Meyer, A. (24); Moeller (26, 27, 29); Molisch (30); Schimper (34); Tschirch u. Oesterle (37); Villiers et Collin (39); Vogl (40, 42).

Busse: Studien über die Vanille. Arb. Kais. Ges. 1898, **15**, 1.

Hartwich: Über die Frucht der *Vanilla guianensis* Splitgerber. Ber. pharm. Ges. 1895, **5**, 381.

Morpurgo: Delle Spezie. Trieste 1904.

Smith Ely Jeliffe: Journ. of Pharm. 1898, 29.

Tschirch: Die Tela conductrix der Vanillefrucht. Schw. Woch. f. Chem. u. Pharm. 1898, Nr. 52.

Sternanis.

Anisum stellatum, Sternanis, Badian heifsen die sternförmigen, nach Anis oder Fenchel riechenden und schmeckenden Sammelfrüchte von *Illicium verum* Hook. fil. *(Magnoliaceae)*, eines in Anam, China und Cochinchina einheimischen, daselbst sowie auf den Philippinen und in Japan kultivierten Baumes.

Die Früchte des echten Sternanis (Fig. 412, *1*) sind derbholzig, rotbraun; jedes Teilfrüchtchen ist kahnförmig, 15—20 mm lang und gegen 6—10 mm hoch, oben (an der Bauchnaht) klaffend und gegen das freie Ende zugespitzt (*3*). Die äufsere Fläche der Früchtchen ist grob gerunzelt, an der Berührungsfläche geglättet. Die Höhle, in welcher der Same liegt, ist glatt, glänzend und heller braun gefärbt, ähnlich der Oberfläche der grofsen (bis 8 mm), elliptischen, etwas abgeflachten Samen (*6*). Die Fruchtsäule ist kegelförmig, am oberen Ende flach vertieft, am unteren Ende noch häufig mit dem gekrümmten Fruchtstiele (*4*) verbunden.

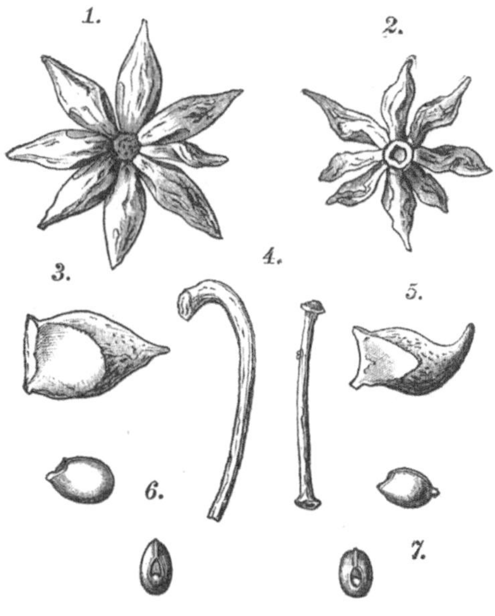

Fig. 412. Sternanis (nach A. E. v. Vogl); 1, 3, 4 (links) und 6 die Sammelfrucht, Einzelfrucht, Samen und Stiel des echten, 2, 4 (rechts), 5 und 7 dieselben Teile des giftigen Sternanis.

A. **Fruchtwand.** Der mikroskopische Bau ist der typische. Ein Querschnitt durch die Fruchtwand (Fig. 413) zeigt bei schwacher Vergröfserung eine kleinzellige äufsere und eine aus Palissaden gefügte innere Oberhaut, zwischen beiden ein braunes, von Leitbündeln durchzogenes Parenchym.

Die Oberhautzellen (Fig. 414, *ep*) sind grofs (40—100 μ), wellig-buchtig, getüpfelt, an der Aufsenseite stark verdickt

(10—15 μ), mit gestreifter Cuticula. Hie und da sind Spaltöffnungen eingestreut.

Das Fruchtfleisch *(p)* ist am mächtigsten an der Basis entwickelt und verschmächtigt sich allmählich gegen die Spaltflächen zu. Es ist ein braunes, lückiges Parenchym mit einzelnen grofsen Ölzellen (*oe*). Man erkennt diese besonders an Tangentialschnitten in verdünnter Lauge durch Fuchsin, welches ihre cuticularisierte Wand rot färbt. Im Parenchym zerstreut (reichlicher in den Fruchtstielen) finden sich grofse, mannigfach verzweigte Steinzellen (Fig. 414, *str*), sog. Idioblasten oder Astrosklereïden (TSCHIRCH). An der Dehiszenzstelle (den Fruchtblatträndern entsprechend) ist das Fruchtfleisch sklerosiert. Die am Querschnitte isodiametrischen Steinzellen (Fig. 413) erweisen sich auf Flächenschnitten und im Pulver (Fig. 414, *f*) als lange Fasern mit wechselnder, aber meist starker Verdickung.

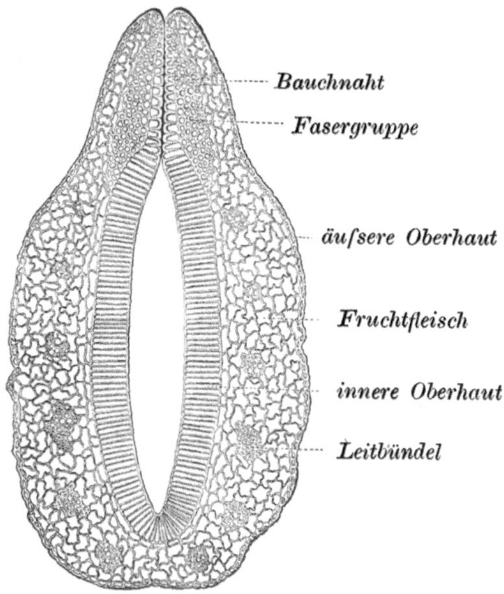

Fig. 413. Einzelfrucht des Sternanis im Durchschnitt (nach A. E. v. VOGL).

Das Endokarp (*s*) ist eine weifsglänzende Palissadenschicht. Die Zellen sind schwach verdickt, bis 600 μ hoch und 60 μ breit, gegen die Spaltfläche hin verkürzt und an der Spaltfläche selbst durch Steinzellenquadern ersetzt.

B. **Samen.** Die ungemein harte Schale umschliefst ein dickes Endosperm mit einem kleinen Embryo.

Die Oberhaut (Fig. 415) kann in Form glasig-brüchiger Stücke abgelöst werden. Sie besteht aus stark verdickten, deutlich getüpfelten, 150—200 μ hohen und 30—70 μ breiten Palissaden, deren Lumen unten trichterförmig erweitert ist.

Unter der Oberhaut liegen grofse, flache, vorwiegend an der Innenseite verdickte Steinzellen in lückigem Verbande. Es ist, wie Flächenansichten zeigen (Fig. 414, *m*), ein sklerosiertes Schwammparenchym, welches nach innen zu den sklerenchymatischen Charakter und die braune Farbe verliert und mit einer anscheinend hyalinen Schicht abschliefst. In dieser liegen zahlreiche Kristallprismen aus Calciumoxalat (Fig. 414, *en*).

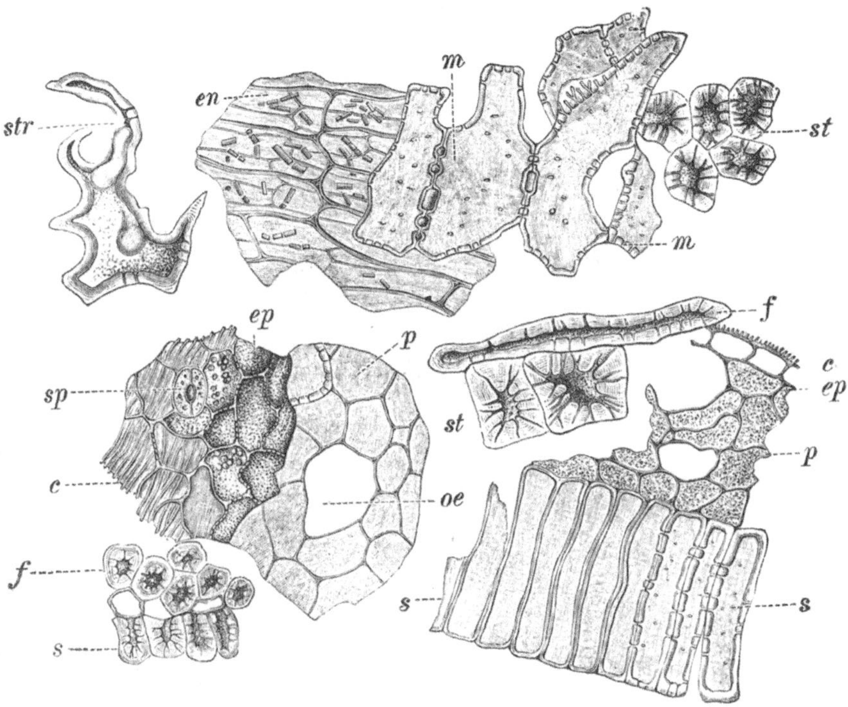

Fig. 414. Sternanispulver;
ep Oberhaut der Fruchtwand mit der Cuticula *c* und der Spaltöffnung *sp*,
p Fruchtfleisch im Durchschnitt und in der Flächenansicht mit der Ölzelle *oe*,
str ein Idioblast,
f Fasern,
st Steinzellen von der Bauchnaht,
s Palissaden der inneren Oberhaut,
m Parenchym der Samenschale,
en Innenschicht (Perisperm?) der Samenschale.

Das Endosperm ist zartzellig, mit einer amorphen, farblosen Masse (Fett und Eiweifs) erfüllt. Löst man das Fett heraus, so kann man durch Jod die Aleuronkörner deutlich sichtbar machen. Sie sind rauh, vereinzelt bis 25 μ grofs, häufiger zu kompakten Massen verbunden, und enthalten Globoïde, selten Kristalle.

Dem echten Badian sind sehr ähnlich die Früchte des

giftigen Shikimi (*Illicium religiosum* SIEB.), der in Japan auf Friedhöfen angepflanzt wird, und dessen Früchte schon wiederholt nach Europa gelangt sind. Durch Verwechslung mit dem Gewürz haben sie Vergiftungen veranlaſst.

Die Früchte des japanischen Sternanis sind etwas kleiner; die klaffenden Ränder der Bauchnaht sind stärker gekrümmt und scharf geschnäbelt; sehr selten sind sie ge-

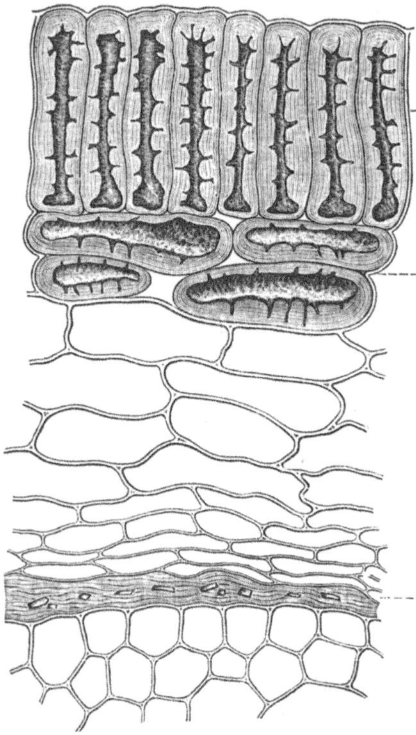

Fig. 415. Querschnitt des Badiansamens.

stielt, und die Stielnarbe hat eine korkige Absprungfläche (Fig. 412, *2*); die in der Droge zumeist abgebrochenen Fruchtstiele sind nicht oder wenig gekrümmt; die Samen sind heller gefärbt; ihre Raphe tritt deutlicher hervor und an dem Chalazaende findet sich oft ein Knötchen (A. VOGL). Die mikroskopischen Unterscheidungsmerkmale sind: die Endokarp-Palissaden sind kürzer (höchstens 400 μ), und der Übergang in die Steinzellen der Spaltfläche ist unvermittelt; die Idioblasten sind nicht verzweigt, sondern rundlich; die Aleuronkörner sind glatt und enthalten 1—3 deutliche Kristalle nebst einigen Globoïden.

Badianpulver.

Es besteht vorwiegend aus braunem Detritus und enthält keine Stärke. Charakteristisch sind die gelben Palissaden der Samenschale (Fig. 415), die farblosen, schwächer verdickten Palissaden der Fruchtwand (Fig. 414, *s*) und die seltener anzutreffenden Idioblasten (*str*); ferner das Schwammparenchym der Samenschale (*m*), Teile der Oberhaut mit der gerippten Cuticula (*ep*) und die hyaline Membran mit Kriställchen aus der Samenschale (*en*). Aufserdem finden sich Steinzellen, Fasern und Gefäfse aus den Fruchtstielen, fettreiches Endosperm. Eine Beimengung des giftigen Sternanis im Pulver nachzuweisen, dürfte kaum gelingen.

Literatur.

Berg (3); Flückiger (11); Hanausek, T. F. (15, 45); Macé (23); Meyer, A. (24); Moeller (26, 27, 28, 29); Tschirch u. Oesterle (37); Villiers et Collin (39); Vogl (42).

Godfrin: Étude histologique sur Tégument Séminaux des Angiospermes. Soc. d. Sc. d. Nancy 1880, 109.

Hartwich: Giftiger Sternanis. Schw. Woch. f. Chem. u. Pharm. 1900, **39**, 104.

Laurén: Giftiger und echter Sternanis. Apoth.-Ztg. 1896, **11**, 650.

Lenz: Zur anatomischen Unterscheidung der Früchte von *Illicium religiosum* Siebold und *L. verum* Hook. fil. Archiv. d. Pharm. 1899, **237**, 241.

— Über die Erkennung der giftigen Sikkimifrüchte im Sternanis. Pharm. Ztg. 1889, **44**, 44.

Pfister: Zur Kenntnis des echten und des giftigen Sternanis. Vjschr. d. Naturf. Ges. in Zürich 1892, **37**, 313.

— Zur Unterscheidung von echtem und giftigem Sternanis. Schw. Woch. f. Chem. u. Pharm. 1899.

— Japanischer Sternanis. Ztschr. Nahr.-Unters. Hyg. 1897, 351.

Umbelliferenfrüchte.

Die Spaltfrüchte der Umbelliferen bestehen aus zwei Schalfrüchten (Achänen). Sie sind von dem Griffelpolster mit den beiden Griffeln, oft auch von dem Kelchreste gekrönt. Die Trennungsfläche der beiden einsamigen Früchte heifst Fugenseite oder Kommissur. Sie ist ziemlich eben und schliefst zwischen sich den gabelig geteilten Träger (Fig. 427, *a*), an dessen Zinken die Teilfrüchtchen gewissermafsen aufgehängt sind. Viele Früchte zerfallen bei der Reife so leicht, dafs die Droge fast nur aus

Teilfrüchtchen besteht (z. B. Fenchel, Kümmel); andere zerfallen nicht so leicht (z. B. Anis), einige gar nicht (z. B. Koriander).

Jedes Teilfrüchtchen besitzt fünf Rippen, in welchen die Leitbündel verlaufen. Die zwischen ihnen liegenden Furchen heifsen Tälchen. Aus den Tälchen erheben sich mitunter ebenfalls Rippen (Nebenrippen), die sogar stärker entwickelt sein können als die Hauptrippen (s. Fig. 274, pag. 258), sich von diesen aber durch den Mangel der Leitbündel unterscheiden. In den Tälchen erkennt man oft schon mit freiem Auge (z. B. am Fenchel) die braunen Ölgänge oder Striemen.

Am Querschnitt (Fig. 416) sind die Früchte halbkreis- oder nierenförmig mit mehr oder weniger deutlich hervortretenden Rippen. Frucht- und Samenhaut zusammen bilden die Schale, mit welcher der Kern allseitig verwachsen ist. Der farblose Kern ist gröfstenteils Endosperm; in der Mitte liegt der kleine Embryo. In der Schale erkennt man schon unter der Lupe die in den Rippen liegenden Leitbündel und deutlicher die Striemen mit ihrem braunen Inhalt. In der Regel verlaufen auf der Fugenseite zwei und in jedem Tälchen eine Strieme; seltener ist die Zahl der Striemen zahlreich und unbestimmt (z. B. Anis), oder die Striemen sind auf die Fugenseite beschränkt (z. B. Koriander), oder sie fehlen ganz (z. B. Schierling).

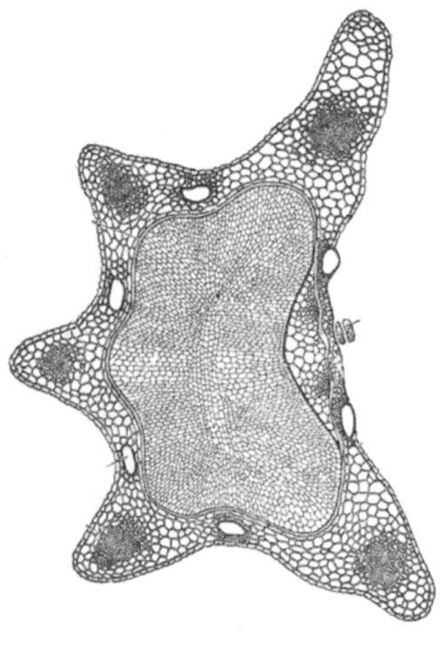

Fig. 416. Fenchel im Querschnitt; Lupenbild nach TSCHIRCH.

Wie an jeder Fruchtwand, unterscheidet man auch hier bei stärkerer Vergröfserung eine äufsere und innere Oberhaut und zwischen beiden das Mesokarp, in welchem die Leitbündel und die Ölgänge liegen. Die letzteren setzen sich aus vertikal übereinander stehenden Gliedern zusammen und sind von einer braunen Tapete aus polygonalen Zellen ausgekleidet (Fig. 421, *O*).

Die Samenhaut besteht meist nur aus einer einfachen oder doppelten Zellenreihe und ist mit der Fruchtwand innig verwachsen (Fig. 424).

Das Endosperm ist aus kleinen, farblosen, ziemlich dickwandigen Zellen lückenlos gefügt und enthält neben Fett oft ansehnliche Aleuronkörner, keine Stärke.

Gute Querschnitte herzustellen, ist nicht leicht, aber auch nicht nötig. Auch an mangelhaften Schnitten erkennt man den allgemeinen Bau, und die Einzelheiten studiert man an Schabepräparaten aus Früchten, die vorher in stark verdünnter Lauge gekocht und in Wasser ausgewaschen wurden. Die Aleuronkörner im Endosperm sieht man am besten an Schnitten in Glyzerin oder Chloralhydrat.

Literatur.

BARTSCH: Beiträge zur Entwicklung d. Umbelliferenfrüchte. Diss. Breslau 1882.

KAYSER: Über das Verhältnis der Integumente der Samenanlagen zu den Samendecken der reifen Samen. Ber. pharm. Ges. 1891, **1**, 157.

— Beiträge zur Erkenntnis der Entwicklungsgeschichte der Samen mit besonderer Berücksichtigung des histogenetischen Aufbaues der Samenschalen. Pringsh. Jahrb. f. wissensch. Bot. 1893, **25**, 79.

de LANESSAN: Observations sur le dévelloppement du fruit des Ombellifères. Bull. de la Soc. Linnéenne 1874, Nr. 3.

LANGE: Über die Entwicklung der Ölbehälter in den Früchten der Umbelliferen. Diss. Königsberg, 1884.

MEYER, A.: Über die Entstehung der Scheidewände in dem sekretführenden, plasmafreien Interzellularraume der Vittae der Umbelliferen. Bot. Ztg. 1889, 341.

MODRAKOWSKI: Vgl. Unters. der dem *Conium maculatum* ähnlichen Umbelliferen. Ztschr. d. allg. österr. Apoth.-Ver. 1903, **41**, 1215.

MOELLER: Das Pulver der Umbelliferenfrüchte. Pharm. Post. 1892, **25**, 24.

v. MOHL: Eine kurze Bemerkung über das Carpophorum der Umbelliferenfrucht. Bot. Ztg. 1863, 264.

TAUFANI: Nota preliminare sul frutto e sul seme delle Apiacee. Nuovo giorn. bot. ital. 1888, **20**, 307.

— Morfologia ed istologia del frutto e sul seme delle Apiacee. Nuovo giorn. bot. ital. 1891, **23**, 451.

UHLITZSCH: Rückstände der Fabrikation ätherischer Öle. Landw. Vers.-Stat. 1893, **42**, 215.

VILLEPOIX: Recherches sur les canaux sécréteurs du fruit des Ombellifères. Ann. sc. natur. VI Sér. Tome V, 350.

van WISSELINGH: Over de vittae der Umbelliferen. Gew. vergadering der afdeel. Natuurk. op. 30. Juni 1894, 36.

Fenchel.

Der Fenchel (*Foeniculum capillaceum* GILB.) wächst in Europa und Asien wild und wird überall in Gärten gezogen. Die Früchte sind kahl, 3—10 mm lang und 1—2 mm breit (Fig. 417), oft zerfallen. Die Fugenseite ist bedeutend breiter als die anderen vier Seiten des Pentagons (Fig. 416). In jedem Tälchen

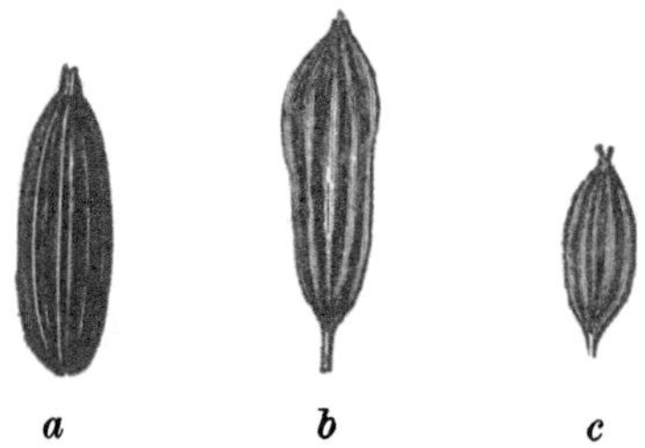

Fig. 417. *a* Deutscher Fenchel, 3mal vergr. *b* Römischer Fenchel, 1½mal vergr. *c* Macedonischer Fenchel, 1½mal vergr. (nach HAGER).

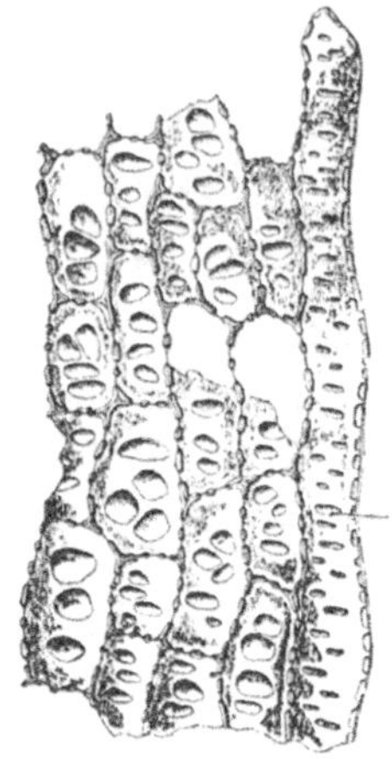

Fig. 418. Netzparenchym aus dem Mesokarp des Fenchels.

ist ein weiter Ölgang, auf der Fugenseite sind deren zwei (Fig. 416).

Die Oberhautzellen sind polygonal oder vierseitig, oft in Längsreihen, hie und da von Spaltöffnungen unterbrochen.

Das Mesokarp ist ein lückiges Parenchym, in dessen Mitte die Leitbündel und zwischen je zwei Leitbündeln die quergestreckten, gewöhnlich 0,2 mm breiten Ölgänge liegen. Die zwischen Leitbündel und Ölgang befindlichen Parenchymzellen sind etwas stärker verdickt und haben so breite Tüpfel, dafs sie genetzt aussehen (Fig. 418).

Die innere Oberhaut (Fig. 419, *d*) hat auf der Fläche ein eigentümlich parkettiertes Aussehen, indem die grofsen Zellen durch parallel gelagerte Tochterzellen geteilt sind. Auf Querschnitten ist diese charakteristische Eigentümlichkeit daran erkennbar, dafs eine Gruppe schmaler Zellen zwischen breiten eingeschaltet ist.

Die Zellen der Samenhaut sind aufsen oft quergestreckt, breit (12—25 μ) und Seite an Seite gereiht; innen sind sie kollabiert und nur in der Mitte der Fugenseite in ihrem zelligen Bau erkennbar.

Das Endosperm enthält 2—8 μ grofse Aleuronkörner mit ein oder zwei Globoïden oder einer Oxalatrosette.

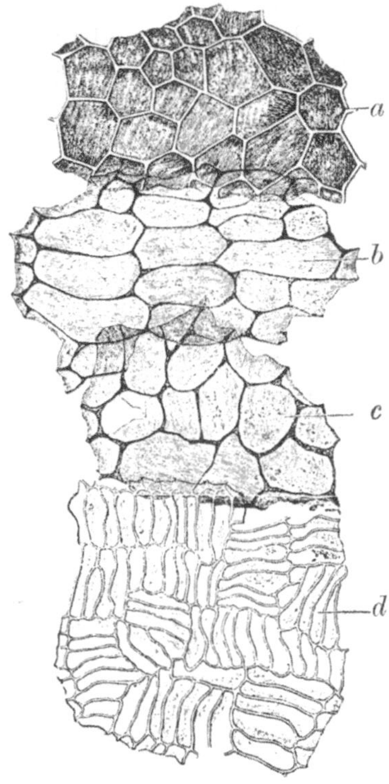

Fig. 419. Mesokarpgewebe des Fenchels.
a Tapete des Ölganges,
b u. *c* braunes Parenchym,
d Endokarp.

Pulver.

Charakteristisch ist das Endokarp mit seinen schmalen, gruppenweise in verschiedenen Richtungen orientierten Zellen, in zweiter Linie das Mesokarp mit netzförmig verdickten Zellen. Beide sind oft nur nach langem Suchen auffindbar.

Literatur.

Berg (3); Böhmer (21); Collin (8); Hanausek, T. F. (15); Harz (17); Macé (23); Meyer, A. (24); Moeller (28, 29); Tschirch u. Oesterle (31); Villiers et Collin (39); Vogl (42).

Juckenack u. Sendtner: Zur Untersuchung und Charakteristik der Fenchelsamen. Ztschr. Unters. Nahr.-Genufsm. 1899, **2**, 69, 329.

Moeller: Das Pulver der Umbelliferenfrüchte. Pharm. Post. 1892, **25**, 24.

Neumann-Wender: Über gefärbten Fenchel. Ztschr. Nahr.-Unters. Hyg. 1897, **11**, 369.

— Zur Verfälschung von Fenchelsamen. Österr. Chem.-Ztg. 1899, **2**, 588.

Uhlitzsch: Rückstände der Fabrikation ätherischer Öle. Landw. Vers.-Stat. 1893, **42**, 215.

Umney: Japanischer Fenchel und dessen Öl. The Chem. and. Drugg. 1896, **49**, 850.

— The Commercial Varieties of Fennel and their Essential Oils. Pharm. Journ. 1897, **58**, 225.

Kümmel.

Der Kümmel (*Carum Carvi* L.) ist in Europa heimisch und wird da in grofsem Mafsstabe, weniger in Amerika kultiviert.

Die Frucht ist dem Fenchel ähnlich, aber kleiner, schlanker, selten über 5 mm lang und 1,5 mm breit. Die Fugenseite ist kaum breiter, daher der Querschnitt ein ziemlich gleichseitiges Pentagon (Fig. 420). Die hellfarbigen Rippen heben sich scharf ab von den beinahe schwarzen Tälchen.

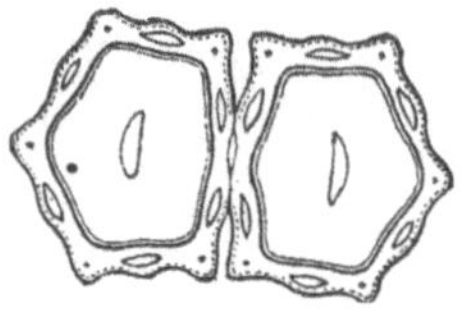

Fig. 420. Querschnitt des Kümmels, vergr.

Die Oberhautzellen sind in der Flächenansicht polygonal oder vierseitig, 15 bis 45 μ diam., in Längsreihen geordnet, auf den Rippen gestreckt. Spaltöffnungen sind vorhanden.

Das Mesokarp ist nicht so dick wie beim Fenchel, die Leitbündel sind dünner, die Ölstriemen (Fig. 421, *O*) beträchtlich breiter (bis 350 μ) und von braunen, polygonalen Zellen

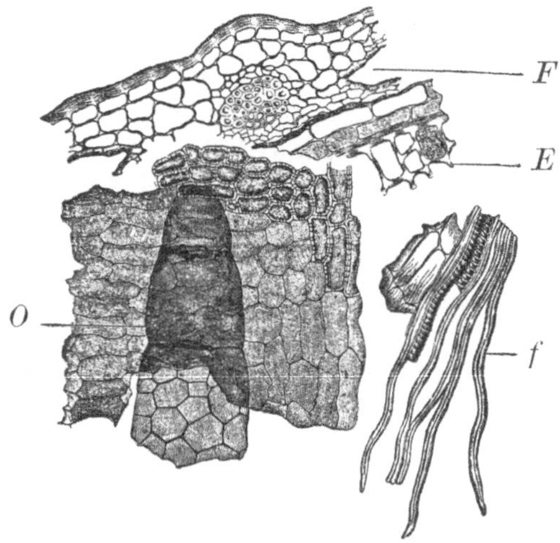

Fig. 421. Gewebe des Kümmels;
F Schale im Querschnitt,
E Nährgewebe,
f Fasern des Leitbündels,
O Striemen, bedeckt von teilweise (oben) sklerosiertem Parenchym.

umgeben. In den Rippen am Scheitel ist das Parenchym schwach sklerosiert.

Die Zellen der inneren Fruchthaut sind quergestreckt, 15—25 μ breit und regelmäfsig gereiht, nicht parkettiert.

Die Samenschale ist zusammengeprefst, daher nicht deutlich erkennbar.

Das Endosperm entspricht dem des Fenchels.

Pulver.

Bei der grofsen Übereinstimmung im Baue ist Kümmelpulver von Fenchelpulver mikroskopisch nicht leicht zu unterscheiden. Das wichtigste, aber oft nur mit Mühe auffindbare Kennzeichen für Kümmel bieten die schwach verdickten Steinzellengruppen des Fruchtfleisches. Dafs die Leitbündel dünner, die Ölstriemen breiter sind, ist im Pulver kaum sicher festzustellen.

Literatur.

Berg (3); Collin (8); Hanausek, T. F. (15); Harz (17); Macé (23); Moeller (28, 29); Villiers et Collin (39); Vogl (42).

Matthews: The Vittae of Caraway Fruits. Pharm. Journ. 1898, **60**, 259.

Moeller: Das Pulver der Umbelliferenfrüchte. Pharm. Post. 1892, **25**, 24.

Uhlitzsch: Rückstände der Fabrikation ätherischer Öle. Landw. Vers.-Stat. 1893, **42**, 215.

Anis.

Der Anis (*Pimpinella Anisum* L.) ist in Ägypten und Kleinasien heimisch, wo er als eines der köstlichsten Gewürze seit den ältesten Zeiten kultiviert wird. Jetzt baut man Anis in verschiedenen Teilen Europas, besonders in Italien, Frankreich, Deutschland, Rufsland und Spanien für den Weltmarkt, wenig in Amerika.

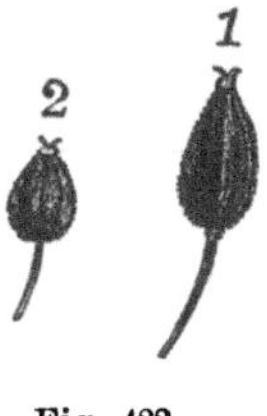

Fig. 422. Anisfrüchte; 1 Spanischer od. italienischer, 2 Deutscher od. russischer Anis.

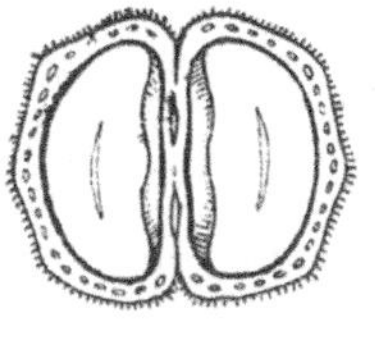

Fig. 423. Querschnitt des Anis, schwach vergröfsert.

Die Frucht ist meist nicht zerfallen (Fig. 422), daher ei- oder birnförmig, 3—6 mm lang, 1,5—2 mm breit, oft gestielt, behaart; ihr Querschnitt (Fig. 423) rundlich, mit wenig hervortretenden Rippen.

Die Oberhaut (Fig. 424 u. 425) trägt zahlreiche kurze (bis 200 μ), dicke, meist einzellige, stumpfe, warzige Haare.

Im Mesokarp verlaufen zahlreiche (20—45) Ölstriemen von 10—150 μ Breite und nicht selten untereinander verbunden (Fig. 426). An jeder Fugenseite ist das Parenchym sklerosiert; hier befinden sich in der Regel nur zwei entsprechend breite (300—400 μ) Ölstriemen. Die Leitbündel sind dünn (30—50 μ).

Die innere Oberhaut besteht aus quergestreckten, 7—20 μ breiten, an der Fugenseite mitunter sklerosierten Zellen.

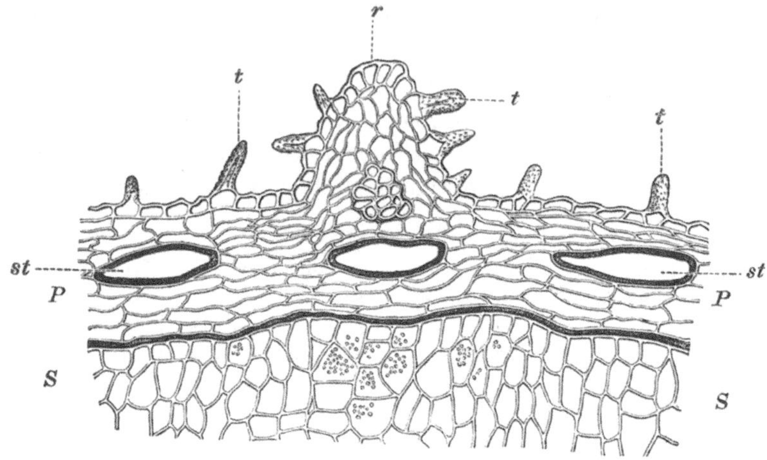

Fig. 424. Rand der Anisfrucht im Querschnitt (A. E. v. VOGL); *r* Rippe, *t* Härchen, | *P* Mesokarp mit den Ölgängen *st*, *S* Nährgewebe.

Samenschale und Endosperm bieten keine bemerkenswerten Kennzeichen.

Pulver.

Im Anispulver fallen vor allem die zahlreichen warzigen Härchen auf, an denen allein es schon bestimmt zu erkennen ist. Charakteristisch sind ferner die ebenfalls stets auffindbaren Ölstriemen, in grofser Zahl dicht nebeneinander liegend.

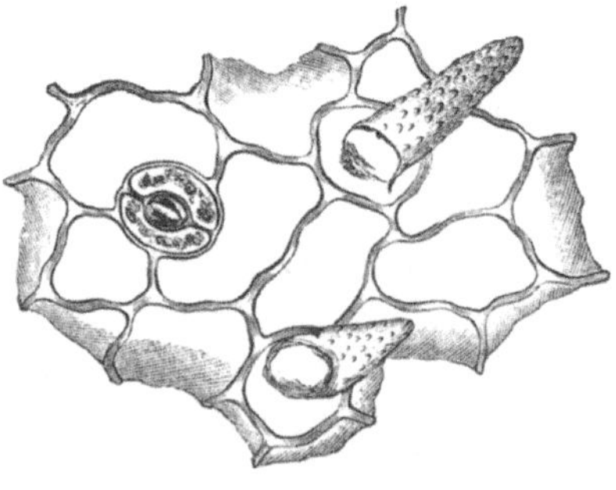

Fig. 425. Oberhaut des Anis in der Flächenansicht.

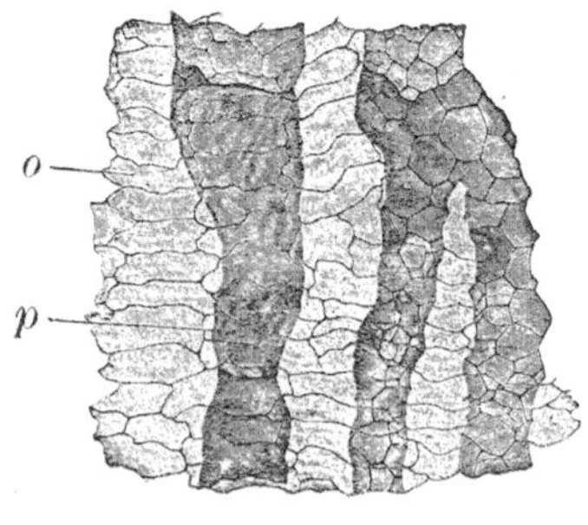

Fig. 426. Ölstriemen (*o*) des Anis, bedeckt von braunem Parenchym (*p*).

Anis, besonders italienischer, ist häufig mit den giftigen Schierlingfrüchten vermischt. Letztere sind kahl und besitzen keine Ölstriemen, sind also in toto leicht zu erkennen, schwieriger im Pulver. Das beste Kennzeichen bieten Fragmente der gekerbten Rippen.

Literatur.

Berg (3); Böhmer (21); Collin (8); Hanausek, T. F. (15); Harz (17); Macé (23); Meyer, A. (24); Moeller (28, 29); Tschirch u. Oesterle (37); Villiers et Collin (39); Vogl (42).

Lochmann: Über eine gefährliche Beimengung von Coniumfrüchten zu italienischem Anis. Amer. Drugg. 1887, **16**, 81.

Modrakowski: Vergleichende Untersuchung der dem *Conium maculatum* ähnlichen Umbelliferen. Ztschr. allg. österr. Apoth.-Ver. 1903, **41**, 1215.

Moeller: Das Pulver der Umbelliferenfrüchte. Pharm. Post 1892, **25**, 24.

Uhlitzsch: Rückstände der Fabrikation ätherischer Öle. Landw. Vers.-Stat. 1893, **42**, 215.

Volkart: Über das Vorkommen von Schierlingsfrüchten im Anis. Schw. Woch. f. Chem. u. Pharm. 1897, 614.

Mutterkümmel.

Mutter-, Rofs-, Linsen-, Pfeffer-, Hafer-, Kreuz-, Mohrenkümmel, Römischer, Welscher und Langer Kümmel heifsen die Früchte von *Cuminum Cyminum* L., die aus den Mittelmeerländern bezogen werden.

Sie sind 5—6 mm lang, meist noch zu-

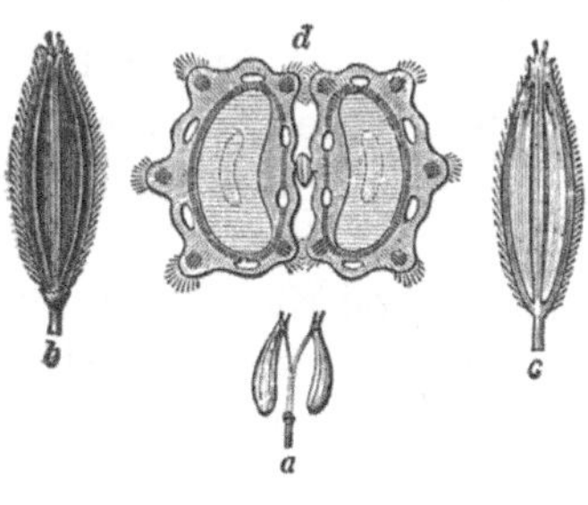

Fig. 427. Mutterkümmel (nach Hager);
a natürl. Gröfse,
b Rückseite, vergr.,
c Bauchseite, vergr.,
d Querschnitt, stärker vergr.

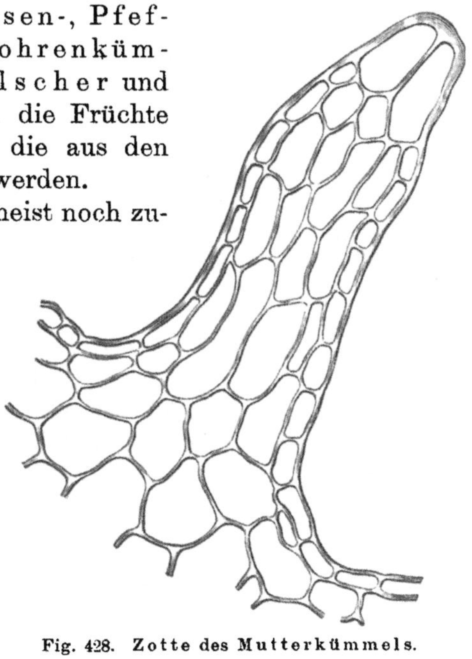

Fig. 428. Zotte des Mutterkümmels.

sammenhängend, mit fadenförmigen Hauptrippen und flachen, breiteren Nebenrippen, borstig (Fig. 427).

Die Oberhaut der Rippen trägt vielzellige, bis 200 μ lange, stumpf endigende Zottenhaare (Fig. 428), an denen der Mutterkümmel auch als Pulver leicht zu erkennen ist.

In jeder Nebenrippe liegt ein breiter Ölgang, auf der Fugenseite sind deren zwei.

Die Zellen der Samenhaut sind zusammengedrückt. Sie enthalten nach VOGL Kristalle.

Literatur.

BERG (3); HANAUSEK, T. F. (15); HARZ (17); HASSALL (18); MACÉ (23); MOELLER (29); VILLIERS et COLLIN (39); VOGL (42).

UHLITZSCH: Rückstände der Fabrikation ätherischer Öle. Landw. Vers.-Stat. 1893, **42**, 215.

Koriander.

Der Koriander (*Coriandrum sativum* L.) ist im Mittelmeergebiet heimisch und wird dort, auch in anderen wärmeren Teilen Europas, kultiviert.

Die Früchte (Fig. 429) sind kugelig, 2—4 mm diam., vom Kelchrest bekrönt, kahl. Die geraden, meridional verlaufenden Rippen sind die Nebenrippen; die Hauptrippen sind weniger deutlich und geschlängelt. An der Fugenseite sind die Teilfrüchtchen stark ausgehöhlt. Nur hier befinden sich je zwei Ölstriemen.

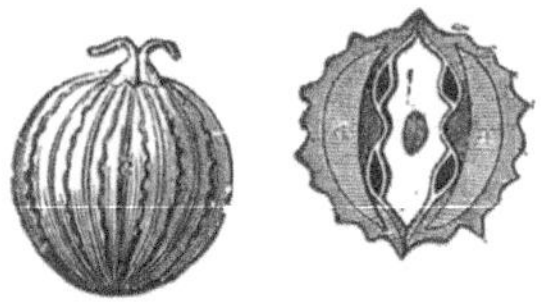

Fig. 429. Koriander, vergr. u. im Querschnitt.

Die Oberhautzellen sind polygonal (15—30 μ) und ziemlich stark verdickt. Sie enthalten mitunter Einzelkristalle und Drusen (VOGL).

Im Mesokarp der Wölbfläche jedes Teilfrüchtchens liegt eine geschlossene, 50—75 μ dicke Sklerenchymplatte (Fig. 430) aus faserförmigen, in verschiedener Richtung gekreuzten, dicht gefügten Steinzellen (Fig. 431). Die Fugenseiten sind nicht sklerosiert; hier liegen je zwei weite (300—400 μ) Ölstriemen. Innerhalb der halbkugeligen Sklerenchymplatte liegt eine dünne Parenchymschicht gelber, dickwandiger, getüpfelter Zellen.

Das Endokarp setzt sich aus schmalen (3—10 μ), ähnlich wie beim Fenchel parkettartig gruppierten Zellen zusammen.

Die Samenhaut, aus einer Reihe brauner polygonaler Zellen, ist auch an Querschnitten gut erkennbar; an ihrer

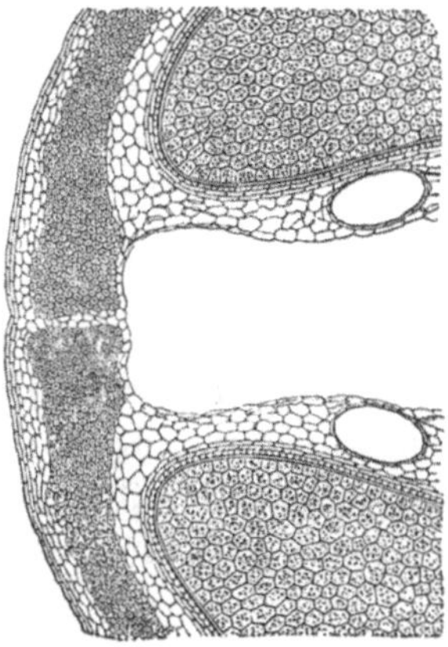

Fig. 430. Querschnitt des Korianders an der Stelle, wo die beiden Teilfrüchte miteinander verwachsen sind (A. E. v. Vogl).

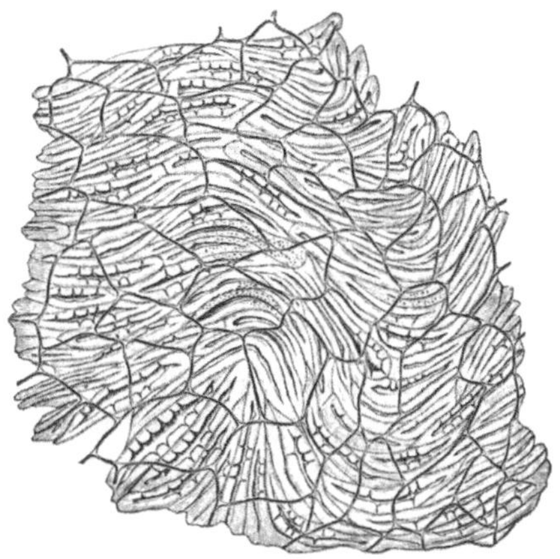

Fig. 431. Steinplatte des Korianders in der Flächenansicht.

Innenseite liegt ein orangebrauner Streifen zusammengedrückten Gewebes.

Das Endosperm ist dicht mit Aleuronkörnern gefüllt, die als Einschlüsse Globoïde, Oxalatrosetten und Einzelkristalle enthalten.

Pulver.

Charakteristisch für Korianderpulver sind die immer in Menge vorhandenen Fragmente der Faserplatte (Fig. 431), die oft noch verbunden sind mit dem angrenzenden Parenchym, dem ebenfalls charakteristischen Endokarp und der orangebraunen Samenhaut.

Literatur.

Berg (3); Hanausek, T. F. (15); Harz (17); Macé (23); Meyer, A. (24); Moeller (29); Villiers et Collin (39); Vogl (42).

Perrot: Über die Anatomie der Korianderfrucht. Bull. Sc. Pharm. 1901, **3**, 385.

Uhlitzsch: Rückstände der Fabrikation ätherischer Öle. Landw. Vers.-Stat. 1893, **42**, 215.

Dill.

Dill oder Gurkenkraut (*Anethum graveolens* L.) wächst im Mediterrangebiete wild und wird bei uns in Küchengärten gezogen.

Die Früchte (Fig. 432) sind 3—5 mm lang, 2—3 mm breit; von den fünf Rippen bilden die an der Fugenseite 0,5 mm breite Flügel; die drei rückenständigen sind wenig ausgeprägt.

Fig. 432. Dill, 5fach vergr.

Im Baue sind sie dem Fenchel sehr ähnlich. Das Gewebe der Flügel ist sklerenchymatisch, in den inneren Lagen gestreckt-zellig, mit den Leitbündeln gekreuzt. Diese sind gegen 300 μ dick, während sie in den Rückenrippen selten über 100 μ stark sind. An ihrer Innenseite ist das Parenchym netzförmig verdickt.

Literatur.

Hanausek, T. F. (15); Harz (17).

Uhlitzsch: Rückstände der Fabrikation ätherischer Öle. Landw. Vers.-Stat. 1893, **42**, 215.

Umney: Some Commercial Varieties of Dill Fruits and Their Essential Oils. Pharm. Journ. 1898, **61**, 176.

Sellerie.

Zeller oder Sellerie (*Apium graveolens* L.) wird in den gemäfsigten Teilen Europas und Amerikas der saftigen Blätter und der fleischigen Wurzel wegen, in Frankreich auch der gewürzhaften Früchte wegen kultiviert.

Diese sind klein, nur 0,8—1,5 mm lang, in der Form dem Anis ähnlich, aber kahl.

Die Oberhautzellen sind buchtig, ihre Cuticula zart gestreift und stellenweise warzig.

Im Mesokarp liegen die Ölstriemen zu 1—3 in jedem Tälchen. Die Leitbündel sind dünn und am Scheitel der Frucht von Steinzellen umgeben. Innen ist das Parenchym gestreckt und meist quergelagert, 10—16 μ breit, ähnlich der inneren Oberhaut, deren Zellen nur 4—10 μ breit und nicht selten parkettartig angeordnet sind.

Diese doppelte Querzellenschicht von ungleicher Zellengröfse ist das beste Kennzeichen der Sellerie im gepulverten Zustande. Auch die Oberhaut ist charakteristisch, aber schwer aufzufinden.

Vergleichende Übersicht der Umbelliferenfrüchte.

Die Umbelliferenfrüchte finden nicht nur als Gewürz und zur Bereitung pharmazeutischer Präparate Anwendung, sondern man gewinnt aus ihnen auch ätherische Öle. Die Destillationsrückstände werden Futtermitteln beigemengt und dienen auch zur Fälschung anderer Gewürze.

Bei der mikroskopischen Untersuchung fallen zunächst die Ölstriemen wegen ihrer dunkelbraunen Farbe auf, kenntlich an den scharf gezeichneten polygonalen Zellkonturen. Sodann findet man reichlich farbloses Endospermgewebe, spärlich Oberhautfragmente mit Spaltöffnungen. Dadurch ist die Anwesenheit einer Umbelliferenfrucht festgestellt, und es handelt sich weiter um die Bestimmung der Art. Man erkennt

Anis an den warzigen Härchen,

Mutterkümmel an den vielzelligen Haaren (Zotten),

Koriander an dem Fasersklerenchym.

Parkettiertes Endokarp deutet auf Fenchel, Dill oder Sellerie; man mufs aufserdem finden bei

Fenchel netzförmig verdicktes Parenchym, bei

Dill ähnliches Netzparenchym, aber auch sklerosiertes Flügelgewebe, gekreuzt von starken Leitbündeln, bei

Sellerie eine doppelte Querzellenschicht.

Hat man nach sorgfältigem Suchen keines der Gewebe gefunden, dagegen gleichmäfsig schwach verdickte Steinzellengruppen, so liegt

Kümmel vor.

Analytischer Schlüssel.

I. Das ganze Mesokarp ist parenchymatisch oder höchstens in der Umgebung der Leitbündel schwach sklerosiert. Ölstriemen am Rücken und an der Fugenseite.
  A. Endokarpzellen meist unter 7 μ breit, oft parkettiert.
    a) In jedem Tälchen eine Strieme.
      1. Rippen gleichartig: Fenchel.
      2. Basalrippen geflügelt; die dicken Leitbündel derselben von Sklerenchym gekreuzt: Dill.
    b) In jedem Tälchen 1—3 Striemen.
      3. Rippen schwach: Sellerie.

B. Endokarpzellen meist über 7 μ breit, selten parkettiert.
   a) In jedem Tälchen eine Ölstrieme.
      4. kahl: **Kümmel.**
      5. an den Rippen zottig: **Mutterkümmel.**
   b) In jedem Tälchen mehrere Striemen.
      6. dicht behaart: **Anis.**

II. Das Mesokarp ist am Rücken der Frucht zu einer halbkugeligen Platte sklerosiert. Striemen nur auf der Fugenseite.
      7. kahl: **Koriander.**

Lorbeer.

Der Lorbeer ist ein kleiner, aus Vorderasien stammender Baum, der jetzt in allen wärmeren Gegenden der Erde verbreitet ist. Seine beerenartigen Steinfrüchte (Fig. 433) sind kugelig oder eiförmig, gegen 15 mm lang, leicht bespitzt und am Grunde mit einer hellen Stielnarbe. Die dünne, zerbrechliche Schale ist aufsen braunschwarz, runzelig, glänzend, innen gelb. Sie umschliefst zwei braune, plankonvexe Keimlappen ohne Nährgewebe. Als Gewürz sind die Lorbeeren jetzt wenig mehr gebräuchlich.

Fig. 433. Lorbeerfrüchte in nat. Gr.

A. **Fruchtschale.** Wie der Querschnitt zeigt (Fig. 435), besteht sie aus der Frucht- und Samenhaut.

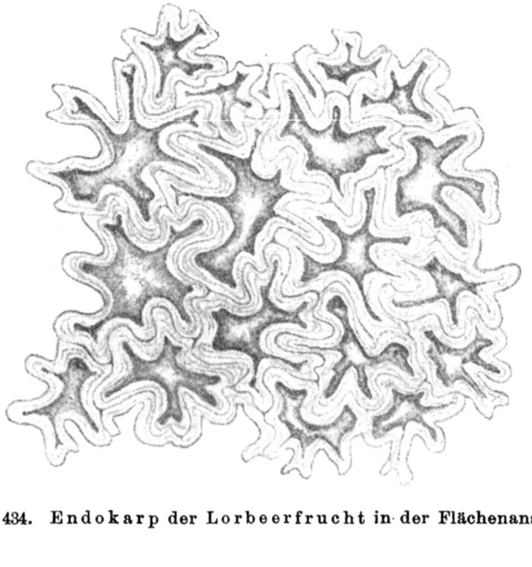

Fig. 434. Endokarp der Lorbeerfrucht in der Flächenansicht.

1. Die Oberhautzellen sind polygonal, klein (15—30 μ), getüpfelt, mit genetzter Cuticula. Spaltöffnungen sind zerstreut.

2. Das Fruchtfleisch ist ein zartzelliges Parenchym mit zahlreichen Ölzellen und Leitbündeln. Der Inhalt der Ölzellen

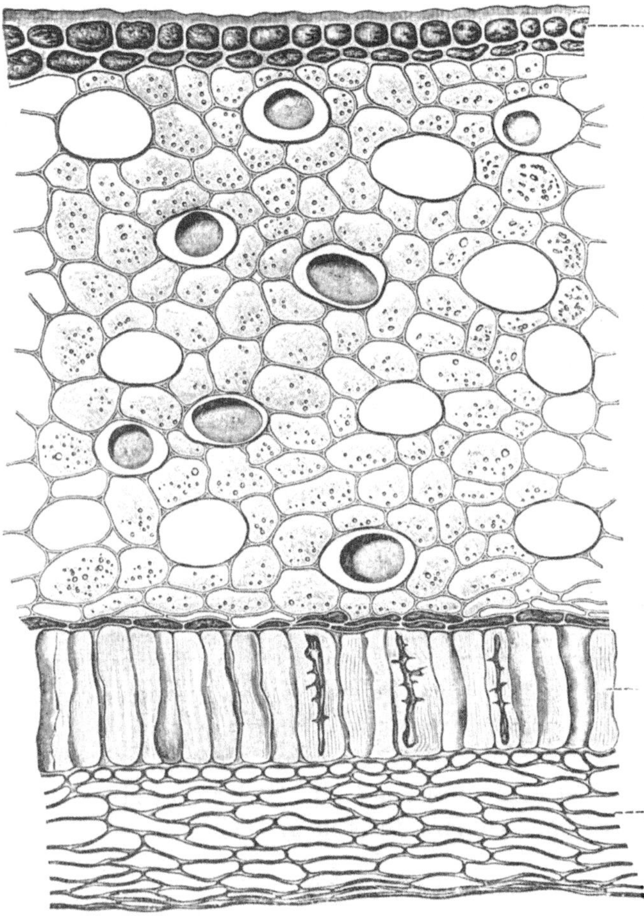

Fig. 435. Querschnitt der Lorbeerschale.

bildet einen farblosen oder gelben Tropfen, oder das ätherische Öl ist zu einem (mitunter kristallinischen) Harzklumpen erstarrt.

3. Das Endokarp erscheint als farblose Palissadenschicht von 75 μ Höhe; Flächenschnitte (Fig. 434) lehren jedoch, dafs es aus wellig-buchtigen Oberhautzellen gefügt ist.

4. Die Samenhaut ist eine etwa 60 μ dicke Schicht brauner, zusammengedrückter Zellen. In ihr verlaufen Leitbündel mit Spiral- und Netzgefäfsen.

B. **Embryo.** Das von einer ziemlich derben Oberhaut bedeckte Gewebe der beiden Keimblätter ist dicht mit Stärke und Fett erfüllt; zerstreute Zellen enthalten ätherisches

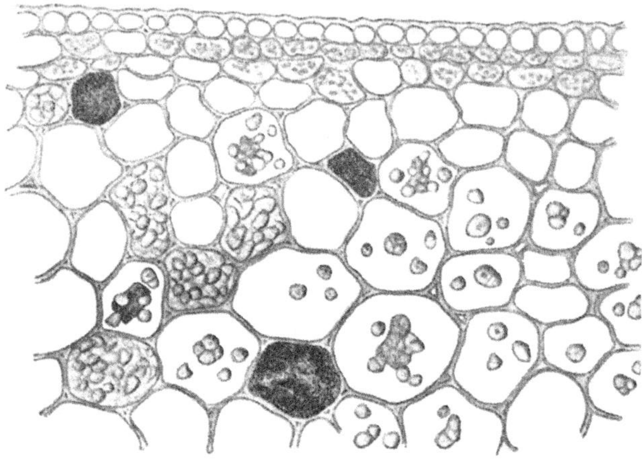

Fig. 436. Keimblattgewebe des Lorbeersamens.

Öl oder Harz. Die Stärkekörner sind einfach oder regelmäfsig zusammengesetzt aus 3—8 μ grofsen Teilkörnern. Sie liegen in einer auf Gerbstoff reagierenden Grundmasse, und aufserdem findet sich in den meisten Zellen ein unregelmäfsiger, 10—30 μ grofser protoplasmatischer Körper.

Lorbeerpulver besteht hauptsächlich aus Stärke. Von den Gewebefragmenten sind die Sekretzellen und das Endokarp besonders charakteristisch.

Literatur.

Moeller (27, 29); Planchon et Collin (31); Vogl (41, 42); Wigand (43).

Wacholder.

Der Wacholder (*Juniperus communis* L. — *Pinaceae*) wächst in Europa, Asien und Amerika. Seine Früchte sind Scheinbeeren, denn das Fruchtfleisch entsteht aus den drei Hochblättern, welche die drei nackten Samenknospen der weiblichen Blüte umschliefsen. Daher bemerkt man auch am Scheitel der erbsengrofsen, schwarzblauen, bereiften Frucht eine dreistrahlige Narbe. In dem grünlichgelben Fruchtfleisch erkennt man mit freiem Auge Ölräume (Fig. 437).

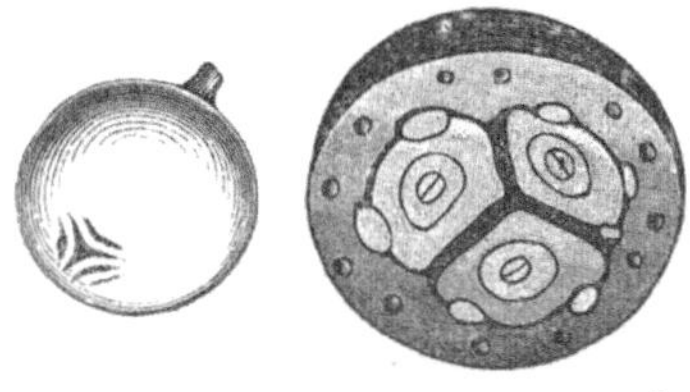

Fig. 437. Wacholderbeere und Querschnitt derselben, 3fach vergr. (nach TSCHIRCH).

Es ist zerreiblich, kann aber nicht vollständig von den harten drei Samen abgelöst werden.

A. **Fruchtwand.** Die Oberhaut (Fig. 438, *ep*) besteht aus rundlich-polygonalen, dickwandigen, getüpfelten Zellen, in denen man oft die Teilungen der Tochterzellen erkennt. Sie enthalten eine braune Masse. An den Nähten sind die Oberhautzellen zu Papillen ausgewachsen, die ineinander greifen.

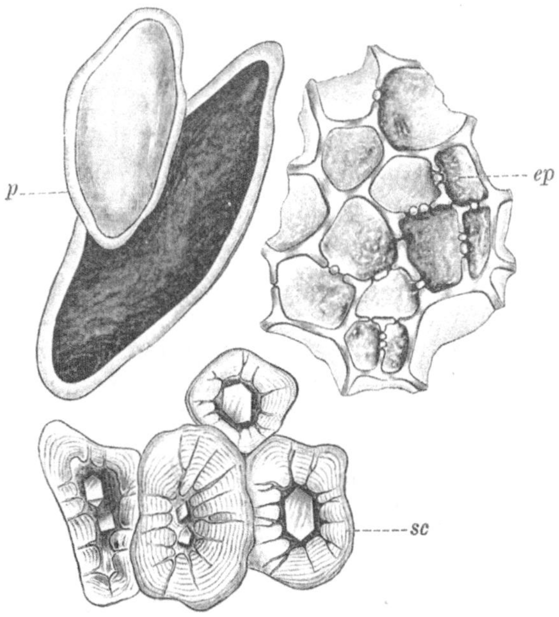

Fig. 438. Gewebe der Wacholderbeere: *ep* Oberhaut, *p* Tonnenzellen aus dem Fruchtfleische, *sc* Steinzellen der Samenschalen.

Das Fruchtfleisch besteht an der Peripherie aus dicht gefügtem, etwas kollenchymatischem Parenchym; nach innen zu wird es so lückig, dafs man die Zellen durch Druck mit dem Deckglase isolieren kann. Dann fallen einzelne grofse, sack- oder tonnenförmige, zart- oder derbhäutige, gelbe Zellen auf (*p*), deren Wand glatt, getüpfelt oder genetzt ist. Im Fruchtfleische zerstreut liegen die grofsen Ölräume, die gröfsten (bis 1 mm) in der Mitte (Fig. 439), wo sie den Samen so innig angewachsen sind, dafs sie ihnen (nicht dem Fruchtfleische) anzugehören scheinen.

B. **Samen.** Wo die Samenschale mit dem Fruchtfleische nicht verwachsen ist, unterscheidet man in ihr fünf Schichten:

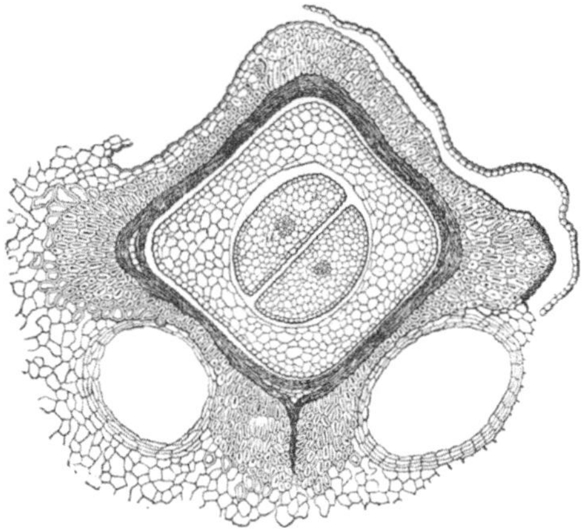

Fig. 439. Querschnitt durch den Wacholdersamen mit dem ihn umgebenden Gewebe (nach TSCHIRCH).

1. die Oberhaut und
2. eine von ihr leicht ablösbare Hypodermschicht, beide aus einer einfachen Lage dünnwandiger Zellen bestehend;
3. ein mächtiges Sklerenchym aus sehr stark verdickten, farblosen Steinzellen, die in ihrem engen Lumen meist je einen grofsen Oxalatkristall enthalten (Fig. 438, *sc*);
4. zusammengeprefste Zellen;
5. die innere Oberhaut aus longitudinal gestreckten, dünnwandigen Zellen.

Der Samenkern besteht aus dem in Nährgewebe gebetteten Embryo (Fig. 439), dessen Kotyledonen etwa halb so lang sind als das Würzelchen (2 mm). Der Zellinhalt ist Fett und Aleuron (8 μ).

Wacholderbeeren sind so reich an Zucker, dafs dieser mitunter in Glyzerinpräparaten auskristallisiert. Sie eignen sich deshalb zur Branntweinbereitung. Mit dem Destillationsrückstand hat man Pfefferpulver gefälscht.

Der Nachweis dieser Fälschung bietet keine Schwierigkeit, da die Tonnenzellen (Fig. 438, *p*), die kristallführenden Steinzellen (*sc*), die Oberhaut (*ep*) weder übersehen noch verkannt werden können.

Literatur. MEYER, A. (24); MOELLER, J. (28, 29); TSCHIRCH u. OESTERLE (37); VILLIERS et COLLIN (39).

Koffeïnhaltige Samen.

Es gibt nur fünf Pflanzen auf der Erde, die Trimethylxanthin (bekannter als Koffeïn, Theïn oder Guaranin) enthalten, und zwar Tee und Mate in den Blättern, Kaffee, Guarana und Kola in den Samen. Ihnen schliefst sich die Kakaobohne an, die das Dimethylxanthin Theobromin enthält. Sie gehören verschiedenen Pflanzenfamilien an und kommen in verschiedenen Erdteilen vor. Seit den ältesten Zeiten dienen sie als Genufsmittel, und es ist in geschichtlicher Zeit kein ihnen ähnliches Genufsmittel entdeckt worden. Es ist diese Tatsache um so bemerkenswerter, als diese Blätter und Samen (Kola ausgenommen) im rohen Zustande ungeniefsbar sind und ihren Genufswert erst durch eine bestimmte Zubereitung erhalten, bei welcher sich die das Nervensystem anregenden Stoffe bilden. Dafs die Urvölker nicht allein die Rohstoffe, sondern auch die zur Entwicklung ihrer Eigenschaften nötigen und bis zum heutigen Tage wesentlich unverändert beibehaltenen Aufbereitungsweisen gefunden haben, kann als Beweis ihres wunderbaren Spürsinnes gelten.

Kaffee.

Der Kaffeebaum (*Coffea arabica* L. — *Rubiaceae*) ist in Abyssinien und in anderen Teilen Afrikas heimisch, wurde im 16. Jahrhundert in Arabien eingeführt, 200 Jahre später auf Java, bald darauf in anderen tropischen Gebieten Asiens, Afrikas und der Neuen Welt. Gegenwärtig ist Brasilien an der Spitze der Kaffeeproduktion, aber Arabien und Asien liefern die besten Sorten.

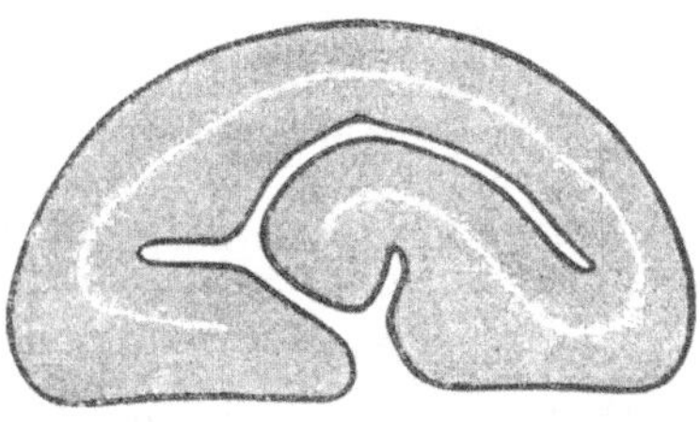

Fig. 440. Vergröfserter Querschnitt der Kaffeebohne.

Die Kaffeefrucht ist kirschgrofs, rot, zweifächerig und zweisamig[1]). Das Fruchtfleisch besitzt eine pergamentartige Steinschale, die Frucht ist also keine Beere, sondern eine Steinfrucht. Um die Samen, die allein in den Handel kommen, herauszulösen, gibt es verschiedene Methoden, die alle

[1]) Ausnahmsweise abortiert eine der beiden Samenknospen, und es entwickelt sich die einzige Samenknospe zum sog. „Perlkaffee".

zum Ziele haben, den Samenkern möglichst vollständig von seinen Hüllen zu befreien.

Die Kaffeebohne (Fig. 440) ist ein von beiden Seiten eingerolltes Endosperm. Erweicht man sie durch Kochen, so kann sie aufgerollt werden, und man findet sie auf der Innenseite von einem zarten Häutchen bedeckt, der Samenhaut. Reste derselben ragen aus dem Spalt der Bauchseite hervor, und auch auf der Rückenseite findet man oft solche bei unvollkommen polierten Bohnen. Der kleine Embryo liegt im Endosperm gebettet und hat praktisch keine Bedeutung.

Der rohe Kaffee ist gelb oder lichtgrün, ungemein hart, fast geruch- und geschmacklos. Durch das Rösten wird er braun, vergröfsert sich bedeutend unter Gewichtsverlust, und es entwickeln sich in ihm neben Röstprodukten die eigentümlichen Stoffe, die ihn zum Genufsmittel machen.

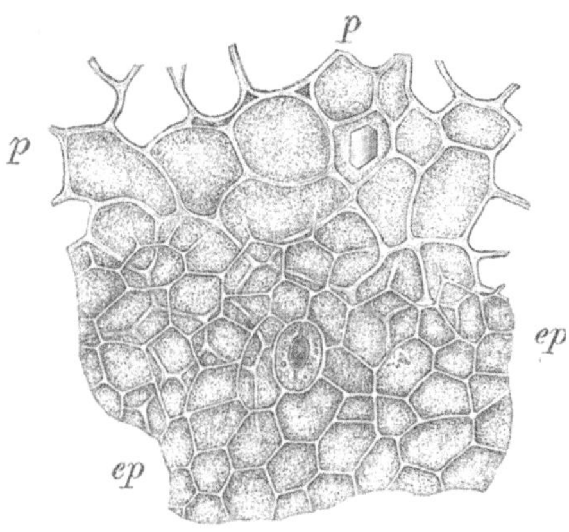

Fig. 441. Aufsenschichten der **Kaffeefrucht** in der Flächenansicht; *ep* Oberhaut, *p* Parenchym.

A. **Fruchtschale.** In der Marktware findet man mitunter kleine Bruchstücke derselben als zufällige Verunreinigung. In Arabien bereitet man aus dem frischen Fruchtfleisch ein gärendes Getränk („Kischer“ oder „Gischr“). Aus anderen Produktionsorten führt man die trockenen Fruchtschalen, wie sie bei der Aufbereitung des Kaffees abfallen, aus und benutzt sie zur Bereitung von Surrogaten[1]). Solche sind z. B. der „Sultan-“ und „Sakkakaffee“. Da sie weder Koffeïn noch die dem Kaffee eigentümlichen Röstprodukte enthalten, steht ihr Genufswert nicht höher als der irgend eines anderen Surrogates. In Amerika werden diese Abfälle oder die Steinschalen allein zur Fälschung von Kleie und anderen Futtermitteln verwendet.

Der mikroskopische Nachweis der Kaffeefruchtschale stützt sich hauptsächlich auf das Gewebe der Steinschale.

[1]) Man bereitet aus den „Kaffeehülsen“ auch ein Extrakt und setzt es beim Rösten dem Kaffee zu.

Die Oberhaut (Fig. 441, *ep*) besitzt polygonale Zellen (15—35 μ) mit braunem Inhalt und Spaltöffnungen.

Das Fruchtfleisch (*p*) wird nach innen zu immer grofszelliger (bis 100 μ); in den innersten Lagen ist das Parenchym zusammengedrückt. Es enthält amorphe braune Massen, ab und zu einen grofsen Oxalatkristall. Die Zellwände sind dick, braun oder gelb. Die im Gewebe verlaufenden Leitbündel sind von über millimeterlangen und 25 μ breiten, stark verdickten Fasern begleitet; die Spiralgefäfse sind dünner und haben ein ungewöhnlich dickes Spiralband (Fig. 442).

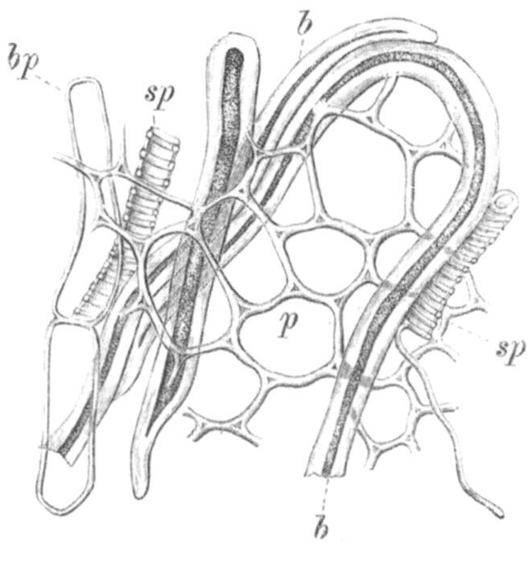

Fig. 442. Fruchtfleischgewebe des Kaffees; *p* Parenchym, *bp* Bündelparenchym, *b* Bastfasern, *sp* Gefäfse.

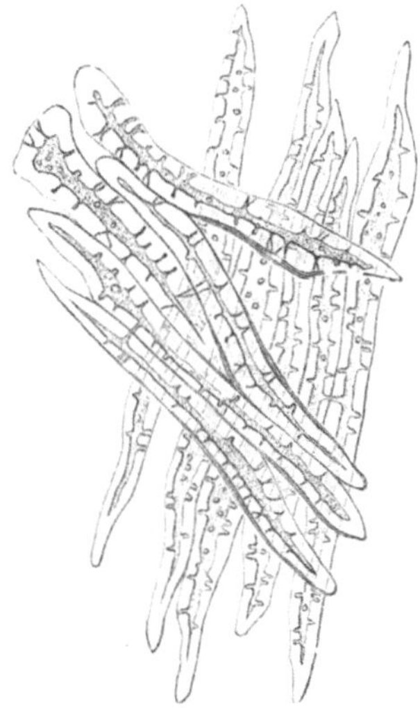

Fig. 443. Steinzellen aus dem Kaffee-Endokarp.

Eine einfache Lage radial gestreckter, schmaler Zellen mit farbloser, stark quellender Wand trennt das Fruchtfleisch von dem pergamentartigen

Endokarp (Fig. 443), das aus vielgestaltigen, kreuz und quer gelagerten, sklerosierten Zellen und Fasern dicht gefügt ist.

B. **Samen.** Wenngleich die Samenhaut von der Oberfläche der Bohnen gröfstenteils abgeschilfert ist, findet man sie doch stets in der Furche, und ein kleines Stückchen derselben kann, da sie durchsichtig ist, ohne weiteres in Wasser oder Lauge betrachtet werden.

Auf einer fast homogenen, tatsächlich aus mehreren Schichten stark zusammengedrückter Zellen bestehenden Membran liegen zahlreiche eigentümliche Steinzellen zerstreut oder stellenweise dicht gedrängt. Sie bedingen den Glanz des Samenhäutchens. Im allgemeinen sind sie spindelförmig, aber oft unregelmäfsig gestaltet (Fig. 444). Ihre Länge schwankt von 70—800 μ, ihre Breite von 15—45 μ. Die Wand ist gleichmäfsig schwach verdickt, von grofsen Spaltentüpfeln durchsetzt, unter Wasser geblich, in Alkalien dunkelgelb.

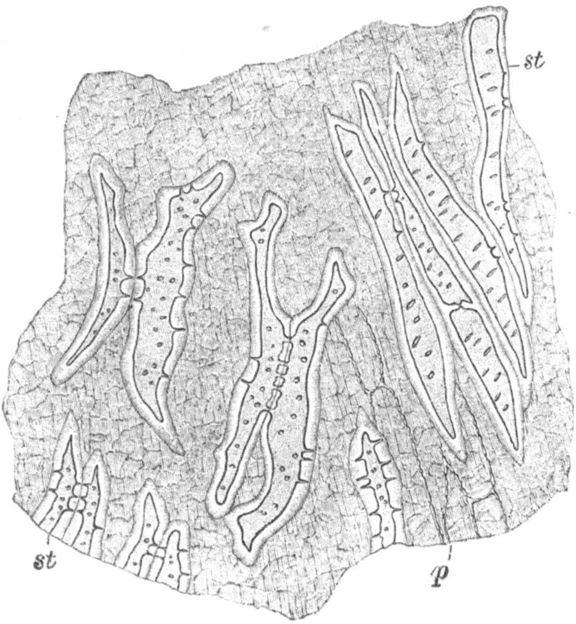

Fig. 444. Samenhaut der Kaffeebohne; *p* **obliterierte Membran,** *st* **Steinzellen.**

Aus dem hornigen Endospermgewebe lassen sich leicht Schnitte anfertigen, nachdem die Bohnen einige Stunden in Wasser erweicht wurden.

Aufser am Rande, wo die Zellen nach Art einer Oberhaut gebaut sind, besteht das Endosperm aus einem dickwandigen, breitgetüpfelten, farblosen Parenchym (Fig. 445) mit farb- und formlosem, wesentlich aus Fett und Eiweifs bestehendem Zellinhalt[1]). Auf Durchschnitten erscheinen die Zellwände knotig

[1]) Durch mikrochemische Reaktionen kann im Zellinhalt auch Gerbstoff, Zucker und Stärke nachgewiesen werden (Vogl), unsicher das Koffeïn.

verdickt, auf der Fläche von den Tüpfeln wie gefenstert. In der Mitte ist das Endosperm weich und locker; das Gewebe besteht aus gestreckten Zellen mit stark quellenden Wänden und schleimigem Inhalt.

An gut erweichten Bohnen scheint der Embryo durch sein Nährgewebe hindurch, und man kann ihn herausschneiden. Er besitzt ein 3—4 mm langes Würzelchen und herzförmige, 1—2 mm lange Keimblätter. Hellt man diese mit Lauge oder Chloralhydrat auf, so erkennt man drei spärlich verzweigte Nerven. Das Blattgewebe ist wenig differenziert, zartzellig, mit Plasma erfüllt (Fig. 446).

Gemahlener Kaffee[1]).

Selten ist der Kaffee so fein gemahlen, dafs man nicht schon mit freiem Auge die Schüppchen der Samenhaut erkennen und auslesen könnte. Auch findet man einzelne Pulverteilchen, die grofs genug sind, um aus ihnen Schnitte anfertigen zu können. Durch das Rösten werden die Gewebe fast gar nicht verändert; nur ihre Färbung ist störend, kann aber durch Lauge oder Chloralhydrat genügend beseitigt werden.

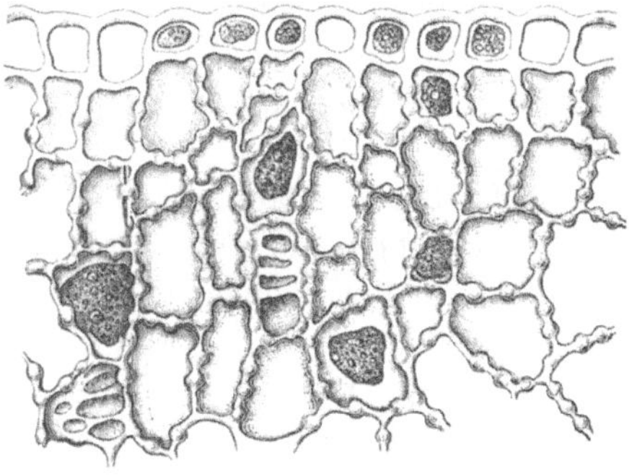

Fig. 445. Nährgewebe des Kaffees im Querschnitt.

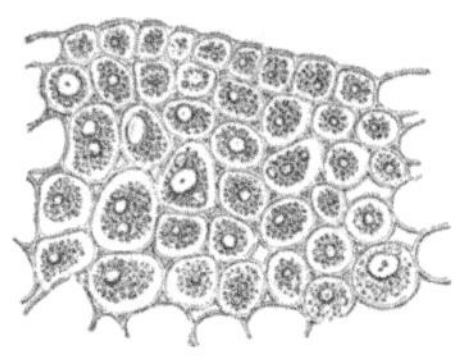

Fig. 446. Embryonalgewebe des Kaffees.

Da im echten Kaffee aufser der Samenhaut und dem quantitativ weit überwiegenden Endosperm nichts vorkommen darf[2]),

[1]) Nur dieser ist Gegenstand mikroskopischer Untersuchung. Die aus Teig mit allerlei Zusätzen geformten und kaffeebraun gefärbten künstlichen Kaffeebohnen, wie sie fabriksmäfsig hergestellt werden, um mit ihnen ungemahlenen, gerösteten Kaffee zu fälschen, sind nur bei oberflächlicher Betrachtung mit echten Bohnen zu verwechseln, denn von allen anderen Kennzeichen abgesehen, fehlt die Samenhaut in der nachgeahmten Spalte. In kaltem Wasser sinken sie unter, im Munde erweichen sie, beim Kochen lösen sie sich grofsenteils auf.

[2]) Der winzige Embryo kann vernachlässigt werden.

ist jede Fälschung leicht zu erkennen, und nur die Art derselben festzustellen, kann unter Umständen schwierig sein.

Wird eine Handvoll mit kaltem Wasser angerührt, schwimmt echter Kaffee (bis auf wenige zu stark geröstete Teilchen) obenauf, während alle gebräuchlichen Surrogate und Fälschungsmittel schnell untersinken.

Man giefst das überstehende Wasser ab, untersucht den Bodensatz auf Stärke und entfärbt ihn dann mit verdünnter Lauge.

Die gebräuchlichsten Ersatz- und Fälschungsmittel sowie deren Kennzeichen sind:

Zerealien und ihre Mahlprodukte (Stärkekörner und Kleienbestandteile, s. pag. 151);
Hülsenfrüchte (Stärkekörner und Samenschale, s. pag. 262);
Feigen (grofse Milchschläuche, s. Fig. 498);
Pflaumen (Steinzellen und die Oberhaut, s. pag. 433);
Birnen (Steinzellen und die Oberhaut, s. pag. 224);
Karoben (Pigmentklumpen, s. pag. 294);
Zichorie (Netzgefäfse und enge Milchsaftschläuche, s. pag. 551);
Rüben und andere Wurzeln (Netzgefäfse, s. pag. 556);
Steinnufs und Dattelkerne (Endospermgewebe, s. pag. 485 u. 487);
Früchte der Wachspalme (Endospermgewebe, s. pag. 486);
Kaffeehülsen (Pergamentschale, s. pag. 405);
Kolanüsse (Stärkekörner);
Erdnüsse (Samenschale, s. pag. 288);
Leindotter (Palissadenschicht der Samenschale, s. pag. 309);
Eicheln (Kleisterklumpen und einzelne Stärkekörner, s. pag. 492);
Traubenkerne (s. pag. 454).

Unter den zahlreichen im Handel befindlichen Kaffeesurrogaten seien die folgenden mit ihren Bestandteilen angeführt:

„Afrikanischer Nufsbohnenkaffee“ = Erdnufs (s. pag. 288),
„Allerweltskaffee“ = Lupinen,
„Bayrischer Kaffee“ = Rüben, Feigen, Roggen und Hülsenfrüchte
„Café de Rheims“ = Kaffee und Zichorie,
„Dattelkaffee“ = Weizen, Zichorie, Feigen und Kaffee,
„Deutscher Kaffee“ = Kichererbse (s. pag. 280),
„Deutscher Sodakaffee“ = Zerealien, Zichorie und Soda,
„Domkaffee“ = Zichorie,
„Figine“ = Feigen und Zichorie,

„Frank-Kaffee" = Zichorie (s. pag. 551),
„Französischer Kaffee" = Kichererbse (s. pag. 280),
„Fruchtkaffee" = Lupinen,
„Homöopathischer Gesundheitskaffee" = Weizen, Zichorie und Kakaoschalen,
„Hygienischer Nährkaffee" = Zerealien und Eicheln,
„Jamaikakaffee" = Gerste,
„Kanon" = Roggen, Zichorie und Kaffee,
„Kentucky-Kaffee" = Samen von *Caesalpinia*.
„Kneipp-Kaffee" = Gerste oder Malz,
„Kraftkaffee" = Lupinen (s. pag. 278),
„Malto-Kaffee" = Malz oder Mischungen von Malz und anderen Zerealien,
„Mandelkaffee" = Eicheln, Zichorie und Löwenzahnwurzel,
„Melilotinkaffee" = Kaffee, Zichorie und Dattelkerne,
„Mogdadkaffee" = Samen von *Cassia*-Arten,
„Mokara" = Feigen (s. pag. 498),
„Mokka-Sakka-Kaffee" = Gerste u. a.,
„Negerkaffee" = Samen von *Cassia*-Arten,
„Rationskaffee" = Kaffee und Zichorie,
„Saladinkaffee" = Mais,
„Schwedischer Kontinentalkaffee" = Samen von *Astragalus baeticus* (s. pag. 287),
„Stephanie-Kaffee" = Samen von *Cassia*-Arten,
„Sudan-Kaffee" = Samen von *Parkia* (s. pag. 283),
„Ungarischer Kaffee" = Lupinen, Zichorie und Kaffee.

Liberia-Kaffee (von *Coffea liberica* BULL.), einem im tropischen Westafrika heimischen und dort, neustens auch anderwärts, kultivierten Bäumchen, ist ungewöhnlich grofsbohnig, dunkelbraun, leicht. Der Embryo ist fast doppelt so lang als der des gewöhnlichen Kaffees. Die Steinzellen der Samenschale sind nach HARTWICH bedeutend gröfser (880 μ lang und 50 μ breit); doch da ebenso grofse und noch gröfsere auch in unserem Kaffee vereinzelt vorkommen, ist die Unterscheidung im gemahlenen Zustande kaum möglich.

Literatur.

BERG (3); GREENISH (14); HANAUSEK, T. F. (10); HASSALL (18); MACÉ (23); MOELLER (26, 27, 28, 29); MOLISCH (30); SCHIMPER (34); TSCHIRCH u. OESTERLE (37); VILLIERS et COLLIN (39); VOGL (40, 42).

ANONYMUS: Acacia Giraffae. Chem. Ztg. 1887, **11**, 819.
— Der Kaffee. Herausg. v. Kaiserl. Gesundheitsamt. Berlin 1903.
— Kunstkaffee. Chem. Ztg. 1891, **15**, 740.

CAZENEUVE: Künstliche Kaffeebohnen. Petit mon. de la pharm. 1894, 1513.

COSTER u. MAZURA: Beobachtete Verfälschungen in Holland. Rev. internat. falsificat. 1888, 1, 15./7., 162.

Coster, Hoorn u. Mazura: Ein neues Kaffeesurrogat. Rev. internat. falsificat. 1890, **4**, 8.

Cribb: Note on (1) Samples of Coffee Containing Added Starch; (2) Sample of Artificial Coffee Berries. Analyst. 1902, **27**, 114.

Draper: Detection of Coffee Adulterations. Phil. Mag. **34**, 104.

Dunstan: Der sogenannte Mussaenda-Kaffee von Réunion. Ztschr. Nahr.-Unters. Hyg. 1890, **4**, 13.

Fricke: Sogenannter Kongo-Kaffee. Ztschr. angew. Chem. 1889, **2**, 121.

Gawalowski: Ersatzmittel für Kaffeebohnen. Ztschr. Nahr.-Unters. Hyg. 1896, **9**, 133.

Greinert: Über Negerkaffee. Pharm. Ztg. 1889, **34**, 192.

Gundriser: Über ein Kaffeesurrogat aus dem Samen der blauen Lupine (*Lupinus angustifolius*). Ztschr. Nahr.-Unters. Hyg. 1892, **6**, 373.

Hanausek, E.: Künstliche Kaffebohnen. Ztschr. Nahr.-Unters. Hyg. 1890, **4**, 25, 172,

Hanausek, T. F.: Dattelkerne als Kaffeesurrogat. Chem. Ztg. 1886, **10**, 701.

— Künstliche Kaffeebohnen. Ztschr. Nahr.-Unters. Hyg. 1889, **3**, 3.

— Die Entwicklungsgeschichte der Frucht und des Samens von *Coffea arabica*. Ztschr. Nahr.-Unters. Hyg. 1890, **4**, 237; 1891, **5**, 185; 1893, **7**, 85.

— Zum Bau der Kaffeebohnen. 66. Vers. deutsch. Naturf. u. Ärzte. Wien 1894.

Hartwich: Coffea liberica. Schweiz. Wochenschr. Chem. Pharm. 1896.

Hockauf: Einiges a. d. Gebiete d. Lebensm.-Unters. Zeitschr. d. Allg. österr. Ap.-Ver. **39**, 1901, 205.

James: Le café torrifié, engrains, factice. Revue d'hyg. 1890, Nr. 12.

König: Kunstkaffee. Chem. Centralbl. 1889, **20**, 1, 51.

— Die Früchte der Wachspalme als Kaffeesurrogate. Centr.-Org. f. Warenk. u. Tech. 1891, **1**, 1.

Kornauth: Zur Wertbestimmung der Kaffeesurrogate. Rev. internat. falsificat. 1889/90, **3**, 195.

— Beiträge zur chemischen und mikroskopischen Untersuchung des Kaffees und der Kaffeesurrogate. Hilger, Mitt. Lab. angew. Chem. Erlangen, III. Heft; München 1890, 1.

— Zur Beurteilung der Kaffeesurrogate. Ztschr. angew. Chem. 1891, 645.

Mansfeld: Bericht über die Tätigkeit der Untersuchungsanstalt des Allgemeinen österreichischen Apothekervereines und des Wiener Apotheker-Hauptgremiums. Ztschr. Nahr.-Unters. Hyg. 1896, **10**, 336.

— Kaffeesurrogate. Jahresber. Unters. allg. österr. Apoth.-Ver. 1901, 10.

Moeller: Über Mogdad-Kaffee. Pharm. Centralh. 1881, **22**, 133. — Dinglers Polytechn. Journ. 1880, **237**, 61.

Morpurgo: Eine einfache Methode zur Entdeckung künstlicher Färbungen der Kaffeebohne. Ztschr. Nahr.-Unters. Hyg. 1898, **6**, 9.

Nevinny: Die Nahrungs- und Genufsmittel Wiens. Ztschr. Nahr.-Unters. Hyg. 1887, **1**, 21.

— Zur Verfälschung des Feigenkaffees. Ztschr. Nahr.-Unters. Hyg. 1887, **1**, 85.

PADÉ: Neue Fälschungen des Kaffees. Chem. Centralbl. 1889, **20**, 2.
PORTELE: Künstliche Kaffeebohnen. Ztschr. Nahr.-Unters. Hyg. 1889, **3**, 221.
RAUMER: Ein neues Kaffeesurrogat. Forschungsber. Lebensm. f. Chem. 1894, **1**, 293.
— Über den Nachweis künstlicher Färbungen bei Rohkaffee. Forschungsber. Lebensm. 1896, **3**, 333.
REUTER: Beitrag zur Kenntnis der Bestandteile des Mogdad-Kaffees. Pharm. Centralh. 1889, **30**, 494.
RÖHRIG: Afrikanischer Nufsbohnenkaffee. Forschungsber. Lebensm. Hyg. Pharmakogn. 1895, **2**, 15.
RUFFIN: Fabrikation, Veränderungen und Fälschungen der Zichorien. Ann. chim. anal. 1898, **3**, 114.
SAMELSON: Über Kunstkaffee. Ztschr. angew. Chem. 1890, 482.
STREET: Coffee Hulls. New. Jersey Agr. Expt. Stat. Bull. **160**, 1902.
STUTZER: Über Kunstkaffee. Ztschr. angew. Chem. 1888, **1**, 699.
TRILLICH: Über Malzkaffee und Kaffeesurrogate. Ztschr. angew. Chem. 1891, 540.
— Kaffee und Kaffeesurrogate. Ztschr. angew. Chem. 1896, 440.
— Über Kaffee mit tränenförmigen Bohnen. Ztschr. öffentl. Chem. 1898, 542.
WAAGE: Über künstliche Kaffeebohnen. Apoth.-Ztg. 1890, **5**, 219.
WOLFFENSTEIN: Untersuchung einiger Kaffeepräparate. Ztschr. angew. Chem. 1890, 84.

Kakao.

Kakao und Schokolade werden aus den Samen eines kleinen, im tropischen Amerika heimischen Baumes (*Theobroma Cacao* L. — *Büttneriaceae*) bereitet. Schon CORTEZ lernte ihren Gebrauch bei den Eingeborenen kennen und brachte die Kunde davon nach Europa, aber erst im 17. Jahrhundert wurden die Kakaobohnen in erheblicher Menge eingeführt, um dieselbe Zeit, als Tee und Kaffee aus dem Osten kamen. Die Kultur des Baumes verbreitete sich allmählich über den ganzen Tropengürtel, und gegenwärtig kommen Kakaobohnen nicht nur aus dem tropischen Amerika, sondern auch aus Ceylon, Java, Afrika und anderen Teilen der Alten Welt auf den Markt.

Die gelbe oder braune, gurkenähnliche Frucht ist 10—15 cm lang, zehnrippig und enthält in schleimigem Fruchtmus 35—75 Samen in fünf Reihen. Nach Beseitigung des ungeniefsbaren[1]) Fruchtfleisches werden die frisch farblosen Samen meist einer kurz dauernden Selbstgärung überlassen und dann getrocknet.

[1]) Versuche, aus dem Kakaomus Gallerten, Liköre, Branntwein oder Essig zu bereiten, sind wiederholt gemacht, aber immer wieder aufgegeben worden.

Dadurch werden gewisse Bitterstoffe zerstört, es entwickelt sich das eigentümliche Aroma und der braune Farbstoff.

Die Kakaobohnen des Handels sind unregelmäfsig flach-eiförmig, 15—30 mm lang, rotbraun oder dunkelbraun, schülferig, mitunter grauviolett angeflogen oder erdig. In Wasser werden sie schleimig von den ihnen noch anhaftenden Resten des Fruchtmuses. Von dem breiteren Pole (dem Nabel) zieht der Nabel-

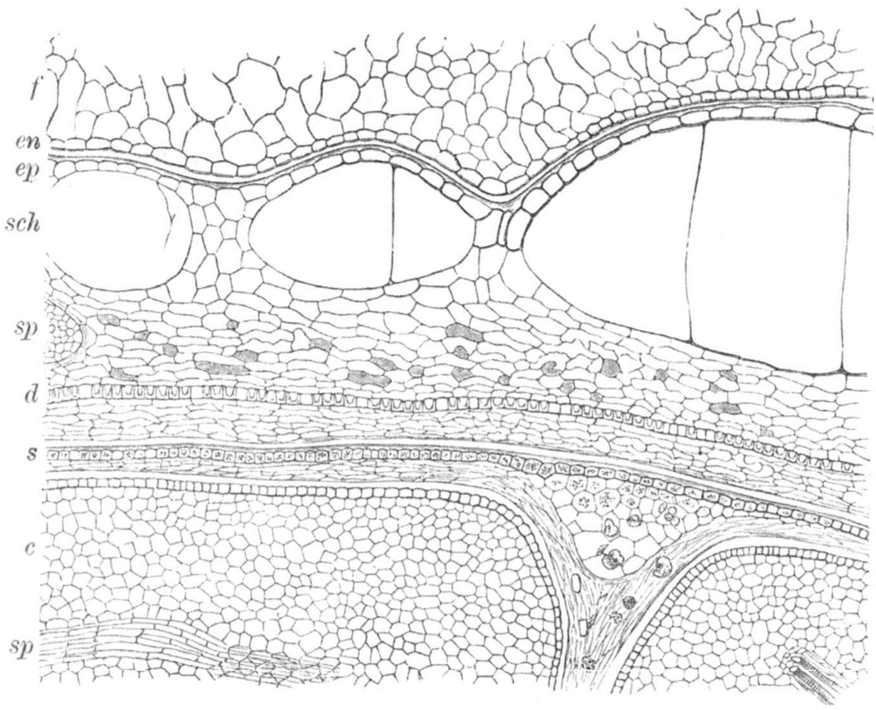

Fig. 447. Querschnitt der Kakaoschale (nach TSCHIRCH);
f Fruchtmus,
en Endokarp,
ep Samenoberhaut,
sch Schleimzellen,
sp Leitbündel,
d Sklereïdenschicht,
s Silberhäutchen,
c Kotyledonen.

strang längs einer Schmalseite zum spitzeren Pol (der Chalaza) und verzweigt sich von da aus in der Samenschale. Diese ist dünn und brüchig. Der Samenkern besteht fast nur aus den grofsen, durch Druck in zahlreiche, eckige Stücke zerfallenden schwarzbraunen Kotyledonen. An der Berührungsfläche der Kotyledonen sieht man drei Rippen und am Grunde das dicke, etwa 6 mm lange, leicht abbrechende Würzelchen. In Wasser hebt sich von diesen Bruchstücken ein zartes, farbloses Häutchen ab. Es ist der Rest des Nährgewebes (Perisperm), das den Embryo allseitig umgibt und auch in die Falten der Kotyledonen eindringt.

A. **Kakaoschale.** Sie setzt sich aus den inneren Teilen der Fruchtwand und der Samenschale zusammen. Stückchen derselben werden in Lauge erweicht, um aus ihnen zwischen Kork Querschnitte anfertigen zu können. Man unterscheidet folgende Schichten:

1. das Fruchtmus (Fig. 447, *f*) aus äufserst zarten, schlauchförmigen, grofslückig gefügten Zellen;

2. das Endokarp (*en*), eine einfache Lage zarter, sehr schmaler, schräg gelagerter, lückenlos gefügter Zellen;

3. die Samenoberhaut (Fig. 448) aus polygonalen, gestreckten (90—120 μ lang, 20—50 μ breit) Zellen mit etwas stärker verdickter, gelber Aufsenwand;

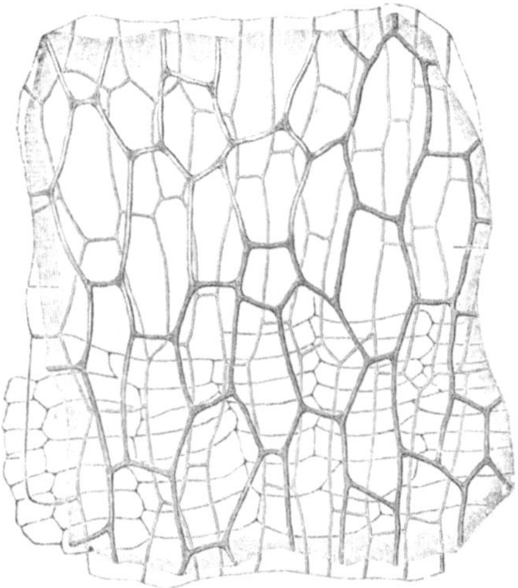

Fig. 448. Samenoberhaut (*ep* in Fig. 447) und Parenchymschichten der Kakaoschale in der Flächenansicht.

4. das Schwammparenchym (Fig. 447, *sch*) grofszellig und vielgestaltig, teilweise zusammengefallen und geschrumpft. In demselben liegen knapp unter der Oberhaut aufserordentlich grofse (bis 0,8 mm), oft durch radiale Scheidewände abgeteilte Schleimzellen. In der Flächenansicht erkennt man ihre zarten polygonalen Konturen. In Wasser quillt ihr Inhalt schichtenweise auf und verschwindet endlich. Innerhalb der Schleimzellenschicht verlaufen die zarten Leitbündel mit engen Spiralgefäfsen; und in dem einwärts gelegenen, immer mehr zusammengedrückten Gewebe fällt ein schmaler hellfarbiger Streif auf, der sich bei genauerer Betrachtung als eine einfache Reihe hufeisenförmig nach innen verdickter Zellen erweist. Stellenweise ist diese „Sklereïdenschicht“ durch dünnwandige Zellen unterbrochen (Fig. 447, *d*). Auf der Fläche sind diese Steinzellen polygonal,

oft sechseckig, 12—30 μ lang, scheinbar gleichmäfsig verdickt (5 μ) und eigentümlich gegeneinander verschoben (Fig. 450, *d*);

5. das Silberhäutchen (früher fälschlich als innere Samenhaut beschrieben) ist der Rest des Nährgewebes (TSCHIRCH). Es besteht aus einer äufseren Aleuronschicht, die an der Samenschale haften bleibt, und aus einer Schicht obliterierter Zellen, die in die Kotyledonarfalten eindringt (Fig. 447, *s*) und hier ein Gewebe aus stumpf-polyedrischen, dünnwandigen Zellen bildet. Beide Schichten des Silberhäutchens enthalten Fett in kristallinischen oder traubigen Aggregaten. Oft findet man auf der Silberhaut, die ohne weitere Präparation in einem Tropfen Glyzerin oder Lauge betrachtet werden kann, braune, keulenförmige, mehrzellige Gebilde, die sog. MITSCHERLICH'schen Körperchen (Fig. 450, *A*), die jedoch nicht ihr angehören, sondern von den Kotyledonen abgefallene Haare sind.

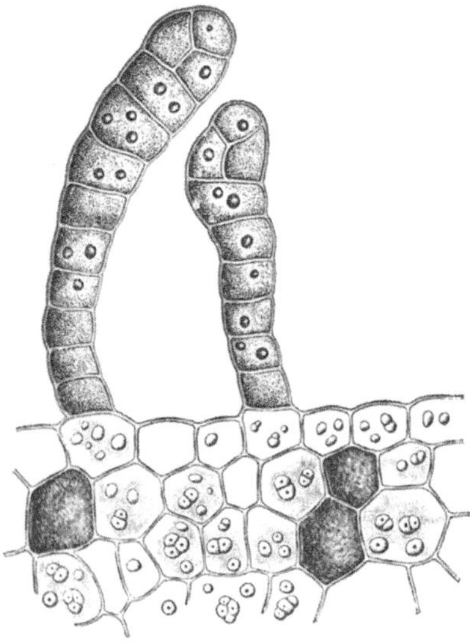

Fig. 449. Querschnitt des Keimblattrandes der Kakaobohne.

B. Kotyledonen. An Querschnitten (Fig. 449) gelingt es selten, die Haare zu sehen; reichlicher finden sie sich am Würzelchen. Sie bestehen aus einer Reihe kurzer, tonnenförmiger, am stumpfen Scheitel oft geteilter Zellen, die eine feinkörnige braune Masse und braune oder gelbe Pigmentkügelchen enthalten. Dieselben Kügelchen (3—5 μ) finden sich auch in den polygonalen, etwa 80 μ langen Oberhautzellen. Sie werden mit Eisensalzen olivenbraun, mit Chloralhydrat blutrot, in Alkalien unter Quellung gelb.

Das Kotyledonargewebe ist ein zartzelliges, von unentwickelten Leitbündeln durchzogenes Parenchym, dessen isodiametrisch-polygonale Zellen gröfstenteils eine farblose, klumpige, kristallinische Masse, vereinzelt oder in Gruppen braunes, rotes oder violettes Pigment enthalten. Der farblose Zellinhalt ist hauptsächlich Fett, daneben Stärke und Aleuron. Um letztere deutlich zu sehen, empfiehlt es sich, die Schnitte mit Äther-Weingeist zu entfetten und mit Jod zu färben.

Die Stärkekörner (Fig. 449) sind sehr klein (4—12 μ), meist zu ungleichen Zwillingen oder Drillingen zusammengesetzt, mit Kernhöhle. Der Stärkegehalt der geschälten Bohnen beträgt 7—10 %.

Die Aleuronkörner sind kleiner (höchstens 5 μ), rundlich oder gerundet-kantig und enthalten oft einen gut entwickelten Eiweifskristall.

Der Inhalt der Farbstoffzellen löst sich in Wasser allmählich auf. Mit Chloral färbt er sich blutrot, mit Eisensalzen olivenbraun bis schwarzblau, mit Lauge vorübergehend grün.

Kakaoprodukte.

Man bereitet aus Kakao: einfache und süfse Schokolade, Kakaopulver, Kakaobutter, Tunkmasse („Couverture") und zusammengesetzte Präparate.

Schokolade wird bereitet, indem man die gereinigten Bohnen röstet, zerbricht, die Schalen (oft auch die Würzelchen) beseitigt und die übrigbleibenden Bruchstücke der Kotyledonen (sog. „Spitzen") unter erwärmten Walzen fein zerreibt. Die Paste erhält entweder keine Zusätze, oder sie wird mit Zucker und Gewürzen (am häufigsten mit Vanille oder Zimt, auch mit Gewürznelken, Muskatnüssen, Macis, Kardamomen und anstatt mit Vanille mit Perubalsam oder künstlichem Vanillin) gemischt, hierauf in Formen gedrückt, in denen sie beim Erkalten erstarrt.

Kakaopulver wird aus der warmen Kakaomasse bereitet, nachdem ihr durch Pressung der gröfsere Teil des Fettes (Kakaobutter) entzogen wurde. Durch Behandlung mit Alkalien gewinnt man das „lösliche", „deutsche" oder „holländische Kakaopulver".

Tunkmasse ist eine mit Kakaobutter überfettete Schokolade.

Alle Kakaopräparate sollen nur aus den Kotyledonen hergestellt werden, müssen also frei von Schalenbestandteilen sein. Sie bestehen fast nur aus zertrümmertem Parenchym, dessen Zellen farblose Massen enthalten. Auffallend sind auf den ersten Blick nur die im farblosen Detritus vereinzelt vorkommenden Pigmentzellen oder die aus ihnen herausgefallenen Pigmentmassen und spärliche Pigmentkörner. Fügt man Jodlösung zum Wasser- oder Glyzerinpräparat, so färben sich zwar einzelne Stärkekörnchen blau und einzelne Aleuronkörnchen gelb, aber dieselben sind derart von Fett umhüllt, dafs ihre Form und die Reaktion undeutlich sind. Um ihre Eigentümlichkeiten zu erkennen und die sehr spärlich vorkommenden, aber sehr charakteristischen, wenngleich meist zertrümmerten Haare aufzufinden, entfettet man eine kleine Pulverprobe in der Eprouvette mit Äther-Weingeist.

In derart entfetteten Pulvern (Fig. 450) findet man regelmäfsig, aber spärlich zarte Spiroïden aus den Leitbündeln der Kotyledonen. Gröfsere Spiralgefäfse deuten auf eine fremde Beimischung, und es ist mitunter schwer zu entscheiden, ob sie berechtigt ist (wie Gewürze), oder ob sie als zufällige Verunreinigung (z. B.

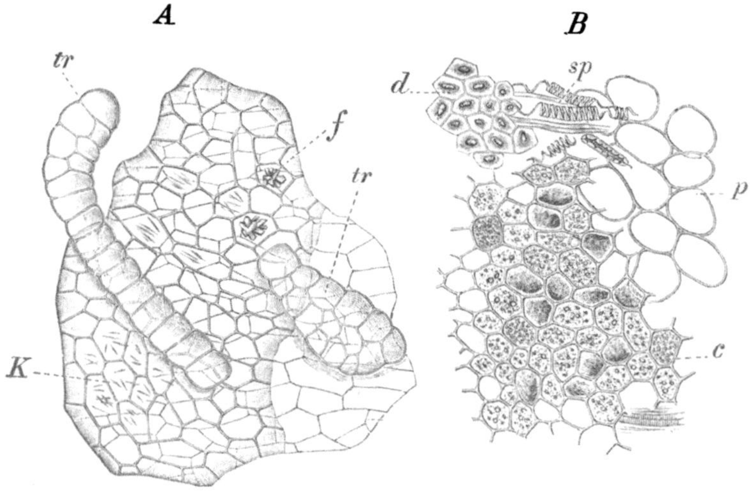

Fig. 450. *A* Silberhäutchen der Kakaobohne mit den Haaren *tr* und den Kristallen *f* u. *K*; *B* Kakaopulver; *c* Kotyledonargewebe mit Fett- und Farbstoffzellen, sowie zarten Spiroïden: *p* Schalenparenchym, *sp* Spiroïden, *d* Sklereïdenschicht.

Kakaoschalen in geringer Menge) oder als Fälschung zu beurteilen ist. Die Entscheidung dieser Fragen setzt natürlich die Bekanntschaft mit den in Betracht kommenden Beimengungen voraus, und sie wird um so sicherer getroffen werden können, je zahlreicher die im Präparate enthaltenen Gewebsreste sind.

Die häufigsten Fälschungsmittel der Kakaopräparate sind:

Mehl (von Zerealien und Leguminosen), heimische und fremde Stärkearten, auf den ersten Blick kenntlich, da sie alle (von der Form abgesehen) grofskörniger sind als die Kakaostärke;

Erdnufs, an der Samenschale erkennbar;

Eicheln besitzen ebenfalls viel gröfsere Stärkekörner;

Kakaoschalen verraten sich an ihrer Sklereïdenschicht (Fig. 450, *B*, *d*).

Fälschungen mit fremden Fetten, Beschwerungen mit Mineralstoffen, Färbungen usw. sind auf chemischem Wege nachzuweisen. Der Aschengehalt schwankt von 2—4%.

Alle erdenklichen Beimengungen sind erlaubt, wenn sie auf der Etikette angegeben werden; so gibt es Schokoladen (nach Zipperer) mit Hafer- und Gerstenmehl, Malz- und Malzextrakt, Weizenmehl, Reis- und Kartoffelstärke, Bohnenmehl, Erdnufs, Eichelmehl, Kolanufs, Sago und Arrowroot, Isländischem Moos, Gummi, Salep, Fleisch und Fleischextrakt, Peptonen, Milch und Milchpräparaten, Eiern, Saccharin, Zucker, Gewürzen und anorganischen Salzen.

Ob diese zusammengesetzten Schokoladen die angegebenen organisierten Bestandteile tatsächlich enthalten, kann auf mikroskopischem Wege bestimmt werden.

Literatur.

Blyth (5); Flückiger (11); Greenish (14); Hanausek, T. F. (15, 45); Hassall (18); Macé (23); Meyer, A. (25); Moeller (26, 27, 28, 29); Schimper (34); Tschirch u. Oesterle (37); Villiers et Collin (39); Vogl (40, 42); Weigmann (10).

Bastings: Stärkekörner in den verschiedenen Kakaosorten des Handels. Journ. Pharm. 1894, **66**, 369.

Beckurts und Hartwich: Beiträge zur chemischen und pharmakognostischen Kenntnis der Kakaobohnen. Arch. Pharm. 1892, **230**, 589.

Bernhard: Über Kakao und dessen Präparate. Chem. Ztg. 1888, **12**, 445.

— Kakao und dessen Präparate. Chem. Ztg. 1889, **13**, 32.

— Über die Untersuchung von Kakao und Schokolade. Vers. Schw. Chem. 12. April 1896.

Beythien: Casseler Haferkakao. Jahresber. chem. Unters.-Amt. Dresden 1900, 10.

Beythien und Hampel: Schokoladenmehl. Ztschr. Unters. Nahr.-Genufsm. 1901, **4**, 23.

Coster, Hoorn und Mazura: Auszug aus dem Bericht über die Verfälschung der Nahrungsmittel in Amsterdam. Rev. internat. falsificat. 1888, **1**, 161.

Elsner: Rep. analyt. Chem. 1884, 370; 1885, **5**, 128, 211.

Filsinger: Die Untersuchung der Kakaofabrikate auf Gehalt an Kakaoschalen. Ztschr. öffentl. Chem. 1899, **5**, 27.

Fischer und Grünhagen: Untersuchung des Kakao und der Schokolade auf Kakaoschalen. Jahresber. chem. Unters.-Amt Breslau 1899/1900, 34.

Fischer: Nachweis von Kakaoschalen. Jahresber. chem. Unters.-Amt Breslau 1901/02, 27.

Hager: Über Eichelkakao und Schokolade. Pharm. Ztg. 1888, **33**, 511.

Hanausek, T. F.: Mikroskopische Untersuchung eines holländischen Eichelkakaos. Ztschr. Nahr.-Unters. Hyg. 1887, **1**, 247.

— Beiträge zur Histochemie der Kakaosamen. Apoth.-Ztg. 1894, 145.

HARTWICH: Über die Pigmentzellen des Kakaosamens. Arch. Pharm. **25**, 1887.
— Zur Nachweisung fremder Stärkemehle in der Schokolade. Chem. Ztg. 1888, **12**, 375.
LAGERHEIM: Nachweis von Kakaoschalen. Svensk Kemisk Tidskrift 1901.
— Om den mikroskopiska undersökningen af kakao och chokolad. Svensk Farmaceutisk Tidskrift 1902, No. 9.
LEGLER: Zellulosegehalt der Kakaobohnen. Rep. analyt. Chem. 1884, 345.
— Zur mikroskopischen Untersuchung der Kakaobahnen. 14. bis 17. Jahresber. Chem. Centralstelle Dresden 1886—1888. Rep. analyt. Chem. **4**, 345; **5**, 95.
MANSFELD: Kakao-Ersatzmittel. Jahresber. Unters. allg. österr. Apoth.-Ver. 1901/02, **14**, 5.
MICHAELIS: Eichelkakao, Eichelschokolade. Pharm. Ztg. 1888, **33**, 568.
MITSCHERLICH: Der Kakao und die Schokolade. Berlin 1859.
NOTHNAGEL: Untersuchung von Getreidekakao. Apoth.-Ztg. 1900, **15**, 181.
PAYEN: Erkennung eines Zusatzes von Getreidemehl oder Stärkemehl in dem präparierten Kakao oder der Schokolade. Journ. pharm. chim. **41**, 367.
PENNETIER: Bestimmung von Getreidemehl in Schokolade. Mon. scientif. 1887, **31**, 249.
PFISTER: Eine neue Schokoladenfälschung. Forschber. Lebensm. Hyg. Pharmkgn. 1894, **1**, 543.
RIECHELMANN u. LEUSCHER: Nachweis v. Sandelholz in Kakao. Zeitschr. f. öff. Chem. 1902, 203.
SPÄTH: Verfälschung von Kakao. Forschber. Lebensm. Hyg. for. Chem. I, 344.
THIEL: Zur Histologie und Physiologie der Kakaosamen. Forschber. Lebensm. Hyg. Pharmkgn. 1894, **1**, 219.
TICHOMIROW: Über die Kakaokultur auf Ceylon. Pharm. Ztschr. f. Rufsl. 1892, **31**, 260.
TROJANOWSKY: Beitr. z. pharmakogn. u. chem. Kenntnis des Kakaos. Inaug.-Diss. Dorpat 1875.
TSCHIRCH: Untersuchungen der Eichel-Kakaosorten des Handels. Pharm. Ztg. 1886, **32**, 190.
— Über den anatomischen Bau des Kakaosamens. Arch. Pharm. 1887, **25**.
WELMANS: Zur Untersuchung der Kakaofabrikate auf ihren Gehalt an Kakaoschalen. Ztschr. öffentl. Chem. 1899, **5**, 479.
ZIPPERER: Beiträge zur Mikrochemie des Tees und des Kakao. VII. Vers. d. freien Vereinig. bayr. Chem. Speyer 1888.
— Über den Wert der mikroskopischen Untersuchung bei Bestimmung fremden Stärkemehls in Schokolade. Chem. Ztg. 1888, **12**, 26.

Guarana.

In der Indianersprache bedeutet Guaraná oder Uaraná allgemein Schlingpflanze. Jetzt versteht man darunter eine Paste, die aus den gerösteten Samen einer brasilianischen Liane (*Paullinia Cupana* KUNTH — *Sapindaceae*) bereitet wird. In der Heimat dient die Guarana, welche 3—5 % Koffeïn enthält, als Genufsmittel, bei uns nur als Heilmittel.

Die unzerkleinerten, kleinen, haselnufsgrofsen, kastanienähnlichen Samen kommen nicht in den Handel. Sie besitzen eine glänzendbraune Schale mit einer Palissadenoberhaut und Steinzellen im Parenchym. Der Samenkern besitzt kein Nährgewebe, sondern besteht wesentlich aus dem Embryo mit dicken, stärkereichen Keimblättern.

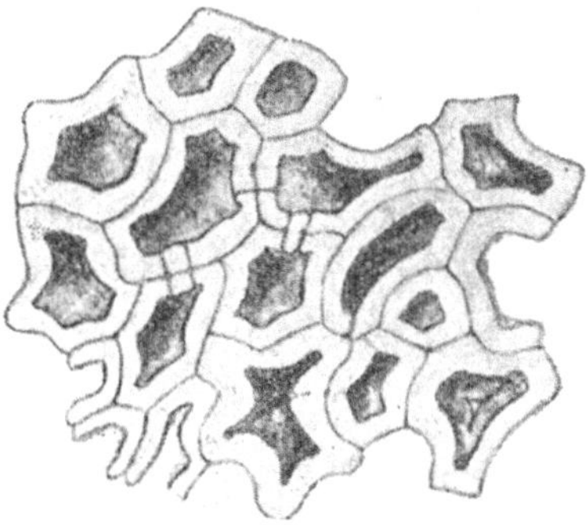

Fig. 451. Palissadenoberhaut der Guarana in der Flächenansicht.

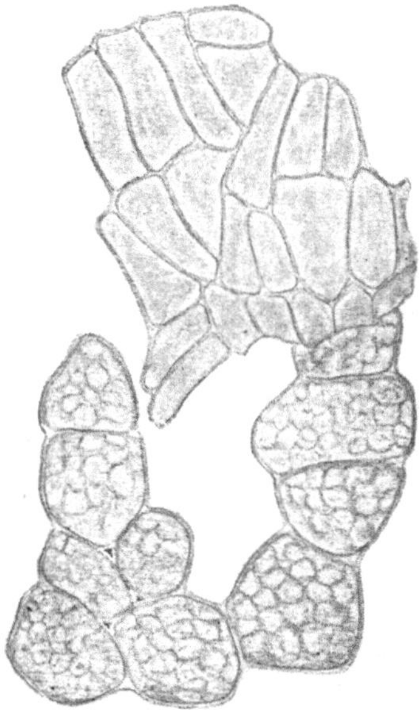

Fig. 452. Oberhaut und Parenchym des Guaranakeimblattes.

Die Paste besteht demnach hauptsächlich aus Stärke, die wegen der vorausgegangenen Röstung der Samen teilweise verkleistert ist (Fig. 452). Sie ist kleinkörnig, regelmäfsig zusammengesetzt, in Form und Gröfse der Pimentstärke (s. Fig. 384) ähnlich. Immer enthält die Paste auch Schalenbestandteile, unter denen die Oberhautzellen besonders charakteristisch sind. In der Flächenansicht (Fig. 451) erscheinen sie als gebuchtete, gleichmäfsig verdickte Steinzellen. Neben diesen finden sich typische Steinzellen aus dem Parenchym der Samenschale.

Das Guaranapulver enthält dieselben Bestandteile. Mit Lauge erwärmt, färbt es sich bordeauxrot, und es schiefsen Büschel feiner Kristallnadeln (Koffeïn?) aus.

Literatur. Moeller (29); Vogl (41).

Kola.

Die Neger im tropischen Westafrika nennen Kola oder Guru einen Baum (*Cola acuminata* R. Br. — *Sterculiaceae*), dessen Samen sie als Reiz- und Genufsmittel überaus hochschätzen. Sie enthalten in der Tat über 2 % Koffeïn nebst etwas Theobromin, werden bei uns aber nur als Heilmittel und als solches auch nur wenig verwendet.

Die Früchte enthalten 2—6 durch gegenseitigen Druck etwas abgeflachte, kastaniengrofse Samen mit pergamentartiger, rotbrauner Schale. Zu uns gelangen die Samen meist geschält, frisch oder getrocknet und bestehen nur aus dem Embryo mit zwei oder mehr dicken, an der Berührungsfläche gekrümmten und an den Rändern wulstig aufgetriebenen Keimblättern. Frisch sind sie weifs oder rosenrot, trocken braun.

Das Gewebe der Keimblätter ist ein zartzelliges, mit Stärke erfülltes Parenchym. Die Stärkekörner sind einfach, rundlich, ei- oder bohnenförmig, bis 30 μ grofs, undeutlich geschichtet, oft mit Kernspaltung. Einzelne Zellen enthalten eine braune, formlose Masse.

Literatur. Hartwich (12); Vogl (41).

Obst.

Apfel- und Steinfrüchte, Beeren und andere saftige Früchte werden getrocknet oder kandiert, man bereitet aus ihnen Fruchtsäfte, Gallerten, Marmeladen usw. Diese und andere Konserven enthalten entweder alle Gewebsteile der Früchte und Samen oder nur die des Fruchtfleisches oder fast gar keine zelligen Bestandteile.

Trockene Fruchtkonserven werden selten verfälscht, weil ihr Aussehen und Geschmack mit Erfolg nicht leicht nachgeahmt werden kann. Mitunter werden Äpfel, Birnen, Aprikosen und ähnliche Früchte geschwefelt. Eingesottene Früchte, Marmeladen und Gallerten sind dagegen mannigfachen Fälschungen unterworfen: Man vermischt sie mit dem Fruchtfleisch fremder Früchte, mit den Rückständen ausgeprefster Früchte, mit Kleister, Gelatine, Agar-Agar und anderen Vegetabilien, um dem Gemenge „Körper“ zu verleihen. Statt mit Zucker versüfst man sie mit anderen Süfsstoffen. Man färbt sie künstlich mit Teerfarbstoffen; das ihnen eigentümliche Aroma wird durch Ester schlecht oder recht nachgeahmt, und man versetzt sie mit Zitronen- und Weinsäure, falls ihr Geschmack zu milde sein sollte.

Um die Haltbarkeit zu erhöhen, wird den Konserven Salizylsäure, in Amerika häufig Natriumbenzoat zugesetzt. Dem gleichen Zwecke dient Saccharin neben seiner Süfskraft.

Die mikroskopische Untersuchung wird einerseits an Originalproben, anderseits an den Rückständen ausgeführt, die man als Bodensatz aus mit Wasser stark verdünntem Material erhält. Die Gewebe pflegen sehr deutlich zu sein, Aufhellungsmittel sind daher meist entbehrlich. Die Samen werden entweder zerdrückt, oder man macht Schnittpräparate.

Literatur.

Marpmann: Beiträge zur mikroskopischen Untersuchung der Fruchtmarmeladen. Ztschr. angew. Mikroskopie 1896.

Lagerheim: Om den mikroskopiska undersokningen af marmelad. Svensk Farm. Tidsk. 1901.

Ménier: Falsification de la gelée de groseille du commerce, découverte par les Diatomées. Nantes 1879.

Schimper: Anleitung zur mikroskop. Unters. der veg. Nahr.- u. Genufsm. Jena 1900.

Winton: Beiträge zur Anatomie des Beerenobstes. Ztschr. Unters. Nahr.- u. Genufsm. 1902.

Apfel.

Im östlichen Europa und südwestlichen Asien heimisch, ist der Apfelbaum (*Pirus Malus* L. — *Rosaceae*) schon in vorhistorischer Zeit in die gemäfsigten Teile der Alten Welt, später auch nach Amerika und Australien verpflanzt worden. Seine Frucht ist nicht nur als Tafel- und Küchenobst beliebt, sondern ist nächst der Weintraube auch das wichtigste Material zur Weinbereitung.

Die Apfelfrüchte entwickeln sich aus dem Blütenboden, sind also strenge genommen Scheinfrüchte. In ihrem Fruchtfleische sind die fünf keilförmigen Karpelle gebettet, die mit Ausnahme des knorpelig-häutigen Endokarps ebenfalls fleischig sind. Bei voller Reife bildet sich in der Mitte eine Höhle, gegen welche die sich spaltenden Karpelle offen sind. Jedes Fruchtfach enthält zwei braune, flach-eiförmige Samen.

A. **Fruchtfleisch.** Die Oberhaut besitzt eine 12—15 μ dicke Cuticula. Die Zellen sind in der Flächenansicht dickwandig und durch 2—5 Tochterzellen „gefenstert". Diese sind vierseitig, 15—50 μ diam., ungefähr doppelt so grofs wie die der Birne (Fig. 455). In den für den Apfel charakteristischen Einsenkungen am Stiele und am Scheitel sind die Wände der Mutter- und Tochterzellen gleich dick. Hier, besonders in der Nähe der Kelchreste, finden sich lange, dünnwandige, bandförmige, zugespitzte Haare. Der Zellinhalt ist eine braune, körnige Masse, gelegentlich Chlorophyll oder eine rote oder violette Farbstofflösung, die mit Alkalien sich blaugrün, mit Eisensalzen grünlich verfärbt.

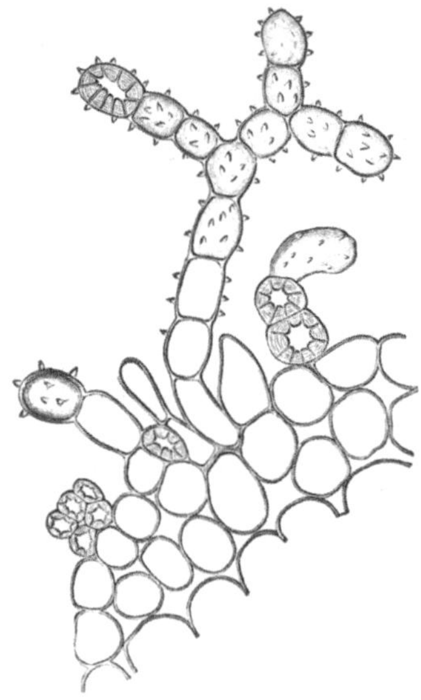

Fig. 453. Haare an der Bauchnaht des Apfelkernhauses (nach MALFATTI).

Das Fruchtfleisch ist in den äufseren Lagen kleinzellig und kollenchymatisch verdickt. Hier findet sich kleinkörnige Stärke und dieselbe Farbstofflösung wie in der Oberhaut. Die Stärkekörner sind 5—14 μ lang, 4—10 μ breit, die kleinen oft zusammengesetzt, die grofsen mit länglichem Kern.

Nach innen wird das Fruchtfleisch grofszellig und zerfällt bei Vollreife durch Druck mit dem Deckglase in rundliche, sackförmige Zellen.

Eine undeutliche Grenzlinie trennt das Fleisch des Blütenbodens von dem der Fruchtblätter. Das Gewebe beider ist gleich, nur wird es nach innen kleinzellig. Die dem Kernhaus zunächst liegenden Zellen sind tangential gestreckt und enthalten mitunter Oxalatkristalle.

B. Das **Kernhaus** ist das Endokarp. Die pergamentartig harte Membran besteht aus 3—4 Lagen dickwandiger Fasern und Zellen, die sich in verschiedener Richtung durchkreuzen, ähnlich den Kaffeehülsen (s. pag. 405). Kristallkammerfasern sind eingestreut.

In der durch Spaltung der Fruchtblätter entstehenden Kluft befindet sich ein grofszelliges Parenchym mit eigentümlich gegliederten, verzweigten, warzigen Haaren (Fig. 453). Einzelne Zellen dieser Haare, besonders die Endzellen, sind zu Steinzellen verdickt und unterscheiden sich dadurch von den ähnlichen Haargebilden der Birne. Sie sind sehr charakteristisch, kommen aber nur in vollreifen Früchten vor und auch da spärlich.

C. **Samen.** Sie können trocken in Paraffin gebettet oder zwischen Kork geschnitten werden. Die Durchschnitte betrachtet man zuerst in Wasser oder Glyzerin, dann behandelt man sie mit JAVELLEscher Lauge und färbt sie, um die inneren Schichten der Samenschale deutlich zu unterscheiden. Flächenpräparate sind in Chlorzinkjod lehrreich. Man kann in der Schale sechs Schichten unterscheiden:

1. Die Oberhautzellen sind nach aufsen hufeisenförmig verdickt und in Schleim verwandelt, der in Wasser schichtenweise aufquillt. Ihre Innenseite ist netzförmig verdickt, erscheint daher auf Querschnitten warzig. Auf der Fläche gesehen, sind die Zellen dickwandig, gestreckt, grob genetzt.

2. Die Faserschicht aus 6—10 Lagen brauner, stark verdickter, der Länge nach geordneter Fasern.

3. Schlauchzellen, dem gleichnamigen Gewebe der Zerealien ähnlich, bilden eine lockere, ebenfalls longitudinal gereihte Schicht aus 2—3 Lagen, stellenweise ein typisches Schwammparenchym. Die Zellen enthalten eine braune, auf Gerbstoff reagierende Masse, von der auch die Zellwände imprägniert sind.

4. Querzellen, den vorigen ähnlich, aber schmaler und in dichterem Verbande quer gereiht.

5. Stärkeschicht aus einer einfachen Reihe aufserordentlich zartwandiger, mit feinkörniger Stärke erfüllter Zellen. Sie sind wie

6. die innere Oberhaut quergestreckt. Durch die polygonale Form, lückenlose Verbindung und braune Färbung der Zellen ist sie leicht unterscheidbar.

Das Perisperm kleidet die Samenschale als ein farbloses, scheinbar strukturloses, 3—6 μ dickes Häutchen aus. Es wird mit Chlorzinkjod dunkelgelb, während die angrenzenden Gewebe blau werden. Hierbei wird auf der Fläche ein zartes, zelliges Netzwerk bemerkbar.

Das Endosperm besteht aus einer einfachen Aleuronschicht und obliteriertem Gewebe.

Der Embryo besitzt zwei ovale Kotyledonen und ein kleines Würzelchen. Sein Gewebe ist mit Fett und Aleuron erfüllt.

Der Fruchtstiel ist von 4—6 Reihen flacher Korkzellen bedeckt. Der Holzkörper ist aufsen von Bastfaserbündeln, innen von Steinzellen umsäumt.

Apfelprodukte.

Verschiedene Konserven, Gallerten und Säfte kommen in den Handel und dienen auch zur Fälschung teuerer Fruchtzubereitungen. In Amerika verkauft man für Pasteten eine Mischung von Fleisch mit Früchten („Mince-meat"), hauptsächlich Äpfeln. Der Rückstand der Apfelweinpressung dient als Tierfutter.

Der mikroskopische Nachweis von Äpfeln stützt sich auf die grofszelligen „Fensterzellen" der Schale, die dickwandigen Fasern und die ästigen Haare des Kerngehäuses, die genetzten Oberhautzellen der Samenschale und — zum Unterschiede von Birnen und Quitten — auf die fehlenden Steinzellen.

Literatur.

Hassall (18).

Bordzilowski: Über die Entwicklung der beerenartigen und fleischigen Früchte. Arb. Kiewer Naturf. Ges. 1888, **9**, 65.

Howard: Microscopical Examinations of Fruits and Fruit Products. U. S. Dept. Agr. Bur. Chem. Bull. **66**, 103.

Malfatti: Beiträge zur Anatomie der Birn- und Apfelfrucht. Ztschr. Nahr.-Unters. Hyg. 1896, **10**, 265.

Strasburger: Das botanische Practicum. Leipzig 1905.

— Das kleine botanische Practicum. Leipzig 1904.

Birne.

Die meisten bis zum Anfang des 19. Jahrhunderts in Europa und Amerika kultivierten Birnen-Spielarten stammen von *Pirus communis* L. (*Rosaceae*); in neuerer Zeit werden auch Bastarde mit dem chinesischen Birnbaume (*P. sinensis* Lindl.) gezogen. Vom Apfel unterscheidet sich die Birne durch die kegelförmige, nicht eingesenkte Stielseite und durch das Gefüge und den Geschmack des Fruchtfleisches; im anatomischen Bau stimmen sie nahe überein, so dafs nur die unterscheidenden Merkmale angeführt zu werden brauchen.

Die Oberhaut (Fig. 454) besitzt eine dicke Cuticula; sie ist stellenweise, besonders um die Spaltöffnungen, zerrissen und durch Wundkork ersetzt. Die rauhe Schale mancher Varietäten ist durch Korkbildung begründet. Die „Fensterzellen" (Fig. 455) sind nur halb so grofs (10—25 μ) wie beim Apfel. In der Einsenkung am Scheitel befinden sich 200—250 μ lange, dickwandige Haare.

Das Fruchtfleisch ist „griesig" von zahlreichen Steinzellengruppen, um welche das Parenchym strahlig angeordnet

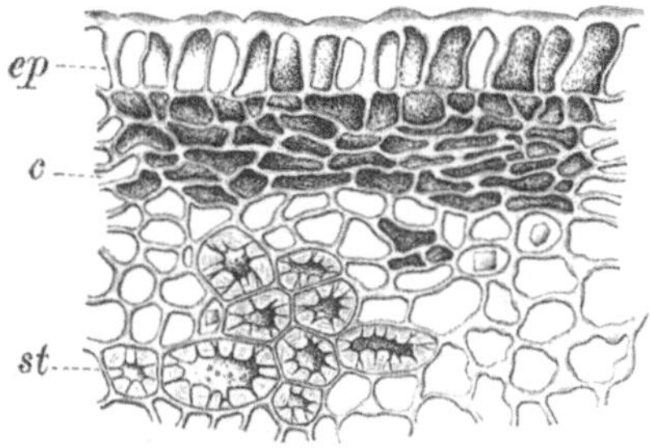

Fig. 454. Querschnitt des Birnenrandes; *ep* Oberhaut, *c* kollenchymatisches Parenchym, *st* Steinzellengruppe.

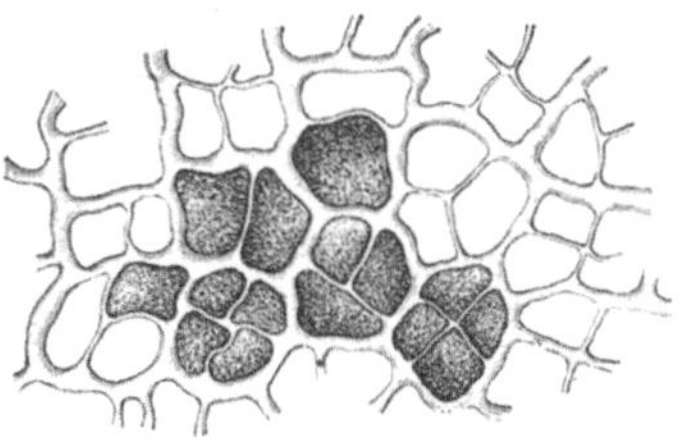

Fig. 455. Oberhaut der Birne.

ist. Die Gruppen sind oft über millimetergrofs und sind nach innen zu zahlreicher. Die einzelnen Steinzellen sind selten über 25 μ grofs, farblos, deutlich geschichtet, mit verzweigten Porenkanälen. In Lauge werden sie gelb und treten deutlicher hervor. Sie sind von Oxalatkristallen begleitet. Ähnliche Steinzellengruppen kommen in der Quitte vor, niemals im Apfel.

Das pergamentartige „Kernhaus" ist im allgemeinen aus breiteren und weniger dickwandigen Elementen aufgebaut. In Flächenansichten kann man den Übergang des Fruchtfleisches zu den verschiedenen Formen des Sklerenchyms beobachten. An den Nähten befinden sich auch hier vielzellige, ästige und warzige Haare (Fig. 456), doch sind sie nicht sklerosiert.

Die Oberhautzellen der Samenschale sind isodiametrisch-polygonal, daher auf den ersten Blick von den gestreckten und deutlich genetzten Zellen des Apfelkerns zu unterscheiden. Auf Querschnitten sind sie prismatisch, gegen

50 μ hoch; ihr Lumen ist durch die Schleimverdickung flaschenförmig verengt.

Die Faserschicht der Samenschale geht unvermittelt in die Querzellenschicht über. Die beim Apfel zwischen beiden liegenden Schlauchzellen fehlen der Birne.

Stärkezellen und innere Epidermis sowie der Samenkern sind vom Apfel nicht verschieden.

Fig. 456. Haare an der Bauchnaht des Birnenkernhauses (nach MALFATTI).

Birnenprodukte.

Birnen werden auf verschiedene Weise getrocknet und konserviert; auch preſst man Wein aus ihnen. Mit getrockneten Birnen, sog. „Kletzen", fälscht man Kaffee, Gewürze („Piment-Matta") und Futterstoffe.

Charakteristisch sind die Fensterzellen (kleiner als beim Apfel), die Steinzellengruppen (fehlen dem Apfel), das Pergamentgewebe (die Fasern sind weitlichtiger als beim Apfel), die Oberhaut der Samen (nicht gestreckt und nicht genetzt wie beim Apfel) und die ästigen Haare des Kernhauses (beim Apfel mit verdickten Gliedern). Bei Birnen und Äpfeln findet man auſserdem braune Fasern und Querzellen, Kork, farblose Bastfasern und Gefäſse als Bestandteile der Fruchtstiele.

Literatur.

Hanausek, T. F. (10); Moeller (26); Schimper (34); Villiers et Collin (39); Vogl (42).

Baillon: Sur le developpement des ovules des Pyrus. Bull. mens. de la soc. Linn. de Paris. 1875, 45.

Garcin: Recherches sur l'histogénèse des péricarpes charnus. Ann. Soc. nat. Bot. Sér. VII, 1890, **12**, 175.

Howard: Microscopical Examinations of Fruits and Fruit Products. U. S. Dept. Agr. Bur. Chem. Bull. **66**, 103.

Jumelle: Sur les graines à deux téguments. B. S. B. France 1888, **35**, 302.

Malfatti: Beiträge zur Anatomie der Birn- und Apfelfrucht. Ztschr. Nahr.-Unters. Hyg. 1896, **10**, 265.

Nevinny: Die Piment-Matta. Ztschr. Nahr.-Unters. Hyg. 1887, **1**, 46.

Quitte.

Der Quittenbaum (*Cydonia vulgaris* Pers. — *Rosaceae*) ist in Zentralasien heimisch und wird in der ganzen gemäfsigten Zone kultiviert. Es gibt Varietäten mit apfelförmigen und mit birnförmigen Früchten. Unreif sind sie wollig behaart. Wesentlich unterscheiden sie sich von den Früchten der Gattung *Pirus* dadurch, dafs jedes der fünf Fruchtfächer 6—15 Samen in zwei Reihen enthält.

Die anatomischen Unterschiede sind geringfügig:

Die Oberhaut gleicht der Birnenoberhaut (s. Fig. 455); die Haare sind stark gekrümmt, ihr Lumen ist breit.

Die Steinzellengruppen im Fruchtfleisch sind oft sehr umfangreich und lösen sich leicht von der parenchymatischen Umgebung. Wie in der Birne, enthält das Parenchym spärlich kleinkörnige Stärke.

Die Oberhautzellen der Samenschale sind prismatisch, oft über 100 μ hoch. In Glyzerin erscheinen sie als eine strukturlose Masse; fügt man aber einen Tropfen Wasser unter das Deckglas, so strömt aus jeder Zelle geschichteter Schleim.

Die übrigen Samenteile gleichen denen der Birne.

Quittenprodukte.

Die Quitte ist sehr reich an Pektin, wird daher unter allen einheimischen Früchten mit Vorliebe zur Bereitung von Gallerten (sog. Quittenkäse) verwendet. Diese können mit Äpfeln oder Birnen verfälscht werden.

Die in ihnen enthaltenen Steinzellen sind zwar an sich nicht charakteristisch, wohl aber die sie umgebenden Parenchymrosetten, die man (nach Aufkochen der Probe mit Wasser) deutlich erkennt. Man findet ferner die dünnhäutigen Palissaden der Samenoberhaut, die bedeutend höher (länger) sind als bei Äpfeln und Birnen. Diese Oberhautzellen dienen auch dazu, um die in der Pharmazie zur Schleimbereitung verwandten Samen von den ihnen ähnlichen Apfel- und Birnsamen zu unterscheiden. Endlich dienen als Kennzeichen für Quittenkäse die gekrümmten Haare der Fruchtschale, die jedoch den Haaren der Himbeere (Fig. 466) ähnlich sind.

Literatur.

Berg (3); Tschirch (36).

Bordzilowski: Über die Entwicklung der beerenartigen und fleischigen Früchte. Arb. Kiewer Naturf. Ges. 1888, **9**, 65.

Garcin: Recherches sur l'histogénèse des péricarpes charnus. Ann. Soc. nat. Bot. Ser. VII, 1890, **12**, 175.

Godfrin: Étude histologique sur les Tégument Séminaux des Angiospermes. Soc. d. Sc. d. Nancy 1880, 109.

Howard: Microscopical Examinations of Fruits and Fruit Products. U. S. Dept. Agr. Bur. Chem. Bull. **66**, 103.

Mandel.

Der Mandelbaum (*Prunus Amygdalus* Stokes — *Rosaceae*) ist in Turkestan und Mittelasien heimisch und wird in zwei Varietäten — mit süfsen und mit bitteren Samen [1]) — im Orient, im südlichen Europa, nördlichen Afrika und in Kalifornien kultiviert. Die Frucht ist wie die der Aprikose eine Steinfrucht, aber das Fruchtfleisch ist bei der Reife dünn und lederig. Es spaltet sich längs einer Furche und läfst sich von dem Steinkern leicht ablösen. Dieser ist spitz-eiförmig, flach, lederfarbig, matt, mit vielen seichten Grübchen. Es gibt hart- und weichschalige Varietäten, welch letztere („Krach-“ oder „Knackmandeln“) sich zwischen den Fingern aufbrechen lassen. Die Steine enthalten meist nur einen (selten zwei) Samen, die an ihrer Spitze mittels des Nabelstranges befestigt sind. Vom spitzen Nabel zieht der

---

[1]) Die bitteren Mandeln sind giftig, denn sie enthalten ein Glykosid, dessen Spaltungsprodukte (Bittermandelöl und Blausäure) beim Kauen sich entwickeln.

Nabelstrang längs einer Schmalseite zum breiten Pole (der Chalaza) und verzweigt sich hier in der Samenschale. Diese ist braun, schilferig, innen von einem farblosen, glatten Häutchen (dem Nährgewebe) ausgekleidet. Sie umschliefst dicht den Embryo mit seinen grofsen, weifsen Kotyledonen und dem an der Spitze gelegenen Würzelchen.

Die Jordan-Mandeln aus Malaga haben lange, schmale, hellfarbige und glatte Samen. Sie gelten als die besten. Zu uns kommen fast nur italienische Mandeln, und die aus Sizilien (Messina) sind die geschätztesten. Sie sind flach-breit-eiförmig, rauh und dunkler braun.

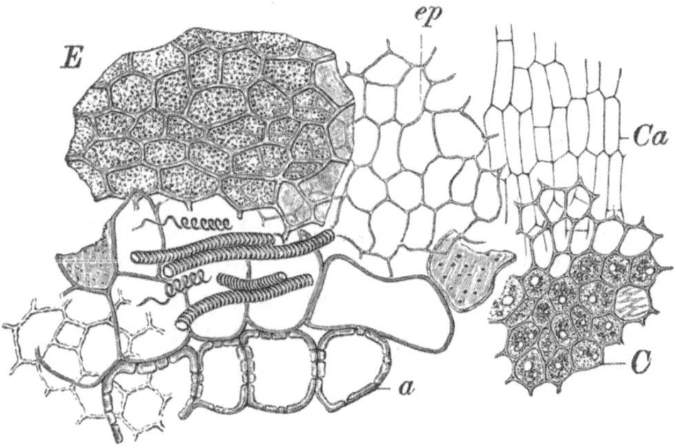

Fig. 457. Gewebe der Mandel in der Flächenansicht;
a Tonnenzellen,
ep innere Oberhaut der Schale,
E Aleuronschicht,
C Kotyledonarparenchym,
Ca Oberhaut der Kotyledonen.

A. **Steinschale.** Sie läfst sich in eine äufsere weiche und eine innere harte Schicht sondern. Zwischen beiden verlaufen die Leitbündel.

Die Aufsenschicht ist ein von Steinzellen durchsetztes Parenchym isodiametrischer Zellen.

Die Hartschicht besteht durchwegs aus Steinzellen von verschiedener Form, Gröfse und Verdickung. In der Mitte sind sie quergelagert, schmal und stark verdickt; innen sind sie meist längsgelagert, selten über 20 μ breit, fast vollständig verdickt. Die Zellwände sind farblos oder gelblich, der Zellinhalt ist farblos oder braun. Zwischen den Steinzellen sind Kristallzellen mit Drusen und Einzelkristallen eingeschlossen.

B. **Samenschale.** Sie besteht aus vier Schichten:

1. Die Oberhaut (Fig. 457, *a*) besteht aus grofsen (100 μ breiten und 175 μ hohen), dünnwandigen und weitlichtigen Steinzellen („Tonnenzellen"). Sie sind an ihren Seiten- und Innenwänden getüpfelt. Zwischen ihnen sind dünnwandige Zellen eingeschaltet.

2. Die Mittelschicht besteht aufsen aus 2—3 Lagen dicht gefügter, brauner, polygonaler Zellen, innen aus Schwammparenchym, in dem die von Kristallkammerfasern begleiteten Leitbündel verlaufen.

3. Die innere Oberhaut (*ep*) besteht aus kleinen, polygonalen Zellen mit braunem Inhalt.

4. Das Nährgewebe (*E*) läfst sich von der in Wasser erweichten Samenschale als weifses Häutchen ablösen. Sie besteht aus einer einfachen Aleuronschicht, der innen obliteriertes Gewebe anhaftet.

C. **Samenkern.** Das zartzellige Gewebe der Kotyledonen (*C*) ist mit Fett und Aleuron erfüllt, frei von Stärke. Bringt man Schnitte unmittelbar in Terpentin oder entfettete Schnitte in Glyzerin, so unterscheidet man kleine (3—5 μ) und grofse (10—15 μ) Aleuronkörner, von denen manche Eiweifskristalle, andere Globoïde und wieder andere, besonders die grofsen, Kalkoxalatrosetten enthalten.

Mandelprodukte.

Ganze Mandeln werden nicht selten mit den ihnen ähnlichen Samen oder „Kernen" der Aprikosen, Pfirsiche und Pflaumen verfälscht. Die Unterscheidungsmerkmale sind:

1. Süfse Mandeln schmecken angenehm und riechen eigentümlich stark in heifsem Waser. Bittere Mandeln schmecken unangenehm bitter und riechen wie Kirschlorbeerwasser. Die Schale beider ist fest, lederig, hell gelbbraun.
2. Pfirsichkerne sind flacher, breit-eiförmig, scharfrandig, kleiner; ihre Schale ist sehr dünn, braun; der Geschmack anfangs süfs, dann bitter; der Geruch in heifsem Wasser angenehm.
3. Pflaumenkerne sind mehr lang- als breit-eiförmig, dick, abgerundet, mit dünner, brauner Schale. Der Geschmack dem der Pfirsichkerne ähnlich mit einem unangenehm bitteren Nachgeschmack; der Geruch nach dem Brühen an die reife Frucht erinnernd.
4. Aprikosenkerne sind breit-herzförmig, flach; ihre Schale ist fest lederig, auch weifs und glänzend; Geschmack dem der Pflaumenkerne ähnlich; Geruch nach dem Brühen unangenehm süfslich.

Mandelpasten werden als Nahrungsmittel für Diabetiker und zu kosmetischen Zwecken aus den geschälten Mandeln bereitet. Fälschungen mit Aprikosen- und Pfirsichkernen kommen vor, sind aber durch das Mikroskop nicht erkennbar.

Mandelmehl wird aus den Ölkuchen gemahlen und als Kosmetikum viel gebraucht, mitunter zur Fälschung von Gewürzen. Es ist an den Tonnenzellen nachweisbar.

Mandelschalen werden gemahlen und zur Gewürzfälschung benutzt. Die Steinzellen und die Leitbündel sind leicht aufzufinden, aber schwer von denen anderer Steinfrüchte zu unterscheiden. Immer finden sich auch die Tonnenzellen der Samenschale. Bemerkenswert ist, dafs die ästig-buchtigen Steinzellen der Walnufsschale in der Mandelschale nicht vorkommen.

Literatur.

BERG (3); COLLIN et PERROT (9); HANAUSEK, T. F. (10, 15, 45); MEYER, A. (24); MOELLER (26); VOGL (42).

GARCIN: Du noyau des drupes. Histologie et histogénèse. Ann. d. l. Soc. Bot. Lyon 1890, **17**, 27.

— Contributions à l'étude des péricarpes charnus. Du noyau des drupes. Histologie et histogénèse. Lyon (assoc. typogr.) 1890.

— Recherches sur l'histogénèse des péricarpes charnus. Ann. Soc. nat. Bot. Sér. VII, 1890, **12**, 175.

GODFRIN: Étude histologique sur les tégum. séminaux des Angiospermes. Soc. d. Sc. d. Nancy 1880, 109.

WITTMACK und BUCHWALD: Die Unterscheidung der Mandeln von ähnlichen Samen. Ber. deutsch. bot. Ges. 1901, **19**, 584.

Pfirsich.

Trotz seines Artnamens (*Prunus persica* SIEB. et ZUCC. — *Rosaceae*) stammt der Baum aus China. In allen gemäfsigt-warmen Teilen der Erde wird er in zahlreichen Spielarten kultiviert.

Die Frucht ist samtartig behaart und enthält einen vom Fruchtfleisch leicht, schwer oder gar nicht ablösbaren, tief gefurchten, sehr harten Stein. Der Same ist kleiner als die Mandel und dünnschaliger (s. pag. 430).

A. **Fruchtfleisch.** Die Oberhaut aus polygonalen Zellen trägt Spaltöffnungen und zahlreiche Haare von sehr verschiedener, oft 1 mm überschreitender Länge. Sie sind gerade oder gewellt, in der Mitte 10—25 μ breit, nach beiden Seiten verschmälert, spitz oder seltener stumpf endigend, zwischen die Oberhautzellen mit sehr verengter Basis (6—10 μ) eingefügt. Die Verdickung ist oft breiter als das Lumen.

Das Fruchtfleisch ist aufsen etwas kollenchymatisch verdickt, sonst rundzellig. Die es durchziehenden Leitbündel besitzen (nach HOWARD) keine Spiroïden, sondern Netzgefäfse.

B. **Steinschale.** Sie läfst sich an der Naht leicht in zwei Hälften spalten. Sie ist 3—8 mm dick und so hart, dafs Schnitte nur mit starken Messern herzustellen sind[1]). Aufsen besteht sie aus nahezu isodiametrischen, 50—75 μ breiten, farblosen, sehr stark verdickten, getüpfelten Steinzellen; nach innen zu werden die Zellen schmal und quergestreckt, und unvermittelt folgt eine Schicht faserförmiger, selten über 20 μ breiter Steinzellen in longitudinaler Anordnung.

C. **Samen.** Ihr Bau ist dem der Mandel gleich. Nach WITTMACK und BUCHWALD verschmächtigen sich die Tonnenzellen nach aufsen, so dafs sie sich gegenseitig nur an der Basis berühren.

Pfirsichprodukte.

Das Fruchtfleisch wird getrocknet und in verschiedener Weise konserviert. Sind die Konserven, wie gewöhnlich, aus der geschälten Frucht bereitet, findet man nur spärlich die charakteristischen, nach beiden Seiten zugespitzten, einzelligen Haare.

Die Steinschale dient angeblich zur Gewürzfälschung; sie ist gepulvert von anderen Steinschalen nicht zu unterscheiden.

Die Samenkerne werden mitunter für Mandeln verkauft, obwohl sie von diesen leicht unterschieden werden können (s. pag. 430).

Literatur.

GARCIN; GODFRIN; WITTMACK und BUCHWALD (s. unter „Mandel“, pag. 431).

HOWARD: Microscopical Examinations of Fruits and Fruit Products. U. S. Dept. Agr. Bur. Chem. Bull. **66**, 103.

LAMPE: Zur Kenntnis des Baues und der Entwicklung saftiger Früchte. Ztschr. Naturw. 1886, **59**, 295.

MICKO: Über den mikroskopischen Bau der Steinkerne von *Amygdalus persica, Prunus armeniaca, domestica et avium*, sowie deren Vorkommen in Genufsmitteln. Ztschr. österr. Apoth.-Ver. 1893, **31**, 2, 21.

[1]) Schöne Präparate erhält man durch Dünnschliffe.

Aprikose.

Die Aprikose (*Prunus Armeniaca* L. — *Rosaceae*) stammt aus Mittelasien und wird nicht nur in Europa, sondern in grofsem Mafsstabe auch in Kalifornien kultiviert und daher ausgeführt.

Die Frucht unterscheidet sich vom Pfirsich hauptsächlich durch den flachen, an der Bauchnaht scharf gekielten, fast glatten Stein. Der flache, herzförmige Same ist oft ebenso breit oder breiter als lang. Er hat einen bitteren Nachgeschmack und riecht abgebrüht unangenehm süfslich.

Im anatomischen Bau unterscheidet sich die Aprikose vom Pfirsich kaum.

In den Leitbündeln des Fruchtfleisches kommen neben langen Netzgefäfsen auch spärliche Spiroïden vor (Howard).

Die Tonnenzellen sind kleiner als beim Pfirsich und der Mandel, oft breiter als hoch (Wittmack und Buchwald); doch ist dieser Unterschied nicht beständig, in Flächenansichten überhaupt nicht wahrnehmbar.

Pflaume.

Die in vielen Spielarten überall kultivierten Pflaumen stammen gröfstenteils von der heimischen *Prunus domestica* L., aber auch von der japanischen *Pr. triflora* Rxb. (*Rosaceae*).

Die Früchte sind kahl und bereift, ihr Stein ist kleiner und länger, aber sonst sind sie den Aprikosen ähnlich, auch im anatomischen Bau.

Die Oberhautzellen der Fruchtschale zeigen in der Flächenansicht die Teilungen der Mutterzellen. Bei den japanischen Varietäten sind sie kleiner (selten über 35 μ) als bei den europäischen (selten über 60 μ). Der Farbstoff befindet sich nur in der Oberhaut.

Die Tonnenzellen der Samenschale gleichen denen der Aprikose.

Die Aleuronschicht ist auf den Breitseiten 15—25 Lagen stark, auf den Schmalseiten nur einreihig.

Pflaumen werden gewöhnlich mit den Schalen und Steinen getrocknet oder anderweitig konserviert. Im Pflaumenmus findet man die charakteristische kahle Oberhaut und immer auch Bruchstücke der Steine, obwohl diese ausgelöst wurden.

Literatur.

BLYTH (5); VOGL (41); HOWARD; MICKO; WITTMACK und BUCHWALD (s. unter „Mandel", pag. 431 und „Pfirsich", pag. 432).

BORDZILOWSKI: Über die Entwicklung der beerenartigen und fleischigen Früchte. Arb. Kiewer Naturf. Ges. 1888, **9**, 65.

Kirsche.

Die heimische Süfs- oder Herzkirsche (*Prunus avium* L.) und die aus Kleinasien stammende Sauerkirsche oder Weichsel (*Pr. Cerasus* L. — *Rosaceae*) wird in mehreren Varietäten kultiviert.

Die Früchte sind langstielig, kugelig, kahl, ihre Steine kugelig.

Die Oberhautzellen der Schale sind bedeutend gröfser als bei den Pflaumen, selten unter 35 μ, oft 100 μ diam.; ihre Teilung in Tochterzellen ist gewöhnlich nicht erkennbar.

Literatur.

LAMPE: Zur Kenntnis des Baues und der Entwicklung saftiger Früchte. Ztschr. Naturw. 1886, **59**, 295.

Erdbeere.

In Europa wird die kleine aromatische Walderdbeere (*Fragaria vesca* L. — *Rosaceae*) den kultivierten sog. Ananas-Erdbeeren vorgezogen, die meist von *F. chiloensis* EHRH.

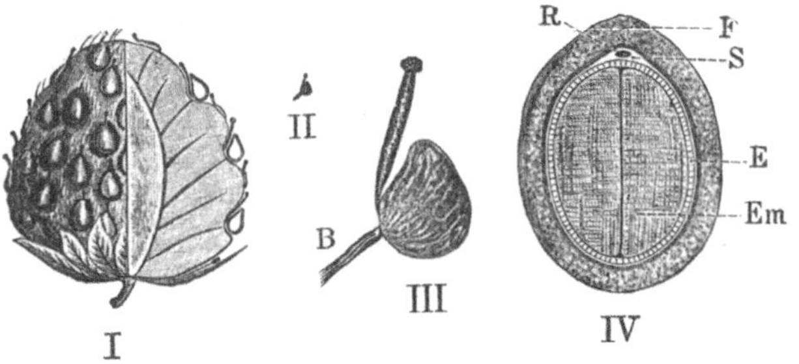

I Sammelfrucht, 8fach vergr.; II Nüfschen nat. Gr.; III Nüfschen mit Stiel u. Griffel, 8fach vergr.; IV Nüfschen im Querschnitt; *F* Fruchtschale, *S* Samenschale, *R* Raphe, *E* Nährgewebe, *Em* Embryo.

Fig. 458. Erdbeere (A. L. WINTON).

stammen oder Bastarde zwischen diesen beiden Arten sind. In Nordamerika wurde die dort heimische *F. virginiana* MILL. durch Abkömmlinge der chilenischen Art verdrängt.

Die Erdbeeren (Fig. 458) sind Scheinfrüchte, denn ihr Fruchtfleisch ist der verdickte Blütenboden, und die in ihn eingesenkten „Kerne“ sind die eigentlichen Früchte (Nüfschen).

A. **Fruchtboden.** Die Oberhaut (Fig. 459) besteht aus polygonalen, fast isodiametrischen Zellen mit Spaltöffnungen und spärlichen, langen (oft über 1 mm), einzelligen, dickwandigen Haaren.

Das Fruchtfleisch ist an der Peripherie lückenlos gefügt[1]), innen ein rundzelliges Parenchym, dessen Inhalt (Zucker?) mitunter auskristallisiert.

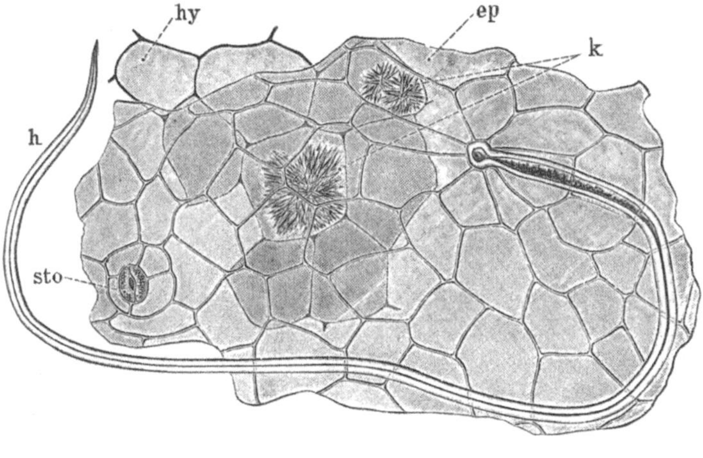

Fig. 459. Aufsenschichten der Erdbeere in der Flächenansicht (A. L. Winton); *ep* Oberhaut mit einer Spaltöffnung *sto* und einem Haar *h*, *hy* Parenchym mit Kristallaggregaten *k*.

B. **Nüfschen.** Die im Fruchtfleisch eingesenkten Nüfschen tragen noch den Griffel (Fig. 458, *III*). Ihrer Kleinheit wegen können die Nüfschen aus freier Hand nicht geschnitten werden; man klemmt sie zwischen Kork oder bettet sie trocken in hartes Paraffin. Am Querschnitte (Fig. 460) unterscheidet man in der beinharten Fruchtschale vier Schichten, in der Samenschale zwei Schichten, mit denen das Nährgewebe verwachsen ist.

a) Fruchtschale (Fig. 460, *F*). Die Oberhaut (*epi*) besteht aus polygonalen (15—50 μ), dünnwandigen Zellen mit verdickter Aufsenwand.

---

[1]) Sarkogenschicht Tschierske's, aus der das Fruchtfleisch sich entwickelt.

Das Mesokarp besteht nur aus 1—2 zartwandigen Zellenlagen (*mes*), in denen die Leitbündel (*sp*) verlaufen. Sonst ist das Mesokarp aus stark verdickten Fasern zusammengesetzt,

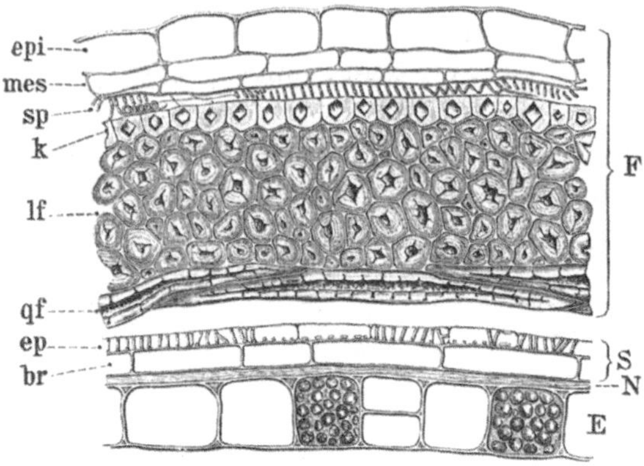

Fig. 460. Querschnitt des Erdbeernüfschens (A. L. WINTON). Die Bedeutung der Buchstaben s. im Texte.

die gröfstenteils meridional (*lf*), innen tangential (*qf*) verlaufen. Aufsen trägt diese Faserplatte eine Kristallschicht (*k*).

b) Samenschale (Fig. 460, *S*). Die Oberhaut (*ep*) besteht aus polygonalen, zartwandigen, spiralig verdickten Zellen (Fig. 461). Unter ihr liegen längliche, braune, quer um den Samen laufende, dicht gefügte Zellen (Fig. 461, *br*).

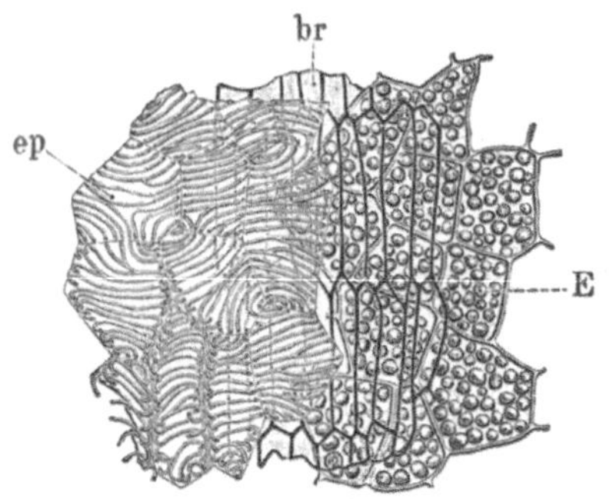

Fig. 461. Samenschale u. Nährgewebe der Erdbeere in der Flächenansicht (A. L. WINTON); *ep* Oberhaut, *br* braune Schicht, *E* Nährgewebe.

c) Nährgewebe (Fig. 461). Es besteht aus einer einfachen Aleuronschicht (*E*), bedeckt von einer 2—4 μ dicken, obliterierten Schicht, dem Rest des Perisperms (Fig. 460, *N*).

d) Embryo (Fig. 458, *IV*). Er besitzt zwei grofse Kotyledonen, dessen zarte Zellen Fett und Aleuron enthalten.

Der **Griffel** ist am Grunde zusammengedrückt (Fig. 462), in der Mitte etwa 0,3 mm dick und verjüngt sich gegen die Narbe zu ein wenig. Seine Oberhaut (Fig. 463) ist auffallend grofszellig (40 μ breit, 100—150 μ lang) und durchsichtig. Die in der

Mitte des Griffels verlaufenden Leitbündel sind von Kristallkammerfasern begleitet.

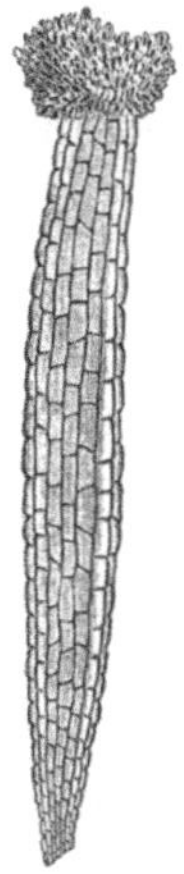

Fig. 462. Erdbeergriffel, 30fach vergröfsert (A. L. WINTON).

Erdbeerkonserven.

Von der weichen Masse bringt man etwas auf den Objektträger und prefst mit dem Deckglas zu einer dünnen Schicht. Man findet die langen Haare und lange Leitbündelstränge in dem Parenchymbrei.

Man kann ferner mit der Pinzette Kerne und Griffel herausholen und aus den ersteren Schnitte anfertigen, um die charakteristischen Gewebe zu finden.

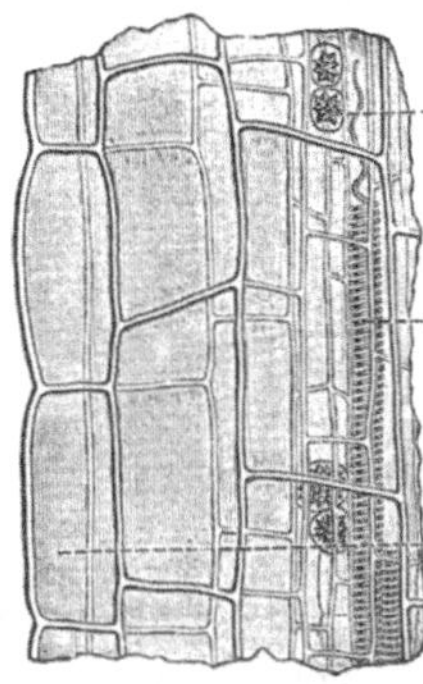

Fig. 463. Erdbeergriffel in d. Flächenansicht, 300fach vergr. (A. L. WINTON); *ep* Oberhaut, *sp* Spiralgefäfse, *k* Kristalldrusen.

Literatur.

BLYTH (5).

TSCHIERSKE: Beiträge zur vergleichenden Anatomie und Entwicklungsgeschichte einiger Dryadeenfrüchte. Ztschr. Naturw. 1886, **59**, 594.

KRAUS: Über den Bau trockner Pericarpien. Pringsh. Jahrb. 1866, **5**, 83.

MARPMANN: Beiträge zur mikroskopischen Untersuchung der Fruchtmarmeladen. Ztschr. angew. Mikr. 1896, **2**, 97.

WINTON: Beiträge zur Anatomie des Beerenobstes. Ztschr. Unters. Nahr.-Genufsm. 1902, **5**, 785. — Conn. Agr. Exp. Stat. Rep. 1902, 288.

Hagebutte.

Die Früchte der wild wachsenden Rosen sind als Hagebutten oder Hetschepetsch ein Volksheilmittel, werden auch mit Zucker eingemacht und als Kaffeesurrogat verwendet.

Sie bestehen aus dem glänzend roten, eiförmigen, innen haarigen Fruchtboden, auf dem zahlreiche Früchtchen sitzen. Diese haben die Gröfse von Traubenkernen und den Bau der Erdbeernüfschen. Man kann die Hagebutten als becherförmig eingestülpte Erdbeeren sich vorstellen.

Die Oberhautzellen des Fruchtbodens sind polygonal mit rotem Inhalt. Die Haare der Innenseite sind oft mehrere Millimeter lang, einzellig, sehr stark verdickt, am Grunde verschmälert.

Die Oberhautzellen der Früchte (Nüfschen) sind gestreckt und das einzige nicht sklerosierte Gewebe. In der Steinschale kann man vier Schichten an der Form und Lagerung der Zellen unterscheiden.

Die Samenhaut besteht aus zwei Zellenlagen; polygonale Oberhautzellen (30—75 μ) werden von schmalen (8—15 μ) braunen Zellen gekreuzt. Der Embryo liegt im Nährgewebe, das aus einer Aleuronschicht (Endosperm) und einer sie bedeckenden hyalinen Membran (Perisperm) besteht.

Literatur.

Hanausek, T. F. (10); Villiers und Collin (39).

Himbeere.

Die Himbeeren werden meist von dem in unseren Wäldern wild wachsenden *Rubus Idaeus* L. (*Rosaceae*) gesammelt, doch wird dieser auch in mehreren Spielarten kultiviert. — In den

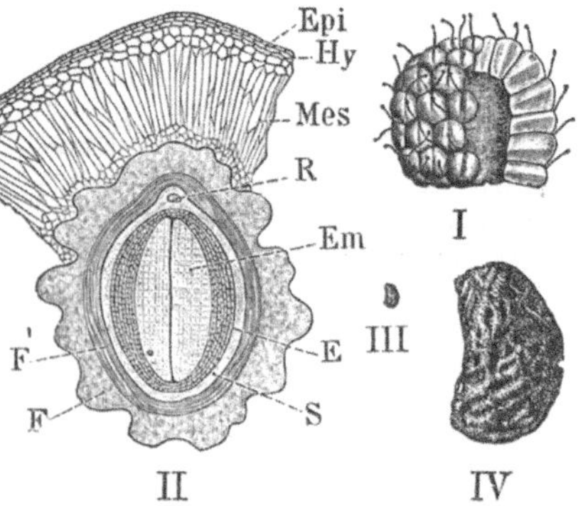

I Sammelfrucht in nat. Gr.; II Durchschnitt eines Früchtchens, 30fach vergröfsert; *Epi* Oberhaut, *Hy* Hypoderm, *Mes* Fruchtfleisch, *F* u. *F*[1] Steinschale, *S* Samenschale, *R* Raphe, *E* Nährgewebe, *Em* Embryo; III Stein in nat. Gr.; IV Stein, 8fach vergr.

Fig. 464. Himbeere (A. L. Winton).

Nordstaaten Amerikas werden auch die Früchte der schwarzen Himbeere (*Rubus occidentalis* L.) genossen. — Sie sind Sammelfrüchte, denn aus jeder Blüte entwickeln sich mehrere, zusammenhängend vom Blütenboden sich abhebende Früchtchen, deren jedes eine Steinfrucht ist: ein Pfirsich im kleinen (Fig. 464). Durch gegenseitigen Druck sind die Früchtchen facettiert. Sie tragen einen 4 mm langen Griffel und sind behaart.

Querschnitte (Fig. 465) zeigen das Fruchtfleisch in seinem inneren Teil stark sklerosiert (Fig. 465, *End*), die mehrschichtige Samenschale (*S*) mit dem Nährgewebe (*N* u. *E*) verwachsen.

Die Oberhaut (Fig. 466), aus polygonalen Zellen, trägt Spaltöffnungen und auf den freien Flächen der Frucht zahlreiche, lange (bis 0,7 mm), bandartige, einzellige, meist dünnwandige, schlaffe, daher verfilzte Haare, doch kommen auch solche vor, die den Erdbeerhaaren ähnlich sind.

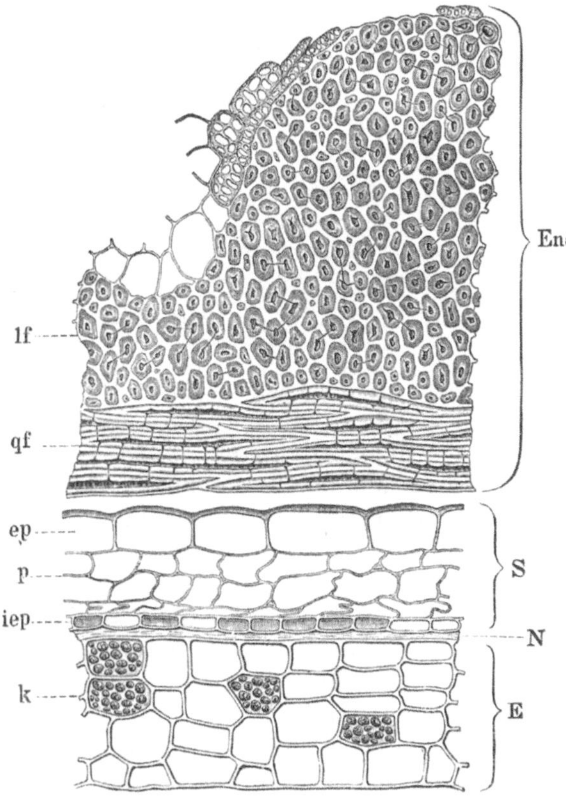

Fig. 465. Steinschale und Same der Himbeere im Querschnitt (A. L. WINTON);
End Endokarp mit den sich kreuzenden Faserschichten *lf* und *qf*;
S Samenhaut mit der äufseren (*ep*) u. inneren Oberhaut (*iep*) u. dem Zwischenparenchym *p*;
N Perisperm;
E Endosperm mit Aleuron (*k*).

Das Fruchtfleisch (Fig. 464, *Mes*) ist zu äufserst kollenchymatisch, weiterhin ein lückiges Parenchym mit zerstreuten Kristalldrusen, gröfstenteils jedoch aus radial verlängerten, lückenlos gefügten, dünnwandigen Zellen aufgebaut.

Die höckerige Steinschale ist aus zwei gekreuzten Faserschichten aufgebaut (Fig. 465, *End*), deren innere longitudinal, deren äufsere transversal um den Samen gelegt ist. Die Fasern sind stark verdickt, ihre Grenzlinien sind auf Querschnitten unsichtbar, ihre Innenlamelle ist unverholzt, färbt sich daher mit Chlorzinkjod blau.

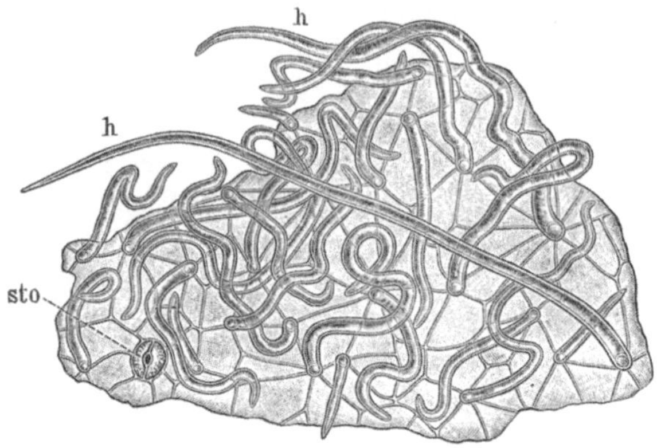

Fig. 466. Oberhaut der Himbeere in der Flächenansicht mit Haaren *h* und Spaltöffnungen *sto* (A. L. WINTON).

Die Samenhaut (Fig. 465, *S*) setzt sich aus drei Schichten zusammen: aus einer grofszelligen Oberhaut, einem kollabierten Parenchym und aus einer kleinzelligen braunen Schicht.

Das Nährgewebe besteht aus einem mehrschichtigen Endosperm (*E*) und spärlichen, zusammengedrückten Resten des Perisperms (*N*).

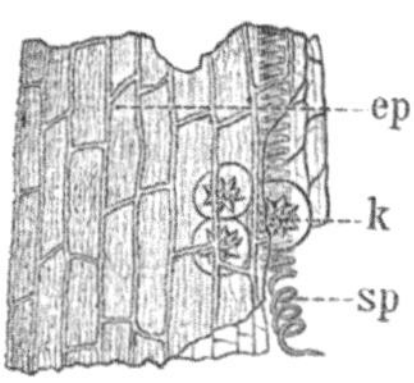

Fig. 468. Himbeergriffel bei 300facher Vergr. (A. L. WINTON); *ep* Oberhaut, *sp* Spiralgefäfse, *k* Kristalldrusen.

Der Griffel (Fig. 467) ist am Grunde verbreitert und behaart, oberflächlich gerunzelt. Seine Oberhaut ist kleinzellig (Fig. 468), sonst gleicht er dem Griffel der Erdbeere.

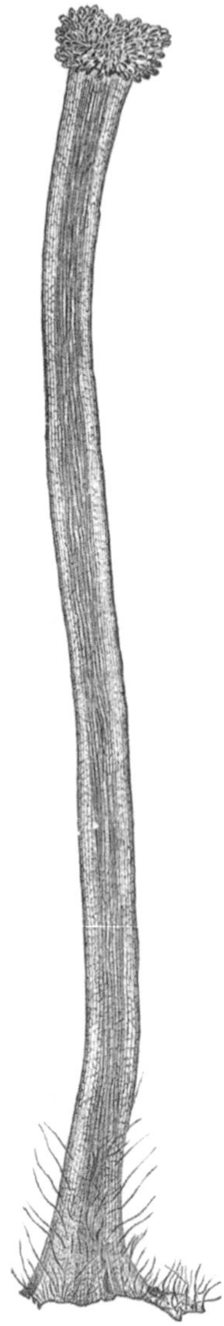

Fig. 467. Himbeergriffel, 30fach vergr. (A. L. WINTON).

Himbeerkonserven.

Griffel und Kerne sind mit freiem Auge erkennbar. Erstere sind an ihrer Länge, an der verbreiterten, haarigen Basis und an der zart gestreiften Oberhaut von Erdbeergriffeln leicht zu unterscheiden.

Die Steinkerne sind höckerig, kleiner als die der Brombeere. In der gallertigen Masse findet man zahlreiche lange, gewundene Haare und Kristalldrusen, dagegen auffallend spärlich Spiralgefäfse, die in Erdbeerkonserven sehr reichlich vorkommen. Letztere bestehen eben hauptsächlich aus dem gefäfsreichen Fruchtboden, während bei Himbeeren das saftige Fruchtfleisch die Gallerte bildet.

Literatur.

Villiers und Collin (39).

Tschierske: Beiträge zur vergleichenden Anatomie und Entwicklungsgeschichte einiger Dryadeenfrüchte. Ztschr. Naturwissensch. 1886, **59**, 612.

Marpmann: Beiträge zur mikroskopischen Untersuchung der Fruchtmarmeladen. Ztschr. angew. Mikr. 1896, **2**, 102.

Winton: Beiträge zur Anatomie des Beerenobstes. Ztschr. Unters. Nahr.-Genufsm. 1902, **5**, 785. — Conn. Agr. Exp. Stat. Rep. 1902, 288.

Brombeere.

Die Brombeere (*Rubus fruticosus* L. — *Rosaceae*) wächst in Europa wild und wird selten kultiviert. In Nordamerika werden die drei dort heimischen Arten (*R. nigrobaccus* Bailey, *R. nigrobaccus* var. *sativus* Bailey u. *R. villosus* Ait.) in mehreren Spielarten kultiviert. Alle sind einander sehr ähnlich.

Fig. 469. Brombeerkerne in nat. Gr. und 8fach vergr. (A. L. Winton).

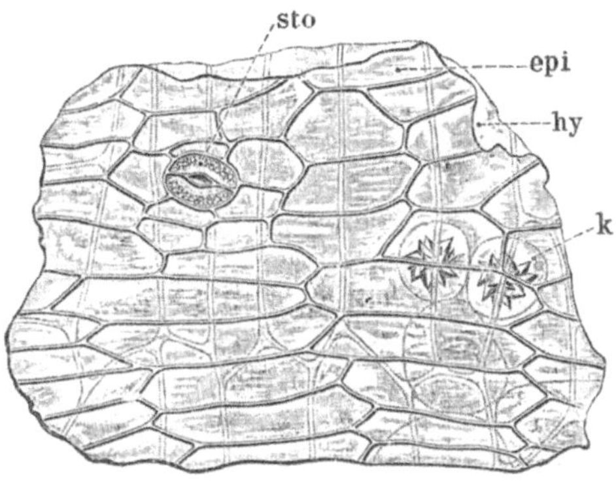

Fig. 470. Oberhaut der Brombeere in der Flächenansicht (A. L. Winton). *epi* Oberhaut mit der Spaltöffnung *sto*, *hy* Fruchtfleisch mit Kristalldrusen *k*.

Von der Himbeere unterscheiden sie sich in folgenden Einzelheiten:

1. die Früchtchen sind kahl (aufser bei *R. villosus*);
2. sie sind dem Fruchtboden angewachsen und trennen sich von ihm nicht beim Pflücken;

3. die Steinkerne sind gröfser (Fig. 469);
4. die Oberhautzellen sind gestreckt (Fig. 470, *epi*) und kreuzen sich mit den unterliegenden Parenchymzellen;
5. die Griffel sind nur 2 mm lang, an der Basis nicht verbreitert und kahl (Fig. 471);
6. die Steinschale ist dicker;
7. die innere Samenepidermis ist grofszelliger als die äufsere (umgekehrt bei der Himbeere).

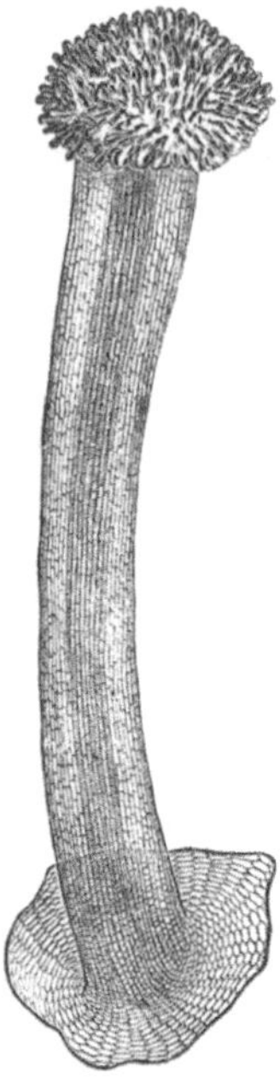

Fig. 471. Brombeergriffel, 30fach vergr. (A. L. WINTON).

In Konserven ist das Fehlen der Haare und das Vorkommen von Leitbündeln (aus dem vorhandenen Fruchtboden) charakteristisch.

Literatur.

GODFRIN: Étude histologique sur les téguments séminaux des Angiospermes. Soc. d. Sc. d. Nancy 1880, 109.
LAMPE: Zur Kenntnis des Baues und der Entwicklung saftiger Früchte. Ztschr. Naturw. 1886, **59**, 295.
NETOLITZKY: Unters. menschl. Exkremente a. Pfahlbauten d. Schweiz. Correspbl. d. D. anthrop. Ges. 1900, Nr. 8.
WINTON: Beiträge zur Anatomie des Beerenobstes. Ztschr. Unters. Nahr.-Genufsm. 1902, **5**, 785. — Conn. Agr. Exp. Stat. Rep. 1902, 288.

Johannisbeere.

Die roten und die weifsen Johannisbeeren sind Gartenvarietäten des *Ribes rubrum* L. (*Ribesiaceae*). Die von den Blütenresten gekrönten, saftigen Beeren entwickeln sich aus dem mit der Kelchröhre verwachsenen Fruchtknoten; die Mittelrippen der Blütenhülle schimmern als zehn meridionale Adern durch die Oberhaut (Fig. 472, *I*). Die Samen, 1—8 an Zahl, sind von einer gallertigen

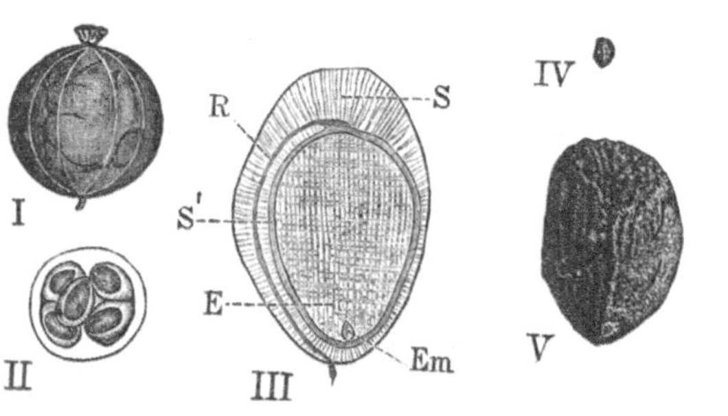

I Frucht in nat. Gr.;
II Querschnitt derselben;
III Längschnitt des Samens, 8fach vergr.;
S gallertige Oberhaut,
S[1] innere Samenhaut,
R Raphe,
E Nährgewebe,
Em Embryo;
IV vom Schleim befreiter Same in nat. Gr.;
V derselbe, 8fach vergr.

Fig. 472. Rote Johannisbeere (A. L. WINTON).

Hülle umgeben (Fig. 472, *III*), durch welche die braunen, 4—5 mm langen und 3—4 mm breiten, harten Samen durchschimmern.

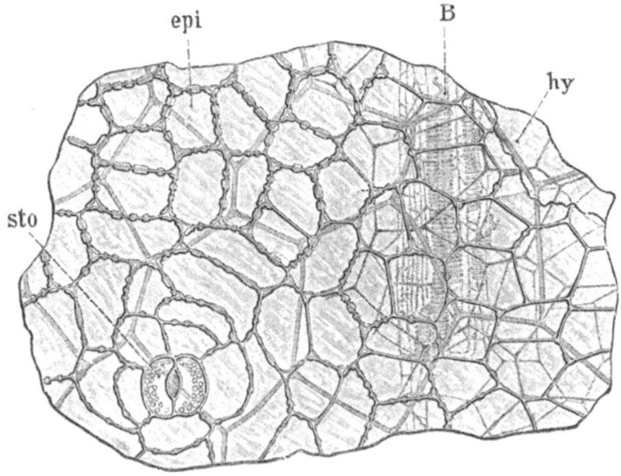

Fig. 473. Aufsenschichten der roten Johannisbeere in der Flächenansicht (A. L. WINTON): *epi* Oberhaut mit Spaltöffnung *sto*, *hy* Fruchtfleisch mit dem Leitbündel *B*.

A. **Fruchtfleisch.** Die Oberhautzellen (Fig. 473) sind polygonal, ungleichmäfsig verdickt, oft abgeteilt, getüpfelt. Spaltöffnungen sind zahlreich.

Das Mesokarp ist ein grofszelliges, lückiges, an der Peripherie kollenchymatisch verdicktes Parenchym, von Leitbündeln durchzogen, mit vielen Kristalldrusen.

Das Endokarp (Fig. 474) hat ein parkettiertes Aussehen, indem die Oberhautzellen in schmale, parallel gelagerte Tochterzellen geteilt und diese nach verschiedenen Richtungen gelagert sind. Die Zellen sind bis 0,5 mm lang, sehr stark verdickt (5—20 μ) und getüpfelt.

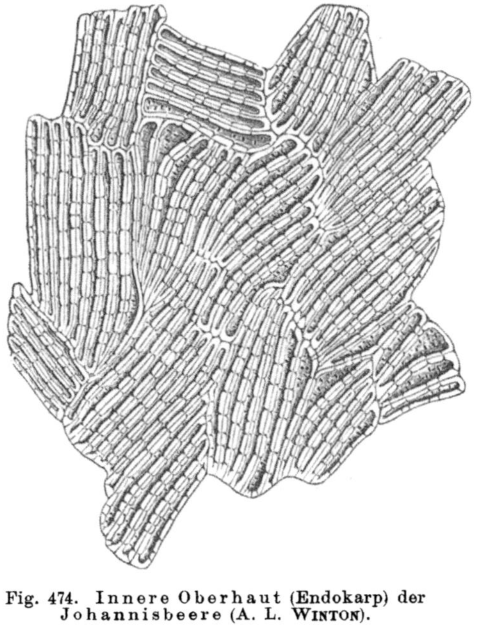

Fig. 474. Innere Oberhaut (Endokarp) der Johannisbeere (A. L. WINTON).

B. Samen. Die Schleimschicht ist die grofszellige Oberhaut (Fig. 475). Die Zellen sind dünnwandig, oft über 0,5 mm hoch, 0,1 mm breit, mit Schleim gefüllt.

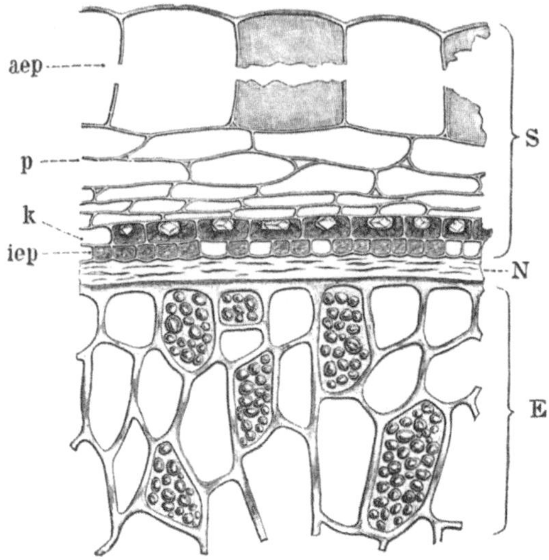

S Samenschale mit der äufseren (*aep*), der inneren Oberhaut (*iep*), dem Parenchym *p* und der Kristallschicht *k*; *E* Endosperm, bedeckt von der hyalinen Schicht *N* (dem Perisperm).

Fig. 475. Same der Johannisbeere im Querschnitt (A. L. WINTON).

Unter ihr liegt eine Parenchymschicht (*p*) und eine einfache Kristallschicht (*k*) aus einseitig (innen) verdickten Zellen. In der Flächenansicht (Fig. 476, *K*) sind die Kristallzellen polygonal, sehr stark verdickt, dunkelbraun, mit je einem grofsen monoklinen Oxalatkristall.

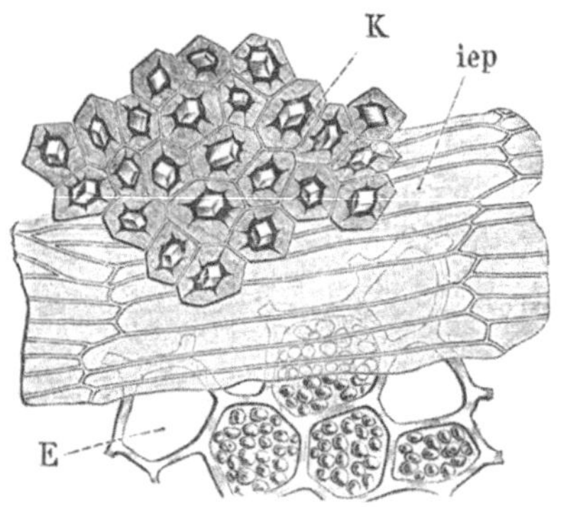

Fig. 476. Kristallschicht *K*, innere Oberhaut *iep* und Endosperm *E* der Johannisbeere (A. L. WINTON).

Die innere Oberhaut (*iep*) besteht aus gestreckten (150 μ langen, 4—9 μ breiten) Zellen mit braunem Inhalt.

Mit der Samenhaut ist das Nährgewebe verwachsen. Es besteht aus einem 10 μ dicken Streifen kollabierter Zellen, (Fig. 475), dem Perisperm *N* und aus einer breiten Aleuronschicht, dem Endosperm *E*, dessen Zellen innen oft knotig verdickt sind (Fig. 477).

Johannisbeerkonserven.

Sie sind ausgezeichnet charakterisiert durch das parkettierte Endokarp (Fig. 474) und die Kristallschicht der Samenschale (Fig. 476). Man kann sie leicht zur Anschauung bringen, wenn man die Samen in verdünnter Lauge erwärmt und schabt.

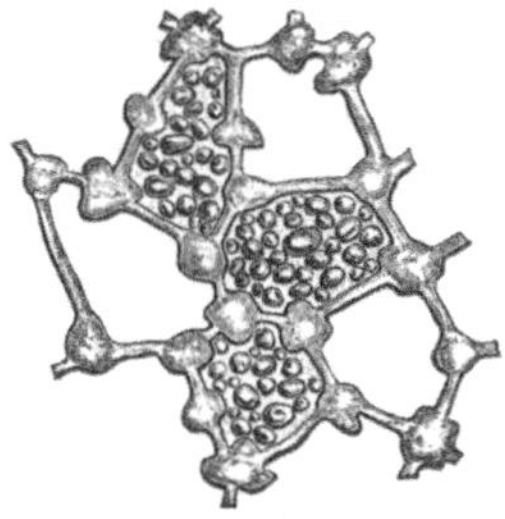

Fig. 477. Nährgewebe (Fig. 475, *E*) der Johannisbeere (A. L. WINTON).

Die schwarze Johannisbeere (*Ribes nigrum* L.) hat kleinere, drüsig behaarte Früchte, und auch die Aufsenseite des Kelches ist mit langen, dünnwandigen, gekrümmten Haaren (ähnlich denen der Himbeere) bedeckt.

Die auf der Frucht sitzenden gelben, glänzenden, scheibenförmigen, bis 0,2 mm grofsen Drüsen (Fig. 478) haben den Bau der Hopfendrüsen: auf einem kurzen Stiel sitzt eine tellerförmige, einfache Zellschicht, deren Cuticula durch das Sekret emporgehoben wird. Diesem

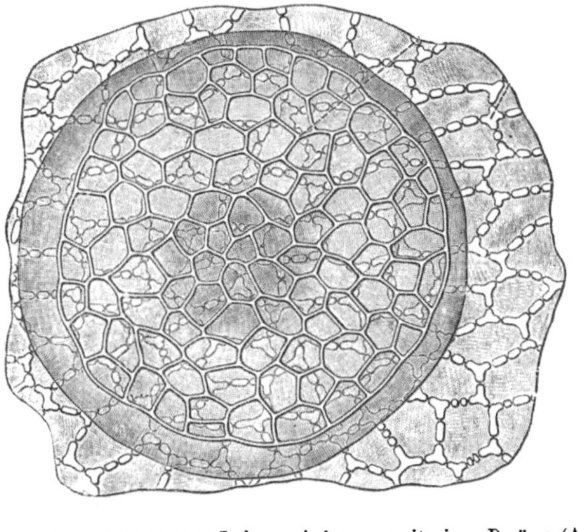

Fig. 478. Oberhaut der schwarzen Johannisbeere mit einer Drüse (A. L. WINTON).

Sekret verdanken die schwarzen Johannisbeeren ihren eigentümlichen Geruch und Geschmack.

Die beiden Haarformen findet man leicht in Konserven neben den anderen charakteristischen Geweben der Johannisbeere.

Literatur.

Blyth (5); Villiers und Collin (39).

Garcin: Recherches sur l'histogénèse des péricarpes charnus. Ann. Soc. nat. Bot. Sér. VII, 1890, **12**, 175.

Lampe: Zur Kenntnis des Baues und der Entwicklung saftiger Früchte. Ztschr. Naturwissenschaft 1886, **59**, 295.

Meyen: Sekretionsorgane der Pflanzen. Berlin 1837.

Winton: Beiträge zur Anatomie des Beerenobstes. Ztschr. Unters. Nahr.-Genufsm. 1902, **5**, 785. — Conn. Agr. Exp. Stat. Rep. 1902, 288.

Stachelbeere.

In Europa wird *Ribes Grossularia* L., in Amerika *R. oxyacanthoides* L. in Gärten gezogen. Die letztere („Gooseberry") ist eigentlich keine Stachelbeere, denn ihre Früchte sind unbewehrt.

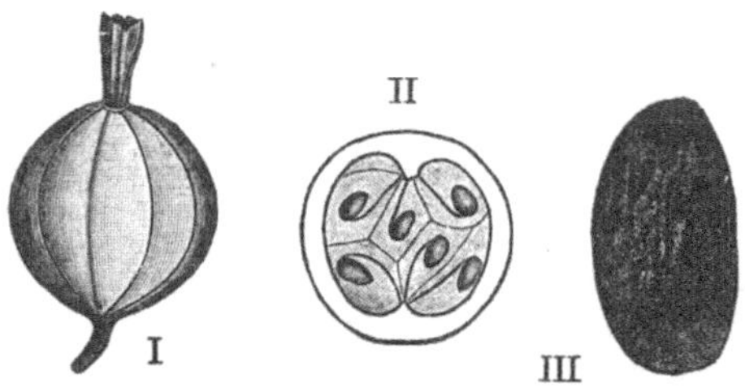

Fig. 479. Amerikanische Stachelbeere (A. L. Winton);
I. Frucht in nat. Gr.,
II. Querschnitt der Frucht.
III. Same ohne Gallerthülle, 8fach vergr.

Die Stachelbeeren sind viel gröfser als die Johannisbeeren, aber fast ebenso gebaut. Die sie krönenden Blütenteile sind länger (6 mm), die meist grüne Schale ist dicker, die Samen sind ebenso grofs, jedoch länglich rund (Fig. 479).

Wenn man die Blütenreste mit Javelle'scher Lauge bleicht und ausbreitet, sieht man zwischen den fünf Kelchlappen die fünf kleinen Blumenblätter, die fünf Staubgefäfse und den tiefgegabelten Griffel (Fig. 480). Mitunter sind die Blüten vierzählig.

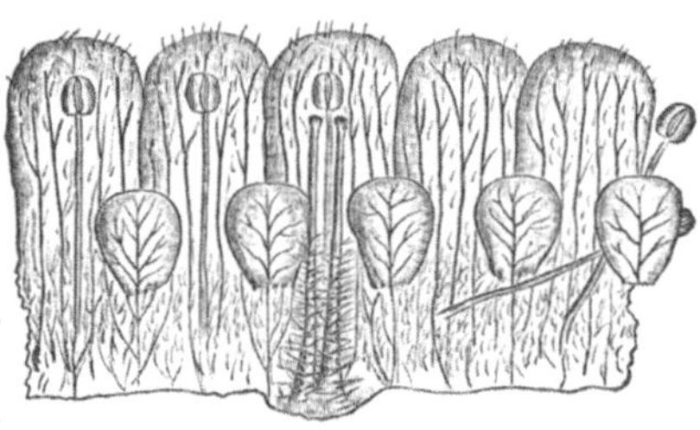

Fig. 480. Entfaltete Stachelbeerblüte (A. L. Winton).

Die Blütenteile, besonders der Kelchschlund und die Griffelbasis, sind behaart. Die Härchen sind einzellig, dünnwandig (Fig. 481), bis 1 mm und darüber lang.

Die sog. Stacheln der heimischen Stachelbeeren sind vielzellige, parenchymatische (nicht von Leitbündeln durchzogene, daher weiche), von Oberhautzellen bedeckte, oft über 1 mm lange, stumpf oder kopfig endigende Auswüchse (Fig. 482).

Die Zellen des Fruchtfleisches sind z. T. so grofs, dafs sie schon mit freiem Auge erkennbar sind. Es fehlt das für Johannisbeeren charakteristische Endokarp.

Die Samen sind ebenso gebaut wie die der Johannisbeeren.

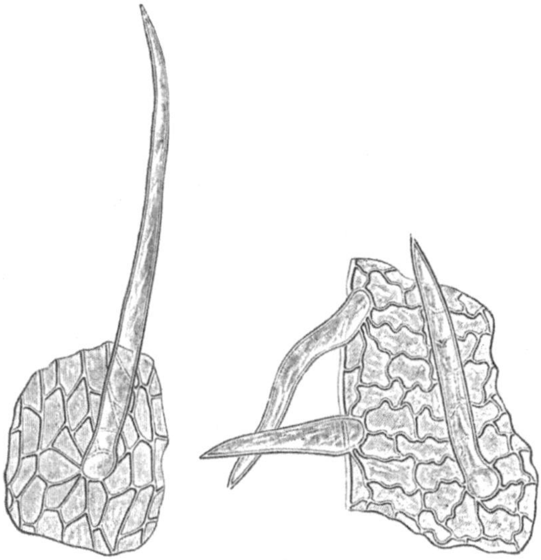

Fig. 481. Oberhaut verschiedener Teile des Kelchrandes (A. L. Winton).

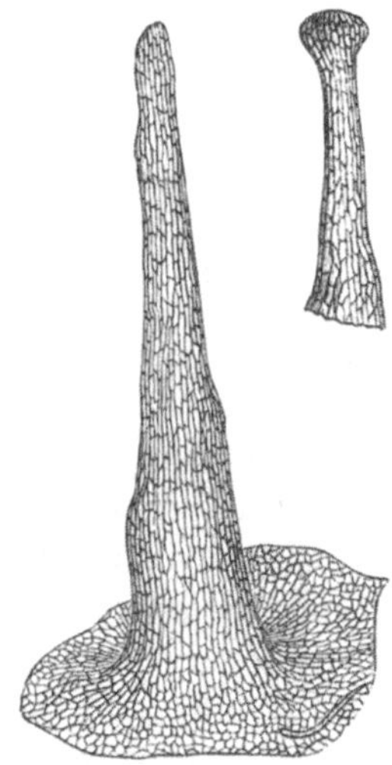

Fig. 482. Emergenzen der heimischen Stachelbeere (A. L. Winton).

Literatur.

Blyth (5).

Garcin: Recherches sur l'histogénèse des péricarpes charnus. Ann. Soc. nat. Bot. Sér. VII, 1890, **12**, 175.

Marpmann: Beiträge zur mikroskopischen Untersuchung der Fruchtmarmeladen. Ztschr. angew. Mikr. 1896, **2**, 97.

Winton: Beiträge zur Anatomie des Beerenobstes. Ztschr. Unters. Nahr.-Genufsm. 1902, **5**, 785. — Conn. Agr. Exp. Stat. Rep. **1902**, 288.

Preifselbeere.

Bei uns wird nur die in Gebirgsgegenden gesammelte Preifselbeere von *Vaccinium Vitis Idaea* L. (*Ericaceae*) gegessen; in Nordamerika wächst sie ebenfalls, dort wird aber

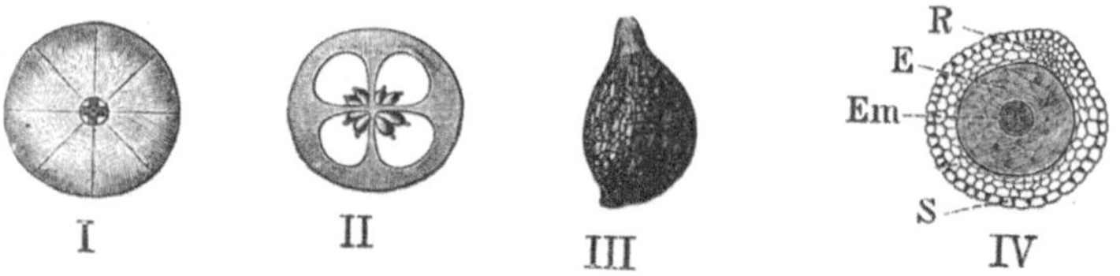

Fig. 483. Kultivierte Preifselbeere (A. L. WINTON);
I. Frucht von oben,
II. Querschnitt derselben,
III. Same 8fach vergr.,
IV. Querschnitt des Samens,
S Samenschale,
R Raphe,
E Nährgewebe,
Em Embryo.

auch *V. macrocarpum* AIT. kultiviert, deren Früchte bis 15 mm grofs werden.

Die von den vier Kelchzähnen gekrönten Beeren sind vierfächerig und enthalten in jedem Fache an der zentralen Plazenta angewachsen mehrere kleine, gelbe, kurz geschnäbelte Samen (Fig. 483).

A. **Fruchtfleisch.** Die Oberhaut (Fig. 484) ist kleinzellig (20—50 μ); sie umschliefst ein grofszelliges (bis 200 μ), lückiges Parenchym, das nach innen durch eine grofszellige Oberhaut (Endokarp) abgegrenzt ist. Die Endokarp-

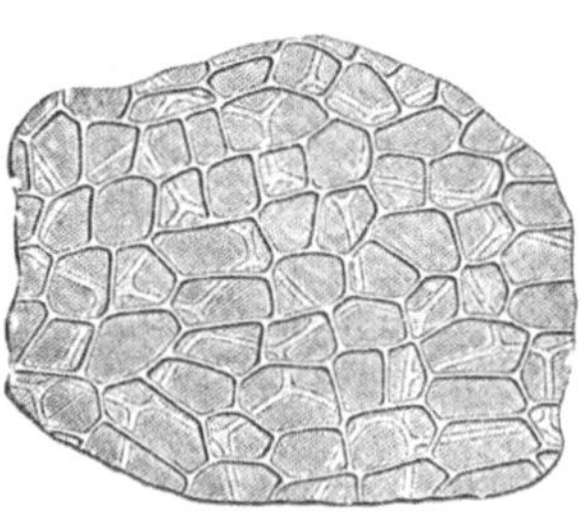

Fig. 484. Oberhaut der Preifselbeere (A. L. WINTON).

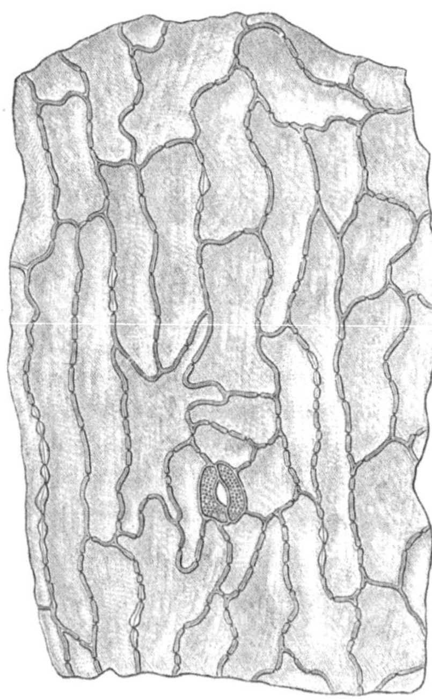

Fig. 485. Innere Fruchthaut (Endokarp) der Preifselbeere (A. L. WINTON).

zellen haben wellige Konturen, sind longitudinal gestreckt, getüpfelt, von spärlichen Spaltöffnungen unterbrochen (Fig. 485).

B. **Samen.** Die Oberhaut der Samenschale ist eigentümlich gebaut. Die Zellen sind nach innen hufeisenförmig verdickt (20 μ), gelb oder braun. Aufserdem tragen sie allseitig (Figur 486) geschichteten Schleim. Bei den grofsen amerikanischen Preifselbeeren tragen nur die radialen Zellwände Schleimverdickungen (Fig. 487). In der Flächenansicht sind die Oberhautzellen gestreckt-polygonal (Fig. 488) und von zahlreichen feinen Spaltentüpfeln durchsetzt. Das Parenchym der Samenschale ist dickwandig (Fig. 487, *m*), innen kollabiert und mit dem kleinzelligen Endosperm (*E*) verwachsen.

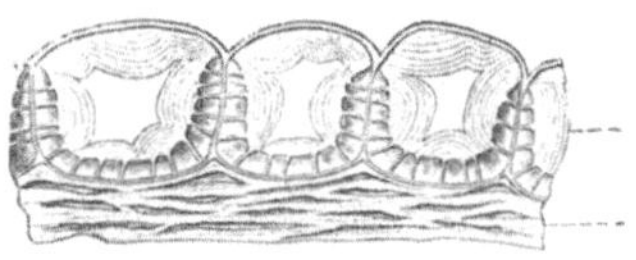

Fig. 486. Samenoberhaut der Gebirgspreifselbeere im Querschnitt (A. L. WINTON).

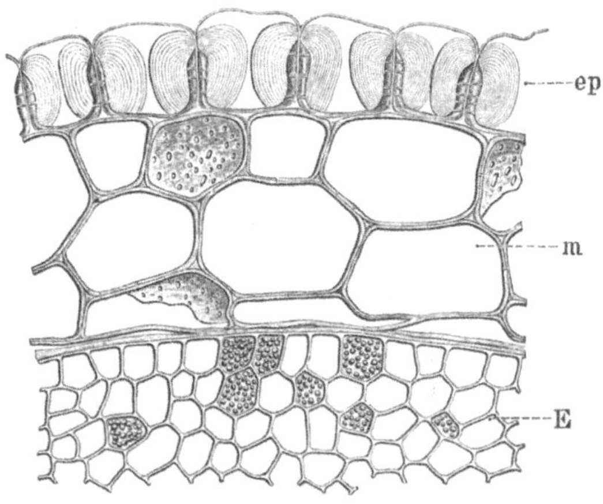

Fig. 487. Same der kultivierten Preifselbeere im Querschnitt (A. L. WINTON). *ep* Oberhaut, *m* Mittelschicht, *E* Nährgewebe.

Preifselbeerkonserven.

Charakteristisch ist die Samenoberhaut (Fig. 488). In unreifen oder verkümmerten Früchten sind die Zellen kleiner, dünnwandiger, mit mehr rundlichen Poren.

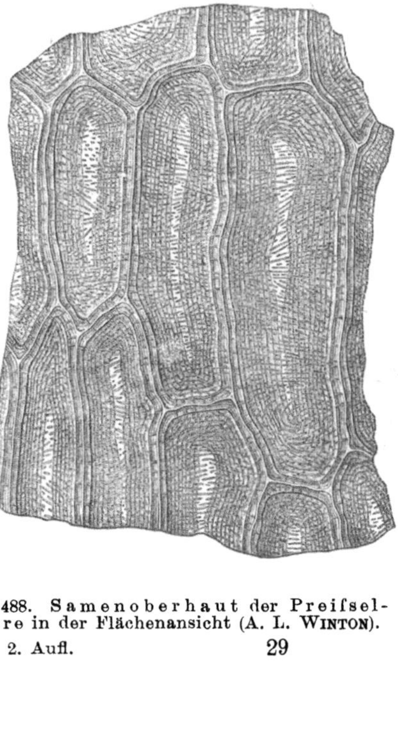

Fig. 488. Samenoberhaut der Preifselbeere in der Flächenansicht (A. L. WINTON).

Literatur.

WINTON: Beiträge zur Anatomie des Beerenobstes. Ztschr. Unters. Nahr.-Genufsm. 1902, **5**, 785. — Conn. Agr. Exp. Stat. Rep. 1902, 288.

Heidelbeere.

Die Heidel- oder Blaubeere (*Vaccinium Myrtillus* L. — *Ericaceae*) ist über ganz Europa verbreitet. Ihre Früchte werden

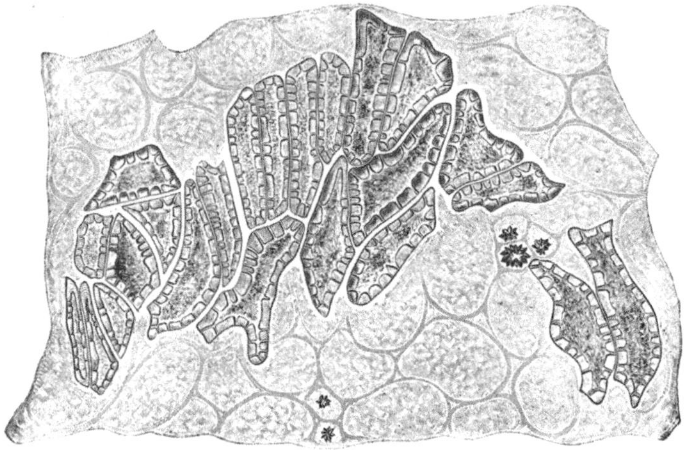

Fig. 489. Fruchtfleisch der Heidelbeere (R. MÜLLER).

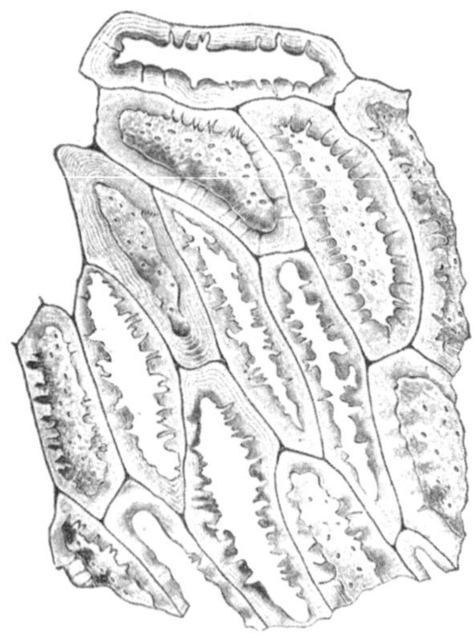

Fig. 490. Endokarp der Heidelbeere (R. MÜLLER).

gegessen und wegen ihres Farb- und Gerbstoffgehaltes als Heilmittel verwendet.

Im Baue stimmen sie mit den nahe verwandten Preifselbeeren fast überein. Sie unterscheiden sich in folgendem:

Die Oberhautzellen enthalten einen blauen Farbstoff. Das Fruchtfleisch enthält vereinzelt (Fig. 489) schwach verdickte Steinzellen, und auch das Endokarp ist gruppenweise sklerosiert (Fig. 490). Form, Gröfse und Verdickung dieser Zellen sind sehr mannigfach. Die Samenoberhaut besteht ebenfalls aus hufeisenförmig verdickten Zellen, jedoch ohne Schleimschicht.

Literatur.

GARCIN: Recherches sur l'histogénèse des péricarpes charnus. Ann. Soc. nat. Bot. Sér. VII. 1890, **12**, 175.
LAMPE: Zur Kenntnis des Baues und der Entwicklung saftiger Früchte. Ztschr. Naturw. 1886, **59**, 295.
MÜLLER und BLAU: Fructus Myrtilli. Pharm. Post. Wien 1902, **35**, 461.

Hucklebeere.

In den amerikanischen Nordstaaten kommen die Früchte von *Gaylussacia resinosa* TORR. et GRAY (*Ericaceae*) in Menge auf den Markt. In Form, Gröfse und Farbe sind sie den Heidelbeeren ähnlich, aber im Baue sind sie erheblich verschieden.

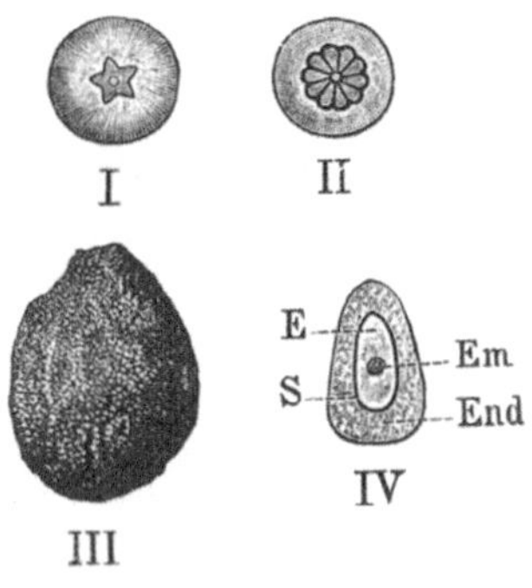

Fig. 491. Hucklebeere (A. L. WINTON);
I Frucht von oben in nat. Gr.,
II Querschnitt derselben,
III Steinkern bei 8facher Vergr.,
IV Querschnitt des Steines,
End Steinschale,
S Samenschale,
E Nährgewebe,
Em Embryo.

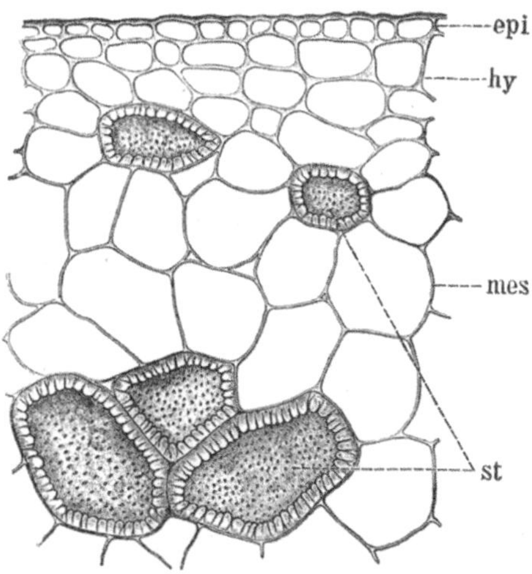

Fig. 492. Fruchtfleisch der Hucklebeere im Querschnitt (A. L. WINTON):
epi Oberhaut,
m Mittelschicht mit Steinzellengruppen *st*.

Sie sind eigentlich keine Beeren, sondern zehnfächerige Steinfrüchte (Fig. 491), indem die harte Schale aus sklerosiertem Fruchtfleische gebildet wird.

Die Oberhautzellen sind polygonal, dünnwandiger als die der Heidelbeeren.

Das Mesokarp ist wie bei der Heidelbeere von Steinzellen durchsetzt (Fig. 492), die nach innen zu reichlicher auftreten

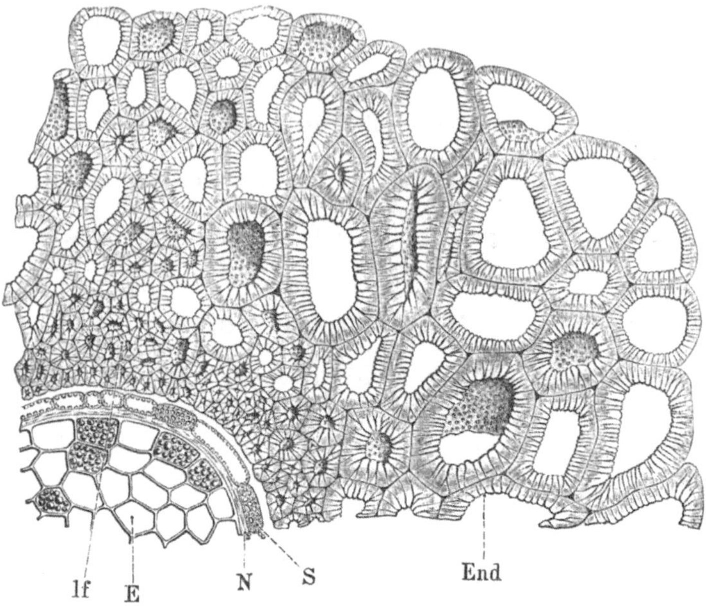

Fig. 493. Steinkern und Same der Hucklebeere im Querschnitt (A. L. WINTON); *End* Steinkern mit den Fasern *lf*, *S* Samenschale, *N* Perisperm, *E* Endosperm.

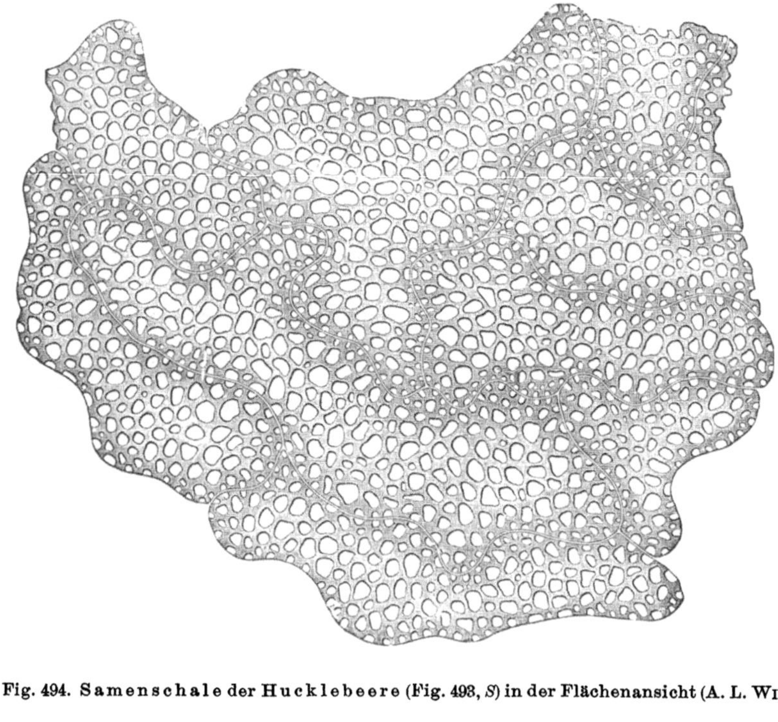

Fig. 494. Samenschale der Hucklebeere (Fig. 493, *S*) in der Flächenansicht (A. L. WINTON).

und schliefslich eine mächtige Steinschale bilden (Fig. 493, *End*). Die Steinzellen sind zumeist sehr grofs, mäfsig verdickt, reich getüpfelt, in den inneren Lagen zu Fasern (*lf*) umgestaltet.

Die Samenschale besteht aus einer einfachen Schicht grofser wellig-buchtiger Zellen, deren Wand von breiten Tüpfeln genetzt erscheint (Fig. 494).

Literatur.

WINTON: Beiträge zur Anatomie des Beerenobstes. Ztschr. Unters. Nahr.-Genufsm. 1902, **5**, 785. — Conn. Agr. Exp. Stat. Rep. 1902, 288.

Weintraube.

Die Weintraube (*Vitis vinifera* L. — *Vitaceae*) wird seit undenklichen Zeiten in Europa und seit etwa 50 Jahren in Kalifornien kultiviert. In Nordamerika wachsen ursprünglich andere Arten (*V. Labrusca* L., *V. aestivalis* MCHX., *V. rotundifolia* MCHX.), die weniger guten Wein geben, aber als Tafelobst und zur Konservierung sich besser eignen. Weil sie widerstandsfähiger gegen die Phylloxera sind, wurden sie oder Kreuzungen derselben auch bei uns eingeführt. So verschieden auch ihre Früchte in Form, Gröfse, Farbe und Geschmack sind, ihr anatomischer Bau ist nahezu gleich. Eine auf den griechischen Inseln wachsende Varietät (*V. apyrena* L.) ist durch die kernlosen Beeren ausgezeichnet. Sie liefert die Korinthen oder kleinen Rosinen.

Alle Trauben haben eine glatte, oft bereifte Schale, ein saftiges Fruchtfleisch mit unkenntlichem Endokarp, und in der Regel enthält jedes der beiden Fruchtfächer zwei, oft aber auch nur einen, selten keinen Samen.

Die Samen sind (Fig. 495 *A, I* u. *II*) birnförmig, 5—8 mm lang, mit zwei tiefen Rinnen auf der Rückseite. Zwischen den Rinnen verläuft der Nabelstrang vom schmalen Pol (Nabel) zum verbreiterten Scheitel oder darüber weg zu einem ovalen Eindruck (Chalaza) auf der Rückseite. Der Samenkern besitzt ein horniges Endosperm, in das der kleine Embryo am schmalen Ende gebettet ist. Man kann ihn aus Samen, die 24 Stunden in 1 %iger Lauge erweicht wurden, leicht auslösen.

A. **Fruchtfleisch.** Um Schnitte anzufertigen, härtet man ausgewachsene, aber noch nicht weiche Beeren in Alkohol.

Die Oberhaut aus polygonalen (15—40 μ) Zellen besitzt eine rauhe Cuticula.

Das Mesokarp ist grofs- und zartzellig, von Leitbündeln durchzogen. Es enthält nadelförmige Kristalle, und die Leitbündel sind von Kristallkammerfasern begleitet. Die Gefäfse sind meist spiralig verdickt (nach HOWARD), doch finden sich besonders in europäischen Trauben auch Tüpfelgefäfse.

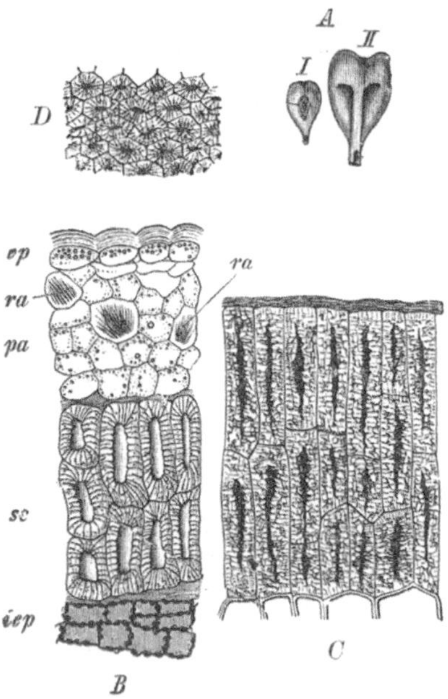

Fig. 495. **Weintraube** (T. F. HANAUSEK): A **Weintraubenkerne**, I Vorderansicht in nat. Gr., II Rückenansicht, 2fach vergr.; B Querschnitt der **Kernschale**, *ep* Oberhaut, *pa* Parenchym mit Raphiden *ra*, *sc* Steinzellenschicht, *iep* innere Oberhaut (umgelegt); C Steinzellenschicht der Malagatraube; D dieselbe in der Aufsicht.

B. **Samen.** An Querschnitten, die mit JAVELLE'scher Lauge gebleicht und mit Safranin gefärbt sind, unterscheidet man fünf Schichten:

1. Die Oberhaut (Fig. 495, *B, ep*) aus gestreckten, 20—60 μ breiten, schwach verdickten Zellen.

2. Parenchym (*pa*) in meist 2—6, in den Rinnen mehr Zellenlagen. Viele Zellen enthalten Calciumoxalatraphiden (*ra*).

3. Steinzellen (*sc*) bilden eine 75—500 μ dicke Platte, die in die Rinnen sich zuschärft und tiefer in das Endosperm eindringt als das Parenchym. Auf den ersten Blick scheint das dichte braune Gewebe eine Palissadenschicht zu sein, aber tatsächlich besteht der dickere Teil aus radial gereihten, isodiametrischen oder mäfsig gestreckten, stark verdickten Steinzellen.

4. Gitterzellen, auf Schnitten ungenau sichtbar, lassen sich von der Innenseite der Samenschale mit dem Skalpell abschaben. Es sind sehr schmale (6—10 μ), lange, netzartig verdickte Zellen, die an Querschnitten als schmale, dunkelbraune Linie erscheinen. Leichter zu finden ist

5. die innere Oberhaut (*iep*) aus polygonalen (12—35 μ) Zellen mit gelben, getüpfelten Wänden.

Eine hyaline Schicht aus obliterierten Zellen (Perisperm) bedeckt das etwas kleinzellige, mäfsig dickwandige Endosperm, dessen Aleuronkörner z. T. grofs (bis 25 μ), unregelmäfsig gerundet sind und entweder eine Oxalatrosette (5—10 μ) oder ein grofses Globoïd enthalten. Die meisten Aleuronkörner sind nur 3—6 μ grofs.

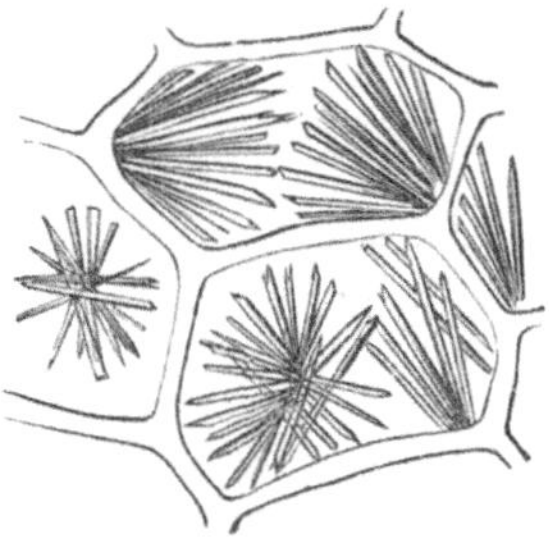

Fig. 496. Zuckerkristalle in der Rosine (A. E. v. VOGL).

Traubenprodukte.

Konserven enthalten entweder die ganzen oder die entkernten Beeren. Die Samen sind reich an charakteristischen Geweben, für das Fruchtfleisch sind nur die Kristallraphiden charakteristisch.

Rosinen und Korinthen enthalten oft kristallisierten Zucker (Fig. 496), den man in den Parenchymzellen (in Alkoholpräparaten) findet.

Trebern dienen als Tierfutter;

gemahlene Traubenkerne zur Kaffeefälschung.

Literatur.

HANAUSEK, T. F. (10, 15); VILLIERS et COLLIN (39); VOGL (42).

HOWARD: Microscopical Examinations of Fruits and Fruit Products, U. S. Dept. Agr. Bur. Chem. Bull. **66.** 103.

LAMPE: Zur Kenntnis des Baues und der Entwicklung saftiger Früchte. Ztschr. Naturw. 1886, **59**, 295.

SCHULER: Studien über den Bau und die Zusammensetzung der Traubenbeere. Die Weinlaube. 1880, 34.

Feige.

Der Feigenbaum (*Ficus Carica* L. — *Moraceae*) ist eine uralte Kulturpflanze der Mittelmeerländer, später kam sie nach Persien, Indien und China, zur Zeit der Kolonisation nach Amerika, und gegenwärtig ist sie für Kalifornien und einige Südstaaten von hoher Bedeutung.

Die Feige ist eine Scheinfrucht, denn ihr Fruchtfleisch besteht aus dem birnförmig hohlen Blütenboden, in dessen Grunde zahlreiche Blüten oder Früchte (die sog. Kerne) sitzen.

A. **Fruchtfleisch.** Die Oberhaut (Fig. 497) ist kleinzellig (20 μ diam.), spärlich behaart, mit relativ grofsen Spaltöffnungen.

Die Haare sind einzellig, am Grunde verbreitert (20 μ), mitunter nur doppelt so lang als breit, aber auch bis 300 μ lang. Wo sie abgefallen sind, findet man ihre Spur, umgeben von einer aus Oberhautzellen gebildeten Rosette.

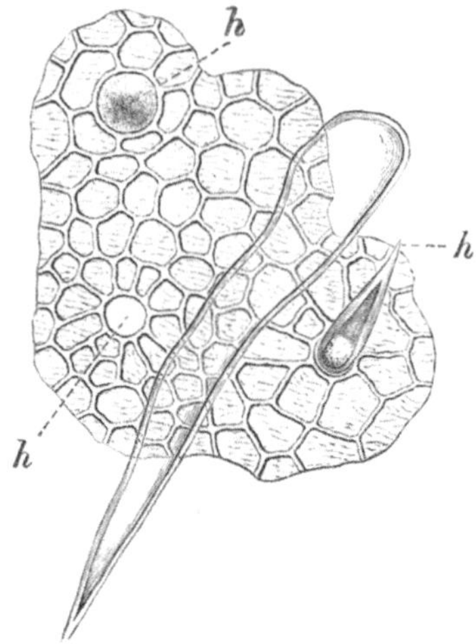

Fig. 497. **Oberhaut** der Feige mit Haaren *h* und Haarspuren.

Die **Mittelschicht** (Fig. 498) ist an der Peripherie kleinzellig, nach innen zu werden die Zellen gröfser und dünnwandig (100 μ). Das lückige Parenchym wird von zahlreichen, verzweigten und anastomosierenden, dünnwandigen **Milchsaftschläuchen** durchzogen, deren Durchmesser 50 μ erreicht. Ihr Inhalt koaguliert zu grofsen, feinkörnigen, farblosen Tropfen. Ungefähr in der Mitte verlaufen die Leitbündel mit engen, selten über 25 μ breiten Spiral- und Netzgefäfsen. Der Zellinhalt

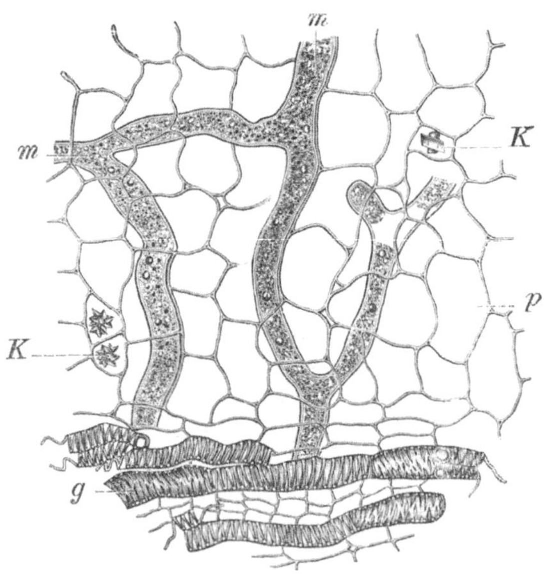

Fig. 498. **Fruchtfleisch** der Feige;
p Parenchym, *m* Milchsaftschläuche, | *g* Gefäfse, *K* Oxalatdrusen.

besteht hauptsächlich aus Zucker, der in trockenen Feigen oft auskristallisiert. Einzelne im Parenchym zerstreute Zellen enthalten Oxalatdrusen.

Die innere Oberhaut ist schwer aufzufinden. Sie ist zartzellig und ebenfalls behaart.

B. **Früchtchen.** Die kleinen, etwa 15 mm langen, birnförmigen, sogenannten Samenkerne der Feigen sind tatsächlich Steinfrüchte[1]).

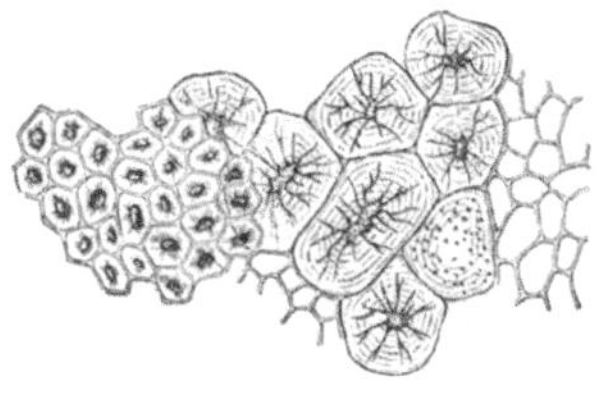

Fig. 499. Steinzellengruppen der „Feigenkerne".

Ihre Oberhautzellen sind dünnwandig, radial gestreckt; ihr Mesokarp besteht aus einer äufseren zartzelligen und einer inneren Steinzellenschicht aus etwa 50 μ grofsen, rundlich-eckigen, sehr stark verdickten Zellen (Fig. 499). Die erste, d. i. nach aufsen gelegene Zellenreihe jedoch besteht aus ungewöhnlich kleinen (15 μ) Steinzellen.

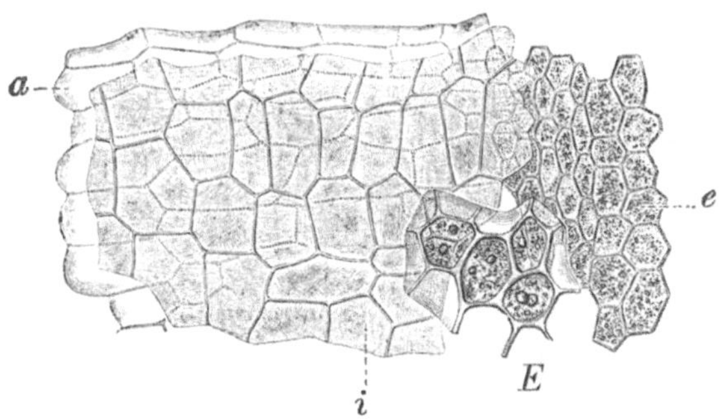

Fig. 500. Gewebe des Feigensamens;
a farblose äufsere, *i* braune innere Schicht, | *E* Nährgewebe, *e* Embryonalgewebe.

Der Same füllt die Fruchthöhle gewöhnlich nicht aus. Er besitzt eine dünne, aus wenigen Lagen oft zusammengedrückter Zellen bestehende, braune Schale, ein grofszelliges (50 μ), dickwandiges Endosperm (Fig. 500, *E*) und einen gekrümmten Embryo.

Feigenprodukte.

Frisch, getrocknet oder anderweitig konserviert, sind die Feigen nicht zu verkennen. Zu Mus gekocht, dienen sie im

[1]) Sie sind oft noch von der Blütenhülle umgeben.

südlichen Europa — wie in Amerika Äpfel — zur Fälschung teuerer Obstarten.

Getrocknet, geröstet und gemahlen ist „Feigenkaffee" eines der beliebtesten Surrogate, das selbst wieder verfälscht wird mit Zerealien, Hülsenfrüchten, Zichorie und anderen Wurzelsurrogaten.

Da die „Kerne" für ihn charakteristisch sind, hat man anderen Surrogaten Kleesamen beigemengt, um sie als Feigenkaffee verkaufen zu können. Kleesamen sind an dem ausgeprägten Würzelchen leicht zu erkennen, auch haben sie den typischen Bau der sog. Hülsenfrüchte (s. d. pag. 262).

Um Surrogate zu untersuchen, rührt man eine kleine Probe mit Wasser an und läfst in einem Spitzglase absitzen. Man findet dann zu unterst die gröbsten Teile mit den Kernen und nach oben zu immer feinere Pulverteilchen, die nacheinander besehen werden müssen. Zuerst in Wasser, um etwa vorhandene Stärke aufzufinden (die Feige enthält keine Stärke), dann in Lauge oder Chloralhydrat, um die Gewebereste aufzuhellen.

Feige ist vorzüglich durch die Früchtchen, aber auch durch die grofsen Milchsaftschläuche und die Haare charakterisiert; immer findet man im Feigenkaffee aufserdem grofse Oxalatdrusen, enge Spiralgefäfse, Kammerfasern mit kleinen Kristalldrusen, Oberhautfragmente mit spärlichen grofsen Spaltöffnungen u. a. m., meist auch Pilzfäden und Pilzsporen sowie Milben.

Grofse Netzgefäfse deuten auf Verfälschung mit Wurzelsurrogaten;

kleine netzförmig verbundene Milchsaftröhren auf Zichorie;

Stärke auf Zerealien, Eicheln oder Hülsenfrüchte;

Palissaden und Trägerzellen auf Hülsenfrüchte;

grofse Steinzellengruppen auf Birnen;

Raphiden auf Traubenkerne;

Pigmentkörper auf Caroben.

Vgl. auch Kaffee, pag. 408.

Literatur.

Hanausek, T. F. (10, 15); Macé (23); Moeller (26); Schimper (34); Tschirch und Oesterle (37); Villiers et Collin (39); Vogl (40, 42).

Marpmann: Beiträge zur mikroskopischen Untersuchung in Fruchtmarmeladen. Ztschr. angew. Mikr. 1896, 2, 97.

Nevinny: Zur Verfälschung des Feigenkaffees. Ztschr. Nahr.-Unters. Hyg. 1887, 1, 85.

Apfelsine.

Der Orangenbaum (*Citrus Aurantium* Risso — *Rutaceae*) stammt aus dem fernen Osten und wird vorzüglich im südlichen Europa kultiviert. Wegen der geringen Haltbarkeit waren die Früchte früher in kälteren Erdteilen fast unbekannt; heutzutage werden Orangen (Pomeranzen oder Apfelsinen) in die ganze zivilisierte Welt transportiert.

Man unterscheidet die süfse Orange oder Apfelsine (var. *sinensis* Engl.) und die bittere Orange oder Pomeranze (var. *amara* L.), die ungeniefsbar ist und medizinisch verwendet wird.

Die Frucht ist ursprünglich eine zehnfächerige Beere mit zwei Samen in jedem Fache. In der Kultur werden die Orangen 6—12fächerig, die Zahl der Samen schwankt, und es gibt auch kernlose Spielarten. Die aufsen orangerote, warzig-runzelige, fettglänzende, innen weifse, schwammig-zähe Schale enthält mit freiem Auge sichtbare, mit ätherischem Öl gefüllte Lücken (lysigene Sekreträume). Jedes der Fruchtfächer ist von einer dünnen, durchscheinenden Haut (dem Endokarp) ausgekleidet und von dem bekannten saftreichen, gelben oder blutroten Fruchtfleisch erfüllt.

A. **Frucht.** Die Oberhautzellen sind scharf-polygonal, 10—25 μ diam., oft in Tochterzellen geteilt. Sie enthalten Farbstoffkörper. Fast kreisrunde Spaltöffnungen sind zahlreich.

Das Fruchtfleisch besteht anfangs aus kleinen, kollenchymatisch verdickten Zellen, welche Hesperidin enthalten. In Alkoholpräparaten tritt dieses Glykosid in Sphärokristallen auf, ist also nicht zu verwechseln mit den in einzelnen Zellen vorkommenden monoklinen Einzelkristallen aus Calciumoxalat. In diesem Hypoderm liegen die grofsen Ölräume. Das dichte Gewebe geht allmählich in das Schwammparenchym über, aus dem die weifse Rindenschicht gröfstenteils besteht.

Die innere Fruchthaut (das Endokarp) aus sehr langen und schmalen, quergelagerten Zellen bildet die Fächer. Die meisten Zellen sind dünnwandig, einzelne jedoch sklerosiert und von schiefen Poren durchsetzt.

Das die keilförmigen Fruchtfächer erfüllende, saftreiche Gewebe besteht aus vielzelligen, schlauchförmigen Gebilden

(Fig. 501), die von den Fruchtwänden auswachsen und allmählich den Raum ausfüllen. Sie enthalten im süfsen Zellsaft winzige gelbe Farbstoffkörper, auch Oxalatkristalle.

B. **Samen.** Die Oberhaut besteht aus dickwandigen Zellen, deren Aufsenwand verschleimt und oft zu einer über 150 μ dicken Schicht aufquillt. In der Flächenansicht erscheinen sie als Fasern von 350—400 μ Länge und 12—20 μ Breite, in Querschnitten als Palissaden von 100—225 μ Höhe mit schnabelförmig in die Schleimschicht ragenden Enden.

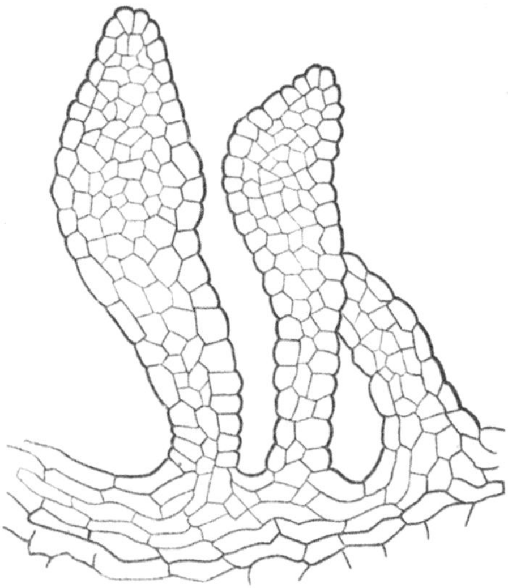

Fig. 501. Emergenzen der unreifen Pomeranzenfrucht, aus denen sich das süfse Fruchtfleich entwickelt (TSCHIRCH).

Das Samenparenchym ist aufsen dicht, innen schwammig. Es ist abgegrenzt durch

die innere Oberhaut aus gestreckten Zellen mit braunem Inhalt.

Das Nährgewebe ist als dünne Schicht eiweifshaltiger Zellen der Samenhaut angewachsen. Die Samenschale birgt mehrere (höchstens 8) Embryonen, von denen nur wenige ausgebildet sind. Sie enthalten rundliche Aleuronkörner (2—10 μ) mit vielen Globoïden.

Orangen-Marmelade.

Sie enthält gewöhnlich kleine Schalenstücke und Samen, an denen man unter dem Mikroskope alle Gewebe und Inhaltsstoffe erkennen kann. Fälschungen mit Äpfeln und anderen wohlfeilen Früchten kommen vor und sind nachweisbar.

Zitronen oder Limonen (*Citrus Limonum* RISSO) und die eigentlichen, dickschaligen Zitronen (*C. medica* RISSO), aus denen durch Einkochen mit Zucker Zitronat oder Zedrat gemacht wird, sind zwar in Form, Farbe, Geruch und Geschmack, aber so wenig im anatomischen Bau von der Orange verschieden, dafs eine mikroskopische Unterscheidung nicht möglich ist.

Literatur.

Blyth (5); Hanausek, T. F. (15); Hassall (18); Tschirch u. Oesterle (37).

Biermann: Beiträge zur Kenntnis der Entwicklungsgeschichte von *Citrus vulgaris* Risso und anderen *Citrus*-Arten. Arch. d. Pharm. 1897, **235**, 19.

Moeller, H. J.: Unterscheidung von Cortex Aurantii fructus und Apfelsinenschalen. Arch. Ph. og Ch. **28**, 369.

Ross: On the structure and development of the lemon. Bot. Gazette. 1890, **15**, 262.

Strasburger: Das botanische Practicum. Jena 1905.

Banane.

Die im tropischen Asien heimische Banane (*Musa sapientum* L. — *Musaceae*) wird als eine höchst wertvolle Nahrungspflanze jetzt in allen Tropenländern in grofser Ausdehnung kultiviert. Die unreifen Früchte werden ausgeführt und, nachdem sie in gut ventilierten Räumen reif geworden, als Obst verkauft.

Es sind 10—20 cm lange, stumpfkantige, rote oder gelbe, dreifächerige Beeren, mit wenig saftigem, fast mehligem Fruchtfleische, das an der Luft braun wird und zahlreiche kleine, braune, verkümmerte Samen enthält.

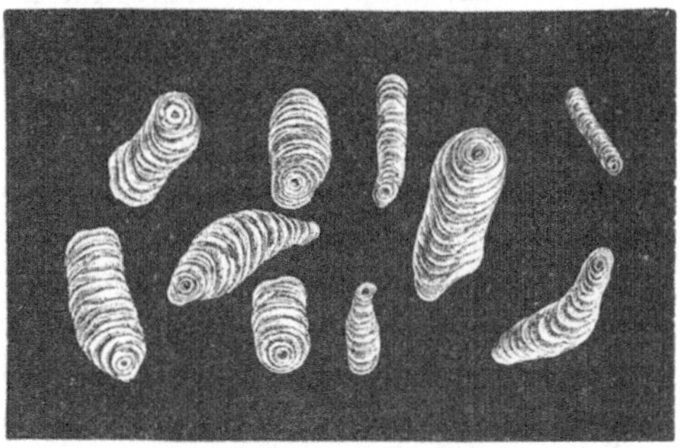

Fig. 502. Bananenstärke.

In der sog. „Rinde" oder „Schale" verlaufen die meisten Leitbündel, deshalb ist sie zähe, lederartig und läfst sich leicht vom Fruchtfleisch ablösen.

Die Oberhautzellen sind klein, polygonal, dickwandig, mit undeutlich gestreifter Cuticula.

Das Fruchtfleisch ist aufsen kleinzellig und dicht, nach innen zu werden die Zellen gröfser, dünnwandiger und bilden schliefslich ein Schwammparenchym. Die in der Aufsenschicht verlaufenden Bündel bestehen nur aus Bastfasern, dann treten aufserordentlich grofse, oft 50 μ weite Spiralgefäfse hinzu. Jedes Bündel ist von einer oder mehreren Reihen brauner Riesenzellen (500 μ diam.) begleitet, ähnlich den Ölstriemen der Umbelliferen. Das Parenchym ist mit Stärke erfüllt, deren

Körner meist 20—40 μ, vereinzelt 75 μ, sogar 90 μ lang und um den im breiten Ende gelegenen Kern deutlich geschichtet sind (Fig. 502). Die Formen sind sehr mannigfach, typisch sind die flaschen-, sichel- oder knieförmigen und die zusammengesetzten Körner. Vereinzelt finden sich Kristallzellen mit Raphiden.

Das Endokarp besteht aus gestreckten, dünnwandigen Zellen.

Bananenprodukte.

Bananenmehl ist nicht allein durch die Stärkekörner, sondern auch durch die Gewebsreste gut charakterisiert, unter denen besonders die braunen Riesenzellen auffallen.

Bananenstärke oder Guyana-Arrowroot ist fast frei von Gewebsresten, enthält aber oft Kristallnadeln.

Ananas.

Die im tropischen Amerika heimische Ananas (*Ananassa sativa* SCHULT. — *Bromeliaceae*) wird in allen Tropengebieten, auch bei uns in Gewächshäusern gezogen.

Die Frucht ist eigentlich ein Fruchtstand, da auf der fleischigen Achse zahlreiche Beeren zwischen fleischigen Deckblättern sitzen. Der Fruchtstand ist durchwachsen und trägt einen Schopf grüner Blätter. An den einzelnen Beeren sind die Verwachsungsstellen der Deckblätter als Falten und am Scheitel die vertrockneten Blütenreste kenntlich. Aufsen ist der Fruchtstand gelb, am Durchschnitt ist er derbfleischig, weifs oder gelblich. Samen sind wenig entwickelt.

Geniefsbar ist nur die von der rauhen Hülle und vom faserigen „Herz“ befreite Frucht, doch finden sich Reste dieser Teile in Konserven.

Die Deckblätter sind aufsen und innen hart.

Die Oberhaut der Aufsenseite besteht aus kleinen, gewellten, stark verdickten Zellen, deren rundliches Lumen von einem Kieselkörper erfüllt ist.

Die Oberhautzellen der Innenseite sind ihnen in der Form ähnlich, fast quadratisch, mit scharf gezackten Konturen, aber sie sind dünnwandig und enthalten keinen Kieselkörper.

Das Mesophyll ist beiderseits unter der Oberhaut durch eine Steinzellenplatte versteift. Dazwischen ist das Gewebe dem Fruchtfleisch gleich.

Die Zellen des Fruchtfleisches sind fast isodiametrisch und, obwohl dünnwandig, oft deutlich getüpfelt. Die Leitbündel bestehen grofsenteils aus weitlichtigen Fasern mit runden Tüpfeln. Die Spiralgefäfse sind oft 25 μ weit. Zahlreiche, oft über 100 μ lange Raphiden finden sich einzeln oder gebündelt. Die zwei oder drei inneren Zellenlagen sind tangential gestreckt und von einem Endokarp bedeckt, dessen Zellen schmal (10—20 μ) und dünnwandig sind.

Die Oberhaut am Scheitel der Beeren ist der Innenhaut der Deckblätter ähnlich, aber die Zellen sind deutlicher getüpfelt, daher in der Flächenansicht perlschnurförmig verdickt.

Ananaskonserven.

Sie bestehen hauptsächlich aus dem Gewebe des Fruchtfleisches, in dem stets grofse Kristallnadeln, breite Bastfasern und Spiralgefäfse aufzufinden sind. Gelegentlich stöfst man auf Fragmente der charakteristischen Oberhaut und auf Steinzellen.

Paradiesapfel.

So heifst bei uns die Frucht der Tomate (*Solanum Lycopersicum* L. = *Lycopersicum esculentum* Mill.), einer peruanischen Pflanze, die jetzt auf der ganzen Erde (mit Ausnahme der kältesten Gebiete) in Gärten gezogen wird.

Die verschieden grofsen, kahlen und glänzenden Früchte sind normal zweifächerig, in der Kultur vielfächerig. Im saftigen, farbigen Fruchtfleisch liegen zahlreiche Samen in einer gallertartigen Substanz. Von dieser befreit, sind die Samen eiförmig-flach, 3—4 mm lang und dicht mit kurzen Seidenhaaren besetzt (Fig. 503).

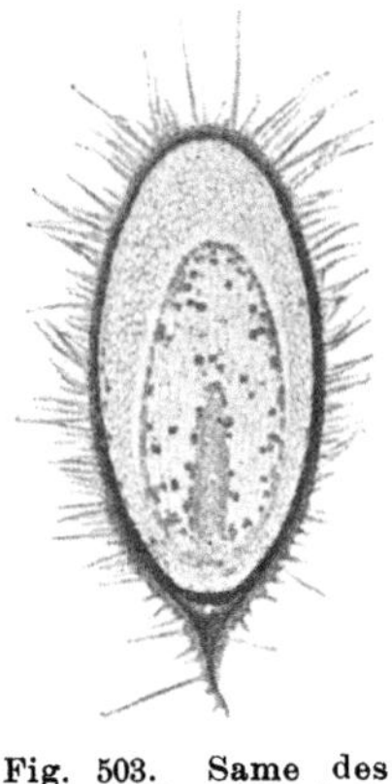

Fig. 503. Same des Paradiesapfels, im Durchschn. vergr.

A. **Frucht.** Wenn man sie einen Augenblick in heifses Wasser taucht, kann man die Schale leicht ablösen. Zur Anfertigung von Durchschnitten müssen reife Früchte vorher in Alkohol gehärtet werden. Die bei allen

Spielarten goldgelbe Schale besteht aus zwei Zellenschichten (Fig. 504): der Oberhaut und dem Hypoderma.

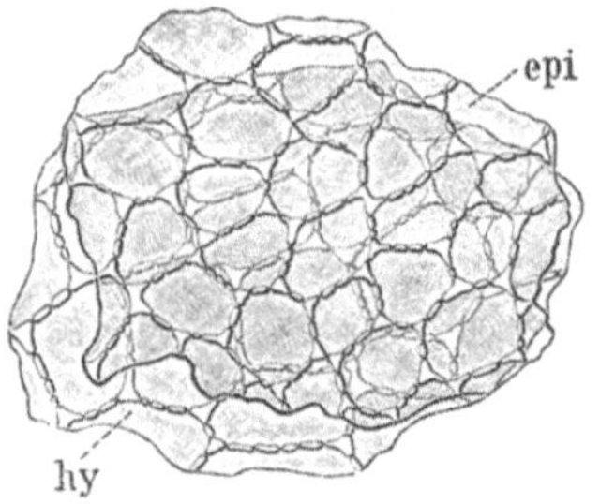

Fig. 504. Fruchtschale des Paradiesapfels (A. L. WINTON); *epi* Oberhaut, | *hy* Hypoderm.

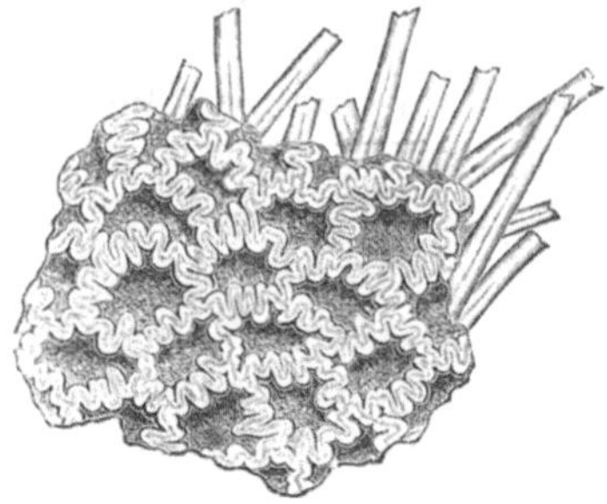

Fig. 505. Oberhaut des Tomatensamens in der Flächenansicht (A. L. WINTON).

Die Oberhautzellen sind polygonal (15—35 μ), ihre radialen Wände stark verdickt (6—8 μ), getüpfelt, gelb.

Das Hypoderm besitzt ähnliche, aber gröfsere Zellen in einfacher Schicht.

Das Fruchtfleisch ist ein rundzelliges Parenchym, von Leitbündeln ohne Bastfasern durchzogen. Die Spiralgefäfse sind selten über 20 μ breit.

Das Endokarp aus polygonalen dünnwandigen Zellen ist schwer zu finden.

B. Samen. Querschnitte (Fig. 506) zeigen, dafs die Samenschale zum gröfseren Teile aus Nährgewebe (*N* und *E*) besteht.

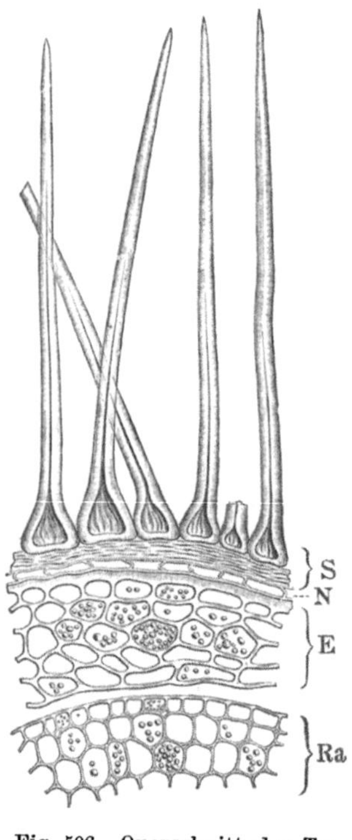

Fig. 506. Querschnitt des Tomatensamens (A. L. WINTON); *S* Samenhaut mit den Haaren, *N* Perisperm, *E* Endosperm, *Ra* Embryo.

Die Oberhautzellen sind zu einzelligen, über 0,5 mm langen Haaren ausgewachsen. Sie sind aus breitkegelförmiger Basis allmählich zugespitzt und bis zum Schwinden des Lumens verdickt. In der Flächenansicht (Fig. 505) sind die Oberhautzellen dicht gewellt.

Die Mittelschicht ist ein braunes, obliteriertes Parenchym, abgegrenzt durch eine zartzellige Schicht (Perisperm?).

Der spiralig gekrümmte Embryo ist in Endosperm gebettet. Das Gewebe beider enthält neben Fett rundliche, kleine (selten über 6 μ) Aleuronkörner.

Konserven.

Aufser ganzen Tomaten wird auch, und zwar häufiger, der ausgeprefste Fruchtsaft konserviert. In diesem findet man spärlich Teile der Oberhaut und Samen, reichlicher einzelne Samenhaare. In den Vereinigten Staaten wird als „Tomato Catsup" oder „Ketchup" eine mit Essig und Gewürzen versetzte Tomatenpaste in grofsen Mengen verkauft. Häufig ist sie künstlich gefärbt, mit Natriumbenzoat oder Salizylsäure konserviert und mit Gallerten oder fremdartigem Mus verfälscht. Zum Nachweis wäscht man eine Probe auf engmaschigem Siebe mit strömendem Wasser und untersucht den Rückstand.

Literatur.

Macé (23); Villiers et Collin (39).

Briosi e Gigli: Intorno alla struttura anatomica ed alla composizione chimica del frutto del Pomodoro (Lycopersicum esculentum Mill.). Rendic. delle sess. della R. Acad. delle scienze dell' Ist. di Bologna. 1889, 59.

Hockauf: Über bisher wenig berücksichtigte Merkmale der Solanaceen-Samen. Ph. Centralh. 1905.

Marpmann: Beiträge zur mikroskopischen Untersuchung der Fruchtmarmeladen. Ztschr. angew. Mikr. 1896, 2, 97.

Walnufs.

Der in Asien heimische Walnufsbaum (*Juglans regia* L. — *Juglandaceae*) wird in wärmeren Teilen Europas und in Kalifornien (als „englische" Walnufs) kultiviert. Die Frucht ist eine Steinfrucht, und was gemeinhin als „Nufs" bezeichnet wird, ist — analog der Mandel — der aus dem grünen Fruchtfleisch herausgelöste Steinkern, dessen Oberfläche oft noch Spuren seiner Verwachsung mit dem weichen Fruchtfleische zeigt. Die Steinschale ist knochenhart, zweiklappig mit wulstigen Rändern, am Scheitel kurz bespitzt, ihre Oberfläche mehr oder weniger grubig gefurcht. Sie läfst sich leicht in ihre Hälften spalten, wobei man sieht, dafs sie verschieden dick und ihre Innenseite seidig glänzend ist. Sie ist unvollständig gefächert, und zwar unten vierfächerig, oben zweifächerig. Der einzige Same läſst sich der Fächerung entsprechend teilen, weil die Scheidewände in ihn eindringen. Die Oberfläche der Kotyledonen ist, den Hirnwindungen vergleichbar, tief-buchtig gewulstet, von einem dünnen, frisch leicht abziehbaren, gelben oder braunen Häutchen bedeckt.

A. **Steinschale.** Ihrer auſserordentlichen Härte wegen müssen die Schnitte auch mit starkem Messer behutsam geführt werden.

Die Auſsenschicht (Fig. 507, *a*) ist der härteste Teil, denn ihre dicht gefügten, isodiametrischen, fast farblosen Zellen sind bis zum Schwinden des Lumens verdickt.

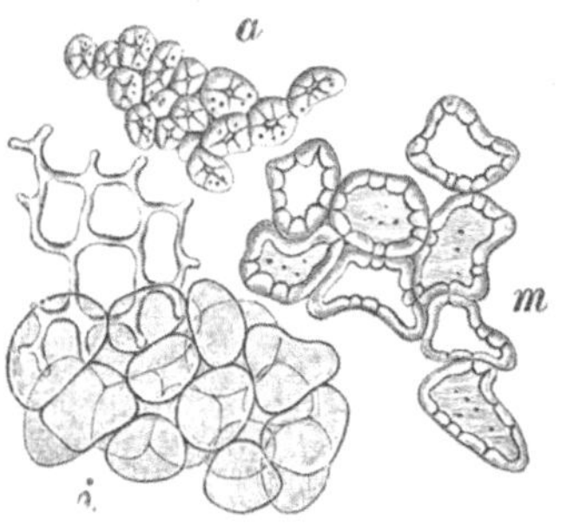

Fig. 507. Gewebe der Walnuſsschale; *a* Steinzellen der Auſsenschicht, *m* der Mittelschicht, *i* Parenchym der Innenhaut.

In der Mittelschicht (*m*) sind die Zellen gröſser, ihre Wände eigentümlich buchtig gefaltet, mäſsig verdickt, deutlich geschichtet und dicht getüpfelt.

Das Innenhäutchen ist ein lockeres, braunes, mit Lauge sich dunkler färbendes Parenchym.

B. **Samen.** Die Samenhaut zeigt nach Behandlung mit JAVELLEscher Lauge und Färbung drei Schichten, von denen die inneren zusammengepreſst, deutlich nur die Oberhaut ist. Sie besteht aus polygonalen, dünnwandigen, radial gestreckten, oft gefächerten Zellen mit gelbem oder braunem Inhalt und auffallend breiten Spaltöffnungen.

Der Samenkern besitzt anscheinend kein Nährgewebe. Auf Durchschnitten der Kotyledonen bemerkt man aber eine Randschicht aus flachen, groſsen, von einer hyalinen Membran überzogenen Zellen, die wohl als Rest des Nährgewebes angesprochen werden kann. Das übrige Gewebe ist ein zartzelliges, farbloses Parenchym, mit Fett und Aleuronkörnern (bis 10 μ) erfüllt.

Walnuſsprodukte.

Nuſskuchen als Rückstand der Ölpressung dient in beschränktem Maſse als Tierfutter. Es ist an der Samenhaut mit breiten Spaltöffnungen kenntlich.

Nufsschalen dienen zur Gewürzfälschung. Unter den mannigfachen Steinzellenformen sind die faltig-buchtigen in hohem Grade charakteristisch.

In den Vereinigten Staaten kommen auch die Nüsse anderer *Juglans*-Arten und die Hickory-Nüsse von *Carya*-Arten auf den Markt.

Die Nüsse von *Juglans nigra* L. heifsen Blacknut, die von *J. cinerea* L. Butternut, die von *Carya olivaeformis* Nutt. Pecan-Nut, die von *C. alba* Nutt. Hickory-Nut.

Von gröfserer Bedeutung sind nur die Pecan- und Hickory-Nüsse. Erstere sind etwa 3—4 cm lang, olivenförmig, die letzteren breiter, mit sechs deutlichen Rippen.

Im mikroskopischen Bau sind sie von den welschen Nüssen nicht verschieden; die Aleuronkörner dürften im allgemeinen kleiner, selten über 6 μ grofs sein.

Literatur.

Böhmer (21); Collin und Perrot (9); Hanausek, T. F. (10, 15); Macé (23); Moeller (26); Villiers et Collin (39); Vogl (42).

Godfrin: Étude histologique sur les téguments séminaux des Angiospermes. Soc. d. Sc. d. Nancy 1880, 109.

Hartwich: Über die Fruchtschale von Juglans regia. Arch. d. Pharm. 1887, **25**, 325.

Pfister: Walnufskuchen. Land. Vers.-Stat. 1894, **43**, 448.

Pineolen.

Die Samenkerne der im südlichen Europa verbreiteten Pinie (*Pinus Pinea* L. — *Coniferae*) und der alpinen Zirbelkiefer (*P. Cembra* L.) kommen als Pigneoli, Pineolen, Piniennüfschen in den Handel. Sie sind 12—15 mm lang, spindel- oder walzenförmig, schwach gekrümmt, weifs oder nach längerem Lagern gelblich, weich und schmecken mandelartig. Sie bestehen aus einem 1—1,5 mm dicken, geschlossenen Nährgewebe, in welchem der keulenförmige Embryo mit seinen zwölf fadenförmigen Kotyledonen liegt.

Das Gewebe beider ist dünnwandig und enthält neben Fett rundliche Aleuronkörner von meist 3—5 μ, auch 10—12 μ diam.

Literatur. Hanausek, T. F. (15).

Pistazie.

Die in Kleinasien und Ägypten heimische Pistazie (*Pistacia vera* L. — *Anacardiaceae*) wird in den Mittelmeerländern kultiviert. Ihre trockenen Steinfrüchte enthalten einen Samen, der meist allein als grüne Mandel oder Pistazie in den Handel kommt. Er ist 2 cm lang, seitlich etwas zusammengedrückt, gerundet-kantig, auf der gewölbten Rückenfläche gekielt und dunkelkarminrot mit hellem Adernetz, auf der Bauchseite grünlich, runzelig, mit einem eingedrückten Nabel, von dem eine Furche zu dem anderen Ende (der Chalaza) zieht. Die dünne Samenhaut umschliefst den grünen, mandelartig schmeckenden Embryo.

Die Samenhaut besitzt drei Schichten:

1. eine Oberhaut aus polygonalen (30—60 μ), fein getüpfelten Zellen;

2. ein von Leitbündeln durchzogenes, zartzelliges Parenchym, das auf der Rückseite stärker entwickelt ist und einen in Wasser löslichen roten Farbstoff enthält, der in Alkalien grün, durch Chloralhydrat nicht verändert wird;

3. eine innere Oberhaut, die auf dem Rücken undeutlich ist, auf den anderen Seiten aus kleinen (7—15 μ), polygonalen, getüpfelten Zellen besteht.

Die innere Auskleidung der Samenschale besteht aus einer mehrreihigen, durch eine hyaline Membran abgeschlossenen Aleuronschicht.

Der Embryo besitzt zwei grofse Kotyledonen, deren zartes Gewebe neben Fett meist kleine (3—5 μ), vereinzelt gröfsere (8—15 μ) Aleuronkörner enthält.

Pistazien werden mitunter durch künstlich gefärbte Mandeln ersetzt. Ist die Fälschung nicht ohne weiteres erkennbar, so dient zum mikroskopischen Nachweis der mit Alkalien sich grün verfärbende Farbstoff und die kleinzellige innere Oberhaut der Samenschale.

Literatur. Hanausek, T. F. (15); Planchon et Collin (31); Vogl (41).

Paranufs.

Die Para- oder Brasilnüsse sind die Samen von *Bertholletia excelsa* H. B. (*Lecythidaceae*), zu 15—22 in einer kugeligen, holzigen Frucht, daher dreikantig abgeflacht. Sie sind etwa 4 cm lang; ihre dunkelgraue Schale ist hart, quer gerunzelt; ihr weifser, mandelartiger Kern besteht aus dem eine kompakte Masse bildenden Embryo ohne Nährgewebe.

A. **Samenschale.** Auf Durchschnitten unterscheidet man eine äufsere, hellfarbige, etwa 1 mm dicke und eine innere dunkelbraune, auf der Innenfläche glatte Schicht.

Die Oberhaut ist eine 0,5—1,0 mm dicke Palissadenschicht. Die Zellen sind etwa 50 μ breit, sehr stark verdickt, farblos, mit nach aufsen verbreitertem Lumen. Ihre Flächenansicht ist polygonal.

Die Mittelschicht ist ein kleinzelliges Schwammparenchym mit braunem, auf Farbstoff reagierendem Inhalt.

Eine Steinzellenschicht liegt in den Kanten der Samenschale und bildet hier gewissermafsen eine dreieckige Säule. Die Zellen sind meist isodiametrisch, höchstens 100 μ grofs, mäfsig verdickt, farblos, mit braunem Inhalt. Längs der breiten Innenfläche dieser Steinsäule verlaufen die Leitbündel.

B. **Samenkern.** Er füllt als eine kompakte Masse (ungegliederter Embryo) die Schale aus und läfst sich aus ihr mit oder ohne die innere braune Samenhaut lösen.

Unter der Oberhaut aus unregelmäfsig polygonalen, grofsen, an der Aufsenseite derbwandigen Zellen ist das Parenchym rundzellig, zartwandig, erfüllt von einer farblosen, teilweise kristallinischen Masse: Fett und Aleuron. Eine schmale Randschicht ist etwas kleinzelliger und scharf abgegrenzt von dem grofszelligen Innengewebe. In entfetteten Schnitten sieht man unter Terpentin oder Jodtinktur in jedem der grofsen Aleuronkörner (30 μ) ein grofses Kristalloïd neben unregelmäfsig höckerigen Globoïden.

Produkte der Brasilnufs.

Die ganzen oder gebrochenen Samenkerne werden in der Zuckerbäckerei benützt. Man prefst auch Öl aus ihnen, aber in zu geringer Menge, als dafs der Rückstand als Futtermittel in den Handel gebracht werden könnte.

Die gemahlenen Steinschalen werden zur Fälschung von Gewürzen verwendet. An den farblosen Palissadenzellen, dem dunkelbraunen Parenchym und den farblosen isodiametrischen Steinzellen sind sie nachweisbar.

Literatur.

Hanausek T. F. (15); Tschirch (36).
Hofmeister: Pflanzenzelle. Leipzig 1867, 178.
Millardet: Ann. Sc. nat. 4. sér. 34.

Kürbisfrüchte.

Von den Früchten der Cucurbitaceen werden bei uns Gurken, Kürbisse, Wasser- und Zuckermelonen teils frisch, teils als Gemüse, teils als Konserven gegessen. Sie alle sind grofse, vielsamige Beeren mit derber Schale und saftigem Fruchtfleisch.

A. **Fruchtwand.** Die Oberhaut besteht aus polygonalen, derbwandigen Zellen und trägt Spaltöffnungen. Die Oberhautzellen sind oft höher als breit, erscheinen daher auf Querschnitten palissadenförmig mit stark verdickten, gelben Aufsen- und Seitenwänden und dünner, glatter Cuticula (Fig. 508).

Das Fruchtfleisch ist grofszellig, dünnwandig, von Leitbündeln durchzogen. Beim Kürbis ist eine 0,2 mm breite kleinzellige Randschicht scharf abgegrenzt; bei der Wassermelone befindet sich in dem gleichen Abstande von der Oberhaut eine geschlossene Schicht schwach verdickter, dicht getüpfelter Steinzellen, nach aufsen scharf abgegrenzt, nach innen allmählich in das Parenchym übergehend; bei der Zuckermelone ist diese Steinzellenschicht schwächer entwickelt und auf weite Strecken unterbrochen; bei der Gurke ist weder eine Randschicht noch eine Steinzellenschicht entwickelt.

B. **Samen.** In der Samenschale unterscheidet man auf Querschnitten deutlich vier Schichten [1]).

1. Palissaden mit Verdickungsleisten. Da die Palissaden bei der Reife mehr oder weniger verschleimen, findet man sie oft gar nicht oder nur ihre Verdickungsleisten in spärlichen Resten als Fäden. Am besten sind die Palissaden bei der Wassermelone

---

[1]) v. Höhnel unterscheidet zehn Schichten, von denen aber mehrere praktisch belanglos sind.

erhalten (Fig. 509), demnächst beim Kürbis. Hier sind sie von einer farblosen, anscheinend homogenen Membran bedeckt[1]).

2. Steinzellenschicht, in welcher besonders die innerste Lage durch die Gröfse, Form, Verdickung und lückenlose Verbindung auffällt. Diese auf Querschnitten fast quadratischen Zellen erscheinen in der Flächenansicht wellig-buchtig, den Gekrösezellen des Paprikasamens (s. Fig. 377) ähnlich. Die äufsere Steinzellenschicht ist verschieden breit.

3. Sternparenchym aus schlauchförmigen, dicht nach Art der Netzgefäfse getüpfelten Zellen. Auch diese Schicht ist verschieden. mächtig entwickelt.

4. Dünnwandiges Parenchym aus vielgestaltigen, zusammengedrückten Zellen.

Das Nährgewebe besteht aus einer hyalinen Membran und einer einfachen, kleinzelligen Aleuronschicht.

Der Embryo besitzt zwei flache Kotyledonen, deren zartzelliges Gewebe Fett und kleine Aleuronkörner, aber keine Stärke enthält.

Literatur.

Böhmer (6); Collin (8); Hanausek, T. F. (16); Harz (17); Villiers et Collin (39).

Broemer: Compt. rend. 1893, **117**, 753.

Carles: Eine Verfälschung von Tomatenkonserven mit Möhren und Kürbisbrei. Journ. pharm. chim. Sér. V. 1885, **11**, 547.

Fickel: Bot. Ztg. 1876, **34**, 737.

Fischer: Über das Siebröhrensystem der Cucurbitaceen. Leipzig 1884.

Godfrin: Étude histologique sur les téguments séminaux des Angiospermes. Soc. d. Sc. d. Nancy, 1880, 109.

Hartwich: Semen Cucurbitae. Arch. d. Pharm. 1885.

v. Höhnel: Morpholog. Untersuchungen über die Samenschale der Cucurbitaceen. Sitzungsber. Wiener Akad. 1876, **73**.

Kosutany: Die Kürbiskernkuchen. Land. Vers.-Stat. 1893, **43**, 264.

Kürbis.

Der Kürbis (*Cucurbita Pepo* L., *C. maxima* Duch. und *C. moschata* Duch. — *Cucurbitaceae*) stammt aus Südamerika (Wittmack) und wird allenthalben kultiviert. Die Früchte werden sehr grofs und fast 100 kg schwer, sind glatt oder gerippt, grün, gelb oder marmoriert und enthalten in wässerigem, süfslichem

[1]) Sie ist das Endokarp, gehört also dem Fruchtfleische an (v. Höhnel).

Fruchtfleisch zahlreiche flach-eiförmige, 1,5—2,5 cm lange, wulstig gerandete, weifse Samen.

Die Oberhaut der Fruchtwand besteht aus 50 μ hohen, bis 25 μ breiten, gelben Palissadenzellen.

Das Fruchtfleisch besitzt unter der Oberhaut eine 0,2 mm breite Schicht aus rundlichen, zarten, durch ihre Kleinheit (25 μ) von dem folgenden Parenchym abstechenden Zellen. Die Gefäfse sind oft 60 μ breit und haben mehrere (1—4) Spiralbänder.

Die Palissaden der Samenschale sind oft über 200 μ hoch, ihre Verdickungsleisten am äufseren Ende verzweigt. An vielen Samen sucht man die Palissaden vergebens; nur einzelne ihrer Verdickungsleisten sind stellenweise noch erhalten.

Das Steinparenchym besteht aus mehreren Lagen schwach verdickter, dicht getüpfelter Zellen; die grofsen Zellen der inneren Schicht erscheinen auf Querschnitten scharf abgegrenzt.

Das Sternparenchym ist fast ebenso breit wie die folgende kollabierte Parenchymschicht. In dieser ist eine einfache Aleuronschicht gut zu unterscheiden.

Kürbisprodukte.

Kürbisschnitte werden in Zucker konserviert; häufiger benützt man das Fruchtfleisch zur Fälschung anderer Obstkonserven. Das beste Kennzeichen ist die Oberhaut.

Aus den Samen wird Öl geprefst und der Rückstand als Tierfutter verwendet. Die Kürbiskuchen sind durch die mannigfachen Gewebe der Samen, besonders durch die Palissaden und die farblosen Steinzellen ausgezeichnet charakterisiert.

Gurke.

Die Heimat der Gurke (*Cucumis sativus* L. — *Cucurbitaceae*) ist Ostindien, woher sie schon in alter Zeit nach Europa verpflanzt und in vielen Spielarten kultiviert wurde. Die Früchte sind meist walzenförmig, oft höckerig, in der Jugend rauhwarzig, später glatt, meist grün, mit saftigem, nicht süfsem Fleisch und zahlreichen flachen, scharfrandigen, weifsen Samen. Gurken werden oft so früh geerntet, dafs ihre Gewebe nicht vollständig ausgebildet sind; haben sie aber einen Durchmesser von 3 cm erreicht, dann pflegen Fruchtwand und Samen genügend entwickelt zu sein, um die charakteristischen Eigentümlichkeiten erkennen zu lassen.

Sie unterscheiden sich vom Kürbis in folgendem:

Die Palissaden der Fruchtwand sind zumeist breiter als hoch.

Das Fruchtfleisch ist in seinem äufseren Teile ein kleinzelliges, lückiges, chlorophyllreiches Parenchym, allmählich in das grofszellige Parenchym übergehend.

Die Palissaden der Samenoberhaut sind fast vollständig verquollen.

Die Steinzellenschicht besteht nur aus zwei Reihen; die äufseren Zellen sind queroval, die inneren fast quadratisch, viel gröfser und stärker verdickt.

Das Sternparenchym ist eine meist einfache, an den Rändern mehrfache Zellenreihe.

Zuckermelone.

Die Kultur der Melone (*Cucumis Melo* L.) hat sich aus dem tropischen Asien und Afrika über die wärmeren Teile der ganzen Erde verbreitet. Die Früchte sind meist kugelig oder eirund, dick gerippt, gerunzelt, warzig oder genetzt, grün, gelb oder weifslich, mit grünem, weifsem, gelbem oder orangefarbigem, süfsem und aromatischem Fleisch. Samen ähnlich den Gurkensamen.

Im mikroskopischen Bau unterscheidet sich die Melone vom Kürbis in folgendem:

Die Oberhautzellen der Fruchtwand sind aufsen derart verdickt (Fig. 508), dafs ihr Lumen auf Querschnitten dreieckig oder flaschenförmig, in der Flächenansicht je nach der Einstellung sehr weit, bis punktförmig, erscheint. Unter der Oberhaut befindet sich an vielen Stellen zartzelliger Kork.

Die Steinzellenschicht im Fruchtfleische ist schwach entwickelt, weder scharf abgegrenzt noch geschlossen.

Die Palissaden der Samenschale sollen nach Harz fiederästige Verdickungsleisten haben; ich finde sie stets verquollen.

Das Sklerenchym besteht aufsen aus kleinen, rundlichen, daher lückig gefügten Zellen. Nach innen zu werden die Steinzellen allmählich gröfser, dicht gefügt und sehr stark verdickt, ohne scharfe Abgrenzung der Innenreihe.

Das Sternparenchym ist wenig entwickelt, stellenweise kaum erkennbar. Einzelne Zellen sind mitunter schwach sklerosiert.

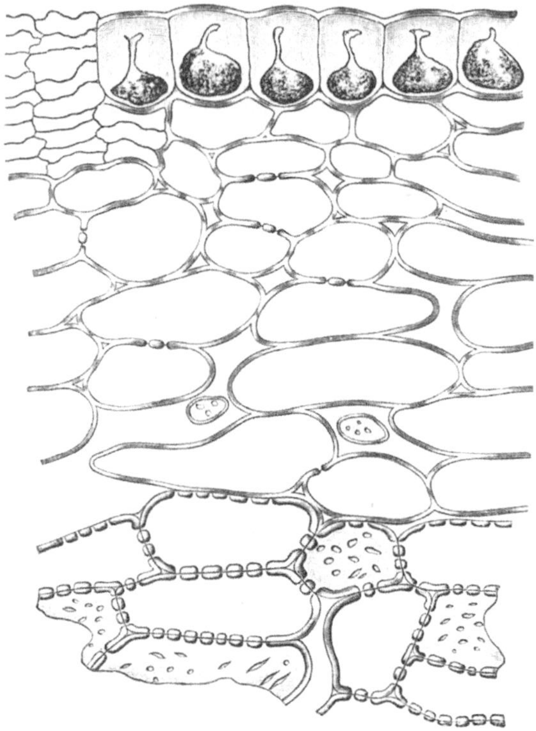

Fig. 508. Durchschnitt des Melonenrandes.

Das Nährgewebe besteht aus einer dicken hyalinen Membran und wie bei den anderen aus einer einfachen, kleinzelligen Aleuronschicht.

Wassermelone.

Die Arbuse oder Wassermelone (*Citrullus vulgaris* SCHRAD. — *Cucurbitaceae*) stammt aus Südafrika. Die Früchte sind kugelig, oft sehr grofs, grün, glatt, dünnschalig. Das Fleisch ist sehr saftig, rot, süfs, wenig gewürzhaft. Die Samen sind meist glänzend schwarz, am Rande verdickt.

Die Oberhautzellen der Fruchtwand sind oft breiter als hoch, mit mäfsig verdickter Aufsen- und Seitenwand.

Die Steinzellen im Fruchtfleisch bilden eine kaum unterbrochene Schicht, wenngleich diese an manchen Stellen nur aus einer Zelle besteht.

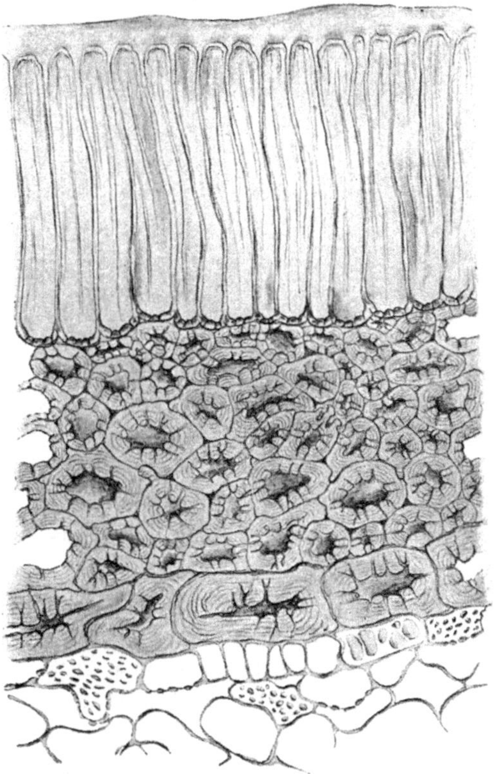

Fig. 509. Wassermelone.

Die Palissaden der Samenoberhaut sind etwa 240 μ hoch, nach HARZ seitlich gewellt (?).

Das Steinparenchym besteht aus Zellen von auffallend verschiedener Gröfse. Die Reihe kubischer, stark verdickter Zellen ist scharf abgegrenzt (Fig. 509).

Das Sternparenchym bildet zwar eine dünne Schicht, ist aber an den grobgetüpfelten Zellwänden gut erkennbar.

Palmenfrüchte.

Die Früchte der Palmen sind äufserst vielgestaltig, aber fast allen ist eine starke Entwicklung des Fruchtfleisches gemein. Dieses ist saftig und süfs (z. B. die Dattel) oder reich an Stärke (z. B. *Guilielma*-Arten in Südamerika) oder mit fettem Öl erfüllt (z. B. die Früchte der Ölpalme [Elaeis] im tropischen Westafrika) oder endlich trocken und faserig (z. B. die Kokosnufs). Demgemäfs sind sie teils wertvolle Nahrungsmittel, teils wichtige Rohstoffe der Industrie.

Bemerkenswerte Unterschiede zeigt auch die Innenschicht der Fruchtschale, das Endokarp. Es besteht entweder nur aus einer zarten oder derben, mit dem Fruchtfleisch verwachsenen oder von ihm leicht ablösbaren Oberhaut, oder es bildet eine dicke und harte Steinschale. Im ersteren Falle hat die Frucht den Charakter einer Beere (wie die Dattel), im anderen Falle den einer Steinfrucht (wie die Kokosnufs).

Der Anlage nach sind die Palmenfrüchte immer dreifächerig und dreisamig, doch gibt es Gattungen, bei denen zwei Samenanlagen regelmäfsig abortieren, so dafs die Früchte einsamig sind.

Der Same besteht gröfstenteils aus Nährgewebe (Endosperm), in dem ein kleiner, meist wenig entwickelter Embryo liegt. Das Nährgewebe ist entweder zartzellig, oder die Zellwände sind verdickt, mitunter in einem Grade, dafs die Samen beinhart sind (z. B. Dattelkern) und bei genügender Gröfse ein wertvolles Material für die Drechslerei liefern (z. B. die Steinnufs). Der Inhalt des Nährgewebes ist Fett und Eiweifs, keine Stärke, Fett mitunter in solcher Menge, dafs die Gewinnung desselben sich lohnt (z. B. bei der Kokosnufs).

Kokosnufs.

Die über den ganzen Tropengürtel verbreitete und wegen ihrer vielseitigen Nützlichkeit auch angebaute Kokospalme (*Cocos nucifera* L.) besitzt kopfgrofse, dreikantige, einsamige

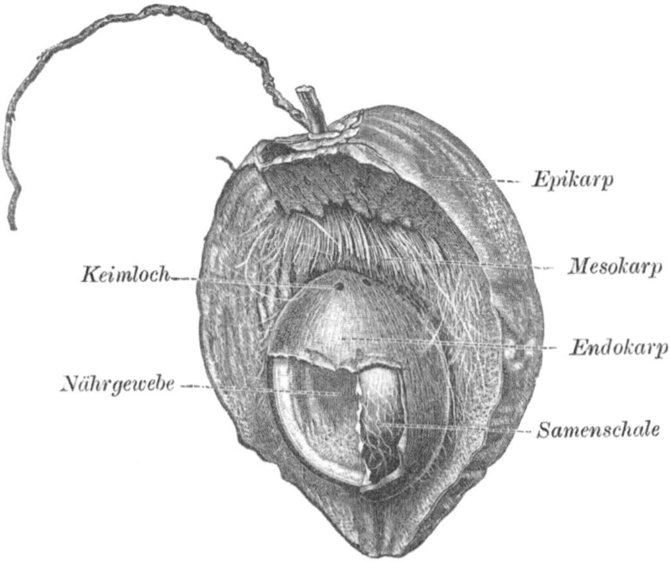

Fig. 510. Aufgebrochene Kokosnufs (A. L. WINTON).

Früchte, deren Entwicklung aus einem dreifächerigen Fruchtknoten durch drei Keimlöcher in der unteren Hälfte der Steinschale angedeutet ist (Fig. 510). Eine bräunliche oder graue, glatte, zähe Haut (Epikarp) bedeckt die 3—4 cm dicke Faserschicht (Mesokarp), die verwachsen ist mit der dunkelbraunen, eiförmigen, 2—6 mm dicken Steinschale (Endokarp). Man kann daher die Kokosnufs als trockene Steinfrucht bezeichnen.

Fig. 511. Innenfläche der Kokosnufsschale; links die Raphe, von der das Leitbündelnetz der Samenhaut entspringt. — Vergröfserung 1/5 (A. L. WINTON).

Der Same besitzt eine dünne, lichtbraune Schale, die einerseits der Steinschale, anderseits dem Samenkern angewachsen und von zahlreichen verzweigten Leitbündeln durchzogen ist. Der Samenkern (das sog. „Fleisch“) besteht wesentlich aus einem geschlossenen, eiförmigen, 1—2 cm dicken Hohlkörper von weifser Farbe und mandelartiger Konsistenz (Endosperm).

Der kleine Embryo liegt im Endosperm nahe am Grunde. In unreifen Früchten ist das Endosperm weich und mit weifser, milchartiger Flüssigkeit erfüllt. Diese schwindet allmählich in dem Mafse als das Endosperm dichter wird.

Zur Ausfuhr gelangen meist nur die vom faserigen Fruchtfleisch gröfstenteils befreiten Nüsse mit der Steinschale.

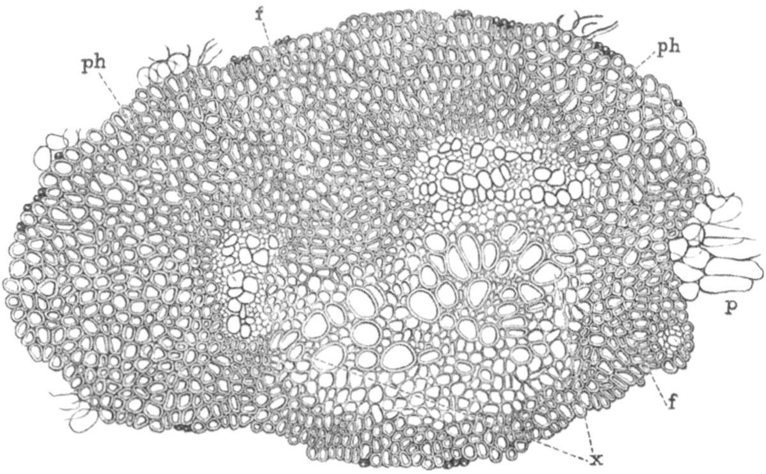

Fig. 512. Querschnitt eines Leitbündels im Mesokarp der Kokosnufs, 90fach vergr. (A. L. WINTON);

f Fasern, *ph* Phloëm, | *x* Xylem, *p* Grundparenchym.

A. **Fruchtwand.** Die Oberhaut besteht aus rechteckigen Zellen mit dunklem Inhalt.

Die Mittelschicht (das trockene Fruchtfleisch) besteht aufsen aus dickwandigen, getüpfelten Zellen und ist von Fasersträngen durchzogen. Innen wird das Gewebe dünnwandig, und die in ihm verlaufenden Stränge sind vollständige Leitbündel (Fig. 512 u. 513). Der die Zellwände durchdringende braune Farbstoff wird mit Alkalien rötlich, mit Eisensalzen nach längerer Einwirkung olivengrün. Die Leitbündel besitzen eine dicke Scheide von Fasern, deren Oberfläche mit kleinen (8—20 μ), rundlichen Zellen (Stegmata) besetzt ist, deren jede ein Kieselkörperchen enthält (Fig. 513 u. 514).

B. Die **Steinschale** (das Endokarp) besteht aus dicht gefügten Steinzellen und ist von teilweise zerstörten Leitbündeln durchzogen (Fig. 515). Durchschnitte zeigen, dafs die Stein-

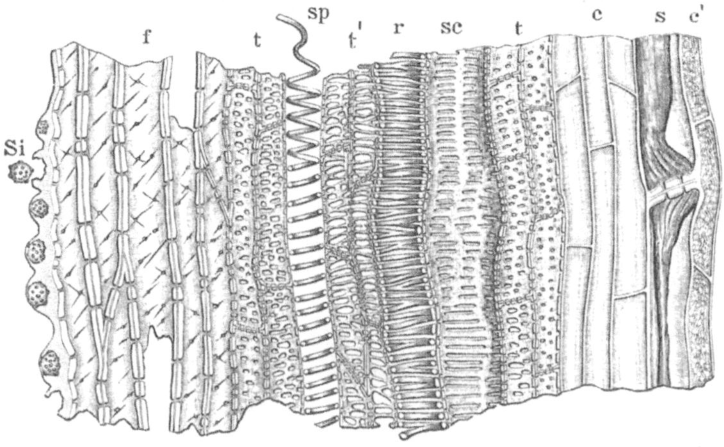

Fig. 513. Das Leitbündel Fig. 512 im Längsschnitt (A. L. WINTON);
f Fasern mit Kieselkörperchen *Si* (Fig. 514),
t, *t'*, *sp*, *r*, *sc* verschiedene Gefäfsformen,
c, *c'* Kambiform,
s Siebröhren.

zellen zumeist gestreckt und teils longitudinal, teils transversal geordnet sind, so dafs sie sich gruppenweise kreuzen. Die innere Auskleidung der Steinschale ist ein Teil der Samenschale und besteht aus grofsen, vielgestaltigen, einander in allen Richtungen durchkreuzenden Zellen (Fig. 515 u. 517) nebst reichem Adernetz (Leitbündel).

Fig. 514. Kieselkörperchen, 1500fach vergr. (A. L. WINTON).

C. **Samen.** Die braune Umhüllung des Samenkerns ist jener Teil der Samenschale, der nicht an der Steinschale haften blieb. Sie besteht aus 10—20 Lagen kleiner, verdickter (3 μ), ungetüpfelter Zellen mit gelbem oder braunem Inhalt.

Der weifse Samenkern ist das Endosperm (Fig. 518). Seine Zellen sind aufsen fast isodiametrisch (50 μ diam.), innen radial verlängert (bis 300 μ). Die etwa 3 μ dicken Zellwände tragen breite, in Lauge deutlicher erkennbare Tüpfel. Der Zellinhalt besteht aus Fettkristallen und Aleuronkörnern mit je einem (bis 25 μ) grofsen Kristalloïd.

Produkte der Kokosnufs.

Schnitzel aus dem getrockneten Samenkern werden grob gepulvert in den Handel gebracht. Sie bestehen fast nur aus Endospermgewebe mit sehr wenig Schalenbestandteilen.

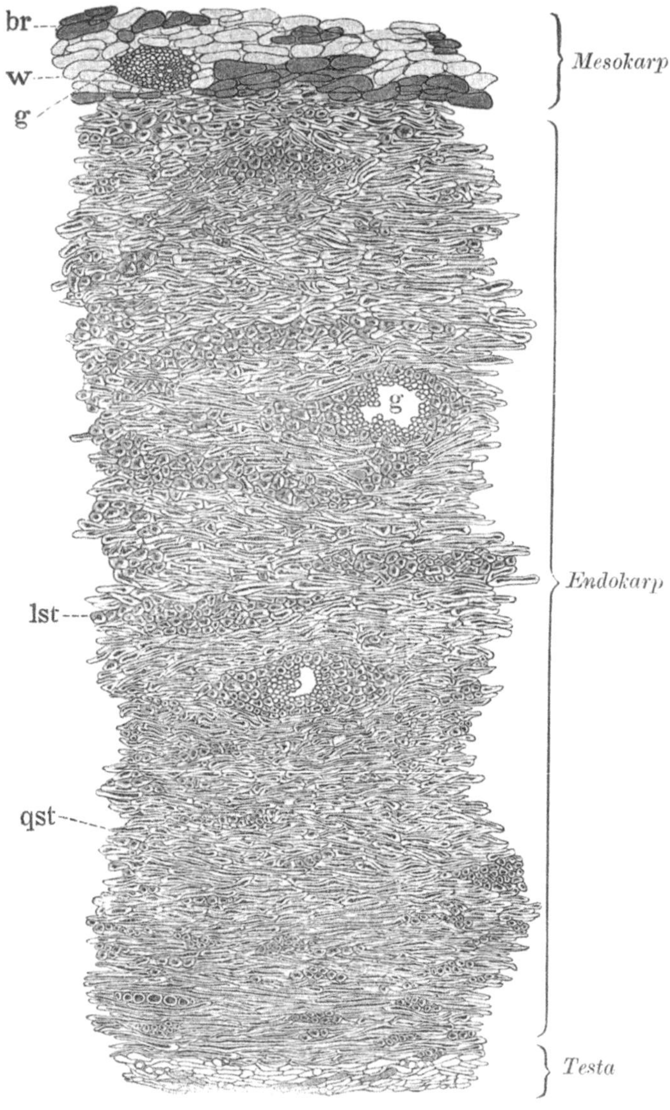

Fig. 515. Steinschale der Kokosnufs im Querschnitt bei 60facher Vergr. (A. L. WINTON); *br* braunes, *w* farbloses Parenchym, | *g* Leitbündel, *lst* längslaufende, | *qst* querlaufende Steinzellen.

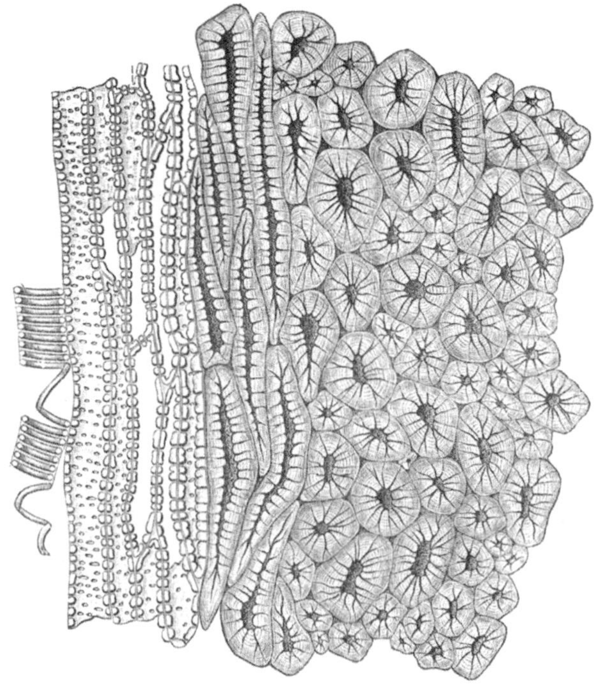

Fig. 516. Radialer Längsschnitt durch die Steinschale der Kokosnufs bei 300facher Vergr. (A. L. WINTON).

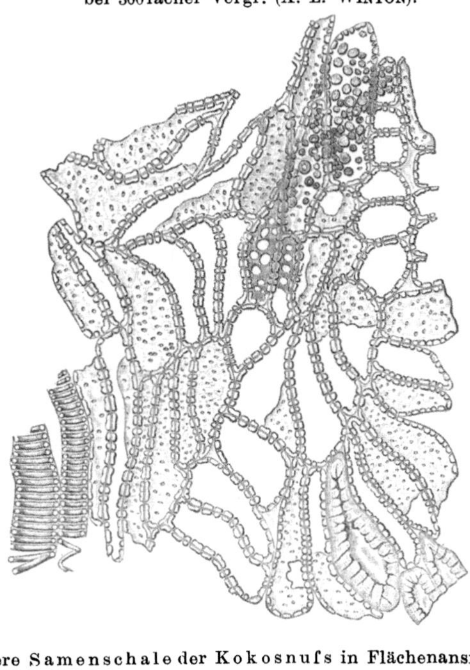

Fig. 517. Äufsere Samenschale der Kokosnufs in Flächenansicht (A. L. WINTON).

Kokosnufskuchen, der Rückstand der Ölpressung, wird als Futtermittel und zur Gewürzfälschung benützt. Er besteht

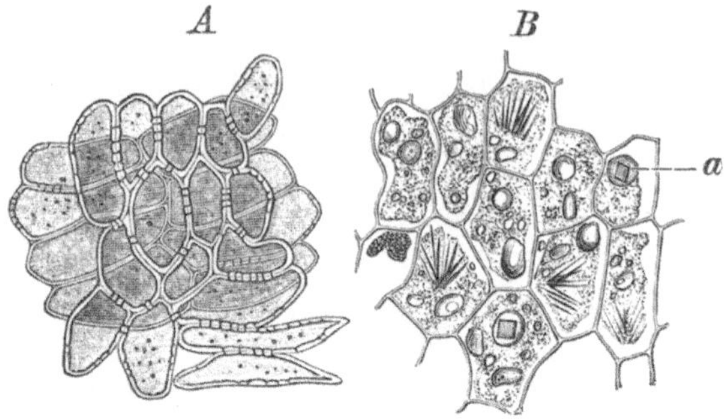

Fig. 518. Samengewebe der Kokosnufs; *A* Schalenparenchym, *B* Nährgewebe mit Fett und Aleuron *a*.

ebenfalls hauptsächlich aus Endosperm, enthält aber reichlicher Schalenteile. Von Palmölkuchen ist er unschwer an der geringeren Dicke der Zellwand zu unterscheiden.

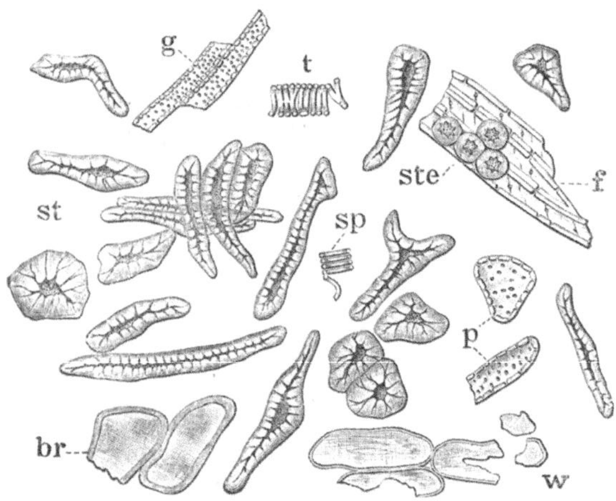

Fig. 519. Kokosnufspulver (A. L. WINTON);
st dunkelgelbe Steinzellen, *t* Netzgefäfs, *sp* Spiralgefäfs, *p* Parenchym der Samenschale, *g* Tüpfelgefäfs, *w* farbloses Parenchym, *br* braunes Parenchym, *f* Bastfasern, *ste* Kieselkörperchen.

In Amerika ist Kokoskuchen zur Fälschung von Gewürzen nicht gebräuchlich, dagegen benützt man dort die gemahlenen Steinschalen (Fig. 519) dazu. Sie bestehen überwiegend aus braunen Steinzellen, enthalten aber auch reichlich Bruchstücke von Gefäfsen und durch die ihnen anhaftenden Stegmata charakteristische Fasern.

Literatur.

BENECKE (2); BÖHMER, C. (6, 10, 21); COLLIN (9); HANAUSEK, T. F. (15, 16, 45); HARZ (17); MOELLER (26); VOGL (42).

MOELLER: Die Rohstoffe des Tischler- und Drechslergewerbes. Cassel 1884.

WINTON: The Anatomy of the Fruit of Cocos nucifera. Amer. Jour. Sci. 1901, **12**, 265. — Conn. Agr. Exp. Stat. Rep. 1901, 208. — Amer. Jour. Pharm. 1901, **73**, 523.

Palmnufs.

Die Ölpalme (*Elaeis guineensis* L.) ist im tropischen Westafrika heimisch, wächst aber auch in Amerika scheinbar wild. Ihre Früchte, die sog. Palmnüsse, sind pflaumengrofs, gelb oder rot und besitzen ein ölreiches Fruchtfleisch rings um den schwärzlichen, unregelmäfsig dreikantigen Steinkern. In diesem liegt ein ebenfalls ölreicher Same. Unter Palmöl versteht man das Fett des Fruchtfleisches, während man das Samenfett als Palmkernöl bezeichnet. Der Prefsrückstand des letzteren dient als Futtermittel und zur Gewürzfälschung[1]).

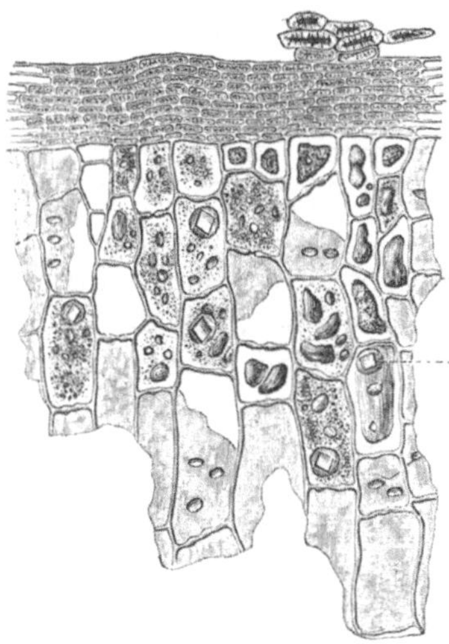

Fig. 520. Samenrand der Ölpalme im Querschnitt; *s* Samenschale, *E* Nährgewebe, *a* Aleuronkörner.

Die aus der Steinschale (dem Endokarp) gelösten Samen besitzen eine Hülle aus mehreren sich kreuzenden Schichten dünnwandiger, tangential gestreckter Zellen (Fig. 520, *s*). Sie enthalten eine braune Masse, die in den inneren Schichten mit Lauge zitronengelb wird (T. F. HANAUSEK). Oft haften ihnen Zellen der Steinschale an.

Der Palmenkern (das Endosperm) ist der Kokosnufs ähnlich, aber die Zellen sind dickwandiger (doppelt 5 μ), deut-

[1]) In Frankreich unter der Bezeichnung „Poivrette“ oder „Pepperette“ zur Fälschung des Pfeffers.

licher getüpfelt, auf Durchschnitten knotig (Fig. 520, *E*). Der Zellinhalt ist dem der Kokosnufs gleich. Die Aleuronkörner mit ihren Einschlüssen sieht man gut, wenn die Schnitte zuerst mit Jodtinktur getränkt, dann in verdünnter Salzsäure betrachtet werden.

Literatur.

Benecke (2); Böhmer (6, 10, 21); Collin (8); Hanausek, T. F. (10, 15, 16, 45); Harz (17); Schimper (34); Villiers u. Collin (39); Vogl (42).

Emmerling: Über Palmkernkuchen und -mehl. Landw. Vers.-Stat. 1898, **50**, 5.

Hanausek, T. F.: Über die Frucht der Ölpalme. Ztschr. allgem. österr. Apoth.-Ver. 1882, **15**, 325.

Kobus: Kraftfutter und seine Verfälschung. Landw. Jahrb. 1884, **13**, 813.

Meyer, A.: Über die Ölpalme. Arch. Pharm. 1884, **22**, 713.

Moeller: Über afrikanische Ölsamen. Dingl. polyt. Jour. 1880, **238**, 252.

Dattel.

Die Dattelpalme (*Phoenix dactylifera* L.) ist eine alte Kulturpflanze des Orients, wo sie als ein wertvolles Nahrungsmittel für Mensch und Tier gezogen wird.

In Form, Farbe und Gröfse (4—8 cm) sind die Früchte verschieden. Sie sind einsamige Beeren. Das Fruchtfleisch ist etwa 1 cm dick, die 2—3 cm langen und 0,5 cm dicken Samen sind von einer dünnen, bräunlichen Haut (dem Endokarp) bekleidet. Der Samenkern ist ein beinhartes, an der Bauchseite gefurchtes Endosperm, in dessen Mitte der kleine Embryo liegt.

A. **Fruchtfleisch.** Aus den zuvor in Wasser erweichten, dann in Alkohol gehärteten Datteln können gute Durchschnitte angefertigt werden.

Die Oberhaut besteht aus isodiametrischen (10—30 μ), farblosen Zellen.

Das Mesokarp ist durch eine Steinzellenschicht in eine schmale äufsere und eine viel breitere innere Lage gesondert. Die Zellen der Aufsenschicht (20 – 50 μ) enthalten eine gelbe oder braune Masse, die der Innenschicht gehen von tangential gestreckten in isodiametrische und schliefslich in radial gestreckte Formen über. Sie sind bisweilen mit Zuckerkristallen (s. Fig. 2, pag. 23) erfüllt. Die meisten Steinzellen sind radial gestreckt.

Das Endokarp aus farblosen, zusammengefallenen Zellen bildet ein weifses, seidig-faseriges, den Stein lose umhüllendes Häutchen.

B. **Dattelkern.** Die Oberhaut der Samenschale (Fig. 521) ist aus verlängerten, schwach sklerosierten, porösen

Zellen lückenlos gefügt. In der Mitte der Rückenseite sind sie parallel zur Samenachse gereiht, an anderen Stellen oft in Gruppen quer oder diagonal, an das Endokarp der Johannisbeere (Fig. 473) erinnernd.

In der Mittelschicht sind alle Zellen tangential verlängert. Unmittelbar unter der Oberhaut kommen gelegentlich

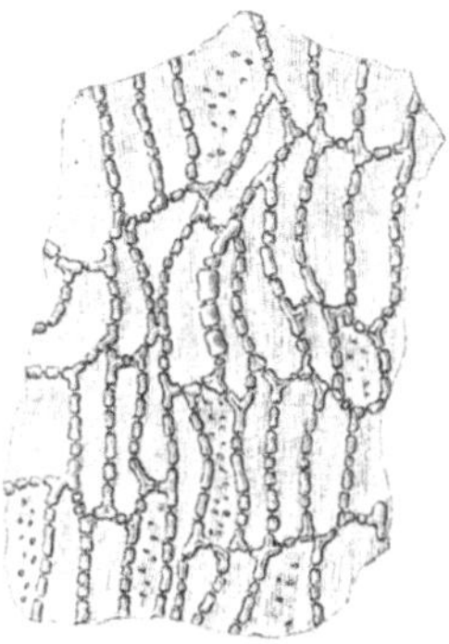

Fig. 521. Samenoberhaut der Dattel.

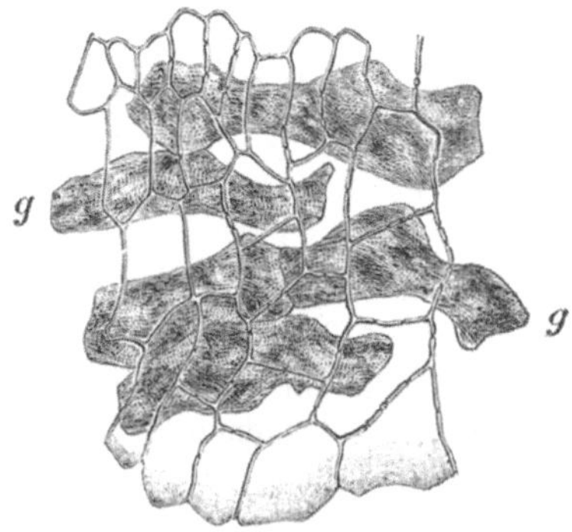

Fig. 522. Samenschale der Dattel mit Pigmentschläuchen g.

dickwandige, getüpfelte Zellen vor; die anderen 2—3 Lagen sind zartzellig und seitlich auseinander gerückt (Fig. 522, *g*) wie die Schlauchzellen der Zerealien. In der Regel sind die äufseren in der Richtung der Oberhautzellen gestreckt und kreuzen sich mit den unter ihnen gelegenen Zellen. Wegen ihrer rotbraunen Färbung fallen sie auf.

Die dem Endosperm anliegenden 1—2 Schichten sind kleinzelliger und dunkler gefärbt.

Das Endosperm besteht aus dicht gefügten, sehr stark verdickten, breit getüpfelten, farblosen Zellen (Fig. 523). Die Dicke der doppelten Zellwände beträgt gewöhnlich 15 μ und übersteigt selten 30 μ. Die Poren verbreitern sich gegen die Mittellamellen trichterförmig. Aufsen sind die Zellen radial gestreckt, innen isodiametrisch. Sie enthalten Öl.

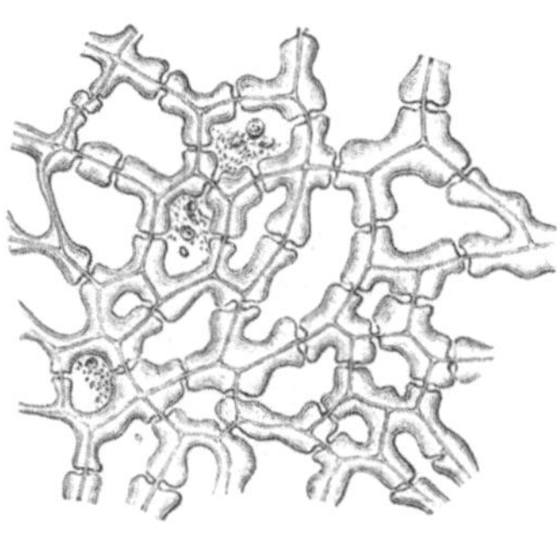

Fig. 523. Nährgewebe der Dattel.

Dattelprodukte.

Das Fruchtfleisch wird zu vielerlei Kanditen, Konfekten, Pasteten usw. verwendet. Aus kleinen Stücken desselben können Präparate angefertigt werden.

Gemahlene Dattelkerne dienen zur Kaffeefälschung. Sie im Pulver aufzufinden, ist nicht leicht, weil die Unterschiede der Tüpfelung durch das Rösten und Mahlen verwischt werden. Kann man aber aus gröfseren Pulverteilen Schnitte anfertigen, so bietet die Unterscheidung keine Schwierigkeit. Die Samenschale der Dattel mufs ebenfalls aufgefunden werden. — S. auch Steinnufs.

Literatur.

Hanausek, T. F. (10, 15); Macé (23); Moeller (26); Villiers u. Collin (39); Vogl (48).

Braun: Über das Vorkommen von Sphärokristallen aus Traubenzucker in den verschiedenen Drogen. Ztschr. allg. österr. Apoth.-Ver. 1878, **16**, 337.

Hanausek, T. F.: Über die Anatomie der Dattelkerne. Chem. Ztg. 1886, **10**, 701.

Sachs: Zur Keimungsgeschichte der Dattel. Bot. Zeitg. 1862.

Zabuckie: Notes on t. Structure of t. Fruit-Stone of the Date; Phoenix dactylifera L. Journ. N. Y. micr. Soc. 1892, 8, 107.

Wachspalme.

Die Samen der Wachspalme (*Corypha cerifera* L. — *Copernicia cerifera* Mart.) dienen in Brasilien schon lange als Kaffeesurrogat, in neuerer Zeit werden sie auch nach Europa gebracht.

In Form und Gröfse sind sie einer kleinen Eichel ähnlich, hellbraun mit dunkleren Längsstreifen. Die Innenfläche der Schale und die Aufsenfläche des Kerns sind tief gerunzelt. Der Kern ist ein beinhartes Endosperm, in das nahe dem Nabel der kleine Embryo gebettet ist.

Die Samenschale besteht: 1. aus zwei oder mehr Lagen kleiner, polygonaler, dünnwandiger Zellen; 2. aus mehreren Lagen grofser, rundlicher, schwach sklerosierter Zellen; 3. einer dicken Parenchymschicht.

Die Endospermzellen sind denen des Dattelkerns ähnlich, aber etwas weniger verdickt.

Literatur. Villiers et Collin (39).

Steinnufs.

Mehrere Palmen besitzen so harte Samen, dafs dieselben als Steinnüsse oder vegetabilisches Elfenbein zu Knöpfen verarbeitet werden. Die meisten Steinnüsse stammen von der in Südamerika heimischen *Phytelephas macrocarpa* R. et P.

Sie haben die Gröfse eines Hühnereies und die Form eines Orangensegmentes. Eine dünne, harte und brüchige, aufsen graue, innen schwarze Schale (das Endokarp, der Steinschale der Kokosnufs analog) umschliefst das beinharte, weifse, von einer dünnen braunen Haut bekleidete Nährgewebe des Samens. Ein warzenartiger Vorsprung in der Nähe des Nabels deutet die Lage des Keimlings an.

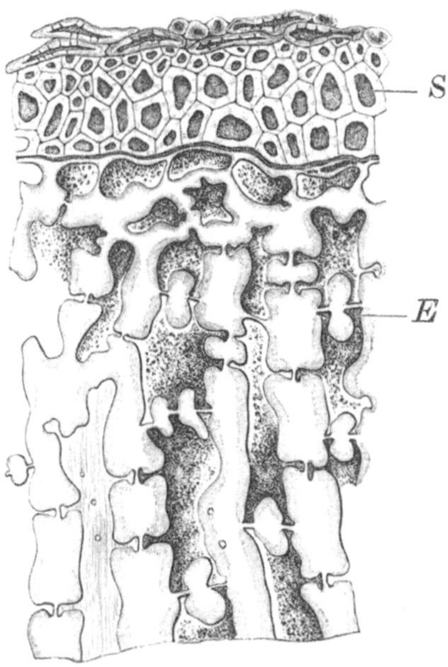

Fig. 524. Rand der Steinnufs im Querschn.: *S* Samenschale, *E* Nährgewebe.

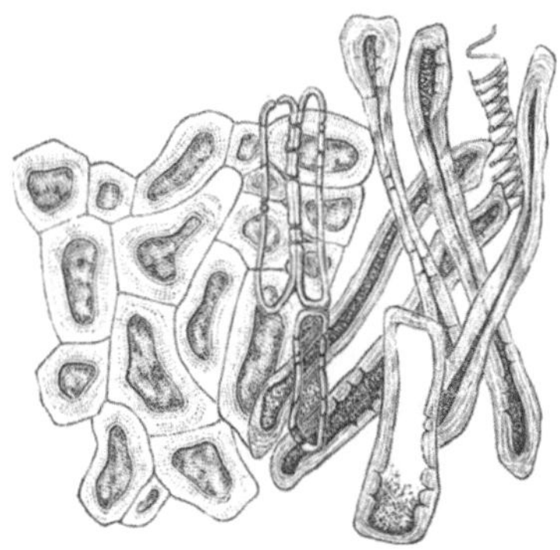

Fig. 525. Schalengewebe der Steinnufs im Pulver.

A. **Steinschale.** Sie besteht aus drei Schichten:

1. farblose, in radialen Reihen (nach Art des Korkes) geordnete, getüpfelte Zellen;

2. Palissaden, 500 μ hoch, 40—100 μ breit, mit verdickten Innen- und Seitenwänden, daher trichterförmigem Lumen, erfüllt von einem Kieselkörper;

3. eine dünne Schicht kollabierter Zellen, der ein Teil der Samenschale anhaftet.

B. **Samen.** Der an der Steinschale haftende Teil der Samenhaut besteht aus Sklerenchymfasern mit dunkelbraunem Inhalt, die in verschiedenen Lagen sich kreuzen.

Der mit dem Samenkern verwachsene Teil der Samenhaut ist grofszellig, dickwandig, undeutlich getüpfelt (Fig. 524, *S*).

Zwischen diesen beiden Schichten verlaufen die Leitbündel, so dafs sie beim Auslösen der Samen meist an der Steinschale zurückbleiben und nur ihre Abdrücke an der Samenoberfläche erkennbar sind.

Das Endosperm (Fig. 524, *E*) ist das dickwandigste von allen. Die Zellen sind zumeist radial gestreckt, ihre Wände 35 μ, oft über 50 μ dick, von am Grunde verbreiterten Poren durchsetzt.

Steinnufspulver.

Die Drehspäne und andere Abfälle der Knopffabrikation dienen als Fälschungsmittel für Kaffee. Die Endospermzellen sind von denen der Kaffeebohne leicht zu unterscheiden; dazu kommen die Gewebe der Samenschale (Fig. 525).

Tahitinufs.

In neuerer Zeit kommen als minderwertige Steinnüsse die Samen zweier auf den Südseeinseln verbreiteter Palmen (*Coelococcus carolinensis* Dingl. und *C. salomonensis* Warb.) unter verschiedenen Namen, meist als Tahiti- oder Fidschi-Nüsse, auch als australische Wassernüsse in den Handel.

Sie sind schwarzbraun, apfelgrofs, undeutlich gerippt, am Scheitel, wo der Embryo liegt, abgeflacht, am Grunde ausgehöhlt, so dafs ihr vertikaler Durchschnitt hufeisenförmig ist.

Das weifse Endospermgewebe hat grofse Ähnlichkeit mit dem der echten Steinnufs, läfst sich aber (nach T. F. Hanausek) doch unterscheiden: die Zellen sind länger und schmäler, ihre Mittellamelle ist deutlicher, die ganze Zellwand ist von schiefen Spalten (Rissen?) durchsetzt, fast jede Zelle enthält einen kleinen prismatischen Oxalatkristall.

Literatur.

Böhmer, C. (21); Hanausek, T. F. (15, 16, 45); Moeller (26); Vogl (42).

Hanausek, T. F.: Über einige, gegenwärtig im Wiener Handel vorkommende Gewürzfälschungen. Ztschr. Nahr.-Unters. Hyg. 1894, 8, 95.

HANAUSEK, T. F.: Zur Anatomie der Tahitinufs. Ztschr. allgem. österr. Apoth.-Ver. 1880, **13**, 360. Ztschr. Nahr.-Unters. Hyg. 1893, **7**, 197.
MOLISCH: Die Kieselzellen in der Steinschale der Steinnufs. Centr.-Org. Warenk. Techn. 1891, 103.
MOELLER: Die Rohstoffe des Tischler- und Drechslergewerbes. Cassel 1884.

Becherfrüchte [1]).

So nennt man die Früchte, die von einer Hülle umgeben sind, wenn diese auch nicht immer die Gestalt eines Bechers besitzt (wie bei der Eichel und Haselnufs), denn die Früchte der Kastanie und der Buche sind von einer stacheligen Hülle vollständig eingeschlossen. Bei der Reife fallen die Früchte aus ihrer Hülle heraus. Sie besitzen eine holzigharte (Haselnufs und Eichel) oder derblederige Schale (Kastanie und Buchel), die nicht aufspringt; sie gehören also zu den Nüssen. Zumeist enthalten sie nur einen Samen, der kein Nährgewebe besitzt, sondern einen Embryo mit mächtig entwickelten Keimblättern. Bei der Eichel und Kastanie sind diese strotzend mit Stärke erfüllt; bei der Haselnufs und der Buchel enthalten sie fettes Öl.

Haselnufs.

Die bei uns gebräuchlichsten Haselnüsse stammen von der wild wachsenden oder auch gezogenen *Corylus Avellana* L., die dünnschaligen Lambertnüsse von der südeuropäischen *C. tubulosa* WILLD., die türkischen Haselnüsse von *C. Colurna* L. (*Betulaceae*). In Amerika sammelt man die ebenso guten Früchte dort heimischer Arten (*C. americana* WALT., *C. rostrata* AIT., *C. californica* ROSC.). Sie unterscheiden sich in der Gröfse und Form (Verhältnis der Länge zur Breite), in der Schalendicke und Farbe der Samenhaut; alle sind aber gekennzeichnet durch einen grofsen rundlichen, netzig-strahligen Schild am Grunde (der Verwachsungsstelle mit der Becherhülle). Sie sind echte Nüsse, denn die Schale ist die ganze erhärtete Fruchtwand, nicht wie bei den Walnüssen nur der innere Teil derselben. Sie

---

[1]) Die systematische Botanik vereinigte früher die Gattungen mit Becherfrüchten als *Cupuliferae*; jetzt trennt man sie in die Familien *Fagaceae* und *Betulaceae*.

enthalten einen, selten zwei Samen, deren schülferige Schale von deutlich sichtbaren Leitbündeln durchzogen ist.

A. **Fruchtschale.** Von der in verdünnter Lauge gekochten Steinschale läfst sich die Oberhaut leicht abschaben. Sie besteht aus polygonalen, dünnwandigen Zellen mit zahlreichen Haaren (Fig. 526). Diese sind so verdickt, dafs ihr Lumen (aufser am Grunde) kaum erhalten ist. In der unteren Hälfte der Schale sind die Zellen meist etwas verlängert, und statt der Haare finden sich nur deren Narben.

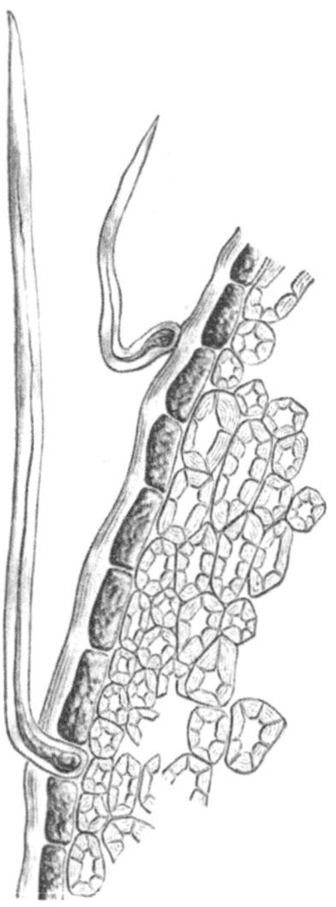

Fig. 526. Steinschale der Haselnufs im Querschnitt (nach MALFATTI).

In der Steinplatte (dem Mesokarp) unterscheidet man auf Querschnitten drei Schichten:

Die in allen Schichten farblosen Zellen sind aufsen rundlich isodiametrisch, scharf abgegrenzt und lose verbunden, daher beim Mahlen leicht zerfallend. Ihre Gröfse steigt von 15 bis 50 μ. In dieser Schicht verlaufen die dicken Leitbündel. — In der Mitte sind die Steinzellen radial gestreckt und dicht gefügt. — Innen sind sie meist tangential gestreckt, gröfser, und trotz der stärkeren Verdickung ist ihr mit braunem Inhalt erfülltes Lumen weiter. Ihre Konturen sind unter Wasser nicht scharf, werden aber unter Lauge deutlich.

Braunes, mehr oder weniger zerstörtes Parenchym kleidet die Steinschale aus.

B. **Samen.** Die dünne Samenschale besitzt eine farblose Oberhaut aus polygonalen, scharf begrenzten Zellen. Es folgt ein farbloses, lückiges Parenchym und eine zusammengedrückte Schicht brauner Zellen.

Der Kern läfst sich in zwei Kotyledonen spalten, und man sieht im spitzen Ende das kleine Würzelchen mit dem Knöspchen. Querschnitte der Kotyledonen zeigen eine einfache oder mehrreihige Aleuronschicht, darunter eine kleinzellige, tangential gestreckte Oberhaut, die erstere deutlich abgegrenzt von dem zart- und grofszelligen, lückigen, mit Fett und Aleuron erfüllten Gewebe. Die Aleuronkörner sind rundlich (15—30 μ) und enthalten

Globoïde in einer körnigen Grundmasse. Deutlich sieht man die Globoïde, wenn man entfettete Schnitte in Alkohol legt. In Wasserpräparaten wird die Grundmasse allmählich zerstört, und die Globoïde werden frei. HANAUSEK fand auch kleine Stärkekörner im Zellinhalt.

Haselnufsprodukte.

Haselnufsmehl aus nicht entfetteten Samen soll mit Weizen- und Roggenmehl zu Brot verbacken werden[1]. Die Aleuronkörner und Fragmente der Samenschale dürften den Nachweis ermöglichen.

Haselnufskuchen als Rückstand von der Ölpressung ist mikroskopisch von Haselnufsmehl nicht zu unterscheiden.

Haselnufsschalen sind wiederholt als Zimtfälschung beobachtet worden. Der Nachweis bietet keine Schwierigkeit, da die Steinzellen verschieden sind und die Oberhaut mit den Haaren oder Haarnarben sicher auf die Spur leitet.

Literatur.

HANAUSEK, T. F. (15); VILLIERS et COLLIN (39); VOGL (42).

HANAUSEK, T. F.: Über den histologischen Bau der Haselnufsschalen. Ztschr. allg. österr. Apoth.-Ver. 1892, **30**, 61.

— Über einige, gegenwärtig im Wiener Handel vorkommende Gewürzfälschungen. Ztschr. Nahr.-Unters. Hyg. 1894, **8**, 95.

MALFATTI: Eine neue Verfälschung des Zimtpulvers. Ztschr. Nahr.-Unters. Hyg. 1891, **5**, 133.

MICKO: Haselnufsschalen als Verfälschungsmittel der Gewürze. Ztschr. allg. österr. Apoth.-Ver. 1892, **30**, 42.

Eichel.

Die Früchte der einheimischen Eichen (besonders *Quercus pedunculata* EHRH. und *Qu. sessiliflora* SALISB. — *Fagaceae*) dienen nicht nur als Tierfutter, sondern auch zur Bereitung eines diätetischen Kaffeesurrogates. In Amerika werden die Eicheln nicht gesammelt; man läfst sie (wie auch in Ungarn) in den Wäldern von Schweinen fressen.

Die aus ihrem Becher herausgefallene oder gelöste Eichel ist eine Nufs mit glatter, am Scheitel kurz behaarter Oberfläche,

---

[1] PLAGGE and LEBBIN: Veröffentlichungen auf dem Gebiete des Militär-Sanitätswesens. 1897, **12**, 193.

an der Basis mit einem kreisrunden Schildchen. Die dünne, harte Schale ist innen von der braunen Samenhaut ausgekleidet. Sie umschliefst die beiden plankonvexen, derbfleischigen, im trockenen Zustande harten und spröden, bräunlichen, aufsen gefurchten Kotyledonen mit dem kleinen Knöspchen und Würzelchen am spitzen Ende. Oft kommen die Kotyledonen allein in den Handel.

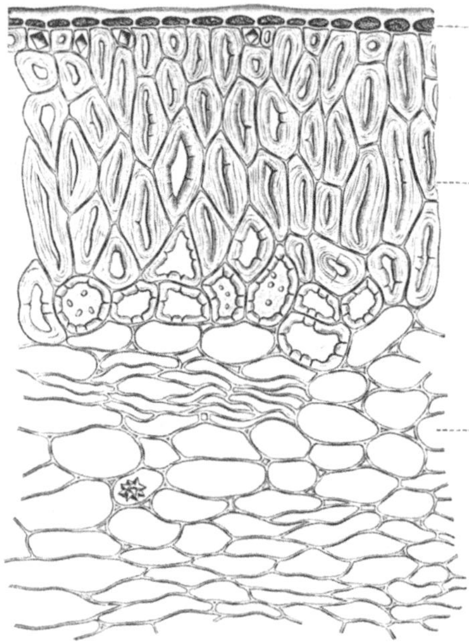

Fig. 527. Steinschale der Eichel im Querschnitt.

A. **Fruchtschale.** Die Oberhaut (Fig. 527 u. 528) besteht aus kubischen, reihenweise geordneten Zellen. In der Scheitelregion trägt sie, oft gekniet und gebüschelt, einzellige, bis 700 μ lange, an der Basis 5—10 μ breite, dickwandige Haare (Fig. 530, 1).

Die Steinschale ist 200—300 μ dick und besteht gröfstenteils aus radial gestreckten, spindelförmigen (60 : 10—20 μ), sehr stark verdickten Zellen mit undeutlicher Schichtung und spärlichen Tüpfeln. Nach innen werden die Zellen isodiametrisch und weniger verdickt. Die Aufsenseite der Steinschale ist unter der Oberhaut mit Oxalatkristallen belegt, die Innenseite mit

braunem Parenchym, in dem die Leitbündel verlaufen. Aufsen sind die Zellen stark zusammengedrückt, innen bilden sie ein auf Flächenschnitten deutlich erkennbares Schwammparenchym (Fig. 529). Reichlich finden sich Kristalldrusen.

Die innere Oberhaut, deren Zellstruktur undeutlich, ist von zahlreichen winzigen (10 μ), vielgestaltigen Kriställchen

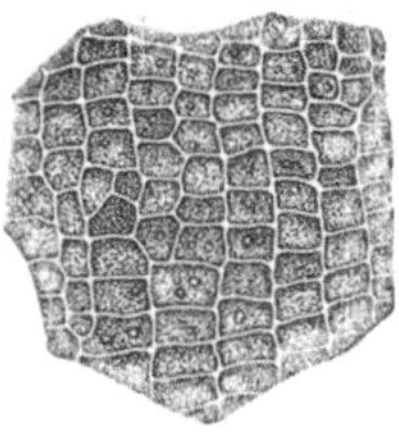

Fig. 528. Oberhaut der Eichel in der Flächenansicht.

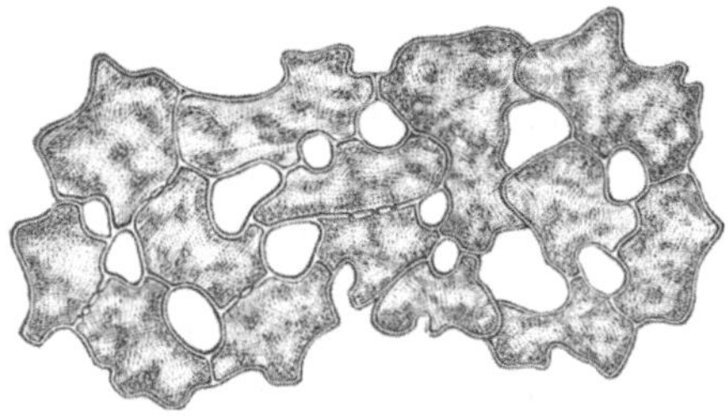

Fig. 529. Braunes Schwammparenchym der Eichelschale.

durchsetzt und trägt zahlreiche lange, äufserst dünnwandige, oft zusammengefallene Haare (Fig. 530, 2).

B. **Samen.** Die Samenhaut löst sich beim Trocknen oft so vollständig vom Embryo, dafs sie an der Schale haften bleibt, die Kotyledonen daher nackt erscheinen.

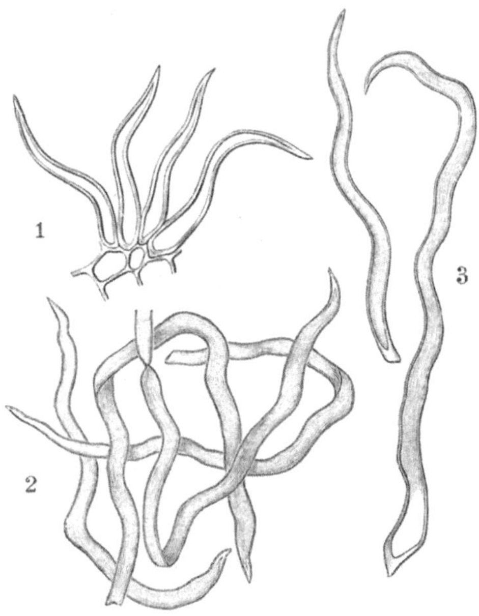

Fig. 530. Haarformen der Eichel; 1. der Schalenaufsenseite, 2. der Schaleninnenseite, 3. der Samenhaut.

Sie ist verschieden dick; die den Furchen der Kotyledonen entsprechenden Teile erscheinen als verdickte Streifen, in denen die Leitbündel verlaufen. Das lückige, braune Parenchym enthält Calciumoxalat in Form von Einzelkristallen, Drusen und Sand. Die Oberhaut besteht beiderseits aus polygonalen, zarten Zellen und trägt ähnliche, aber etwas derbere Haare (Fig. 530, 3) als das Endokarp.

Das Gewebe der Kotyledonen ist ein dünnwandiges, grofszelliges, stärkereiches Parenchym. Die Stärkekörner sind zumeist

15—20 μ, vereinzelt bis 50 μ grofs, immer einfach und mit weiter Kernhöhle. Ihre Formen sind mannigfach, typisch sind die nicht gerade spärlichen gerundet-dreieckigen Formen (Fig. 531, *st*).

Eichelkaffee.

Er wird aus den gerösteten Kotyledonen dargestellt. Infolge der Erhitzung wird die Stärke verkleistert, aber selten so vollständig, dafs der Zellinhalt eine homogene Masse bildet, vielmehr sind die gequollenen Stärkekörner noch erkennbar, umgeben von den koagulierten Eiweifshüllen, die ein kleinmaschiges Netz bilden (wie Fig. 452). Das Pulver besteht demnach aus einzelnen, 30—90 μ grofsen, isodiametrischen oder gestreckten dünnwandigen

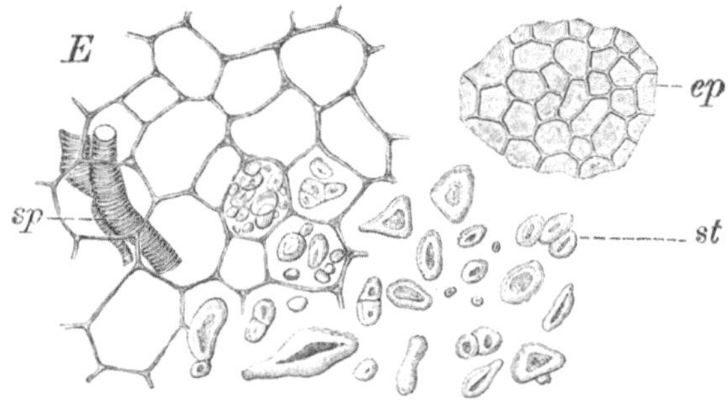

Fig. 531. Keimblattgewebe der Eichel; *E* Parenchym, *ep* Oberhaut, *st* Stärkekörner, *sp* Spiroïden.

Zellen oder Zellengruppen mit genetztem und oft gebräuntem Inhalt, der auch oft als Klumpen herausgefallen ist Daneben finden sich spärlich Teile der Oberhaut (Fig. 528), braunes Parenchym der Samenhaut (Fig. 529) und enge Spiroïden aus den Leitbündeln der Kotyledonen. Vereinzelt finden sich mitunter Bestandteile der Schalen und Fruchtbecher als zufällige Verunreinigung; Steinzellen, dickwandige Haare und Oberhautfragmente in gröfserer Menge sprechen für absichtliche Verwendung dieser naheliegenden Fälschungsmittel. Auch Birnen- und Rübenmehl ist im Eichelkaffee schon gefunden worden; ersteres an der Oberhaut (s. Fig. 455), letzteres an den grofsen Netzgefäfsen leicht erkennbar.

Anderseits wird Nährpräparaten Eichelmehl zugesetzt, weil diesem wegen seines Gerbstoffgehaltes tonisierende Eigenschaften zugeschrieben werden. In Kakao, Zerealien- und Leguminosenmehlen sind die Stärkekörner der Eichel wohl aufzufinden.

Literatur.

Berg (3); Hanausek, T. F. (10, 15); Harz (17); Hassell (18); Macé (23); Moeller (26); Villiers et Collin (39); Vogl (40, 42).

Hager: Über Eichelkakao uud Schokolade. Pharm. Ztg. 1888, **33**, 511.
Hanausek, T. F.: Mikroskopische Untersuchung eines holländischen Eichelkakao. Ztschr. Nahr.-Unters. Hyg. 1887, **1**, 247.
Michaelis: Eichelkakao, Eichelschokolade. Pharm. Ztg. 1888, **33**, 568.
Mitlacher: Die Fruchthüllen der Eichel (Fructus Quercus sessiliflorae) und ihre mikroskopische Feststellung als Beimengung zum Eichelkaffee. Ztschr. allg. österr. Apoth.-Ver. 1901, **39**, 1.
Moeller, J.: Knoppern und Valonea. Chem. Ztg. (Cöthen) 1901.
Tardieu: Eichelmehl enthaltendes Weizenmehl. Ann. chim. analyt. 1898, **3**, 307.
Tschirch: Untersuchung der Eichel-Kakaosorten des Handels. Pharm. Ztg. 1886, **32**, 190.

Kastanie.

Die Edelkastanie (*Castanea vesca* Mill. — *Fagaceae*) bietet in ihren Früchten den Bewohnern der Mittelmeerländer ein wohlfeiles Nahrungsmittel; in anderen Ländern gelten die Maronen als Delikatesse. Die amerikanische Kastanie hat kleinere, die japanische Art (*C. crenata* Sieb. et Zucc.) ebenso grofse Früchte. Sie sind zu 2—3 (selten mehr) in einer stacheligen Hülle (dem Analogon des Eichelbechers) eingeschlossen, kommen aber stets ohne diese in den Handel. Infolge des gegenseitigen Druckes sind die Kastanien auf einer oder mehr Seiten abgeflacht; sie sind breiter als lang oder hoch (4 : 3), am Scheitel kurz bespitzt, am Grunde mit einem grofsen Schilde („Nabel"), der durch seine mattbraune Farbe von der glänzend dunkelbraunen Umgebung absticht. Am Scheitel und am Nabelrande ist die Kastanie behaart, sonst kahl. Ihre Schale ist holzig-lederig, brüchig, innen dicht seidenfilzig behaart. Sie umschliefst den mit dünner, spröder Samenhaut bedeckten Embryo, dessen grofse, derbfleischige Kotyledonen etwas zerklüftet, daher oberflächlich runzelig-gefurcht sind. Zwischen ihnen liegt im Scheitel das gelbe Würzelchen.

A. **Fruchtschale.** Die Oberhautzellen sind polygonal oder vierseitig, isodiametrisch oder gestreckt und in letzterem Fall unregelmäfsig gereiht. Sie enthalten eine braune Masse. Haarspuren findet man überall, Haare nur am Scheitel und am Nabelrande. Sie sind einzellig, 2—3 mm lang, spitz oder stumpf, in der Breite und Wandverdickung sehr verschieden, meist jedoch wenig verdickt, bandartig, schlaff.

Die Steinschale unter der Oberhaut besteht nur aus 3—4 Zellenlagen. Die äufseren Steinzellen sind auf Querschnitten radial gestreckt, in der Fläche tief wellig-buchtig, sehr stark verdickt. In der Mitte sind sie kleiner, innen gröfser und weniger verdickt. Viele Zellen enthalten grofse Oxalatkristalle.

Das braune Parenchym ist, obwohl etwas zusammengefallen, mehrmals so breit wie die Steinzellenschicht. Es ist derbwandig, lückig, tangential gestreckt.

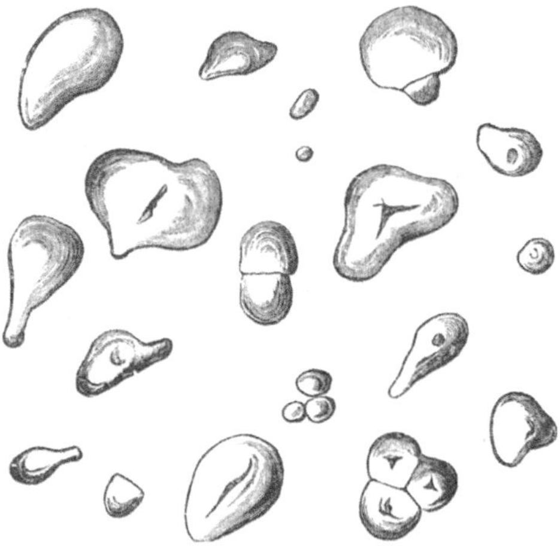

Fig. 532. Kastanienstärke, 600fach vergr.

Die Innenwand ist von mehrere Millimeter langen, bis 35 μ breiten, einzelligen, sehr dünnwandigen und durcheinandergewirrten Haaren ausgekleidet.

B. Samen. Die braune, papierdünne Samenhaut besitzt eine Oberhaut aus polygonalen (50 μ diam.) Zellen mit spärlichen Haaren, die denen der Fruchthöhle ähnlich sind; die Mittelschicht ist ein braunes, von Leitbündeln durchzogenes Parenchym; die innere Oberhaut ist unbehaart.

Die Kotyledonen besitzen eine kleinzellige, derbwandige Oberhaut, die auf der Flächenansicht (in Lauge) einem Scheinparenchym ähnelt. Das Parenchym ist grofs und zartzellig, mit Stärke erfüllt, deren Körner meist einfach, bis 30 μ grofs, unregelmäfsig rundlich, birnförmig, gerundet-dreieckig sind. Typisch ist das Vorkommen einzelner Körner mit warzenartigen Auswüchsen (Fig. 532) und die (zum Unterschied von Eichelstärke) meist undeutliche Kernhöhle.

Kastanienmehl.

In den Südländern dient es nicht nur zu Mehlspeisen, sondern auch zu Brot. Die Kastanienstärke hat keine Ähnlichkeit mit irgend einer Zerealien- oder Leguminosenstärke; auch die nie fehlenden Oberhautfragmente sind charakteristisch.

Literatur.

Hanausek, T. F. (15); Harz (17); Moeller (12); Vogl (42); Wiesner (45).

Godfrin: Étude histologique sur les téguments séminaux des Angiospermes. Soc. d. Sc. d. Nancy 1880, 109.

Hanausek, T. F.: Zur mikroskopischen Charakteristik des Kastanienmehles. Beilage der Ztschr. f. Landw. Gewerbe. Dobruska 1883, No. 1, 3.

Buchecker.

Die Früchte der Buchen (in Europa *Fagus silvatica* L., in Amerika *F. ferruginea* Ait.), die Bucheln oder Bucheckern, enthalten trotz ihrer nahen Verwandtschaft mit Eicheln und Kastanien keine Stärke, sondern fettes Öl, außerdem Cholin. Deshalb ist der Preßrückstand für Pferde giftig, dient aber als Futter für Rindvieh und Schweine, denen der Cholingehalt nicht schadet.

Die glänzend braunen, dreikantigen, am Scheitel geflügelten und fein behaarten Früchte (Nüsse) enthalten einen mehrfach gefalteten Embryo. Der Anlage nach sind sie dreifächerig, und die Reste der Scheidewände sind als seidig behaarte Rippen in der Mitte jeder Fruchtwand erhalten.

A. **Fruchtschale.** Die Oberhautzellen sind polygonal, mäßig verdickt, getüpfelt und enthalten entweder eine homogene braune Masse oder einen gut ausgebildeten Kristall. Die am Scheitel reichlichen, sonst spärlichen Haare sind kurz, einzellig (nach Hanausek auch mehrzellig), meist stark verdickt, zugespitzt, am Grunde verengt, die dünnwandigen oft gedreht.

Eine Steinzellenplatte liegt unmittelbar unter der Oberhaut. Sie besteht aus 5—10 Lagen rundlicher, stark verdickter, typischer Steinzellen mit braunem Inhalt.

Braunes Parenchym aus tangential gestreckten, dickwandigen, getüpfelten Zellen bildet die dritte Schicht. In ihr verlaufen die großen, am Querschnitte V-förmigen Bündel der Kanten und die breiten Leitbündel der Fruchtwände. Ihre stark entwickelten Fasergruppen bilden eine fast kontinuierliche innere Sklerenchymplatte mit Kristallkammerfasern.

Die innere Oberhaut trägt längs der Scheidewände lange, dünnwandige Haare.

B. **Samen.** Die papierdünne, braune Samenhaut besteht aus einer großzelligen (oft über 50 μ) Oberhaut; einer

Parenchymschicht, die aufsen kleinzellig und braun, innen zusammengedrückt und farblos ist, einer inneren, zartzelligen Oberhaut und einer mit ihr verwachsenen einfachen Aleuronschicht.

Der Embryo besitzt eine Oberhaut, deren Zellen auf der Innenseite der Kotyledonen gröfser sind als auf der Aufsenseite. Die Aufsenwand der Zellen ist beiderseits verdickt. Im Mesophyll sind die Palissadenschicht und die Anlagen der Leitbündel (Procambium) erkennbar. Die zartwandigen Zellen enthalten Fett, Aleuronkörner (bis 15 μ) und Oxalatdrusen.

Buchelkuchen.

Stammt der Prefsrückstand von geschälten Bucheckern, besteht er also wesentlich aus dem Samen, dann müssen die als Verunreinigung in ihm enthaltenen Schalenfragmente herausgesucht werden, um womöglich Schnittpräparate herzustellen. Die Gewebe sind mehr durch ihre Lagerung als durch die Zellformen charakteristisch, ausgenommen die Oberhaut der Fruchtwand mit ihren Haaren.

Literatur.

Böhmer (21); Collin u. Perrot (9); Hanausek, T. F. (12, 16, 45); Harz (17).
Pfister: Buchnufskuchen. Landw. Vers.-Stat. 1894, **43**, 445.

Hölzer.

Im landläufigen Sinne bedeutet „Holz“ den von der Rinde bedeckten, massigen Teil der Stämme von Bäumen und Sträuchern, die man deshalb auch als „Holzgewächse“ den des Holzes scheinbar entbehrenden Kräutern gegenüberzustellen pflegt. Tatsächlich besitzen aber nicht nur die Kräuter in ihren Stengelteilen, sondern auch die Blätter, Blüten und Früchte Holz, da man im wissenschaftlichen Sinne unter Holz jenen Teil der Leitbündel versteht, dem vornehmlich die Wasserleitung obliegt. Leit- oder Gefäfsbündel durchziehen alle Teile der höheren Pflanzen, die man deshalb zum Unterschiede von den Lagerpflanzen (den Algen, Pilzen und Moosen) Gefäfspflanzen nennt. Im zartesten Blumenblatt, in der fleischigsten Rübe, in der saftigsten Frucht finden sich Leitbündel, daher auch Holzteile. Die sog. Nerven und Adern der Blattgebilde und die zähen Stränge oder Fäden, die beim Genusse „verholzter“ Wurzelgemüse sich unangenehm fühlbar machen, sind solche Holzteile. Man findet sie bei der mikroskopischen Untersuchung der meisten Vegetabilien, auch wenn diese weder im Aussehen noch in der Konsistenz an Holz erinnern.

Der wesentliche und zugleich charakteristische Bestandteil des Holzes sind die Gefäfse. Es sind röhrenförmige Gebilde mit eigentümlicher Wandverdickung. In Blättern, Blüten und Früchten sowie in fleischigen (nicht ausdauernden) Wurzeln sind die Gefäfsröhren meist sehr lang und spiralförmig verdickt (Fig. 533, *b* u. *c*). Neben diesen finden sich in den Wurzeln zumeist auch netzförmig verdickte Gefäfse (*d*). Ähnliche Gefäfsformen finden sich im jungen Holze der Stämme, solange sie eben krautig sind. Wenn sie aber in die Dicke wachsen und verholzen, bilden sich andere Gefäſsformen: aus kurzen und weiten Gliedern zusammengesetzte Röhren mit behöften Tüpfeln (Fig. 533, *g*). Sie sind so charakteristisch, daſs Gefäſswände auch in kleinen Bruchstücken sicher zu erkennen sind, und findet man sie in einem Pulver, so kann man bestimmt sagen, daſs es Holz enthält, denn kein anderes Gebilde besitzt diese oder auch nur ähnliche Elemente. Der Nachweis

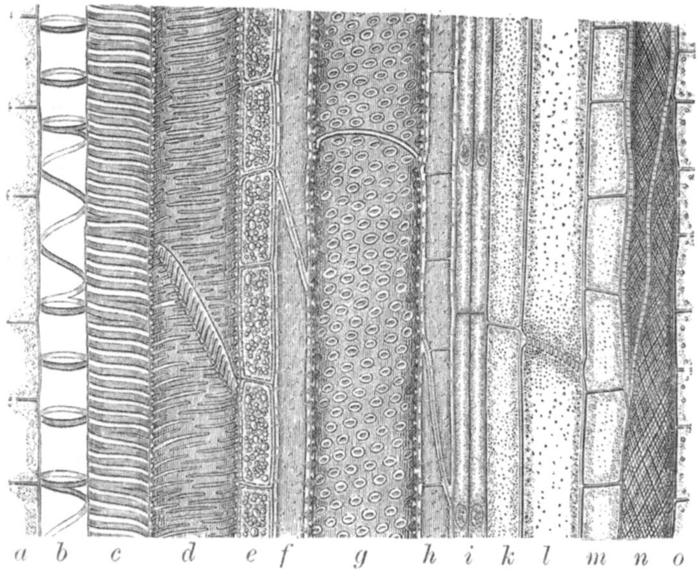

Fig. 533. Schematischer Längsschnitt durch ein Leitbündel (nach Kny);

a Markzellen,
b Ringgefäſs,
c Spiralgefäſs,
d Netzgefäſs,
e Holzparenchym,
f Holzfasern,
g Tüpfelgefäſs,
h Holzparenchym,
i Kambium,
k Geleitzellen,
l Siebröhren,
m Siebparenchym,
n Bastfasern,
o Rindenparenchym.

von Holz ist aber deshalb wichtig, weil Säge- und Raspelspäne häufig zur Fälschung von Futtermitteln und Gewürzen verwendet werden. Um den gewaschenen Kaffee rasch zu trocknen, schüttelt man ihn mit Sägespänen, von denen Reste in den Furchen der Kaffeebohnen zurückbleiben.

Gefäſse sind zwar der wesentliche, aber der Menge nach untergeordnete Bestandteil des Holzes. Die Hauptmasse besteht aus Fasern (Fig. 534, *h*), die meist stark verdickt sind, und denen das Holz seine Festigkeit verdankt. Zwischen den Holzfasern liegt zerstreut oder in bestimmter Anordnung Parenchym.

Diese drei Elemente sind charakteristisch für die Laubhölzer. Auf Querschnitten derselben (Fig. 534) erkennt man sie leicht: die Gefäfse an dem weiten Lumen, die dünnen Fasern an dem infolge der starken Verdickung engen Lumen, das den Fasern an Breite ziemlich gleiche Parenchym an dem weiteren Lumen. Die Markstrahlen erscheinen als vom Mittelpunkt ausstrahlende (Fig. 540), annähernd parallele Streifen aus in radialer Richtung gestreckten Parenchymzellen (Fig. 534). Sie sind ein- oder mehrreihig.

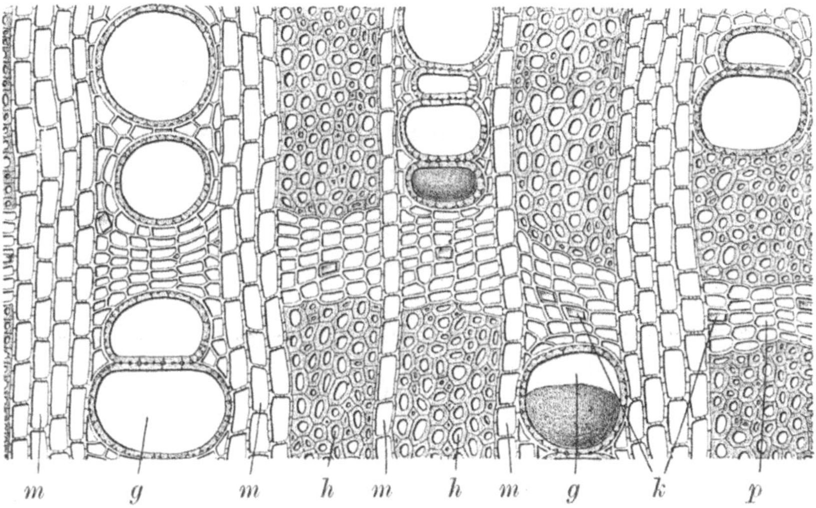

Fig. 534. Schematischer Querschnitt eines Laubholzes (GILG); *m* Markstrahlen, *g* Gefäfse, *h* Fasern, *p* Parenchym, *k* Kristalle.

Die Nadelhölzer sind einfacher gebaut. Die Markstrahlen sind stets einreihig, und das von ihnen eingeschlossene Gewebe zeigt schon durch seine Gleichartigkeit (Fig. 536) einen auffallenden Unterschied vom Laubholze. Es besteht tatsächlich fast nur aus einer einzigen Zellform, den sog. Tracheïden. Sie sind nicht Zellfusionen wie die Gefäfse, sondern faserförmige Zellen mit grofsen, meist in einfacher Reihe stehenden Hoftüpfeln (Fig. 535). Die typischen drei Zellformen des Laubholzes sind in den Tracheïden des Nadelholzes in eine einzige Zellform vereinigt. In einigen Nadelhölzern kommt spärlich Parenchym vor, viele besitzen Balsamgänge.

Praktisch wichtiger sind die Seitenansichten, denn solche bieten die beim Pulvern und Raspeln entstehenden Splitter dar.

An den Gefäfsen und Tracheïden sind die Tüpfel immer deutlich zu erkennen, Fasern und Parenchym sind den gleichnamigen Elementen der Rinde ähnlich, unterscheiden sich aber von letzteren durch ihre Starrheit infolge der starken Verholzung. Alle Elemente des Holzes färben sich in Alkalien intensiv gelb. Ein weiteres Unterscheidungsmerkmal bieten die Markstrahlen. Sie sind mit den Holzzellen innig verwachsen, so dafs sie beim Zerkleinern nicht abgetrennt werden. An den meisten, auch den kleinsten Holzsplittern findet man daher Markstrahlzellen, die durch ihre Form und Lage sehr charakteristisch sind. Um sie deutlich zu sehen, schneide man durch den Markstrahl (radial) und senkrecht darauf (tangential). In der Radialansicht bilden sie Parenchymplatten nach Art eines Mauerwerkes und kreuzen die Fasern rechtwinkelig (Fig. 539, *A*). In der Tangentialansicht erscheinen sie als rundliche Zellen in spitzelliptischen Gruppen (Fig. 539, *B*) zwischen den Fasersträngen oder dem ebenfalls längs gestreckten Holzparenchym.

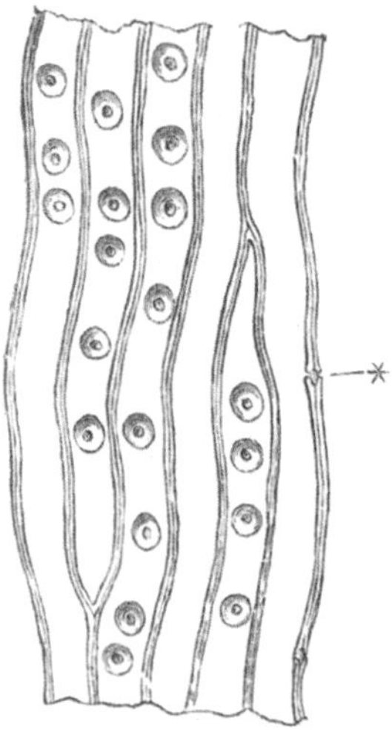

Fig. 535. Nadelholztracheïden (n. HARTIG); bei * ein Hoftüpfel durchschnitten.

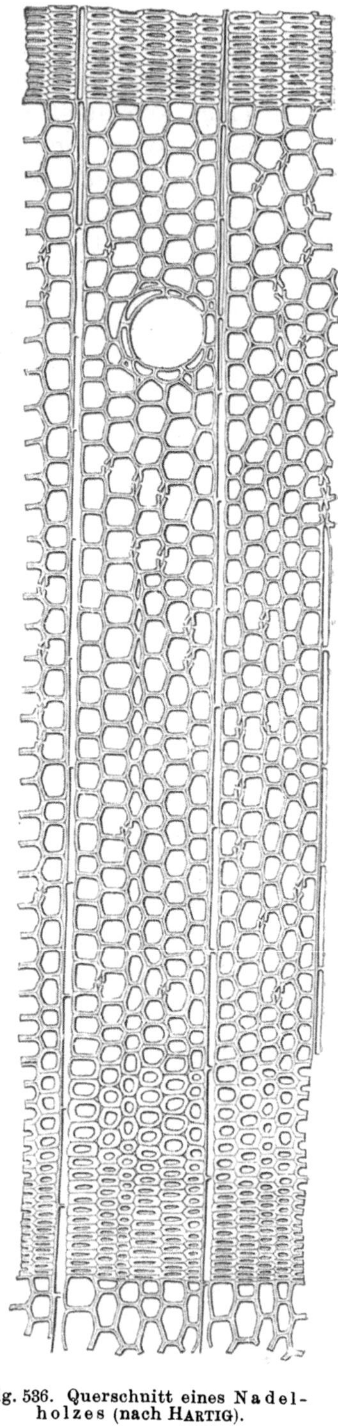

Fig. 536. Querschnitt eines Nadelholzes (nach HARTIG).

Sägemehl.

Sägemehl kann selbstverständlich nur zur Fälschung der gröbsten Mahlprodukte verwendet, höchstens kann es im gesiebten Zustande noch dem Pollmehle beigemischt werden [1]). Der Nachweis dieser groben Fälschung ist mit Hilfe des Mikroskopes sehr einfach. Man bringt etwas von dem fraglichen Pulver in einen Tropfen Kalilauge und sieht nun schon häufig mit freiem Auge die etwa vorhandenen Holzfragmente als gelbe Pünktchen im Präparate. Untersucht man diese näher, so läfst sich mit Sicher-

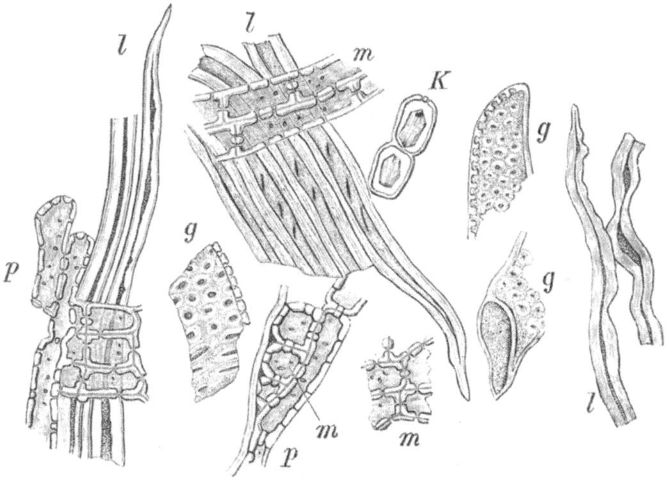

Fig. 537. **Sägemehl eines Laubholzes;**
p Holzparenchym,
l Holzfasern,
g Gefäfsfragmente,
m Markstrahlen in radialer und tangentialer Ansicht,
K Kristallzellen.

heit aussagen, ob sie in der Tat Holzbestandteile sind, auch ob sie einem Laub- oder Nadelholze angehören. Die Art des Holzes zu bestimmen, ist in vielen Fällen auch möglich, doch nur bei genauer Kenntnis der Anatomie der gebräuchlichen Holzarten.

Laubholzmehl ist an den mit zahlreichen, kleinen Hoftüpfelchen besetzten Gefäfsfragmenten (Fig. 537, *g*) erkennbar.

[1] In Nordamerika soll aus Pappelholz ein Mehl hergestellt werden, das von feinem Weizenmehl äufserlich nicht zu unterscheiden ist. Man benützt dieses Produkt angeblich zur Fälschung der für das Militär und für die Kolonisten im Westen bestimmten Mehle.

In viel gröfserer Menge finden sich Holzfasern, meist zu Bündeln vereinigt, oft mit anhaftendem Holzparenchym (*p*), gekreuzt mit Markstrahlparenchym (*m*). Letzteres auch in Tangentialansicht oder isoliert (Fig. 537 in der Mitte unten). Calciumoxalat in Form gut ausgebildeter Einzelkristalle findet sich im Parenchym vieler tropischer Hölzer (in sog. Kristallkammerfasern).

Die Unterscheidung der zahlreichen Laubhölzer im gepulverten Zustande ist sehr schwierig. Wertvolle Anhaltspunkte bietet der Bau und die Anordnung der Gefäfse, die Verteilung des Parenchyms und die Verdickung der Fasern.

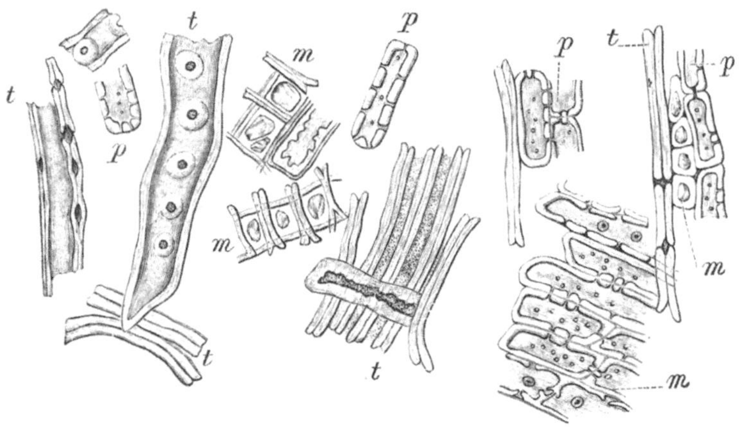

Fig. 538. Sägemehl eines Nadelholzes; *t* Tracheïden, | *m* Markstrahlzellen, *p* Parenchymzellen.

Nadelholzmehl besteht gröfstenteils aus Tracheïden (Fig. 538, *t*), die an den grofsen Hoftüpfeln in meist einfacher Reihe leicht kenntlich sind. Die Tracheïden tragen jedoch die Hoftüpfel nur an der den Markstrahlen zugekehrten Seite[1]), die durch Radialschnitte blofsgelegt wird. In der Tangentialansicht haben die Tracheïden Ähnlichkeit mit Fasern, sind aber von solchen bestimmt an den in der Wand gelegenen, linsenförmigen Tüpfeldurchschnitten zu unterscheiden (s. Fig. 535 u. 538).

Die meisten bei uns gebräuchlichen Nadelhölzer sind an ihren Tracheïden nicht zu unterscheiden, wohl aber an den Markstrahlen.

---

[1]) Ausgenommen die dickwandigen Tracheïden des Herbstholzes, die aber wegen ihrer geringen Zahl praktisch belanglos sind.

Diese sind in der

Tanne einfach getüpfelt;

Fichte teils einfach getüpfelt (in der Mitte), teils behöft getüpfelt (am Rande oben und unten);

Kiefer am Rande des Markstrahles gezackt, in der Mitte desselben breit gelocht;

Lärche ähnlich der Fichte, jedoch meist verharzt.

Die drei letztgenannten Holzarten besitzen Balsamgänge, die schon mit unbewaffnetem Auge kenntlich sind, im Sägemehl jedoch um so seltener aufgefunden werden, je feiner es ist. Gerade ihrer Gröſse wegen werden sie bei der Zerkleinerung des Holzes meist zerrissen.

Gut ausgebildete Oxalatkristalle kommen im Nadelholze nicht vor.

Sandelholz.

Das Sandel- oder Caliaturholz von *Pterocarpus santalinus* L. fil. (*Leguminosae*), einem Baume Ostindiens, ist das ge-

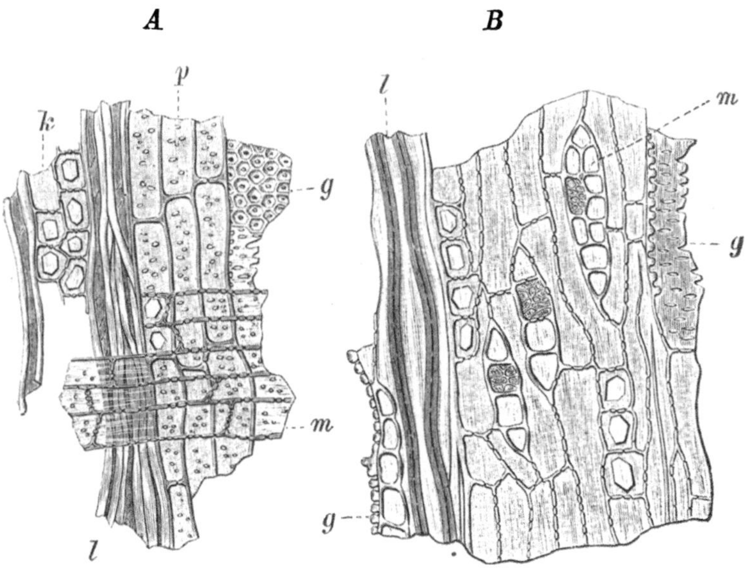

Fig. 539. Sandelholz in radialer (*A*) und in tangentialer Ansicht (*B*); *k* Kristallkammerfasern, *l* Holzfasern, *p* Holzparenchym, *g* Gefäſse, *m* Markstrahlen.

bräuchlichste Rotholz[1]). Es wird nicht nur technisch und in der Pharmazie als Färbemittel, sondern erfahrungsmäfsig auch zur Fälschung, namentlich Färbung von Gewürzen verwendet.

Der Querschnitt des hellroten Kernholzes zeigt unter der Lupe die Gefäfsporen durch wellenförmige tangentiale Linien (Parenchymbänder) verbunden und zahlreiche feine Markstrahlen.

Die Splitter des Sandelholzpulvers erscheinen unter Wasser orangerot und werden durch Lauge purpurrot; sie sind also sehr auffallend. Die Gefäfswände sind dicht getüpfelt (Fig. 539, *g*), die Fasern sehr stark verdickt (*l*), die Markstrahlen (*m*) meist einreihig. Besonders charakteristisch ist aufser der Farbe das reichliche, an manchen Bruchstücken überwiegende Parenchym (Fig. 539, *B*) mit zahlreichen grofsen Kristallen.

Literatur.

Burgerstein, A.: Vergl. anatom. Unters. d. Fichten- u. Lärchenholzes. Denkschr. d. Wiener Akad. d. W. LX.

Hanausek, T. F.: Lehrb. d. techn. Mikroskopie 1901.

Kleeberg, A.: Die Markstrahlen d. Koniferen. Bot. Ztg. 1885.

Moeller, J.: Leitfaden z. mikroskop.-pharmakogn. Übungen. Wien 1901.

— Rohstoffe des Tischler- u. Drechslergewerbes. I. Das Holz. Cassel 1883.

— Beitr. z. vgl. Anat. d. Holzes. Denkschr. d. Wiener Akad. d. Wiss. 1876.

Russow: Zur Kenntn. d. Holzes. Bot. Centralbl. 1883.

Solereder: Holzstruktur. München 1885.

— Systematische Anatomie der Dicotyledonen. Stuttgart 1899.

Wiesner, J.: Rohstoffe d. Pflanzenr. 2. Aufl. 1900.

Wille: Zur Diagnostik d. Koniferenholzes. Sitzb. d. Naturf.-Ges. Halle 1887.

[1]) Das echte, wohlriechende Sandelholz der Bibel ist weifs oder gelblich und stammt zumeist von *Santalum*-Arten.

Rinden.

Unter **Rinde** versteht man den das Holz umgebenden Teil des Stammes oder Stengels. Sie ist mit dem Holze meist nur lose verwachsen, so dafs sie (besonders im Frühjahr) leicht in langen Streifen oder ganzen Mantelstücken abgeschält werden kann. Die Gewürz- und Gerberinden sowie andere technisch verwendbare Rinden kommen in solchen, jedoch oft zerkleinerten Schälstücken in den Handel; selten werden sie vom Stamme abgehackt.

An dem Querschnitte eines mehrjährigen Stengels (Fig. 540) sieht man bei schwacher Vergröfserung um das Mark die konzentrischen Schichten des Holzes („Jahresringe") von radialen Streifen („Markstrahlen") durchzogen. Charakteristisch für das Holz sind die grofsen Gefäfslumina. Wo das Holz aufhört, beginnt die Rinde, und zwischen beiden liegt das Kambium, d. i. jenes Gewebe, das nach innen Holz, nach aufsen Rinde bildet. Als Bildungsgewebe besteht es aus zarten, leicht zerreifsbaren Zellen (Fig. 533, *i*); deshalb läfst sich die Rinde im Kambium schälen.

Betrachten wir die Rinde von aufsen nach innen. Die äufsere Bedeckung bildet die Oberhaut und der unter ihr gelegene Kork. Es folgt ein rundzelliges Parenchym („primäre Rinde"), das sich fortsetzt in trichterförmige Verbreiterungen einzelner Markstrahlen. Das zwischen den Markstrahlen gelegene Gewebe ist kleinzellig, und man unterscheidet in demselben mehrere Schichten. Man nennt diesen Teil der Rinde, der vom Kambium aus immer neuen Zuwachs erhält, **sekundäre Rinde**, **Bast** oder **Innenrinde**, während man die primäre Rinde auch als **Mittelrinde**, den Kork als **Aufsenrinde** zu bezeichnen pflegt.

Je mehr Rinde vom Kambium aus zuwächst, d. h. je älter sie wird, desto mehr werden die äufseren, älteren Teile gedehnt (daher die Verbreiterung der Markstrahlen nach aufsen). Die Oberhaut kann der Dehnung endlich nicht mehr folgen, sie zerreifst und wird ganz abgestofsen, so dafs man an älteren Rinden keine Spur von ihr mehr findet. Der sie vertretende Kork (Oberflächenkork oder Periderm) kann viele Jahre lang, indem er sich erneuert, dem Dickenwachstum der Rinde folgen;

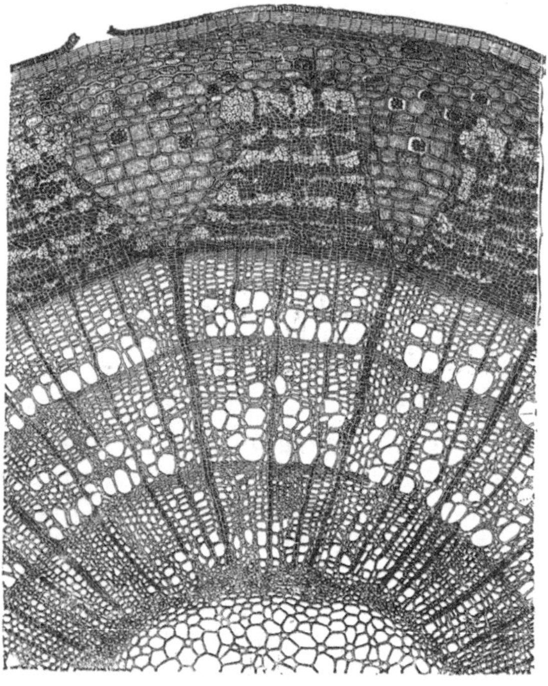

Fig. 540. Querschnitt durch einen dreijährigen Lindenzweig (nach Kny).

aber bei vielen Bäumen hat auch diese Fähigkeit eine Grenze: der Kork teilt das Schicksal der Oberhaut, er wird zerrissen und abgeworfen. Vorher hat sich aber in einer tiefer gelegenen Rindenschichte Kork gebildet (Binnenkork). Dadurch werden die äufseren, der Dehnung am meisten unterworfenen Rindenteile als Borke abgestofsen (Fig. 541). Indem die Borkebildung immer tiefer greift, gelangt sie bald in die Innenrinde, und schliefslich wird auch diese gröfstenteils abgeworfen, so dafs die vom Stamme geschälte Rinde oft nur aus dem jüngsten, von

Borke bedeckten Baste besteht. In solchen Rinden sucht man die primäre Rinde vergebens, denn sie bestehen nur aus sekundärer Rinde, die von mehreren Korkplatten durchzogen ist.

Das augenfälligste Merkmal der sekundären Rinde sind die Markstrahlen. Sie erscheinen auf Querschnitten als radial gestreckte Parenchymzellen und sind meist scharf

Fig. 541. Mikrophotogramm der Borke.

abgegrenzt von den zwischen ihnen gelegenen Baststrahlen, deren Elemente axial gestreckt sind, daher auf Querschnitten kleinzellig erscheinen. Diese Elemente sind dreierlei Art:

1. Fasern (Fig. 542), wegen ihres Vorkommens im Baste auch Bastfasern genannt. Sie sind an ihrer stark verdickten, meist von spärlichen Spaltentüpfeln durchsetzten Wand, und weil sie oft zu Bündeln vereinigt sind, leicht zu erkennen. Doch fehlen sie manchen Rinden ganz oder finden sich nur in der Spitze des keilförmigen Baststrahles als „primäres Faserbündel", oder sie sind einzeln zerstreut und dann nicht immer leicht

aufzufinden. Die Fasern des primären Bündels pflegen von denen der sekundären Rinde verschieden zu sein.

2. Bastparenchym. Die Zellen gleichen denen der Markstrahlen und kreuzen sich mit ihnen. Sie haben dünne, unverholzte, von einfachen Poren durchsetzte Wände, können aber auch zu Steinzellen umgewandelt sein. Behalten sie dabei ihre annähernd prismatische Form, nennt man sie Stabzellen (Fig. 543). Diese sind am Querschnitte Bastfasern

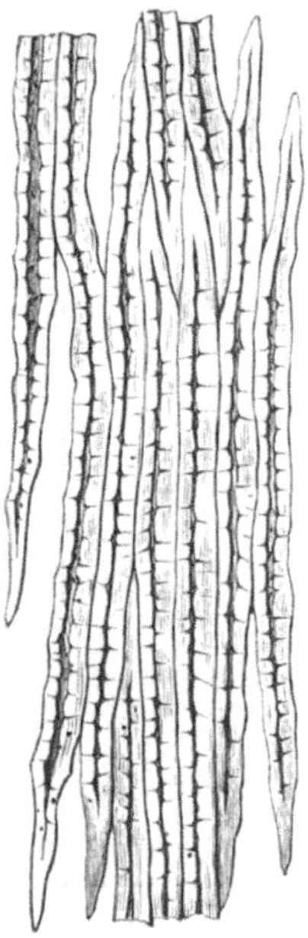

Fig. 542. Reich getüpfelte Fasern (nach VOGL).

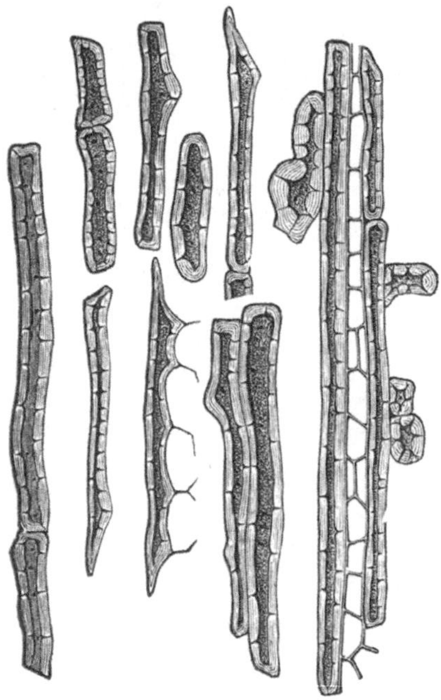

Fig. 543. Stein- und Stabzellen (nach TSCHIRCH).

einigermaſsen ähnlich, aber an den Poren leicht unterscheidbar. Meist sind jedoch die Steinzellen vergröſsert und unregelmäſsig gestaltet (s. Fig. 552), so daſs sie mit Fasern kaum verwechselt werden können.

3. Siebröhren (Fig. 544) kommen zwar in jeder Rinde vor, aber sie sind meist strangweise obliteriert (s. Fig. 550, *s*). In den jüngsten (inneren) Rindenteilen findet man sie zwar offen, aber ihre charakteristischen Eigentümlichkeiten (besonders die Siebplatten) sind so schwer zur Anschauung zu bringen, daſs man auf sie als diagnostisches Hilfsmittel verzichtet.

Die primäre Rinde ist ein grofszelliges, lückiges, mehr oder weniger quergedehntes, in den äufseren Teilen kollenchymatisches Parenchym (Fig. 540). Es ist oft in charakteristischer Weise sklerosiert. Sowohl in der primären wie in der sekundären Rinde können Milchsaftschläuche, allerlei Sekreträume und Kristalle vorkommen.

Der Kork (Fig. 443) ist auf Querschnitten an der stets radialen Anordnung seiner lückenlos gefügten Zellen auch ohne Anwendung

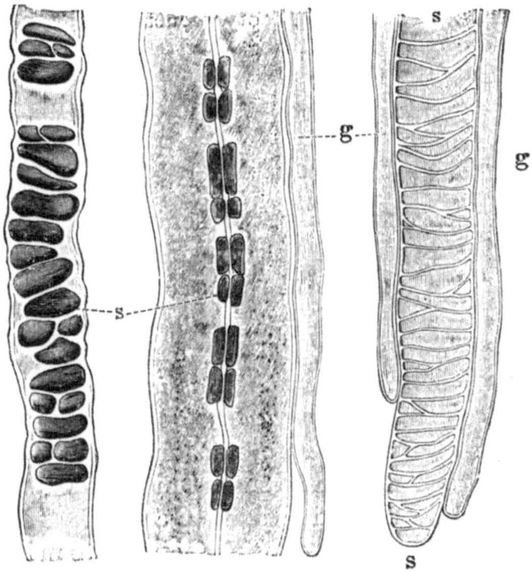

Fig. 544. Siebröhrenglieder (nach VOGL); *s* Siebplatten, | *g* Geleitzellen.

von Reagentien sicher zu erkennen. Die Gröfse und Verdickung seiner Zellen bietet mitunter diagnostische Anhaltspunkte.

Die Mannigfaltigkeit im Baue der Rinden ist so grofs, dafs es keiner Schwierigkeit unterliegt, die gebräuchlichen Rinden zu erkennen, sofern sie in Stücken vorliegen, die die Anfertigung von Querschnitten gestatten. Ist es nicht der Fall, oder hat man ein Rindenpulver auf seine Echtheit und Reinheit zu prüfen, dann kann die Aufgabe recht schwierig werden. Oft ist nämlich weniger die Form der Elemente als ihre Anordnung charakteristisch, und diese wird begreiflicherweise durch die Zerkleinerung der Droge bis zur Unkenntlichkeit vernichtet. Dazu kommt, dafs die Pulverfragmente sehr selten Querschnittsansichten darbieten, sondern meist Flächen- und Längsansichten. Es müssen daher die charakteristischen Elemente allseitig so genau gekannt sein, dafs sie in jeder Lage auch in Bruchstücken auf ihre Zugehörigkeit bestimmt werden können.

Literatur.

v. Höhnel: Die Gerberrinden. 1880.
— Rinden in Wiesner's Rohstoffe d. Pflanzenr. I. 1900.
Moeller: Anatomie d. Baumrinden. Berlin 1882.
Solereder: System. Anatomie der Dicotyledonen. Stuttgart 1895.
Vesque: Anatomie comparé de l'écorce. Diss. Paris 1875.
Vogl: Pharmakognosie. Wien 1892.

Zimt.

Über die Abstammung der verschiedenen im Handel vorkommenden Zimtrinden herrscht keine völlige Klarheit[1]).

Der gemeine oder chinesische Zimt, auch Zimt-Cassia, von den Drogisten Cassia lignea[2]), Cortex Cassiae cinnamomeae oder Cortex Cinnamomi Cassiae genannt, wird von *Cinnamomum Cassia* Bl. (= *Cinnamomum aromaticum* Ch. Nees — *Lauraceae*) abgeleitet, einem kleinen, immergrünen Baume, welcher wahrscheinlich in mehreren Varietäten in den südöstlichen Provinzen Chinas wild wächst.

Der edle oder Ceylon-Zimt, Caneel, Cinnamomum acutum oder verum, Cortex Cinnamomi ceylanici, stammt von *Cinnamomum ceylanicum* Breyne, einer auf Ceylon heimischen Art, zu welcher wahrscheinlich auch die auf der Südspitze Vorderindiens wachsenden Varietäten gehören.

Der Holzzimt, auch Malabar-Zimt, Holz-Cassia, im kontinentalen Drogenhandel Cassia vera genannt, umfafst verschiedene geringwertige Sorten, die einerseits von den ostindischen Varietäten des Ceylon-Zimtes, anderseits von dem

---

[1]) Vgl. Schumann, Kritische Untersuchungen über die Zimtländer in „Petermanns Mitteilungen", 73. Ergänzungsheft. — Henry, Pharm. Ztg. 1898. — Semler-Hindorf, Die Tropische Agrikultur. II. Wismar 1900. — Tschirch, Indische Heil- und Nutzpflanzen. Berlin 1892.

[2]) In England und in Amerika unterscheidet man drei Sorten chinesischen Zimtes: Saigon-, Batavia- und China- oder Canton-Cassia. Erstere ist die beste und wird höher bewertet als Ceylonzimt.

nach den Sunda-Inseln und den Philippinen verpflanzten chinesischen Zimtbaume, endlich wohl auch von anderen Zimtbäumen (*Cinnamomum Burmanni* Bl., *C. obtusifolium* Nees, *C. pauciflorum* Nees, *C. Tamala* Nees et Eb.) stammen[1]).

Wie bei anderen Naturprodukten hängt auch die Qualität des Zimtes sowohl von der Stammpflanze als auch von ihrem Standorte und der Sorgfalt ihrer Kultur ab. Die feinste, nicht immer gewürzhaftere Sorte ist der Ceylon-Zimt. Er wird seines hohen Preises wegen nur selten als Küchengewürz verwendet, ist aber in vielen Staaten offizinell. Er wird an der südwestlichen Küste Ceylons in Gärten, ähnlich wie bei uns die Korbweide, gezogen. Man schneidet die etwa zweijährigen, bis 2 m langen und 15 mm dicken Stockausschläge zweimal im Jahre, entlaubt sie und schält die Rinde in etwa 30 cm langen Stücken ab. Hierauf schabt man die Oberhaut, den Kork und die äufsere Rindenschicht vollständig weg, steckt die nunmehr fast weifse Rinde auf einen Stock und läfst sie im Schatten trocknen. Dabei bräunt sie sich und rollt sich von beiden Seiten ein. Je acht oder zehn solcher Röhren werden ineinandergeschoben und auf diese Art die bekannten langen Zimtstäbe des Handels gebildet.

Die Rinde ist leicht, brüchig, kaum über 0,5 mm dick, aufsen glatt, gelblichbraun, längsstreifig, innen etwas dunkler, matt, mitunter warzig. Der Bruch ist kurzfaserig; am Querschnitte unterscheidet man eine äufsere helle und eine innere dunklere Hälfte in scharfer Abgrenzung.

Der chinesische Zimt ist viel gebräuchlicher. Er ist ebenfalls in hohem Grade aromatisch, doch schmeckt er zugleich schleimig und adstringierend. Man erntet ihn im zehnjährigen Turnus von wildwachsenden Bäumen. Dabei kommen junge und ältere Zweige unter das Messer; die Rinde ist daher im allgemeinen dicker, nicht selten 2 mm stark. Aus diesem Grunde rollt sie sich auch weniger ein und bildet meist einfache Röhren, die gewöhnlich einzeln, nicht ineinandergesteckt sind.

---

[1]) Einen „grauen chinesischen Zimt" beschrieb Flückiger (Pharmakognosie). Die Rinde ist 0,5—5 mm dick, nicht geschält, in jüngeren Individuen dem Ceylon-Zimt, in älteren Individuen dem chinesischen Zimt im Baue ähnlich. Trotz des wenig ansprechenden Aussehens besitzt dieser Zimt ein sehr feines Aroma und wird benützt, um das aus schlechten Zimtsorten hergestellte Pulver zu verbessern.

Sie wird nur sehr oberflächlich geschabt, so dafs an vielen Stellen noch der Kork haften bleibt, wodurch sie ein mattes, grau- und braunscheckiges Aussehen erhält. Sie ist hart und dichter als Ceylon-Zimt, am Bruche eben oder höchstens innen kurzfaserig. Der Querschnitt wird durch eine helle Zone in einen äufseren und in einen inneren, oft breiteren Teil geschieden.

Unter Holzzimt begreift man die wenig und namentlich nicht fein gewürzhaften, schleimig, scharf und zusammenziehend schmeckenden Sorten. Im Aussehen ist die Holz-Cassia nicht bestimmt charakterisiert; sie ist mehr oder weniger dem chinesischen Zimt ähnlich, mitunter gröber, schlechter geschabt, selten dem Ceylon-Zimt in Glätte und Färbung sich nähernd.

Der anatomische Bau ist bei sämtlichen Zimtarten nahe übereinstimmend.

Chinesischer Zimt.

Querschnitte, welche man aus kurze Zeit in Wasser erweichten Rindenstücken leicht in grofser Vollkommenheit herstellen kann, zeigen zu äufserst das Periderm aus schichtenweise zartwandigen und sklerotischen Korkzellen.

Die Korkzellen (Fig. 545) sind mäfsig abgeflacht, gegen 0,03 mm breit, von der Fläche gesehen, ziemlich regelmäfsig polygonal; die sklerotischen Zellen sind von dunkelrotbrauner Masse erfüllt. Einige Reihen zartwandiger Korkzellen vermitteln den Übergang zur

primären Rinde, deren grofszelliges Parenchym dickwandig, braun, tangential gestreckt, von kleinen Steinzellengruppen mehr oder weniger reichlich durchsetzt ist. Die Parenchymzellen sind oft durch zarte Radialwände in Tochterzellen geteilt. Die Steinzellen sind nur schwach (0,008 mm), häufig nur an der Innenseite, also hufeisenförmig verdickt. Die primäre Rinde ist (in erweichtem Zustande) etwa 0,8 mm dick. Ein Steinzellenring trennt sie von dem Baste, dessen Dicke nach dem Alter der Rinde schwankt, in der Regel aber nicht über 1,5 mm beträgt. Der Steinzellenring ist zusammengesetzt aus den primären Bastfaserbündeln und den unterhalb und zwischen ihnen sich entwickelnden Steinzellen. Ist der Abstand zwischen den ersteren grofs, so bleibt eine Lücke im Steinzellenring. In der Regel ist der Steinzellenring in der

Verlängerung der primären Markstrahlen unterbrochen, weil diese Stelle von den beiden Faserbündeln am weitesten absteht. Die Bastfasern in den primären Bündeln sind von denen des sekundären Bastes verschieden; sie sind länger, geschmeidiger

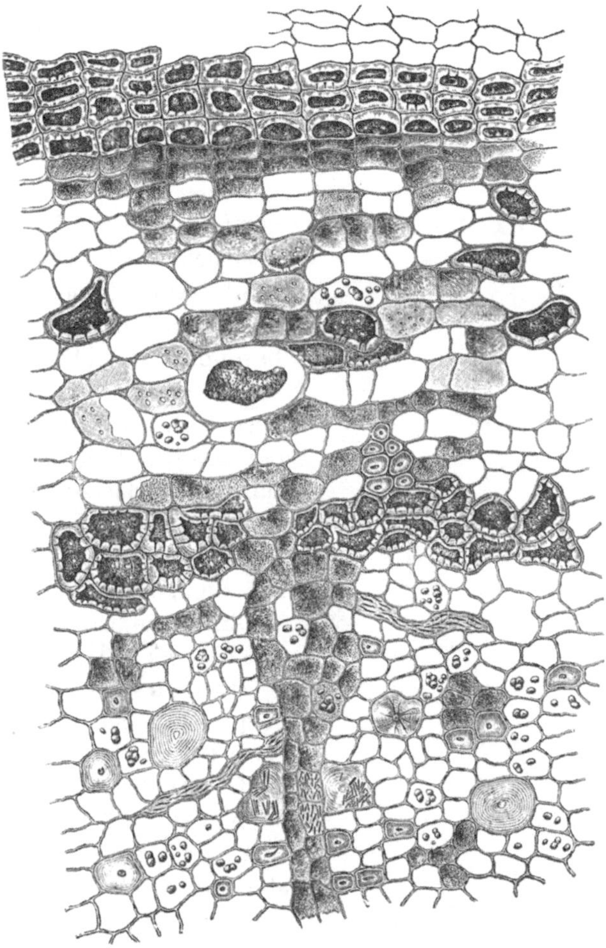

Fig. 545. Querschnitt durch chinesischen Zimt.

und deutlicher geschichtet. Die Steinzellen im Ringe sind im allgemeinen gröfser und stärker verdickt als jene der primären Rinde; auch finden sich unter ihnen Stabzellen. Ihre Membranen sind farblos, zart geschichtet und von ästigen Porenkanälen durchsetzt.

Die Innenrinde oder der Bast wird durch ein-, zwei-, höchstens dreireihige Markstrahlen in schmale radiale Streifen abgeteilt. Die breiten primären Markstrahlen sind gegen den Steinzellenring zu ein wenig verbreitert. Auf Querschnitten (Fig. 545) treten sie nicht sehr deutlich hervor, weil ihre Zellen dem Bastparenchym sehr ähnlich sind, nur um weniges gröfser, zartwandiger und radial gestreckt. Das Bastparenchym ist etwas kleinzelliger und dünnwandiger als das Parenchym der primären Rinde, axial gestreckt und radial gereiht. Die Verschiedenheit ist in Längsschnitten besonders klar (Fig. 546), weil hier die tangential gestreckten Rindenzellen (*pr*) mit rundlichem Querschnitt, die Bastzellen (*bp*) dagegen in ihrer gröfsten Dimension erscheinen. — Im Bastparenchym sind spärlich und regellos, meist isoliert, die Bastfasern eingesprengt. Sie sind bis etwa 0,6 mm lang, in der Mitte 0,035 mm breit, spindelförmig, stumpfspitzig, selten abgestutzt oder gegabelt. Ihr Querschnitt ist breit gerundet rechteckig, das Lumen sehr enge, höchst selten in der Mitte ein Drittel der Faserbreite betragend (Fig. 545), die Verdickung merklich geschichtet mit deutlich abgegrenzter Primärmembran, mit spärlichen Spaltentüpfeln. — Die Siebröhren kommen bündelweise vor; in Querschnitten erkennt man sie an den weichen, geschlängelten, oft zusammen-

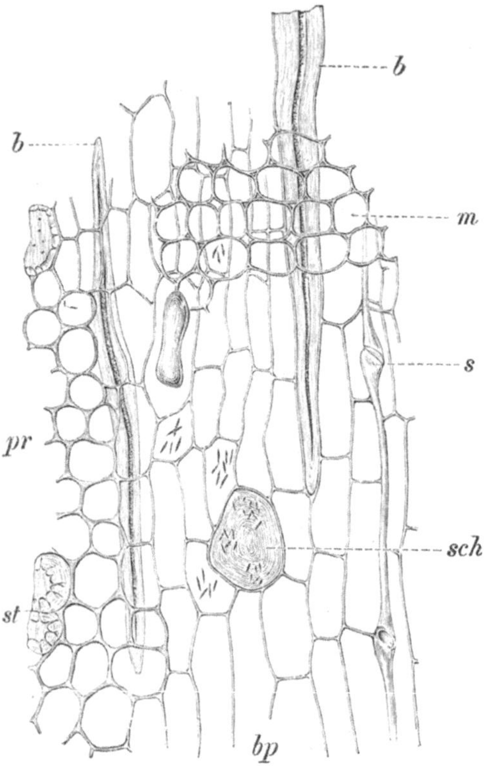

Fig. 546. Radialer Längsschnitt durch chinesischen Zimt.

pr Parenchym der Aufsenrinde, *bp* Parenchym des Bastes, *b* Bastfasern, *st* Steinzellen, *sch* Schleimzellen, *s* Siebröhren, *m* Markstrahl.

gefallenen Membranen, in Längsschnitten an den kallösen Querplatten (Fig. 546 u. 547, *s*).

Sekretzellen kommen in allen Rindenteilen vor, am häufigsten im Baste. Gering an Zahl, sind sie durch ihre Gröfse auffallend. Sie sind rundlich, zwei- bis dreimal so breit wie die Parenchymzellen der Umgebung, etwas dünnwandiger als diese, axial gestreckt, oft zu mehreren senkrecht übereinanderstehend (Fig. 547). Ihr Inhalt ist ein schwach gelblich gefärbter, in Wasser und Alkohol unvollkommen löslicher Klumpen (verharztes Öl) oder ein farbloser, die Zellen vollkommen ausfüllender Schleim oder beides. Wenn man Querschnitten unter dem Mikroskope Wasser zufliefsen läfst, kann man die schichtenweise Quellung des Membranschleimes beobachten (Fig. 546, *sch*).

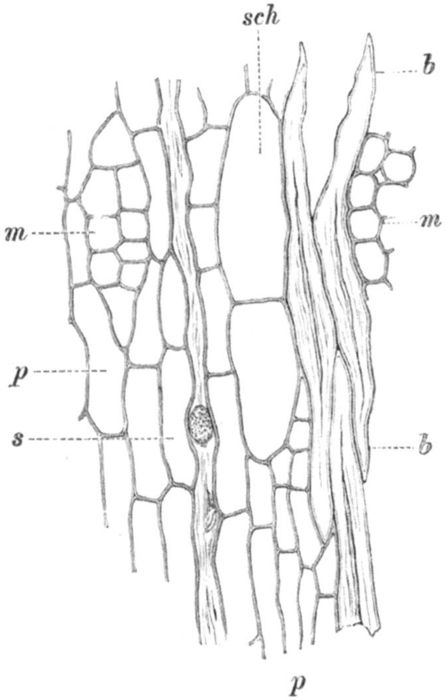

Fig. 547. Tangentialschnitt durch Ceylon-Zimt.
p Bastparenchym, *sch* Sekretzellen, *m* Markstrahlen, *b* Bastfasern, *s* Siebröhren.

Prismatische, nadel- oder wetzsteinförmige, oft winzige Oxalatkristalle kommen ebenfalls in allen Rindenteilen vor, sind aber von dem übrigen Zellinhalt meist verdeckt.

Die Parenchymzellen und Markstrahlen, mitunter auch die Steinzellen, sind mit Stärke erfüllt. Die Stärkekörnchen sind meist zusammengesetzt zu dreien, zweien oder vieren (Fig. 549, *B*). Die Bruchkörner sind am häufigsten 0,008 mm, nicht selten 0,020 mm, selbst etwas darüber grofs und lassen den Kern oder eine Kernhöhle deutlich erkennen. Neben Stärke findet sich in den Zellen eine braune, formlose Masse, von welcher sich in Wasser sehr wenig, in Alkohol mehr und in Alkalien der gröfste Teil löst, und die auf Gerbstoff braun- bis schwarzgrün reagiert. Sie hat auch die Zellwände imbibiert, ausgenommen jene der Steinzellen und Bastfasern, die deshalb durch ihre helle Färbung von dem braunen Parenchym sich scharf abheben. — Die kleinen Oxalatprismen, deren oben gedacht wurde, sieht man in Menge, nachdem die Stärke durch Erwärmen in verdünnter Kalilauge verkleistert wurde[1]).

Ceylon-Zimt.

Der auffälligste Unterschied zwischen chinesischem und Ceylon-Zimt liegt darin, dafs der letztere des gröfseren Teiles der primären Rinde und damit auch der Korkschicht entbehrt. Seine äufsere Oberfläche bildet der Steinzellenring, der noch von Resten des Rindenparenchyms bedeckt zu sein pflegt (Fig. 548). Die primären Bastfaserbündel liegen, wie beim chinesischen Zimt (s. Fig. 545) an der Aufsenseite des Steinzellenringes, ragen über diesen sogar hervor und sind — da die deckenden Teile fehlen — die Ursache der zarten Längsstreifung der Rindenoberfläche. Der Steinzellenring ist in der Regel vollkommen geschlossen, jedoch gegenüber den primären Markstrahlen merklich schwächer entwickelt. Er nimmt etwa ein Viertel der Rindenbreite ein[2]). Seine Zellen sind gröfser (in tangentialer Richtung gar nicht selten 0,2 mm lang), stärker und gleichmäfsiger verdickt, obwohl auch an ihnen die vorherrschende Verdickung der Innenseite bemerkbar ist. Die Gröfse der Zellen ist um so auffallender, als die übrigen Elemente des Ceylon-Zimtes zarter sind als im chinesischen Zimt, was ohne Messung auf den ersten Blick erkennbar ist. Innerhalb des Sklerenchymringes, aber nur im äufseren Teile des Bastes, kommen vereinzelt ebenfalls Steinzellen zur Entwicklung (Fig. 548). Bastfasern finden sich be-

---

[1]) Spezifische Rhaphidenschläuche, wie De Bary (Vegetationsorgane, p. 145) sie erwähnt, gibt es nicht. Nur in dem Sklerenchymringe finden sich vereinzelt kleine sklerotische Zellen mit je einem rhomboëdrischen Kristall. Dieser ist offenbar durch Umkristallisation entstanden, wie es bei verlangsamter Osmose in der Regel stattfindet (vgl. meine „Anatomie der Baumrinden", p. 433).

[2]) Nach Hartwich (Arch. d. Pharm., Bd. 239, 1901) findet sich der gemischte Sklerenchymring nur an den jüngsten Rinden. In älteren, also dickeren Rinden ist derselbe durch Borkebildung (s. pag. 508) abgestofsen, und innerhalb desselben hat sich ein sekundärer Sklerenchymring gebildet, der nur aus Steinzellen besteht. Dicken Rinden fehlt infolgedessen die zarte Längsstreifung der Aufsenseite.

sonders in den inneren Schichten sowohl in tangentialen wie in radialen Reihen. Sie sind nicht kürzer als im chinesischen Zimt, aber schmächtiger, kaum über 0,03 mm breit. Die Siebröhren bilden tangentiale Stränge oft durch die ganze Breite der Baststrahlen (Fig. 548, *s*). In den äufseren Lagen sind sie gewöhnlich zusammengefallen und braun, in

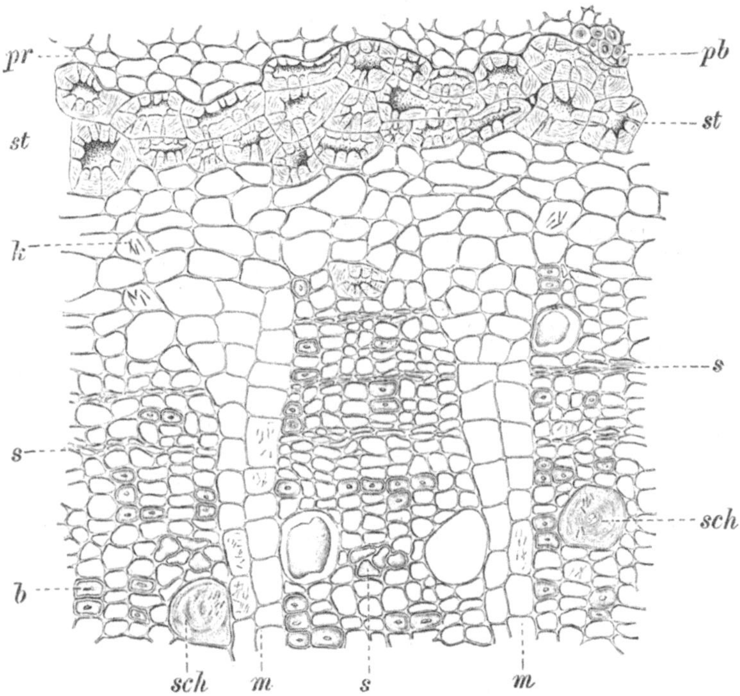

Fig. 548. Querschnitt durch Ceylon-Zimt: *st* der geschlossene Sklerenchymring, von den Resten der primären Rinde *pr* bedeckt; *pb* ein primäres Bastfaserbündel, *b* Bastfasern der sekundären Rinde, *s* Siebröhrenbündel, *sch* Schleimzellen, *m* Markstrahlen, *k* Kristallnadeln.

jüngeren (inneren) sind ihre Lumina offen, ihre Wände farblos. Sekretzellen von bedeutender Gröfse (ganz gewöhnlich 0,20 mm lang und 0,05 mm breit) kommen in allen Teilen des Bastes reichlich vor[1]).

[1]) Aus dem Umstande, dafs Ceylon-Zimt entschieden weniger schleimig schmeckt als andere Sorten, scheint man geschlossen zu haben (vgl. Flückiger, Pharmakognosie), dafs derselbe weniger Schleimzellen enthalte. Das ist aber tatsächlich nicht immer der Fall. Ich zählte beispielsweise im

Bemerkenswert ist die Verschiedenheit in der Gröfse der Stärkekörner. Sie fällt auf den ersten Blick auf, weil sie sich nicht so sehr in der Ungleichheit der maximalen Grenzen, als vielmehr in jener der häufigsten Gröfsen ausdrückt. Die meisten Stärkekörner des Ceylon-Zimtes sind nämlich nur gegen 0,006 mm grofs, und solche von doppelter Gröfse, wie sie im chinesischen Zimt gewöhnlich sind, gehören zu den Seltenheiten.

Zimtcassia.

Die Zimtcassie zeigt je nach ihrer Abstammung einmal den Bau des chinesischen, das andere Mal den Bau des Ceylon-

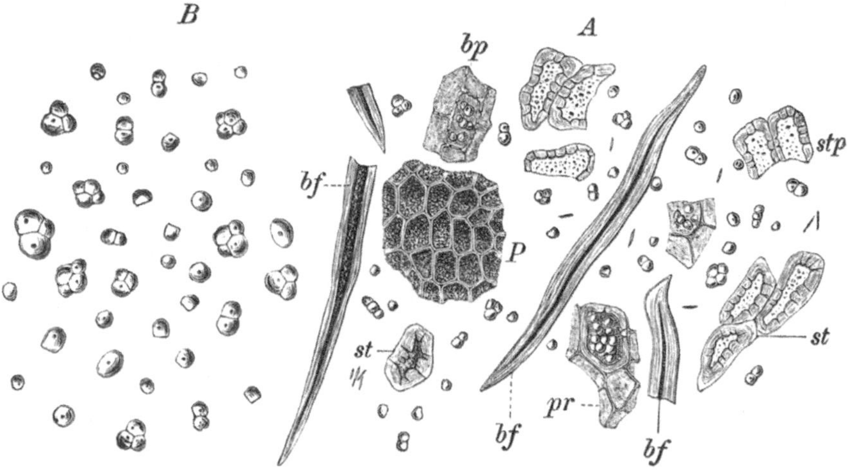

Fig. 549. *A.* Bestandteile des Zimtpulvers;
bf Bastfasern, *st* Steinzellen des Ringes, *stp* Steinzellen der Aufsenrinde, *pr* Parenchym der Mittelrinde, *bp* Bastparenchym, *P* Steinkork in der Flächenansicht (vgl. Fig. 515). Vergr. 160.
B. Stärkekörner bei 600facher Vergröfserung.

Zimtes, in letzterem Falle oft mit der primären Rinde und dem Kork, welche indes von den gleichnamigen Geweben des chinesischen Zimtes nicht verschieden sind.

Zimtpulver.

Zimtpulver als solches zu erkennen, ist unter dem Mikroskope sehr leicht. Man findet reichlich die durch ihre Form

---

Ceylon-Zimt auf einem Querschnitte von 0,5 qmm oft 6—9 Schleimzellen, auf derselben Fläche im chinesischen Zimt meist nur drei, selten über fünf Schleimzellen.

und Gröfse charakteristischen Stärkekörnchen (Fig. 549), die Bastfasern, wie sie ähnlich in keinem anderen Gewürze vorkommen, die einseitig verdickten Steinzellen, die oft mit Stärke erfüllt sind, Stabzellen, braunes Parenchym, seltener Korkgewebe und bei sorgfältigem Suchen auch wohl die kleinen Kristallnadeln. Die Sekretzellen werden fast immer zerrissen; in dem feinen Pulver, wie es gewöhnlich im Handel vorkommt, wird man sie kaum unversehrt oder auch nur erkennbar antreffen.

Soll die Zimtsorte im Pulver nachgewiesen werden, so gelingt es in unvermischten Pulvern mitunter ebenfalls, dann nämlich, wenn es sich um die Unterscheidung des Ceylon-Zimtes von den beiden anderen Sorten handelt. Die Kleinheit der Stärkekörner, die dünneren Bastfasern, die überwiegende Zahl sehr stark verdickter, von ästigen Porenkanälen reichlich durchzogener Steinzellen gegenüber den schwach und einseitig verdickten Steinzellen des chinesischen Zimtes, endlich der vollständige Mangel des Korkes (Fig. 548) sind völlig ausreichende Merkmale für den Ceylon-Zimt. Gerade dieser wird aber selten, für den allgemeinen Konsum vielleicht niemals gepulvert. Die Zimtpulver des Handels sind entweder chinesischer Zimt (Cassia lignea) oder häufiger der schlechte Holzzimt (Cassia vera). Stammt der letztere, wie gewöhnlich, von Cinnamomum Cassia, so ist er mikroskopisch von Cassia lignea schlechterdings nicht zu unterscheiden.

Fälschungen des Zimtes.

Wie vom Pfeffer, galt auch vom Zimt: gepulvert war er vor wenigen Jahren noch, als es keine Untersuchungsanstalten gab, selten unverfälscht. Ich habe von angesehenen Drogisten „Zimtpulver“ bezogen, welche gar keine Spur von Zimtrinde enthielten, sondern parfümierte Holz- und Rindenpulver waren.

Gewöhnlich benützt man zur Herstellung des Zimtpulvers nicht allein die Zimtröhren, sondern auch die im Innern der Originalbündel enthaltenen Abfälle, wenn nicht gar diese allein, die auch selbständig als „Chips“ oder „Zimtbruch“ im Handel vorkommen. Chips (*chip* engl. Abschnitzel) besteht aus Rindenbruch, Holzspänen, Korkfragmenten, Zweigspitzen und Blättern des Zimtstrauches. Man erkennt dieselben unter dem Mikroskope an den Gefäfsen mit leiterförmig durchbrochener Querwand, den

Oberhautfragmenten des Blattes und an den einzelligen Härchen (s. Fig. 137, pag. 123). Diese stammen von den Zweigspitzen oder vereinzelten Blüten, denn dafs letztere absichtlich dem Rindenpulver zugesetzt werden[1]), ist nicht wahrscheinlich. Erweist sich aber ein Pulver bei der mikroskopischen Untersuchung wirklich als Zimt, so ist damit noch nicht erwiesen, dafs die Ware echt ist; sie kann bereits zur Destillation des ätherischen Öles benützt und nachträglich mit Zimtöl aromatisiert worden sein. Dafs solche Ware lange nicht den Gebrauchswert hat wie unverfälschte, ist klar, denn ihr ohnehin schwacher Geruch und Geschmack verringert sich in dem Mafse, als das nur oberflächlich haftende Öl sich verflüchtigt. Leider ist diese Art der Fälschung durch das Mikroskop nicht leicht nachweisbar; denn die stattgefundene Beraubung kann an den Stärkekörnern nicht erkannt werden, da diese bei der Destillation sich nicht merklich verändern.

Gewöhnlich sind die Zimtpulver mit fremdartigen Pulvern vermischt, am häufigsten mit Mehl oder gepulvertem Gebäck, Eichelmehl, Holz, Baumrinden, Ölkuchen, Mandelkleie, Walnufs- und Haselnufsschalen, Reis- und Hirsespelzen (als Zimtmatta), seltener mit Mineralpulvern.

Jede Mehlsorte sowie Gebäck (vgl. pag. 159) verrät sich unter dem Mikroskope an den Stärkekörnern. Die gebräuchlichsten Getreidemehle und Eichelmehl besitzen viel gröfsere Stärkekörner; aber auch die kleinkörnige Stärke des Hafers und des Reises können selbst von Ungeübten kaum mit der Zimtstärke verwechselt werden, indem diese aus wenigen Körnern zusammengesetzt ist, jedes Bruchkorn daher mindestens eine stark gewölbte Fläche aufweist, während bei jenen die allermeisten Körnchen allseitig abgeplattet, polyedrisch sind.

Holz ist ebenfalls ohne weiteres nachweisbar an den so ausgezeichnet verräterischen Gefäfsen (Fig. 537 und 538). Auch Holzfasern, obwohl sie einige Ähnlichkeit mit den Bastfasern des Zimtes haben, wird man an ihrer Länge erkennen. Holzparenchym und Holzmarkstrahlen könnten höchstens in kleinen Bruchstücken irreführen; ganze Zellen oder gar Zellverbindungen, wie sie auch im feinsten Pulver anzutreffen sind, können unmöglich mit den Geweben des Zimtes verwechselt werden, weil ihre Farbe, Form und Porenbildung verschieden

[1]) R. Pfister, Forschungsber. über Lebensm. usw. II, 1894.

ist. Besonders geeignet zur Zimtfälschung hat man das braune Holz der Zigarrenkisten befunden, welches von einem dem Mahagoni verwandten Baume (*Cedrela*) abstammt. Dieses Holz besitzt weite, kurzgliederige Gefäfse, deren Wände dicht mit sechseckig behöften Tüpfeln besetzt sind, schwach verdickte, mitunter ästige Holzfasern und in den Markstrahlen grofse Einzelkristalle (vgl. Fig. 539). Zimtholz, aus Chips stammend (s. oben pag. 521) ist an den leiterförmigen Querwänden unterscheidbar.

Fremdartige Rinden sind im Zimtpulver manchmal augenblicklich, sonst erst nach genauer Prüfung der Elemente zu erkennen. Findet man sehr lange und geschmeidige (nicht verholzte) Bastfasern oder sehr grofse Steinzellen, wie sie vielen heimischen Rinden eigentümlich sind, so ist die Fälschung evident. Sind aber Bastfasern und Steinzellen von denen des Zimtes nicht auffallend verschieden, so wird man doch oft bei sorgfältiger Untersuchung finden, dafs die Dimensionen der Bastfasern nicht übereinstimmen mit der innerhalb enger Grenzen schwankenden Länge, Breite und Verdickung der Zimtfasern (vgl. pag. 516), oder man wird an den Steinzellen gewisse, regelmäfsig wiederkehrende Formen beobachten, wie z. B. ästige oder stäbchenartige, die in der Zimtrinde selten oder gar nicht angetroffen werden. Es läfst sich oft gar nicht sagen, wodurch eine Zelle sich dem geübten Beobachter als nicht zum Ganzen gehörig verrät und ihn zu weiteren Nachforschungen veranlafst, um den einmal erregten Verdacht zu begründen oder zu widerlegen. Eine Nuance im Glanze, in der Schichtung, in der Farbe der Wandung oder des Inhaltes leitet mitunter auf die erste Spur. Nunmehr betrachtet man alles mit geschärfter Aufmerksamkeit. Man findet z. B. die parenchymatischen Gewebe auffallend grofszellig oder schwach gefärbt, die Zahl der kleinen kugeligen Stärkekörnchen unverhältnismäfsig grofs gegenüber den Bruchkörnern der Zimtstärke, oder man findet grofse Kristalle oder Drusen, wie sie im Zimt niemals, in anderen Rinden aber sehr häufig vorkommen. So stützt ein Merkmal das andere, und schliefslich wird man mit aller Bestimmtheit die Fälschung mit einem Rindenpulver behaupten können.

Mineralische Zusätze sind im Zimtpulver viel bestimmter nachzuweisen als im Pfeffer, weil die Aschenmenge im Zimt geringeren Schwankungen unterliegt. Die zulässigen Höchstmengen sind für Zimtröhren: Gesamtasche 5,0 %, in ClH unlöslich 2,0 %.

Als Fälschungen müssen auch die ab und zu im Grofshandel erscheinenden zimtähnlichen Rinden bezeichnet werden, die wenig oder mitunter gar nicht aromatisch sind, daher kaum anders als zur Fälschung von Zimtpulvern verwendet werden können.

Man kann diese Rinden in drei Gruppen teilen, in solche von Cinnamomum-Arten, in solche anderer Lauraceen und in noch fremdartigere Rinden.

1. Alle Cinnamomum-Rinden sind charakterisiert durch den gemischten Sklerenchymring, die einseitige Verdickung der Steinzellen, die eigentümliche Form der Bastfasern und das Vorkommen von Öl- und Schleimzellen. Hierher gehört ohne Zweifel die von R. Micko (l. c.) beschriebene falsche Zimtrinde, obwohl sie fast gar nicht aromatisch war. Sie war so reich an Schleimzellen, dafs die in Wasser gelegten Rindenstücke bald von einer dicken, gallertigen Schleimschicht umgeben waren.

2. Alle Lauraceen enthalten Ölzellen, und zwar in allen Teilen. Dafs diese Zellen verschiedenartige Sekrete enthalten, geht schon daraus hervor, dafs z. B. Kampfer, Sassafras- und Likariöl von Lauraceen stammen. Es scheint aber aufser Cinnamomum auch Lauraceen zu geben, deren ätherisches Öl dem Zimtöl ähnlich ist, deren Rinden daher als Ersatz der Zimtrinde verwendbar sind.

Der Bau dieser Rinden stimmt nun keineswegs überein[1]), aber sie haben doch einige gemeinsame Merkmale, die es ermöglichen, eine zweifelhafte Rinde als zu den Lauraceen gehörig anzusprechen.

Diese Merkmale sind: teilweise sklerosierter Kork; gemischter Steinzellenring mit einseitig verdickten Steinzellen; typische Bastfasern, die jedoch einigen Rinden fehlen; Öl-Schleimzellen; Calciumoxalat in Form von Kristallnadeln.

3. Sogar Rinden anderer Pflanzenfamilien werden mitunter als Zimt in Verkehr gebracht. So soll die gerbstoffreiche Rinde

---

[1]) Wender, „Beitrag z. Anatomie der Lauraceen-Rinden", Zeitschr. d. Allg. Österr. Apoth.-Ver. 1890.

J. Moeller, „Lignum Aloës und Linaloëholz", Pharm. Post 1896.

Solereder, System. Anat. d. Dicotyledonen. Stuttgart 1899.

des Guajavebaumes (*Psidium Guajava* RADDI — ***Myrtaceae***) in Indien wie Ceylon-Zimt geschält, getrocknet und dadurch aromatisiert werden, daſs man sie mehrere Stunden in das von der Zimtöldestillation herrührende Wasser legt. Sie wird dann neuerlich getrocknet, an beiden Enden mit Zimtöl getränkt und entweder für sich gebündelt oder in das Innere echter Zimtbündel gepackt[1]).

Literatur.

BERG (3); GREENISH (14); HANAUSEK, T. F. (10, 15); HASSALL (18); v. HÖHNEL (45); MACÉ (23); MEYER, A. (24, 25); MOELLER (26, 27, 28, 29); SCHIMPER (34); TSCHIRCH u. OESTERLE (37); VILLIERS u. COLLIN (39); VOGL (40, 43).

GARNIER: Étude microscopique et chimique de diverses poudres de cannelle. Journ. Pharm. **9**, 473.

GICHARD: Verfälschung von Zimtrindenpulver. Ztschr. Nahr.-Unters. Hyg. 1895, **9**, 281.

GILG: Lehrbuch der Pharmakognosie 1905.

GREENISH: Canella Bark. A study of its structure. Pharm. Journ. 1894.

HANAUSEK, T. F.: Chips. Ztschr. österr. Apoth.-Ver. 1896, 34.

HARTWICH: Beiträge zur Kenntnis des Zimtes. Arch. Pharm. 1901, 181.

HOCKAUF: Nachw. schleimreicher Rinden im gepulverten Handelszimte. Zeitschr. d. allg. österr. Ap.-Ver. 1902, 61.

KARSTEN: Lehrbuch der Pharmakognosie 1903.

MALFATTI: Eine neue Verfälschung des Zimtpulvers. Ztschr. Nahr.-Unters. Hyg. 1891, **5**, 133.

MICKO: Über eine falsche Zimtrinde. Ztschr. Unters. Nahr.-Genuſsm. 1900, **3**, 305.

PERROT: Sur l'origine de l'anneau sclereux des cannelles. Jour. pharm. chim. 1890, **2**, 426.

PFISTER: Zur Kenntnis der Zimtrinden. Forschungsber. Lebensm. Hyg. 1894, **1**, 1.

— Zur Zimtuntersuchung. Forschungsber. Lebensm. Hyg. 1894, **1**, 540.

SCHMITZ-DUMONT: Über eine vermeintliche Zimtfälschung. Zeitschr. f. öff. Chemie 1904.

[1]) Svensk. Farm. Tidskr. 1900.

Nelkenzimt.

Die Rinde eines kleinen brasilianischen Baumes *(Dicypellium caryophyllatum* NEES — *Lauraceae)* liefert den Nelkenzimt oder die Nelkencassie. Ähnlich dem Zimt kommt sie in langen, zwei Finger dicken Zylindern, welche aus zahlreichen ineinander-

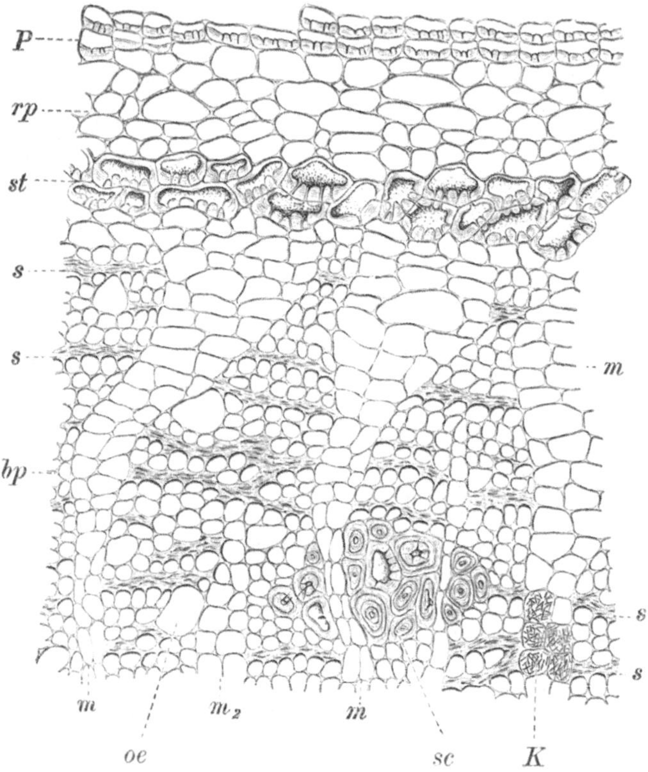

Fig. 550. Querschnitt durch Nelkenzimt (*Dicypellium caryophyllatum* NEES); *P* einseitig sklerosierter Kork, *rp* Rindenparenchym, *st* Steinzellenring, *s* Siebröhrenstränge, *bp* Bastparenchym, *sc* Steinzellengruppe im Baste, *oe* Ölschläuche, *K* Kristallnadeln, *m* primäre, m_2 sekundäre Markstrahlen.

gesteckten Röhren bestehen, in den Handel. Die einzelnen Röhren sind 1, höchstens 2 mm dick, dunkelrotbraun, an der Aufsenseite entweder schülferig oder mit papierdünnen schwarzbraunen Plättchen bedeckt, an der Innenfläche fein längsstreifig. Sie sind spröde; der Querbruch ist glatt, nur nach innen zu etwas blätterig. Am Querschnitte unterscheidet man mit freiem Auge einen dünnen, gelben Saum an der Aufsenseite, in den inneren Rindenteilen zerstreute gelbe Pünktchen in dem sonst homogenen rotbraunen Grundgewebe.

In Wasser quillt die Rinde wenig auf; Querschnitte derselben zeigen einen äufseren Steinzellenring und den Bast in ungewöhnlichem Grade geschrumpft. Er breitet sich aus und wird klar, wenn man einen Tropfen Kalilauge zufliefsen läfst.

Die primäre Rinde ist an vielen Stellen durch Borkebildung abgeworfen und bildet den schülferigen Belag der Aufsenseite. Die dunklen Borkeschüppchen bestehen aus ihr und einer Korkschicht (Fig. 550), deren Zellen klein, wenig abgeflacht und an der Innenseite sehr stark, mitunter auch aufsen verdickt sind.

Ein schmaler, selten nur auf kurze Strecken unterbrochener Steinzellenring trennt die noch erhaltenen Teile der primären Rinde[1]) vom Bast. Die Zellen desselben sind vorwiegend an der Innenseite sklerosiert, meist quergestreckt (Fig. 550, *st*). Zwischen ihnen sind mit Mühe einzelne Bastfasern aufzufinden.

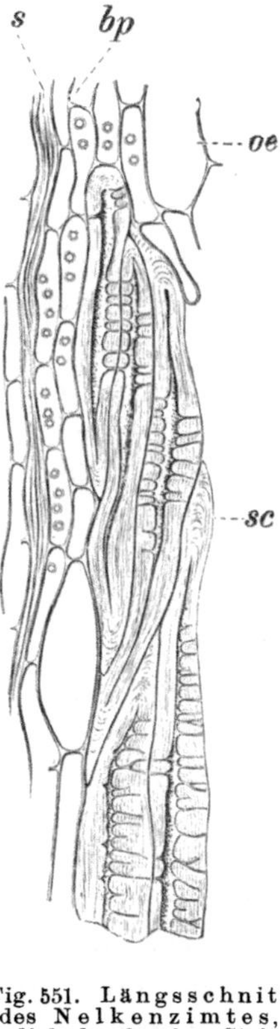

Fig. 551. Längsschnitt des Nelkenzimtes, radial durch eine Steinzellengruppe des Bastes. Bedeutung der Buchstaben wie in Fig. 550.

Die Innenrinde besteht oft nur aus Weichbast. Sie ist durch ein- bis dreireihige, nach aufsen verbreiterte primäre Markstrahlen in breite Bastkeile getrennt, deren Spitzen bis an den Steinzellenring hinanreichen. In den Verbreiterungen der Markstrahlen kommen ebenso wie in der primären Rinde Ölzellen vor. Sonst enthalten die meisten Zellen, auch die der sekundären Markstrahlen (Fig. 550, m_2), in grofser Menge winzige Kristallnadeln aus Calciumoxalat.

Die Baststrahlen bestehen gröfstenteils aus abwechselnden

[1]) Das Rindenparenchym ist, wie stellenweise deutlich erkennbar, z. T. aus dem Korke entstanden: Phelloderm.

Schichten von Parenchym und Siebröhren, letztere zu gelbbraunen Strängen geschrumpft, in denen die Lumina der einzelnen Elemente als feine Spalten erscheinen. Das Bastparenchym ist kleinzellig; die Membranen sind noch intensiver braun gefärbt als die der Siebröhren. Viele Zellen enthalten Kristallnadeln gleich den Markstrahlen. Ölzellen sind im Baste reichlicher verteilt als in den übrigen Rindenteilen; sie sind etwa 0,05 mm weit und gegen viermal so lang.

Ab und zu, wahrscheinlich bei vorgeschrittenem Alter, sklerosieren umschriebene Bastparenchymgruppen. Dabei vergröfsern sich die Zellen bedeutend; ihre Verdickung ist meist eine nahezu vollständige mit deutlicher Schichtung (Fig. 551). Bastfasern fehlen der Innenrinde.

Der Nelkenzimt wird als Gewürz und in der Volksmedizin gegenwärtig sehr wenig benützt, er ist aus dem deutschen Drogenhandel fast ganz verschwunden. An seiner Statt erhält man gewöhnlich andere aromatische Rinden, an denen ja in Tropenländern kein Mangel ist.

Eine dieser Substitutionen beschreibt VOGL [1]) und vermutet in ihr eine Art Culilawan-Rinde.

Es sind 3—4 cm breite und bis 4 mm und darüber dicke kompakte, flache und halbflache Stücke, an der Aufsenfläche ziemlich eben mit graulichem Periderm und rundlichen Exfoliationen, unter dem Periderm dunkelviolett, auf der Innenfläche dunkelrotbraun, längsstreifig. Bruch im Baste blätterig. Geruch und Geschmack nelkenartig, letzterer zugleich herbe. Querschnitt: Mittelrinde und Markstrahlen rötlichweifs; Baststrahlen dunkel, violettbraun, sehr fein tangential heller gestreift. Bau im allgemeinen jener einer *Cinnamomum*-Rinde. Der Bast ausgezeichnet durch sehr reichliche, spulenförmige Bastfasern, welche innerhalb der Baststrahlen in meist die ganze Breite dieser einnehmenden Gruppen sehr regelmäfsig mit dünnwandigem Gewebe (Bastparenchym mit Ölzellen, Siebröhren) abwechseln. Als Inhalt der Parenchymzellen neben Stärkemehl eisengrünender Gerbstoff nachweisbar; in allen Markstrahlzellen, in vielen Zellen des Bastparenchyms und der Mittelrinde (auch reichlich in Steinzellen), winzige spitzweckenförmige und prismatische Kristalle von Calciumoxalat.

---

[1]) Kommentar zur österr. Pharm.

Eine andere ohne Zweifel ebenfalls von einer Laurinee abstammende Rinde ist die von der echten Rinde wesentlich verschiedene Cortex caryophyllata.

Sie kommt in handbreiten, flachen, bis 7 mm dicken Stücken vor, welche von einer gelblichgrünen, warzigen Borke bedeckt sind. Der Querschnitt zeigt schon unter der Lupe in dem durch seine helle Farbe scharf abgegrenzten Periderm eine zarte Schichtung. Im übrigen ist die Rinde dunkelrotbraun, von etwas helleren Pünktchen und Flecken durchsetzt, im inneren Teile undeutlich radial gestreift.

Das Periderm setzt sich aus einer Reihe von Korkschichten zusammen, deren jede mit einer nach Art einer Oberhaut gebildeten Zellenreihe beginnt. Die Zellen dieser Reihe sind nämlich nach aufsen gewölbt und verdickt, während die folgenden Korkzellen annähernd kubisch, meist gleichmäfsig derbwandig oder an der Innenseite sklerosiert sind (Fig. 552, *K*). Die Breite der Schichten ist sehr wechselnd, mitunter zwei, am häufigsten vier bis acht, selten über zehn Zellenreihen.

Die innerste Korkschicht geht allmählich in das Rindenparenchym über, schon äufserlich kenntlich an der tief-rotbraunen Färbung, die von einer homogenen Masse herrührt, welche die meisten Zellen erfüllt und die Zellulose-Membranen imbibiert.

Das Rindenparenchym hat eine aufserordentliche Neigung zur Sklerose. Sehr viele Zellen haben wenigstens an der Innenseite ein sklerotisches Verdickungspolster; einzelne Gruppen sind zu vollständigen grofsen Steinzellen ausgebildet (Fig. 552). Zerstreute, oft durch ihre Gröfse wenig hervorstechende Zellen enthalten farbloses ätherisches Öl, andere feinen Kristallsand.

Die Innenrinde wird von ein- bis vierreihigen Markstrahlen durchsetzt, deren Zellen besonders dicht von feurig-rotbrauner Substanz erfüllt sind und dadurch mehr als durch ihre Form auffallen.

Das Bastparenchym ist ziemlich derbwandig, in ausgedehnten Gruppen sklerosiert, wobei die Zellen ihre Form und Gröfse meist beibehalten haben, mitunter aber auch ansehnlich vergröfsert wurden (Fig. 552). Kleine Ölschläuche sind hier regellos verteilt. Dünne Siebröhrenstränge folgen einander in ziemlich grofsen Abständen und treten wenig hervor. Das Bastparenchym enthält dieselbe braune, durch Eisensalze sich grün färbende Inhaltsmasse wie die Markstrahlen und das Rindenparenchym. Sie tritt in Form von Tropfen, Klümpchen und als homogener Wandbelag auf, ist in absolutem Alkohol gar nicht, in Wasser und Alkalien nur zum geringsten Teile löslich.

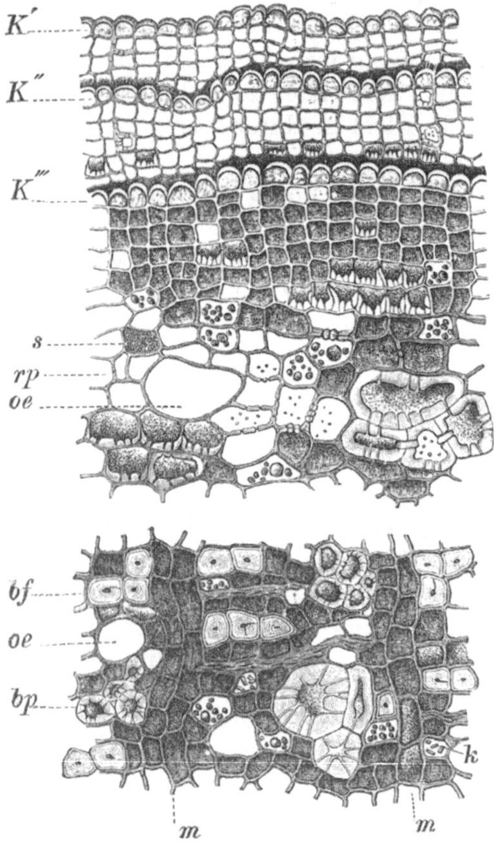

Fig. 552. Querschnitt durch einen falschen Nelkenzimt;
K', *K''*, *K'''* drei aufeinanderfolgende Korkschichten;
rp Rindenparenchym mit einer Ölzelle *oe* und einer Sandzelle *s*,
bf Bastfasern,
bp sklerotisches Bastparenchym,
k eine Kristallzelle,
m Markstrahlen.

Stärke fehlt. Calciumoxalat, welches in der primären Rinde als Kristallsand auftritt, kommt im Baste in gut ausgebildeten prismatischen Kristallen vor, die zu mehreren oder selbst vielen in je einer Zelle liegen.

Ein charakteristisches Merkmal der Rinde sind die Bastfasern, welche in unterbrochenen tangentialen Reihen, mitunter auch vereinzelt die Innenrinde durchsetzen (Fig. 552, *bf*). Auf Querschnitten leuchten ihre farblosen Membranen aus der dunklen Umgebung hervor. Sie sind spindelförmig, 0,5 mm oder etwas darüber lang, 0,035 mm breit, mit gerundet querrechteckigem Querschnitt, sehr engem Lumen und spärlichen einfachen Porenkanälen.

Die Gestalt und die Verteilung der Bastfasern und Ölschläuche sowie die zentripetale Peridermbildung lassen keinen Zweifel darüber, dafs die Rinde von einer Cinnamomum nahestehenden Gattung abstamme, wenn sie nicht eine Zimtart selbst ist.

Ihr Geruch und Geschmack, nicht intensiv, erinnert an

Sassafras, wenig an Zimt, am wenigsten an Gewürznelken. Dies im Zusammenhalt mit den äufseren Kennzeichen schliefsen eine Verwechslung der unzerkleinerten Rinde aus. Auch gepulvert ist die Rinde ebenso leicht von Zimt wie von Nelkenzimt zu unterscheiden. Von beiden vor allem durch die tief-braunrote Inhaltsmasse sämtlicher parenchymatischen Elemente; von Nelkenzimt durch das Vorkommen von Bastfasern; von Zimt, der ähnliche Bastfasern besitzt, durch die weit überwiegende Menge von Steinzellen, darunter auch viele Stabzellen.

Weifser Zimt.

Der sog. weifse Zimt stammt von *Canella alba* MUSSAY (*Canellaceae*) und kommt von den Bahama-Inseln (Westindien) in den Handel. Als Gewürz wie als Heilmittel wird er wenig gebraucht.

Die Rinde ist hart, ebenbrüchig, 2—5 mm dick, gelblich oder rötlich, borkefrei, an der Aufsenseite mit zerstreuten weifsen Grübchen, innen fein längsstreifig. Am Querschnitt ist sie von gelben Pünktchen (Ölzellen) gesprenkelt, in der Innenrinde zart radial gestreift.

Die Aufsenrinde (Fig. 553) besteht aus einem korkartigen Steinparenchym (sklerosiertes Phelloderm), dem stellenweise zartzelliger Kork anhaftet. — Die Mittelrinde ist ein tangential gestrecktes Parenchym mit eingestreuten grofsen Ölzellen, deren Wand etwas verdickt und (wie bei allen Sekretzellen) cuticularisiert ist. Dieselben Ölzellen finden sich auch in der Innenrinde, welche von meist einreihigen Markstrahlen durchzogen und von tangentialen Siebröhrensträngen unregelmäfsig geschichtet wird. Bastfasern fehlen. Solche finden sich nur spärlich, in weit auseinandergedrängten, unansehnlichen Bündeln an der Grenze der primären und sekundären Rinde. Sie sind von schmalen, braunen Pigmentzellen begleitet.

Das Parenchym enthält Stärke in einfachen oder zusammengesetzten, kleinen (meist 6—8 μ, höchstens 20 μ) Körnern. In fast jeder Markstrahlzelle und in vielen Parenchymzellen liegt je eine Oxalatdruse.

Das weifse, zimtartig riechende Pulver ist vorzüglich charakterisiert durch die grofsen, gelben Ölzellen, die gelben Zellen des Steinkorkes und den fast völligen Mangel faseriger Elemente.

An den Siebröhrenfragmenten sind Siebplatten nicht selten erkennbar. Grofse Kristalldrusen und feinkörnige Stärke finden sich reichlich.

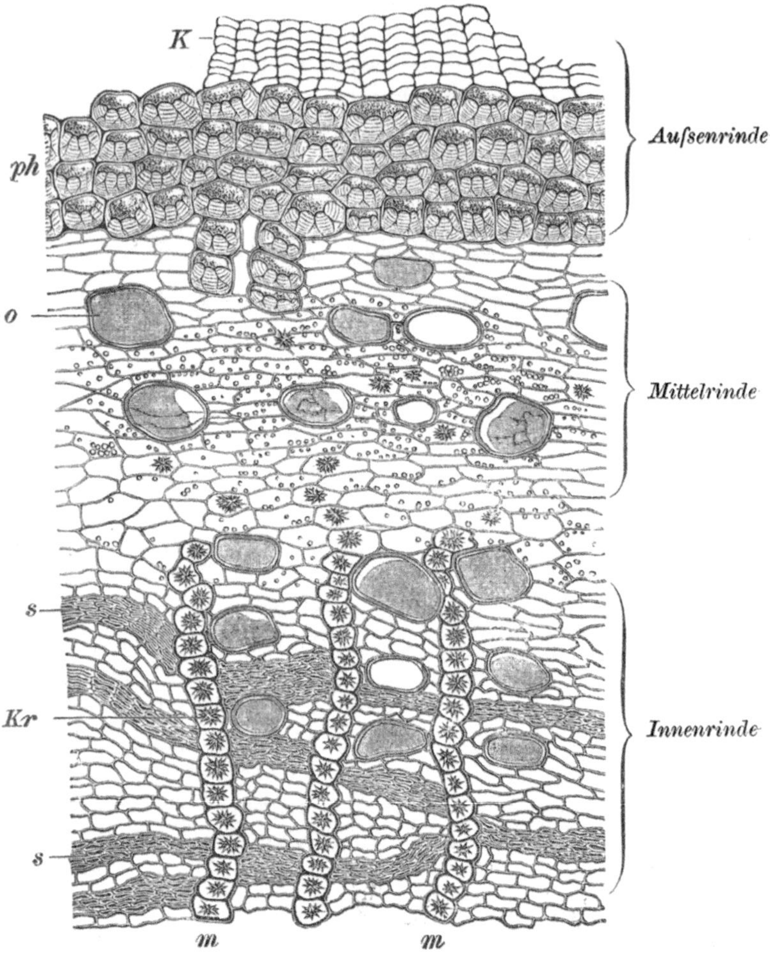

Fig. 553. Querschnitt durch weifsen Zimt (TSCHIRCH); *K* Kork, *ph* Steinkork, *o* Ölzellen. | *s* Siebröhrenstränge, *Kr* Kristalldrusen, *m* Markstrahlen.

Literatur.

PLANCHON et COLLIN (31); TSCHIRCH (12, 36); VOGL (41); WIESNER (45).
GREENISH: Canella Bark. Pharm. Journ. and Transact. **53**, 1894.
MOELLER: Anatomie d. Baumrinden. Berlin 1882.

Unterirdische Pflanzenteile.

Es gehören hierher teils Wurzeln, teils unterirdische Stämme.

Die als Nahrungsmittel, meist als Gemüse verwendeten Wurzelgebilde (Möhren, Pastinak, Sellerie, Petersilie, Rüben, Rettich, Kren, Schwarzwurz u. a.) verdanken ihre Genufsfähigkeit einer durch Kultur hervorgerufenen Verdickung (Vermehrung des Parenchyms), womit auch die Inhaltsstoffe vermehrt und einigermafsen verändert werden.

Viele unterirdische Stämme wetteifern bezüglich ihrer Bedeutung als Nahrungsmittel mit den Zerealien, so reich sind sie an Stärkemehl (Kartoffel, Maniok, Batate u. a.); andere sind wegen ihrer spezifischen Inhaltsstoffe wertvolle Genufs- oder Heilmittel (Zwiebel, Ingwer, Salep, Wurmfarn, Rhabarber u. a.) oder technische Rohstoffe (Krapp, Seifenwurzel, Curcuma); einige dienen als Gewürze (Ingwer, Kalmus, Curcuma).

Jeder Stamm wie jede Wurzel besteht aus dreierlei Gewebeformen: der Oberhaut oder einer sie vertretenden Korkschicht, dem Grundgewebe und den Leitbündeln.

Der für uns wichtigste Bestandteil der unterirdischen Stämme ist das Grundgewebe, denn es ist das eigentliche Speichergewebe. Damit ist zugleich gesagt, dafs es ein grofszelliges Parenchym ist. Es ist nicht nur der wichtigste, sondern auch der quantitativ weitaus überwiegende Bestandteil, nicht selten in dem Mafse, dafs die Leitbündel fast verschwinden. Im Baue bietet das Parenchym keine erheblichen Unterschiede, um so mehr in den Inhaltsstoffen. Am verbreitetsten ist die Stärke, neben welcher gewöhnlich auch geringe Mengen von Eiweifsstoffen vorkommen. Sie bildet den wesentlichen Inhalt der meisten Knollen und

Wurzelstöcke (Kartoffel, Batate, Manihot, Yam, Ingwer, Curcuma u. a.), auch einiger Zwiebeln.

Andere Kohlehydrate (Inulin, Zucker, Schleim) erfüllen als Lösungen das Parenchymgewebe, sind also vom Standpunkte des praktischen Mikroskopikers von geringerem Interesse. Neben diesen Reservestoffen finden sich die verschiedenartigsten Substanzen in verhältnismäfsig sehr geringer Menge, die aber gleichwohl von hervorragender Wichtigkeit sind, weil die ökonomische Bedeutung vieler unterirdischer Teile, welche als Gewürze, in der Medizin, als Farbstoffe u. dergl. m. Verwendung finden, durch sie vor allem bedingt ist. Sie bilden in der Regel einen Teil des allgemeinen Zellinhaltes; in einigen besonderen Fällen sind sie in bestimmten Zellen enthalten und bieten dadurch für die mikroskopische Diagnose wertvolle Anhaltspunkte.

Die äufsere Bedeckung der unterirdischen Stämme gleicht jener der analogen oberirdischen Organe. Die Oberhaut pflegt nur an den jüngsten Teilen erhalten zu sein; frühzeitig wird sie durch Kork (Periderm) ersetzt, der zarthäutig und von geringer Mächtigkeit ist.

Die Leitbündel bestehen aus einem Holzteil (Xylem) und einem Bastteil (Phloëm). Der Holzteil ist leicht erkennbar an den nie fehlenden Gefäfsen, der Bastteil an der Kleinzelligkeit des Gewebes. Die Leitbündel sind oft von Fasern begleitet oder auch rings umgeben.

Die gegenseitige Lage von Xylem und Phloëm ist verschieden und oft charakteristisch. Umschliefst der eine Teil den anderen ringförmig (s. Fig. 555), so heifst das Bündel konzentrisch; liegen beide Teile nebeneinander, so sind zwei Fälle möglich: entweder das Phloëm liegt in radialer Richtung vor dem Xylem, das Leitbündel ist kollateral (s. Fig. 540, pag. 508); oder das Phloëm liegt an der Seite (rechts oder links) vom Xylem, das Leitbündel ist radial.

Konzentrische Leitbündel besitzen zumeist die Monokotyledonen, kollaterale die Dikotyledonen, radiale sind für die echten Wurzeln beider Klassen charakteristisch.

Die Verteilung der Leitbündel im Stamme, kenntlich am Querschnitte, ist ebenfalls verschieden.

Bei den Monokotyledonen stehen die Bündel isoliert und sind unabhängig voneinander am Querschnitte unregelmäfsig verteilt. In Wurzeln bilden alle Leitbündel einen zentralen

Strang, der von einer Kernscheide (Endodermis) umgeben ist. Das aufserhalb der Kernscheide gelegene, oft mächtige Wurzelgewebe nennt man die Rindenschicht; sie enthält keine Leitbündel. Auch in den unterirdischen Stämmen der Monokotyledonen bilden die Leitbündel einen zentralen, von der Kernscheide umgebenen Strang; aber es finden sich zerstreute Bündel auch aufserhalb der Kernscheide.

Bei den Dikotyledonen sind die Leitbündel derart im Kreise angeordnet, dafs ihre Holzteile nach innen, ihre Bastteile nach aufsen zu liegen kommen. Dadurch bilden alle Holzteile zusammen einen zentralen Strang („Holz"), der von den zugehörigen Bastteilen („Rinde") mantelartig umgeben ist (s. Fig. 540). Zwischen Holz und Rinde ist die kreisförmige Grenzlinie in der Regel deutlich erkennbar. Sie ist aber keine Kernscheide, sondern das Kambium. Ob eine auf dem Querschnitt eines unterirdischen Pflanzenteils sichtbare Kreislinie als Kernscheide oder als Kambium anzusprechen sei, ist leicht zu entscheiden: innerhalb des Kambiums liegt nur Holz, innerhalb der Kernscheide liegen vollständige Leitbündel (also Holz und Bast); auch ist die Kernscheide aus eigentümlichen, von der Umgebung häufig auffallend verschiedenen Zellen zusammengesetzt[1]).

Die typische Anordnung und der Bau der Leitbündel ist an unterirdischen Pflanzenteilen nicht immer deutlich erkennbar. Je mehr dieselben zu Speicherorganen umgewandelt sind, d. h. je mehr das parenchymatische Gewebe überwiegt, desto mehr treten die Leitbündel in den Hintergrund, so dafs sie bei manchen rüben- oder knollenförmigen Gebilden als zarte Fäserchen die Grundmasse spärlich und scheinbar regellos durchziehen.

Kalmus.

Das Gewürz Kalmus ist der Wurzelstock einer bei uns in manchen Gegenden reichlich wachsenden Wasserpflanze *(Acorus Calamus* L. — *Araceae).* Er kommt getrocknet mit abgeschnittenen Wurzeln (Fig. 554) oder geschält in den Handel. Immer sind an der Unterseite des im Boden wagrecht wachsenden Rhizoms

---

[1]) Die jüngsten Dikotylenwurzeln sind nach dem Monokotylentypus gebaut; allein in der Regel wird die Endodermis frühzeitig durch Kork abgestofsen, und die in der Anlage radialen Leitbündel entwickeln sich kollateral weiter.

die zickzackförmig angeordneten Wurzelnarben erkennbar. Der ungeschälte Kalmus ist dunkelrotbraun, der geschälte rötlichweifs wie der Querschnitt. Das weiche, beinahe porös-schwammige Gewebe ist durch eine zarte Linie (Kernscheide oder Endodermis) in eine Rinden- und Kernschicht gesondert.

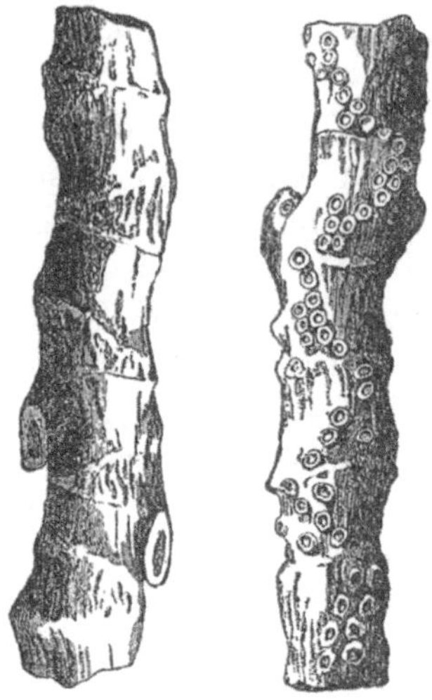

Fig. 554. Kalmus von oben (links) und von unten (rechts). Nat. Gr.

Die braune „Schale" des Kalmus ist eine Oberhaut aus polygonalen Zellen (Fig. 556, *ep*). An den Blattnarben finden sich Reste der vertrockneten Blattscheiden, und an den Wurzelnarben ist das Parenchym verkorkt.

Mikroskopische Querschnitte zeigen in Rinde und Kern ein gleichartiges, höchst charakteristisches, lückiges Gewebe aus einfachen Zellreihen, die ein ungleichmaschiges Netz bilden (Fig. 555). Die Zellen sind rundlich-polyedrisch, dünnwandig und enthalten zumeist kleinkörnige Stärke, vereinzelt Ölzellen.

Die Stärkekörner sind meist einfach und 3—6 μ grofs, selten zu 2—4 zusammengesetzt. Neben ihnen findet sich in den Zellen etwas Eiweifs und eine auf Gerbstoff reagierende Masse. Der Inhalt vieler Zellen ist dicklich und färbt sich mit Vanillin und Salzsäure schön rot (Hartwich).

Die Ölzellen sind in der Regel (nicht immer) gröfser (30—90 μ) als die angrenzenden Stärkezellen und finden sich meist an den Knotenpunkten des Netzes. Sie enthalten einen gelben Öltropfen oder einen braunen Harzklumpen oder sind auch leer, indem der Inhalt aus den durchschnittenen Zellen herausgefallen ist. Die Rindenschicht ist an Ölzellen reicher als der Kern; geschälter Kalmus ist daher weniger aromatisch als ungeschälter.

Leitbündel kommen in der Rindenschicht zerstreut, innerhalb der Endodermis als geschlossene Schicht vor. Die Gefäfse bilden in diesen Bündeln einen Kreis (s. Fig. 555); es sind Treppen-, Netz- und Spiralgefäfse.

Innerhalb des Gefäfskreises liegt das zartzellige Phloëm, und an der Aufsenseite findet man mitunter kleine Faserbündel.

Letztere kommen reichlicher vor in den Leitbündeln der Rindenschicht und in den randständigen am reichlichsten. Die kleinsten, unter der Oberhaut gelegenen Bündel bestehen sogar vorwiegend aus Bastfasern und sind mit Kammerfasern belegt, die ansehnliche Einzelkristalle enthalten. Letztere fehlen jedoch oft[1]).

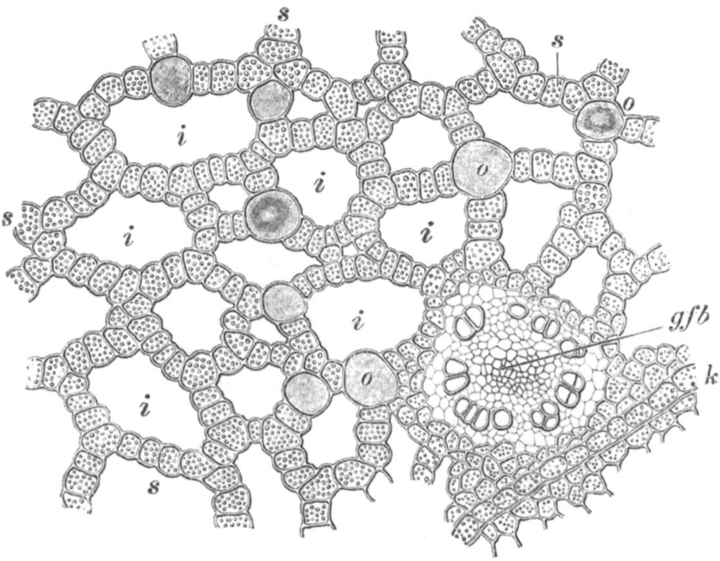

Fig. 555. Querschnitt des Kalmus (TSCHIRCH);
s Parenchymnetz, | *o* Ölzellen,
i Lücken, | *gfb* Leitbündel,
k Kernscheide.

Kalmuspulver.

Im Kalmuspulver überwiegen die kleinen Stärkekörner, die allein schon durch ihre Formen charakteristisch sind. Immer findet man auch im feinsten Pulver Zellengruppen, die ihre eigentümliche Gliederung (Fig. 556), auch wohl noch Ölzellen erkennen lassen. Die Zellmembranen sind nur da knotig verdickt, wo sie aneinanderstofsen; nach den Luftlücken zu sind sie porenfrei. Gefäfsfragmente können nicht übersehen werden. Im Pulver aus ungeschältem Kalmus kommen dazu Fragmente der Oberhaut und dünne Bastfasern, sehr selten Kristalle.

---

1) VOGL und TSCHIRCH haben sie gesehen, A. MEYER und L. KOCH erwähnen sie nicht. Ich selbst habe sie in vielen Rhizomen vergebens gesucht und überhaupt nur einmal gefunden.

Der Aschengehalt des Kalmuspulvers beträgt 3,6—5,3 %, darunter 0,1—0,3 Sand.

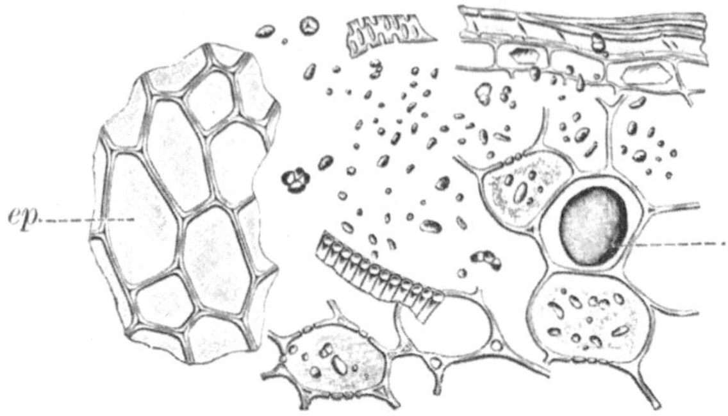

Fig. 556. Kalmuspulver; *ep* Oberhaut, *o* Ölzelle.

Literatur.

Berg (3); Macé (23); Meyer, A. (24); Moeller (26. 27, 28, 29); Tschirch u. Oesterle (37); Villiers et Collin (39); Vogl (40, 42, 45); Wiesner (45).

Tschirch: Art. „Calamus" in Real.-Enzykl. d. ges. Pharm. 2. Aufl. 3, 258.
Zacharias: Über Sekretbehälter mit verkorkten Membranen. Bot. Ztg. 1879.

Ingwer.

Der Ingwer (*Zingiber officinale* Roscoe — *Zingiberaceae*) stammt aus dem südlichen Asien und wird in allen heifsen Erdstrichen kultiviert. Man gräbt die Wurzelstöcke im Jänner oder Februar aus, wäscht und trocknet sie an der Sonne, oder man schält vor dem Trocknen die Rinde ganz oder nur auf den flachen Seiten ab, was bei den frischen Rhizomen leicht geht. Danach unterscheidet man im Handel „geschälten" und „ungeschälten Ingwer". Der letztere pflegt überdies mit schwefliger Säure oder Chlorkalk gebleicht, auch mit Gips oder Kreide eingerieben zu werden.

In der Form unterscheiden sich natürlich die beiden Sorten nicht; es sind nicht viel über fingerlange, flache, einseitig oder zweizeilig verzweigte, seltener knollige Stücke von etwa 2 cm Breite und 8 mm Dicke. Der ungeschälte oder „bedeckte" Ingwer ist von gelblich-grauem, grob der Länge nach gerunzeltem Korke bedeckt, der aber an den flachen Seiten häufig fehlt, so dafs diese glatt und dunkler gefärbt sind. Dem geschälten Ingwer fehlt Kork vollständig; er ist gelblich oder bräunlich, längsstreifig, in der Regel weifs bestäubt, hat ein besseres Aussehen, ist aber weniger wirksam, weil gerade die Rinde am reichsten ist an ätherischem Öl. Man kann den Ingwer ohne Mühe quer durchbrechen; die Bruchfläche ist sehr uneben, und es ragen aus ihr dünne Fäden, die Leitbündel, hervor. Die schmale Rinde ist von dem mehligen Kern durch

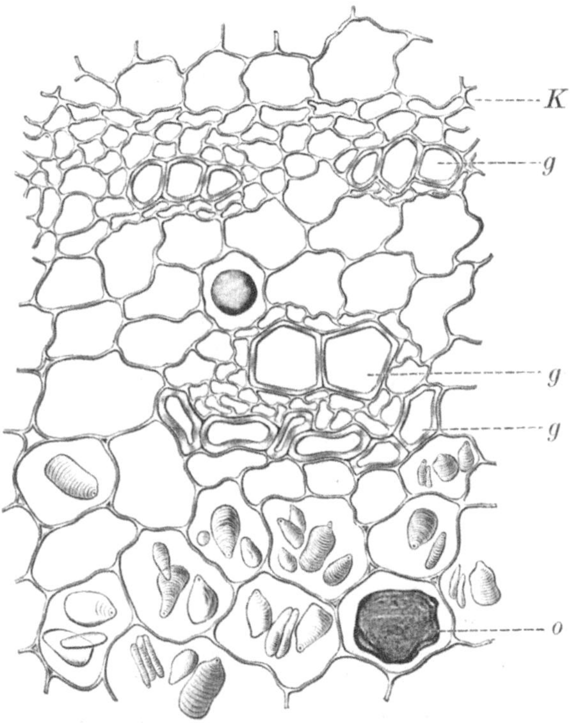

Fig. 557. **Querschnitt des Ingwers;** *K* Kernscheide, | *g* Gefäfsgruppen, *o* Ölzelle.

eine zarte Linie (Kernscheide) getrennt. Unter der Lupe erscheint das ganze Gewebe von gelben Ölzellen gesprenkelt.

Der mikroskopische Bau des Rhizoms ist sehr einfach. Selten ist die Oberhaut stellenweise erhalten. Der Kork zählt bei einer Dicke von 0,4 mm gegen 20 Reihen grofser, mäfsig flacher, zartwandiger Zellen. Ihre Membranen sind braun, sie führen keinen Inhalt. Auf die Korkschicht folgt eine ungefähr ebenso breite Schicht kleinzelligen, zusammengefallenen

Parenchyms mit zahlreichen eingestreuten Ölzellen. Nach innen zu wird das Parenchym grofszellig und ist meist strotzend mit Stärke angefüllt. Auch hier finden sich — jedoch spärlicher — Ölzellen, die weder in Gröfse, noch in der Form von den Zellen der Umgebung abweichen, doch ist ihre Wand verkorkt, daher gelb. Ihr Inhalt ist meist zu einem braungelben Harzklumpen eingedickt. — Die Stärkekörner sind einfach, eiförmig, oft in eine Spitze ausgezogen und dadurch einem zugebundenen Sacke vergleichbar (Fig. 557) oder stumpf keilförmig. Sie sind flach, erscheinen daher, auf der Kante

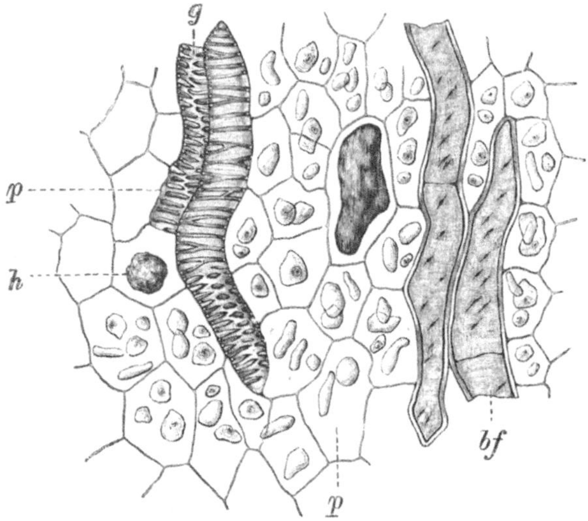

Fig. 558. Längsschnitt des Ingwers;
h Ölzellen, *p* Stärke führendes Parenchym, | *g* Gefäfse, *bf* Bastfasern eines benachbarten Bündels.

stehend, schmal-länglich. Der Kern liegt stets im spitzen Ende sehr exzentrisch; die Schichtung ist dicht und zart, wenig deutlich. Die meisten Körner sind 20—30 μ lang; kleinere finden sich ebenso spärlich wie erheblich gröfsere (bis 50 μ).

Die Zellen der Kernscheide unterscheiden sich wenig von quergestreckten Parenchymzellen; nur sind ihre Membranen verkorkt, und sie enthalten keine Stärke.

Innerhalb der Kernscheide stehen die Leitbündel ziemlich dicht im Kreise; reichlich durchziehen sie auch das Mark, spärlicher die Rinde. Ihre Gefäfse sind langgliederig und weit (0,05 mm); ihr Relief ist netz- oder treppenförmig (Fig. 558, *g*).

Sie sind von Fasern begleitet, die lang (bis 0,6 cm) und breit (bis 0,06 mm, selbst darüber), mäfsig verdickt, ab und zu durch zarte Scheidewände gefächert und von Spaltentüpfeln durchsetzt sind (*bf*).

In der Regel reichen die charakteristischen Stärkekörnchen aus, um Ingwerpulver auf den ersten Blick als solches zu erkennen. Zur Unterscheidung einiger dem Ingwer verwandten aromatischen Wurzelstöcke in Pulverform leisten die Bastfasern die besten Dienste. Die Gefäfs- und Korkfragmente sind ebensowenig charakteristisch wie die Ölzellen.

Ingwerpulver wird mitunter zur „Aufbesserung“ extrahierter Gewürze benutzt.

Fälschungen des Ingwers.

Da der Ingwer in unserem Handel fast nur unzerkleinert vorkommt, ist seiner Fälschung auf die wirksamste Weise vorgebeugt. Gepulvert kann er beträchtliche Zusätze vertragen, ohne sie durch das Aussehen zu verraten, und da die gewürzhaften Eigenschaften auch in der natürlichen Ware nicht gleich stark sind, kann man auch aus dem geringen Grade derselben noch keineswegs auf eine Fälschung schliefsen.

Am bequemsten ist es, dem gepulverten Ingwer Stärke oder Mehl beizumischen. Ein Blick in das Mikroskop genügt, um die fremdartige Stärke, sie möge von Zerealien, Kartoffeln oder Hülsenfrüchten stammen, von der dem Ingwer eigentümlichen zu unterscheiden. Curcumapulver, das ebenfalls im Ingwer vorgekommen sein soll, wird wohl nur ausnahmsweise als Fälschungsmittel angewendet, weil es keinen nennenswerten Vorteil bietet. Die Curcuma hat dieselben Stärkekörnchen wie der Ingwer, aber da sie nur abgebrüht im Handel vorkommt (vergl. pag. 544), ist sie leicht an den in weit überwiegender Menge vorkommenden gelben Kleisterklumpen (Fig. 560) zu erkennen.

Das Pulver des „bedeckten“ Ingwers ist braun, kann also leicht mit den ähnlich gefärbten Ölkuchen des Leines, Rapses und Senfs oder mit Mandelkleie vermischt werden. Alle diese Zutaten haben so charakteristische Gewebe, dafs sie im Ingwer augenblicklich auffallen müssen, da dieser aufser dem Stärkeparenchym nur Kork (s. Fig. 561) und die Elemente der Leitbündel (Fig. 558) enthalten darf. Gerade die genannten Fälschungsmittel besitzen gar keinen Kork, und ihre winzigen Spiroïden können mit den ansehnlichen Gefäfsen und Bastfasern des Ingwers nicht verwechselt werden.

Die angeblich oft geübte Verfälschung mit destilliertem Ingwer ist mikroskopisch weder an den Stärkekörnern noch an den entleerten Sekretzellen erkennbar; denn erstere sind nicht gequollen, letztere sind tief gebräunt.

Mineralpulver sind unter dem Mikroskope ebenfalls leicht zu entdecken, besonders wenn man in der Probe durch einen Tropfen Kalilauge die Stärke verkleistert. Bei der Bestimmung der Aschenmenge ist Vorsicht geboten, indem eine geringe Erhöhung derselben — in der natürlichen Droge schwankt sie zwischen 3,5—5,5 % und soll den Vereinbarungen zufolge 8 % nicht übersteigen — möglicherweise von der Verwendung gekalkter oder gegipster Ware (vergl. pag. 538) herrühren kann.

Mitunter finden sich dem Ingwer die Wurzelstöcke verwandter Pflanzen [1]) beigemengt, ob absichtlich oder zufällig, läfst sich nicht entscheiden, doch ist das letztere wahrscheinlich. Dieser falsche Ingwer ist oft gröfser, sein Geruch ist verschieden, und auch die Stärkekörner haben eine abweichende Gestalt.

· Eine aus Japan stammende Ingwersorte, welche HANAUSEK beschreibt [2]), hatte „einfache, elliptische, breit-eiförmige, scheibenförmige Stärkekörner mit ausgezeichneter Meniskenschichtung, ferner zusammengesetzte Körner und deren Teilkörner in weitaus überwiegender Anzahl“.

In einem Ingwer unbekannter Herkunft, dessen Wurzelstöcke kleiner waren als die echten, fand ich die Stärkekörner erheblich kleiner und teils dem Iris-, teils dem Sago-Typus ähnlich, den Kern stets im stumpfen Ende, nebst zahlreichen kleinen, runden Körnern, die zum Teil wohl Schaltkörner sind.

Literatur.

BERG (3); HASSALL (18); MACÉ (23); MEYER, A. (10, 24); MOELLER (26, 27, 28, 29); SCHIMPER (34); TSCHIRCH u. OESTERLE (37); VILLIERS et COLLIN (39); VOGL (40, 42, 45).

BARTHELAT: Tanninzellen d. Zingiberaceen. Jahresb. d. Pharm. 1894.

BUCHWALD: Ingwer. Arb. Kais. Gesundh. 1899, **15**, 229.

HANAUSEK, T. F.: Eine neue Ingwersorte. Ztschr. des österr. Apoth.-Ver. 1883, 465.

MEYER, A.: Über die Rhiz. d. offic. Zingiberaceen. Arch. d. Pharm. 1881, 401.

TSCHIRCH: Zur Untersch. v. *Rhiz. Zingiberis* u. *Rhiz. Zedoariae*. Schweiz. Wochenschr. f. Pharm. u. Chemie 1905.

---

[1]) Es werden genannt: *Zingiber Zerumbet* ROSCOE, *Z. Cassumunar* RXB., *Z. Mioga* ROSCOE, *Curcuma Amada* RXB. („Manga“) u. a.

[2]) Nahrungs- und Genufsmittel, pag. 236.

Curcuma.

Gilbwurz oder Curcuma heifst das Rhizom einer dem Ingwer verwandten Pflanze (*Curcuma longa* L. — *Zingiberaceae*), welche gleich ihm im südöstlichen Asien heimisch ist und hier sowie in China und auf Réunion in gröfserem Mafsstabe kultiviert wird [1]).

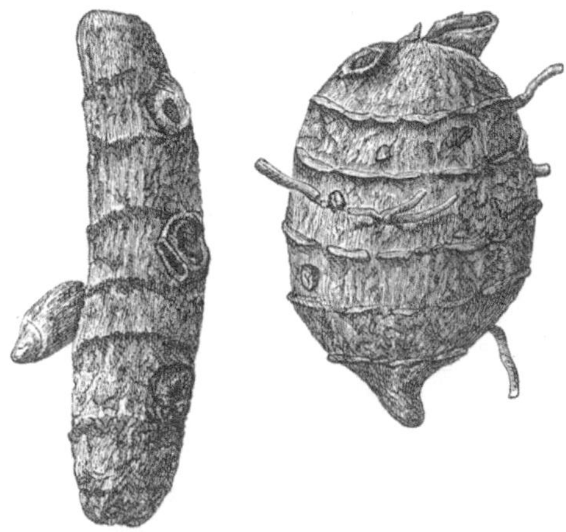

Fig. 559. Die beiden Formen der Curcumaknollen (nach HAGER).

An den Wurzelstöcken unterscheidet man zwei Formen: runde und lange Seitenknollen. Die ersteren (Fig. 559) sind klein, ei- oder birnförmig, gegen 4 cm lang und bis 3 cm dick, quergeringelt, am Scheitel mit der Stengelnarbe und an den Seiten mit Wurzelresten und Narben. Die langen sind doppelt so lang und kleinfingerdick, meist walzenrund, undeutlich geringelt, einfach oder seltener verzweigt, mit den Narben abgebrochener Äste, mitunter bewurzelt [2]). Die Lebenszähigkeit der Rhizome ist so grofs, dafs sie durch das Trocknen an der Sonne nicht sicher getötet werden, weshalb man sie vorher brüht. Dadurch verkleistert die Stärke, und der Inhalt der Sekretzellen (Öl und Curcumin) tritt aus und färbt die Kleisterklumpen gelb. Die Wurzelstöcke sind sehr hart, aus freier Hand kaum zu zerbrechen, dicht, schwerer als Wasser. Auf dem Bruche sind sie eben und feinkörnig, wachsartig, orangegelb, dem Gummigut ähnlich. Die Rindenschicht, am Querschnitt durch eine zarte Grenzlinie markiert, ist breiter als beim Ingwer (fast ¼ des Durchmessers) und läfst sich nicht abschälen.

---

[1]) Dymock (Materia medica of western India, pag. 634) beschreibt auch *Curcuma Zerumbet* Rxb. und *Curcuma caesia* Rxb. als für Indien wichtige Arten. — Auch *Curcuma Amada* Rxb. wird wie Ingwer benützt.

[2]) Vergl. die eingehende Beschreibung von A. Meyer, Arch. d. Pharm. 1881.

Im mikroskopischen Baue stimmt die Curcuma sehr nahe mit dem Ingwer überein; der einzige wesentliche Unterschied liegt im Baue der Leitbündel, indem diese bei der Gilbwurz keine sklerotischen Bastfasern enthalten. Beide sind mit gleichartigem Kork (Fig. 561) bedeckt, doch ist bei Curcuma stellenweise die Oberhaut noch erhalten; sie gleicht der Oberhaut der Zittwerwurzel (s. Fig. 562) und trägt, wie diese, grofse, einzellige Haare.

Curcumapulver.

Das schon durch seine gelbe Farbe auffallende Curcumapulver besteht hauptsächlich aus gelben Kleisterklumpen,

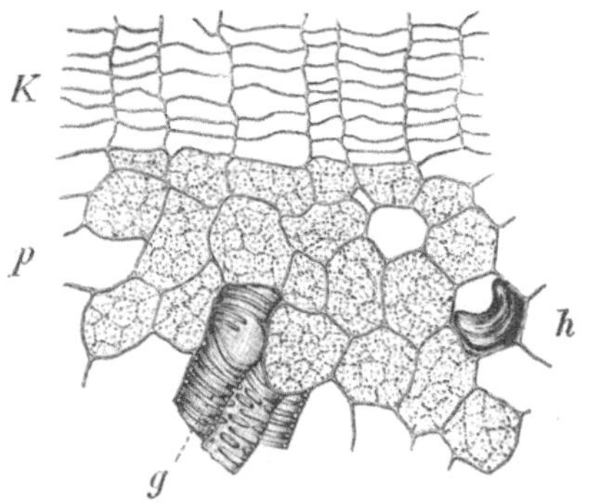

Fig. 560. Querschnitt aus der Rinde der Gilbwurz; *K* Kork, *p* Parenchym mit Kleister gefüllt, *h* eine Ölzelle, *g* einige schief durchschnittene Gefäfsröhren.

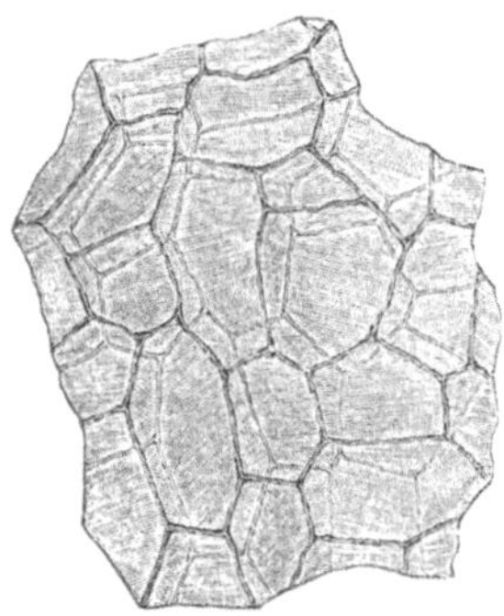

Fig. 561. Kork der Curcuma in der Flächenansicht.

die sich mit Jod bläuen. Daneben finden sich immer auch reichlich einzelne gut erhaltene Stärkekörner, die denen des Ingwers fast gleichen (Fig. 557). Sie pflegen jedoch schlanker, vereinzelt am Breitende etwas verschmälert und gröfser (bis 65 μ) zu sein. Das parenchymatische Gewebe, in welchem mitunter auch noch eine Ölzelle erkennbar ist, ist ebenfalls gelb gefärbt. Kork- und Gefäfsfragmente sind nicht charakteristisch.

Die Gilbwurz findet bei uns wegen ihres schönen Farbstoffes Curcumin fast ausschliefslich technische Verwendung; in England benützt man sie unter dem Namen Curry-powder[1])

---

[1]) Gerbepulver; es ist ein Gemenge von Curcuma, Pfeffer, Ingwer, Koriander, Kardamomen, Gewürznelken, Nelkenpfeffer, Kümmel und Trigonella.

als Gewürz an Stelle des Ingwers, dem sie im Geruch und Geschmack ähnelt.

Als Fälschungsmittel anderer Gewürze (z. B. des spanischen Pfeffers, Ingwers, Senfs, Zimtes) findet man sie sehr häufig, aber, wie mir scheint, oft unbegründet angegeben, weil sie teurer ist als die meisten in gröfserer Menge konsumierten Gewürze. Es wird bei diesen Mischungen wohl weniger eine Fälschung als eine Variation der Farbe und des Geschmackes beabsichtigt. Häufig dient Curcuma zur Fälschung des Insektenpulvers, um diesem die beliebte gelbe Farbe und zugleich stärkeren Geruch zu verleihen.

Literatur s. bei Ingwer, pag. 542.

Zittwerwurzel.

Ein Gattungsverwandter der Gilbwurz ist die sogenannte Zittwerwurzel (*Curcuma Zedoaria* Roscoe — *Zingiberaceae*). Äufserlich haben die im Handel vorkommenden Wurzelstöcke

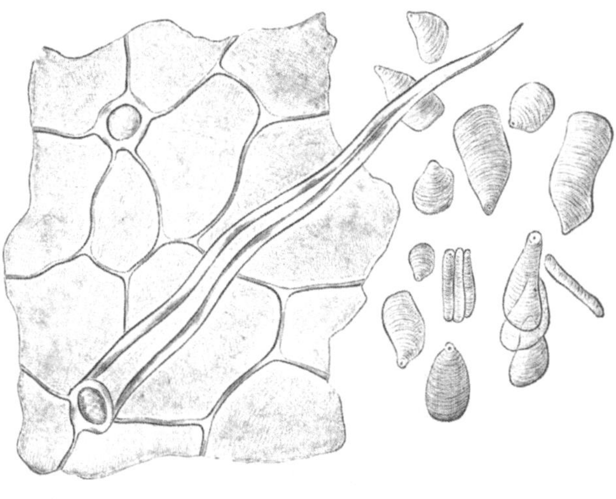

Fig. 562. Oberhaut und Stärke der Zittwerwurzel.

gar keine Ähnlichkeit mit Curcuma, denn sie sind viel gröfser und der Länge nach oder häufiger in Querscheiben zerschnitten, in der Farbe dem Ingwer ähnlich, nicht gebrüht. Am Querschnitte erscheinen sie von den Ölzellen dicht punktiert; die Rinde ist dünn, leicht abschälbar.

Der anatomische Bau der Zittwerwurzel gleicht dem der Gilbwurz und des Ingwers sehr. Auch die Zittwerwurzel besitzt stellenweise noch die Oberhaut (Fig. 562) mit grofsen, derbwandigen, einzelligen (nach TSCHIRCH auch mehrzelligen) Haaren.

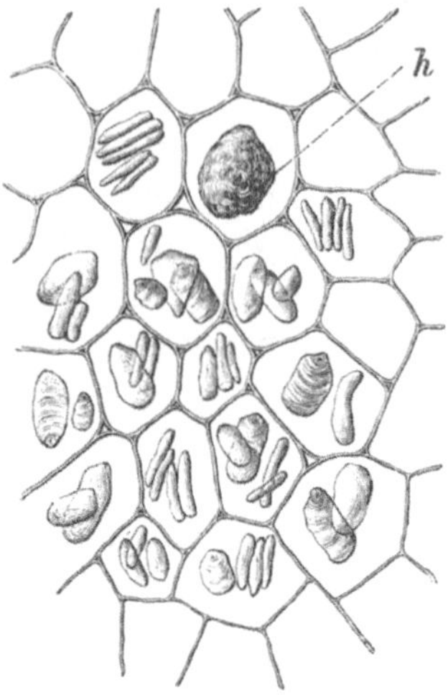

Fig. 563. Parenchym der Zittwerwurzel; *h* Harzklumpen.

Der Kork ist grofs- und zartzellig. Das Parenchym enthält Stärke von Typus der Curcuma (Fig. 563), doch sind die Körner mehr gerundet und in der Gröfse gleichmäfsiger, obwohl einzelne bis zu 80 μ angetroffen werden. Viele Stärkekörner sind ausgesprochen eiförmig mit kaum angedeuteten Spitzchen. Den Leitbündeln fehlen die Bastfasern.

Das auch in der Farbe dem Ingwerpulver ähnliche Zittwerpulver ist unter dem Mikroskope durch den Mangel der Bastfasern zu unterscheiden.

Die Zittwerwurzel schmeckt etwas milder als Curcuma, ihr Geruch erinnert an Kampfer. Man benützt sie zu denselben Zwecken wie Ingwer, nur viel seltener.

Sie unterliegt in Pulverform denselben Fälschungen wie Ingwer (vgl. pag. 541).

Literatur s. bei Ingwer, pag. 542.

Galgant.

Auf der Insel Hainan und der gegenüberliegenden chinesischen Küste wächst eine dem Ingwer ähnliche Pflanze (*Galanga officinarum* HANCE — *Zingiberaceae*), deren einfach getrocknete Wurzelstöcke den Galgant des Handels bilden [1]). Es sind fingerlange und fingerdicke Rhizome, aus knieförmig gebogenen, von gefranzten Blattnarben quergeringelten Stücken zusammengesetzt, teilweise ästig, mit den Spuren abgeschnittener Wurzeln.

---

[1]) Selten kommt der grofse Galgant nach Europa; in Bombay ist er aber wohl bekannt (DYMOCK, Materia medica, pag. 638). Er stammt von der japanischen *Alpinia galanga* Sw. und ist von der gewöhnlichen Art leicht an seiner Gröfse, der orangebraunen Aufsenfläche und der gelblichweifsen Farbe des Innern zu unterscheiden.

Sie sind innen und aufsen braunrot, zimtfarbig, uneben brüchig, ziemlich hart. Die Rinde ist sehr breit, sogar breiter als der Kern; am Querschnitte erscheinen die Leitbündel als helle, die Ölzellen als dunkle Pünktchen.

Trotz der äufseren Verschiedenheit ist der Galgant im anatomischen Baue den übrigen Zingiberaceen-Rhizomen sehr ähnlich.

Er besitzt eine Epidermis, keine Korkbedeckung. Die Oberhaut ist klein- und derbzellig (Fig. 564, *ep*), nur spär-

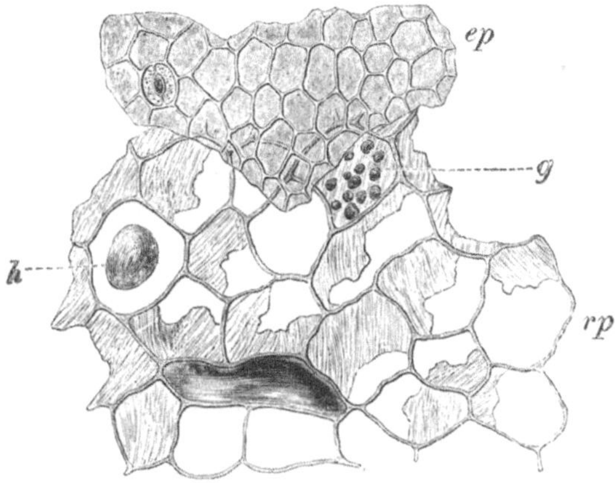

Fig. 564. Rindengewebe des Galgant;
rp braunes Rindenparenchym, | *g* Gerbstoffkörner,
ep Oberhaut, | *h* eine Ölzelle.

lich von kleinen breit-elliptischen Spaltöffnungen unterbrochen, unbehaart, oft mehrschichtig[1]). Das äufsere Rindenparenchym ist dünnwandig, an älteren Rhizomen zusammengefallen, augenscheinlich abgestorben (*rp*), dunkelrotbraun, auf Gerbstoff nur schwach reagierend, als Inhalt Kügelchen und gröfsere rotbraune Klumpen, keine Stärke führend. Nach innen zu wird das Parenchym oft derbwandig (gedoppelt 0,015 mm), dicht getüpfelt (Fig. 566). Eine Kernscheide aus verkorkten, stärkefreien Zellen trennt die breite Rindenschicht vom Kern. Ein wesentlicher Unterschied zwischen dem Parenchym der Rinde und des zentralen Stranges besteht nicht. Es ist in den meisten Rhizomen dicht mit Stärke erfüllt; nur einzelne Zellen enthalten gelbes ätherisches Öl oder einen braunen, mit

[1]) T. F. Hanausek (Pharm. Centralh. 1885).

Eisensalzen sich schwärzenden Klumpen. Manche Stücke sind stärkefrei [1]).

Die Stärkekörner weichen vom Curcuma-Typus erheblich ab. Sie sind sehr mannigfach gestaltet, meist einfach und keulenförmig, mit dem Kern im breiteren Ende, deutlich geschichtet, mitunter gekrümmt, bisquit-, hammerförmig u. dergl. m.; nicht selten haftet an einem grofsen Korn ein kleines. Gewöhn-

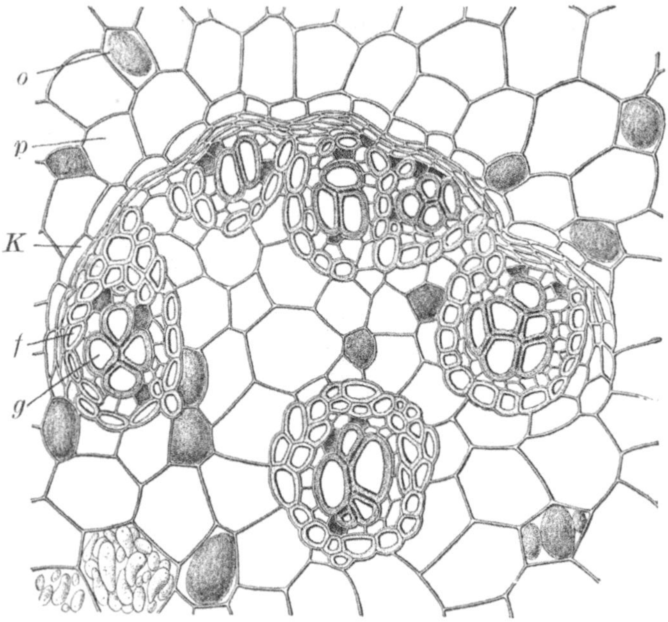

Fig. 565. Querschnitt des Galgant in der Nähe der Kernscheide (GILG); o Ölzellen, p Parenchym, K Kernscheide, f Bastfasern, g Gefäfse.

lich schwankt die Länge der Körner von 0,02—0,035 mm; vereinzelt finden sich auch solche von 0,08 mm, selbst darüber.

Die Leitbündel sind immer von Bastfasern umgeben, meist von solchen ganz umscheidet (Fig. 565). Die Gefäfse sind langgliederig, weitlichtig (gewöhnlich 0,045 mm), teils Treppen-, teils Netzgefäfse, im Vergleich zum Parenchym auffallend dünnwandig. Die Bastfasern sind sehr breit und

---

[1]) Mitunter fand TSCHIRCH (Anatom. Atlas, pag. 238) in einzelnen Zellen ein Haufwerk feiner Kristallnadeln.

mäfsig verdickt (gedoppelt 0,012 mm), besitzen daher ein weites Lumen (Fig. 566, *bf*).

Galgant wird heutzutage sowohl als Gewürz wie als Heilmittel selten mehr angewendet. In Pulverform könnte er seiner zimtbraunen Farbe wegen der Gilbwurz, weniger leicht dem Ingwer beigemengt werden. Die abweichende Form der Stärkekörner und das braune, derbwandige Parenchym genügen zum Nachweise dieser Substitution.

Literatur s. bei Ingwer, pag. 542.

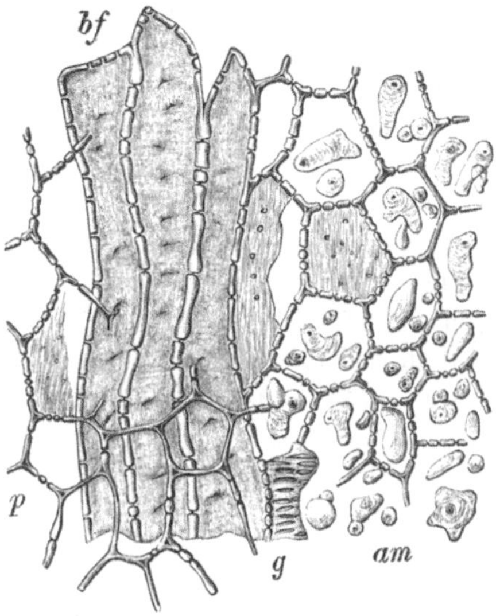

Fig. 566. Längsschnitt durch den Galgant; *p* derbwandiges Parenchym des Markes, *bf* Bastfasern, *g* Teil eines Netzgefäfses, *am* Stärkekörnchen.

Zichorie.

Das älteste im grofsen dargestellte Kaffeesurrogat ist die Wurzel des Wegwart oder der Zichorie (*Cichorium Intybus* L. — *Compositae*); deshalb nennt man häufig Kaffeesurrogate überhaupt, ohne Rücksicht auf ihre Bestandteile, Zichorienkaffee. Wodurch das gemeine, an Wegrändern überall wachsende Unkraut zur Auszeichnung gekommen ist, als Ersatz des edlen Kaffees zu dienen, läfst sich nicht sagen[1]). Vermutlich gab der bittere Geschmack der als Volksheilmittel bekannten Wurzel[2]) den Anlafs zu einem Versuche, und als dieser Beifall fand, entwickelte sich bald eine schwunghafte Industrie. Obwohl in neuerer Zeit die Zichorie von anderen Surrogaten vielfach verdrängt wurde, behauptet

---

[1]) Major v. Heine und C. G. Förster führten 1763 den Zichorienkaffee ein und nahmen 1770 ein Privilegium für den Anbau der Pflanze und den Vertrieb ihrer Wurzel in Preufsen. Um dieselbe Zeit tauchte dieses Surrogat auch in Frankreich auf.

[2]) An eigenartigen Bestandteilen enthält die Zichorienwurzel Inulin und ein Glykosid (Dragendorff). Der Inulingehalt nimmt im Laufe der Vegetationsperiode bedeutend zu und erreicht im Herbste gegen 50 %. Die *Racine de chicorée sauvage* ist in Frankreich offizinell.

sie doch noch ihren Rang, und der Bedarf ist so groſs, daſs er durch die wildwachsende Pflanze nicht gedeckt werden kann. Die Zichorie ist eine Kulturpflanze geworden, welche für manche Gegenden, wie z. B. für Mitteldeutschland (Magdeburg), von wirtschaftlicher Bedeutung ist.

Die Zichorie ist ausdauernd; ihre spindelige, wenig verästigte, in frischem Zustande derbfleischige und milchende Wurzel schrumpft beim Trocknen sehr stark und wird hart, hornartig.

Die Oberfläche der Wurzel ist braun, oft spiralig-runzelig. Am Querschnitte unterscheidet man mit freiem Auge unter dem dünnen, braunen Korke die schmale weiſse Rinde und den zitronengelben Holzkörper mit einem eckigen Mark. Unter der Lupe sieht man in der Rinde an der Kambialzone einen Strahlenkranz (die Phloëmteile der Leitbündel), im Holze die Gefäſsporen und zarte, helle Markstrahlen in groſser Zahl als feine Radialstreifung.

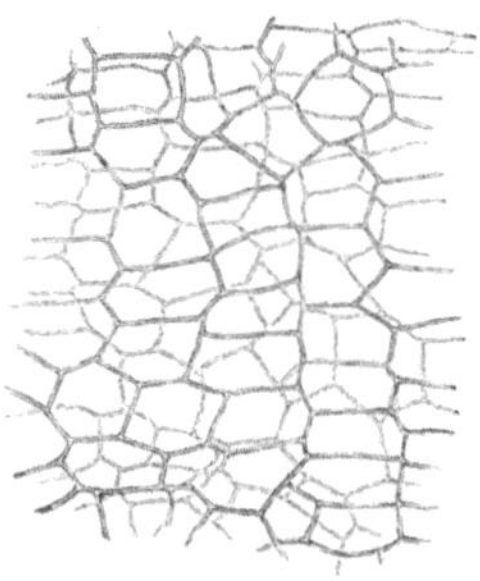

Fig. 567. Kork der Zichorienwurzel von der Fläche gesehen.

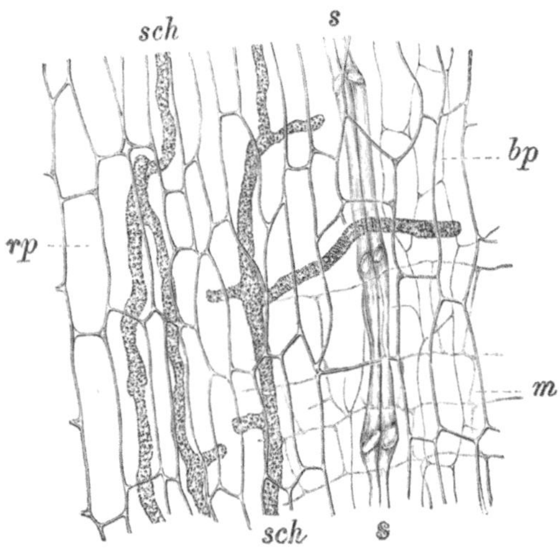

Fig. 568. Rinde der Zichorienwurzel im Radialschnitt; *rp* Rindenparenchym, *sch* Milchschläuche, *s* Siebröhrenbündel, *bp* Bastparenchym, *m* Markstrahl.

Die Korkschicht besteht aus wenigen Reihen mäſsig flacher, zarthäutiger, braun gefärbter Zellen, welche in der Flächenansicht (Fig. 567) ein ziemlich unregelmäſsiges Gewirr darbieten.

Die Rinde entbehrt der sklerotischen Elemente vollständig. Sie ist reichlich von 6—10 μ weiten Milchsaftschläuchen durchzogen, welche untereinander mittels spitz- oder rechtwinkelig abzweigender Äste in Verbindung stehen (Fig. 568). Man erkennt sie ohne weiteres bei aufmerksamem Suchen an ihrem körnigen Inhalt; erleichtert wird ihre Auffindung durch Färbung des Präparates. Nur darf man sie nicht mit den Siebröhren verwechseln, welche Farbstoffe ebenfalls stärker speichern als das Parenchym. Die Siebröhren kommen immer bündelweise vor, sind nicht verzweigt, sondern aus Gliedern zusammengesetzt, deren Enden oft kallös verdickt sind (Fig. 568, *s*).

Charakteristischer, weil augenfälliger als die beiden genannten Elemente, die doch nur von geübteren Beobachtern aufgefunden zu werden pflegen, sind die Elemente des Holzes, welche auch quantitativ überwiegen. Namentlich die Gefäfse sind nicht zu übersehen. Sie sind aus kurzen (am häufigsten gegen 0,2 mm), mäfsig weiten (am häufigsten 0,02—0,05 mm) Gliedern aufgebaut, deren schiefgestellte Querwände nicht oder vollkommen perforiert sind (Fig. 569). Die Seitenwände sind dicht mit quergestreckten Tüpfeln besetzt. Die Gefäfse sind oft radial gereiht oder doch zu Bündeln vereinigt, selten isoliert. Sie werden durch Fuchsin zuerst und am intensivsten rot gefärbt.

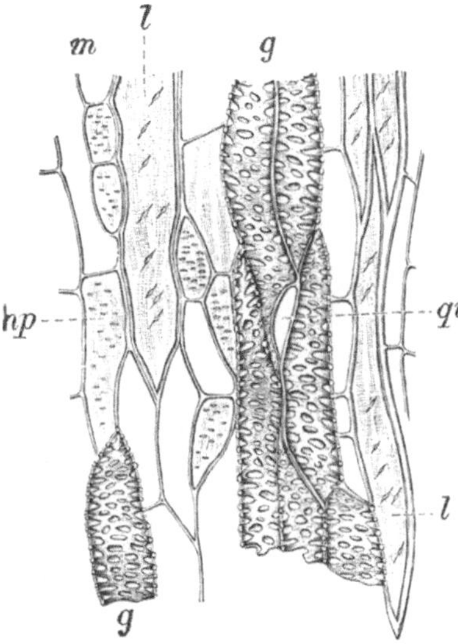

Fig. 569. Holz der Zichorienwurzel im Tangentialschnitt; *g* Gefäfse mit der Perforation *qu*, *hp* Holzparenchym, *l* Holzfasern, *m* Markstrahl.

Von geringerem diagnostischen Werte sind die beiden anderen Formelemente des Holzes. Die Parenchymzellen sind dicht porös, die wenig derbwandigeren Holzfasern von spärlichen schiefen Spalten durchsetzt (Fig. 569, *l*).

Ein bei Tangentialansichten, wie sie in Fragmenten oft sich darbieten, sehr brauchbares Merkmal ist die geringe Breite der Markstrahlen; sie sind meist ein- oder zwei-, selten dreireihig.

Literatur.

Greenish (14); Hanausek (15); Macé (23); Moeller (26); Planchon et Collin (31), Vogl (41, 42).

Löwenzahn.

Die Wurzel des Löwenzahns (*Taraxacum officinale* WIGG. — *Compositae*), dieses lästigen Unkrautes unserer Wiesen, wird der Zichorienwurzel häufig beigemengt und mit ihr verarbeitet. Das Surrogat wird dadurch zwar weder besser noch schlechter, aber es kann immerhin wünschenswert sein, die beiden Wurzeln unterscheiden zu können.

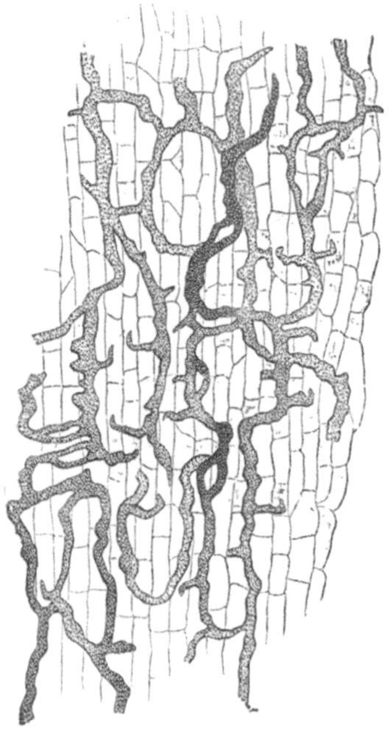

Fig. 570. Milchsaftschläuche der Löwenzahnwurzel (TSCHIRCH).

Sie ist gröſser, dicker, mehrköpfig, ebenbrüchig. Die letztere Eigenschaft erklärt sich aus dem Überwiegen der Rinde, welche am Querschnitte als breiter Ring den dünnen Holzzylinder umgibt. Die Rinde ist rein weiſs, von zarten grauen Linien konzentrisch gezont; das zitronengelbe Holz besitzt kein Mark und ist nicht strahlig.

Kork und Rinde bieten für die mikroskopische Differentialdiagnose der in den Surrogaten vorliegenden Fragmente wenig Stützpunkte, weil die Verschiedenheiten nicht so sehr die Elemente als die Art ihrer Anordnung betreffen. Auch die Rinde des Löwenzahns enthält ähnliche anastomosierende Milchsaftschläuche (Fig. 570) und Siebröhrenbündel wie die Zichorie; die regelmäſsige Schichtung derselben im Baste, welche den Querschnitt so trefflich charakterisiert, bekommt man aber im Detritus nicht zu Gesichte.

Im Holze sind die Gefäſse regellos verteilt, nicht einmal durch Markstrahlen eingeschränkt, obwohl diese nicht fehlen (Fig. 571, *m*). Die Gefäſse sind etwas weitlichtiger (bis 0,08 mm) als bei Cichorium, unterscheiden sich aber von diesen hauptsächlich durch die schmalen und sehr breitgestreckten Tüpfel, wodurch sie Leitergefäſsen ähnlich werden (Fig. 571). Diese Eigentümlichkeit ist das faſsbarste mikroskopische Unterscheidungsmerkmal. Weniger leicht zu konstatieren ist die Abwesenheit der Holzfasern, weil diese auch in der Zichorie nicht immer aufzufinden sind.

Zichoriensurrogate kommen natürlich nicht blofs unter dem wahren Namen, sondern auch unter verschiedenen anderen Bezeichnungen in den Handel. So sind z. B. Löwen-, Dom-, Stern-, Völker-, Hauswald-, Germania-, Frank-Kaffee u. v. a. Zichorie; der in England feilgebotene Melilotin-Kaffee enthält angeblich Zichorie nebst Dattelkernen und echtem Kaffee; der sogenannte Mandelkaffee, der ursprünglich aus den Knollen der Erdmandel (*Cyperus esculentus* L.) bereitet worden zu sein scheint, ist gegenwärtig ein Gemenge aus Eicheln, Zichorien und Löwenzahn; der sogenannte Café de Rheims und der Rationskaffee der französischen Armee enthalten ebenfalls Zichorie neben echtem Kaffee; das Surrogat Fugine besteht aus Feigen und Zichorie, der Deutsche Natronkaffee aus Getreide und Zichorie mit 8 % Natriumkarbonat; PISONIS Kaffeesurrogat ist nach WITTSTEIN Zichorienextrakt mit gebranntem Zucker.

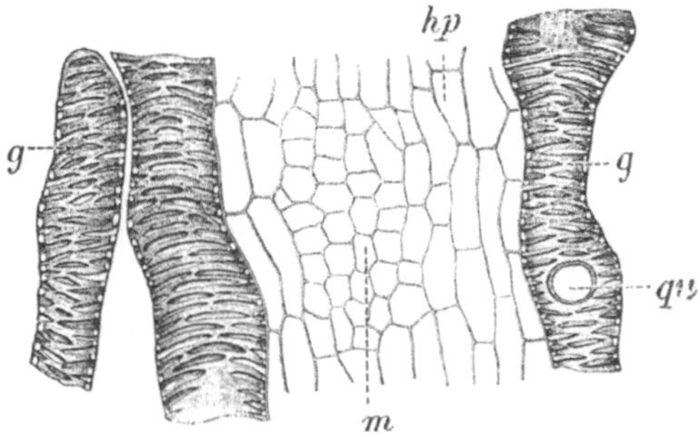

Fig. 571. Holz der Löwenzahnwurzel; *g* Gefäfse, *qu* Perforation, *hp* Holzparenchym, *m* Markstrahl.

Literatur.

KOCH (20); MOELLER (26, 29); PLANCHON et COLLIN (31); TSCHIRCH u. OESTERLE (37); VOGL (41, 42).

Vgl. auch die Literatur bei Kaffee pag. 409.

Rüben.

Ob Rüben allein zu Kaffeesurrogaten verarbeitet werden, scheint mir zweifelhaft, sicher werden sie aber anderen Surrogaten beigemengt, um sie wohlfeiler zu machen, wohl auch, um sie feucht zu erhalten. Man verwendet dazu alle Arten, sowohl die Möhre (*Daucus Carota* L. — *Umbelliferae*) als auch die weifse Rübe (*Brassica Rapa* L. — *Cruciferae*) und die Runkelrübe (*Beta vulgaris* L. — *Chenopodiaceae*) mit ihren zahlreichen Varietäten. Am häufigsten bedient man sich der letzteren, welche als Zuckerrübe in ungeheuren Mengen gebaut wird, und deren ausgelaugte Rückstände von der Zuckerfabrikation, die Rübenschnitzel, zu sehr niedrigen Preisen zu haben sind.

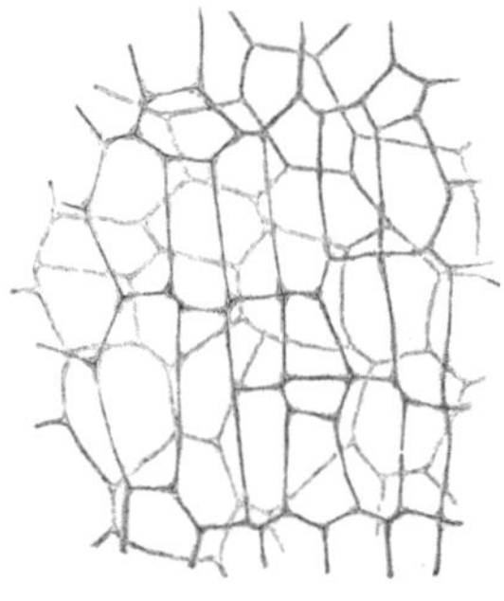

Fig. 572. Kork der Runkelrübe in der Flächenansicht.

Die Rüben sind, da sie verschiedenen natürlichen Pflanzenfamilien angehören, in ihrem Baue nicht gleich; übereinstimmend ist jedoch das ungeheure Überwiegen des saftreichen Parenchyms gegenüber dem Stranggewebe. Da die Unterscheidung der drei Rübengattungen für die mikroskopische Praxis doch nur untergeordnete Bedeutung hat, verzichten wir auf die eingehende Beschreibung derselben[1]) und begnügen uns mit der Anführung der charakteristischen Merkmale des Korkes, des Parenchyms und der Gefäfse.

Der Kork bildet immer eine dünne, braune, aus wenigen Zellenreihen bestehende Schicht. Bei der Runkel und Karotte ist er grofszellig (30—75 μ) und derbwandig, in der Flächenansicht mit den durchschneidenden Korkmutterzellen ein ziemlich wirres Bild darbietend (Fig. 572). Ähnlich, nur kleinzelliger (15—30 μ), ist der Kork der weifsen Rübe.

Etwas charakteristischer ist das Parenchym. Es besteht aus sehr grofsen, rundlichen, nur im Bereiche der Gefäfsbündel bedeutender gestreckten Zellen in lockerem Verbande.

Die gröfsten, sehr gewöhnlich 0,5 mm diam. messenden

---

[1]) Vgl. die Schilderung der Zuckerrübe von Wiesner, Techn. Mikr., von Strasburger, Botan. Praktikum, und von Krasser in Wiesner's Rohstoffen d. Pflanzenr.

und sehr dünnhäutigen Zellen besitzt die weifse Rübe. Sie enthalten oft in grofser Menge farblose Körner, welche kleinkörniger Stärke ähnlich, tatsächlich aber Proteïnkörner sind, die sich mit Jod braun färben.

Die Parenchymzellen der Runkel sind im allgemeinen nur halb so grofs wie die vorigen und etwas derbwandiger, nach dem Erwärmen in Wasser oder nach kurzem Liegen in Kalilauge deutlich die Interzellularsubstanz zeigend. Vereinzelte Zellen sind mit Kristallsand (Calciumoxalat) erfüllt.

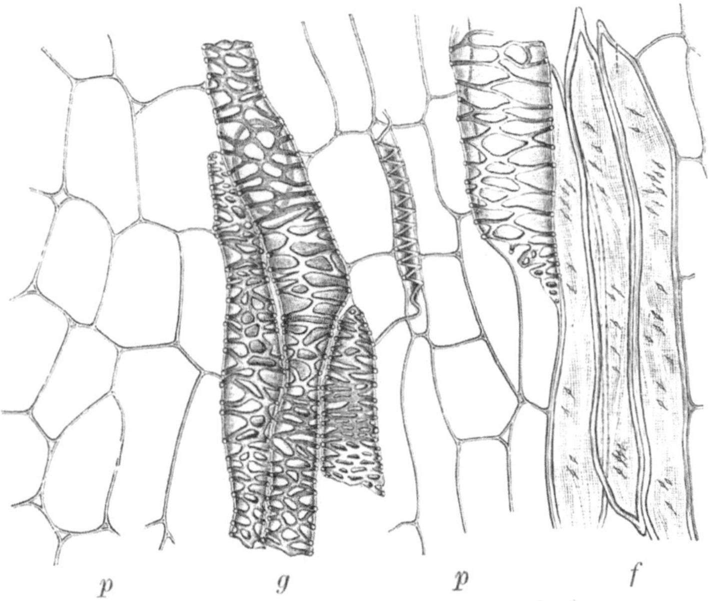

Fig. 573. Längsschnitt durch die Runkelrübe; *g* Netzgefäfse, *p* Parenchym, *f* Holzfasern.

Am kleinzelligsten ist das Parenchym der Karotte, aufserdem durch die winzigen gelben Farbstoffkörper, welche im Zellsafte suspendiert sind, vor den übrigen ausgezeichnet. Die Karotte enthält keinen Kristallsand.

Die angeführten Verschiedenheiten, so sehr sie bei der Untersuchung frischer Rüben auffallen, sind in den Röstprodukten nur schwer zu erkennen. Viel weniger verändert sind die Gefäfse, welche darum und wegen ihrer Prägnanz die leitenden Elemente sind.

Die Gefäfse gehören sämtlich demselben Typus an; es sind Netzgefäfse mit vollkommen perforierten Querwänden oder

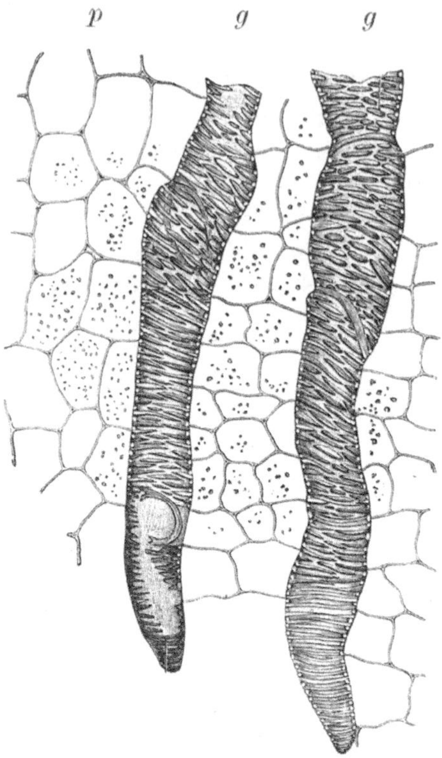

Fig. 574. **Längsschnitt** durch die **Möhre**; *g* Netzgefäſse, *p* Parenchym.

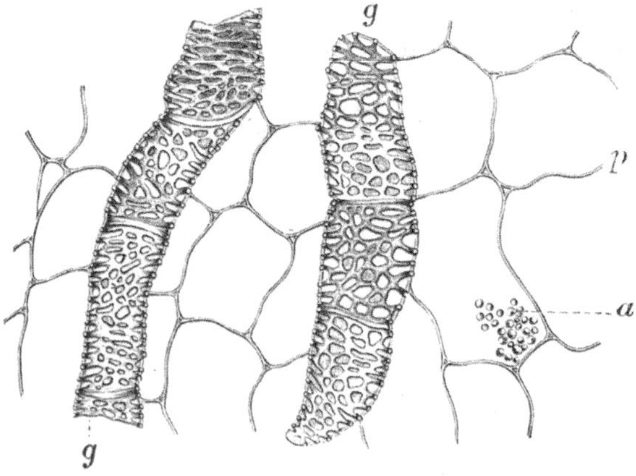

Fig. 575. **Längsschnitt** durch die **weiſse Rübe**; *g* Netzgefäſse, *p* Parenchm, *a* Proteïnkörner.

Tracheïden; nur die Art der netzigen Verdickung ist verschieden. Bei der Runkelrübe, deren Gefäſse zumeist 40 μ, vereinzelt bis doppelt so weit sind, bilden die Verdickungsleisten ein äuſserst weitmaschiges Netz (Fig. 573); bei der Möhre sind die Gefäſse englichtiger, ausnahmsweise über 50 μ weit, und die Verdickungsleisten sind dicht aneinandergedrängt, schmale Spalten frei lassend (Fig. 574), mit Übergängen zu Spiral- und Treppengefäſsen; bei der weiſsen Rübe sind die Gefäſse auffallend kurzgliederig, oft nur doppelt so lang als breit und die netzige Verdickung ist kleinmaschig (Fig. 575).

Wichtiger als die Rübenarten untereinander ist ihre Unterscheidung von anderen Surrogatwurzeln, namentlich von der Zichorie und dem Löwenzahn. Das ist mitunter keine allzu leichte Aufgabe, weil gerade das auffälligste Kennzeichen, die Tracheen, kaum sicher zu unterscheiden sind. Die Tracheen der Löwenzahnwurzel (Fig. 571) sind denen der Möhre sehr ähnlich, die Tracheen der Zichorienwurzel (Fig. 569) denen der weiſsen Rübe. Einen wichtigen Anhaltspunkt gibt das Mengenverhältnis, indem die Leitbündel und namentlich der Holzteil derselben einen quantitativ sehr untergeordneten Bestandteil der Rüben ausmacht, während die Löwenzahn- und Zichorienwurzel zum groſsen Teile aus gefäſsreichem Holze bestehen. Bei diesen kann man kaum ein Präparat ansehen, ohne Gefäſse zu finden; bei jenen müssen die Gefäſse oft mühsam gesucht werden. Positive Kennzeichen bieten die riesigen Parenchymzellen der Rüben und die den Rüben fehlenden Milchsaftschläuche der Zichorien- und Löwenzahnwurzel.

Literatur.

Hanausek (15); Krasser (45); Macé (23); Moeller (26); Planchon et Collin (31); Vogl (42).

Kartoffeln.

Die Kartoffel, Erd- oder Grundbirne, Erdapfel (*Solanum tuberosum* L. — *Solanaceae*) stammt aus Südamerika, kam 1560—1570 nach Europa, wurde zuerst in Italien und den Niederlanden im groſsen angebaut, verbreitete sich langsam über Europa und ist erst seit etwa 100 Jahren die allgemeine Kulturpflanze, deren Knollen nicht nur als Nahrungsmittel, sondern auch zur Spiritus- und Stärkefabrikation von gröſster Bedeutung sind.

Die Knollen bilden sich an unterirdischen Ausläufern in verschiedenen Formen und Gröfsen, sehr verschieden auch in der Beschaffenheit der Oberfläche, in Farbe und Konsistenz des Fleisches und im Geschmack.

Die Korkschale ist ein grofszelliger Kork (Fig. 576) mit in der Flächenansicht polygonalen Zellen (Fig. 577). Die äufseren Parenchymschichten sind tangential gestreckt und enthalten Eiweifs, z. T. in kleinen Kristallen. Nach innen zu wird das Parenchym grofs- und rundzellig, dicht mit Stärke erfüllt, deren Grofskörner (Fig. 576) durch flachmuschelige Form und deutliche Schichtung um den im spitzen Ende gelegenen Kern sehr gut charakterisiert sind. — Vgl. auch Kartoffelstärke, pag. 130.

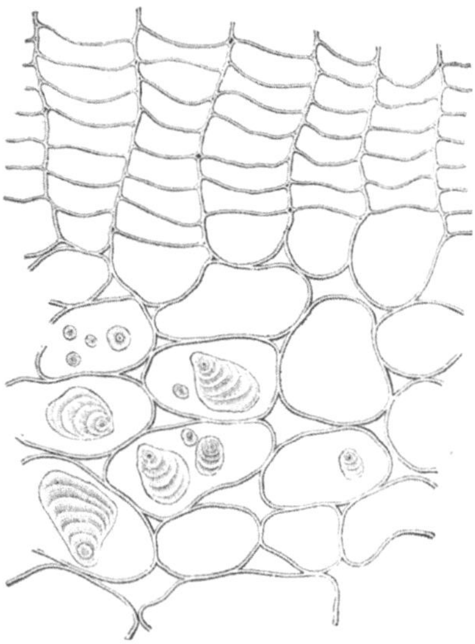

Fig. 576. Querschnitt des Kartoffelrandes.

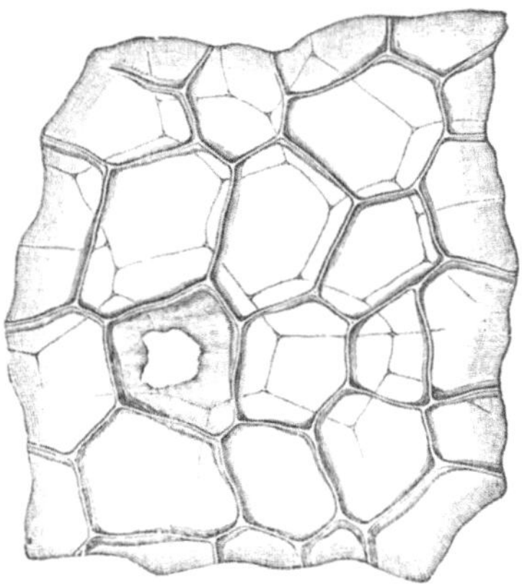

Fig. 577. Kartoffelkork in der Flächenansicht.

Topinambur.

Topinambur, auch Erdapfel und Jerusalem- oder Erd-Artischoke genannt (*Helianthus tuberosus* L. — *Compositae*), stammt aus Nordamerika und wird dort, bisweilen (seit 1617) auch bei uns, als Tierfutter angebaut.

Der Wurzelstock bildet birnförmige, spärlich bewurzelte Knollen, die von Blattscheiden quer geringelt und von Sprofsen warzig, sonst glatt, rötlich-braun, im Fleische weifs oder rot sind. Sie schmecken süfslich.

Die leicht abziehbare Schale besteht aus der Oberhaut (Fig. 578), deren Zellen grofs, polygonal und wenig verdickt sind. Nur stellenweise findet sich grofszelliger Kork.

In der wenig über 1 mm breiten Rinde liegt ein Kreis von Sekreträumen[1]) mit gelbem Inhalt. Die Zellen der primären Rinde sind quer gestreckt, in der Flächenansicht vierseitig, vereinzelt schwach sklerosiert (Fig. 578). Die Innenrinde enthält ebenfalls Balsamgänge, keine Bastfasern.

Fig. 578. Oberhaut und eine Parenchymschicht der Topinambur.

Innerhalb des wenig deutlichen Kambiumringes liegen die Gefäfsgruppen in ungleichen Abständen, oft in radialen Reihen. Das Lumen der Gefäfse ist meist enge, ihre Wand netzförmig verdickt. Das Gewebe der Markstrahlen und des Markes ist grofszellig, lückig, etwas derbwandig, wie das Rindenparenchym mit löslichen Kohlehydraten, vorzüglich mit Inulin (s. d. pag. 24) erfüllt.

Im zerkleinerten Zustande ist Topinambur von den ihr ähnlichen Rüben durch die Balsamgänge, die rechteckigen, schwach verdickten Steinzellen und die engen Netzgefäfse zu unterscheiden.

---

[1]) Sie sind schizogen und erstrecken sich wie die Balsamgänge der Koniferen in axialer Richtung.

Japanische Kartoffeln.

So nennt man die Knollen der in Ostasien heimischen, in geringer Ausdehnung auch bei uns als Gemüse kultivierten *Stachys Sieboldii* Miq. — *Labiatae.* Sie entstehen durch eigentümliche Verdickung der unterirdischen Ausläufer am Gipfel, sind 2—5 cm lang, kleinfingerdick, durch tiefe Einschnürungen gegliedert, wie gedrechselt. An jedem Gliede sitzen in der Furche zwei gegenständige, zarthäutige Blättchen.

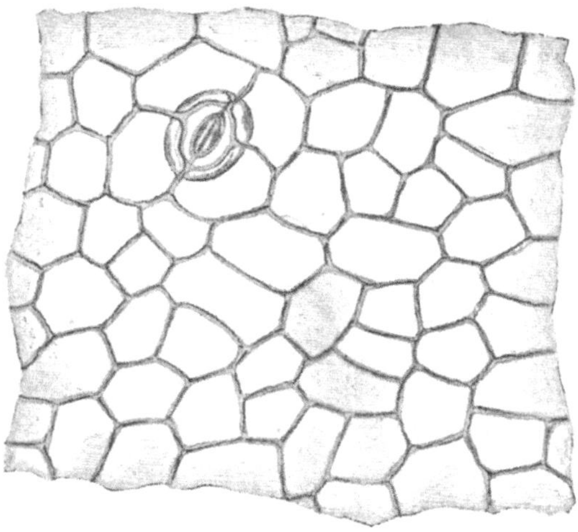

Fig. 579. Oberhaut der Stachys.

Die zarte Oberhaut besteht aus unregelmäfsig polygonalen Zellen mit spärlichen Spaltöffnungen. Ungewöhnlich zartzellig ist auch das Gewebe des Fleisches, in dem weitläufig im Kreise angeordnete Leitbündel eine schmale Rindenschicht abgrenzen. Zwischen den vollständigen Leitbündeln sind mehrere kleine Siebstränge eingeschaltet. Das Parenchym enthält keinerlei geformte Inhaltsstoffe, sondern lösliche Kohlehydrate, hauptsächlich Stachyose. In den Herbstknollen soll auch Stärke sich vorfinden.

Salep.

Salep, die Knollen verschiedener *Orchis*-Arten, kommen nur in abgebrühtem Zustande in den Handel. Die gelblichen, Kieselsteinen einigermafsen ähnlichen, hornig harten Knollen besitzen einen dünnen Korküberzug und bestehen sonst aus einem ungewöhnlich grofszelligen, von spärlichen, zarten Leitbündeln durchzogenen Parenchym, in welchem einzelne, durch ihre Gröfse besonders hervorragende Zellen Schleim, die übrigen verkleisterte Stärke enthalten. In den Schleimzellen liegen oft Oxalat-Raphiden.

Fig. 580. Zellen aus dem Salep mit Oxalat-Raphiden.

Salep wird mitunter Nährpräparaten zugesetzt.

Im Pulver erkennt man ihn an den grofsen, glashellen, scholligen Massen (Fig. 580), welche auf Zusatz von Wasser sich als einzelne oder Gruppen äufserst zartwandiger Zellen erweisen, die von einem farblosen, fein streifigen, mit Jod sich weinrot, später violett färbenden Kleisterklumpen erfüllt sind. Nicht gerade selten trifft man in oder aufserhalb der Zellen Bündel nadelförmiger Kristalle (Raphiden).

Literatur.

Moeller (27); Planchon et Collin (31); Vogl (41).

Gilg: Lehrbuch d. Pharmakogn. Berlin 1905.

Hartwich: Art. „Salep“ in Real-Enzykl. d. ges. Pharm.

Karsten: Lehrb. d. Pharmakogn. Jena 1903.

Pilze.

Die geniefsbaren Pilze oder Schwämme sind die aus einem schimmelähnlichen Lager sich entwickelnden Fruchtkörper von Haut-, Scheiben-, Bauch oder Knollenpilzen[1]). So verschieden auch ihr Aussehen ist, haben sie doch einen höchst einfachen anatomischen Bau; in allen Teilen, im Strunk wie im Hut, bestehen sie aus einem mehr oder weniger dichten Filzwerk zarter Zellfäden (Hyphen), wozu im Fruchtlager die Fortpflanzungszellen (Sporen) kommen (Fig. 582). So grofs ist die Übereinstimmung, dafs es schlechterdings unmöglich ist, auf mikroskopischem Wege die geniefsbaren Arten voneinander oder von giftigen Arten zu unterscheiden.

A. Die Hautpilze *(Hymenomycetes)* entwickeln aus dem Myzel meist grofse und eigentümlich geformte Fruchtkörper, die man gemeinhin als „Pilze" oder „Schwämme" bezeichnet. Bestimmte Stellen des Fruchtkörpers sind von einem Hymenium, d. i. einer sporentragenden Schicht, überzogen. Das Hymenium (Fig. 586) besteht aus dicht palissadenartig gereihten Zellen (Hyphenenden), die teils unfruchtbar sind (Paraphysen), teils an ihrem Scheitel Sporen abschnüren.

Nach der Form des Fruchtkörpers und seiner Hymenialschicht unterscheidet man folgende Gruppen:

1. Keulenpilze *(Clavariaceae)*: Das Hymenium überzieht die glatte Oberfläche des zylindrischen oder keulenförmigen oder flachen, oft korallenartig verzweigten Fruchtkörpers. — Hierher gehören die Bärentatze und der Ziegenbart, der Hirschschwamm und der Korallenpilz.

---

[1]) Die Haut- und Bauchpilze gehören zu den Basidiomyceten, welche ihre Sporen zu 2 oder 4 auf dem Scheitel sog. Basidien (Fig. 586) abschnüren. Die Scheiben- und Knollenpilze gehören zu den Ascomyceten, die ihre Sporen (meist 8) im Inneren keulenförmig angeschwollener Hyphenenden (Fig. 584) bilden.

2. Stachelpilze *(Hydnaceae)*: Das Hymenium überzieht weichstachelige Vorsprünge meist an der Unterseite hutförmiger Fruchtkörper. — Hierher gehören der Rehpilz oder Habichtschwamm und der Stoppelpilz.

3. Röhrenpilze *(Polyporei)*: Fruchtkörper konsolartig oder ein meist gestielter Hut, dessen Unterseite aus zahlreichen Röhrchen zusammengesetzt ist. Das Hymenium kleidet diese Röhrchen aus. — Von geniefsbaren Pilzen gehören hierher: Stein- oder Herrenpilz (s. d.), Kapuzinerpilz, Schafeuter, Semmelpilz, Eichhase, Klapperschwamm, Butterpilz, Königspilz, Ziegenlippe.

Giftig ist:

der Satanspilz, kenntlich an der blutroten oder orangegelben Farbe der Röhrchen und an der blauschwarzen Verfärbung des zerbrochenen Fleisches.

4. Blätterpilze *(Agaricaceae)*: Fruchtkörper ein meist gestielter Hut, dessen Unterseite aus zahlreichen Blättchen (Lamellen) zusammengesetzt ist. Das Hymenium überzieht diese Lamellen. — Von geniefsbaren Pilzen gehören hierher: Champignon (s. d.), Stockschwamm, Hallimasch, Parasolschwamm, Maischwamm, Pflaumenpilz, Drehling, Täubling, Milchblätterpilz, Brätling, Reizker, Rötling, Pfifferling, Eierschwamm oder Gelbling, Schwindling oder Musseron, Nelkenpilz, Kaiserling.

Giftig sind:

Giftwulstling oder Knollenblätterschwamm (s. d. pag. 569), unentwickelt leicht mit jungen Champignons zu verwechseln;

Fliegenpilz, leicht kenntlich an dem in der Jugend feuerroten, mit kegelförmigen, weifsen (vom Regen mitunter abgewaschenen) Warzen besetzten Hut und weifsem Fleisch, während das Fleisch des ihm ähnlichen, geniefsbaren Kaiserlings gelb ist;

Pantherschwamm, kenntlich an dem braunen, durch weifse Warzen gefleckten Hut;

Giftreizker, durch den weifsen Milchsaft und den brennend scharfen Geschmack von dem geniefsbaren Reizker zu unterscheiden, dessen Milchsaft orangefarbig und aromatisch ist;

Speiteufel, kenntlich an der blut- oder purpurroten, in rotbraun übergehenden Farbe des dünnfleischigen, zerbrechlichen Hutes und an dem brennend scharf schmeckenden Fleisch.

B. Die Scheibenpilze *(Discomycetes)* entwickeln aus dem Myzel meist scheiben-, keulen- oder becherförmige Fruchtkörper, auf deren Oberfläche das Hymenium ausgebreitet ist. Dieses besteht aus palissadenartig angeordneten Schläuchen (asci) nebst unfruchtbaren Paraphysen. Die Sporen entstehen in den Schläuchen meist zu acht (Fig. 584). — Hierher gehören die Morcheln und Lorcheln (s. d.).

C. Die Knollenpilze *(Tuberaceae)* entwickeln aus dem Myzel meist unterirdisch knollige Fruchtkörper, in denen die Schläuche des Hymeniums die Oberfläche labyrinthischer Gänge auskleiden. — Hierher gehören die Trüffeln (s. d.).

D. Die Bauchpilze *(Gasteromycetes)* entwickeln aus dem Myzel ober- oder unterirdisch kugelige, vielfach gekämmerte Fruchtkörper, deren Wände vom Hymenium überzogen werden. Die Sporen entstehen (wie bei den Hautpilzen) nicht in Schläuchen, sondern auf Basidien und bilden bei der Reife ein feines Pulver. — Hierher gehören die in der Jugend geniefsbaren, aber nicht wohlschmeckenden Boviste.

Von den zahlreichen geniefsbaren Pilzen kommen nur wenige regelmäfsig auf den Markt und in gröfseren Mengen bei uns nur Champignons, Pilzlinge, Trüffeln und Morcheln. Diese sind es auch, welche Konserven (z. B. Leberpasteten, Mixed pickles) zugesetzt, mitunter auch getrocknet in den Handel gebracht werden.

Einige Pilze haben für uns deshalb Bedeutung, weil sie auf Zerealien wachsen, mit dem Getreide geerntet werden und das aus diesem hergestellte Mehl verunreinigen: das Mutterkorn und die Brandpilze[1]).

Rostpilze sind die Ursache vieler Pflanzenkrankheiten, und man findet sie nicht selten auf Vegetabilien, die durch sie so wenig verändert erscheinen, dafs ihr Gebrauchswert nicht leidet.

Endlich können Nahrungsmittel jeder Art, besonders bei feuchter Aufbewahrung, schimmeln, d. h. es können die in der Luft immer und überall schwebenden Pilzkeime (Sporen) auf das organische Substrat fallen und auf diesem die Bedingungen ihrer Entwicklung finden. Die Sporen wachsen zu langen, zarten Fäden aus, die sich verzweigen, untereinander verfilzen und weiche Rasen, den sog. Schimmel (Mycelium) bilden.

Literatur.

Vogl (41, 42).

Bischoff: Über getrocknete Pilze des Handels. Deutsche Vierteljahrsschr. f. öff. Gesundheitspflege. **20**, 1888, 623.

Hager-Mez: Das Mikroskop und seine Anwendung. Berlin 1899.

Hockauf: Über Pilze vom forensischen Standpunkte aus. Verh. d. k. k. zool.-bot. Ges. in Wien, 1904.

Mitlacher: Toxikologisch oder forensisch wichtige Pflanzen und vegetab. Drogen. Wien 1904.

[1]) Die Giftigkeit des Taumellolchs soll durch den in der Fruchtschale sich entwickelnden Pilz (s. pag. 232) verursacht sein (E. Hackel, Über giftige Gräser. Mittlgn. d. Naturw. Ver. f. Steiermark. **41**, 1905).

Trüffel.

Die Trüffeln bilden eine Gattung der Schlauchpilze (Ascomycetes), deren Myzel meist unterirdisch knollenförmige Fruchtkörper von fleischiger Konsistenz entwickelt. Oberflächlich sind die Speisetrüffeln schwarz oder dunkelbraun, mit pyramiden- oder schildförmigen, polygonal umschriebenen Warzen. Ein Durchschnitt des Fruchtkörpers zeigt Höhlen oder Gänge („Adern“), deren Wände vom Hymenium ausgekleidet sind (Fig. 581). Das Hymenium besteht aus einem Hyphengeflecht, dem sporentragende Schläuche (Asci) unregelmäfsig eingelagert sind (Fig. 582). Die Asci enthalten 1—4 (selten mehr) einzellige Sporen, deren Gröfse, Form, Farbe und Relief die besten Kennzeichen zur Unterscheidung der Arten unter dem Mikroskope abgeben.

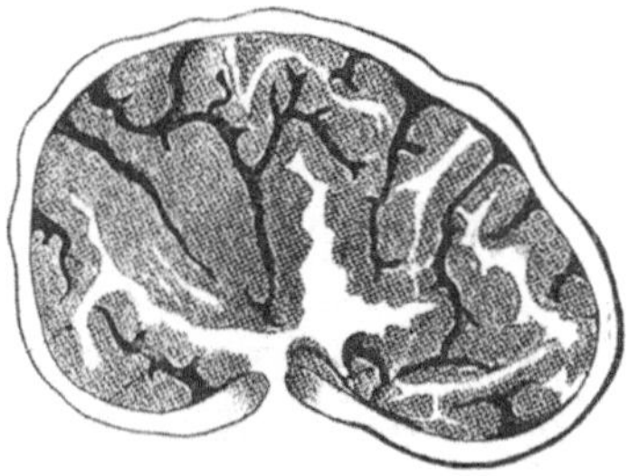

Fig. 581. Durchschnitt der deutschen Trüffel in nat. Gr. (nach TULASNE).

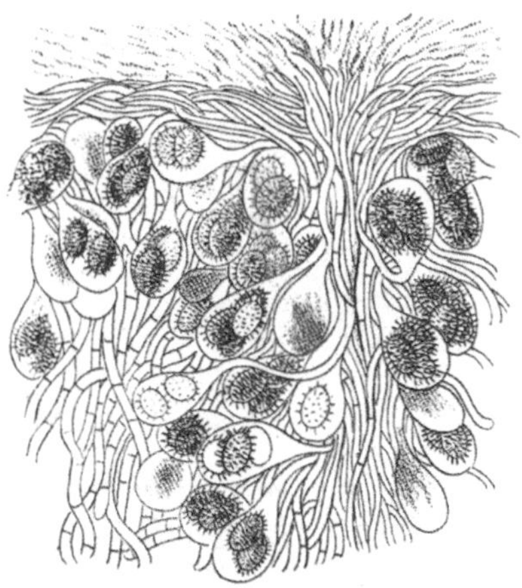

Fig. 582. Stück eines Trüffeldurchschnittes bei starker Vergr. (nach TULASNE).

Um sie aufzufinden, fertigt man Schnitte aus dem Innern des Pilzgewebes oder schabt aus demselben die Sporen heraus.

Man unterscheidet folgende Arten:

1. Die französische oder Perigord-Trüffel (*Tuber brumale* VITT.), wegen ihres starken Aromas die geschätzteste von allen. Aufser in Frankreich kommt sie auch in Norditalien und im südlichen Deutschland (Elsafs, Baden), meist unter Eichen, vor.

Die Fruchtkörper sind haselnufs- bis faustgrofs, schwarz, mit deutlich abgegrenzten Warzen; ihr Fleisch ist schwarz-violett oder rötlich-schwarz. Die Sporen sind kaffeebraun, elliptisch, 25—45 μ lang, dicht mit Stacheln besetzt (Fig. 583, *d*).

Die echte Perigord-Trüffel ist eine Abart (*melanosporum*) mit dunklem, sehr aromatischem Fleisch und fast schwarzen, oft gröfseren Sporen (Fig. 583, *c*).

2. Die deutsche oder hannoversche Trüffel (*Tuber aestivum* VITT. mit den Abarten *mesentericum* und *uncinatum*) ist der echten sehr ähnlich, aber viel weniger aromatisch. Ihr Verbreitungsgebiet ist Norditalien, Frankreich, Deutschland, die Schweiz und Böhmen. Das Fleisch ist heller gefärbt; die Sporen sind gelb- bis kaffeebraun, in Form und Gröfse denen der echten Trüffel gleich, aber weitmaschig genetzt (Fig. 583, *a* u. *b*).

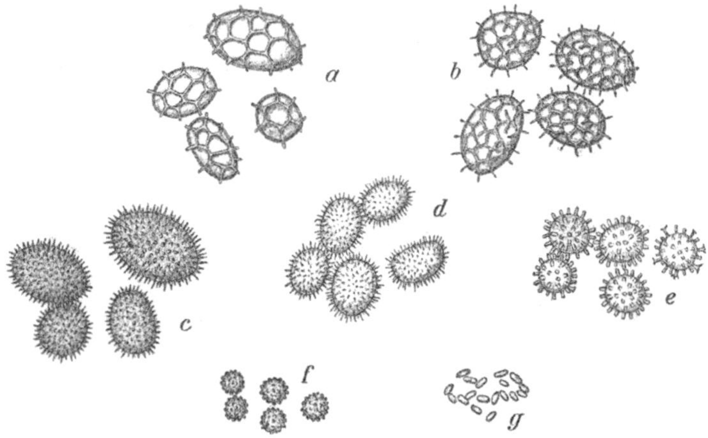

Fig. 583. Sporen der Trüffelarten und ihrer Verwechslungen (nach MEZ); *a* und *b* deutsche Trüffel, *c* und *d* französische Trüffel, *e* weifse Trüffel (*Choiromyces*), *f* Hartbovist (*Scleroderma*), *g* falsche Trüffel (*Rhizopogon*).

Verfälschungen der Trüffel.

Ganze Trüffeln können kaum verwechselt werden, aber im geschnittenen und getrockneten Zustande werden andere, wohlfeilere Pilze nicht selten zur „Trüffelung" von Speisen, besonders von Pasteten und Würsten, verwendet. Wenn diese sich nicht schon an der Farbe als Surrogate verraten, so doch an ihren Sporen; schwieriger und oft unmöglich ist es, die Art des Pilzes festzustellen. Die gebräuchlichsten sind jedoch leicht zu erkennen.

1. Die weifse Trüffel (*Choiromyces maeandriformis* VITT.) ist in Mitteleuropa und in England verbreitet. Sie besitzt kartoffelähnliche, hell gelbbraune Knollen und ein zähes, weifses bis bräunliches, braun geädertes, wenig aromatisches Fleisch.

Die kleinen (15—20 μ), kugeligen Sporen sind hellbraun und mit zahlreichen ungleich langen Stäbchen besetzt (Fig. 583, *e*).

2. Die falsche Trüffel (*Scleroderma vulgare* HORNEM. — *Gasteromycetes*) besitzt einen oberirdischen, knollenförmigen, nufs- bis apfelgrofsen, rissig aufspringenden Fruchtkörper mit korkiger, 2—3 mm dicker Haut (Peridie). Innen ist der Pilz anfangs weifs, später grau bis schwarz. Die kleinen Sporen sind kugelig, schwarz, warzig-stachelig (Fig. 583, *f*).

Die falsche Trüffel, auch Kartoffel- oder Hartbovist genannt, ist nur im unreifen Zustande geniefsbar; auch dann schmeckt sie unangenehm scharf, der Trüffel gar nicht ähnlich. Sie gilt in manchen Gegenden, wie die Boviste überhaupt, als Aphrodisiacum, und ihr Genufs soll mitunter gefährliche Vergiftungserscheinungen hervorrufen (LENZ).

3. Andere, ebenfalls bei uns heimische falsche Trüffeln stammen von *Rhizopogon*-Arten (*Gasteromycetes*), sind dem Hartbovist verwandt und ihm auch äufserlich ähnlich. Ihr Fruchtkörper entwickelt sich jedoch unterirdisch, besitzt eine häutige oder fast lederige, von dem ziemlich fleischigen Körper schwer ablösbare Peridie und sehr kleine, ellipsoidische, glatte, fast farblose Sporen (Fig. 583, *g*).

4. Hirschtrüffeln oder Hirschbrunst nennt der Volksmund die den echten Trüffeln nahe verwandten *Elaphomyces*-Arten, deren Fruchtkörper ebenfalls unterirdisch wächst und bei der Reife innen zu einer pulverigen Masse zerfällt. Sie sind ungeniefsbar.

Morchel.

Die Morcheln gehören zu einer Gruppe der Schlauchpilze (*Ascomycetes*), deren gestielter Fruchtkörper hutförmig, fleischig und gebrechlich ist. Das Hymenium überzieht die Lappen oder netzförmigen Gruben des Fruchtlagers; es besteht aus dicht palissadenartig gereihten Schläuchen (Fig. 584), die acht glatte, meist ellipsoidische Sporen enthalten.

Man unterscheidet folgende heimische Arten:

1. die eigentliche Speisemorchel (*Morchella esculenta* PERS.) mit hohlem Stiel und gelbem bis braunem Hut und ockerfarbigen Sporen;

2. die Stockmorchel, Faltenmorchel, Frühlingsmorchel oder Lorchel (*Gyromitra esculenta* Fr.) mit hohlem Stiel, gewölbtem, teils hohlem, teils lappigem, kaffeebraunem Hut und weifsen Sporen;

3. die Herbstmorchel (*Helvella Infula* Schäffer) mit dünnlappigem, nur in der Mitte mit dem Stiel verbundenem, braunem Hut und weifsen Sporen.

Alle Arten sind geniefsbar, einige jedoch erst, nachdem sie mit heifsem Wasser abgebrüht wurden. Für besonders giftig gilt die Lorchel; sie enthält die Helvellasäure, die in heifsem Wasser löslich ist und schon durch das Trocknen allmählich schwindet.

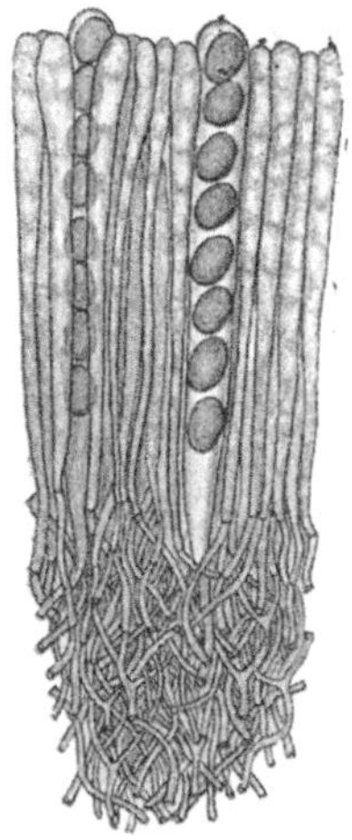

Fig. 584. Querschnitt durch das Hymenium der Lorchel (nach C. Mez).

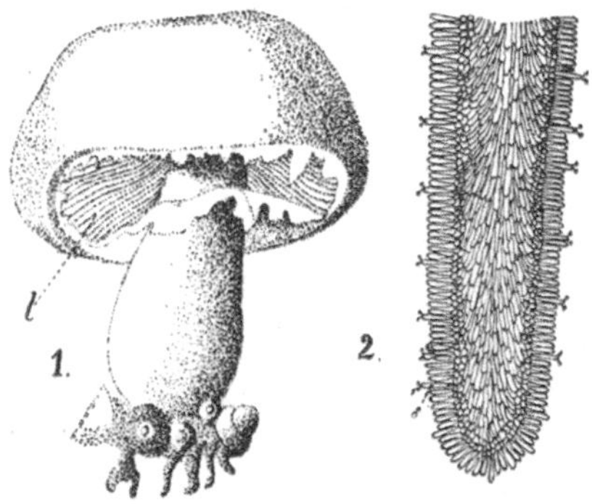

Fig. 585. Champignon (nach Sachs): 1. Fruchtkörper mit den Lamellen *l*, 2. Querschnitt einer Lamelle.

Champignon.

Der Feldchampignon (*Psalliota campestris* Fr. — *Agariceae*) ist ein Blätterpilz. Er hat einen dickfleischigen, anfangs fast kugeligen, später flach gewölbten, bis 15 cm breiten, bräunlichen, im Fleische weifsen Hut. Der 6—8 cm lange Stiel ist voll, weifs, in der Mitte mit dickhäutigem Ring (Fig. 585). Die dicht gedrängten Lamellen sind anfangs rosenrot, dann schwarzbraun wie das Sporenpulver. Die Sporen sind elliptisch, 8 : 6 μ.

Querschnitte durch die Lamellen zeigen in der Mitte eine Schicht breiter Hyphen (Fig. 586), beiderseits von einer kleinzelligen Schicht umsäumt, aus der die Basidien und Paraphysen entspringen.

Als einer der geschätztesten Speisepilze wird der Champignon im grofsen kultiviert. Da er bei uns auch wild wächst, wird er

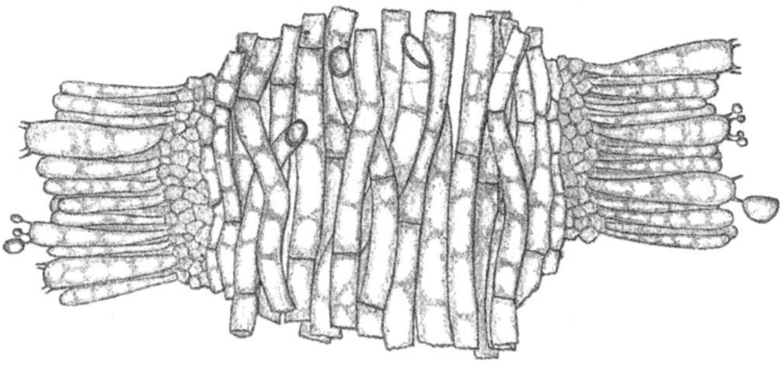

Fig. 586. Querschnitt durch eine Lamelle des Champignons, stark vergr. (nach C. MEZ).

mitunter mit dem giftigen Knollenblätterpilz oder Schierlingspilz (*Amanita phalloides* QUÉL. = *Am. bulbosa* BULL.) verwechselt, obwohl dieser an dem knollenförmig verdickten,

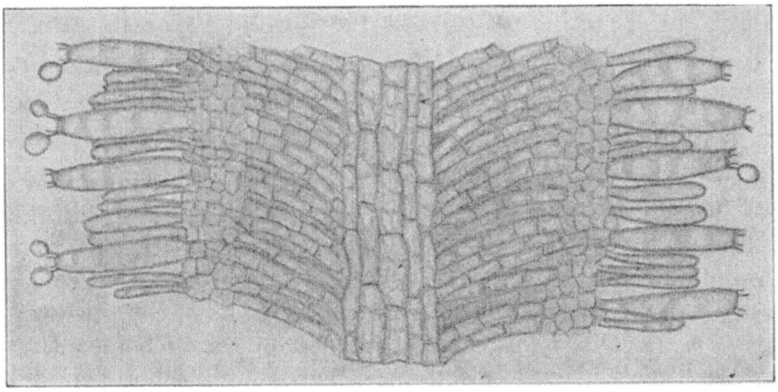

Fig. 587. Querschnitt durch eine Lamelle des Knollenblätterpilzes (nach C. MEZ).

am Grunde häutig umscheideten Stiel, an den weifsen Lamellen und an dem weifsen Sporenpulver erkennbar ist.

Querschnitte durch die Lamellen zeigen, dafs an die mittlere Hyphenschicht beiderseits bogenförmig angeordnete Hyphen sich anschliefsen (Fig. 587).

Herrenpilz.

Der Herren-, Stein- oder Eichpilz, in Österreich Pilzling (*Boletus edulis* BULL. = *B. bulbosus* SCHÄFF. — *Beletineae*) ist ein Röhrenpilz. Er hat einen polsterförmigen, anfangs halbkugeligen, später ausgebreiteten, bis 20 cm breiten, braunen Hut, im Fleische fest, weifs, unveränderlich. Der bis 16 cm hohe Stiel ist dick, knollig, bauchig, später keulenförmig, oben weifs genetzt. Die von der Unterseite des Hutes leicht ablösbare Röhrenschicht ist anfangs weifs, später gelb oder grüngelb, das Sporenpulver braun. Die Sporen sind fast spindelförmig, glatt, gelb oder bräunlich.

Getrocknet oder in Konserven ist der Herrenpilz auch in Stücken an der röhrigen Hymenialschicht vom Champignon leicht zu unterscheiden.

Mutterkorn.

Das sogenannte Mutterkorn (*Secale cornutum*) ist der Dauerzustand (Sclerotium) eines Pilzes (*Claviceps purpurea* TUL.), welcher an dem jungen Fruchtknoten des Roggens (übrigens auch anderer Gräser und Halbgräser) zur Blütezeit sich ansiedelt und an seiner Stelle sich entwickelt. Es ist die Ursache der früher nicht seltenen und mitunter epidemisch aufgetretenen Kriebelkrankheit.

In neuerer Zeit hat man sie bei uns nicht mehr beobachtet, weil die Reinigung des Mahlgutes gesetzlich vorgeschrieben ist und von den grofsen Mühlen auch mit gröfster Sorgfalt durchgeführt wird. In den kleinen, sog. Lohnmühlen mag allerdings mitunter unvollständig oder gar nicht gereinigtes Getreide vermahlen werden; allein eine Gefährdung der Gesundheit ist bei uns aus folgenden Gründen kaum zu befürchten: Mutterkorn entwickelt sich bei uns selten in grofser Menge; schon bei der landwirtschaftlichen Reuterung des Getreides fällt der gröfste Teil des in ihm enthaltenen Mutterkorns ab und findet guten Absatz in den Apotheken; auch wird die Gefährlichkeit des Mutterkorns überschätzt. Immerhin sollen in Rufsland und Galizien auch gegenwärtig noch Erkrankungen infolge des Genusses von mutterkornhaltigem Brote vorgekommen sein.

Das Mutterkorn bildet schwarz-violette, etwas bereifte, stumpfdreikantige, selten vierkantige, prismatische, nach den Enden verschmälerte, schwach gekrümmte Körper (Fig. 588), an der Spitze mitunter noch den Rest des Fruchtknotens, das „Mützchen“, tragend. Die Gröfse dieser Gebilde ist sehr verschieden; häufig sind sie gröfser als die Getreidekörner (vereinzelt bis 5 cm), aber es gibt auch viel kleinere. Unter der dünnen, dunkelviolett gefärbten Rinde ist das Gewebe weifs, mandelartig. Es besteht aus einem sogenannten Scheinparenchym, eigentlich aus dicht aneinandergelagerten und untereinander verschlungenen dünnen Schläuchen (Hyphen), welche auf Querschnitten (Fig. 589) ein engzelliges Parenchym darstellen. Aus ähnlichen, nur etwas weiteren und kürzeren und regelmäfsiger geordneten Schläuchen besteht auch die Rinde, deren äufsere Schichten, sich abschülfernd, den Reif bilden. Die Rindenhyphen führen einen dunkelvioletten Inhalt, der auch die Membranen imprägniert. Die Markhyphen enthalten reichlich fettes Öl, welches man erst (durch Erwärmen in Alkohol, oder durch Äther usw.) extrahieren mufs, will man den Bau deutlich erkennen. In Kalilauge quellen die

Fig. 588. Mutterkorn mit dem „Mützchen“ in nat. Gr.

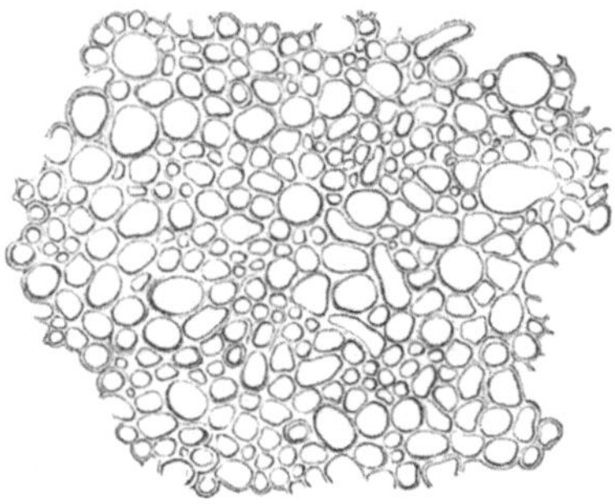

Fig. 589. Mutterkorn im Durchschnitt. Vergr. 300. Das Fett ist extrahiert.

Membranen stark auf und erscheinen geschichtet, die Zellen werden isoliert, der Farbstoff der Rindenzellen wird gelöst.

Die im Mehle etwa vorhandenen Fragmente von Mutterkorn fallen schon bei der Untersuchung in Wasser, mehr noch in Laugenpräparaten als klumpige Massen auf, deren zellige Struktur in der Regel gar nicht erkennbar ist. Besonders auffallend sind die Klümpchen mit schwarzblauer Rindenschicht. Durch Jodlösung werden sie gelb gefärbt, und sie scheinen aus lauter Öltröpfchen zusammengesetzt zu sein. Sind einzelne Fragmente grofs genug, dafs sie mit der Nadel herausgehoben werden können, dann kann man sie gesondert untersuchen, nachdem man sie in einem Schälchen mit Äther extrahiert hat. Sonst sammelt man die Kleienteilchen nach dem unter „Mehl“ (pag. 155) angegebenen Verzuckerungsverfahren, extrahiert den Rückstand mit Äther und sucht in dem Detritus die nunmehr als kleinzelliges Parenchym (Fig. 589) leicht unterscheidbaren Mutterkornteilchen zur mikroskopischen Betrachtung aus.

Minder Geübte könnten dieselben mit dem ebenfalls stärkefreien und kleinzelligen Gewebe des Keimlings verwechseln. Aber dieses ist ein dicht gefügtes Parenchym aus annähernd gleich grofsen, polygonalen Zellen, deren Wände sehr zart sind und die mit protoplasmatischem Inhalt (nicht mit Öltropfen) erfüllt sind (s. Fig. 171, pag. 173).

Ein als Nahrungsmittel für Menschen dienendes Mehl soll möglichst frei von Mutterkorn sein; aber die Grenze der noch zulässigen Menge läfst sich ziffernmäfsig kaum angeben, sondern man mufs sich mit der Forderung begnügen, dafs im Mehle nicht mehr Mutterkorn enthalten sein darf, als erfahrungsgemäfs trotz usancenmäfsiger Reinigung des Mahlgutes zurückbleibt. Im zwischenstaatlichen Getreidehandel wird ein Mutterkorngehalt von 3 % als zulässig erachtet. Eine vollständige Beseitigung des Mutterkorns ist deshalb nicht möglich, weil viele Körner in Gröfse und Form den Getreidekörnern gleichen, daher durch kein mechanisches Verfahren ausgelesen werden können. Die quantitative Bestimmung der im Mehle enthaltenen Mutterkornmenge wurde zwar versucht (W. Mitlacher), ist aber immer nur schätzungsweise möglich.

Tiere sind gegen Mutterkorn viel weniger empfindlich; Geflügel und Pflanzenfresser vertragen davon enorme Mengen ohne Schaden.

Literatur.

Berg (3); Flückiger (11); Moeller (27, 28, 29); Planchon et Collin (31); Tichomirow (35); Tschirch et Oesterle (37); Vogl (41, 42); Wigand (43).

Belzung: Journ. Pharm. Chim. 1890.

Gilg: Lehrb. d. Pharmakognosie. Berlin 1905.

Gruber, M.: Die Methoden d. Nachw. v. Mutterkorn im Mehl u. Brot. Arch. f. Hygiene **24**, 1895, 228.

Hartwich, C.: Schweiz. Wochenschrift f. Pharmazie 1893.

Karsten: Lehrb. d. Pharmakognosie. Jena 1903.

Lagerheim, G.: Zeitschr. f. Unters. d. Nahrungs- u. Genufsmittel 1902.

Mitlacher, W.: Versuch einer quantitativen Bestimmung des Mutterkorns im Mehle. Zeitschr. d. Allg. österr. Ap.-Ver. 1902.

— Pflanzen u. vegetab. Drogen. Wien 1904.

Moeller: Gutachten in der Mutterkornfrage. Ztschr. f. Nahrungsm.-Untersuchung 1895.

Musset, Fr.: Zum Nachweis von Mutterkorn in Mehl. Pharm. Centralh. 1899.

Spaeth, E.: Pharm. Centralh. 1896.

Vogl: Art. „Secale cornutum“ in Eulenburg's Real-Enzykl. **22**, 1899, 247.

Brand.

Eine grofse Gruppe der Pilze entwickelt sich im Innern pflanzlicher Organe, zerstört diese und hinterläfst an ihrer Stelle ein äufserst feines, meist dunkel gefärbtes Pulver: die Fortpflanzungszellen oder Sporen, gemeinhin Brand genannt. Die verschiedensten Pflanzenteile werden vom Brande befallen, und meist sind es bestimmte Pilzformen, welche in bestimmten Organen und in diesen nur auf bestimmten Arten auftreten. Hier haben wir uns nur mit jenen Brandpilzen zu beschäftigen, die sich im Fruchtknoten der Zerealien ansiedeln. Statt Stärkemehl entwickeln sich in solchen kranken Samen Pilzsporen. Werden sie zugleich mit den gesunden Körnern vermahlen[1]), so bekommt das Mehl eine schmutzige Farbe und einen widerlichen Geruch, erstere von den beigemischten braunen bis schwarzen Pilzsporen, letzteren von dem Gehalte dieser an Trimethylamin.

Mehl (s. pag. 151), welches irgend erhebliche Mengen von Brandsporen enthält, schliefst sich selbst vom Gebrauche aus. Geringe Beimengungen können jedoch unbemerkt bleiben, oder erst im Gebäcke, welches davon bläulich wird, Verdacht erwecken. Der mikroskopische Nachweis dieser Verunreinigung ist ebenso einfach als sicher. Die Sporen sind einzelne kugelige Zellen mit derber Membran (Episporium), welche glatt oder netzig verdickt, braun, seltener farblos ist. Die verschiedenen Arten unterscheiden sich nach ihrer Gröfse, Zeichnung und Farbe.

Der Steinbrand, Schmierbrand, Faulbrand, Faulweizen, geschlossener Brand (*Tilletia caries* TUL. = *Uredo caries* DC.) kommt nur in den Früchten des Weizens vor, welche er bis auf eine dünne Schale zerstört. Die Sporen (Fig. 590, *a*) sind 18 μ grofs, blafsbraun, durchscheinend, mit stark ausgebildeten netzförmigen Verdickungen, riechen nach Heringslake.

Eine zweite, ebenfalls dem Weizen eigentümliche Brandform (*Tilletia laevis* KÜHN = *T. foetens* TREL.) unterscheidet sich von der vorigen nur durch die glatte Sporenmembran (Fig. 590, *b*).

[1]) Da die brandigen Körner viel leichter sind als die gesunden, so bietet die Reinigung des Getreides gar keine Schwierigkeit, schon das Werfen genügt. Im Aussehen unterscheiden sich die brandigen Körner durch ihre fahle Färbung und bauchige Gestalt von den gesunden.

Der Kornbrand (*Tilletia secalis* KÜHN) hat ähnliche, nur etwas gröfsere (20—25 μ) Sporen als *T. caries*, riecht auch wie diese. Er ist dem Roggen eigentümlich, kommt aber selten vor.

Der Staubbrand, Flugbrand, Rufs, Rufsbrand, Nagelbrand (*Ustilago Carbo* TULASNE = *Uredo segetum* PERS.) befällt die Früchte des Hafers, der Gerste und des Weizens (nicht die des Roggens) und zerstört sie vollständig, so dafs höchstens einige Spelzenteile übrigbleiben, die, da sie keinen Halt haben, ebenfalls abfallen, daher der Volksname „Flugbrand“.

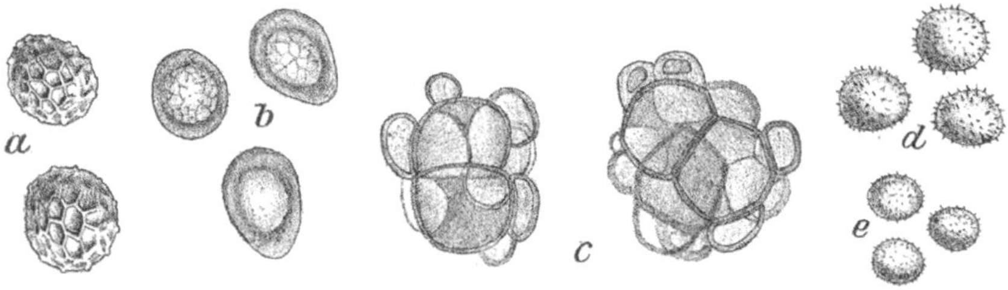

Fig. 590. Brandsporen (nach C. MEZ);
a Steinbrand des Weizens (*Tilletia caries*),
b Steinbrand des Weizens (*Tilletia laevis*),
c Roggenstengelbrand (*Urocystis occulta*),
d Maisbrand (*Ustilago Maydis*),
e Flug- oder Staubbrand (*Ustilago carbo*).

Die Sporen sind dunkelbraun (schwarz in Massen), glatt, nur 8 μ grofs, geruchlos (Fig. 590, *e*).

Der Maisbrand, Beulenbrand (*Ustilago Maidis* LÉV.) entwickelt sich in den Kolben, welche dadurch zu unförmlichen Beulen auswachsen, keine Körner bilden, endlich zerfallen. Die Sporen sind dunkelbraun, 8—14 μ grofs, feinstachelig (Fig. 590, *d*).

Der Roggenstengelbrand (*Urocystis occulta* RABENH.) zerstört die Stengel und jungen Ährchen, die durch ihn grauschwarz werden und schliefslich platzen und die Sporen verstäuben. Diese sind immer zu mehreren, z. T. abgestorbenen gehäuft (Fig. 590, *c*).

Rostpilze.

Die Rostpilze (*Uredineae*) entwickeln ihr Myzel meist im Gewebe höherer Pflanzen, und ihre Sporen durchbrechen die Oberhaut als sog. „Rost“ (Fig. 591). Man unterscheidet die

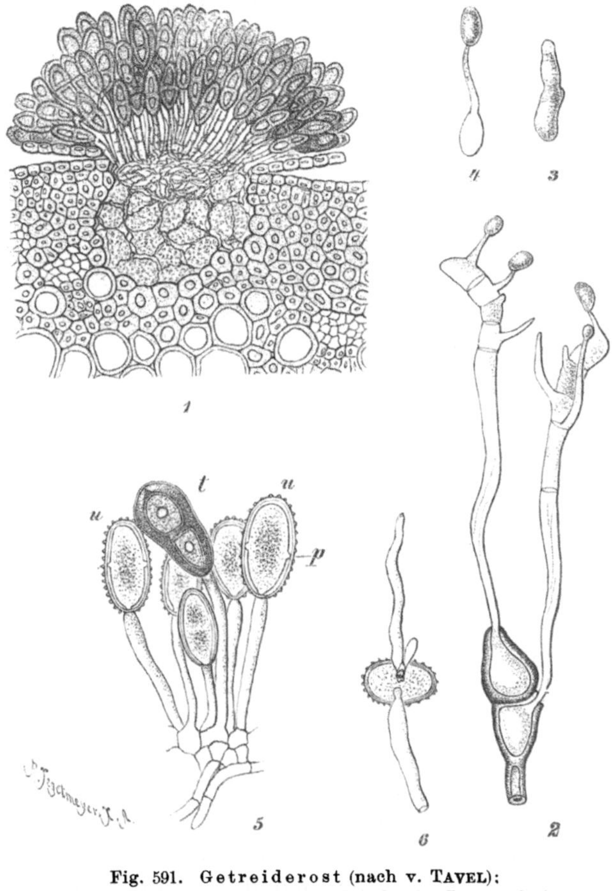

Fig. 591. Getreiderost (nach v. TAVEL):
1 Sporenlager auf einem Getreidehalm im Durchschnitt,
2 Keimende Winterspore, Basidien bildend,
3 und 4 Keimende Basidiensporen,
5 Gruppe von Sommersporen neben einer Winterspore,
6 Keimende Sommerspore.

einzelligen Sommersporen (Fig. 591, *5, u*) von den oft mehrzelligen, dickwandigen Wintersporen (Fig. 591, *5, t*).

Für uns haben die Rostpilze insofern Interesse, als man bei der mikroskopischen Untersuchung von Vegetabilien, namentlich von Blattgebilden, nicht selten auf Sporenlager, ruhende und ausgekeimte Sporen stöfst, deren Ursprung und Bedeutung man kennen soll.

Schimmelpilze.

Der Schimmel ist eine Wuchsform der verschiedenartigsten Pilze, und von vielen Schimmelbildungen kennt man die Fruchtform noch gar nicht. Sie vermehren sich in der Regel durch Zellen (Sporen oder Konidien), die von eigentümlichen Zweigen

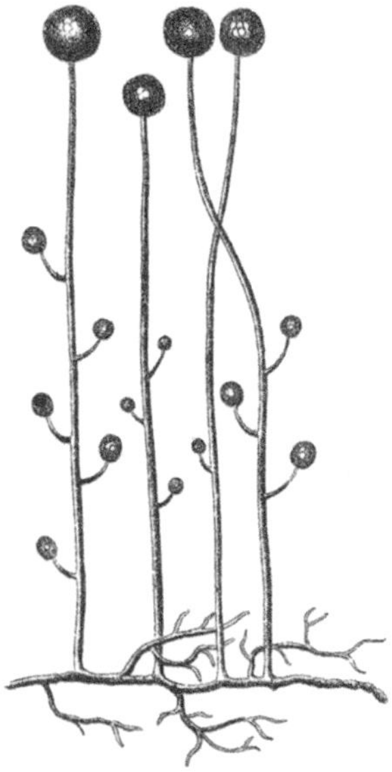

Fig. 592. **Mucor racemosus** (nach Mez).

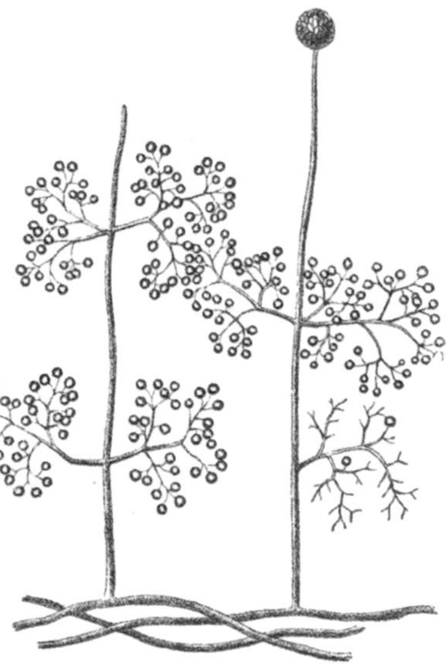

Fig. 593. **Thamnidium elegans** (nach Mez).

(Sporen- oder Konidienträgern) des Myzels sich abschnüren. Die Sporen bilden einen feinen Staub, dessen Farbe für manche Schimmelbildungen charakteristisch ist. Sonst unterscheiden sich die Schimmelarten wesentlich durch die Form der Sporenträger und die Art, wie von ihnen die Sporen gebildet und abgetrennt werden.

Die Köpfchenschimmel (*Mucorineae*) bilden schneeweifse oder schwarze Rasen, aus denen sich einfache, gebüschelte oder in verschiedener Art verzweigte Träger erheben (Fig. 592 u. 593), die an der Spitze je ein kugeliges Sporangium tragen.

Die Giefskannenschimmel (*Aspergillus*-Arten) bilden

blaugrüne, gelbe und manche schwarze Rasen, deren keulenförmige Sporenträger am Scheitel dicht mit kleinen, kegelförmigen Zellen besetzt sind, von deren Spitze die Sporen reihenweise abgeschnürt werden (Fig. 594).

Der Pinselschimmel (*Penicillium*-Arten) bildet auf feuchtem Brot, eingekochtem Obst, Tinte sehr häufig und für den Roquefortkäse charakteristische grau- oder blaugrüne Rasen. Die Sporenträger sind denen von Aspergillus ähnlich; nur verzweigen sie sich am Scheitel finger-, besen- oder pinselförmig, und jede Endverzweigung schnürt reihenweise die Sporen ab (Fig. 595).

Fig. 594. Aspergillus herbariorum (nach MEZ).

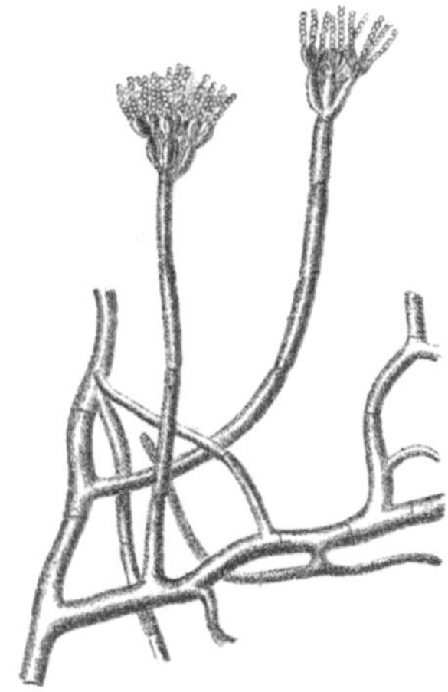

Fig. 595. Penicillium crustaceum (nach MEZ).

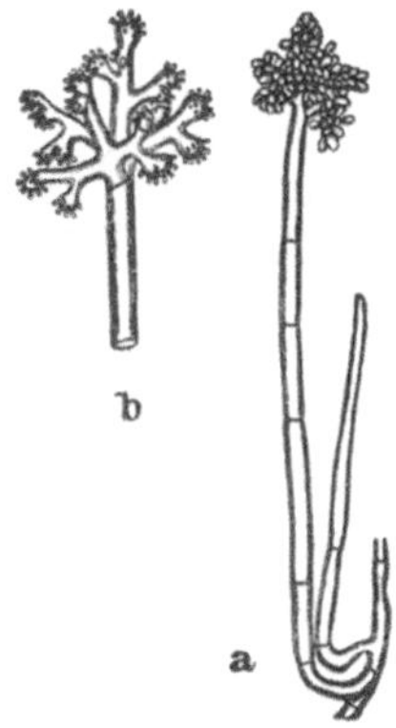

Fig. 596. Botrytis cinerea (nach DE BARY). *a* bei 100facher, *b* bei 200facher Vergr. mit abgefallenen Sporen.

Der Traubenschimmel (*Botrytis*-Arten) bildet graugelbe oder weifse Rasen und gehört zu den häufigsten. Die Fruchtträger schnüren die Sporen nicht kettenförmig ab, sondern in Häufchen auf dicken Verzweigungen (Fig. 596). Die Muscardine-Krankheit der Seidenraupen wird durch einen Pilz dieser Gattung hervorgerufen.

Aufser den hier angeführten gibt es noch viele andere Schimmelarten, die namentlich bei der mikroskopischen Untersuchung von Gewürzpulvern und Futtermehlen oft angetroffen werden, auch wenn sie weder durch ihr Aussehen noch durch ihren Geruch sich als „schimmelig" verraten. Es deutet dieser Befund darauf, dafs die Materialien früher verschimmelt waren, die Pilze jedoch später durch Trockenheit zugrunde gingen.

Algen.

Die Algen sind meist im Wasser lebende, Chlorophyll enthaltende Lagerpflanzen. Bei den Meeresalgen ist die grüne Farbe oft verdeckt durch rote oder braune Farbstoffe. Den Küstenbewohnern dienen einige beim Kochen verschleimende Algen als Nahrungsmittel.

Agar-Agar.

Mit diesem malaiischen Namen bezeichnet man die Gallerten, die aus mehreren süd- und ostasiatischen Meeresalgen (Florideen) bereitet werden. Sie sind nahe verwandt mit dem sog. „irländischen Moos" oder Carragheen unserer Apotheken. Diese im Leben prachtvoll rot gefärbten, an Korallen mahnenden Algen kommen meist gebleicht in den Handel. Ihr ganzer Körper ist in eine Modifikation der Zellulose verwandelt, die beim Kochen in Wasser eine kleisterartige Gallerte gibt. Die Japaner lassen diese Gallerte gefrieren, wobei Wasser austritt, und trocknen sie dann in Form von Platten, Streifen oder vierkantigen Stangen.

Agar-Agar kommt, seitdem Rob. Koch es zur Bereitung fester Nährböden für Bakterienkulturen empfohlen hat, in grofser Menge zu uns und dient auch als Ersatz anderer Gallerten in den Gewerben, in der Küche und als Fälschungsmittel für Obstkonserven.

Als Gallerte ist Agar-Agar strukturlos, könnte also mikroskopisch nicht nachgewiesen werden, wenn es nicht regelmäfsig Diatomeen enthalten würde, deren verkieselte Schalen ein höchst charakteristisches und unzerstörbares Relief besitzen (Fig. 597).

Nach Schimper's Vorschlag wird eine Probe der zu untersuchenden Gallerte auf Platin verascht und der Rückstand in einem Tropfen verdünnter Salzsäure besehen. Besser, d. h. zuverlässiger ist die Methode von Marpmann.

Man kocht die Probe mit 5 %iger Schwefelsäure, fügt einige Kaliumpermanganatkriställchen zu und läfst absetzen. Findet

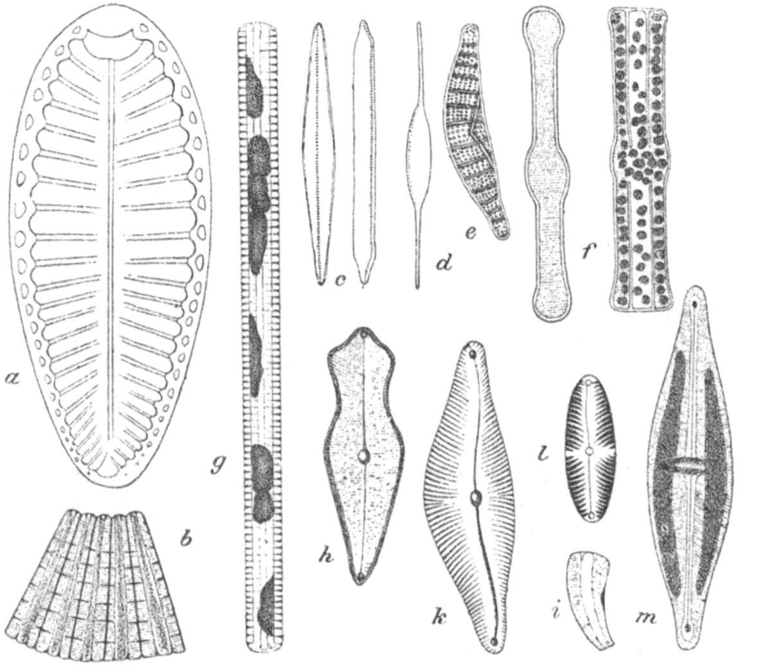

Fig. 597. Häufige Diatomeen (nach Mez); a Surirella splendida, b Meridion circulare, c Nitzschia linearis, d Nitzschia acicularis, e Epithemia Zebra, f Tabellaria fenestrata, g Synedra Ulna, h Gomphonema acuminatum, i Rhoicosphenia curvata, k Cocconema Cistula. l Navicula Stauroptera, m Stauroneis Phoenicentron.

man im Bodensatz Diatomeen, so ist Agar wahrscheinlich die Quelle derselben.

Literatur.

Hartwich: Art. „Agar" in Real-Enzykl. d. ges. Pharm., 2. Aufl, I, 322.

Schimper: Anleitung z. mikroskop. Unters. d. veget. Nahr.- u. Genufsm. Jena 1900.

Marpmann: Beitr. z. mikroskop. Unters. d. Fruchtmarmeladen. Ztschr. f. angew. Mikroskopie 1896.

Flechten.

Sie sind keine selbständige Klasse der Lagerpflanzen, sondern Wuchsformen, die dadurch entstehen, dafs gewisse Algen von bestimmten Pilzen umwachsen werden. Die Zellmembranen einiger Flechten bestehen aus einer in heifsem Wasser verquellenden und durch Jod sich unmittelbar bläuenden Modifikation der Zellulose (Lichenin oder Flechtenstärke) und sind deshalb leicht verdaulich, um so mehr, wenn sie eigentümliche Bitterstoffe und Säuren enthalten. Für besonders nahrhaft und heilsam gilt das Isländische Moos, das deshalb mitunter Nährpräparaten zugesetzt wird.

Isländisches Moos.

Das sog. „Isländische Moos“, auch „Kramperltee“ genannt, ist die auch bei uns auf Gebirgen häufige Tartschenflechte

Fig. 598. Isländisches Moos, etwas verkleinert.

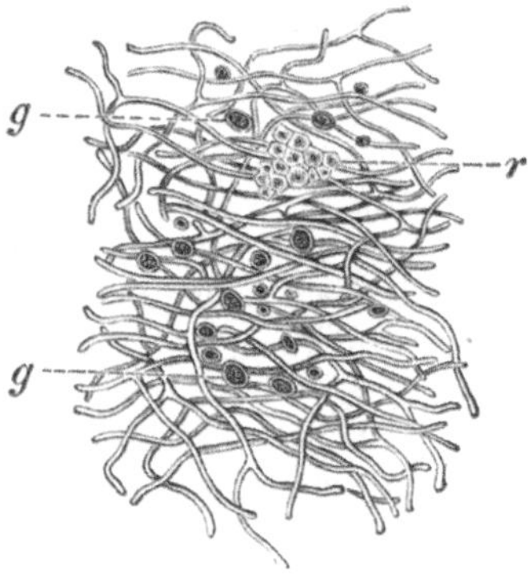

Fig. 599. Pilzgewebe des Isländischen Mooses mit den Algen *g* und der Rindenschicht *r*.

(*Cetraria islandica* Ach.). Sie bildet einen kleinen Strauch aus wiederholt gabelig verzweigten, flachen, bewimperten Zweigen (Fig. 598). Die Hyphen bilden durch dichte Lagerung in der beiderseitigen Rindenschicht ein Scheinparenchym (Fig. 599, *r*). In der lockeren Markschicht liegen die kugeligen (12 μ diam.) grünen Algen (Fig. 599, *g*). Demnach erscheinen die Flechtenfragmente in der Flächenansicht als wirr verfilzte, zarte Fäden oder als ein Mosaik kleiner, polygonaler Zellen, die beim Erwärmen des Wasserpräparates zu einer Gallerte verquellen.

Literatur.

Berg (3); Flückiger (4); Moeller (27); Planchon et Collin (31); Tschirch (12); Vogl (41); Wigand (43).

Gilg: Lehrb. d. Pharmakogn. 1905.
Karsten: Lehrb. d. Pharmakogn. 1903.

Register.

GPSR Compliance

The European Union's (EU) General Product Safety Regulation (GPSR) is a set of rules that requires consumer products to be safe and our obligations to ensure this.

If you have any concerns about our products, you can contact us on ProductSafety@springernature.com

In case Publisher is established outside the EU, the EU authorized representative is:

Springer Nature Customer Service Center GmbH
Europaplatz 3
69115 Heidelberg, Germany

Batch number: 10620143

Printed by Printforce, the Netherlands